异重流与泥沙工程
实验与设计

范家骅　著

中国水利水电出版社
www.waterpub.com.cn

内 容 提 要

本书是作者五十年来的泥沙异重流和泥沙工程科研成果，包括三部分：一为异重流水力学；二为泥沙工程中水库淤积、沉沙池和挖槽回淤等有关泥沙设计问题，其中不少处涉及异重流淤积问题；三为泥沙沉淀和饱和含沙量水槽实验的研究成果。

本书对异重流的基本流动特性进行水槽实验，对水利工程异重流问题进行系统总结，分析运动的有关参数值如阻力系数、掺混系数、潜入点判别数等，在缓流和急流时的流态及其不同掺混性质，不同坡度下的前锋速度以及引航道进口异重流前锋速度。书中在异重流基本理论方面的部分成果属于首创，如潜入点判别数的定量估计，浑水掺混系数在缓流时为负值，船闸引航道异重流初速公式；其次，在工程应用方面提供设计方法，如水库异重流出库沙量的估算方法（已为设计院使用），电厂沉灰池和浑水沉沙池的异重流沉淀时异重流层中分离出清水的设计方法（已用于工程中）；在潮流区引潮沟或取水沟内的淤积量，利用试验和类似工程的实测数据类比的方法，作出估计。本书关于泥沙工程的实例分析，多为解决实际工程设计而进行的。国内外已出版的异重流专著，似尚未有专门讨论浑水异重流工程泥沙的。

本书可供有关泥沙工程设计的不同领域的技术工作人员、泥沙工程研究工作人员、大学水利工程学院、流体力学专业的教师和学生及其掌管水利工程决策人员的参考和借鉴。

图书在版编目（ＣＩＰ）数据

异重流与泥沙工程实验与设计 / 范家骅著. -- 北京
：中国水利水电出版社，2011.12
　ISBN 978-7-5084-9310-7

Ⅰ．①异… Ⅱ．①范… Ⅲ．①水库泥沙—异重流
Ⅳ．①TV145

中国版本图书馆CIP数据核字(2011)第270860号

书　　　名	**异重流与泥沙工程实验与设计**
作　　　者	范家骅　著
出版发行	中国水利水电出版社 （北京市海淀区玉渊潭南路 1 号 D 座　100038） 网址：www. waterpub. com. cn E - mail：sales@waterpub. com. cn 电话：（010）68367658（发行部）
经　　　售	北京科水图书销售中心（零售） 电话：（010）88383994、63202643、68545874 全国各地新华书店和相关出版物销售网点
排　　　版	中国水利水电出版社微机排版中心
印　　　刷	三河市鑫金马印装有限公司
规　　　格	184mm×260mm　16 开本　38.25 印张　907 千字
版　　　次	2011 年 12 月第 1 版　2011 年 12 月第 1 次印刷
印　　　数	0001—1500 册
定　　　价	**128.00 元**

凡购买我社图书，如有缺页、倒页、脱页的，本社发行部负责调换

序　言

泥沙工程学中的泥沙运动规律研究，自 20 世纪 30 年代开始受到流体力学学者的关注而开展实验研究，随着工程建设和科学实验和理论研究的进展，已逐步形成一个较完整的学科。

泥沙工程学涉及处理河工、坝工、港工以及其他行业工程水域中泥沙所引起的而需要解决的泥沙问题。新中国成立以来，国家开展大规模水利、水运、航道、港口和工业建设，为妥善处理其中泥沙问题，进行大量的规模巨大的河道测量和水沙观测、现场查勘以及实验研究工作。我国工程技术和科研人员在实践中，累积了不少处理泥沙的经验，从而充实了泥沙工程学科的内容，扩展了它的应用范围。

本书主要是作者在国家建设中接受工程单位委托任务的研究成果。全书分三个部分：一为异重流水力学；二为泥沙工程中水库淤积、沉沙池和挖槽回淤等有关泥沙设计问题，其中不少处涉及异重流淤积问题；三为泥沙沉淀和饱和含沙量水槽实验的研究成果。

作者从事异重流研究开始于 1955 年水利部泥沙会议规划中的三门峡水库建设中水库异重流排沙的可能性研究项目。在此研究工作过程中，同时接受水利水电和交通设计单位委托进行的三门峡工地沉沙池、电厂沉灰池、京杭运河穿黄引航道等有关异重流淤积的研究。对其中异重流运动机理，结合综合分析异重流基本现象，一起归纳为第一部分异重流水力学。

以往的流体力学，大部分是讨论均质流体问题，而异重流（分层流），如挟沙水流，则讨论非均质流体问题，因此讨论均质水流的流体力学是分层流的一个特例。随着科学研究的进展，分层流问题将会受到愈来愈多的关注，对水沙运动作出更符合实际情况的描述，在工程建设中得到更多的应用。

本书稿是近四五年整理编写而成，我想科研人员受国家委托对某个要求解决的问题，花费国家大量资金、人力和时间进行科学研究，所得研究成果和技术经验，有责任向委托单位详细介绍，使大家分享研究成果，从而共同提高解决泥沙问题的专业水平。为此，应无保留地提供详细资料，供同行检验校核，以便在今后国家工程中遇到类似泥沙问题，在规划设计上，可以减少或避免先前曾经由于缺乏对问题的了解，或者缺乏这方面的经验而犯的错误，使工程得以持续运行，发挥有益作用，惠及广大人民群众。其次，在学术领域，通过交流讨论，相互学习，可以避免重复工作，节省国家资金和人力。本着这种期望，将本书提供给泥沙工程技术人员、科研人员、观测人员和工程决策人员在工作中参考、检验和应用。对书中的不完善之处，甚至对问题理解错误，均请不吝指正。

在搁笔之际，回顾从事泥沙工作，从离开学校至今，已 50 余载。我有幸做泥沙科研工作，去探索事物的物理现象和机理，按照所形成的物理图形，探讨求解工程设计方法，觉得这是很有意义的工作。有机会做这种工作，由衷地感谢引领我进入泥沙领域的谭葆泰老师。在抗日战争时期，我流亡到重庆借读，得有机会选修系主任谭老师讲水力计算和灌溉工程。谭老师讲课，概念清晰，深入浅出，生动流畅，使我对水力学产生很大兴趣，故在结构专业之外加学了一些水利课程。毕业时，谭老师要我到他那里去工作，因此，我自磐溪试验室开始长达半个世纪的泥沙科研工作。我对谭老师满怀感激之情。在我的泥沙科研道路上，另一位令我终生铭感的是北京大学校长周培源老师。当我脱离泥沙科研岗位下放山西两年后于 1972 年，在他的帮助下，清华大学调令、水利部调令同时到达山西，使我得以继续科研工作。两位老师对我的教导和无私帮助，我终生感激。在本书即将付梓之际，谨记数语，以寄托我对他们的怀念。

本书中许多工作是我在 1987 年退休以前同小组的同事一起完成的，另有一些则是在退休后做的。参加异重流和水库小组，北大港试验小组以及饱和含沙量试验小组工作的同事有吴德一、姜乃森、沈受百、焦恩泽、陈裕泰、王华丰、陈明、黄寅、王恺忱、黄霖恩、蒋如琴、周文浩、罗福安、彭瑞善、缪集泉、常德礼、南京水利实验处的金德春、柴挺生；此外，有作者指导做毕业论文的北京大学数学力学系同学俞维强、中国科技大学同学范植华、吉新华、吴棣华，以及研究生黄永健、颜燕、程桂福。泥沙所徐韵馥、许国光以及南京水利实验处倪文仙三位同志做了大量的泥沙颗粒分析工作。在长时间的共同工作过程中，书中提出的成果，包含大家的劳动和心血，非常感谢他们的共同努力。

在成书过程中，泥沙所祁伟、陆琴、戴清等同志帮助录入整理全书文字、图表，工作量很大，在他们的帮助下，才可能较快地完成定稿，多蒙戴清教高在全书统稿期间鼎力协助，在此一并感谢。

本书的出版，得到中国水利水电科学研究院匡尚富院长和泥沙研究所曹文洪所长的支持并办理出版基金事项，深表感谢。

范家骅

2010 年 8 月 15 日

目　　录

序言

第一部分　异重流水力学

第二部分　泥　沙　工　程

第三部分　泥沙沉淀和饱和含沙量水槽实验

第一部分

异 重 流 水 力 学

第1章 本书讨论的内容和泥沙问题的研究方法

1.1 本书讨论的内容

本书内容主要分三部分：异重流水力学、泥沙工程以及泥沙沉淀和饱和含沙量水槽实验，主要介绍了浑水异重流运动力学若干问题的试验和泥沙工程中泥沙问题（包括涉及异重流运动）的设计方法，所讨论的工程问题包括为沉沙池淤积、挖槽回淤、水库淤积几大项。

本书大部分工作是作者及其同事们接受委托工程试验项目的工作成果，以及在工作过程中观察到某些关键问题或未能解决好的问题，在项目完成之后继续做的工作成果。

在工作过程中，常为了了解现场情况，用于验证试验结果，需要到实地做工程调查，收集实测资料，将现场调查资料进行分析，同实验室资料进行对比，使有可能把试验结果应用到原型中去。

在实验中获得泥沙运动的感性认识，经过分析，建立简化的物理图形，从而列出计算方法，用实验资料和现场资料加以验证，以求得可用于设计的计算方法。

在建立图形和计算中，常需引进近似方法和使用实验或现场资料的经验系数。因此提出的计算方法，仅适用于一定范围，存在一定的局限性。因此，在各章的叙述中，尽可能地详细介绍实验过程，并提供实验原始数据，分析计算过程。这些有关资料提供给设计和科研人员，让他们了解我们所提供设计方法的依据，并可用以做进一步的检验。

本书第一部分介绍异重流水力学，包括第1章至第14章。

第1章除本书讨论的内容概述以外，还讨论泥沙问题的研究方法。实验室试验、现场实测资料分析和理论分析三种方法和综合分析，都是求解问题过程中采用的方法。单独的理论分析结果必须要获得实验或现场资料的验证，方可应用于实际设计中。

第2章讨论涉及不同工程领域和不同学科中的异重流运动。流体中挟运悬浮质泥沙的运动在一定条件下即会转变为分层流（异重流）运动，异重流也可以在许多自然情况和人工工程中被看到或用仪器观测到。

气象学中冷热空气密度差形成大尺度的冷空气前锋和沙尘暴；海岸大陆架因地震引起泥土坍塌造成的高含沙量异重流前锋流速可达26m/s，而在实验室内水槽中异重流流速则小到每秒数厘米。不同学科研究的异重流问题，其中有的问题的异重流运动规律是类似的。

在不同工程领域中存在着运动性质相同的异重流运动而对不同工程具有类似的影响：例如高浓度异重流在水库中沉淀现象，在水利工程中的蓄水水库与矿冶工程中尾矿砂储沙水库中，具有相同的规律。2008年冬报道的陕西、山西尾矿砂垮坝事故，可能是设计和管理人员没有使用水利部门处理和监测水库淤积的经验，没有注意监测，任尾矿砂在坝前的堆积过多以致坝体不能承受而导致垮坝；又如异重流进入盲肠水域造成持续性淤积，反映在交通航运工程中的海港和河港内的泥沙淤积，水电工程的引航道淤积，水利工程挡潮闸下游渠道的淤积，盐业工程海岸引水渠内的淤积，林业工程在河边划出一定水域用以安放木筏的类似河港水域内的淤积，这些工程中的异重流运动机理是相同的，设计计算方法也基本相同。

第3章至第13章讨论异重流水力学的一些问题。

第3章讨论异重流运动的基本方程，在水槽试验中为求取异重流阻力系数，最初列出的不均匀恒定流方程，未考虑交界面的掺混系数。后来 Ellison、Turner 列出的运动方程，包含有盐水异重流水量掺混系数。在分析船闸引航道浑水异重流运动中，列出空间运动方程。

在第3章还按 Schonfeld、Schijf 所列方程，介绍水槽实验的盐水楔长度等问题；本章还介绍水槽中观测的在缓流和急流条件下的异重流流速分布，并综合分析不同流动下的实验交界面阻力系数。至于方程式中的掺混系数表达式，则在第5章中讨论。

第4章讨论异重流的潜入点判别数。从均质流转变为分层流（异重流）时的潜入断面的判别数，国内外有不少人做过盐水实验，我国主要做含沙水流的试验，我们1959年的含沙水流潜入点试验所得的判别数为文献中首次提出的定量数值。后来有不少人进行盐水或热水，高含沙量水流潜入的实验（曹如轩、焦恩泽），曹如轩、焦恩泽的潜入点判别数表明密度 Fr 数随含沙量的增加而减少。作者曾把他们的实验，试加一密度差因子，得一个统一的经验公式。

第5章讨论异重流交界面掺混系数。这方面的试验，绝大多数是用盐水做水槽试验，最早是由 Ellison、Turner（1959）的盐水异重流在陡坡上的试验中获得掺混系数与 Richardson 数的经验关系，按照掺混系数的定义，所谓水体掺混量，即交界面上面的上层水体掺入下面的异重流之中的水量。在他们的经验式中，当掺混系数为零时，Richardson（以后简称 Ri）数约等于0.8。他们没有做很小底坡的异重流缓流的实验。后来，我们利用在50m长水槽中底坡小，相当于缓流异重流的范围的试验资料，以及颜燕浑水异重流急流试验资料，分析得浑水异重流的缓流（负掺混）和急流（正掺混）流动下的掺混系数经验关系式。

第6章至第11章讨论异重流恒定流若干流动形式。异重流孔口出流，异重流前锋、急流异重流、泥水垂向射流、异重流通过扩宽段和收缩段时流动，异重流水跃。

第6章讨论异重流孔口出流的极限吸出高度判别数，作者采用一种参数形式 H_L，对盐水实验，可用一定值 H_L 以基本上概括所有前人和我们的实验结果，而对浑水异重流，可用略大的数值来概括所有实验结果，此值可用于孔口和底孔泄沙的设计。

第7章讨论异重流前锋，介绍前人的理论分析和盐水异重流前锋资料，包括锋速、头部形状、船闸交换水流异重流前锋初速。并将作者利用浑水进行的盲肠河段口门处的异重流初速同盐水异重流初速资料进行比较。此外，还介绍船闸交换水流上层流锋速和中层流锋速的实验结果。

第 8 章讨论浑水在斜坡上的急流异重流实验结果，同前人盐水急流异重流的实验资料进行比较。介绍 Britter 和 Linden 分析不同底坡对有关流速系数的影响，以及对急流异重流头部混合和扩散所作的定性分析。

第 9 章讨论浑水和盐水垂向浮射流，垂向射流的形状和前锋（速度）用不同时间摄取的照片记录下来，射流前锋随距离掺入周围水体而逐步变大，而当前锋到达底部时与底部撞击形成水跃与掺混，并向槽的两侧以异重流形式分别向两侧运动。当槽中有环境流速时，垂向射流受不同流速的影响，浮射流的流向发生偏离。当环境流速大到某值后，垂向射流将不能流到槽底而位在底部以上处向前运动。此外还分析垂向浮射流含沙量的稀释情况。

第 10 章和第 11 章讨论非连续异重流或急变流的两种运动：异重流通过扩宽段和收缩段时的流动特性和异重流水跃。在 1959 年的研究报告中，曾分析扩宽和收缩，未引入局部掺混系数的影响，第 10 章的推导中加入掺混项，得上下游流速和含沙量的关系式；并利用实验资料，确定掺混系数同宽度比的实验关系线，根据实验关系所得掺混系数，代入所推导公式，即可求得下游的流速和含沙量值。分析得出在扩宽时，掺混为正掺混，即上层清水进入下层浑水层，而在收缩时，其掺混为负掺混，即下层水体进入上层清水层。在第 11 章中分析稳定和移动的两种异重流水跃时，同样出现前者正掺混和后者负掺混两种现象，利用动量方程和连续方程，推导包含掺混系数的内部水跃的理论公式。利用前人盐水、浑水、热水异重流水跃试验资料，求得各试验测次的掺混系数，把计算的掺混值同试验的掺混实验值做比较，得计算值小于实验值 10% 左右。

我们在水槽中进行恒定异重流试验之外，还进行非恒定异重流实验，在第 12 章中，用数值计算法计算不同断面异重流厚度随时间的变化过程。考虑异重流前锋下游边界条件，其异重流厚度为零。这种处理办法比较符合实际情况。

第 13 章列举黄河潼关站和 Newfoundland 以南 Grand Banks 在大陆坡地震造成高浓度海下异重流两类实例来说明异重流的冲刷现象。在黄河三门峡水库上游的潼关站，在观测断面输沙量时发现异重流流速和含沙量分布出现分层现象，利用这些资料计算输沙量，与根据悬沙不分层时拟定的计算方法计算的输沙量存在差异，故测站人员在断面上进行细致的流速和含沙量分布以及断面的变化的测验。从断面因时变化，看到在异重流洪峰过程中断面扩大，洪峰过后，断面面积变小。这说明异重流冲刷和淤积的交替过程。

Grand Banks 地震引起海岸滑塌，形成强大的海底异重流，测到异重流锋速最大达 28m/s（地震后约 1h），具有强大的冲刷能力，连续冲断海底电缆，历时达 13.3h。

第 14 章讨论异重流对工程的影响。在水库内泥沙淤积使库容减小，使兴利库容降低，有的水库支流库容大，但因在汇合处异重流淤积形成拦门坎，拦沙坎淤高使支流库容不能利用，又如支流靠近坝址，支流异重流在汇合处形成潜坝，不单影响发电的进流，还会增加电厂进水口的进沙量。此外坝前淤积会堵死排沙底孔。

在采矿区堆放尾矿砂，常修水库用以存储尾矿砂，如云南锡矿因受冶炼水平的限制，尾矿砂中仍含有锡金属，待以后冶炼水平提高，再提取尾矿砂中的锡。一般矿冶部门，设计水库贮尾矿砂，待尾矿砂坝淤满后，再寻新址建新坝。但当地适合的坝址有限，曾向有色冶金部提议，考虑利用尾矿砂的高浓度含沙流体的特性，将库中尾矿浆从底孔中通过明渠流槽流至低高程地区存放，其费用肯定比建新坝为低。

在河口航道深槽，受盐水楔和浑水楔（浑浊流）异重流运动的影响，造成槽内淤积。需要经常疏浚，以维持航道水深。

另外，进入盲肠河段的淤积（船闸引航道、河道港区）是一种异重流持续性淤积，影响航运，需要进行经常性的清淤工作。

据报道，在机场产生冷空气异重流时，在英国有一种鸟，会集中飞到异重流之中，飞鸟与飞机碰撞对飞机航行造成危险（Simpson，1997）。

本书第二部分讨论泥沙工程中的问题，包括第 15 章至第 27 章。首先讨论异重流和泥沙运动在不同工程中出现的设计问题：沉沙池工程，船闸引航道，河口航道、河口潮汐河段或海岸滩地挖槽回淤，以及水库泥沙工程。

第 15 章至第 20 章讨论水库泥沙问题，包括水库泥沙调查（第 15 章），水库中水沙运动和水库异重流（第 16 章、第 17 章），保持库容方法与长期可用库容（第 18 章、第 19 章）和孔口设置与坝址选择（第 20 章）。

水库泥沙调查的主要目的在了解水库中泥沙冲淤情况，泥沙在壅水区的三角洲淤积的特性，以及在库水位下降时冲刷的性质。现场资料分析所得结果不是实验室试验结果可以代替的，为此必须了解大型小型不同类型水库中泥沙运动实况，故访问查勘北方和南方所谓"多沙"和"少沙"河流上的水库近 20 座。分析不同水库的三角洲滩面的形成过程的实测资料和推导滩面比降的经验关系式，以及分析变动回水区航道冲淤情况以及推导冲刷比降的经验关系式。

第 15 章至第 17 章讨论水库中水沙运动和异重流运动。水库内水沙情况反映在流速和含沙量分布，以及淤积形态，三角洲淤积和异重流淤积，后者在坝前形成浑水水库的淤积，此外，讨论支流汇入的汇流区的水沙分层运动。当库水位下降时，产生冲刷，冲起的泥沙在水库的下游部分的壅水区形成异重流并排出库外的复杂水流。当水库进行泄空冲刷时，库内产生强烈冲刷。受冲刷的河槽内底沙发生粗化，影响其河槽底部的冲刷比降。

在水库异重流的讨论中，我们概括异重流运动现象并定义异重流持续运动的条件，即浑水水流进入壅水区在某断面潜入形成异重流后，异重流沿库底持续运动至坝址，从而有可能排出库外。这种过程，我们称为异重流持续运动条件。根据所建立的连续方程，以及分析不同流速所能挟带的最大泥沙粒径的关系，提出近似的经验关系式，用于分段计算异重流流速和含沙量，直至计算到坝址，假定流到坝址的异重流即为可能排出的数量。利用三门峡水库和美国 Mead 湖异重流实测资料，进行对比验证。

第 18 章总结国内外水库的保持水库库容的方法：①水土保持减少进沙量；②加大进库水沙的排沙量；③库内淤沙的排除。利用实例分析方法，探讨水库减少淤积和保持库容的方法。

第 19 章讨论可持续使用的库容，论述所需满足的条件，影响库容大小的各种因素，如底孔的位置，孔口大小和流量的大小，运用方式以及可能冲刷的主槽的大小等。

第 20 章讨论底孔设置和坝址选择。根据在国内外建坝的过程中累积的经验，设计人员已认识到为保持有效库容，应设置底孔用于排沙，底孔的设置应在规划设计阶段考虑。笔者认为底孔的设置应当在坝址选择时进行考虑的理由是：因为选坝时，在设置孔口大小和泄量的条件下即可估计水库内淤积的分布情况，可以估计对上游地区和下游河道可能造成的危害，从而可以判断选择此坝址是否合适，如不合适，是否可以选择附近的坝址，以避免对于上游和下游的某些危害。

第 21 章至第 23 章为沉沙池工程。我们做过两类沉沙池实验：一类是异重流壅水沉淀；第二类是非壅水沉淀。首先介绍浑水或粉煤灰异重流的壅水沉淀实验和沉沙池设计方法。其次第 22 章讨论低含沙水流在海水沉淀池中的均质流和分层流沉淀实验和冲刷实验，以及沉淀池尺寸的设计方法。最后，第 23 章，利用泥沙扩散方程对低含沙量在海水沉淀池中的沉淀和淤沙冲刷进行垂向二维数值计算。

第 24 章至第 27 章讨论船闸引航道，河口航道、海滩或河口段挖槽后的淤积问题。

通航河道上修建水利枢纽，会遇到船闸引航道内异重流淤积，影响航运。类似问题有的河口在修建船闸时，会遇到盐水异重流进入船闸，并进入船闸上游河道，影响河水的水质。在第 24 章中讨论引航道口门处形成的异重流前锋初速，异重流在引航道内流速的变化，以及异重流含沙量沿程的变化，用于估计船闸引航道内沿程泥沙淤积量的变化。在分析现场观测和水槽试验各类资料中，鉴于异重流在运动沉淀过程中分离出部分清水进入上层清水层的掺混现象，建立了一种异重流空间运动方程，并求得解析解，用于估算泥沙淤积数量。

第 25 章介绍长江口盐水楔和浑水楔导致航道内的淤积情况，根据前人盐水楔实验和长江口现场实测资料，说明盐水楔的运动特性，盐水楔与浑水楔有密切关系，分析长江口航道的盐水楔和浑水楔的运动位置以及沿程航道的淤积数量。

长江口航道在大风天会带来骤淤现象。上海航道局曾对大风天滩地新淤被掀起形成底部异重流，进行含沙量分布观测。异重流侧向流进挖深的航槽，使航深变浅。所以，航道内不仅受纵向的盐水楔伴随浑水楔导致的淤积，同时受到航道两边滩地上风浪掀沙形成异重流侧向进入航道的淤积。因此，航道修筑导堤，可阻止侧向泥沙进入航道，减少航道内的淤积量。

第 26 章和第 27 章讨论海滩引潮沟和河口段引水沟的淤积问题。针对海滩引潮沟的设计问题，我们曾进行潮汐模型试验，求得不同潮汐水流和挟沙量的情况下沟内的淤积量，然后同天然的类似条件的挖槽回淤的实测淤积率进行对比和验证。在河口段的引水沟淤积，同海滩上的引潮沟淤积，性质上基本相同。根据简化的图形，分析滩地与挖沟沟内的淤积量随平均含沙量 c 与水深 h 而改变，利用天然不同情况的挖沟后的淤积量实测资料，点绘 ch 与淤积率的关系线，从而估计河口段滩地上开挖的引水沟内的淤积量。

第三部分介绍泥沙沉淀和饱和含沙量水槽实验，包括第 28 章和第 29 章。

第 28 章讨论紊流中泥沙的扩散，通过泥沙沉淀实验和理论分析，获得泥沙扩散系数的表达式。

第 29 章分析饱和含沙量试验资料，提出饱和含沙量经验公式。

1.2　泥沙工程研究方法

泥沙运动力学和流体力学的研究方法，以往学者多有论述。谭葆泰（1947）在"泥沙问题之范围"论文中，讨论泥沙的研究方法时，指出研究的方法包括"理论分析，系统试验与实际测验"。他提出要"重视对工程中的物理现象的观察和阐明，以数学为主要的分析工具。分析事物的实质，而非虚玄数学技巧，把握物理概念，至为重要。"陆士嘉（1981）在译 Prandtl"流体力学概论"译本第 2 版序中指出，新版"在论述上保持了原著强调物理直观的特点，着重从观察现象出发，对流体运动进行分析，找出现象的物理本质和关键问题，然后将主要的物理关系用简化的数学模型表达出来，并进行理论计算……"。Prandtl 研究流体力学"解决问题的办法是重视在实际中遇到的矛盾问题，通过实验寻求了解其物理本质，再导出数学方程，用以总结提高所得的物理概念，从而得出定量结果，并对照实验结果找出答案"。她更指出 Prandtl"反对在没有了解现象的物理本质以前，单纯搞繁琐的数学推演。"Prandtl"流体力学概论"的二、三作者，Prandtl 的学生，在序言中强调在其书中"详细地讨论问题的物理现象和概念，以便使读者能建立起思维模型"。前辈们根据他们的经验，提出关于研究方法的论述，至关重要，对我们的工作，具有非常有益的指导意义。

　　现将求解泥沙工程问题的方法，根据本人的理解和经验，讨论如下：

　　泥沙工作者在处理泥沙输移、淤积和冲刷的技术问题时，首先应对问题的物理现象有一个基本的理解，分析其主要矛盾。然后考虑采用何种定性或定量方法求解此问题。工程师的实践经验和判断是十分重要的。所采用的求解方法，包括比尺模型、数学模型、理论分析、水槽试验，或用对现场实测资料的统计或水力学分析，或用文献中前人研究实验成果或实际工程成功的建设经验进行对比分析，或者甚至仅仅根据工程师自己的实践经验，作出估计。例如，在水库建设中，如果对泥沙可能引起的问题，对上游库区，以及下游可能产生的问题，有了以往的正面和反面经验，就能对其影响或危害程度做出估计，就能通过对水库的运行方式，以及孔口的设计，以控制来水来沙和库中水位以及泄出水量沙量，控制库内泥沙淤积向上游延伸，并控制泄沙对下游河道的影响，以及控制水库冲淤，以保持可持续的使用库容。我国已累积有一套经验用于水库规划设计，并在实际运行之中贯彻执行，同时根据实际来水来沙情况，变通运行方法，以获得最佳效益。

　　图 1-1 列出求解问题可能采用的多种手段和它们之间相互依赖的关系。

1.2.1　工程师的经验

　　在 20 世纪三四十年代，水利工程师为治河，水库的设计，主要是根据工程师的经验，如英国工程师在英国工程师协会学报上刊出的论文所述。工程师在其建造工程的经验和失败中吸取有益的教训，为以后工作中提出改进措施。1980 年在 Tunis 召开的水库泥沙会议上，法国 Grenoble 的 Nerpic 实验室 Mechon 工程师在他的论文中指出，工程失败的经验，是工程师的宝贵财富（Mechon，1980）。我国工程师从水库建设中吸取成功的经验和失败的教训，提高了工程的设计水平。同时，中国的经验通过国际间的交流，也已惠及国际的水库建设（Morris、Fan Jiahua，1997）。

　　工程师的经验也来自他们考虑到的工程设计中泥沙问题，安排科研单位和水文泥沙观测单位进行一些项目的分析研究，这些研究成果在设计工程中加以应用，从而累积了求解问题的经验。

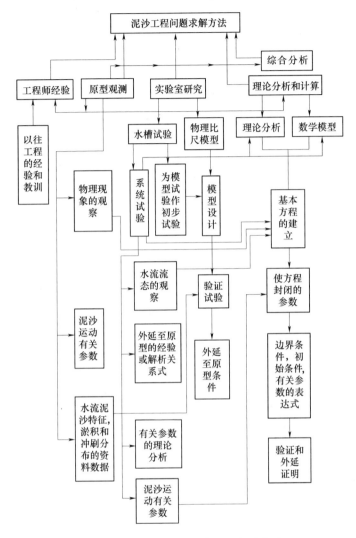

图 1-1 泥沙工程问题求解的各种方法

1.2.2 水力计算、解析计算和数值计算（数学模型）

如一问题能用解析方法来求解，须建立一个描述流体中泥沙运动的微分方程。为了求出所推导的方程的解，常需做出某种简化和假设，并掌握有关参数的知识，使方程封闭。例如在求解悬沙扩散方程时，要求给出挟沙水流中的扩散系数的表达式。当给出起始条件和边界条件，其微分方程可用解析法求得，或用数值法求解，但是用计算方法获得的结果还必须经过现场资料或实验室（水槽）试验资料的验证。

又如，关于引航道内异重流沿程淤积分布的估计，笔者做法是可先通过水槽实验，求得不同异重流含沙量淤积时从异重流中分离出的清水量，从而求得不同含沙量与分离速度的经验关系，利用建立异重流空间运动方程求解，求得流速和含沙量沿纵向的变化，即可获得沿程淤积量的分布（范家骅，1980）。此外，方春明等（2006）用二维水流和泥沙方程，进行数值计算，求取引航道内沿程淤积量的分布。近年来，有人利用 $\kappa-\varepsilon$ 方程进行水库中异重流沿程变化的计算，其中许多参数系借用清水各向同性紊流中的参数，其计算结果似仅有定性意义，但可从中描述若干现象的细节。

1.2.3　模型试验和水槽试验

在工程规划阶段，物理模型常用来定性或定量地求解泥沙问题。在进行模型试验之前，为了设计泥沙模型，需要有关河道或渠道的现场水文泥沙资料；模型比尺选定后通过初步试验，校正或修改模型比尺。此外，还需要一定数量的天然资料用于模型的验证试验。然后进行模型试验，预估在河道或渠道不同地段泥沙淤积或冲刷。其次，模型比尺的选择是基于挟沙水流定床或动床模型的相似律，以及考虑试验室可能提供的空间和流量的限制，应同时进行模型沙的选择，一般常用水槽试验来决定其大小和级配。利用模型试验，可预先观察到不同工程布置条件下出现的特定水流泥沙运动现象，这对负责工程的工程师和决策者是非常有价值的，从模型中在已知水流条件下可得到水工建筑物的较有利的布置，以及获得工程的较佳的运行方式。

水槽试验常常用来解决特殊的泥沙问题。例如底沙，悬沙或异重流运动情况，可以在水槽内观察到。水槽试验中常采用"系统试验"的方法：经仔细观察，各因子或变量的资料均可测到，并得出定性或定量的参数之间的表达式，或者用统计法求得经验关系式。有时，从水槽得到的数据可以用来分析特定泥沙问题。如天津大港电厂的长沉沙池的尺寸的确定（范家骅，1984），由足够长的水槽内观测的资料来分析求得。进行水槽试验的过程中，须注意所测的数据，如含沙量分布，应重复测多次，至少 2～3 次数据基本相同方可证明这次试验的水沙运动是恒定的。

设计水槽试验的进水进沙条件的设计，有用循环水流，其中含沙量随水流而改变；也有用定常流量和定常含沙量的进流条件的。笔者做异重流试验，均用定常流量和定常含沙量的进流的方法，而其出流水沙，不使进入进水池，以保持进水进沙的定常。

但是模型试验和水槽试验有其局限性。模型试验在某些细节水沙运动并不能完全相似，如前人做过的若干枢纽模型中的船闸引航道模型淤积量，与天然实测值相差很大，原因可能是引航道口门的含沙量同天然出现的值相差过大。我们知道，以前的河道模型，似仅能作出河道冲淤量分布的基本相似，而对河床中沿程含沙量分布的相似，可能难以做到。另外，异重流比尺在枢纽模型中因比尺变态，模型长度常失之过短，因之导致水沙情况与天然的不一致。

在河工模型试验的实践中，20 世纪 60 年代，中国水利水电科学研究院泥沙所在陕西武功进行过野外大模型试验，由于模型过大，操作起来非常困难，仅加沙一项，就很难精细。本人未看到此实验的关于其精度的报告。70 年代，有单位做过长距离的河道模型试验，它包括河道中的数个控制断面，要求在这些控制断面上的含沙量和粒径做到相似，恐怕是很难的一件事。所以，如果模型过大，不好操作，反而会降低模型的精确度，也不能保持泥沙的相似。因此，在模型设计确定比尺时，应考虑模型可能达到的精确度和易于操作等各种因素。

1.2.4　原型观测

河道、水库或河口的泥沙运动的实地观测资料，对求解各种泥沙问题，具有不可或缺的重要意义。实地观测资料，虽然其精确度有一定的限制，但仍可用于分析各物理因子的关系，分析河道或渠道中泥沙运动的规律。例如，长江、黄河或其他河流各测站的实测资料，用以分析和求得河道水流挟沙能力公式。实地观测资料，还用于模型试验或数学模型的验证试验和检验试验。

原型资料对建立描述泥沙运动的基本图形是很有用的，根据图形，可推导泥沙运动方程。用于求解其中某种参数，以及求解某些特定的泥沙问题。

原型观测资料，因具有大的尺度，故可用以把从实验室水槽试验所得的经验关系式，外延至原型情况。

当然，在分析原型资料时，需考虑基本物理现象和统计分析方法，这有助于取得基本合理的数据。例如，关于水库内河底比降值的确定，目前用某水位以下的面积除以该处的断面宽度，作为平均河底高程，将连线作为平均河底比降，其代表性并不理想，它不如有人采用的各断面同流量的水位连线，作为平均河底比降值，更具有代表性。有时将断面的底部较平的部分取其平均值，将其连线作为平均河底比降值，或者采用各断面的最深点的连线，在取值时忽略显著的过低的点，可得一平均河底比降值。后面两种办法，均可得比较具有底部特性的平均河底比降值。至于水库的滩面比降，因滩面较平，取值误差小，可得比较理想的平均滩面比降值。

1.2.5　综合分析研究

泥沙运动的问题一般很复杂，故常用综合分析的方法，用多种途径探求解决。在荷兰一次河口盐分分布会议上 Schofeld（1976）针对会议论文，作了一个综合分析的发言，指出仅用现场观测，模型实验或计算，可能不能解决问题，需用综合分析，以求问题获得较好地解决。

笔者在工作中同样感到综合分析方法的重要意义。例如，船闸上下游引航道内淤积数量，从模型试验所得的量是粗估的量，因为以往的模型试验得出的量，常小于天然实测的量。究其原因，可能是因为模型的变率大，长度比尺往往缩小过大，槽长短于异重流运动的浑水楔时，势将产生异重流壅水，从而使进入引航道的异重流减小，导致进入盲肠的泥沙淤积量相应减小。另外，也由于引航道口门的含沙量，天然与模型中不能相似所致。所以，由于模型中的这些不能保持相似之处的限制，可考虑放弃采用模型试验来求得淤积量，而采用根据类似工程的实地观测资料，进行理论分析以及进行水槽实验，建立图形，进行分析求解。对于船闸上下游引航道内淤积数量，采用实测资料分析和水槽试验方法来求解淤积量，在已知进口含沙量的条件下，已证明可求得比较精确的量（范家骅，1980）。

工程师的经验，在接受求解某特定泥沙问题时起到重要作用，他的经验对于预估泥沙淤积或冲刷的过程，也是有用的。工程师对工程问题作出总体的估计，考虑在规划、设计和运行各阶段的经济和技术方面的效益以及可能出现的困难。

经验来自用心刻苦钻研，要分析物理现象，阐明有关工程问题的泥沙运动机理。经验来自对以往河道工程建设的历史经验的学习，对以往工程中发生的失败教训的思考。此外，从搜索有关文献，采用合适的工作方法，正确的思想方式，以及仔细的检验校核，从而获得有用的经验。

对于不同问题，宜采用不同方法做综合分析，现举作者经历的例子，说明如下：

（1）曾根据谭葆泰老师讲授灌溉工程课时提到泥沙起动时的推移力公式，推导得一渠道平衡断面的方程，求解得一个平衡断面形状的表达式，其中包括一个表征土壤性质参数。后来到川西地区做实地调查，并选择相对处于平衡的地段测量断面的形状。用实测资料与理论公式进行对比，得到两者符合的结果，其中土壤性质参数随土壤性质而变，含黏土成分愈多，其参数值愈小（范家骅，1947，见附录2）。这个例子的定性结果说明，理论推导的结果，需要实际原型资料的比较和验证。

（2）通过水槽试验观察泥沙运动的物理现象，然后对所得资料进行统计分析，并推导出表征运动规律的计算方法，解决实际问题。1960年为运河穿黄船闸引航道淤积试验，利用简单的设备进行异重流试验，观察到泥沙沉降的图型和机理，通过水槽试验，获得引航道口门处一定黄河水含沙量的条件下形成异重流的判别数，利用此关系式，并利用槽内异重流中泥沙沉淀时异重流中有清水上渗进入清水层，其清水量流出引航道，从而建立一个下层进入流量和上层流出流量相等，流向相反，下层进沙，上层出清水的图形，提出了估计淤积量的方法。由于穿黄工程引航道中淤积量过大，故提出运河平交穿黄是不可取的结论。这是一个利用很简单的水槽实验，建立物理现象的图形的方法，解决设计中一个关键性问题的例子。

（3）前面提到的考虑接受大港电厂沉沙池尺寸的确定的任务时，当时设计院已在工地上修建沉沙池的一边墙，等待试验结果，以确定沉沙池大小。经过初步估算，根据对异重流的沉淀特性的以往经验，可估得一大致的尺寸，但需经过水槽试验的验证，因此决定接受试验任务。针对含盐低含沙量水流中泥沙沉淀时的流态，希望通过形成异重流淤积，达到较佳的沉淀，故设计水槽，进行实验。最初使用短槽实验，发现异重流到达槽尾时发生壅水，这种情况不符合天然实际情况，因此，将水槽延长至104m，通过系统试验，终于找出在一定水沙条件下的浑水楔长度的结果，在此条件下所引水流的低含沙量泥沙，可基本沉淀完毕，从而根据水沙条件，确定沉沙池的尺寸，满足了设计的要求。

利用原型资料作出定量估计的例子是：苏南某拟建核电站拟在潮汐影响河段开挖引水渠引水，要求提供闸前的淤积量数据。通过对水沙运动方程的分析，得到淤积率含有某一系数的关系式，通过对类似工程的查勘调查以及实地观测淤积率资料，进行类比，从而得到淤积率值。这是一个利用原型资料以及异重流上下层交换水流的原理综合分析来解决实际问题的例子。

从上述例子，可见实地调查和观测资料的重要性。当然实地水沙和地形资料的取得，不是一件容易的事。为了了解水库三角洲淤积及其上延的机理，考虑到水槽试验结果难于外延到原型的情况，为此，笔者采取实地调查的方法，曾先后查勘和收集许多水库淤积的实测资料，进行水沙因子分析，获得滩面比降的经验关系式，以用于对水库淤积发展的估计（Fan、Morris，1992）。

总之，泥沙问题现在还是一个不成熟的学科，需要科研工作者不断地学习，用多方面的工作，面对困难，方能求得解决办法。

参考文献

范家骅 . 1947. 平衡渠道断面形式之研究 . 水利（泥沙专号），15（1）：71 - 79.

范家骅 . 1980. 异重流泥沙淤积的分析 . 中国科学，(1)：82 - 89.

范家骅 . 1984. 沉沙池异重流的实验研究 . 中国科学 A 辑，(11)：1053 - 1064.

方春明，李云中，牛兰花，谭良 . 2006. 三峡工程临时引航道泥沙淤积模拟研究 . 水利学报，37（3）：320 - 324.

谭葆泰 . 1947. 泥沙问题之范围 . 水利（泥沙专号），15（1）：1 - 5.

Britter，R. E. & Linden，R. E. 1980. The motion of the front of a gravity current traveling down an incline，J. Fluid Mech.，Vol. 99，part 3，531 - 543.

Ellison，T. H. & Turner，J. S. 1959. Turbulent entrainment in stratified flows. J. Fluid Mech. Vol. 6，Pt. 1：423 - 448.

Fan Jiahua and Morris，G. L. 1992. Reservoir sedimentation. II Reservoir desiltation and long-term storage capacity. Journal of Hydraulic Engineering，ASCE，118（3）：370 - 384.

Mechon，Y. 1980. Rapport général introductive sur le dévasement des retenues. Seminaire International d'Experts sur le Dévasement des Retenues，Tunis，1er - 4 Juillet 1980：6.

Prandtl，L. 1952. Essentials of Fluid Dynamics（Authorized Translation）Hafner Publishing Co. New York.

Prandtl et al. 1981. 流体力学概论，郭永怀，陆士嘉译 . 北京：科学出版社.

Schonfeld，J. C. 1976. Synthesis and its application to practical problems. Salt distribution in estuaries，Proceedings and Information，No. 20，Committee for Hydrological Research，TNO，The Hague. 139 - 151.

第2章 异重流问题研究的范围
——不同工程领域和不同学科的异重流运动

2.1 异重流问题研究发展状况及各学科范围

异重流是两种密度差别不大的流体，主要因密度差异而产生的相对运动。流体密度的差异有许多种类，气流或水流的温度不同，气流中挟带雪花、尘埃或细粒泥沙，水流中挟带细粒泥沙或水流中含有盐分等，都可造成因流体密度的差别而形成异重流运动。Hinwood（1970）指出，事实上，流体力学和水力学中讨论的均质流是分层流的一个特例，即密度差为零的一种流动。

异重流的形成有沿底部运动的下层异重流，也有在具有密度梯度的流体的中间层运动的中层异重流，也有在流体表层运动的上层异重流。

异重流这一名词，在我国最初出现于1947年《水利》第15卷第1期泥沙专号的一篇译文上。国外对异重流（Density current）运动，因专业学科不同名称也不同：如密度流，分层流（Stratified Flow），浑浊流（Turbidity Current），底流（Underflow），重力流（Gravity Current）等。较早记述异重流现象的是19世纪末瑞士学者注意到浑浊寒冷河水进入湖泊，潜入湖底形成潜流的情况。20世纪一二十年代，人们害怕阿尔卑斯山区山水进入水库可能降低库内水温不适于游泳和影响旅游收入，因此，欧洲水力实验室于20世纪20年代利用浑水形成异重流进行水槽定性试验，研究异重流排出的可能性（Smreek，1929），以及利用盐水代替密度较大的冷水进行水槽试验（Schoklitsh，1929），观察下层异重流运动情况。实验证明，它可通过底孔泄出而不致影响湖水温度。后来，有实验室利用盐水模仿浑水在水库中异重流运动的情况。虽然当时还未使用异重流这个名词，但对其现象已作了一些描述。

1935年，美国米德湖蓄水时库底孔口排出浑水，这个现象说明进库浑水可以在库底持续运行百余公里后通过孔口排出库外（Grover & Howard，1938）。此后，异重流研究引起不少专业的注意，20世纪40年代开始，美国分别在水利实验室和水库内进行实验和现场观测。近数十年，发表的异重流文献与时俱增，并有专著问世（Simpson，1997；Turner，1973）。

异重流现象在自然界许多场合中以及在实际工程中存在。异重流研究在不同学科中，包括上层流、中层流和底层流，已先后被广泛注意，显示其重要意义。异重流的研究，在流体力学中，考虑密度影响的因素，扩展其研究范围，也扩展了实验流体力学的领域。从现象的描述到实验分析，以及具体问题的定量计算，都已取得不同程度的进展。不同学科的学者分别进行相关研究工作，如在流体力学、地质学、火山学、气象学、海洋学、地理学、环境工程学、给水工程学、水利工程学以及泥沙工程学。在这些学科中，研究密度分层的问题，有其共同性，更有许多学科中，涉及泥沙异重流的内容。如在地质学、火山学、气象学、海洋学、地理学、环境工程学、给水工程学以及水利工程学中，均有研究流体中挟运泥沙颗粒的异重流运动的问题。在许多工程领域，在致力于解决工程和环境问题时，需要有关异重流知识的逐步累积。表 2-1 扼要地列出不同学科和各类工程的异重流的研究范围。图 2-1 简要地列出若干工程异重流问题，包括水库异重流、盐水楔和浑水楔、冷水（沙尘暴）前锋、坑道中甲烷上层流、两河汇合处形成分层流、船闸引航道和沉沙池工程等异重流问题。

表 2-1 异 重 流 的 研 究 范 围

学 科	工 程 类 别	研 究 项 目
泥沙运动力学	水利工程	水库泥沙淤积与排沙
		水库内温度分层
		选择性取水
		防潮闸下游引潮沟内泥沙的淤积
	给水工程	沉沙池
	电力工程	沉灰池
	航道与港口工程	河口航道与港内泥沙淤积
		船闸引航道泥沙淤积
	矿冶工程	储存尾矿砂的水库淤积与泄沙
		矿井内甲烷上层异重流
河口学	河口航道工程	河口浑浊流与航道浮泥淤积
		河口盐水楔
地质学		大陆坡上海底峡谷的形成
		深海中粗沙与细沙的存在
		雪崩
流体力学		两层流交界面波动
气象学		雪崩
		沙尘暴
		冷热空气运动引起的雪暴
海洋学		海峡的分层流

实际工程中观测到的各种异重流密度差范围，列于表 2-2。

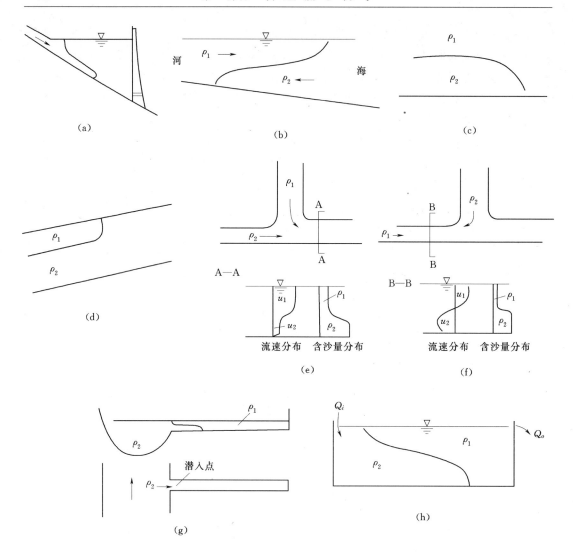

图 2-1　工程中的异重流流动情况示意图

(a) 水库异重流；(b) 河口盐水楔与浑水楔海峡交换水流；(c) 冷风前锋沙尘暴前锋；(d) 坑道内甲烷上层流；
(e) 两河汇合处分层流；(f) 两河汇合处倒灌分层流；(g) 船闸引航道；(h) 沉沙池异重流

表 2-2　　　　　　　　　　　不同工程中实测异重流密度差的大致范围

异重流种类	水流流动情况	地　点	密度差大致范围
河道异重流	上下层流向相同	黄河潼关水文站	上层含沙量 50kg/m³，下层含沙量 500kg/m³
水库异重流	浑水潜入处上层有倒流，行进过程中，上层与下层流向相同	官厅水库	20～100kg/m³
		三门峡水库	10～50kg/m³
		索代（Sautet）水库	0.5～1.0kg/m³
		米德（Mead）湖	5～25kg/m³
		小浪底水库	18～188kg/m³

续表

异重流种类	水流流动情况	地　　点	密度差大致范围
船闸上下游引航道异重流，海港，河港	上下层流向相反	青山运河	0.5～1.0kg/m³
		葛洲坝三江引航道	1.0kg/m³
沉淀池	上下层流向相同		0.5～100kg/m³
水库不同温度层		水库	温度差 20℃ 左右
温差异重流	排放热水形成上层流动	水库、河道或河口	温度差 10℃ 左右
盐水楔	上下层流向相反	河口	含盐量差别 0～3% 含沙量差别 0～2kg/m³

2.2　不同学科的异重流运动

2.2.1　气象学

2.2.1.1　雷暴

异重流锋速是气象学家关心的问题。雷暴是由热而潮湿的空气上升，到达一处稳定层边界，所谓对流层，形成熟知的"砧"云。1972 年 8 月 12 日意大利 Turin 的砧云高可达 300 余 m（1000 英尺），而雷暴单元的另一部分下着雨和冰雹，形成向下运动的冷空气沿地面运动的强大的重力流，见图 2 - 2 和图 2 - 3（Simpson，1982、1997）。

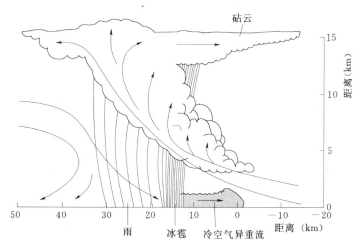

图 2 - 2　雷暴单元的概化图（相对于风暴的冷空气异重流前锋自左向右运动）

2.2.1.2　海风前锋

因陆地和海域两处温度的差异，从海域向陆地吹来的海风在太阳照射下，海面温度改变很小，但陆地则很热，对流体使温度分布在地面以上达数千英尺。近海岸处形成的海风前锋，其示意图见图 2 - 4。

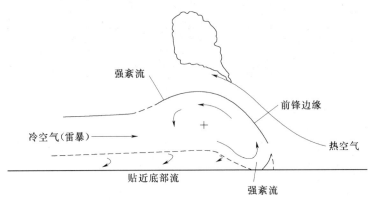

图 2-3　雷暴出流概化示意图

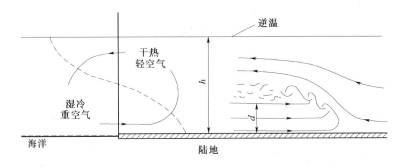

图 2-4　海风前锋的发展示意图

自然暴风（冷风前锋）速度可达 20m/s，厚度达 700m。在 England 的 Lasham 测到的海风峰速为 10～15m/s。1910 年 Schmidt（1911）利用盐水和不同温度的气体进行水槽异重流实验，以模拟冷空气形成的底流前锋速度，并求得速度估算公式。

在美国 Los Angles 盆地的冷空气前锋，每天早晨太阳照射南 California 州和邻近的太平洋，陆地大气同海上大气相比，温度较热，密度较小。水平密度差形成一相对冷而潮湿的空气异重流，散布在 California 地区。海风前锋进入大陆影响空气污染的分布。在 Los Angles 海滨城市典型的海风条件下，来自海洋的一浅层潮湿冷气流越过城区，形成带有光化学烟雾成分的重污染物的异重流。每年有十余次海风到达 Riverside，该处距烟雾源大约 96km（60 英里），海风前锋清晰可见，具有海中潮湿冷气和沙漠清洁空气之间明显的外形。图 2-5 为 Stevens（1975）于 1972 年 3 月 16 日下午拍摄到的通过 Riverside 的海风前锋。

2.2.1.3　山地冷空气

冷空气越上山顶沿山坡流动。冷热空气的密度差很小，其中密度较大的强大的冷空气异重流沿山坡向下运动时，在热气体的下层运动，形成锋面，见图 2-6。山区在山坡一面形成冷风前锋，宛如瀑布，如高差达 1000m，温度差为 10℃，则 $(\rho_2 - \rho_1)/\rho_2 \approx 1/30$，设运动无阻力，其流速

$$u = \sqrt{[2gh(\rho_2 - \rho_1)/\rho_2]} \approx \sqrt{20000/20} = 25.8\text{m/s}$$

可见风速的强大（Prandtl，1952）。

图 2-5　1972 年 3 月 16 日美国加州通过 Riverside 的被污染的
海风前锋（Stephens 摄）

　　与此类似的运动，如雪崩，即沿山的悬崖下泄的粉状雪形成的雪崩，雪粒与空气混合，其密度比空气大几倍，但仍保持流体性质，例如，其密度为空气的 5 倍，含雪体的加速度为重力加速度的 4/5，如落差为 500m，则其质量的速度约为 90m/s，所造成的动压力可达 2500kg/m²。可见其流动的紊动强度，因此可以理解为什么雪崩流动产生

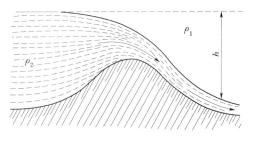

图 2-6　冷空气形成的底流前锋（Prandtl）

的破坏力能把整个房屋冲走。雪崩现象亦为地质学家研究重力作用下颗粒体输移的许多不同形式的一个研究课题。多山国家，如瑞士、法国等国在 1900 年后开始进行研究雪崩的发生（地震、塌坡）及其运动特性（Simpson，1997），图 2-7 为法国现场实验的雪崩图片（Ancey）。

2. 2. 1. 4　冷空气沙尘暴

　　当强大的冷空气异重流在干旱地区地面上前行时，强风紊动掀起地面上的尘土。沿地面以一厚层沙云的形式运动。沙尘暴厚可达 1000～1500m，速度 10～15m/s（Simpson，1997）。在苏丹，测到过 1000m 厚的沙尘暴，前锋速度大约 25m/s。图 2-8 为在 Iraq 的 Al Asad 2005 年 4 月 27 日拍摄到的沙尘暴前锋。沙尘暴在印度、美国的 Arizona、非洲和我国北方地区，均多次出现过。

2. 2. 1. 5　强风重流对飞机飞行的影响

　　当雷暴（thunderstorm）冷空气前锋到达引起阵风（gust），对飞机起飞和着陆时特别危险。因为异重流前锋产生水平风速的改变和强大的紊动区。阵风前锋的到达，用肉眼

图 2-7　法国 Lautaret Pass 试验现场的
一次干雪高速流动的雪崩（Cemagref 摄）

图 2-8　沙尘暴前锋（2005 年 4 月 27 日
在 Iraq 的 Al Asad 摄到的沙尘暴）

看不出来，有的机场用探测器施测不同时间的前锋外形，以避免飞机在这个时间起降，因为在数秒钟的时间内空气速度可改变至 30～35m/s，由于前锋没有很清楚的外形，当飞机在不注意时飞进该区域，需要特别注意的是在起飞和下降的时候，会造成飞机结构受损，带来严重事故。

2.2.2　海洋学和地质学

2.2.2.1　海洋中海底深槽

异重流流入海洋形成冲积扇以及在异重流冲刷下形成海底深槽是地质学者长期以来感兴趣的问题。地震引起大陆架塌方形成的浑浊流，它们能在海底切开很大的通道（海底河谷），曾测到浑浊流运行数百公里，异重流把海底电缆先后按时间顺序冲断，其锋速大于 30m/s。有关情况将在讨论异重流冲刷时介绍。

Parker 等人（1982）用流体力学方程分析异重流产生冲刷的条件，地质学家认为潜入海底的底流可用来解释海岸地区大陆架沟蚀和海底存在较细颗粒的原因。近 10 年来，Bonnecaze，Huppert 等人（1996）进行水槽泥沙试验，模拟大陆架泥沙滑塌造成海底异重流，分析计算泥沙淤积粒径沿程变化情况。

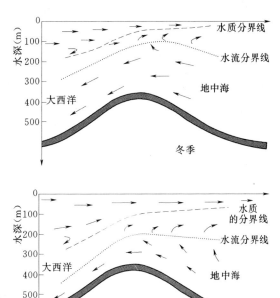

图 2-9　Gibraltar 海峡夏季和冬季的分层流图形

2.2.2.2　海峡地区的分层流

在 Gibraltar 海峡，由于地中海和大西洋两处含盐度的不同，故产生上下层流向不同的分层流，因地中海含盐度较大，故在下层向大西洋方向运动，而大西洋含盐度较小，故在上层向地中海方向运动。图 2-9 为 Gibraltar 海峡夏季和冬季的分层流图形。

2.2.3　港口与航运工程

2.2.3.1　海岸港区淤积

在海岸滩地开挖筑港将造成港内严重淤积，恶化航运条件。20 世纪 40 年代的塘沽新港，当初建港时的思想是扩大港区水域，以便落潮时落潮水流能冲刷淤积泥沙。设想进潮量愈大，则落潮流速愈大，冲刷流速也愈大。但实践证明这是不正确的，因为在高潮位时在港内形成异重流淤积，高潮时的输沙量大于落潮期出港的输沙量。进潮量越大，淤积量越大。后来，塘沽新港总结经验，缩小港区，淤积量因而减少。

海岸修建的挡潮闸闸前引潮沟相当于一段盲肠河段，高潮位时进潮沙量大，形成异重流淤积，抬高沟底高程，影响上游来水的排泄。

2.2.3.2　河口航道淤积

在河口处，含沙河水密度小于海水时，河水则以扇状向海面散布，而含盐夹沙的海水，则随涨潮水流沿河底向河道上游伸延，形成盐水楔运动。盐水楔运动往往阻碍上游来沙的下泄，并挟带来自海中的泥沙进入河口而形成含沙量密集的滞流区，地理学家称之为浑浊带，导致该地区的泥沙淤积。这是涉及河口航道航深的问题。

2.2.3.3 河口异重流交界面波动和对航运的影响

在河口航道，当异重流交界面波动，在一定条件下产生较大阻力，使航运中的船舶减速。关于交界面波动问题，很早理论流体力学学者分析过，Ekman 进行过试验。下面介绍 Harleman 在纪念 Keulegan 会议上提到的一件往事。Harleman 在纪念 Keulegan 会议的讲话中，曾提到他被一位海事律师咨询有关在 Venezuela 的 Orinoco 河口航道铁矿砂船在开挖的航槽中航行时经受强烈震动事故，船主认为航运当局未能把航深维护好，导致船只搁浅。经过一系列事故，船主把船只送入船坞进行检查，却未发现有任何损坏。

Harleman 回忆他在 1951 年参加 Keulegan 组织的标准局重力波研讨会时与 Keulegan 的谈话。在那次会议上 Harleman 提交他 1947 年关于两层流内波运动的硕士论文，在谈话中 Keulegan 讲到 Ekman (1906) 的实验论文——"论死水"。文中叙述在挪威峡湾，船只航行时遇到阻碍的现象，并进行实验，分析研究其原因。挪威船员常讲起一种奇特的现象，称之为"死水"，没有任何可见到的原因，但却使船丧失其速度，那里海面上为一清水层所覆盖，此外还观察到"如一艘船进入死水区，船速立即减缓，好似它碰到淤泥暗礁……船只继续前进时，可看到许多小漩涡，漩涡发生气泡声"。Ekman 举出 1859 年船只在 Orinoco 河口遭遇死水的例子。

Ekman (1906) 进行一系列实验，用以定量地确定死水的影响，他把模型船在均质清水中以不同速度拖拽，并在海水池面上放置不同深度的清水层。重复拖拽试验。每次试验的总水深是一样的。他观测到船在清水和盐水两层中移动时船只的阻力在很大的流速范围内船的阻力明显的增加。关于增加阻力的解释，是由于船壳在分层流体中运动，在交界面上产生内波。因此，连续地从船体散发能量。当船速接近内波波速 c_2 时，其内波阻力达到最大，内波各符号如图 2-10 所示，其速度如下式所示：

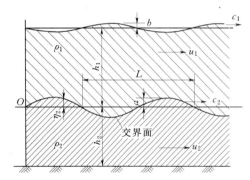

图 2-10　两层流体系的振动波运动

$$c_2 = \left[g \frac{\Delta \rho}{\rho} \left(\frac{h_1 h_2}{h_1 + h_2} \right) \right]^{1/2} \tag{2-1}$$

图 2-11 为 Ekman 的一组照片，表明在不同船速时的清水和盐水之间产生的交界面的内波（下层盐水层染成黑色）。

图 2-12 为用半对数表示的图中曲线为 Ekman 实验数据（取自图 2-11 的第 3 张照片），显示不同拖拽速度时模型船的阻力。下面一条线是船模在均质海水体中的阻力，而上面的线相当于相同总水深时，船模在清水盐水成层流体中拖拽时的阻力。图 2-12 可用来计算在 Orinoco 航道内死水的影响。

将数据重新作图于图 2-13，横坐标为船舶在两层流体中移动的阻力与在均质水流中的阻力之比，横坐标为船速 v 与内波波速 c_2 之比，该次试验的内波波速为 7.3cm/s。当船速约为内波波速的 75% 时，船受到的阻力为最大，而其阻力等于船舶在均质水流中的阻力的 4 倍。

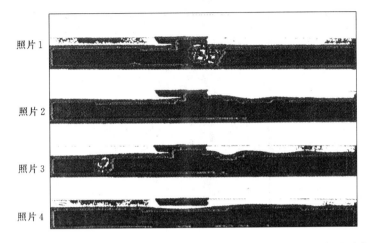

图 2-11　船模速度增加（从 5.8cm/s 增到 12.1cm/s）的照片，照片 3 上船速时内波阻力最大

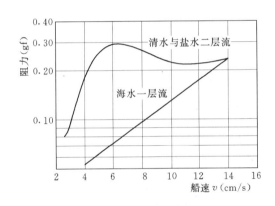

图 2-12　在均质海水中的阻力与在
两层流体中的阻力的比较

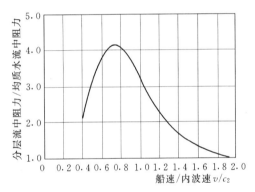

图 2-13　根据 Ekman 实验数据绘制的
无量纲的关系

在 Orinoco 航道内搁浅事故是在航道内水流为高度分层时，清水层和盐水层厚度基本相同，即 $h_1 = h_2 = 7.5$m 的时段内发生。下层含有高悬浮含沙量，其泥沙和盐水两者合成的密度差估计约为 $\Delta \rho / \rho = 0.055$，其内波波速为 $c_2 = 1.4$m/s［按式（2-1）计算］，船速经常大于 1.4m/s，其内波产生的阻力并无影响，据报告大部分引起诉讼的事故，是发生在船速减速下来，当引航员从供应船接到本船的时候。对搁浅的解释是：船只在死水中被锁住，是由于船速接近于内波波速。

2.2.4　水利工程学

2.2.4.1　水库

在水库首部，进入水库的浑浊河水，在浑水潜入处，可以看到清浑水明晰的分界线，形成舌状水流潜入库底运动。人们利用这种沿库底运动的浑水异重流，通过坝底孔排出库外，以减少水库中泥沙的淤积量。这是目前水库减淤的措施之一。

河道水流进入水库湖泊中，湖泊内的寒冷河水，不与温暖的湖水相混而潜入湖底，形成一层潜流向前运动，并通过坝底孔口排出冷水以保持水库中有较高的水温。

2.2.4.2　河道和渠道

火电厂在河道中引用冷水作为冷凝器冷却之用，退出热水回到河流形成上层异重流，沿程温度降低，取水位置与高程应有适当布置，以避免引进热水。

两河交汇，当各自来水含沙量不同时，也可能在汇合处形成异重流分层运动的现象。在黄河潼关水文站黄河渭河两河汇合处，曾测到含沙浓度较大的渭河异重流在浓度较小的黄河河水的下层运动的分层流动的现象，在潼关水文站断面上多次测到黄河干流流量大，以较大的流速在上层运动，而渭河流量小、流速慢，但密度大而在下层运动（龙毓骞，2006）。

在支流汇入干流河道时，当两者河水含沙量存在密度差时，可以看到清浑水分界线。例如，汉江含沙量小于长江，在汉江口可观察到清浑水分界线。又如诗经中所述的"泾渭分明"。有时泾河含沙量大，渭河含沙量小，泾河水潜入渭河水的下层运动，有时渭河含沙量大，泾河含沙量小，泾河水进入渭河时，泾河水在渭河水的表层运动。诗经中对泾河和渭河的这种异重流现象的描述，可能是文献中最早的记述。图 2-14 为 2008 年 8 月 31 日航测的泾渭汇合口泾河浑水潜入渭河的照片。

图 2-14　泾渭汇合口清浑水相遇泾河浑水潜入渭河的航测照片

裁弯取直河段，原湾道出口，将进入异重流，在口门形成异重流楔形淤积，最终将口门淤死。

在与河道交叉的灌溉渠引水渠和船闸引航道（盲肠河道）内，常因主流河水含沙量较大潜入引水渠或引航道内，并发生上下层水流的不同方向的运动：河道浑水则潜入引航道内的清水下面，形成异重流运动，而异重流中泥沙沿程沉积同时分离出其中的清水，进入上层水流向河道方向排出。这种异重流沿程沉积的结果造成引航道内的夜以继日不停止的严重淤积。其次，河口修建船闸，盐水通过船闸启闭向河道上游运动，造成上游来水中含盐量的增加，影响城市给水水质。

2.2.5　给水工程

电厂自河道中或海岸取水，经冷凝器冷却后排出热水，当放回河道或海中，它形成在表面运动的热水异重流。其运动的主要原因之一，是由于两种液体的密度差别。

在给水工程中，沉淀池的设计任务是，当河水含有一定泥沙量时，在一定的水流条件下，造成在池中形成异重流运动的条件，使有可能获得从异重流中析出含沙量极低的水质。甘肃兰州自来水厂取黄河水引水从 100m 直径辐射池底部进入池内沉淀泥沙，池中泥沙形成异重流撇出清水，由表层流出。其沉淀的情况，见图 2-15（兰州给水排水公司，1964）。

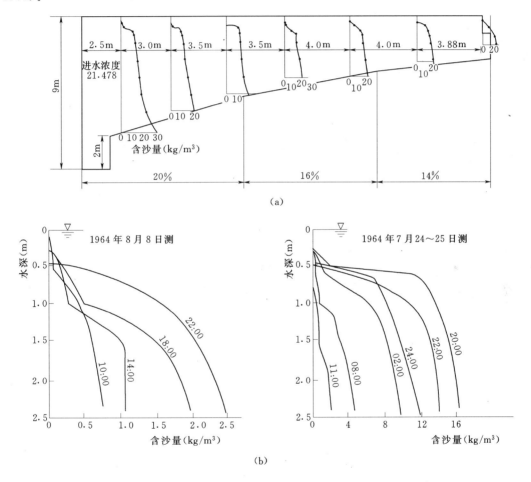

(a)

(b)

图 2-15　甘肃兰州自来水厂直径 100m 辐射池内沿径向的实测含
沙量分布的变化和含沙量分布因时变化

2.2.6　化学工业

我们曾接受某造纸厂的咨询，利用管道输送两种密度不同的流体时，由于其密度的差异在某种喂料情况下会产生异重流上下分层运动。如果这两种分层运动情况不符合生产要求，则可改变喂料口位置，以破坏其形成异重流分层的条件，达到在一定距离内充分混合的目的。

2.2.7　矿冶工程

矿区巷道中在顶部附近处放出的甲烷，因其密度较空气为小，故在巷道上部沿顶层运动。如甲烷不能及时排出，它的聚集会造成爆炸。这类事故，国内外均有报导。

矿区尾矿砂的处理，常建坝以储积，储满后，再建新坝。根据我们分析，曾建议有色冶金设计院采用在坝址修建底孔，排放尾矿砂泥浆到下游废弃地，因尾矿砂在水库中的沉淀，属于异重流运动形式，尾矿砂泥浆放置很长时间不易固结，故可通过底孔排放。其情况，类似于如法国设计的 Algeria Oued Fodda 河的 Steeg 水库，因泥沙淤积严重，不得不设计新的低孔，以排泄坝前的泥浆。见图 2-16（Thevenin，1960）。从图 2-16 可见，一股泥浆泄出时，其周围与空气的边界分明，状似象牙。

（a）　　　　　　　　　　　　　　　　（b）

图 2-16　Algeria Oued Fodda 河的 Steeg 水库打孔排出泥浆情况

2.2.8　环境工程

较重气体的散布和稀释造成的灾害。由于各种原因，有害重气体的突然泄漏的事故仍有发生。如装液体燃料容器的泄漏，液体很快蒸发为气体，以异重流形式散布到周围环境，发生爆炸。例如，美国在 20 世纪 30 年代开始发展液态天然气，在分送和使用中发生事故。1944 年在 Cleveland，一个 $4200m^3$ 的液态天然气容器爆裂，冷蒸气散布在街道，着火并吞没房屋，致使 150 人死亡。事故发生后，决定停止建设新厂。直到 20 世纪 50 年代开发出新的更安全容器才允许新建。另一种事故是毒气形成高浓度的羽流，在低处散布，如液态丙烯气体，阿莫尼亚气体，不论在铁路或公路运送，均发生过事故，造成人员伤亡。Simpson 列举出 1959~1984 年中 8 次事故。其中一次在 1978 年西班牙的 Los Al-fraques，装有 $43m^3$ 的液态丙烯气体的罐车，当经过一露营地发生漏泄。气体流过露营地燃烧爆炸，致使 150 人死亡。

　　海上油船失事，因油类密度略小于海水，故向海面漫流，形成上层异重流。油在海水
上面扩散、漫流，污染海面与环境。

　　如上所述，异重流的研究，对国民经济建设有重要意义。在水文学、河流学、河口
学、气象学以及水利工程、航运工程、给水工程、化工工程等中所遇到的异重流现象，都
涉及国家经济建设和人民生活的许多具体问题，要求各方面的专业人员研究解决。这些涉
及各个方面的异重流的问题，在不同学科均有工作开展，故有必要加强交流研究成果，以
避免或减少重复性的工作。

　　异重流的分析研究工作，最早在 20 世纪的古典流体力学著作中，对异重流交界面波
动问题，已有理论分析。20 世纪 40 年代开始对层流和紊流阻力、交界面阻力、异重流头
部速度、流速分布、交界面上下两层流体之间的掺混、孔口出流以及异重流形成条件等进
行实验，并进行不少实地观测，为解决实际问题，提供不少资料。除水槽试验外，近年来
已发表若干数学模型文献。利用热水、盐水和浑水模型试验解决实际具体问题，亦有所
开展。

　　但还有不少问题，有待进一步研究，主要有：异重流运动过程中的掺混和交换现象的
机理，影响交界面的阻力的因素，异重流的不恒定流运动，以及河口含盐量浑水在潮汐中
的运动规律。异重流流体在交界面的混合交换问题，对清浑水、冷热水、冷热气体以及含
盐浑水与含盐清水之间，因涉及泥沙、温度、含盐量性质不同的传输机理，具有不同的规
律。海岸与大陆架高浓度浑浊流运动沿程异重流流速和泥沙含量及粒径的变化规律，在寻
求解决问题的过程中，实验室实验是求得各有关参数的重要手段。野外观测，可提供必要
的资料和数据。从最近发展情况看，数学模型、结合实验和原体观测也是一种可定性和定
量描述和解决实际问题的方法。

参考文献

兰州给水排水公司 . 1964. 辐射沉淀池处理黄河水的经验 . 土木工程学会 1964 年全国给水净化会议交流
　　资料 .

钱宁，范家骅，曹俊，林同骥，魏颐年，蔡树棠，冯启德，吴世康 . 1957. 异重流 . 北京：水利出版
　　社：215.

潼关水文站（龙毓骞，牛占，等）. 1975. 潼关断面高含沙量河道异重流现象 . 黄河泥沙研究资料 1975
　　年第二集；或：龙毓骞 . 2006. 龙毓骞论文选集 . 35 - 46.

Ancey，C.，Cochard，S.，Wiederseiner，S.，and Rentschler，M. 2006. Front dynamics of supercritical
　　non-Boussinesq gravity currents. Water Resources Research，42，W08424，9.

Bonnecaze，R. T.，Huppert，H. E.，and Lister，J. R. 1996. Patterns of sedimentation from polydispersed
　　turbidity currents. Proc. R. Soc. A，452：2247 - 2261.

Ekman，V. W. 1904. On dead water. Sci. Results Norwegian N. Polar Exp. 5 (15) (Christiania).

Ekman，V. W. 1906. On dead water. Scientific results of the Norwegian North Polar expedition 1893 - 1896，
　　5，ch. 25. F. Nansen，ed. New York：Greenwood Press.

Grover，N. C.，Howard，C. S. 1938. The passage of turbid water through Lake Mead. Trans. ASCE，
　　103：720 - 790.

Harleman，D. R. F. 1991. Keulegan legacy：Saline wedges. Journal of Hydraulic Engineering，117 (12)：

1616 – 1625.

Hallworth, M. A. , Huppert, H. E. 1998. Abrupt transitions in high – concentration particle-driven gravity currents. Phys. Fluids, 10: 1083 – 1087.

Hinwood, J. B. 1970. The study of density-stratified flows up to 1945. Part I. Nearly horizontal flows with stable interfaces. La Houille Blanche, 1970 (4): 347 – 359.

Parker, G. 1982. Conditions for the ignition of catastrophically erosive turbidity currents. Mar. Geol. , 46: 307 – 327.

Prandtl, L. 1952. Essentials of Fluid Dynamics. 3rd Edition.

Simpson, J. E. 1997. Turbidity currents: In environment and in laboratory. 2nd edition. Cambridge University Press.

Schoklitsh, A. 1929. The Hydraulic Laboratory at Graz. 2. The Research Laboratory and the researches undertaken therein. B. (f) on the flow of water through lakes. Hydraulic Laboratory Practice (Ed. Freeman, J. E.) . ASME, 323 – 325.

Smrcek, A. 1929. The Hydraulic Laboratory of the Bohemian Technical University at Brunn. Pt. 2. E. Experiences on the motion of water in the interior of large reservoirs. Hydraulic Laboratory Practice (Ed. Freeman, J. E.). ASME, 510 – 511.

Stephens, E. R. 1975. Chemistry and meteorology in an air pollution episode. J. Air Poll. Control Assoc. 25: 521 – 524.

Thevenin, J. 1960. Le percement du barrage pour l'aménagement d'orifices de dévasement et de vidange. Terre et Eaux, 12e année, Juillet 1960, 2 – 23.

Turner, J. S. 1973. Buoyancy effects in fluids. Cambridge University Press.

第3章 异重流基本方程

3.1 异重流交界面无掺混时的二层流方程

3.1.1 异重流运动方程

流体微分自由体的 Euler 方程（图 3-1）

$$\frac{1}{\rho}\frac{\partial p}{\partial s}+g\frac{\partial y}{\partial s}-\frac{1}{\rho}\frac{\partial \tau}{\partial n}+u\frac{\partial u}{\partial s}+\frac{\partial u}{\partial t}=0 \qquad (3-1)$$

式中：y 为自基线算起的距离；s 为流动方向；n 为垂直流动的方向；p 为压力；ρ 为密度；u 为沿 s 方向的流速。

二层流的概化图见图 3-2，水流流动参数下角标 1 和 2 分别用于代表上层和下层。

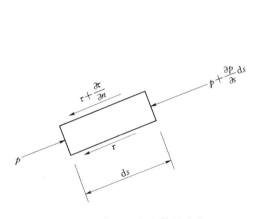

图 3-1 作用于自由体的诸力

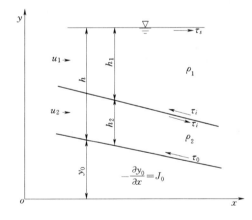

图 3-2 二层流的概化图

在上层 y 点的测压管水头为

$$p+\gamma_1 y=\gamma_1(h_1+h_2)+\gamma y_0$$

因此

$$\frac{1}{\rho}\frac{\partial p}{\partial x}+g\frac{\partial y}{\partial x}=g\frac{\partial}{\partial x}(h_1+h_2)+g\frac{\partial y_0}{\partial x}$$

$$=g\frac{\partial h_1}{\partial x}+\frac{\partial h_2}{\partial x}-gJ_0$$

代入式（3-1）得

$$g\frac{\partial h_1}{\partial x}+g\frac{\partial h_2}{\partial x}+u_1\frac{\partial u_1}{\partial x}+g(i_1-J_0)+\frac{\partial u_1}{\partial t}=0$$

式中

$$i_1 = \frac{\tau_1 - \tau_s}{g\rho_1 h_1}$$

下层中一点的测压管水头为

$$p + \gamma_2 y = \gamma_1 h_1 + \gamma_2 h_2 + \gamma_1 y_0$$
$$= (\gamma_2 - \gamma_1)h_1 + \gamma_1(h_1 + h_2) + \gamma_2 y_0$$
$$= \gamma_2(h_1 + h_2) - (\gamma_2 - \gamma_1)h_1 + \gamma_2 y_0$$

$$\frac{\partial p}{\partial x} + \gamma_2 \frac{\partial y}{\partial x} = \gamma_2 \frac{\partial}{\partial x}(h_1 + h_2) - (\gamma_2 - \gamma_1)\frac{\partial h_1}{\partial x} + \gamma_2 y_0 \qquad (3-2)$$

代入式（3-1），得

$$(1-\varepsilon)g\frac{\partial h_1}{\partial x} + g\frac{\partial h_2}{\partial x} + u_2 \frac{\partial u_2}{\partial x} + g(i_2 - J_0) + \frac{\partial u_2}{\partial t} = 0 \qquad (3-3)$$

式中

$$i_2 = \frac{\tau_0 - \tau_i}{g\rho_2 h_2}$$

$$\varepsilon = \frac{\gamma_2 - \gamma_1}{\gamma_2} \approx \frac{\gamma_2 - \gamma_1}{\gamma_1}$$

上下层的运动方程如下：

$$\frac{\partial u_1}{\partial t} + u_1 \frac{\partial u_1}{\partial x} = -g\frac{\partial h_1}{\partial x} - g\frac{\partial h_2}{\partial x} + gJ_0 - \frac{\tau_i - \tau_s}{\rho_1 h_1} \qquad (3-4)$$

$$\frac{\partial u_2}{\partial t} + u_2 \frac{\partial u_2}{\partial x} = -g(1-\varepsilon)\frac{\partial h_1}{\partial x} - g\frac{\partial h_2}{\partial x} + gJ_0 - \frac{\tau_0 - \tau_1}{\rho_2 h_2} \qquad (3-5)$$

上述方程由 Schijf 和 Schonfeld 在忽略交界面之间的掺混条件推导而得。

上层和下层的连续方程为

$$\frac{\partial h_1}{\partial t} = u_1 \frac{\partial h_1}{\partial x} + h_1 \frac{\partial u_1}{\partial x} = 0$$

$$\frac{\partial h_2}{\partial t} = u_2 \frac{\partial h_2}{\partial x} + h_2 \frac{\partial u_2}{\partial x} = 0$$

异重流层厚，可从实验水槽用肉眼测得，或从含沙量分布曲线确定其厚度为底部至交界面（含沙量分布的拐点）之间的距离。

3.1.2　恒定异重流

当上层无流速时，即 $u_1 = 0$，下层为恒定流时，有

上层

$$-g\frac{\partial h_1}{\partial x} - g\frac{\partial h_2}{\partial x} + gJ_0 - \frac{\tau_i}{\rho_1 h_1} = 0$$

下层

$$u_2 \frac{\partial u_2}{\partial x} = -g(1-\varepsilon)\frac{\partial h_2}{\partial x} - g\frac{\partial h_2}{\partial x} + gJ_0 - \frac{\tau_0 - \tau_1}{\rho_2 h_2}$$

如忽略 $\partial h_1/\partial x$，并利用连续方程，则

$$q_2 = u_2 h_2$$

即得下层流的方程为

$$-\varepsilon g \frac{\partial h_2}{\partial x} + \frac{u_2^2}{h_2} \frac{\partial h_2}{\partial x} + \varepsilon g J_0 - \frac{\tau_0 - \tau_i}{\rho_0 h_2} + \frac{\tau_i (1-\varepsilon)}{\rho_1 h_1} = 0$$

$$\frac{\mathrm{d}h_2}{\mathrm{d}x} = \frac{\varepsilon J_0 - \dfrac{\tau_0 - \tau_i}{\rho_2 g h_2} + \dfrac{\tau_i(1-\varepsilon)}{\rho_1 g h_1}}{\varepsilon - \dfrac{u_2^2}{h_2}} \qquad (3-6)$$

假定 $\tau_i = \dfrac{f_i}{8} \rho_2 u_2^2$，$\tau_0 = \dfrac{f_0}{8} \rho_2 u_2^2$，$1-\varepsilon = 1$

则有
$$\frac{\mathrm{d}h_2}{\mathrm{d}x} = \frac{J_0 - \dfrac{1}{8}\left(f_i \dfrac{h}{h-h_2} + f_0 \right) \dfrac{u_2^2}{\varepsilon g h_2}}{1 - \dfrac{u_2^2}{\varepsilon g h_2}} \qquad (3-7)$$

式中：τ_i、τ_s、τ_0 分别为交界面、水面和底部的阻力。

底部和交界面的阻力可写成

$$\tau_0 = f \frac{\rho}{8} |u_2| u_2$$

$$\tau_1 = f_1 \cdot \frac{\rho}{8} |u_1 - u_2| (u_1 - u_2)$$

式中：f、f_i 为底部和交界面的阻力系数，此系数为 Reynolds 数的函数，可从实验求得。

3.1.3 盐水楔

盐水楔的图形，见图 3-3，其形状和长度可从上述诸方程求得。

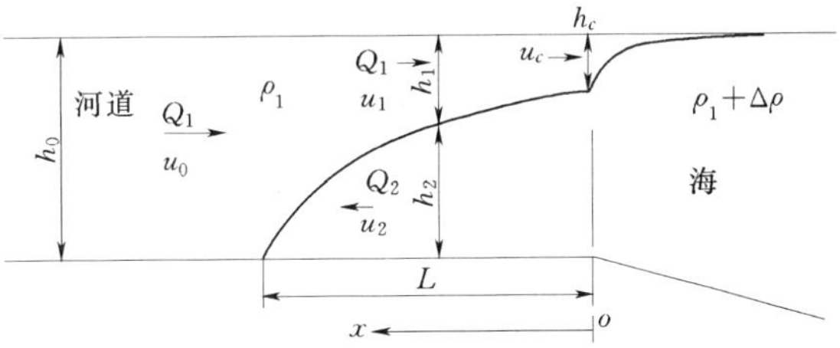

根据 Schijf 和 Schonfeld 的推导，在上游河口为临界断面时交界面恒定流方程有

图 3-3 盐水楔示意图

$$g' \frac{\mathrm{d}h_1}{\mathrm{d}x} + u_1 \frac{\mathrm{d}u_1}{\mathrm{d}x} + \frac{u_1^2 h}{4 f_i^2 h_1 (h - h_1)} = 0$$

上述方程积分，即得盐水楔长度表达式为

$$L = \frac{2h}{f_i}\left[\frac{1}{5(F_c)^2} - 2 + 3 F_c^{\frac{2}{3}} - \frac{6}{5} F_c^{\frac{4}{3}} \right]$$

式中：$F_c = \dfrac{u_c}{\sqrt{g' h_c}}$，$u_c$ 为河口控制断面处的临界流速。

前人曾用水槽和现场资料，与不同简化模型的理论进行过比较。

3.2 计及交界面上水体掺混和底部泥沙交换的浑水异重流基本方程

假设一恒定浑水异重流通过静止水体沿底坡运动，Parker 等（1986，1987）考虑底部异重流在清浑水交界面上有水体掺混，而在底部床面有泥沙的掺混交换（即泥沙冲刷或

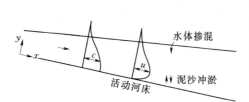

图 3-4　浑水异重流在斜坡上流进静止
水体示意图

淤积）（图 3-4），推导流体质量平衡方程为

$$\frac{\mathrm{d}Uh}{\mathrm{d}x}=E_w U \qquad (3-8)$$

式中：E_w 为从上层静止水体中掺混进入下层异重流水体的掺混系数；h 和 U 为异重流厚度和平均流速，其定义为

$$U=\frac{\displaystyle\int_0^{\delta} u^2\,\mathrm{d}y}{\displaystyle\int_0^{\delta} u\,\mathrm{d}y}$$

$$h=\int_0^{\delta} \frac{u\,\mathrm{d}y}{U}$$

式中：δ 为底部至流速为 0 之间的距离。

泥沙守恒方程为

$$\frac{\mathrm{d}Uc_m}{\mathrm{d}x}=F_b-v_s c_b \qquad (3-9)$$

式中：c_b 为 $y/h=0.05$ 处近底体积含沙量；v_s 为泥沙沉速；F_b 为在 $y/h=0.05$ 近底处以体积计的向上悬沙量通量；c_m 为异重流层平均含沙量，$c_m=\dfrac{q_s}{q}$；q_s 为单宽输沙量；q 为单宽流量。

设 E_s 为无量纲底部泥沙掺混系数，即从底部冲起泥沙进入异重流的系数，定义为

$$F_b=v_s E_s \qquad (3-10)$$

当近似地假定形状因素等于 1，水流动量平衡的积分方程为

$$\frac{\mathrm{d}U^2 h}{\mathrm{d}x}=R_s g c_m h J-u_*^2-\frac{1}{2}R_s g\,\frac{\mathrm{d}c_m h^2}{\mathrm{d}x} \qquad (3-11)$$

式中：u_* 为底部剪力流速，而 $u_*^2=C_D u^2$，C_D 为阻力系数；$R_s=\rho_s-\rho=1.65$，$\rho_s=2.65$，ρ_s 为泥沙密度。

在水体质量、泥沙质量和水流动量平衡三方程中，当 E_w、E_s、C_D、c_b 的代数表达式为已知时，三方程可以封闭，E_w、E_s、C_D 等值可通过水槽实验定出。

Ellison & Turner（1959）和俞维升（1991）推导过类似方程。Ellison 他们的方程是针对盐水异重流运动，故没有考虑异重流与床底之间的泥沙掺混。

Parker 等（1987）进行陡坡异重流实验寻求 E_s 以及 E_w 的表达式。Parker 研究的目的在于解释大陆架高浓度冲刷性异重流冲出深槽的物理现象（Parker、Fukushima 和 Pantin，1986）。而在水利工程中出现的异重流，如在一些水库中，多属于淤积性异重流，异重流中的泥沙沿程沉淀，至于交界面上下层之间的掺混，并不是如 Parker 等人实验急流异重流那样，其上层清水被卷吸进入异重流，此可谓正掺混，而相反，产生负掺混现象，这从水库异重流流速分布，可看到下层异重流中分离出清水进入上层水层。此问题将在第 5 章中讨论。

根据异重流中泥沙沉淀导致有清水通过交界面向上进入上层清水层的物理现象，可推导异重流空间运动方程。

3.3　一维异重流空间运动方程

在水库中和盲肠河段中异重流的泥沙沉淀，造成部分水体自异重流中分离出来通过交界面进入上层清水层。此现象相当于一种负掺混（或负向卷吸）。

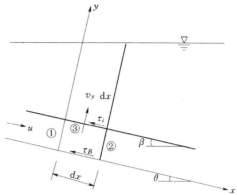

异重流泥沙沉淀，导致部分清水从交界面进入上层水体，在 dx 内有 $v_y dx$，一维不恒定流连续方程有（图 3-5）

$$\begin{cases} \dfrac{\partial}{\partial x}(hu)dx + \dfrac{\partial h}{\partial t}dx + v_y dx = 0 \\ \dfrac{\partial h}{\partial t} + \dfrac{\partial h}{\partial x}(hu) + v_y = 0 \end{cases} \qquad (3-12)$$

当 $\dfrac{\partial h}{\partial t}=0$，则

$$u\dfrac{\partial h}{\partial x} + \dfrac{\partial}{\partial x}(hu) + v_y = 0 \qquad (3-13)$$

注　①、②、③指面积。

图 3-5　空间运动方程自由体符号示意图

设 q 为单宽流量，有

$$\dfrac{\partial q}{\partial x} + v_y = 0$$

若 v_y 为常数，则有

$$q = -v_y dx + C$$

当 $x=0$，$q=q_0$，则

$$v_y = \dfrac{q_0 - q}{x}$$

当 $x=L$，$q=0$，则

$$v_y = \dfrac{q_0}{L}$$

其次，异重流的空间水流运动方程（范家骅，1980），可推导如下：

$$F = \dfrac{d}{dt}(Mu)$$

$$M = \rho h dx$$

$$\dfrac{d}{dt}(Mu) = \dfrac{d}{dt}(\rho hudx) = \rho\left(hdx\dfrac{du}{dt} + u\dfrac{dh}{dt}dx - uv_y dx\right)$$

$$= \rho dx\left(h\dfrac{du}{dt} + hu\dfrac{dh}{dt} - uv_y\right)$$

$$F = 压力 + 重力 + 阻力$$

$$= -\dfrac{\partial}{\partial x}\left(\dfrac{\Delta\gamma h^2}{2}\cos\theta\right)dx + \Delta\gamma h\sin\theta dx - \left[\tau_0 + \tau_i\cos(\theta-\beta)\right]dx$$

除以 $\rho h dx$，得

$$\frac{\partial u}{\partial t}+u\frac{\partial h}{\partial x}-\frac{uv_y}{h}+g'\cos\theta\frac{\partial h}{\partial x}-g'\sin\theta+\frac{1}{\rho h}\left[\tau_0+\tau_i\cos(\theta-\beta)\right]=0$$

当 θ、β 很小时，$\cos\theta=1$，$\cos(\theta-\beta)=1$，$\sin\theta=\tan\theta=J_0$（底坡），得

$$\frac{\partial u}{\partial t}+u\frac{\partial h}{\partial x}-\frac{uv_y}{h}+g'\frac{\partial h}{\partial x}-g'J_0+\frac{1}{\rho'h}(\tau_0+\tau_i)=0$$

3.4 异重流流速和含沙量分布

异重流亚临界流（缓流）和超临界流（急流）的流速分布和含沙量分布，不少研究者在水槽进行了观测。作者小组（1958）利用白金热丝仪施测缓坡浑水异重流在光底和糙底时的流速分布，见图 3-6（a）。Michon 等亦观测过浑水异重流流速和含沙量分布。Georgiev（1972）在缓坡水槽盐水异重流所测流速分布，如图 3-6（b）所示。下列学者施测过陡坡含沙异重流的流速和含沙量的分布，如 Ashida 和 Egashira（1975），Parker 等（1987）以及 Lee 和 Yu（1997）见图 3-7～图 3-9。测验表明，缓流和急流流速分布和含沙量分布形状上有所不同。

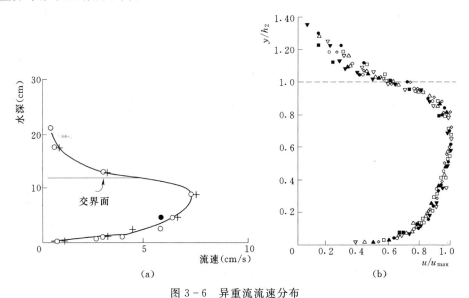

图 3-6 异重流流速分布

(a) 光滑底部浑水异重流流速分布，用白金丝测速仪施测，测次 580311
$q=60\mathrm{cm}^2/\mathrm{s}$；(b) 盐水异重流流速分布（Georgiev）

Michon 等人将流速分布分成二区：一为自底部至最大流速的高程之间；二为自最大流速至交界面之间。自底部至最大流速高程范围内的流速分布，类似于均质明渠水流，呈半对数关系。

$$u-u_{\max}=\frac{u_*}{\kappa}\log\frac{y}{h_2} \tag{3-14}$$

式中：$u_*=\sqrt{\tau_0/\rho}$，κ＝Karman 常数。据 Michon 等实验，常数 κ 随异重流平均流速的增大而增大。

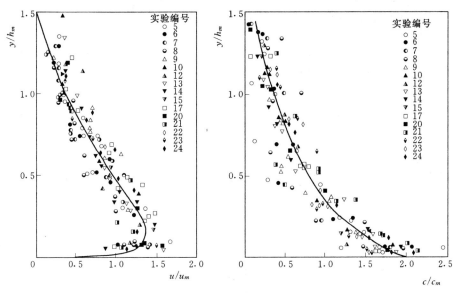

图 3-7 浑水异重流流速与含沙量垂线分布 (Parker 等, 1987)

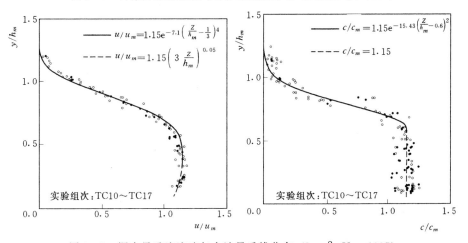

图 3-8 浑水异重流流速与含沙量垂线分布 (Lee & Yu, 1997)

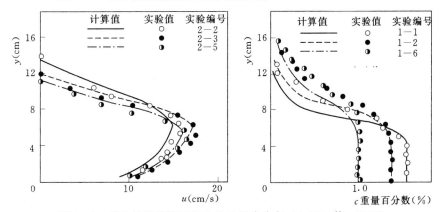

图 3-9 浑水异重流流速与含沙量垂线分布 (Ashida 等, 1975)

最大流速以上部分的流速分布，类似射流的几率分布：

$$u = u_{\max} \exp\left[-\frac{1}{2}\left(\frac{y - h_2}{\delta} \right)^2 \right] \qquad (3-15)$$

式中：δ 为最大流速点至流速分布的转折点（拐点）的距离。

Ashida 等（1975）曾给出含沙异重流的流速分布类似的表达式。Lee & Yu（1997）建议含沙异重流流速分布的表达式如下：

$$\frac{u}{u_m} = 1.15\left(3\frac{y}{h_2} \right)^{0.05}, \quad 0 \leqslant \frac{y}{h_2} \leqslant \frac{1}{3}$$

$$\frac{u}{u_m} = 1.15\exp\left[-7.7\left(\frac{y}{h_2} - \frac{1}{3} \right)^4 \right], \quad \frac{1}{3} \leqslant \frac{y}{h_2} \leqslant 1.3$$

$$u_m = \frac{\int_0^\delta u^2 \, \mathrm{d}y}{\int_0^\delta u \, \mathrm{d}y}$$

$$h_2 = \int_0^\delta \frac{u \, \mathrm{d}y}{u_m}$$

式中：u_m，h_2 为异重流平均流速和厚度；δ 为流速等于零的高度与槽底的距离，图 3-8 为无量纲流速分布图，最大流速约在 $\frac{1}{3}h_2$ 处，而该处的速度为 $1.15u_m$。其含沙量分布 10 组测验值示于图 3-8。以 $0.6h_2$ 为界，其下方为等浓度层，上方为混合层。

$$\frac{c}{c_m} = 1.15, \qquad \frac{y}{h_2} \leqslant 0.6$$

$$\frac{c}{c_m} = 1.15\exp\left[-15.43\left(\frac{y}{h_2} - 0.6 \right)^2 \right], \qquad 0.6 \leqslant \frac{y}{h_2} \leqslant 1.3$$

式中：平均浓度 $c_m = \dfrac{q_s}{q}$，$q_s = \displaystyle\int_0^\delta cu \, \mathrm{d}y$，$q = \displaystyle\int_0^\delta u \, \mathrm{d}y$。

Parker 等的实验用较粗粒子和低含沙量，测得的浓度分布在异重流和上层环境清水间看不出明显的分界线。对于细泥沙异重流，在缓流条件下可清晰地看到交界面（Michon 等、范家骅、Lee 等人），其含沙量分布除去交界面和底部，有两薄层含沙量变化较大外，其主要部分的含沙浓度相当均匀。

盐水异重流密度分布在交界面附近具有 Gauss 分布形状，在这部分以下含盐量保持不变，Lofquist 测定含盐量分布用下式表示（图 3-10）：

$$\frac{\rho_2 - \rho_1}{\Delta \rho} = \frac{1}{2}\left[-\tanh\left(\frac{y - h}{l_\rho / 2} \right) \right]$$

式中：l_ρ 为交界面厚度，相当于浓度受交界面处剪力影响而扩散的过渡层。

Lofquist（1960）测定 l_ρ 仅 $0.35 \sim 0.71$cm。Keulegan（1985）盐水实验中 l_ρ 有大于 2cm 的，他用两种方

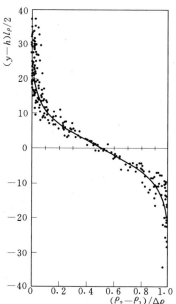

图 3-10　盐水异重流密度垂线
分布（Lepetit 等，1970）

法确定交界面厚度见图 3-11 所示，为从含盐量分布求其 l_ρ 值，其 l_ρ 不到 1.0cm，而诸试验平均值 $l_\rho = 1.02$；利用流速分布计算交界面厚度 l_u，见图 3-12，l_u 约为 2.6cm。

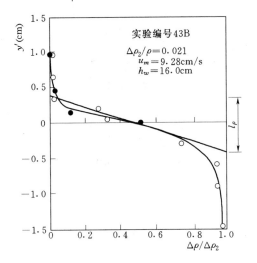

图 3-11　根据密度垂向变化估计
交界面厚度的方法（Keuligan，1985）

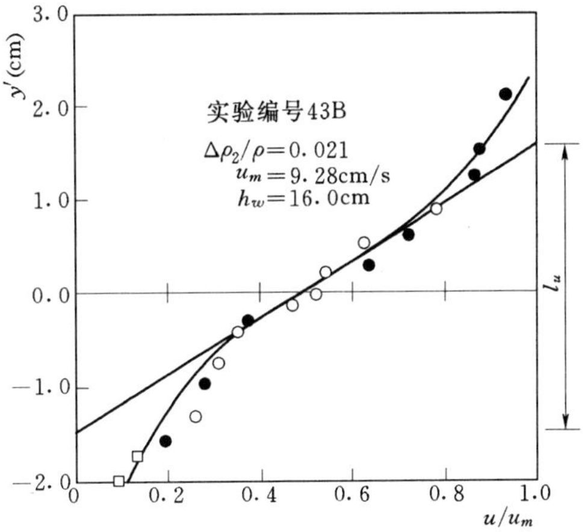

图 3-12　根据流速垂向变化估计
交界面厚度的方法（Keuligan，1985）

3.5　二层流的阻力系数

设 f_b 为底部阻力系数，有

$$\tau_b = \frac{f_b}{8} \rho_2 u_2 |u_2|$$

令 f_i 为交界面阻力系数，则

$$\tau_i = \frac{f_i}{8} \rho_{1,2} (u_1 - u_2) |u_1 - u_2|$$

式中：$\rho_{1,2}$ 代表 ρ_1 或 ρ_2。

异重流为层流时，Re 数很小时，$f_i = Re^{-1}$。Raynaud（1951）和 Ippen & Harleman（1952）实验证明异重流层流时的理论关系式：

$$\frac{f_i}{8} = \frac{2.8}{Re}$$

Abraham（1979）曾对数种异重流流型（静止盐水楔、温度上层流和船闸交换水流）的交界面阻力系数进行分析。他认为交界面阻力系数由于交界面层界面波的不稳定性导致上下两层之间的动量交换。利用

$$\frac{f_i}{8} = \frac{\tau_i}{\rho (u_2 - u_1)^2}$$

计算交界面阻力系数，包括实验室和现场观测资料，f_i 与 Re 的关系式分别如图 3-13～图 3-15。当 Re 较大时，有

上层流　　　　　　$f_i = 3.2 \times 10^{-3}$（图 3-13）

下层流　　　　　　$f_i = 12.0 \times 10^{-3}$（图 3-14）

上下层流向相反　　$f_i = 5.6 \times 10^{-3}$（图 3-15）

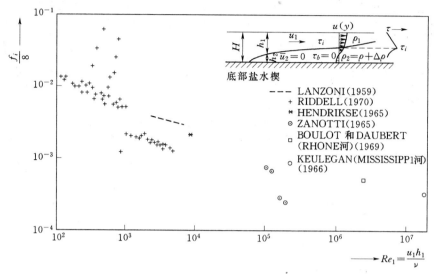

图 3-13　静止盐水楔：异重流交界面阻力系数值随 Re 数变化

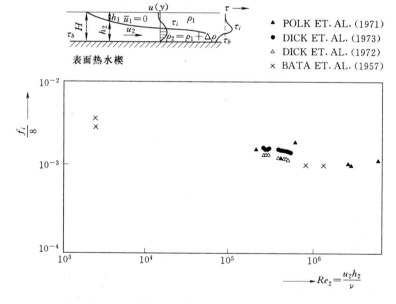

图 3-14　表层温度楔：交界面阻力系数值随 Re 数变化

　　作者（1959）曾进行浑水和盐水异重流在光滑底部的阻力系数实验。在水槽中观察，浑水和盐水异重流在连续定常流量和浓度时，异重流呈不均匀流，这种不均匀性是由于在交界面处具有负掺混流速所致，即下层有一定水量进入上层。在第 5 章将对其机理进行讨论。

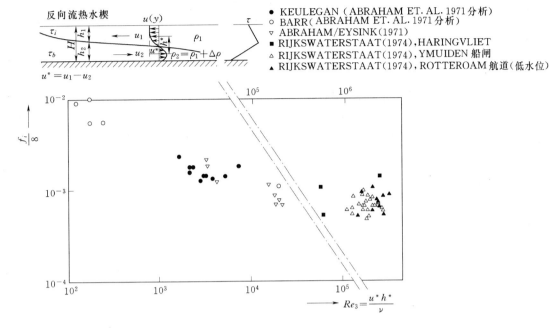

图 3-15　船闸交换水流：交界面阻力系数值随 Re 数变化

从异重流运动方程，当忽略负掺混流速时，推导恒定非均匀异重流方程，得

$$\frac{\mathrm{d}h_2}{\mathrm{d}x}=\frac{J_0-\dfrac{f_m u^2}{8g'R}}{1-\dfrac{u^2}{g'h_2}}$$

式中：$g'=\dfrac{\Delta\rho}{\rho}$、$f_m$ 为异重流平均阻力系数，包括交界面阻力系数 f_i 和底部阻力系数 f_0，有

$$f_m=f_0+f_i\left[\frac{b}{2h_2+b}+\frac{h_2(b+2h_1)}{h_1(b+2h_2)}\right]$$

式中：h_1、h_2 分别为上层和下层的厚度；b 为槽宽，水力半径 $R=bh_2/(2h_2+b)$，并假定 $b\tau_b+2h_2\tau_\omega=(2h_2+b)\tau_0$，其中 τ_b、τ_ω 为底部和边壁剪力。

图 3-16 为平均阻力系数与 Re 数之间的关系。图 3-16 中有 50m 水槽浑水异重流，官厅水库异重流以及 Michon 等分析的资料。

Michon 等（1956）在水槽和渠道中进行的浑水异重流实验资料，其底部阻力系数是考虑了水槽中沿程各断面的含沙量分布因素推导得

$$f_b=\frac{8Jgh_2^2}{q^2}\int_0^h\frac{\Delta\rho}{\rho}\mathrm{d}y$$

当 $\Delta\rho/\rho$ 取沿水深的平均值，则

$$f_b=8J\frac{\Delta\rho}{\rho}gh_2^3/q^2$$

异重流平均流速可写成

$$u_m = \sqrt{\frac{8}{f_m} g' h J}$$

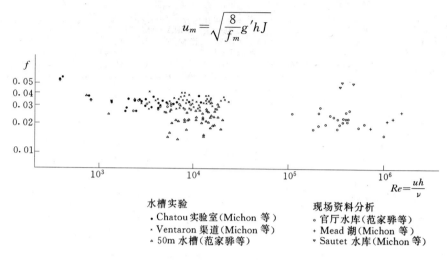

水槽实验
· Chatou 实验室(Michon 等)
· Ventaron 渠道(Michon 等)
▲ 50m 水槽(范家骅等)

现场资料分析
。 官厅水库(范家骅等)
+ Mead 湖(Michon 等)
▽ Sautet 水库(Michon 等)

图 3－16　平均阻力系数与 Re 数关系

参考文献

Abraham，G. et al. 1979. On the magnitude of interfacial shear of subcritical stratified flows in relation with interfacial stability. J. Hyd. Res. 17（4）：273－287.

Ashida，K.，Egashira, S. 1975. Basic study on turbidity currents. Proc. Japan Soc. Civ. Eng.，No. 237，37－50（日文）.

Delft Hydraulics Laboratory. 1974. Momentum and mass transfer in stratified flows. Report to Literature Study，R890.

Ellison，T. H.，Turner，J. S. 1959. Turbulent entrainment in stratified flows. J. Fluid Mech. 6（Pt. 1）：423－448.

Georgiev B. V. 1972. Some experimental investigation on turbulent characteristics of stratified flows. Intern. Symp. on Stratified flows，505－515.

Ippen，A. T.，Harleman，D. R. F. 1952. Steady-state characteristics of subsurface flow. Proc，NBS，Symp on Gravity Waves，Nat，Bur，Stand，Circ，521：70－93.

Keulegan，G. H. 1985. An experiment in mixing and interfacial stress，Final Report. USWES.

Lofquist，K. 1960. Flow and stress near an interface between stratified liquids. The Physics of Fluids，3（2）：158－175.

Michon，X.，Goddet，J.，Bonnefille R. 1955. Etude théorique et expérimentale des courants de densité. Laboratoire National d'Hydraulique，Chatou，France.

Parker，G.，Fukushima，Y.，Pantin，H. M. 1986. Self-accelerating turbidity currents. Journal of Fluid Mechanics，171：145－181.

Parker G.，Garcia，M.，Fukushima Y.，Yu，W. 1987. Experiments on turbidity currents over an erodible bed. J. Hyd. Res. 25（1）：123－147.

Raynaud，J. P. 1951. Etude des courants d'eau boueuse dans les retenues. Trans.，Congr. on Large Dams. Vol. 4：137－161.

Schijf，J. B.，Schonfeld，J. C. 1953. Theoretical considerations on the motion of salt and fresh water. Proc. Minn. Intern. Hyd. Convention，321－333.

第4章 异重流潜入现象和潜入点判别数

4.1 潜 入 水 流 特 征

潜入点上下游的流态，即浑水明渠均质流过渡到分层流，其流速分布和含沙量分布都随纵向有相应的变化，其变化过程可用图4-1示意。浑水均质明渠流进入回水区时，水深逐渐增加，平均流速相应减小，其流速分布是典型的明渠流分布，最大流速在表面；水深增加到某种程度时，水面流速减小，不再是最大值，其重心逐渐向下移动。在潜入点

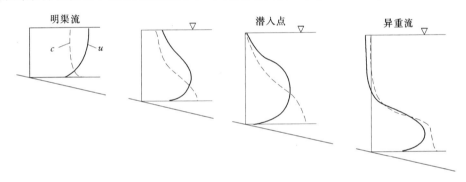

图4-1 明渠均质流过渡到分层流示意图

u—流速；c—含沙量

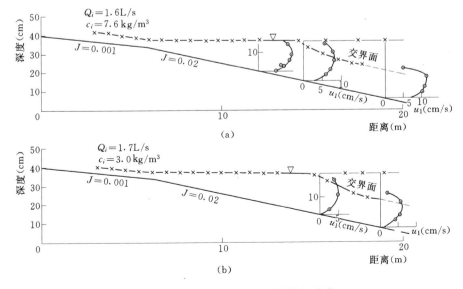

图4-2 潜入水流的流速分布沿程变化

处，表面流速为零，其重心移至下层，潜入点的流速主要位于水深的下半部，近似管流的流速分布。至于含沙量分布，明渠流中颗粒粒径较细时，上下较均匀，随着表面流速的降低，表面含沙量随之降低，含沙量梯度 dc/dy 有所增大，至潜入点处，表面含沙量接近于零。浑水下潜后，含沙量逐渐向下层集中，过渡到具有急剧转折点的状如板凳形状的分布。

　　图 4-2 为水槽试验测得的潜入水流的流速分布沿程的变化。在天然观测到的潜入点附近的流速和含沙量分布的资料，示于图 4-3。日本学者菅利利（1981）曾在水槽中施测潜入点流速分布和密度分布，见图 4-4，从每组相应的流速和含沙量分布，可以了解到潜入点附近流速和含沙量分布形状的变化情况。

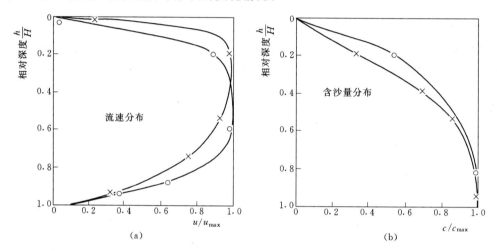

图 4-3　天然潜入点附近流速和含沙量分布
（a）流速分布；（b）含沙量分布

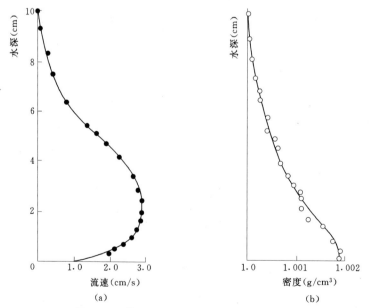

图 4-4　潜入点流速、密度分布（菅玉井）
（a）流速分布；（b）密度分布

4.2　横　向　潜　入　水　流

挟沙水流进入水库时，受河床地形条件的限制，在横断面上有不同的分布状况（流速和含沙量分布）。在宽阔断面上会出现所谓"流通"水流。水流像一股水注进入水体中，有流动核心，两旁流速减小，与静水区相接，而含沙量亦向两侧扩散衰减，具有吞状三维水流流态。

为了说明潜入点附近的流态以及异重流的横向扩散，今举官厅水库实测资料，用来说明其水沙变化过程。

图 4-5 点绘 1957 年 8 月 16 日在该库 1019 断面实测的流速和含沙量横断面分布的时间变化过程，始于 12：07，终于 18：40，历时 6.5h，从 4 次横断面流速、含沙量、粒径分布，可看出下列几点：

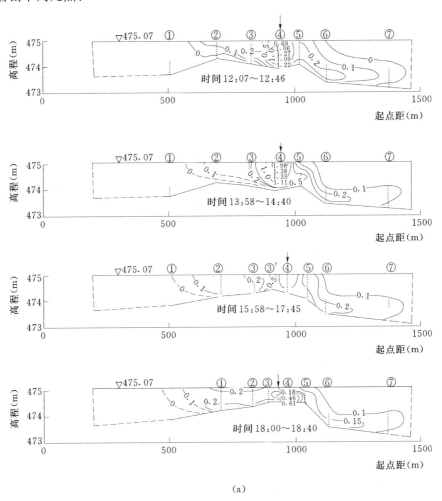

(a)

图 4-5　官厅水库 1019 断面 1957 年 8 月 16 日流速、含沙量、粒径变化图（一）
(a) 流速分布（①~⑦为实测垂线编号）

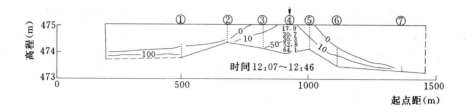

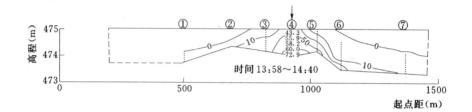

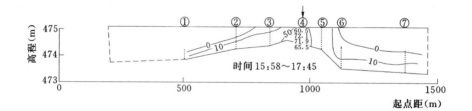

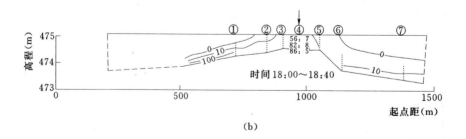

(b)

图 4-5 官厅水库 1019 断面 1957 年 8 月 16 日流速、含沙量、粒径变化图 (二)

(b) 含沙量分布 (①~⑦为实测垂线编号)

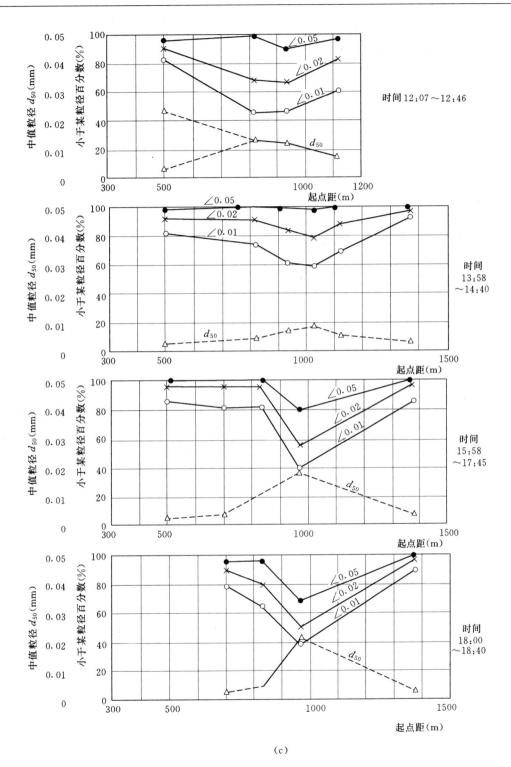

(c)

图 4-5　官厅水库 1019 断面 1957 年 8 月 16 日流速、含沙量、粒径变化图（三）

（c）粒径分布

（1）1019 断面宽 1300m，其中流速大于 0.1m/s 的流动表层宽约 400～500m，流速大于 0.5m/s 的核心部分只占 100m 左右。

（2）相应于流动核心部分的含沙量在 8.2～17kg/m³ 之间。表层含沙量大于 10kg/m³ 的部分，宽约 100～200m，从这里可看出浑水潜入时，舌状浑水的含沙量向两侧迅速降低，与清水体相邻，清水水体宽度 800～1000m，在清水层下面，则有浑水向两侧横向扩散，状似浑水楔。

（3）4 个测次的粒径级配（12：07～18：40 之间），在横断面上的分布表明：主流线上的粒径较粗，$d_{50}=0.021～0.008$mm，两侧的粒径 d_{50} 自 0.008～0.02mm 逐渐降至 0.002～0.0025mm，这说明浑水在横向潜入运动过程中泥沙沉淀，悬沙粒径变细。

（4）从 4 次测量可看出，由于泥沙的沉淀，主流区河底高程上抬，甚至高于两侧的河底。

（5）主流线上的流速大，含沙量亦大，计算其密度 Fr 数约为 2，大于潜入点处的判别值，显然为明渠均质流。而在第 5～第 6 垂线，表面流速和表面含沙量均为零，垂线平均流速约为 0.13m/s，垂线平均含沙量约为 10kg/m³，水深 1.2m，则密度 Fr 数 $u/\sqrt{\dfrac{gh\Delta\rho}{\rho}}\approx 0.48$，小于潜水点判别数。这些定性计算，说明主流线浑水向两侧潜入并向两侧流动，形成横向异重流运动。

4.3 潜入点判别数和异重流发生条件

为了了解潜入现象的机理，在水槽内进行观察，具有一恒定流量和恒定含沙量的浑水进入带有蓄水区的水槽内，观察到潜入点水深，不论水位上抬或下降，均保持定值，因此，其平均流速也为定值。观察表明，对于缓和的槽底比降，潜入水流清浑水交界面曲线，变化缓和，而对于陡峻的槽底比降，交界面曲线有较明显的转折（见图 4-6 和图

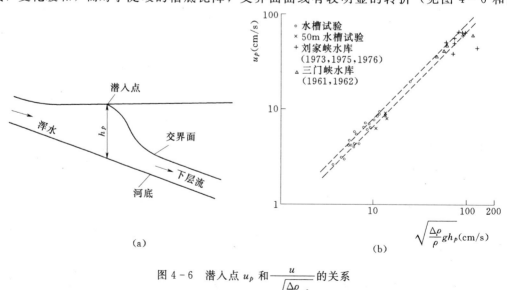

(a)　　　　　　　　　　　　　　(b)

图 4-6　潜入点 u_p 和 $\dfrac{u}{\sqrt{\dfrac{\Delta\rho}{\rho}gh}}$ 的关系

4-7)。根据交界面变化，注意到其交界面的拐点，试从不均匀异重流方程

$$\frac{\mathrm{d}h}{\mathrm{d}x} = \frac{J_0 - \dfrac{f_m}{8}\dfrac{u^2}{\dfrac{\Delta\rho}{\rho}gR}}{1 - \dfrac{u^2}{\dfrac{\Delta\rho}{\rho}gh}}$$

注视潜入点至异重流之间的流线，可认为在潜入点下游的拐点，有 $\dfrac{\mathrm{d}h}{\mathrm{d}x} \to \infty$，则该处条件为

$$\frac{u^2}{\dfrac{\Delta\rho}{\rho}gh} = 1$$

由于该处拐点处的异重流水深 h 小于潜入点水深 h_p，因此潜入点处有

$$\frac{u_p^2}{\dfrac{\Delta\rho}{\rho}gh_p} < 1 \tag{4-1}$$

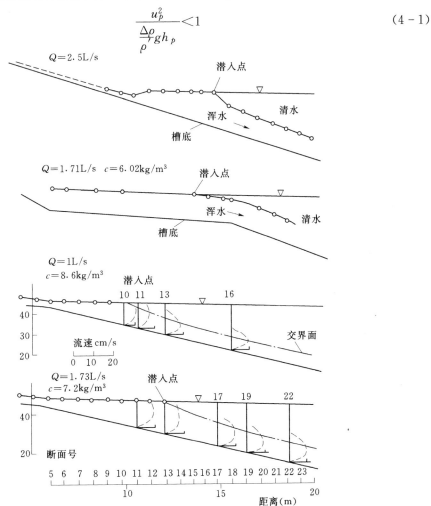

图 4-7　水槽内实测潜入点上下游沿纵向各断面流速分布图

笔者曾在缓坡和陡坡水槽中进行潜入点试验，观察不同流量和含沙量下浑水进入壅水区潜入时的水深。潜入水深在槽内某一定水位时不随时间而改变，当改变槽内水位时，潜入水深保持不变。此外，还在槽端加入一些粗沙，观察粗沙的加入是否影响潜入水深。由于粗沙很快沉淀下来，观察结果，看到对潜入水深无影响。试验结果列于表 4-1。表 4-1 中流量和含沙量在试验过程中保持恒定，试验含沙量小于 20kg/m³。见图 4-6，分析得平均关系为（见图 4-6）

$$\frac{u}{\sqrt{\frac{\Delta\rho}{\rho}gh}} = 0.78 \qquad (4-2)$$

式（4-2）已为中国、法国和美国学者引用和评论。其中，Farrell 和 Stefan（1986）在水库和海岸区潜入水流的研究报告中在总结前人有关潜入点理论和实验分析成果时，指出："有关潜入点位置的首次发表定量工作是范家骅（1960）的工作。他用二层流方法进行理论分析，并用试验检验其现象。"

表 4-1　　　　　　　　　　　　　泥水潜入点试验数据表

编号	Q (m³/s)	c (kg/m³)	h_p (cm)	$\sqrt{\frac{\Delta\rho}{\rho}gh_p}$ (cm/s)	u_p (cm/s)	温度 (℃)
1	0.77	3.06	11.0	4.56	3.1	6.5
2	0.34	3.06	7.4	3.73	2.6	6.5
3	0.50	10.60	6.0	6.13	4.0	8.5
4	1.53	10.60	12.0	8.69	6.8	8.5
5	1.05	7.54	10.0	6.60	5.5	8.0
6	1.95	7.65	15.0	8.19	7.8	8.0
7	3.80	8.81	24.5	11.40	9.0	7.0
8	1.05	4.65	12.0	5.68	4.2	7.0
9	2.50	12.30	17.0	11.10	8.5	8.0
10	2.90	11.80	21.0	12.00	9.6	8.0
11	0.61	13.70	6.0	6.96	4.4	10.0
12	0.68	13.60	7.8	7.91	5.8	10.0
13	2.08	19.30	12.0	11.80	9.6	10.0
14	2.79	9.25	21.5	10.70	8.6	10.0
15		8.63	17.0	8.19	6.4	10.8
16	2.60	6.80	20.5	8.85	7.0	11.0
17	1.70	3.02	21.0	5.52	4.2	11.0
18	2.20	4.13	19.5	6.40	5.8	11.8
19	1.00	8.57	11.0	7.36	5.9	11.0
20	1.73	7.23	16.5	8.04	6.5	11.5
21	0.48	5.37	8.0	4.75	3.0	12.5
22	0.92	7.37	9.5	6.25	4.4	11.8
23	1.35	4.22	14.0	5.48	4.7	12.5
24	1.63	3.30	21.5	5.80	4.2	12.0
26	2.00	13.40	10.0	8.80	6.2	12.0
27	2.47	15.10	15.7	11.70	9.2	12.0
28	2.70	8.07	23.5	10.30	7.7	12.5

注　21～28 测次，在槽端加入粗泥沙。

从式（4-2），当已知来水流量和含沙量时，可估计潜入点的水深 h_p

$$h_p = \frac{q^{\frac{2}{3}}}{0.78^{\frac{2}{3}}\left(\frac{\Delta\rho}{\rho}g\right)^{\frac{1}{3}}} = 1.18\frac{q^{\frac{2}{3}}}{\left(\frac{\Delta\rho}{\rho}g\right)^{\frac{2}{3}}} \tag{4-3}$$

式中：q 为来水单宽流量，$q=\dfrac{Q}{B}$，B 为过流宽度，Q 为来水流量；$\dfrac{\Delta\rho}{\rho}=c\left(1-\dfrac{\rho}{\rho_s}\right)/1000$，其中 c 以 kg/m³ 表示。从式（4-3）可估计潜入点水深。

式（4-3）也可用下列无量纲数表示：

$$\frac{\left(\frac{\Delta\rho}{\rho}g\right)^{\frac{1}{3}}h_p}{q^{\frac{2}{3}}} = 1.18$$

在水槽实验中，还进行在陡坡和缓坡槽中潜入点上下游流速和含沙量分布的观测，见图 4-7。在陡坡时浑水水流进入蓄水区时产生水跃之后继续前进至潜入点处潜入分层流。在缓坡时，则无水跃，水流至一定水深时潜入至其下游，选取不同断面测量垂线流速分布，从流速分布计算断面单宽流量，见到流量沿程有减小趋势。这可能是负掺混所致。表 4-2 列出潜入点下游各断面单宽流量和单宽输沙率沿程的变化。

表 4-2　　　　　　　　　潜入点下游流量和输沙率的变化情况

试验号	距离 （m）	单宽流量 （cm²/s）	平均流速 （cm/s）	平均含沙量 （kg/m³）	单宽输沙率 [g/（cm·s）]
1	进口	187		10.5	
	1275	198	12.2	（10.5）估	2194
	1485	205	9.6	9.2	1889
	1635	153	8.3	9.3	1391
	1710	153	8.5	9.3	1270
	1860	166	9.0	9.4	1355
2	进口	173		7.6	
	1410	146	8.3	6.9	1135
	1560	123	7.1	8.0	1025
	1630	140	8.2		
	1785	150	9.3	6.3	888
	1940	141	8.4		
3	进口	109		3.3	
	1275	92	5.8	3.1	295
	1560	85	4.1	3.2	250
	1710	76	4.5		
	1860	66	4.4	3.0	181

潜入点标志着异重流的开始和产生。在 20 世纪 50 年代，人们曾怀疑在某些水库能否

发生异重流。后来，提出问题在什么条件下能发生异重流？异重流能排出多少泥沙？笔者进行上述的试验，只回答了头一个问题，即密度 Fr 数小于 0.78，就可以发生异重流，但并不能回答：异重流能运行多远，能否流到坝址，能排出多少泥沙。这些问题，属于异重流持续运动的条件范围；关于异重流持续条件，将在第 17 章水库异重流中讨论。

　　不少学者进行过潜入点的实验和理论分析，表 4 - 3 列出一些学者的研究结果。从各家试验所用不同密度的介质，大致可分为细粒泥沙、细泥沙高含沙量、粗粒沙高含沙量、盐水、冷水数种。表 4 - 3 中还列出潜入点判别数理论分析的结果。

表 4 - 3　　　　　　　　　　　　　　　潜 入 点 的 判 别 数

作　者	方　法	介　质	判　别
范家骅（1959）	水槽实验	浑水	$\dfrac{u_p}{\sqrt{gh_p}}=0.78$
官厅水库	实测	浑水	$\dfrac{u_p}{\sqrt{gh_p}}=0.5\sim0.78$
刘家峡水库	实测	浑水	$\dfrac{u_p}{\sqrt{gh_p}}=0.78$
曹如轩等（1984，1995）	水槽实验	浑水 $10\sim30\text{g/L}$ $100\sim360\text{g/L}$	$\dfrac{u_p}{\sqrt{gh_p}}=0.55\sim0.75$ $\dfrac{u_p}{\sqrt{gh_p}}=0.4\sim0.2$（1984）
钱善琪，曹如轩（1995）	水槽实验	粗沙高含沙量 $d_{50}=0.05\sim0.08\text{mm}$	$\dfrac{u_p}{\sqrt{gh_p}}=0.78$
Singh & Shan（1978）	水槽实验	盐水 $\Delta\rho=0.0015\sim0.0117$	$\dfrac{u_p}{\sqrt{gh_p}}=0.3\sim0.8$，或 $h_p=1.85+1.3\,(q^2g')^{\frac{1}{3}}$
Farrell & Stefan（1986）	水槽实验 $\kappa-\varepsilon$ 数学模型	冷水	$\dfrac{u_p}{\sqrt{gh_p}}=0.67$ $\dfrac{u_p}{\sqrt{gh_p}}=0.45\sim0.54$
Kan & Tamai（1981）	水槽实验		$\dfrac{u_p}{\sqrt{gh_p}}=0.45\sim0.92$
Akiyama & Stefan（1984）	水槽实验	冷水	$\dfrac{u_p}{\sqrt{gh_p}}=0.56\sim0.89$
Savage & Brimberg（1975）	理论分析		$\dfrac{u_p}{\sqrt{gh_p}}=0.5$
俞维升（1991）	水槽实验	盐水，泥沙 高岭土 $d_{50}=0.0068\text{mm}$ 石英沙 $d_{50}=0.05\text{mm}$	$\dfrac{u_p}{\sqrt{gh_p}}=0.71$
余斌（2002）	水槽实验	泥石流混合沙 $d_{50}=0.07\text{mm}$	$\dfrac{u_p}{\sqrt{gh_p}}=0.82$

表 4-3 中许多工作是有关低密度差水流的潜入点。而细泥沙高密度差水流的潜入点的实验，有曹如轩（1984）、焦恩泽（2004）的水槽实验。由于含沙量高，流体黏滞系数加大，一般假定高含沙水流为 Bingham 体，曹如轩和焦恩泽两位曾利用 Bingham 体有关系数和流体阻力系数联系起来分析潜入点密度 Fr 数与含沙浓度的某种关系，以解释不同含沙量对密度 Fr 数的变化趋势。分析得到符合实验数据趋势的结果。

利用含高岭土细泥沙浑水做潜入水流实验，尚有俞维升（1991），他所用泥沙为高岭土加分散剂。他细致地观察潜入的过程。他进行盐水和泥水潜入实验，为保持水位不变动，故在放水进槽时，同时在槽尾泄放相同流量。盐水或泥水进水在壅水区潜入槽底形成异重流，俞维升观测到潜入点开始在水浅处，接着向前移动，至一定水深后即保持稳定。从开始潜入处移至稳定处，其时间为 1~2min。最后，分析得稳定时的潜入点判别数为

$$h_p = 1.4 (q_p^2/g_p')^{\frac{1}{2}} \qquad (4-4)$$

式中：h_p 为潜入点水深；q_p 为潜入单宽流量；g_p' 为潜入点的修正重力加速度。式（4-4）亦可写成

$$Fr = \frac{u_p}{\sqrt{g_p' h_p}} = 0.71 \qquad (4-5)$$

用细粒泥沙做水流和波浪共同作用下的潜入点判别数潜入试验的，有夏益民（1981）获得下式

$$\frac{u + 0.034 g^{\frac{1}{2}} D^{-\frac{1}{2}} H}{\sqrt{\frac{\Delta \rho g D}{\rho_2} \left(1 + \frac{H^2}{8D^2}\right)}} = 0.78 \qquad (4-6)$$

式中：H 为波高；D 为水深；u 为水流速度。当波高等于零时，其密度 Fr 数与我们的结果相同。

粗粒高含沙异重流潜入试验有钱善琪、曹如轩（1995）和余斌（2002）。钱善琪和曹如轩的试验采用 $d_{50} = 0.05 \sim 0.08$mm 沙样进行实验，沙样中 $d = 0.005$mm 泥沙的含量甚微，得潜入点判别数 $Fr = 0.78$。

余斌（2002）的泥石流潜入试验，他采用粗细泥沙混合沙，其粒径小于 2mm，$d_{50} = 0.07$mm 的泥沙，进行潜入点试验，泥石流容量分为 1.2g/cm³、1.3g/cm³、1.4g/cm³、1.5g/cm³、共 4 级 $(\rho_2 - \rho_1)/\rho_1 = 0.17 \sim 0.33$，实验得 $\frac{u_p}{\sqrt{g_p' h_p}} = 0.82$。

另一种分析法，Stefan 等人考虑到密度较大的水体（如冷水）潜入时，水流将蓄水体的清水掺混进去，分析中引进一个掺混系数，利用类似于水跃的分析方法，求取潜入点的判别数，并用冷热水进行实验。同时考虑到陡坡或缓坡水流对潜入水深的影响，见 Akiyama 和 Stefan（1984）的分析以及 Parker（2007）的讨论。同时，Farrell 与 Stefan（1986）利用数值解法求解 κ-ε 方程，计算从均质流向分层流过渡中的流速场的沿程变化，可清晰看出潜入点处的质点流向的变化，向底部异重流过渡的情况，当然在 κ-ε 模型中不少有关紊流参数，大都均借用清水紊流运动时的参数值。Farrell 根据他自己的水槽冷水潜入试验的结果，用 κ-ε 模型进行对比，得到两者相近的结果。

4.4　含细泥沙高浓度浑水潜入点判别数

笔者考虑到曹如轩、焦恩泽关于高含沙量异重流潜入点的实验结果可用含沙量因子做进一步分析。今试用量纲分析的方法。鉴于浑水中含沙量的增加导致潜入点密度 Fr 数值减小的实验结果，拟增加一个含沙浓度因素。因为含沙量与运动黏滞系数以及 τ_B 有一定关系，其实验关系，见焦恩泽（2004）的图 10-8 的实验关系。点绘曹如轩、焦恩泽和笔者的实验数据，见图 4-8。从图 4-8 可见密度 Fr 数随含沙量的增加而减小，至含沙量约 400kg/m^3 时为止，而在 400kg/m^3 时发生转折，Fr 值直线下降。

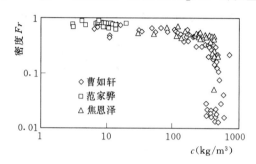 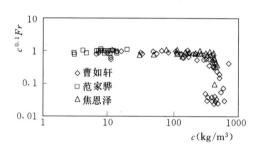

图 4-8　浑水异重流潜入点实验关系   图 4-9　潜入点 Fr 与含沙量的关系

现姑且仅考虑 400kg/m^3 以下范围的 Fr 的变化，可得一概括在含沙量小于约 400kg/m^3 范围内的潜入点判别式平均关系如下：

$$Fr=0.9/c^{0.1} \tag{4-7}$$

其关系式见图 4-9，如用潜入点深度来表示，有

$$h=1.07c^{0.067}q^{2/3}/g'^{1/3} \tag{4-8}$$

式中：h 为潜入点水深；c 为含沙量，kg/m^3；q 为单宽流量，cm^2/s；$g'=(\Delta\rho/\rho)g$，而 $\Delta\rho=\rho_2-\rho_1$，ρ_2 为浑水密度，ρ_1 为清水密度。从图 4-9 可见，各测点围绕其平均线，并有一定的分散程度。式（4-8）中的含沙量值亦可用密度差表示，以保持公式的无量纲化。故亦可用下式表示：

$$h=1.75(\Delta\rho/\rho)^{0.067}q^{2/3}/g'^{1/3} \tag{4-9}$$

在分析中，未用含沙量大于 400kg/m^3 的资料，曹如轩的第 1 号槽实验中有小于 400kg/m^3 的资料，因为发现潜入点深度值有异常，经与焦恩泽同流量和含沙量数据对比，可见两者 h 值，差别明显，不知是何原因。现列出一些数据与焦恩泽数据的对比，见表 4-4。表 4-4 中列出的 4 测次，是两家施放的单宽流量和含沙量值相近的测次，看看其潜入点水深值是否相近。从表 4-4 上可看出两者相差甚远。故分析中不采用曹如轩的第一号槽的实验资料。

因此，式（4-9）可用于估计水库潜入点水深值。潜入点水深计算值与实测值的比较，示于图 4-10。

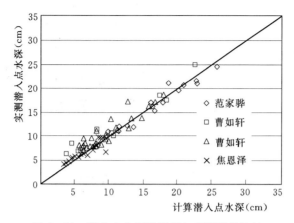

图 4 - 10 潜入点水深计算值与实测值的比较

表 4 - 4 曹如轩第 1 号槽中 4 次实验数据与焦恩泽数据的比较

编号	曹 1 号槽	焦	曹 1 号槽	焦	曹 1 号槽	焦	曹 1 号槽	焦	焦
	2	11	3	12	12	13	14	27	26
c (kg/m³)	438	429.9	394	421.5	450	427.2	450	479.7	421.6
q (cm²/s)	45.3	43.05	45.3	40	45.3	49.92	73.3	69.7	67.7
h (cm)	35 (?)	5	31 (?)	4.2	30.3 (?)	6.4	33.7 (?)	8.1	4.7

注 表中"曹"指曹如轩,"焦"指焦恩泽。

参考文献

曹如轩.1984.高含沙异重流的形成与持续条件分析.泥沙研究,1984 (2).

范家骅,等.1959.异重流的研究和应用.北京:水利电力出版社.

焦恩泽.2004.黄河水库泥沙.郑州:黄河水利出版社.

水利部黄河水利委员会.2003.黄河首次调水调沙试验.郑州:黄河水利出版社.

夏益民.1981.近海波浪作用下浑水下潜形成异重流的条件及界面稳定性问题的初步探讨.华东水利学院研究生毕业论文.

余斌.2002.泥石流异重流入海的研究.沉积学报,20 (3):383 - 386.

俞维升.1991.水库沉淤运动特性之研究.台湾大学土木工程学研究所博士论文.

Akiyama,J.,Stefan,H. 1984. Plunging flow into a reservoir. I. Theory. Journal of Hydraulic Engineering,ASCE,110 (4):484 - 499.

Farrell,C. J.,Stefan,H. G..1986. Buoyancy induced plunging glow into reservoirs and costal regions. Project Report No. 241,St. Anthony Falls Hyd. Lab,Univ. of Minnesota.

Farrell. G. J.,Stefan,H. 1988. Mathematical modeling of plunging reservoir flows. Journal of Hydraulic Research,26 (5):525 - 537.

Parker,G.,Toniolo,H. 2007. Note on the analysis of plunging of density flows. Journal of Hydraulic Engineering,ASCE,133 (6):690 - 694.

菅利利,玉井信行.1981. On the plunging point and initial mixing of the inflow into reservoirs. 第 25 回水理演讲会论文集,1981,2:631 - 636.

第 5 章　交界面水量掺混临界流速 与掺混（卷吸）系数

5.1　不同环境下的交界面掺混

异重流交界面受流速的剪力作用导致不同振幅和频率的交界面波动，在古典流体力学中对此问题进行过分析（Lamb. Hydrodynamics，1936）。交界面的稳定和破坏造成掺混是异重流运动研究者感兴趣的问题。

河口的一种现象是，当盐水楔形成时，受上游来水的剪力作用，部分盐分混入上层清水流动层。20 世纪 40 年代 Keulegan 进行水槽实验研究盐水楔混合问题，1955 年刊出报告，他退休后将资料做了进一步分析，1985 年写出混合问题的最后报告，提出 $E=V_y/U=3\times10^{-4}Fr^{2/5}$，表明掺混系数与 Ri 数（或 Fr 数）的关系微弱，和他以前自己提出的和其他学者提出的，有很大不同。

当分析河口地区盐水楔和浑水楔（浑浊流）造成航道的淤积时，观察到河口滩地的新淤细粒泥沙经风浪与水流的作用，淤泥与水流的界面波破碎，卷起泥沙入潮流，伴随涨潮盐水楔向河口段内运动和淤积，形成"浑浊带"。

本章首先讨论浮泥的起动流速、异重流交界面波动稳定的条件以及交界面被破坏时部分异重流与上层清水混合时的掺混流速以及掺混系数。在讨论浑水异重流掺混系数时，还应用盐水异重流资料进行对比。

交界面掺混的定义：设在斜坡上的异重流中取 $\mathrm{d}x$ 一段自由体，水深为 h，平均流速为 U，单宽流量为 q，其上层有 V_y 进入下层，可写出异重流的水量连续方程

$$\frac{\mathrm{d}q}{\mathrm{d}x}=V_y$$

设水量掺混系数

$$E=V_y/U$$

则

$$\frac{\mathrm{d}q}{\mathrm{d}x}=EU$$

研究表明掺混系数 E 为 Ri 数，或密度 Fr 数的函数。

交界面之间的掺混，在不同环境下存在，分述如下：

（1）河口盐水楔：Keulegan 对静止盐水楔沿程流量的减少进行盐水层和清水层之间的卷吸量试验。

（2）陡坡异重流（盐水和浑水）运动的过程中，卷吸上层水量进入下层，沿程流量增加。

（3）挟沙异重流在垂直方向运动时卷吸周围水体进入异重流。

（4）热水楔：电厂下层进水口进入冷水，上层出水口排出热水，形成上层热水楔，上层热水与冷水掺混，沿程温度减低。

（5）沉沙池中泥沙的沉淀：浑水异重流分离出水量进入上层。

（6）盲肠引航道内泥水楔的形成：异重流中泥沙沉淀使一部分清水自下层进入上层清水层。这种从下层分离出清水进入上层的机理，同盐水楔的不同，其中上层流速与下层流速相同，方向相反。

实验室水槽求取卷吸系数的方法，各家采用的不尽相同，有用两断面之间的流量求其差数，有的测定进出口异重流流量求取差额，有用间接方法求取，有用含盐量的改变求取卷吸流速的。各种不同方法的采用，将在评述各研究者的经验关系式时予以介绍。

5.2　异重流交界面界面波失去稳定的条件和起动流速

5.2.1　交界面界面波失去稳定时的起动流速

交界面界面波失去稳定时的起动流速实验，有用盐水、糖水和硫代硫酸钠作为重液体，也有用浑水（浮泥）作为重液体。

美国标准局曾用三种水槽，用盐水、糖水和硫代硫酸钠作为重液体，上层为清水，用高锰酸钾加入上层清水以帮助观察在水流作用下交界面失去稳定时的流速。

Keulegan 进行类似的试验，下层静止盐水层上施放流动清水，测定盐水的起动流速，即观察交界面波破碎的临界条件

清水水流

重液体（盐水）层

图 5-1　盐水与流动清水层交界面界面波破碎的临界条件（Keulegan）

（图 5-1）。Keulegan 利用三种不同的封闭水槽，上层用清水下层用糖水，观察不同上层流速时，交界面未被破坏，交界面保持光滑时的流速 U_0；交界面上稍有混合时的流速 U_1；中等混合时的流速 U_2；混合较多时流速 U_3；令临界流速 $U_c = (U_0 + U_1)/2$，各试验读数列于钱宁（1957）《异重流》书中。

Rumer, Jr（1973）曾进行分层盐水的界面波破碎的实验，利用一封闭水槽，长 358cm，宽 15.3cm，深 45cm，施放清水在静止盐水层上运动，将下层盐水染成深蓝色，观测交界面波开始破碎时的临界流速，用肉眼观察交界面波的运动和破碎。起始破碎的条件为波群间歇性地形成破波；此点与 Keulegan 观察相同。不过 Rumer 测定了交界面层的厚度 δ。实验共进行了 8 组，列于表 5-1。

表 5-1　　　　　　　　　　Rumer 的交界面波起始破碎试验结果

编号	I—A	I—B	I—C	I—D	I—E	I—F	I—G	I—H
h_1（cm）	11.0	10.3	16.5	17.0	17.5	16.1	13.5	13.7
U_c（cm/s）	5.80	5.53	4.13	3.88	3.72	3.26	3.03	2.00
δ（cm）	0.45	0.40	0.35	0.45	0.40	0.42	0.47	0.50

编号	I—A	I—B	I—C	I—D	I—E	I—F	I—G	I—H
ρ_1 (g/cm^3)	1.000	1.000	1.000	1.001	1.000	1.000	1.001	1.001
ρ_2 (g/cm^3)	1.075	1.065	1.046	1.034	1.025	1.016	1.010	1.005
ν_2 (cm^2/s)	0.0114	0.0112	0.0110	0.0102	0.0100	0.0099	0.0098	0.0098
R_δ	228	198	132	172	150	138	146	103
Ri	0.944	0.810	0.905	0.950	0.686	0.618	0.450	0.490
R	10450	9700	8640	8200	7920	6770	5830	3930
θ	0.163	0.162	0.192	0.178	0.167	0.165	0.146	0.169
F	0.208	0.220	0.154	0.168	0.182	0.205	0.278	0.274

Keulegan 三种水槽、美国标准局三种水槽以及 Rumer 的观测盐水交界面波开始破碎时的临界流速的实验结果，显示临界起动流速与密度的 1/2 方的实验关系，见图 5-2。

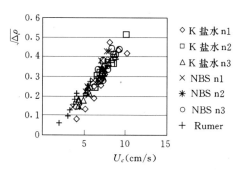

图 5-2　Keulegan、美国标准局和 Rumer 盐水界面波失去稳定时的临界流速实验结果

5.2.2　浮泥起动流速实验

王恺忱和范家骅（1959），与陈全（1964）先后进行水槽实验。在王恺忱的浮泥的起动流速实验中，观察浮泥与清水层交界面破坏的条件，试验用的浮泥级配为 $d_{90}=0.05$mm，$d_{46}=0.0055$mm。陈全用新港航道浮泥，$d_{50}=0.005$mm。

试验之前先将泥沙放在槽内搅混，令其沉淀至一定时间，取样测定其重率（沉淀时间同泥沙的重率成一定关系），然后，放入清水流量，使造成一定的流速，观测泥沙在不同流速时的动态。

当呈浮泥状态的泥沙的重率较小时（例如 $\gamma'=1.16$g/cm^3 以下时），清水在浮泥上面流过，原来静止的浮泥面同有一定流速的清水接触，即发生交面的波动，交面波的振幅随流速的增大而变大，当流速继续加大时，则会发现交面上有一缕一缕的含沙水流离开底部，这个阶段，谓之开始缕移阶段。水流继续加大，交面波峰破碎，泥沙被水流悬扬起来，这个阶段谓之悬扬阶段。当浮泥重率较大时（$\gamma'=1.20$g/cm^3 以上），由于同清水的密度差较大，看不到有交面波的存在。

试验中保持清水深度为 10cm，用水槽尾门来控制水深调节流量。观测是在固定的断面上观察浮泥的运动。这样的调节，水流有某些不均匀的性质。试验中测定浮泥的重率同浮泥的沉淀时间的关系，列于表 5-2。观察到的浮泥缕移和悬扬两阶段的起动流速与浮泥重率的关系，见表 5-3。

表 5-2　　　　　　　　　　悬沙沉淀时间与浮泥重率的关系

沉淀时间（h）	浮泥平均重率	实测浮泥重率范围	沉淀时间（h）	浮泥平均重率	实测浮泥重率范围
2.0	1.111	1.088~1.128	20.0~21.0	1.171	1.150~1.200
5.0~5.5	1.138	1.120~1.160	40.0~45.0	1.202	1.140~1.250
10.0~11.0	1.158	1.123~1.252			

表 5-3　　　　　　　　　　浮泥缕移流速和悬移流速和 θ 值

浮泥平均重率	ν_ρ	悬移流速（cm/s）	缕移流速（cm/s）	缕移 θ	悬移 θ
1.111	0.026	15	10	0.141	0.094
1.111	0.023	12.8	8.6	0.158	0.106
1.111	0.023	13	9.4	0.144	0.104
1.138	0.029	17.2	15	0.105	0.092
1.138	0.029	16.3	13.5	0.117	0.097
1.158	0.034	18.7	14.5	0.120	0.093
1.158	0.037	20	16.6	0.108	0.089
1.165	0.044	23.4	16.7	0.115	0.082
1.171	0.046	25	18	0.110	0.079
1.171	0.046	25	20	0.099	0.079
1.202		35	26.6		

　　陈全（1964）曾在长 9.04m、宽 0.098m、高 0.6m 的水槽内进行浮泥层交界面稳定性试验。试验时校正槽底为水平。槽内放置一长 80cm、宽 9.8cm、高 13cm 的木块，放置取自新港航道的浮泥，使浮泥面与木块顶平齐，浮泥制备：试验前将干泥和以少量清水捣匀，用筛子筛去沙粒和杂质，然后以适应清水配成一定容重的浮泥，倒入水槽内，为使浮泥容重在槽内均匀一致，试验前在槽内进行搅拌。

　　试验时控制水深在 8cm 左右，浮泥容重范围在 1.035~1.28g/cm³ 之间。在试验中观察浮泥交界面失去稳定时的过程。当水流以较低流速沿着静止的浮泥面上流动时，清水和浮泥之间的交界面截然分明，浮泥没有流动 [图 5-3（a）]。随着流速的增大，当达到某

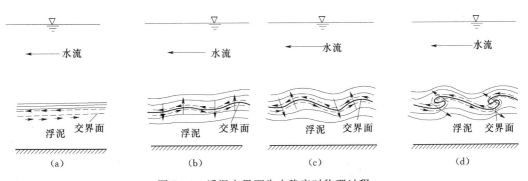

图 5-3　浮泥交界面失去稳定时物理过程

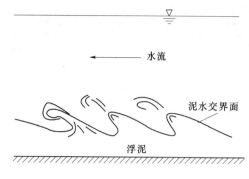

图 5 - 4　交界面混合过程

值时，可看到浮泥面下很薄一层内浮泥发生流动 [图 5 - 3 (b)]，这时浮泥交界面仍清晰平直，但流速稍大一点后，交界面就不再保持为直线，而出现交界面波动，其波动方向与水流方向一致。波形为抛物线形状，这时交界波是稳定的 [图 5 - 3 (c)]。

当继续加大水流速度，达到某一值时，界面波波长变短，波峰变尖，在水流拖拽下行时，不时地从波峰卷吸出漩涡，把泥水带入清水区与清水相混合，这时的流速，即为浮泥交界面失去稳定的临界流速 U_0 [图 5 - 3 (d)，图 5 - 4]，其卷吸现象，同 Keulegan 盐水清水交界面稳定试验所观察到的基本相同。陈全的试验数据，见表 5 - 4。

表 5 - 4 　　　　　　　　　　　　　　　陈全浮泥实验数据表

浮泥密度 ρ' (g/cm³)	浮泥体积浓度 c_v	泥水温度 (℃)	清水黏滞系数 μ [g/(cm·s)]	浮泥刚性系数 μ_ρ [g/(cm·s)]	浮泥运动黏滞系数 ν_ρ (cm²/s)	水深 H (cm)	实测临界流速 $U_实$ (cm/s)	计算临界流速 $U_理$ (cm/s)	交界面失去稳定时水流 Re	θ
1.16	0.0941	20	0.01005	0.0366	0.0311	8.0	16.8	16.3	13500	0.101
1.14	0.0825	20	0.01005	0.0301	0.0264	8.0	15.15	14.2	12100	0.101
1.105	0.0618	24	0.009162	0.0199	0.018	8.1	10.7	10.51	9450	0.115
1.11	0.0647	24	0.009162	0.0207	0.0187	8.0	11.05	10.95	9650	0.114
1.10	0.0588	24	0.009162	0.0191	0.0174	8.0	10.4	10.3	9080	0.115
1.08	0.047	24	0.009162	0.0161	0.0148	8.0	8.80	8.97	7750	0.119
1.195	0.115	20	0.01005	0.0555	0.0465	8.0	22.6	22.4	18000	0.092
1.16	0.0941	25.5	0.008847	0.0322	0.0278	8.0	15.3	15.1	13800	0.107
1.085	0.0500	25.5	0.008847	0.0162	0.0149	8.0	9.24	9.10	8370	0.116
1.13	0.0765	16	0.01113	0.0302	0.0268	8.0	15.8	14.12	11400	0.095
1.175	0.103	15	0.01140	0.0492	0.0419	8.0	20.0	20.1	14000	0.096
1.145	0.0852	21	0.009728	0.0304	0.0266	8.0	15.5	14.3	12800	0.100
1.14	0.0824	21	0.009728	0.29	0.0255	8.0	14.0	13.83	11500	0.108
1.12	0.0706	21	0.009728	0.0241	0.0215	8.0	12.2	12.09	10000	0.112
1.10	0.0588	23	0.009384	0.0195	0.0718	8.0	9.95	10.4	8500	0.121
1.08	0.047	23	0.009384	0.0165	0.0153	8.1	9.0	9.08	7760	0.118
1.07	0.0412	23	0.009384	0.0153	0.0143	8.1	8.63	8.54	7450	0.115
1.17	0.100	20	0.01005	0.0408	0.0349	7.9	18.9	17.7	14900	0.095
1.07	0.0412	24	0.009162	0.01495	0.014	8.2	8.4	8.37	7510	0.117
1.06	0.0354	21.5	0.009712	0.01475	0.0139	8.0	8.0	8.17	6600	0.117

续表

浮泥密度 ρ'(g/cm³)	浮泥体积浓度 c_v	泥水温度（℃）	清水黏滞系数 μ [g/(cm·s)]	浮泥刚性系数 μ_ρ [g/(cm·s)]	浮泥运动黏滞系数 ν_ρ(cm²/s)	水深 H（cm）	实测临界流速 $U_实$（cm/s）	计算临界流速 $U_理$（cm/s）	交界面失去稳定时水流 Re	θ
1.145	0.0854	21	0.009728	0.0304	0.0266	8.0	13.0	14.3	10700	0.120
1.09	0.053	20	0.01005	0.0192	0.0176	6.9	11.9	10.9	8200	0.097
1.09	0.053	20	0.01005	0.0192	0.0176	6.5	12.1	11.24	7850	0.096
1.14	0.0825	20	0.01005	0.0301	0.0264	8.0	13.4	14.1	10700	0.098
1.14	0.0825	20	0.01005	0.0334	0.0264	7.0	13.7	15.1	9590	0.112
1.13	0.0765	26	0.008754	0.0237	0.0210	8.1	11.5	12.0	10600	0.121

当再增大流速时，浮泥为大量不规则的漩涡所挟带而悬扬，好像烟囱冒出的浓烟，这时浮泥连续地和清水相混，交界面不再清晰，此时水流的平均速度，定义为悬扬速度，浮泥由底沙运动状态转变为悬移运动状态。陈全观察到当浮泥容重不大于 1.20g/cm³ 以后，流速较低时，界面上浮泥扬起，但无界面波发生。这一点，同笔者观察到的现象类似。当再增加水流速度时，混合显著增加，但这时底部有沙波发生，波长很长，波高较大，好似粗粒泥沙沙波移动一般。考虑到当浮泥容重大于 1.20g/cm³ 时没有出现界面波，因此，陈全在分析界面稳定时，仅限于浮泥容重在 1.03～1.20g/cm³ 之间的试验资料。

二维水流对浮泥的作用力，以水流在浮泥交界面的剪力表示，可写成下式：

$$\tau = \rho\lambda U^2$$

式中：ρ 为水的密度；U 为平均流速；λ 为取决于黏滞性与河槽相对糙率的阻力系数。

对于新港浮泥，$d_{50}=0.005$mm，属于黏土，床面光滑，黏滞性起主要作用，在床面上浮泥的抗剪力，全部为黏滞力。设黏滞力与 $\Delta\rho g\mu_\rho$ 成正比，其中 $\Delta\rho$ 为浮泥密度与清水密度之差，μ_ρ 为浮泥的黏滞系数（刚性系数），故

$$\rho\lambda U^2 = k^2\Delta\rho g\mu_\rho$$

故得

$$U = k\sqrt{\frac{1}{\lambda}\frac{\Delta\rho}{\rho}\mu_\rho}$$

式中：k 为常数；λ 为阻力系数。

以王恺忱和陈全两种实验结果，绘于图 5-5。

图 5-5 表明，浮泥的重率愈大，它所需要的缓移和悬扬移流速也愈大。考虑到水流对交界面的剪力作用，以及浮泥层的抗剪力之间的平衡，浮泥密度愈大，抗剪力也愈大。从图 5-5 可看出，浮泥的悬扬流速并不很大，一般的潮流都可以使浮泥悬扬起来。笔者启动流速与陈全的比较，由于浮泥性质不同，两者存在一定差异。

将 Keulegan 的重液体交界面破碎的临界起动流速，同笔者和陈全所做的浮泥交界面的相应临界流速进行比较，如图 5-6 所示，可见浮泥在浮泥重率大于 1.12g/cm³ 时，浮泥的临界流速大于重液体的临界流速。这说明浮泥的运动黏滞系数偏大，临界流速相应偏大。当浮泥重率大于 1.2g/cm³ 以上时，水槽实验显示，在上层清水的作用下，浮泥因重

率大，固结度较大，因而看不到交界面波动的出现。

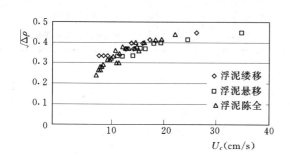

图 5-5　浮泥层界面失去稳定临界
流速实验结果

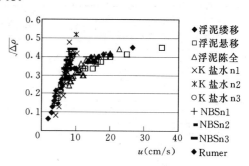

图 5-6　盐水和浮泥界面波失去稳定时的
临界流速实验结果的比较

5.2.3　异重流交界面界面波失去稳定的条件

美国标准局 1936 年在分析黏性对交界面的稳定时，首先采用量纲分析方法。交界面波破碎引起混合的临界条件，可用无量纲的各参数：gL/v^2，UL/v，ρ_1/ρ_2，v_1/v_2 表示。当 Fr 数除以 Re 数，并乘以 $(\rho_2-\rho_1)/\rho_1$ 得

$$\frac{\Delta \rho}{\rho}\frac{gH}{U^2}/UL/v=\frac{\Delta\rho}{\rho}gv/U^3$$

Keulegan 对上下两层不同密度的液体稳定性判别数，进行理论推导：令上下层液体的密度为 ρ_1 和 ρ_2，流速为 U_1 和 U_2，当出现任何扰动时交界面出现波浪，当 $(U_1-U_2)^2 > \dfrac{g}{k} \cdot \dfrac{\rho_2^2-\rho_1^2}{\rho_1\rho_2}$ 时，此波浪将不稳定（Lamb，1936，p.360），式中的 k 与扰动波长 λ 有关，$\lambda=\dfrac{2\pi}{k}$，这里所感兴趣的是上层 U_1 或下层 U_2 为零的情况，故用 U 代表其相对流速 U_1-U_2，则得

$$U^2 > \frac{g}{k} \cdot \frac{\rho_2^2-\rho_1^2}{\rho_1\rho_2}$$

此关系式表明，对于一已知相对流速 U，任何的扰动具有波长 λ 满足此式时即不稳定，也就是说，较短的波长时不稳定。

假定波的形成决定于两种液体的黏性，即有 k、U 和 v 的关系式，最简单的形式是 $U/(kv)=C$，C 为一常数，代入不等式，得

$$U^3/v=Cg\frac{\rho_2^2-\rho_1^2}{\rho_1\rho_2}$$

因 $\rho_1=\rho_2-\Delta\rho$，并略去 $\Delta\rho^2$，将各常数项归于新常数 θ，得

$$\theta=(gv\Delta\rho/\rho_1)^{1/3}/U$$

此式与量纲分析法所得的公式相同。

Jeffreys（1925，1926）分析风速在水面上达到某一速度能使水面产生风生波时的判别数为

$$U^3 = \frac{27}{S} \nu_2 g \frac{\Delta\rho}{\rho}$$

式中：U 为水面上风速；ν_2 为水的动黏滞系数；$\Delta\rho$ 为水和空气的密度差；ρ_1 为空气密度；S 为一常数。

Jeffreys 观测河道和大水池水面，风速达到 110cm/s 时水面起波浪。此流速值系三次观测的平均数。因此得 $S=0.274$，代入上式，得 $\theta=0.215$。

关于轻重液体交界面稳定的问题，美国国家标准局和 Keulegan 进行水槽实验，得 $\theta=(\nu g\Delta\rho/\rho)^{1/3}/U_c$ 判别数，国家标准局 θ 为 0.147～0.157，Keulegan 的 θ 为 0.13～0.18。各值列于表 5-5。

表 5-5　　　　　　　　　　　　　　各 家 的 θ 值

作　者	试 验 介 质	θ 值
Jeffrey（1925，1926）	风吹过水面	三次观测结果 $\theta=0.215$
Harleman（1951）	清水在重液体面上流过	平均 0.18
Keulegan（1955）	清水在糖水重液面上流过	0.127～0.178
美国国家标准局	清水在盐水、糖水和硫代硫酸钠重液体上流过	0.147～0.157
Rumer，Jr.（1973）	盐水层破波	0.154～0.278
陈全（1964）	清水水流在浮泥层上流过	0.095～0.12
范家骅（1959）	清水水流在浮泥层上流过，观察缕移流速和悬移流速	缕移：0.099～0.158 悬移：0.079～0.106

表 5-5 中三种不同流体介质运动的 θ 值，均较接近。陈全的浮泥实测数据，计算得 θ 为 0.095～0.121，其值比 Keulegan 和国家标准局的实验值约小 30%，表 5-5 为不同异重流介质所得的 θ 值。表 5-5 中还包括 Jeffreys 的分析风速在水面上产生水生波的临界条件。

Rumer 的实验所得 θ 值，见图 5-7，图 5-7 中 Rumer 将 Keulegan 和 M. I. T. Noble 的实验数据同时点上，以资比较。

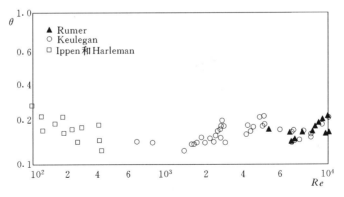

图 5-7　盐水层界面波起始破碎时稳定参数（据 Rumer）

笔者分别计算缕移流速和悬移流速的 θ 值，列于表 5-3，缕移流速的 θ 值略大于悬移流速的 θ 值，缕移 θ 值与陈全观察的 θ 值接近，绘于图 5-8～图 5-10；而浮泥的 θ 值则小于 Rumer 盐水 θ 值，这是浮泥的临界启动流速较盐水的临界流速为大的缘故。

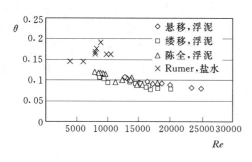

图 5-8　交界面稳定参数与 Re 数的实验关系

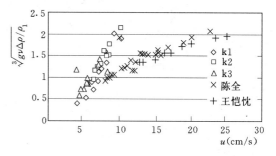

图 5-9　临界流速与 $(g\nu\Delta\rho/\rho_1)^{1/3}$ 的关系线

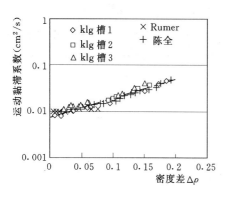

图 5-10　盐水和浑水密度差与运动
黏滞系数的关系曲线

根据上述 Keulegan 分析的理论关系，也可把失稳临界流速与 $(g\nu\Delta\rho/\rho_1)^{1/3}$ 点绘其关系，见图 5-9。需要指出，为求临界流速，除密度差外，还需运动黏滞系数的值。试验显示，盐水或浑水的运动黏滞系数，随密度差而变，具有同一的变化规律，见图 5-10（浮泥的运动黏滞系数数据，系陈全采用钱宁和周永恰的试验资料）。在试验资料范围内，可用下列经验关系式表示：$\log\nu = 5.1\Delta\rho - 2.12$。因此，为了实用方便起见，只要有了密度差的值，就可用图 5-5 或图 5-6 的曲线来估计失稳临界流速。

陈全用与 Keulegan 不同的方法分析浮泥交界面失去稳定的条件，当浮泥交界面失去稳定时，由于浮泥面内有涡体的形成，当涡体形成后，在升力的作用下，克服浮泥内部的阻力以及涡体的自重而上升，以二维问题分析，作用在涡体上升力 P_1 为

$$P_1 = C_a l D \rho' \frac{u'^2}{2}$$

式中：C_a 为升力系数；l 和 D 为涡体尺度；ρ' 为浮泥密度；u' 为涡体面上沿水流方向的流速。

设黏性而引起的阻力，P_2 可表示为

$$P_2 = \left(\mu_\rho \frac{\mathrm{d}\mu}{\mathrm{d}y}\right) l D$$

式中：μ_ρ 为浮泥的刚度系数；$\mathrm{d}\mu/\mathrm{d}y$ 为涡体面上的速度梯度。

阻止涡体上升的另一力为其本身的自重，设涡体自重 P_3 为

$$P_3 = \rho' g' l D^2 = \Delta\rho g l D^2$$

其中

$$g' = (\Delta\rho/\rho)g$$

涡体要脱离界面进入清水层，其升力必须大于阻力和重力，即

$$P_1 > P_2 + P_3, \quad k P_1 = P_1 + P_3$$

令 k 值为大于 1 的系数。因此有

$$k\,C_alD\rho'u'^2/2 = \left(\mu_\rho\frac{\mathrm{d}u}{\mathrm{d}y}\right)lD + \Delta\rho glD^2$$

$$kC_a\rho'u'^2/2 = \mu_\rho\frac{\mathrm{d}u}{\mathrm{d}y} + \Delta\rho gD$$

鉴于紊流流速分布可用下式表示：

$$u = \alpha(y/H)^{1/7}U$$

故设涡体面上的流速，用下式表示：

$$u' = \alpha\left(\frac{D/2}{H}\right)^{1/7}U$$

上各式中：α 为系数；U 为断面平均流速。

　　将各值代入平衡方程，并积分，然后合并常数各值，并假设涡体尺寸 D 相当于水深 H 的某小比值，即涡体尺度 $D=nH$。最后得

$$U = a\nu_\rho/H + b\sqrt{\Delta\rho gH/\rho'}$$

式中：a、b 为系数，可根据试验确定。

　　陈全点绘 $U\sim\sqrt{\Delta\rho/\rho'}$ 和 $U\sim\nu_\rho$ 两种关系线见图 5-11 和图 5-12，可见两者均有线性关系，这可证明上式的正确性。

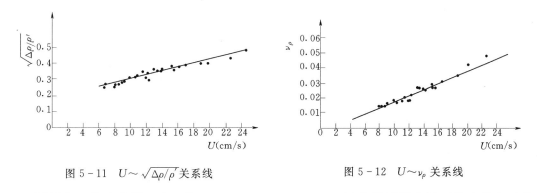

<table>
<tr><td>图 5-11　$U\sim\sqrt{\Delta\rho/\rho'}$ 关系线</td><td>图 5-12　$U\sim\nu_\rho$ 关系线</td></tr>
</table>

　　用最小二乘法求得 a 和 b 值：$a=2820$，$b=0.155$，因此得浮泥交界面失去稳定时临界流速表达式：

$$U = \frac{2820\nu_\rho}{HU} + 0.155\sqrt{\frac{\Delta\rho}{\rho'}gH}$$

或

$$\frac{2820\nu_\rho}{HU} + 0.155\sqrt{\frac{\Delta\rho gH}{\rho'}}\frac{1}{U} = 1$$

亦即

$$\frac{2820\nu_\alpha}{HU/\nu_水} + 0.155\frac{\dfrac{1}{U}}{\sqrt{\dfrac{\Delta\rho}{\rho'}gH}} = 1$$

其中

$$\nu_\alpha = \frac{\nu_\rho}{\nu_水}$$

上各式中：ν_ρ 为浮泥运动黏滞系数；$\nu_水$ 为水的运动黏滞系数；ν_α 为浮泥运动黏滞系数与

同温度水的运动黏滞系数之比值。因此有

$$\frac{2820\nu_a}{Re}+0.155\frac{1}{Fr}=1$$

其中

$$Re=\frac{HU}{\nu_{水}},\ Fr=\frac{U}{\sqrt{\frac{\Delta\rho}{\rho}gH}}$$

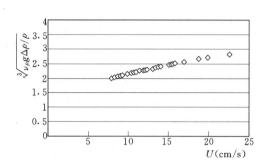

图 5 - 13　浮泥起动流速与 $(\nu_{\rho}g\,\Delta\rho/\rho)^{1/3}$
的实验关系（陈全）

即浮泥交界面的稳定性与 Re 数、密度 Fr 数和浮泥运动黏滞系数与水运动黏滞系数有关。故当上式左边值大于 1 时，交界面为稳定，而小于 1 时，则交界面为不稳定。

陈全的实验和分析表明，交界面稳定性的判别数与黏滞性和密度 Fr 数有关，因此，亦可用 Keulegan 提出的 θ 数来表示，前已述及，计算陈全各组实验的 θ 值，列于表 5 - 5 中，并将陈全浮泥试验资料点绘 $U_c=k(\nu_{\rho}g\,\Delta\rho/\rho)^{1/3}$ 的关系式，如图 5 - 13 所示。

5.3　盐 水 卷 吸 掺 混 系 数

流体力学关于自由紊流的理论研究中早已注意到卷吸量这一因子。对于从容器壁洞孔向周围静止空气中喷射的射流，不断从周围流体卷入新的流体进入射流之中，利用混合长度的假设，求得沿程流速分布关系式，从而求得掺混系数。

异重流中掺混系数，前人进行许多实验研究，如对浮射流，采用不同方法，分析流速、密度分布的规律或对槽底上运动的异重流进行异重流交界面之间卷吸水量的研究。

现介绍 Keulegan 探索性的盐水卷吸速度试验，他分析上层流速对下层盐水层作用下的混合。

令混合量为 q，即通过交界面单位面积、单位时间的重液体的量，其量纲为速度，亦可用 V_y 表示。Keulegan 用实验方法来确定 q 或 V_y 的值。

设 V 为试验开始之前的上层液体体积；N 为单位重液体体积中着色粒子的数量，A_i 为交界面的总面积。dN 为时间间隔 Δt 进入上层液体单位体积内染色粒子数目，根据质量连续，有

$$V\mathrm{d}N=A_iqN\Delta t$$

设 $\Delta c=\mathrm{d}N/N$，ΔC 为上层液体浓度的增加分数，因此

$$q=\frac{V\Delta c}{A_i\Delta t}$$

在实验试验过程中，流速量有变化的，在 t_0，t_1，t_2，…，其值为 u_1，u_2，u_3，…，故在时段 t_1-t_0 时水流流速为常数等于 u_1，在 t_n-t_{n-1} 时流速为 u_n。在 t_0，t_1，t_2，…，t_n，当达到新的流速时，在水中取水样 S_0，S_1，S_2，…，S_n，测定各样品的浓度分别为 c_0，c_1，c_2，…，c_n。因此在流速 u_n 时，得到混合率 q_n，有

$$q_n = \frac{V(c_n - c_{n-1})}{A_i(t_n - t_{n-1})}$$

E14 组试验中所定出的混合率值，见图 5-14，图 5-14 中符号"□"代表 U_1，用肉眼观察有微量混合的状态；三角形"△"代表 U_C，临界流速 $U_C = (U_0 + U_1)/2$，其中 U_0 为交界面无混合时的最大流速；"○"代表各测点可用曲线连接。所有 E 组试验都有相似的情况。为简化表示方式，采用微量混合 U_1 点开始作直线，即大于 U_1 时，V_y 和 U 有线性关系，因此有

$$V_y / (U - U_i) = C$$

C 为 E 组各测次试验的比例常数，实际上此 C 值随密度差的增大而略有减小（图 5-15）。Keulegan 假设忽略密度的影响，并采用 U_1 和 U_C 的相应关系，$U_1 = 1.15U_C$，故得混合率的简化式：

$$V_y = 3.5 \times 10^{-4}(U - 1.15U_C)$$

故掺混系数 E 为

$$E = V_y / U = 3.5 \times 10^{-4}(1 - 1.15U_C / U)$$

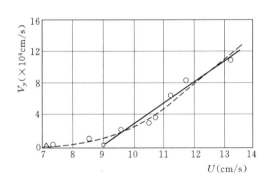

图 5-14　E14 组清水流层速度与混合量的关系

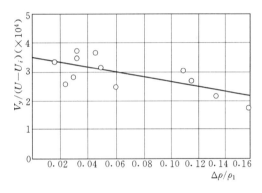

图 5-15　清水与盐水相对密度与混合量的关系

在 Keulegan 的水槽中，Lofquist 进行了底部盐水异重流通过周围清水中的卷吸试验，这种布置同 Keulegan 利用上层清水卷吸下层盐水的试验不同。通过测量流速分布和含盐量分布，计算卷吸流速。设掺混流速为 V_y，掺混系数 $E = V_y/U$，$\mathrm{d}(uh)/\mathrm{d}x = EU$，结果如图 5-16 所示。在小密度 Fr 数时的卷吸常数很分散。Lofquist 和 Keulegan 的实测点可连成两条曲线。在同一密度 Fr 数条件下，Lofquist 的卷吸系数较 Keulegan 的大。

后来，Ellison 和 Turner（1959）曾进行两种水槽盐水卷吸流速试验，一为清水在盐水层上面流动的表面射流，系 Turner 在英国剑桥 Cavendish 实验室内长 15m、宽 15cm、深 20cm

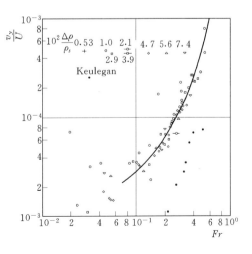

图 5-16　密度 Fr 数与掺混量 V_y/U 的实验关系（Lofquist）

木质玻璃水槽中进行。流速用小塑料球放在水中，用电影摄影机摄取，由于槽中有回流，施测困难，故仅进行三组实验，图5-17为试验关系曲线，E 随 Ri 的增加而迅速减小。特别有意思的是可看出在 Ri 什么情况时，混合可以忽略，即 $E=0$。第 1 组试验得 Ri 约为 0.74，而 11 次试验值得 $Ri=0.83\pm0.10$。

Ellison、Turner 还利用可调整底坡的水槽进行沿底部运动的盐水异重流卷吸流速试验。水槽长 2m，宽 10cm，高 60cm。在上端底孔注入上色盐水，盐水沿底部运动，在流量较大时，上层清水被卷吸进盐水异重流，沿程异重流厚度增加，流到槽末端通过底孔排出。当异重流流量以及底坡很小时，异重流头部轮廓清晰，交界面处无掺混。在不同断面可测量流速和含盐量分布。从流速分布，可求得两断面间的卷吸系数，由于流速分布测量误差在 $\pm10\%$。故求得卷吸系数 E 与 Ri 无明显关系，如图 5-18 所示。

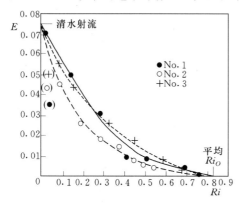

图 5 - 17 三组表面射流试验的 Ri 数与
掺混系数 E 的关系

[图上 $E(0)$ 值系取自文献中性（均质）射流
试验结果，而 Ri_0 系取自最后的层厚的观测值。]

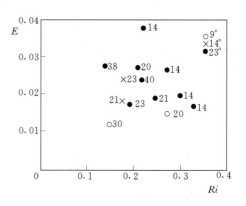

图 5 - 18 羽流的掺混系数 E 与 Ri
数的函数关系

因此，Ellison、Turner 采用另一种方法来求卷吸系数 E，即使进入盐水异重流流量与槽尾底部出槽孔口泄出流量时，槽尾局部壅水区的交界面保持恒定，用马表和容器盛泄出异重流量，从而可定出 $d(Vh)/dx$，作 E 和 Ri 的关系，为图 5-19 所示。图中测点比较集中，一般而言，E 值随底坡增大而增大。

Ellison、Turner 的实验经验关系可用下式表示：

$$E=\frac{0.08-0.1Ri}{1+5Ri}$$

当 $Ri=0.8$ 时，$E=0$。

Christdoulou（1986）曾区分四种情况，分别用经验关系式表示各区段的经验关系（图 5 - 20）：

表面应力 $\dfrac{V_y}{U}=0.07$

异重流 $\dfrac{V_y}{U}=0.007R_1^{-1/2}$

浮力上层流 $\dfrac{V_y}{U}=0.002R_1^{-1}$

上下层流速方向相反的流动　　$\dfrac{V_y}{U} = 0.007R_1^{-3/2}$

Atkinson（1988）曾建议用统一的一条曲线来表示。

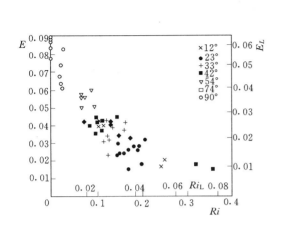

图 5 - 19　斜坡上羽流的 Ri 数与掺混系数的函数
关系［采用直接方法测量流速和掺混量，坐标
E_L 和 Ri_L，用"层厚的流速"，而 E 和 Ri
则用平均流速计得（Ellison，Turner）］

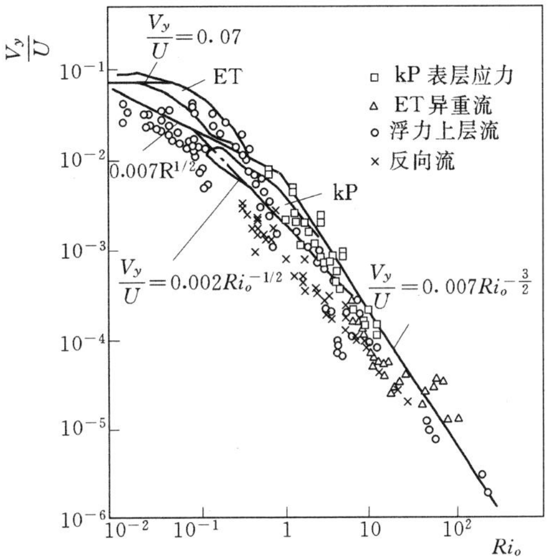

图 5 - 20　Christdoulou 区分四种区段的 Ri 和
掺混系数的经验关系

5.4　泥沙异重流交界面的掺混系数

　　文献中关于异重流掺混系数，许多实验是用盐水异重流沿槽底运动，观察混合现象，或在盐水层上施放清水，观测盐水层进入清水层的掺混流速。在泥沙异重流中，20 世纪 50 年代，曾观测浮泥层在清水水流的剪力作用下使交界面波破碎，掺混泥沙进入上层，并研究交界面波的稳定条件。后来 Ashida、Egashira（1975），颜燕（1986），Pasker 等（1987），Altinakar 等（1990），李鸿源、俞维升（1991），观测泥沙异重流的掺混系数。现根据颜燕的实验，作者利用先前进行异重流的实验资料进行掺混系数的分析。各家挟沙异重流掺混系数实验水槽比降和泥沙情况见表 5 - 6。

表 5 - 6　　　　　　　　　　　　　挟沙异重流掺混系数实验

作　者	年　份	长(m)，宽(m)，高(m)	底　坡	d_{50}(mm)	泥沙性质
Ashida，Egashira	1975	20，0.5，0.55	0.01～0.02	0.03	石英沙
Parker 等	1987	20，0.7，1.7	0.05，0.08	0.03，0.06	石英沙
Altinakar 等	1990	16.55，0.5，0.8	0～0.037	0.032，0.014	石英沙
李鸿源，俞维升	1991	20，0.2，0.6	0.02	0.0068 0.05	高岭土（去除黏性），石英沙
范家骅等	1959	50，0.5，2.0	0.005，0.0005	0.0025	黏土
颜燕	1986	2，0.05，0.8	5°，10°	0.0045	黏土

Parker 等利用 d_{50} 为 $0.03mm$ 和 $0.06mm$ 的石英沙在底坡为 0.05 和 0.08 的水槽中进行异重流实验，观测流速垂线分布，求取掺混流速 V_y

$$\frac{\mathrm{d}q}{\mathrm{d}x} = V_y$$

得 $E = V_y/u$。点绘前人泥沙异重流和盐水异重流的掺混系数实验资料，即 E 和 Ri 的关系

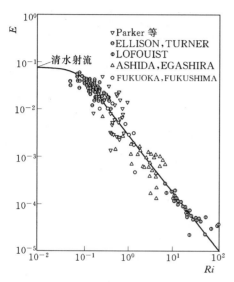

图 5-21 盐水异重流和挟沙盐水异重流
Ri 和 E 的实验关系线（Parker 等）

曲线（图 5-21）。Parker 在计算掺混系数时，发现有些测次出现掺混系数为负值，认为是测验误差引起的不合理情况，故删去不用（笔者曾问 Garcia）。Ellison、Turner 文中提及盐水异重流实验，当流量小时，观测到交接面无混合，即 $E=0$ 的情况。

根据颜燕进行的沿底坡 $5°$ 和 $10°$ 的浑水异重流实验，观测到异重流沿底部运动时交界面受剪力作用卷吸上层清水，故异重流厚度沿程增加，异重流中的上面部分含沙量因掺混而稀释，而靠近底部，仍可看到一核心层，如图 5-22 所示。实测异重流厚度沿纵向的变化率为常值，见图 5-23。此外，异重流头部速度在开始短距离之后，其流速值保持常值，见图 5-24。Altinakar 等人在底坡 $0.75°\sim2.1°$、长 $15m$，宽 $0.5m$，深 $0.8m$ 的水槽中，施测挟沙异重流头部速度，也得到速度为常值的结果，图 5-25 为底部 $1.15°$ 上盐水和挟沙异重流头部流速实验结果。经细致观察，粗沙和低浮力时，头部速度有些放缓（如图 5-25 最左一组试验），在小底坡，浮力较大时，头部速度也有所放缓。在水槽底坡为 0.005 和 0.0005 的浑水异重流实验（范家骅，1959）中，测到异重流沿程厚度沿程略有减小，呈不均匀流动，其异重流前锋速度因水槽水泥粉光的边壁安装若干玻璃观测窗，故前锋速度沿程上下波动，但其平均值接近于常值，见图 5-26。在最初试验阶段，所观察到异重流呈不均匀流，而不是想象中的均匀流。因此，那时按恒定不均匀流来处理，这种简化方法，实际上，是忽略了交界面上的掺混的因素。

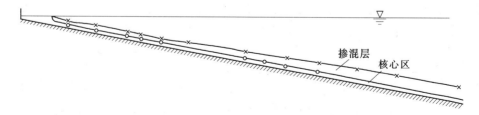

图 5-22 浑水异重流厚度（核心层和掺混层）沿纵向的变化

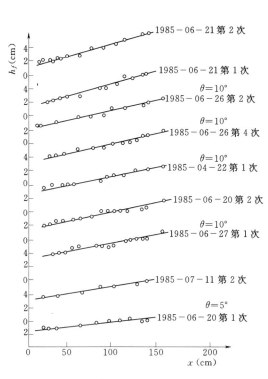

图 5-23　浑水异重流厚度沿程变化

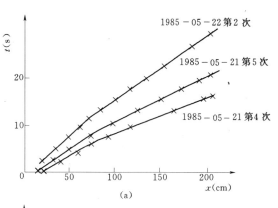

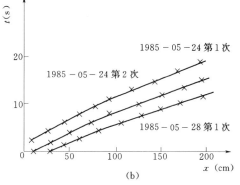

图 5-24　浑水异重流头部 $x \sim t$ 的关系

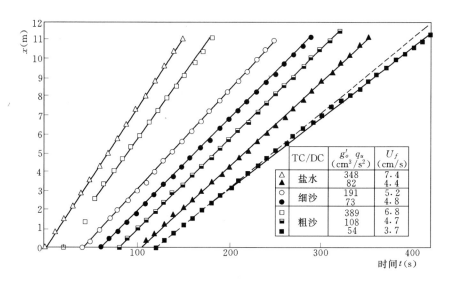

图 5-25　Altinakar 挟沙异重流头部 $x \sim t$ 的关系

因此，设异重流头部速度为定常值，可近似地得到

$$\frac{\mathrm{d}q}{\mathrm{d}x} = U\frac{\mathrm{d}h}{\mathrm{d}x} + h\frac{\mathrm{d}u}{\mathrm{d}x}$$

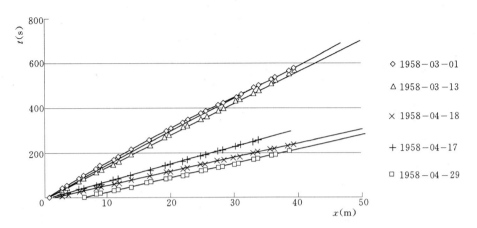

图 5-26　50m 水槽底坡 0.005 和 0.0005 时异重流前锋速度

$$U \frac{\mathrm{d}h}{\mathrm{d}x} = V_y$$

$$\frac{\mathrm{d}h}{\mathrm{d}x} = E$$

因此，由于异重流头部流速与其后续的异重流本身流速成比例，而在流速沿程不变，则可得水量掺混系数值等于异重流交界面比降值。

颜燕的 $E = V_y/u$ 在 5° 和 10° 底坡的槽内观测 $\frac{\mathrm{d}h}{\mathrm{d}x}$ 的测点，示于图 5-27。图 5-27 显示挟沙异重流掺混系数与 Ri 的实验关系。图 5-27 中还包括范家骅、俞维升和 Parker 的实验结果。因假定亦有 $\frac{\mathrm{d}h}{\mathrm{d}x} = E$，因 $\frac{\mathrm{d}h}{\mathrm{d}x}$ 为负值，故 E 亦为负值。测点点绘于图 5-27，其实验数据见表 5-7 和表 5-8。

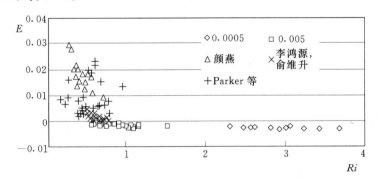

图 5-27　挟沙异重流掺混系数与 Ri 的实验关系

俞维升（1991）用高岭土经处理后去除其黏性作为试验泥沙，进行异重流水槽实验，在两端面之间测流速分布，从而求出掺混系数，所测数据点绘于图 5-27。由于流速测验有一定误差，故点据相当分散。而 Ashida 和 Altinakar 的泥沙异重流测点亦较分散，故未点绘在图 5-27 上。

表 5 - 7　　　　　　　　光滑底部（J_o＝0.0005）泥水异重流实验数据表

编号	流量 Q (L/s)	平均厚度 (cm)	平均流速 (cm/s)	平均含沙量 (kg/m³)	异重流重率 γ'	清水重率 γ	$-\dfrac{dh}{dx}$	水力半径 R	λ_m	清水温度 (℃)	浑水温度 (℃)	Ri	$Re=\dfrac{q}{\nu}$
1	2	3	4	5	6	7	8	9	10	11	12	13	14
A1	6.15	11.7	10.5	48.5	1.0295	0.999466	0.000128	7.97	0.02235	12.5	13	3.05	9186
A2	9.25	16.7	11.08	45.2	1.0275	0.999466	0.001	10	0.02145	12.5	13	3.7	13860
A3	7.2	16.0	9	24.3	1.149	0.99927	0.002	9.75	0.0268	14	14	3	11780
A4	12.3	19.1	12.87	32	1.0192	0.99926	0.00205	10.24	0.0174	15	15	2.3	20220
A5	7.8	14.4	10.82	33.7	1.0202	0.99926	0.00246	9.15	0.0249	15	15	2.49	12800
A6	11.5	20.3	11.32	31	1.0184	0.99926	0.0025	11.2	0.0296	15	15	2.94	19200
A7	11.1	25.3	8.77	15.4	1.00925	0.99926	0.00283	11.94	0.0301	15	15.5	3.23	18900
A8	12.6	20.4	12.15	31.7	1.01875	0.99926	0.00221	11.23	0.02165	15	16	2.62	20900
A9	8.7	19	9.16	24.3	1.0144	0.99894	0.00237	10.3	0.0335	16	16.3	3.42	14900
A10	5.2	13.4	7.77	20.5	1.0119	0.99884	0.00165	8.72	0.0219	16	16.8	2.82	8950

表 5 - 8　　　　　　　　光滑底部（J_o＝0.005）泥沙异重流实验数据表

编号	流量 Q (L/s)	平均厚度 (cm)	平均流速 (cm/s)	平均含沙量 (kg/m³)	异重流重率 γ'	清水重率 γ	$-\dfrac{dh}{dx}$	水力半径 R	λ_m	清水温度 (℃)	浑水温度 (℃)	Ri	Re
1	2	3	4	5	6	7	8	9	10	11	12	13	14
B1	7.3	17	8.6	8	1.0028	0.998	0.00194	10.1	0.026	21.2	22.0	1.08	14500
B2	7.7	25.2	6.16	3.4	0.9998	0.9975	0.00192	12.1	0.032	22.1	23.2	1.52	15350
B3	5.1	18.5	5.52	2.1	0.9988	0.9973	0.0012	10.65	0.0218	24.2	24	0.89	11000
B4	4.1	8.8	9.32	15	1.0066	0.9973	0.00082	6.5	0.0254	24	24.1	0.98	8680
B5	6.1	12	10.2	12.5	1.005	0.9975	0.00115	8.55	0.0232	23.4	24.4	0.85	12750
B6	8.6	18	9.55	9.5	1.0034	0.9975	0.00116	10.5	0.0277	22.8	23.2	1.14	17900
B7	5.2	11	9.45	12.5	1.0052	0.9975	0.0034	7.64	0.0228	23.2	23.9	0.88	16950
B8	3.3	7	9.43	12	1.0049	0.9973	0.00142	5.46	0.014	23.9	24.5	0.57	7060
B9	6	12.5	9.58	10	1.0035	0.9974	0.00157	8.35	0.0201	23.3	24	0.81	12500
B10	7.3	15.5	9.5	9.6	1.0032	0.9975	0.00214	9.57	0.0232	23.2	24.1	0.96	15300
B11	7.55	15.8	9.58	9.9	1.00345	0.99756	0.00216	9.68	0.0239	23	24.2	0.91	15900
B12	6.8	17	7.77	6.5	1.00135	0.99735	0.0021	10.3	0.0281	23.8	24.2	1.14	14450
B13	4.1	9.6	8.55	8.7	1.00265	0.9973	0.00145	6.74	0.0173	24.3	24.4	0.65	8760
B14	6.1	17	7.17	5.8	1.0007	0.99745	0.00171	10.1	0.015	23.7	24.9	0.73	13000
B15	8	19.5	8.2	6.5	1.001	0.99745	0.00143	10.95	0.0229	24	25.1	1.05	17100

编号	流量 Q (L/s)	平均厚度 (cm)	平均流速 (cm/s)	平均含沙量 (kg/m³)	异重流重率 γ'	清水重率 γ	$-\dfrac{dh}{dx}$	水力半径 R	λ_m	清水温度 (℃)	浑水温度 (℃)	Ri	Re
B16	9	21	8.55	6.2	1.0009	0.9973	0.00265	11.5	0.0229	24.1	25.2	1.02	19200
B17	7.9	16.5	9.57	8	1.0023	0.9973	0.00168	9.94	0.019	23.6	24	0.85	16300
B18	8.2	19.5	8.4	5.4	1.0008	0.9974	0.0018	10.95	0.0188	23.2	23.5	0.89	17350
B19	7.7	17	9.05	6.4	1.0017	0.9975	0.00183	10.25	0.018	22.1	22.4	0.83	15750
B20	7.5	17	8.83	6.4	1.0021	0.9977	0.0017	10.2	0.0261	21.2	20.8	1.07	14980
B21	6.8	17	8	6.5	1.00225	0.9981	0.0022	10.2	0.0217	20.7	21.1	1.08	13700
B22	6.6	16.5	8	7	1.0025	0.9981	0.00208	9.94	0.0217	20.6	20.2	1.08	13100
B23	5.75	12.5	9.2	7.2	1.0026	0.9982	0.00169	8.33	0.0227	20.8	20.5	0.65	11420
B24	6	16	7.5	6	1.00225	0.9984	0.00154	9.75	0.0272	19	18.2	1.08	11450
B25	7.9	10	8.32	6	1.00225	0.9986	0.00197	10.8	0.0205	18.3	18.1	0.98	14880
B26	4.4	12.8	6.88	5.2	1.00175	0.9986	0.00175	8.47	0.0204	18.2	18.1	0.83	8300
B27	3.9	11	7.08	6	1.00255	0.9987	0.00169	7.64	0.0212	17.8	16.5	0.83	7230
B28	3	7.5	8	8.2	1.00395	0.9988	0.00133	5.77	0.0143	17	16.6	0.59	5420
B29	4.5	12	7.5	6.45	1.00295	0.9989	0.00116	8.11	0.0219	16.3	15.8	0.85	8120
B30	3.85	9.5	8.1	8.4	1.00445	0.999	0.00116	6.88	0.0178	15.7	17.6	0.77	6670
B31	3	8.5	7.05	8.2	1.0044	0.9991	0.001	6.35	0.0257	15	14.2	0.89	5150
B32	3.5	8	8.75	9.5	1.0052	0.9993	0.00108	6.06	0.0164	14	13.1	0.60	5960
B33	4.25	9.7	9.76	11	1.0062	0.9994	0.00075	7.2	0.0205	13.2	13	0.68	6940

　　图 5-27 上 Parker 和 Ashida 等人的测点，均比较分散，可见，掺混系数的测量，不易测准，误差较大。这种误差较大的情况，类似于河道推移质和悬移质输沙率的数值那样。

　　从泥沙异重流掺混系数图 5-27 所示的关系，可见，在缓流异重流范围内，即 Ri 大于 1 时，相对而言，其负掺混系数值甚小。

　　从图 5-27 可见，在槽中异重流为急流时，异重流从上层水体中卷吸清水进入异重流之中，定义为正掺混，而相反地，异重流为缓流时，从异重流中分离出清水进入上层水体，则定义为负掺混。

　　为了包括较大范围的掺混系数，在图 5-28 中加上 Ellison 和 Turner 的盐水异重流的掺混系数实验点据，表明两种介质的异重流掺混系数与 Ri 的关系，趋势一致。当 Ri 小于 0.6 时，用 Ellison 和 Turner 的盐水异重流的掺混系数公式，略加修正为

$$E=(0.06-0.1Ri)/(1+5Ri)$$

而当 Ri 大于 0.6 时，浑水交界面负掺混系数经验关系式，用以下的近似式表示：

$$E=(0.06-0.1Ri)/(32Ri-2)$$

以上两式仅为一种近似的关系式，其中相当于 $E=0$ 时采用 Ri 大约为 0.6，与 Ellison 所

取值略有差异，这是考虑到测点的分散情况而采取其中间近似值的结果。可以肯定，以后在有更为精确的测验资料时，当会得到较为精确的关系式。

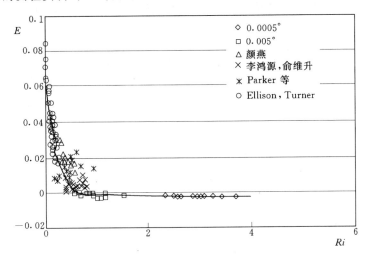

图 5 - 28　异重流的掺混系数 E 与 Ri 的实验关系

前面提到 Keulegan 于 1955 年刊出水槽实验研究盐水楔混合问题的报告后，他退休后将资料做了进一步分析，1985 年写出混合问题的最后报告，提出 $E = V_y/U = 3 \times 10^{-4} Fr^{2/5}$，表明盐水交界面掺混系数与 Ri 数（或 Fr 数）的关系微弱，这和他以前自己提出的和其他学者提出的分析结果，有很大不同：如 Suga（1975）的盐水掺混系数实验，得 $E = 6 \times 10^{-4} Fr^{10/3}$，Fukuoko（1980）的盐水掺混系数实验，得 $E = 0.003 Fr^3$。他们的 Fr 的方次均较大，其他学者的实验结果与 Suga 等人类似。从 Keulegan 的 1985 年的报告，可看到关于盐水异重流交界面上的掺混系数，他本人采用不同方法，得到不同的结果。本章未对该报告作介绍，是因为 Keulegan 对异重流交界面层厚度对掺混的影响，进行分析；而本章主要讨论的内容，仅限于二层流的掺混问题。由此可见，盐水异重流交界面上的掺混问题的复杂性，需要进一步研究的地方还很多，而挟沙异重流的掺混问题，似更为复杂，有待今后进一步的研究。

参考文献

陈全 . 1964. 浮泥在重力作用下的流动及交界面的稳定性 . 天津大学研究生论文 .

范家骅 . 1980. 异重流泥沙淤积的分析 . 中国科学 1980（1）：82 - 89.

范家骅，王华丰，黄寅，吴德一，沈受百 . 1959. 异重流的研究和应用。研究报告 15，水利水电科学研究院，北京：水利水电出版社：179 .

范家骅 . 2005a. 浑水异重流槽宽突变时的局部掺混 . 水利学报，36（1）：1 - 8.

范家骅 . 2005b. 伴有局部掺混的异重流水跃 . 水利学报，36（2）：135 - 140.

钱宁，范家骅，曹俊，林同骥，魏颐年，蔡树棠，冯启德，吴世康 . 1957. 异重流 . 北京：水利出版社，215.

颜燕 . 1986. 抛泥及急流异重流的实验研究 . 水利水电科学研究院硕士论文 .

俞维升 . 1991. 水库沉淬运动特性之研究 . 台湾大学博士论文，158.

Altinakar, M. S. , Graf, W. H. , Hopfinger, E. J. 1987. Hydraulics of the head of a turbidity current. IAHR Cong. , Lausanne, 1987, 50 - 53.

Altinakar, M. S. , Graf, W. H. , Hopfinger, E. J. 1990. Weakly depositing turbidity currents on small slopes. J. Hyd. Res. , 28 (1).

Altinakar, M. S. , Graf, W. H. , Hopfinger, E. J. 1993. Water and sediment entrainment in weakly depositing turbidity currents on small slopes. Proc. 25th Cong. , IAHR, Vol. 2.

Atkinson, J. F. 1988. Note on "Interfacial mixing in stratified flows" . J. Hyd. Res. , 26 (1): 27 - 31 .

Ashida, K. , Egashira, S. 1975. Basic study on turbidity currents. Proc. Japan Soc. Civ. Eng. , No. 237, 37 - 50.

Bureau of Standards. 1936. Report on investigation of density currents. NBS, USA.

Christdoulou, G. C. 1986. Interfacial mixing in stratified flows. J. Hyd. Res. , 24 (2): 77 - 92 .

Ellison, T. H. , Turner, J. S. 1959. Turbulent entrainment in stratified flows. J. Fluid Mech. 6 (Pt. 1): 423 - 448.

Ippen, A. T. , Harleman, D. R. F. 1951. Steady state characteristics of subsurface flows. Gravity Waves. NBS Cir. 521, 79 - 93.

Jeffreys, H. 1925. Formation of water waves by wind. Proc. Roy. Soc. , Series A, 107: 189.

Jeffreys, H. 1926. Formation of water waves by wind. Proc. Roy. Soc. , Series A, 116: 241.

Keulegan, G. H. 1949. Interfacial instability and mixing in stratified flows. J. Res. , Nat. Bur. Of Standards, 43: 487 - 500.

Keulegan, G. H. 1949. Fourth progress report on model laws of density currents. Report to Chief of Engineers, US Army, Washington, DC.

Keulegan, G. H. 1955. Seventh progress report on model laws of density currents. Report to Chief Engineers, US Army, Washington, DC.

Keulegan, G. H. 1985. An experiment in mixing and interfacial stress, final report. WES, Corps of Engineers, Dept. of the Army, USA.

Lamb, H. 1936. Hydrodynamics. Cambridge Univ. Press.

Lofquist, K. 1960. Flow and stress near an interface between stratified liquids. The Physics of Fluids, 3 (2).

Noble, C. , Podufaly, E. 1948. Investigation of mixing criteria for density currents, Master thesis, MIT, USA.

Parker G. , Garcia, M. , Fukushima, Y. , Yu, W. 1987. Experiments on turbidity currents over an erodible bed. J. Hyd. Res. , 25 (1): 123 - 147.

Rumer, Jr. , R. R. 1973. Interfacial wave breaking in stratified liquids. J. Hyd. Div. , ASCE, 99 (HY3): 509 - 524.

第6章 异重流孔口出流

观察异重流孔口出流时孔口前水流流态，可测得一流动的泄出层厚度和异重流的极限吸出高度。本章讨论 60 年来盐水异重流孔口出流的实验和理论分析成果，包括极限吸出高度和孔口前泄出层厚度参数，以及孔口出流浓度与孔口出流参数的关系。经分析，提出一个极限吸出高度的无量纲数 H_L，对二元孔口为 $H_{L2} = g'^{1/3} h_L / q^{2/3}$，对三元孔口为 $H_{L3} = g'^{1/5} h_L / Q^{2/5}$。

首先分析盐水异重流孔口出流。经实验证明，对大部分二元和三元孔口出流的实验成果，H_{L2} 和 H_{L3} 值接近某一定值。故在已知异重流盐度和出流流量时，即可估计孔口出流极限吸出高度和泄出层厚度等值，用于有关工程的设计中。

然后研究浑水异重流孔口出流泄沙的规律。浑水异重流在孔口前受到阻碍以及水流的扰动，含沙量分布有变化，影响出流含沙量。根据浑水异重流垂直壁孔口和底孔出流实验资料以及三门峡水库、官厅水库现场异重流孔口出流泄沙资料的分析，建立一简化模型，经计算，得到出流含沙量为孔口高度和泄出层厚度参数的函数，并得经验关系曲线。此关系线可用于估算在一定条件（孔口流量，异重流含沙量，孔口高度）下的出口含沙量值。关于泄出层厚度参数和极限吸出高度的无量纲数的研究成果，可用于多沙河流上水库浑水异重流孔口泄沙时的孔口位置的设计。设计时须考虑孔口排沙的运行方式，以避免淤积向上游延伸给上游地区带来灾害，以及泄沙对下游河道的影响。

6.1 异重流孔口出流参数的定义

异重流孔口出流，或称选择性取水。在分析研究异重流孔口出流的临界条件时，不同学者采用了不同形式的参数。最早 Craya（1946）提出极限吸出高度（图 6-1）的无量纲数 Cr，现称之为 Craya 数：

$$Cr_2 = g' h_L^3 / q^2 \text{（二元孔口）} \tag{6-1}$$

$$Cr_3 = g' h_L^5 / Q^2 \text{（三元孔口）} \tag{6-2}$$

上二式中：Cr_2 的下标 2 代表二元孔口；Cr_3 的下标 3 代表三元孔口；$g' = (\Delta\rho/\rho)g$，而 $\Delta\rho = \rho_2 - \rho_1$，为下层和上层的密度差；$q$ 为单宽流量；Q 为单孔流量。

有些学者采用密度 Fr 数，表示异重流孔口出流在极限吸出高度时的临界条件：

$$Fr_2 = u / \sqrt{g' h_L} = q / \sqrt{g' h_L^3} \text{（二元孔口）} \tag{6-3}$$

$$Fr_3 = u / \sqrt{g' h_L} = Q / \sqrt{g' h_L^5} \text{（三元孔口）} \tag{6-4}$$

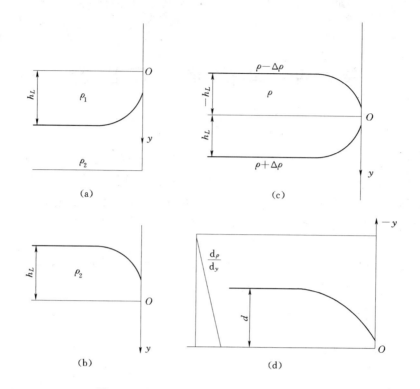

图 6-1　极限吸出高度和泄出层厚度示意图

(a) 下层异重流极限吸出高度；(b) 清水极限吸出高度；
(c) 孔口泄出层厚度；(d) 底孔泄出层厚度

研究孔口前泄出层厚度的学者，在孔口前分层流的密度呈线性分布的条件下，对于二元孔口，其研究结果，采用下式表示：

$$d_2 = K_2'(q/N)^{\frac{1}{2}} \tag{6-5}$$

$$N = \left[\left(\frac{\rho_U - \rho_L}{\rho} \right) g/d \right]^{\frac{1}{2}}$$

上二式中：d_2 为泄出层厚度；K_2' 为二元孔口常数；N 为浮力频率；ρ_U 为泄出层 d 上界处的密度；ρ_U 为 d 下界处的密度。

令

$$\rho_U - \rho_L = \Delta\rho'$$

故有 $d_2 = (K_2')^{4/3} q^{2/3} / [(\Delta\rho'/\rho)g]^{1/3}$，而 $d_2 = 2h_L$，同样，三元孔口的泄出层厚度 d_3，有

$$d_3/2 = K'(Q/N)^{1/3} \tag{6-6}$$

或

$$d_3 = (2)^{6/5}(K_3')^{6/5} Q^{2/5} / [(\Delta\rho'/\rho)g]^{1/5}$$

其中表征分层流的密度呈线性分布的 $(\Delta\rho'/\rho)g$，可用 g'' 来代替，以区别用于二层流的 g'。

为了概括前人各种表达式，笔者建议采用下列表征更为普遍适用的极限吸出高度的无量纲参数 H_L，用 H_{L2} 代表二元孔口，H_{L3} 代表三元孔口：

$$H_{L2} = G_2 h_L = g'^{1/3} h_L / q^{2/3} \text{（二元孔口）} \tag{6-7a}$$

$$H_{L3} = G_3 h_L = g'^{1/5} h_L / Q^{2/5} \text{（三元孔口）} \tag{6-8a}$$

对于孔口吸出层厚度的无量纲参数 H_d，用 H_{d2} 代表二元孔口，H_{d3} 代表三元孔口：

$$H_{d2}=G_2 d=g'^{1/3} d/q^{2/3}\text{（二元孔口）} \tag{6-7b}$$

$$H_{d3}=G_3 d=g'^{1/5} d/Q^{2/5}\text{（三元孔口）} \tag{6-8b}$$

上各式中加入 G_2 和 G_3 是为了书写简明和方便：$G_2=g'^{1/3}/q^{2/3}$（二元孔口），$G_3=g'^{1/5}/Q^{2/5}$（三元孔口）。对分层流的密度呈线性分布，分别以 G_2' 和 G_3' 来表示。H_L 与 Cr 的关系有：$H_{L2}=(Cr_2)^{1/3}$，$H_{L3}=(Cr_3)^{1/5}$。

在异重流孔口出流试验中，以 y 表示孔口中心至交界面的距离，可用孔口出流参数 $[(\Delta\rho/\rho)g]^{1/3} y/q^{2/3}=G_2 y$（二元孔口），或 $[(\Delta\rho/\rho)g]^{1/5} y/Q^{2/5}=G_3 y$（三元孔口）来表示出流的特性。

6.2　前人实验和分析研究成果

最初由法国 Nerpic 实验室进行异重流孔口出流实验和理论分析工作，60 年来，不少学者对"异重流极限吸出高度"和"泄出层厚度"诸问题进行研究，可分下列 5 类：

（1）二层流垂直壁二元和三元孔口出流时的极限吸出高度和流动泄出层厚度。

（2）二层流二元和三元底孔出流时的极限吸出高度，或泄出层厚度。

（3）密度线性分布的分层流通过垂直壁二元和三元孔口时的极限吸出高度或泄出层厚度。

（4）密度线性分布的分层流通过二元和三元底孔时的泄出层厚度。

（5）异重流出口密度的变化规律。

测定极限吸出高度和流动泄出层的方法有：

（1）观察通过垂直壁孔口中有无下层异重流吸出的水力条件（Gariel），以确定 Craya 数。

（2）观察盐水密度线性分布的分层流通过底孔时观测水流是否出现分层，上层流体不能排出，下层流体全部排出时的临界密度 Fr 数（Debler）。

（3）用指示剂观测孔口前的流动泄出层的厚度无量纲数（Spigel）。

（4）利用孔口出流浓度变化的观测资料，分析确定泄出层的厚度无量纲数、下层异重流吸出极限吸出高度参数和上层清水极限吸出高度参数（范家骅）。

观测资料表明，用指示剂观测的泄出层的厚度比用孔口出流浓度变化所确定的泄出层的厚度略大。

6.2.1　二层流孔口出流

6.2.1.1　二层流垂直壁上二元和三元孔口出流

Gariel（1946）进行盐水异重流孔口出流试验，观察和分析下层异重流可能排出时交界面与孔口之间的极限高度、孔口前的泄出层厚度的水流流态和各因素的经验关系，其实验资料提供给 Craya 作为水力学理论分析的基础。Craya（1946）利用二层之间交界面上的上层和下层的两根流线的 Bernoulli 方程,求解二元和三元孔口出流时的下层异重流液体的极限吸出高度的无量纲判别数,对于二元孔口和三元孔口,分别得

$$Cr_2 = g'h_L^3/q^2 = 0.34 \qquad\qquad (6-9)$$

$$Cr_3 = g'h_L^5/q^2 = 0.154 \qquad\qquad (6-10)$$

Craya 的理论结果,同 Gariel 的盐水异重流试验结果接近,见表 6-1。

表 6-1　　　　　　　　　极限吸出高度与泄出层厚度研究成果表

孔口类型与异重流密度分布	作者及年份	研究方法	各作者研究结果表达式	极限吸出高度无量纲数 H_L 或泄出层无量纲数 H_d
垂直壁二元孔口,二层流	Gariel,1946	盐水异重流水槽实验	$g'h_L^3/q^2 = 0.43$	$H_{L2} = 0.75$(实验)
	Craya,1946	Bernoulli 方程分析	$g'h_L^3/q^2 = 0.34$	$H_{L2} = 0.7$
	Craya,1949	理论分析,考虑黏性	$g'h_L^3/q^2 = 0.25$	$H_{L2} = 0.63$
	范家骅,1959	浑水,盐水异重流水槽实验		盐水二元孔口 $G_2(d/2) = 0.72$(实验) 浑水二元孔口 $G_2(d/2) = 0.9$(实验)
	易家训,1983	利用 Craya 方法分析	$q/\sqrt{g'h_L^3} = 1.52$	$H_{L2} = 0.76$
	Tuck 等,1984	数值解	$q/\sqrt{g'h_L^3} = 1.77$	$H_{L2} = 0.68$
	Hocking,Forbes,1991	数值解	$q/\sqrt{g'h_L^3} = 1.4$	$H_{L2} = 0.80$
	Hocking,1995	数值解	$q/\sqrt{g'h_L^3} = 1.73$	$H_{L2} = 0.69$
	Yu 等,2004	盐水异重流实验	$q/\sqrt{g'h_L^3} = 2.58$	$H_{L2} = 0.53$(实验)从 c_0/c_i—$G_2 y$ 关系线,可得 $H_{L2} = 0.7$
垂直壁三元孔口,二层流	Craya,1946	水力学分析	$g'h_L^5/Q^2 = 0.154$	$H_{L3} = 0.69$
	Gariel,1946	盐水异重流水槽实验	$g'h_L^5/Q^2 = 0.154$	$H_{L3} = 0.69$(实验)
	范家骅,1959	盐水与浑水异重流水槽实验		$H_{L3} = 0.70$(盐水实验) $H_{L3} = 1.05$(浑水实验)
	Bohan & Grace,1970	盐水实验摄取示踪迹线,测流速分布与极限吸出高度	$Q/\sqrt{g'h_L^5} = 1$	$H_{L3} = 1.0$(实验)
	Jirka & Katovola,1979	二层流水力学分析	$Q/\sqrt{g'h_L^5} = 2.54$	$H_{L3} = 0.69$
	Wood,2001	Bernoulli 方程水力学分析	$Q/\sqrt{g'h_L^5} = 2.54$	$H_{L3} = 0.69$

续表

孔口类型与异重流密度分布	作者及年份	研究方法	各作者研究结果表达式	极限吸出高度无量纲数 H_L 或泄出层无量纲数 H_d
二元底孔，二层流	Harleman,1965 Jirka,1979	平面胸墙底孔水力学分析	$u/\sqrt{g'd}=(2/3)^{1/2}$ $=0.54$	$H_{d2}=1.50$
	Huber, 1960、1966	二元底孔解析法，以及糖水异重流底孔实验	$u/\sqrt{g'd}=1.66$（理论） $u/\sqrt{g'd}=0.44$（实验） $u/\sqrt{g'd}=0.54$（实验） $u/\sqrt{g'd}=0.75$（实验）	$H_{d2}=0.71$（理论） $H_{d2}=1.73$（实验） $H_{d2}=1.50$（实验） $H_{d2}=1.21$（实验）
	易家训,1983	Craya 解法	$u/\sqrt{g'd}=0.75$	$H_{d2}=1.21$（理论）
	Murota & Michioku,1986	盐水二元底孔实验	$q/\sqrt{g'd^3}=0.51$	$H_{d2}=1.57$（实验）
	Hocking,1991	盐水二元底孔实验	$q/\sqrt{g'd^3}=0.46$	$H_{d2}=1.68$（实验）
	Yu 等,2004	盐水二元底孔实验 0.25cm×5cm	$q/\sqrt{g'd^3}=0.3\sim0.5$	$H_{d2}=2.23\sim1.59$（实验）

Craya 的图形简化，忽略了黏滞力的影响，后来不少学者仍沿用其方法。如 Jirka (1979)、Jirka 和 Katovola (1979)、Lawrence 和 Imberger (1979)、Wood (2001) 等人。此外，不少学者采用临界密度 Fr 数，或下层异重流起始泄出的临界流量（相当于异重流极限吸出高度时的流量）。各家结果，亦列于表 6-1。

范家骅 (1959) 进行浑水和盐水异重流通过二元和三元孔口的水槽试验和分析工作，求取吸出极限高度和出流水体密度的变化规律。所得垂直壁上二元和三元孔口的盐水极限吸出高度参数，与 Gariel 的结果比较接近；而浑水泄出高度参数，则均较 Gariel 盐水试验值略大。试验工作中还施测垂直壁孔口和底孔前的泄出层厚度的流速分布，见图 6-2。

易家训 (1983) 利用 Craya (1949) 的分析方法，分析下层水体吸出的极限高度，得其临界密度 Fr 数值：垂直壁上二元孔口时，$Fr_2=1.52$，与 Craya 分析和 Gariel 试验结果符合。

垂直壁二元孔口极限吸出高度的理论分析数值解，有 Tuck 等 (1984)、Hocking & Forbes (1991)，和 Hocking (1995)。此外，最近 Yu 等 (2004) 的盐水二元孔口试验，得到的极限吸出高度参数，接近于 Craya 得到的值。

三元孔口的出流，除上述 Gariel 和 Craya 以及范家骅的工作外，Bohan & Grace (1970) 利用盐水试验摄取示踪迹线，测定流速和极限泄出层厚度，Jirka & Kotovala (1979)、Wood (2001) 进行二层流水力学分析，求得临界密度 Fr 数。

6.2.1.2　二层流底孔出流

Huber (1960) 对二层流通过二元底孔进行理论和试验分析，利用松弛法求得解析

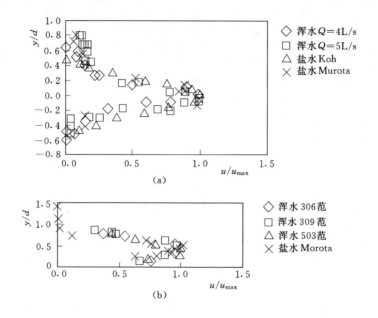

图 6-2 盐水和浑水异重流三元孔口前的实测流速分布

(a) 垂直壁三元孔口前的流速分布 [流速分布，Fan（二层流），Koh（线性分层流），

Murota（二层流）]；(b) 三元底孔前的流速分布

解，得 $Fr_2 = q/\sqrt{g'd} = 1.66$ ，其中 d 为泄出层厚度。1966 年进行糖水异重流二元底孔的试验，得临界密度 Fr 数 Fr_2 在 $0.44 \sim 0.55$（Huber 的一组试验，笔者认为 Huber 取 $Fr_2 = 0.75$，应改为 0.55）。由此可见，Huber 的理论解析解所得的密度 Fr 数，较他自己的实验值偏大许多。

Harleman 和 Elder（1965）分析胸墙二元底孔的二层流出流，采用 Craya 方法，以及用类似于明渠溢流的求解临界流量的方法，分析 Bernoulli 方程，经微分，求取临界流量，得临界密度 Froude 数：$Fr_2 = 0.54$。同 Harleman 和 Elder 类似，Jirka（1979）的分析结果和 Harleman 的相同。

Murota 和 Michioku（1986）进行盐水二层流二元底孔的试验和理论分析，获得临界 Fr 数 $Fr_2 = 0.51$。

Hocking（1991）和 Yu 等人（2004）的二元底孔的盐水异重流试验，分别得临界 Fr 数 $Fr_2 = 0.46$ 和 $Fr_2 = 0.3 \sim 0.5$。

6.2.2 密度线性分布的异重流孔口出流

6.2.2.1 密度线性分布的异重流通过垂直壁上二元孔口和三元孔口出流

Gariel（1949）曾对槽中水流密度为线性分布的分层流进行二元孔口的试验，用颜料细粒子为指示剂，观测泄出层厚度。在此层以上和以下的水体为静止。经笔者将他的 4 组试验资料进行分析，各组资料亦可用 $d = K_2 (q/N)^{1/2}$ 来表示，但各组的 K_2 值略有变化。

关于垂直壁上二元孔口分层流密度线性分布的孔口泄出层的工作，尚有 Imberger 等（1976）的理论分析，得泄出层厚度的关系式：$d = 2.0 (q/N)^{1/2}$，其中 d 相当于孔口中心以上和以下两极限吸出高度之和，$d=2h_L$。其结果列于表 6-2。

表 6-2　　　　　　　　　　　　线性分布异重流泄出层厚度研究成果表

孔口类型与异重流密度分布	作者及年份	研究方法	作者研究结果表达式	泄出层无量纲数 H_d
垂直壁二元孔口，线性密度分布	Imberger 等，1976	理论分析	$d/2=(q/N)^{1/2}$ $N=(g'/d)^{1/2}$	$H'_{d2}=2.52$
垂直壁三元孔口，线性密度分布	Bohan 和 Grace，1973	实验	$d=1.58(Q/N)^{1/3}$	$H'_{d3}=1.73$（实验）
	Lawrence 和 Imberger，1979	盐水试验泄出高层厚度由摄影获得	$d/2=0.88(Q/N)^{1/3}$	$H'_{d3}=1.97$（实验）
	Hino 和 Onishi，1980	解析法	$d=1.585(Q/N)^{1/3}$	$H'_{d3}=1.74$
	Spigel 和 Farrant，1984	三种不同孔高的盐水实验用示踪法测 d	$d/2=1.02(Q/N)^{1/3}$	$H'_{d3}=2.35$（实验）
	Wood，2001	Bernoulli 方程理论分析	$d/2=0.8(Q/N)^{1/3}$	$H'_{d3}=1.76$
二元底孔线性密度分布	Yih，1958	理论解析分析	$q/\sqrt{g'd^3}=0.318$	$H'_{d3}=2.14$
	Debler，1959	盐水异重流二元底孔实验	$q/\sqrt{g'd^3}=0.28$	$H'_{d3}=2.34$（实验）
	Kao，1965	理论解析分析	$q/\sqrt{g'd^3}=0.345$	$H'_{d3}=2.03$

　　另外，密度线性分布的分层流通过垂直壁上三元孔口出流的试验工作，有用示踪法测定泄出层厚度 d，它相当于孔口中心以上和以下的极限吸出高度之和，实验工作有 Bohan 和 Grace（1973）的 $d=1.58(Q/N)^{1/3}$，Lawrence ＆Imberger（1979）的 $d/2=0.88(Q/N)^{1/3}$，Spigel 和 Farrant（1984）的 $d/2=1.02(Q/N)^{1/3}$。理论分析的有 Hino 和 Onishi 的解析解 $d=1.85(Q/N)^{1/3}$，和 Wood（2001）的考虑密度分布变化的 Bernoulli 方程的解 $d/2=0.8(Q/N)^{1/3}$。

6.2.2.2　密度线性分布的底孔出流

　　20 世纪 50 年代 Yih（1958）分析密度为线性分布的二元无黏不可压缩流体，在水平渠道中，流至水槽末端底部扁缝时的二元问题。将经简化的流函数运动方程求解，当上游起始条件 Fr（密度 Fr 数）小于 $1/\pi=0.318$ 时，孔口前水流出现阻塞现象，孔口前上部出现回流，水流分层，仅下层水流通过孔口排出。当 Fr 大于 $1/\pi$ 时，则没有阻塞现象，槽内水流为单层流。Debler（1959）进行盐水试验，得 $Fr=0.28$，与 Yih 的理论结果接近。Kao（1965）利用类似 Yih 的方法求解线性密度梯度分层流运动方程，得 $Fr=0.345$，其理论结果与 Yih 的接近。

　　以上各家成果，列于表 6-2，表 6-2 中亦列出笔者建议的吸出层厚度无量纲参数值。

　　以上孔口出流的理论分析工作，对运动方程，均忽略黏滞性和扩散的影响。Koh（1966）考虑黏滞性和扩散的影响，进行理论分析盐水和温度密度线性分布分层流实验。

6.2.3　异重流孔口出流时出流浓度的变化

图 6-1 (a) 所示，垂直壁孔口泄出层的上边界，代表清水极限吸出高度，下边界代表浑水极限吸出高度。在 $y=h_L$ 时，无下层异重流泄出，故孔口出流含沙量或含盐量为零，即 $c_0/c_2=0$；当 $y=-h_L$ 时，无上层清水泄出，故出口浓度即为下层异重流浓度，即 $c_0/c_2=c_2/c_2=1$，因此

$$\frac{c_0}{c_2}=\frac{\displaystyle\int_y^{h_L}c_2u\mathrm{d}y+\int_y^{-h_L}c_1u\mathrm{d}y}{\displaystyle\int_{h_L}^{-h_L}c_2u\mathrm{d}y} \qquad (6-11)$$

令 $c_1=0$，平均流速为 u_m，c_2 为异重流层均匀分布的浓度，则有

$$\frac{c_0}{c_2}=\frac{h_L-y}{h_L-(-h_L)}=\frac{h_L-y}{2h_L}=\frac{1}{2}-\frac{y}{2h_L}=\frac{1}{2}-\frac{Gy}{2H_L} \qquad (6-12)$$

式 (6-12) 适用于二元和三元孔口，在二元孔口情况下：

$$H_{L2}=G_2h_L=g'^{1/3}h_L/q^{2/3} \qquad (6-13)$$

故有

$$\frac{c_0}{c_i}=\frac{1}{2}\left[1-\frac{g'^{1/3}\,y}{H_{L2}\,q^{2/3}}\right]=\frac{1}{2}\left[1-G_2\,y/H_{L2}\right]（二元孔口） \qquad (6-14)$$

三元孔口实验得

$$H_{L3}=G_3h_L=g'^{1/5}h_L/Q^{2/5} \qquad (6-15)$$

故有

$$\frac{c_0}{c_i}=\frac{1}{2}\left[1-\frac{g'^{1/5}\,y}{H_{L3}Q^{2/5}}\right]=\frac{1}{2}\left[1-G_3y/H_{L3}\right]（三元孔口） \qquad (6-16)$$

上各式中：c_0 为出流含盐量或含沙量值；c_2 为异重流含盐量或含沙量值；y 为自孔口至交界面的距离，向下为正，向上为负；q 为单宽流量；Q 为单孔流量。

以上公式的导得，系基于上层出流为清水，属于理想情形。实验表明，常数项 0.5 略有变化，作者在盐水异重流实验中，得其常数值约为 $0.5\sim0.6$。顺便指出，对于浑水异重流，其常数项，随孔口高度而异。此问题将在讨论浑水异重流时进行分析。

Wood 与 Lawrence 采用上层出口流量与出口总流量的比值，求取该比值与密度 Fr 数的关系。流量比值同含盐量比值有下列关系：

设出口流量中上层出流量为 q_1，下层出流量为 q_2，出流量 $q_0=q_1+q_2$。设上层出流浓度为 c_1，下层为 c_2，则出流中浓度输移量的比值为

$$\frac{c_0}{c_2}\cdot\frac{q_0}{q_0}=\frac{c_1q_1+c_2q_2}{c_2q_0}=\frac{(\rho_1-\rho)q_1+(\rho_2-\rho)q_2}{(\rho_2-\rho)q_0}$$

因 $\rho_1 \approx \rho$，故得

$$c_0/c_2 = q_2/q_0 \tag{6-17}$$

Yu 的盐水异重流孔口出流实验，验证了此关系式。

现将各家盐水异重流的实验结果作一比较：

范家骅的盐水异重流二元孔口实验

$$c_0/c_2 = 0.52 - 0.63G_2 y \tag{6-18}$$

Yu 等人盐水异重流二元孔口实验

$$c_0/c_2 = 0.5 - 0.72G_2 y \tag{6-19}$$

范家骅的盐水异重流三元孔口实验

$$c_0/c_2 = 0.64 - 0.71G_3 y \tag{6-20}$$

范家骅和 Yu 的二元孔口实测点据绘于图 6-3，由此可见两家实验结果相当接近。Lawrence（1980）的密度线性分布的盐水异重流通过垂直壁上三元孔口的实验数据，以及 Wood 二层流三元孔口的实验结果，经笔者重新点绘，示于图 6-4，由此可见两者接近，其 q_2/q_0（即 c_0/c_2）的关系式为

$$c_0/c_2 = 0.44 - 1.1G_3 y \tag{6-21}$$

从图 6-4 上可得其极限吸出高度参数 $H_{(d/2)3} = G_3 d/2$ 值为 0.45，或泄出层厚度参数 $H_{d3} = 0.9$。同范家骅和 Yu 的三元孔口实验参数值相比，偏小不少。可是，从 Lawrence 和 Imberger 文中给出的 $\frac{d}{2} = 0.88 \left(\frac{Q}{N}\right)^{\frac{1}{3}}$（相当于 $G_3 d/2 = 0.98$）相比，却不偏小。与各家的实验值较接近。

6.3 盐水异重流泄出层厚度与极限吸出高度 的研究成果的比较

现将实验结果进行比较，列于表 6-3，其理论分析结果亦列出作为参考。

表 6-3　　　泄出层厚度 d 与极限吸出高度 h_L 的实验成果的比较

密度分布	异重流密度分布：二层流		异重流密度分布：密度线性分布	
孔口类型	盐水异重流实验	理论分析	盐水异重流实验	理论分析
垂直壁 二元孔口	$H_{(d/2)2} = 0.67 \sim 0.75$	$H_{(d/2)2} = 0.63 \sim 0.8$	$H_{d2} = 2.52$	
垂直壁 三元孔口	$H_{(d/2)3} = 0.69 \sim 1.0$	$H_{(d/2)3} = 0.69$	$H_{d3} = 1.73 \sim 2.35$	$H_{d3} = 1.74 \sim 1.76$
二元底孔	$H_{d2} = 1.73 \sim 2.23$ 大多数为 $1.6 \sim 1.8$	$H_{d2} = 1.83$（不包括 Huber 的理论结果）	$H_{d2} = 2.34$	$H_{d2} = 2.03 \sim 2.14$

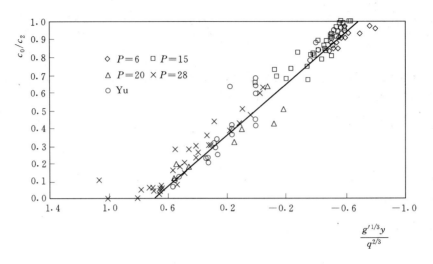

图 6-3　范家骅与 Yu 等人盐水异重流二元孔口出流实验的比较

（P 为孔口高度，单位 cm）

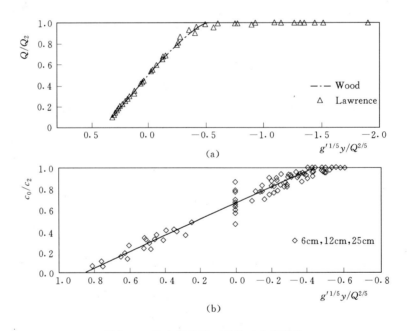

图 6-4　盐水异重流三元孔口出流实验

（a）Wood 和 Lawrence 的比较；（b）范家骅的实验

（1）盐水二层流垂直孔口的极限吸出高度值的实验值，大多数结果接近，二元孔口的 $H_{L2}=0.7\sim0.8$，三元孔口 $H_{L3}=0.7$〔个别结果，如 Yu 等（2004）的实验值较小，但如从他们的 c_0/c_i 与 G_2y 的关系线，外延至 G_2h_L，则此值为 0.7〕。

（2）二层流二元底孔异重流出流时泄出层厚度参数 $H_{d2}=1.2\sim2.23$ 之间，大多数在 $1.6\sim1.8$ 之间。

（3）密度线性分布时异重流通过垂直壁二元孔口，仅有 Imberger（1980）的理论分析一种，$H'_{d2}=2.5$。而三元孔口的成果较多，$H'_{d3}=1.73\sim2.35$。密度线性分布时的二元底孔的实验和理论研究得 H'_d 在 $2.03\sim2.34$ 之间。以上两种情况下的实验值较大，可能同密度线性分布有关系。

（4）有关孔口尺寸对泄出层厚度的影响，Huber（1966）与 Bohan 和 Grace（1970）进行的盐水异重流孔口出流实验显示，孔口尺寸对 H_{L2} 和 H_{L3} 值，基本上无影响。但 Huber 和 Bohan 实验水槽甚小，其试验结果可能有局限性。

6.4 浑水异重流孔口出流的物理过程与孔口前含沙量分布

浑水异重流孔口出流泄沙是水库和水电站孔口出流泄沙设计中的重要问题，孔口位置和泄流量大小的设计，涉及水库可持续使用的运行方式、水库内淤积过程和分布，以及利用低孔排泄异重流或悬沙，减少水库淤积，并用以避免泥沙进入水电站进口，磨损水轮机部件。

实验表明，浑水异重流孔口出流浓度的变化规律，因孔口前异重流中的泥沙受阻沉淀，又因受孔口前出流层的扰动，改变了孔口前的含沙量垂线的分布。它不仅在泄出层下面，含沙浓度增加，而且水流通过孔口时出现立式漩辊，使交界面区域上的上层水体悬浮一定的含沙量，测验表明下层水体掺混剧烈。笔者在实验中有时看不清交界面的界线，它时隐时现；掺混作用导致上层水体悬浮一定的含沙量，测验表明上层含沙量主要随孔口出流流量的加大而增加，示于图 6-5，一般上层含沙量在 $0.5\sim2\text{kg/m}^3$ 之间。

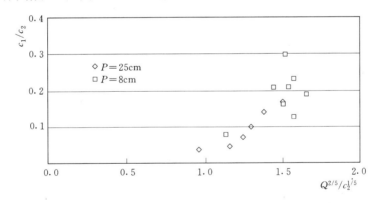

图 6-5　浑水异重流孔口前上层含沙量随与
异重流含沙量和孔口出流流量的关系

异重流泥沙在孔口前受阻而壅水，导致在流动泄出层的下面，泥沙颗粒沉淀，含沙浓度增加。在图 6-6 中，三元孔口高 40cm 时的泄出层下面，因处于极限吸出高度之下，泥沙沉淀，导致含沙量增加，但并不影响泄出层内含沙量梯度，仍保持二层流孔口出流状态。而在孔口高为 8cm 时的孔口前的浑水含沙量分布，近底层受孔口的阻挡，泄出层中泥沙沉淀，浓度梯度改变，出现接近于线性分布的形状。如图 6-6 所示。此外，孔口前浑水异重流交界面过渡层厚度，因受孔口出流的扰动和出口流量大小的影响，其值较厚，约 $5\sim10\text{cm}$，有的甚至大于 10cm。

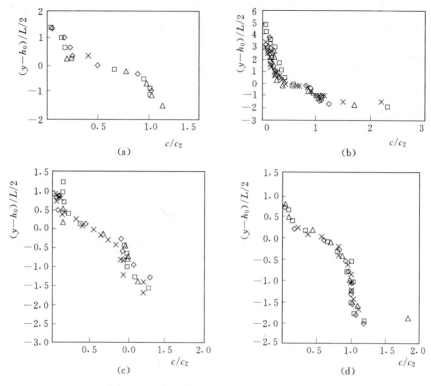

图 6-6　孔口前的异重流含沙浓度的分布

（a）$P=1\text{cm}$；（b）$P=8\text{cm}$；（c）$P=25\text{cm}$；（d）$P=40\text{cm}$

6.5　异重流孔口出流的概化图形

6.5.1　异重流孔口出流时出流浓度的变化

不同孔口高程的异重流孔口出流实验表明，出进含沙量比值有下列关系式

$$c_0/c_2=a-bGy \qquad\qquad (6-22)$$

式中：对二元孔口，$G=G_2$；对三元孔口，$G=G_3$。b 值等于极限泄出高度参数 K 的倒数，即 $1/K$。根据试验，垂直壁面上孔口和底孔两类布置条件下，流动的泄出层厚度非常接近，如三元孔口（包括底孔）的水槽实验得：各 $g'^{1/5}d/Q^{2/5}$ 值均等于 2.1。另外，a 随孔口高程而变。由于底孔出流时，出进含沙量比值的关系式，与式（6-22）不同。为了要寻求底孔也具有式（6-22）的形式，需要建立一个概化模型，进行坐标变换。这样，就有可能把 a 同不同孔口高程（包括底孔）的关系，用实测资料予以确定。

6.5.2　概化模型的建立

具体作法是拟通过纵坐标变换，使距底高程小于极限泄出高度的孔口（$P<h_L$）的出流情况（受到壅水影响的），能够同距底高度大于极限泄出高度的孔口（$P>h_L$）的出流情况（泄出层内含沙量分布不受壅水影响）进行比较。使两者的出流含沙量的变化，经坐标变换后，能够用同一类型的方程来描述。

第一种情况先以底孔出流为例，来说明通过坐标变换后，将其出流情况变换到相当于垂直壁孔口出流的情况。

图 6 - 7 （a）中，底孔出流泄出层厚度为 d（d 值接近 $2h_L$），故可设想孔口 V 为一虚拟孔口，异重流通过 V 处的孔口泄出，此时的泄出层厚度为 $d = 2h_L$，其出流层上下两流线，如图 6 - 7 （c）所示。由于实际上水沙是通过孔口 O 泄出，故可进行坐标变换，将流层下移一距离 h_L，如图 6 - 7 （d）所示。由于实际底壁位于水平 O 的位置，故其出流量情况，是一种虚拟的情况。如设其底部下移，如图 6 - 7 （e），则可以得到一种相当于垂直壁上孔口 O 的出流情况。

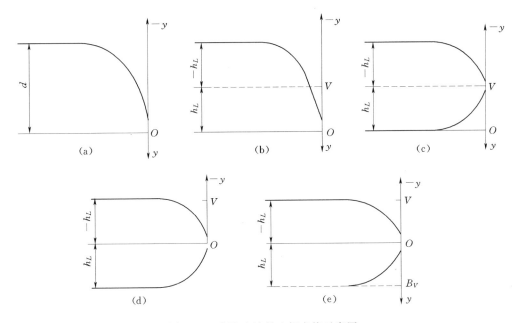

图 6 - 7　底孔出流纵坐标变换示意图

图 6 - 7 上 OV 高度相当于 $-h_L$，而 OB_V 的高度，相当于 h_L。从图 6 - 7 （a）、（b）纵坐标变化至图 6 - 7 （c），其 y 读数，应加一纵距 h_L；从图 6 - 7 （c）变换至图 6 - 7 （d）和（e），其 y 读数须再加一纵距 h_L。故从图 6 - 7 （a）坐标变换至图 6 - 7 （e），所测的 y 读数，应加 $2h_L$。经过此种变换后，底孔出流可改变为虚拟的垂直壁上的孔口出流。因此可以将底孔出流时的情况，同其他的垂直壁上的孔口出流进行对比。

第二种情况，当孔口位置高于底部 P，而 P 小于 h_L 时的情况，则可作如下类似的坐标变换，见图 6 - 8。图 6 - 8 （a）中，如实测泄出水层厚度为 d，$d = 2h_L$，因为底孔位置 $OB = P$ 小于极限泄出高度 h_L，故泄出层的上界面上移至 $d = 2h_L$，因 $d = 2h_L$，故可设想存在一虚拟孔口位置在 O 点以上，其纵距为 $(h_L - P)$，如图 6 - 8 （b）所示。V 点为虚拟孔口位置，而实际孔口位置为 O，故可以将泄出层下移 $(h_L - P)$，此时 O 点以上和以下，分别有 $-h_L$ 和 h_L。如图 6 - 8 （c）所示。其虚拟底部位置 B_V 应下移 $(h_L - P)$，如图

6-8（d）所示。

图 6-8（a）的实验时所观测的各 y 读数，变换至图 6-8（b）时，原点由 O 改为 V，须上移纵距 (h_L-P)；由图 6-8（b）经坐标变换至图 6-8（c）、（d），其孔口原点由 V 改至 O，须下移纵距 (h_L-P)，经两次移动，各 y 读数应加 $(2h_L-2P)$。

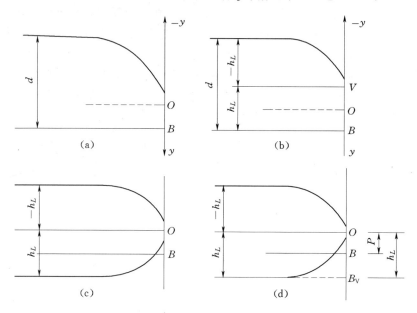

图 6-8　底孔位置高于底部 P，而 P 小于 h_L 时的坐标变换示意图

第三种情况是：当孔口前泥沙淤积高于孔口中心原点时的情况。即孔口高度 P 为负值时，其泄出厚度为 $d=2h_L$，用上述类似方法，经坐标变换，各测读数 y 值，经两次坐标变换，应分别加 $[2h-(-P)]=(d+2P)$。

6.6　浑水异重流孔口出流试验

6.6.1　浑水异重流二元孔口出流泄沙

浑水异重流二元孔口（50cm×0.6cm）至槽底的距离 P 分别为 14cm、27cm、40cm 的三组布置的试验结果，见图 6-9。各组实验可用

$$c_0/c_2=a-b[g'^{1/3}y/q^{2/3}]=a-bG_2y \qquad (6-23)$$

表示，其中 $b=1/H_{L2}$，a 则随孔口高度的改变而改变。现分析其清水极限泄出高度参数、浑水极限吸出高度参数和极限泄出层厚度各值，见表 6-4。

有关孔口距底高度对出口含沙量的影响，即求 a 值的方法，简述如下：

求代表孔口高度的无量参数 G_2P 与泄出层半厚度的比值 $G_2P/G_2(d/2)=P/(d/2)$，而泄出层厚度，从图 6-9 知，$G_2d=1.8$，即 $d/2=(1/2)(h_L+|-h_L'|)=0.9/G_2$。计算结果，见表 6-4。点绘 a 值与 $P/(d/2)-1$ 的关系，见图 6-10。

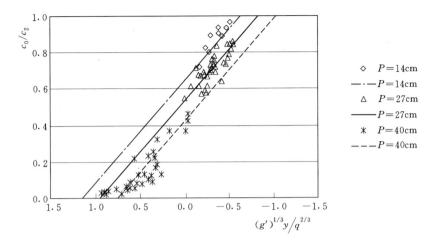

图 6 - 9　浑水异重流二元孔口出流三组不同孔高布置的试验结果

表 6 - 4　　　　　浑水异重流二元孔口出流试验资料分析表

孔口高度 P，孔口至槽底距离	$G_2 y$		$G_2 d$	G_2	$G_2 P$	$\dfrac{P}{\frac{1}{2}d}$	$\dfrac{P}{\frac{d}{2}}-1$	$\dfrac{d}{2}$	a	b
	$c_0/c_2=1$	$c_0/c_2=0$								
14cm	-0.6	1.2	1.8	0.065	0.91	1.01	0.01	13.9	0.67	0.56
27cm	-0.85	0.95	1.8	0.062	1.67	1.85	0.85	14.6	0.53	0.56
40cm	-1.05	0.75	1.8	0.10	4	4.4	3.4	11.8	0.42	0.56

6.6.2　浑水异重流方孔排沙

分析4种不同孔口高度 P 为 1cm，8cm、25cm、40cm 的方孔（2cm×2cm）排沙试验资料。实测结果如图 6 - 11 所示。从图 6 - 11 可得

$$d = 2.1Q^{2/5}/g'^{1/5} = 2.1/G_3$$

从表 6 - 5 可得：

$P=40$cm 时，有

$$c_0/c_2 = 0.43 - 0.48G_3 y \qquad (6-24)$$

$P=25$cm 时，有

$$c_0/c_2 = 0.48 - 0.48G_3 y \qquad (6-25)$$

$P=8$cm 时，有

$$c_0/c_2 = 0.67 - 0.48G_3 y \qquad (6-26)$$

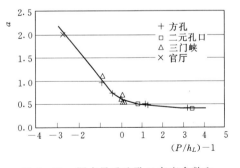

图 6 - 10　浑水异重流孔口高度参数和泄出层厚度参数对出口含沙量的影响

由于 $P=8$cm 小于异重流极限泄出高度 $d/2 = 13.1$cm（见表 6 - 5），故应考虑孔口距底高度 P 对出流的影响，进行纵坐标变换，将 y 值，修正为 $y+(d-2P)=y'$。图 6 - 11 表明，$P=8$cm 的试验靠近底部边界处无实测资料，故按照其他不同孔高的实测点的趋势，将 $P=8$cm 实测测点外延至 $c_0/c_2=0$，当取 $d=2.1/G_3$ 时，得 $y=1.5/G_3$，而 $c_0/c_2=1$，

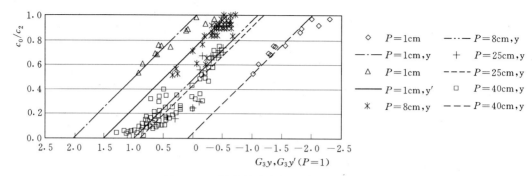

图 6-11 浑水异重流方孔排沙试验资料

得 $y = -0.6/G_3$。

但如按照 $y = P = 8\text{cm}$ 时的底部边界条件，即在底部，$c_0/c_2 = 0$，$P = 8\text{cm}$，$G_3 = 0.64$，修正后的 $y' = y + (d - 2P)$，故 $G_3 y' = G_3(8 + 2 \times 13.1 - 2 \times 8) = 1.45$，此值与外延点的 1.5 接近，即已接近修正值，故可不必修正。

$P = 1\text{cm}$，即底孔情况。实测 $c_0/c_2 = 0$，$G_3 y = 0.08$，而 $c_0/c_2 = 1$，$G_3 y = 2.02$。因 $P = 1\text{cm}$，其孔高小于异重流极限泄出高度 $d/2 = 13\text{cm}$，故需进行 y 值的修正：$y' = (d - 2P) + y$。当 $c_0/c_2 = 0$ 时，$G_3 y' = G_3 y + G_3(d - 2P) = 2.02$，而 $c_0/c_2 = 1$ 时，$G_3 y' = -0.08$。故有

$$c_0/c_2 = 0.96 - 0.48 G_3 y' \tag{6-27}$$

以上方孔试验的计算结果，连同孔口高度参数，列于表 6-5。孔口高度参数 $[(P/h_L) - 1]$ 对出口含沙量的影响，即对参数 a 的影响，亦示于图 6-10。

表 6-5　　　　　　　浑水异重流三元孔口出流试验资料分析表

孔中心至底部距离 P	$g'^{1/5}/Q^{2/5}=G_3$	$G_3 P$	$\dfrac{P}{h_L}$ ($h_L = d/2$)	$G_3 y$		方程中系数		$\dfrac{P}{h_L}-1$	$h_L(=d/2)$
				$c_0/c_2=1$	$c_0/c_2=0$	a	b		
40	0.11	4.4	4.19	−1.2	0.9	0.43	0.48	3.19	9.5
25	0.09	2.25	2.14	−1.1	1.0	0.48	0.48	1.14	11.7
	0.095	2.38	2.27					1.27	11.0
8	0.08	0.64	0.61	−0.6	1.5	0.72	0.48	−0.39	13.1
1	0.08	0.08	0.076	−0.08*	2.02*	0.96	0.48	−0.92	13.2

注　带符号 * 的值为纵坐标变换后的值。

6.7　水库实测资料分析

6.7.1　三门峡水库实测异重流孔口出流

三门峡水库蓄水后，即开始测量异重流，包括库内多断面的流速分布、含沙量分布、泥沙粒经垂线分布和异重流排沙量等项。今选择 1961 年、1962 年的黄淤 1 断面（距坝 1010m），1964 年黄淤 2 断面（距坝 1880m）以及坝下游断面的流量和含沙量数据，分析异重流通过孔口的排沙规律。

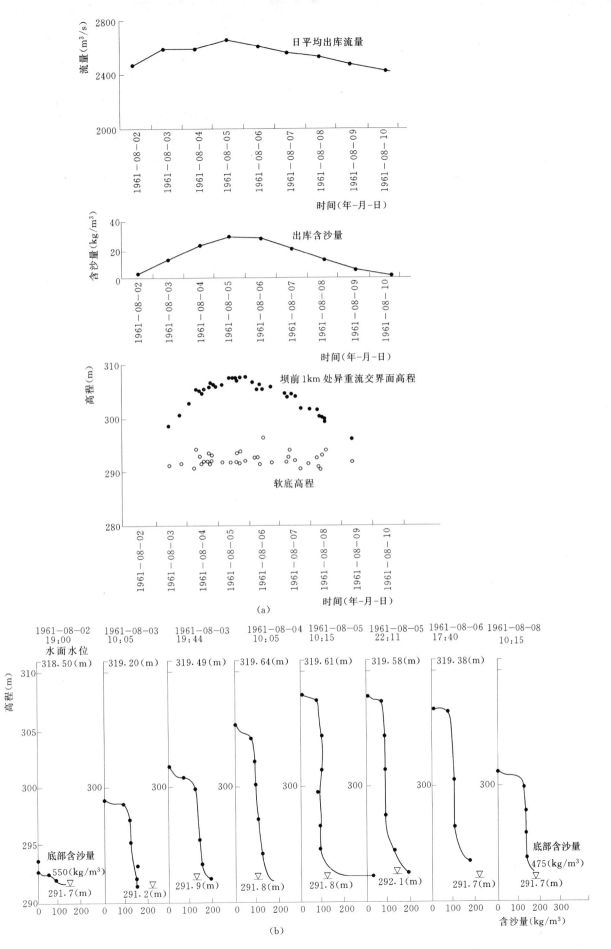

图 6-12 三门峡水库 1961 年 8 月异重流孔口出流的过程和孔口前含沙量分布

利用 1961 年和 1964 年的滩面比降和 1961 年异重流交界面比降各值，得 1961 年和 1962 年的异重流交界面比降和底部比降为 0.0003，得 1964 年的比降为 0.0001。采用该值，把黄淤 1（1961，1962）和黄淤 2（1964）断面的异重流交界面高程和底部高程，分别推算至坝前断面。这样，将不同断面的数据值换算至坝前。

1961～1964 年，三门峡水坝当时设置高程为 300m 的孔口 12 个，每孔口高 8m 宽 4m。1964 年后，三门峡水库排沙孔口又数次扩建。

所采用的纵坐标，取孔口中心（304m）为原点，向下为正号，向上为负号。

图 6-12(a)、（b）为 1961 年 8 月异重流孔口出流的过程。点绘 1961 年、1962 年、1964 年资料，如图 6-13 所示。有关数据，列于表 6-6。从图 6-13 可得泄出层厚度 $d = 1.8Q^{2/5}/g'^{1/5}$。

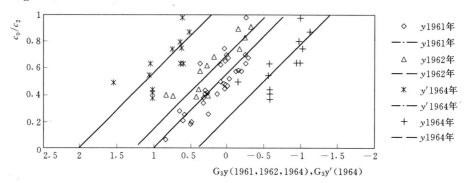

图 6-13　三门峡水库 1961 年、1962 年、1964 年异重流孔口泄沙的分析

表 6-6　　　　　　　　　　　三门峡水库异重流孔口泄沙的分析

年份	断面	距坝距离（m）	淤底高程（m）	坝前软底高程（m）	P	$\dfrac{P}{\frac{d}{2}}$	$\dfrac{P}{\frac{d}{2}}-1$	a	G_3	$G_3 P$	h_L
1961	黄1	1010	292	291.7	12.3	1.07	0.07	0.56	0.078	0.96	11.5
			291	290.7	13.3	1.17	0.17		0.08	1.06	11.3
1962	黄1	1010	295	294.7	9.3	1.13	0.13	0.70	0.11	1.02	8.2
1964	黄2	1880	302.8	302.6	1.4	0.12	−0.88	1.1	0.072	0.1	12.2
			302.9								

表 6-7　三门峡水库 1961 年、1962 年、1964 年
异重流孔口泄沙的计算

年份	从图 6-13 上查得的 G_3 值		计算值	
	$c_0/c_2 = 1$	$c_0/c_2 = 0$	a	b
1961	−0.8	1.0	0.56	0.56
1962	−0.55	1.25	0.70	0.56
1964	0.2 *	2 *	1.1	0.56

注　带符号 * 的值为纵坐标变换后的值。

根据图 6-13，从 1961 年、1962 年、1964 年实测数据，可确定下列方程中的系数 a 与 b 值，列于表 6-7。

$$c_0/c_2 = a - b G_3 y$$

各孔口距底高度 P 对出流的影响，即对 a 的影响，亦点绘于图 6-10。

从 1964 年实测过 $G_3 y$ 与 c_0/c_2 的关系线，得 $c_0/c_2 = 1$，$G_3 y = -1.4$，$c_0/c_2 = 0$，$G_3 y = 0.4$，纵坐标变换后，经加 $G_3(d-2P) = 1.6$ 后，即为表 6-7 中之值。

6.7.2　官厅水库 1956 年异重流孔口排沙

官厅水库曾在靠近坝址的断面号 1000（距坝 450m）施测异重流流速和含沙量分布，以及坝下游断面流量和含沙量资料。今选用 1956 年资料 8 个测次，进行分析，见图 6-14。

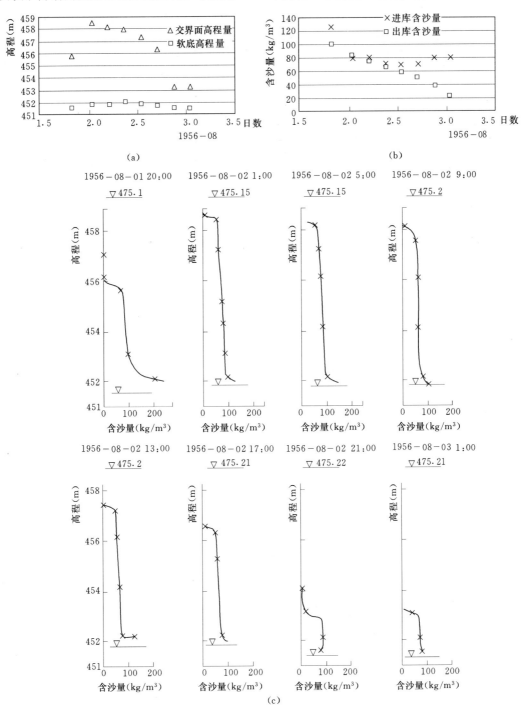

图 6-14 官厅水库异重流孔口排沙情况

(a) 1956 年 8 月交界面和软底高程的变化；(b) 1956 年 8 月进库和出库含沙量的变化；

(c) 异重流孔口出流时断面 1000 异重流含沙量分布

水库设泄水孔口 8 个，孔口尺寸为 $1.75\text{m} \times 1.75\text{m}$，上下层各 4 个，下层孔口下缘高程为 444m，上层孔口下缘高程为 456m。由于水库设计系采用蓄水运用方式，不考虑利用汛期排泄异重流，也不用其他方式排沙，故水库淤积发展很快，坝前淤积面迅速抬高，淤积面高于孔口，孔前形成漏斗。为了防止孔口为泥沙堵死，故在孔口上游监测异重流，及时开闸排沙，以保持孔口不被淤沙堵塞。

1956 年官厅水库实测孔口泄沙资料显示淤沙已高出孔口达 6.5m。其异重流含沙量分布，示于图 6-10。有关数据计算值如下：$g'^{1/5}/Q_1^{2/5}$ 的平均值为 0.105，$P = -6.5\text{m}$，$G_3 P = -0.68$，$P/h_L = -1.71$，$P/h_L - 1 = -2.71$，$h_L = 3.8\text{m}$。

以孔口中心为坐标原点，点绘 c_0/c_2 和 $g'^{1/5} y/Q^{2/5}$ 的关系线，可得泄出层厚度参数为 $g'^{1/5} y/Q^{2/5} = 0.8$，见图 6-15。

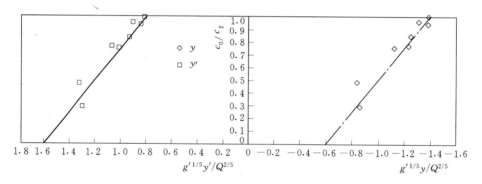

图 6-15　官厅水库 c_0/c_2 和 $g'^{1/5} y/Q^{2/5}$ 的关系线

[1956 年异重流孔口出流公式中：$a = 2$，$b = -1.25$，$(P/h_L) - 1 = -2.7$]

从现场实测资料，可得 $c_0/c_2 = 1$，$g'^{1/5} y/Q^{2/5} = -1.4$，$c_0/c_2 = 0$，$g'^{1/5} y/Q^{2/5} = -0.6$，得表达式

$$c_0/c_2 = -0.75 - 1.25 G_3 y$$

另外，求纵坐标变换后的表达式，y 值坐标变换的修正值为 $y' = y + 2h_L - (-2P)$，$2h_L + 2P = 2.16$。经纵坐标变换，据图 6-15，可得 $c_0/c_2 = 1$，$g'^{1/5} y'/Q^{2/5} = 0.8$；$c_0/c_2 = 0$，$g'^{1/5} y'/Q^{2/5} = 1.6$。故得坐标变换后的表达式：

$$c_0/c_2 = 2 - 1.25 G_3 y' \tag{6-28}$$

6.8　孔口距底高度参数对浑水异重流孔口出流的影响

实验表示，对于浑水异重流孔口出流，其出沙与进沙的比值，随出口流量，坝前异重流含沙量，孔口至交界面距离，以及孔口至底部的距离诸因素的改变而改变。或者用孔口至交界面距离 y 与极限吸出高度 h_L 的比值，以及孔口至底部距离 P 与极限吸出高度的比值 h_L 来表示。

根据浑水异重流通过二元和三元孔口泄沙水槽试验以及三门峡水库 1961 年、1962年、1964 年以及官厅水库 1956 年异重流孔口出流实测资料，分析 c_0/c_2 与 Gy 和 P/h_L 的关系，点绘的孔口距底高度参数 $P/(d/2) - 1$ 和 a 的经验关系（图 6-10），基本上可用一经验曲线来代表。利用此经验关系线，在已知泄出层厚度参数 $g'^{1/5}d/Q^{2/5}$ 和孔口距底高度参数 $P/(d/2)-1$ 的条件下，即可估算孔口出沙量。

　　浑水异重流二元与三元孔口出流、三元底孔出流以及三门峡水库的现场实测的泄出层厚度参数，均较接近：二元孔口为 $G_2h_L=0.9$，三元孔口为 $G_3h_L=1.05$，三元底孔为 $G_3(d/2)=1.05$。三门峡水库 $G_3(d/2)=0.9$；只有官厅水库的参数与它们不同，$G_3(d/2)=0.4$，其值小一倍，这可能因淤积面过高于孔口高程所致。

　　因此，当已知泄出层厚度参数以及孔口距底高度参数 $P/(d/2)-1$ 时，利用图 6-10 的经验关系，确定 a 值，代入式 $c_0/c_i=a+bGy$ 即可求得 c_0/c_i 的计算值。分别绘制二元、三元孔口实验，三门峡水库和官厅水库的 c_0/c_i 的计算值同 c_0/c_i 实测值的关系图，见图 6-16～图 6-18。

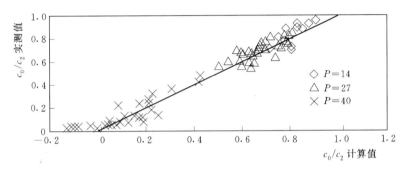

图 6-16　浑水异重流二元孔口出流计算 c_0/c_i 和实测 c_0/c_i 的关系

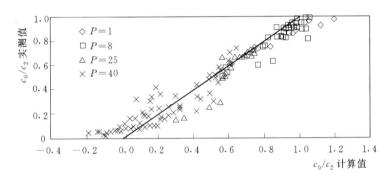

图 6-17　浑水异重流三元孔口出流计算 c_0/c_i 和实测 c_0/c_i 的关系

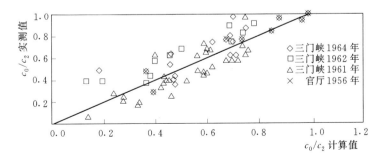

图 6-18　三门峡水库和官厅水库的 c_0/c_i 的计算值同 c_0/c_i 实测值的关系

6.9 小　结

（1）实验表明，异重流孔口出流时，孔口上游呈现一具有一定厚度的流动泄出层。该层上面和下面的区域内均无流速存在，孔口以下到交界面的某极限高度时无异重流吸出，定义此极限高度为下层异重流极限吸出高度（Gariel 与 Craya 定义）。

（2）盐水二层流垂直壁二元和三元孔口出流时的极限吸出高度参数，大多数值比较接近，在 0.7～0.8 之间。盐水密度线性分布时，异重流通过垂直壁二元和三元孔口出流的泄出层厚度参数 $H_{d2}=[(\Delta\rho'/\rho)g]^{1/3}d/q^{2/3}$ 或 $H_{d3}=[(\Delta\rho'/\rho)g]^{1/5}d/Q^{2/5}$ 在 1.73～2.35 之间。对于二元或三元底孔，不论二层流或密度线性分布异重流的孔口出流，泄出层厚度参数为 1.6～2.3。异重流的孔口出流各参数可供水库设计人员在布置泄放温度或盐水异重流时采用。

（3）浑水异重流水槽二元和三元孔口出流实验资料，以及三门峡水库、官厅水库异重流三元孔口出流实测资料的分析表明，出流的含沙量比值是泄出层厚度参数、泄流参数和孔口高程参数的函数，如式（6-22）所示。

利用三门峡水库异重流三元孔口实测资料分析所得的泄出层厚度参数值 $H_{d3}=G_3 d$，与浑水异重流水槽二元和三元孔口实验所得的值接近。但是，官厅水库则偏小，或系因其淤积面过高于孔口高程所致。关于此问题，需要今后作进一步研究。

浑水异重流的分析和实验结果，可供水库设计人员在布置泄放异重流和泄沙孔口时采用。首先，为了异重流排沙，可设置靠近河床底部的孔口。孔口距离底部高度可在 $0\sim h_L$ 之间；如设计采用底部高度为 0 的底孔，则从上游来的异重流从底孔泄出时，其泄出层厚度为 d，即 $H_{d3}=g'^{1/5}d/Q^{2/5}$ 值，可取为 2.0，这样，上游来的其厚度为 d 的异重流可从底孔顺利排出。又如，设计中采用的孔口位置在距底高 h_L 处，则可取其泄出层厚度 d，在此布置下，如异重流的厚度为 d，沿河底运动，流至坝前，孔口以上和孔口以下的异重流的厚度均为 $d/2$，在流动的泄出层厚度 d 之内，故可顺利排出。这是水库开始使用时的理想情况。实际上，异重流沿库底运动时，其中较粗的泥沙陆续淤积，河床逐渐淤高，在孔口前可逐渐形成一个冲刷漏斗。

其次，对于水电站进水口以下的排沙孔口位置的设计，进水口和垂直壁上的排沙孔口的距离应大于极限吸出高度 h_L；如果排沙孔为底孔，则水电站进水口应放在底孔以上，其垂直距离应大于泄出层厚度 d。

关于水库或水电站泄沙孔口的设计，根据以往我国水库建设的经验和教训，需要从保持水库长期使用所需满足的条件，进行综合考虑：在多沙河流上修建水库时，在规划和设计阶段，即需要重视孔口的布置；除泄量大小和孔口高程的确定外，还需同时考虑到坝址位置的选择，与水库运行方式诸问题；因为在一定的孔口位置和泄量以及来水来沙条件下，其运行方式，将决定库内淤积量及分布，运行水位决定泥沙三角洲的延伸的地点，库内泥沙的分布和水库下游河道的冲淤过程。

当然，排沙孔口位置具体设计时，也可进行模型试验，借以观察孔口前的排沙过程，并可观察不同运行水位下淤积向上游发展的过程等情况；或对已建成水库实测资料进行比较和综合分析，求得可用于设计的结果。

参考文献

范家骅等 . 1959. 异重流运动的实验研究 . 水利学报，1959（5）：30 - 48.

易家训 . 1983. 分层流 . 北京：科学出版社：83.

Bohan，J. P.，Grace，J. L. 1970. Mechanics of stratified flow through orifices. Proc . ASCE，Journal of Hydraulics Division，96（HY12）：2401 - 2416.

Bohan，J. P.，Grace，J. L. 1973. Selective withdrawal from man-made lakes . US Army Engineer，WES，Report B - 73 - 4.

Craya，A. 1946. Loi de la hauteur limite d'aspiration dans deux fluids de densité différente. Comptes Rendus Hebdomadaires Des Séances De L'Académie Des Sciences，222（20）：1159 - 1160.

Craya，A. 1949. Recherches théoriques sur l'écoulement de couches superposées de fluids de densités différentes. La Houille Blanche，1949（1）：44 - 55.

Debler，W. R. 1959. Stratified flow into a line sink. Proc. ASCE，J. Engineering Mechanics Division，85（EM3）：51 - 65.

Gariel，P. 1946a. Sur un appareil pour l'étude de l'écoulement de fluides hétérogènes. Comptes Rendus Hebdomadaires Des Séances De L'Aadémie Des Sciences，222（13）：720 - 721.

Gariel，P. 1946b. Sur la loi de lahauteur limite d'aspiration dans deux fluides de densités différentes. Comptes Rendus Hebdomadaires Des Séances De L'Académie Des Sciences，222（14）：781 - 783.

Gariel，P. 1946c. Sur l'écoulement au sein d'un liquide pesant présentant une variation continue de densité. Comptes Rendus Hebdomadaires Des Séances De L'Académie Des Sciences，223（2）：70 - 71.

Gariel，P. 1949. Récherches expérimentales sur l'écoulement de couches superposées de fluides de densités différentes. La Houille Blanche，1949（1）：56 - 64.

Harleman，D. R. F.，Elder，R. A. 1965. Withdrawal from two-layer stratified flows. Proc. ASCE，JHD，91（HY1）：43 - 58.

Hino，M.，Onishi，S. 1980. Axi-symmetric selective withdrawal：Summary . Tech. Report No. 27，Department of Civil Engineering，Tokyo Institute of Technology，1980，107 - 122.

Hocking，G. C. 1991. Withdrawal from two-layer fluid through line sink. JHE. ASCE，117（6）：800 - 805.

Hocking，G. . C.，Forbes，L. K. 1991. A note on the flow induced by a line sink beneath a free surface. J. Austral. Math. Soc.，Ser. B，32：251 - 260.

Hocking，G. C. 1995. Super-critical withdrawal from a two-layer flow through a line sink. J. Fluid Mech.，297：37 - 47.

Huber，D. G. 1960. Irrotational motion of two fluid strata towards a line sink. Proc. ASCE，J. Enginerring Mechanics Div.，86（EM4）：71 - 86.

Huber，D. G. 1966. Experimental study of two-layered flow through a sink. Proc. ASCE，J. Hyd. Div.，92（HY1）：31 - 41.

Imberger，J.，Thompson，E.，Fandry，C. 1976. Selective withdrawal from a finite rectangular tank. J. Fluid Mech.，78（3）：489 - 512 .

Imberger，J. 1980. Selective withdrawal：A review. 2nd Int. Symp. On Stratified Flows，1980，381 - 398.

Jirka，G. H. 1979. Supercritical withdrawal from two-layered fluid systems. Part 1. Two-dimensional skimmer wall. J. Hydraulic Research，17（1）：43-51.

Jirka，G. H.，Katovola，D. S. 1979. Supercritical withdrawal from two-layered fluid systems. Part 2. Three-dimensional flow into round intake. J. Hydraulic Research，17（1）：53-62.

Kao，T. W. 1965. A free-streamline solution for stratified flow into a line sink. J. Fluid Mech.，21（3）：535-543.

Koh，R. C. Y. 1966. Viscous stratified flow towards a sink. J. Fluid Mech.，24（3）：555-575.

Lawrence，G. A. 1980. Selective withdrawal through a point sink. 2nd Int. Symp. On Stratified Flows，1980，411-425.

Lawrence，G. A.，Imberger，J. 1979. Selective withdrawal through a point sink in a continuously stratified fluid with a pycncline. Dept. of Civil Eng.，Univ. of Western Australia，Tech. Report No. ED-79-002.

Murota，A.，Michioku，K. 1986. Analysis on selective withdrawal from three-layered stratified systems and its practical applications. J. Hydroscience and Hydraulic Engineering，4（1）：31-50.

Spigel，R. H.，Farrant，B. 1984. Selective withdrawal through a point sink and pycnocline formation in a linearly stratified flow. J. of Hydraulic Research，22（1）：35-51.

Tuck，E. Q.，Vanden-Broeck，J. M. 1984. A cusplike free-surface flow due to a submerged source or sink. J. Aust. Math. Soc.，Ser. B，25：443-450.

Wood，I. R. 1978. Selective withdrawal from two-layer fluid. Proc. ASCE，J. Hyd. Div.，104（HY12）：1647-1659.

Wood，I. R. 2001. Extensions to the theory of selective withdrawal. J. Fluid Mech.，448：315-333.

Yih，C. S. 1958. On the flow of a stratified flow. 3rd Proc. U. S. Nat. Congr. Appl. Mech.，857-861.

Yu，W. S.，Hsu，S. M.，Fan，K. L. 2004. Experiments on selective withdrawal of a co-directional two-layer flow through a line sink. JHE，ASCE，130（12）：1156-1166.

附录　异重流孔口出流

关于异重流孔口出流的极限吸出高度的理论分析，最早有 Craya（1946）的理论工作，他分析二元和三元孔口时，利用 Bernoulli 方程下层流体的流线上的速度为零的临界条件，求得极限吸出高度的判别数。

另一类研究是 Harleman（1965）分析底孔泄放下层异重流的极限流量，求得临界密度 Fr 数值，从此判别数可求得极限吸出高度。

第三类方法，Yih（1958）建立分层流方程并求解，获得水流分层和不分层之间的密度 Fr 数，当满足上游边界条件，而 $Fr > \dfrac{1}{\pi} = 0.318$，这时水流为不分层；当 $Fr < \dfrac{1}{\pi}$ 时，水流分层，下层水流可全部通过底孔流出。

（1）Craya 根据 Gariel 的实验，分析了异重流不能泄出时的孔口出流问题，换言之，Craya 研究了孔口在清水下泄时，由于压力降低使浑水所能升高的高度，其出流示意图，见附图 1，上层为清水，其密度为 ρ，下层为盐水，其密度为 $\rho + \Delta\rho$。

以水平交界面为基准面，写出在交界面上

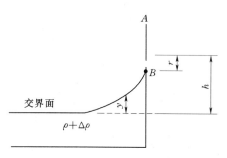

附图 1　Craya 二元孔口异重流出流示意图

的清水 Bernoulli 方程：

$$p+\rho\frac{u^2}{2}+g\rho y=常数 \tag{1}$$

式中：y 为基准面至由于孔口的存在而升高后的交界面上某一点的距离。

对于盐水，仍以水平交界面为基准面，可写出静力学的基本方程：

$$p+(\rho+\Delta\rho)gy=常数 \tag{2}$$

由于交界面上压力必需连续，故将以上两式相恒等后，得

$$\frac{u^2}{2}=\frac{\Delta\rho}{\rho}gy+常数 \tag{3}$$

在无穷远处速度为零，y 值也为零，故得

$$\frac{u^2}{2}=\frac{\Delta\rho}{\rho}gy \tag{4}$$

假设孔口是汇点，因此在 B 点的速度为（见附图 1）

$$u_B=\frac{q}{\pi r} \tag{5}$$

式中：q 为单宽出流量。代入式（5）后得

$$\frac{u_B^2}{2}=\frac{\Delta\rho}{\rho}g\,(h-r)=\frac{q^2}{2\pi^2r^2} \tag{6}$$

设在 B 点处，水流在附壁处相切，经微分

$$\frac{u_B^2}{2}=\frac{\Delta\rho}{\rho}g\,(h-r) \tag{7}$$

后，得

$$\frac{\mathrm{d}u_B^2}{\mathrm{d}r}=-2\,\frac{\Delta\rho}{\rho}g \tag{8}$$

从式（5）、式（6）得

$$\frac{u_B^2}{2}=\frac{q^2}{2\pi^2r^2}\,,r^2u_B^2=\frac{q^2}{\pi^2}$$

$$r^2\,\mathrm{d}u_B^2+u_B^2\cdot2r\mathrm{d}r=0$$

$$\frac{\mathrm{d}u_B^2}{\mathrm{d}r}=-\frac{2u_B^2}{r}$$

代入式（8）得

$$\frac{u_B^2}{r}=\frac{\Delta\rho}{\rho}g$$

代入式（7）得

$$2\,\frac{\Delta\rho}{\rho}g\,(h-r)=r\,\frac{\Delta\rho}{\rho}g$$

$$2(h-r)=r\,,h=\frac{3}{2}r$$

代入式（6）得

$$\frac{\Delta\rho}{\rho}g\left(h-\frac{2}{3}h\right)=\frac{q^2}{2\pi^2\left(\frac{2}{3}h\right)^2}$$

$$\frac{1}{3}\frac{\Delta\rho}{\rho}gh=\frac{q^2}{2\pi^2 h^2\times\frac{4}{9}}$$

极限吸出高度 h_L 判别数

$$\frac{\Delta\rho}{\rho}g\frac{h_L^3}{q^2}=\frac{27}{8\pi^2}=0.342 \tag{9}$$

Gariel 二元孔口实验结果如图 6-20（a）所示：

$$h_L=k\left(\frac{Q}{\sqrt{\Delta\rho}}\right)^{\frac{2}{3}} \tag{10}$$

其中 Q 为总流量，槽宽 30cm，$k=7.29$，极限高度判别数为

$$\frac{\Delta\rho}{\rho}g\frac{h_L^3}{q^3}=0.43 \tag{11}$$

对于三元孔口点汇的情况，同二元孔口类似分析，交界面在无穷远处速度为零，得

$$\frac{u^2}{2}=\frac{\Delta\rho}{\rho}gy \tag{12}$$

在 B 点处的速度为

$$u_B=\frac{Q}{2\pi r^2} \tag{13}$$

因此

$$\frac{u_B^2}{2}=\frac{\Delta\rho}{\rho}g(d-r) \tag{14}$$

$$\frac{u_B^2}{2}=\frac{Q^2}{8\pi^2 r^4} \tag{15}$$

在 B 点水流在附壁处相切，微分 $u_B^2 r^4=\dfrac{Q^2}{8\pi^2}$，得

$$\frac{\mathrm{d}u_B^2}{\mathrm{d}r}=-\frac{4u_B^2}{r}$$

从式（14）得

$$\frac{\mathrm{d}u_B^2}{\mathrm{d}r}=-\frac{2\Delta\rho}{\rho}g$$

$$\frac{\Delta\rho}{\rho}gr=2u_B^2$$

代入式（14）得

$$r=\frac{4}{5}d \tag{16}$$

因

$$\frac{\Delta\rho}{\rho}g(h-r)=\frac{Q^2}{8\pi^2 r_4}$$

将式（16）代入得

$$\frac{\Delta\rho}{\rho}g\frac{h_L^5}{Q^2}=0.1546 \tag{17}$$

上各式中：Q 为通过一孔的流量。

式（17）为 Craya 导得的三元孔口出流极限吸出高度判别数。

Gariel 的三元孔口的实验结果如附图 2（b）所示。三元孔口实验结果符合三元孔口的判别数式（17）。

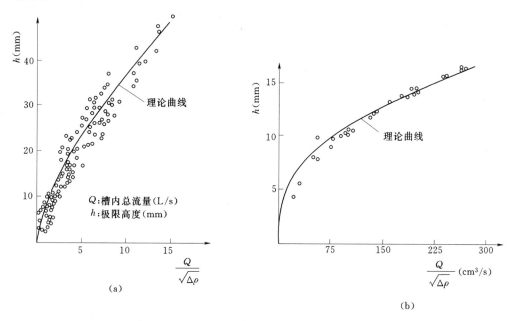

附图 2　Gariel 盐水孔口出流实验结果

（a）二元孔口；（b）三元孔口

（2）底孔泄放下层异重流的极限流量。Harleman（1965）分析泄放下层异重流通过底孔时的极限流量，据图 6 - 21 写出 Bernoulli 方程

$$\frac{\gamma_1(d-h_r)}{\gamma_2}+h_r=\frac{\gamma_1(d-y)}{\gamma_2}+y+\frac{u^2}{2g} \quad (18)$$

令 γ_2 为下层流体比重；$\Delta\gamma=\gamma_2-\gamma_1$ 密度差；γ_1 为上层流体比重。简化得

$$h_r=y+\frac{u^2}{2g\,\dfrac{\Delta\gamma}{\gamma_2}} \quad (19)$$

对于水库或河道中的一已知交界面高程 h_r，下层流量为最大时的出流条件是相当于下层的临界流的时候，如总流量超过临界流量时，则交界面以上的上层水流将同时有一部分排出。

通过平面胸墙闸门的流量 Q 的下层平均流速为

$$u=\frac{Q}{By}$$

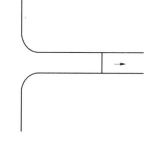

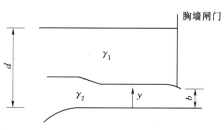

附图 3　Harleman 泄放下层异重流出流示意图

代入式（21），解得流量为

$$Q^2 = 2g \frac{\Delta \gamma}{\gamma_2} B^2 y^2 (h_r - y)$$

在已知 h_r 时，用微分 Q 即 $\dfrac{\mathrm{d}Q}{\mathrm{d}y}=0$，即得最大流量的条件：

临界水深

$$y_c = \frac{2}{3} h_r$$

因此

$$Q = B \sqrt{g' \left(\frac{2}{3} h_r \right)^3} \tag{20}$$

或写成密度 Fr 数

$$\frac{\dfrac{Q}{B}}{(g' h^3 r)^{1/2}} = 0.544 \tag{21}$$

（3）线性分层液体流量通过槽尾底部二元孔口的分析，1958 年 Yih 进行流体力学分析，1959 年 Debler 进行水槽实验。

水槽内远离孔口处的垂向密度线性分布为

$$\rho = \rho_0 - \frac{\rho_0 - \rho_2}{d} y \tag{22}$$

式中：y 为自底部量起的距离；d 为水深；ρ_0 为底部液体密度；ρ_2 为表面液体密度。

设 x 为自孔口向上游量起的水平距离，并设流动为恒定流，液体为不可压缩，并忽略密度的扩散影响。

沿流线液体密度为常值，用下式表示

$$u \rho_x + v \rho_y = 0 \tag{23}$$

式中：u 与 v 分别为 x、y 方向的流速分量，下角标表示微分。

连续方程为

$$u_x + v_y = 0 \tag{24}$$

流函数为 ψ，因此有

$$u = -\psi_y \quad v = \psi_x \tag{25}$$

Yih 分析认为，如引用一新的流函数 Ψ'，运动方程可简化，设

$$\psi' = \int_0^\psi \rho^{1/2} \mathrm{d}\psi \tag{26}$$

运动方程可写成

$$\nabla^2 \psi' + g y \frac{\mathrm{d}\rho}{\mathrm{d}\psi'} = H_1(\psi') \tag{27}$$

式中：∇^2 为直角坐标的 Laplace 算子；$H_1(\Psi')$ 为待定函数。

为确定此函数，需要利用上游的条件。如水流是从一静止水库中流入渠道，在孔口很远的上游，可用下式表示

$$\psi'_0 = -Ay \tag{28}$$

式中：ψ' 的下角标表示上游条件；A 为正常数。

如 $U(y)$ 是上游很远的流速，则可得

$$U\rho^{1/2}=A \tag{29}$$

由式 (22)、式 (28)、式 (29)，式 (27) 可写作

$$\nabla^2\psi'=g\frac{\beta}{A^2}\psi'=-g\frac{\beta}{A}y \tag{30}$$

此方程可用适当的边界条件用分离度量法求解

$$\psi'=-Ay-\frac{2}{\pi}Ad\sum_{n=1}^{\infty}e^{a_nx/d_2}\sin\frac{n\pi y}{d_2} \tag{31}$$

其中
$$a_n^2=n^2\pi^2-F_r^{-2} \tag{32}$$

式中：
$$Fr=\frac{A}{d}\frac{1}{\sqrt{g\beta}} \tag{33}$$

只有

$$Fr>F_{cr}=\frac{1}{\pi}=0.318$$

式 (31) 才能成立。当 $Fr=\infty$ 时，水流接近无旋流。当 $Fr<0.32$，水流分层，上层在孔口前形成旋涡区，下层则通过孔口泄出。附图 4 为易家训所绘的 $Fr=0.35$ 时孔口前水流分层图。

Debler（1959）进行二元底缝孔口实验，得 $Fr=0.28$。

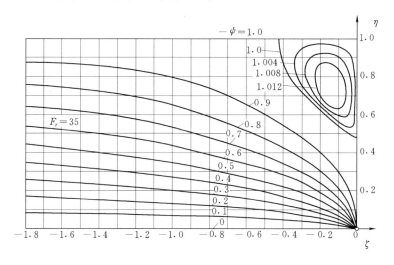

附图 4　孔口前水流分层图 ($Fr=0.35$)

第7章 异重流前锋

异重流的前锋即异重流头部速度，在前进运动过程中流体周围边界受剪力的作用，与周围流体相混合。气象物理学者注意到冷风沿山坡下行时形成速度很大的风；在分析雷暴形成的过程中，热空气与冷空气相遇，热空气上升，冷空气下降形成异重流前锋，并带来冰暴，大雨，大风；在大风前移过程中，冲起泥沙形成沙尘暴，异重流沙尘暴厚可达$1000\sim1500$m，速度可达$10\sim15$m/s（Simpson 1969）。最早 Schmidt（1910）进行水槽实验，模拟冷风前锋，后来不少学者进行实验工作，做得较多的是英国剑桥大学应用数学和理论物理系实验室 Simpson 和他的同事们。

河口船闸盐水入侵问题，很早受到工程和研究人员的关注，研究"船闸交换水流"。异重流头部速度，引起相当多的科研工作者的兴趣，最早 20 世纪 30 年代进行试验之后，直到 2000 年初，仍有人进行研究。与此问题类似的，有船闸引航道或盲肠河段内异重流泥沙淤积问题。港口工程师和泥沙工程师对此问题的兴趣，在于如何估计盐水入侵和盲肠河段内或海岸与河口港内航道的异重流淤积量。以上是不同类型的下层流前锋。

上层流前锋，例如河口清水入海时的异重流前锋，其流速、密度分布掺混等为海洋工作研究的课题。

中层流前锋，水库中密度（温度，含沙量）分层时进入的浑水异重流，在一定条件下，由底部流转变为中层流。其流层厚度、速度以及外形等，是研究者实验研究的课题。

7.1 异重流头部流速（锋速）的理论分析

Von Karman（1940）讨论在大深度下恒定异重流头部运动的理想模型。分析异重流在密度为 ρ_1 的液体中运动时的头部速度。图 7-1 中异重流密度为 ρ_2，上层无限深的液体密度为 ρ_1，令头部速度为 U。

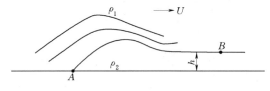

图 7-1 恒定异重流前锋 Von Karman 模型

用叠加一与头部速度一样的速度于整个流场，使头部流动变为静止，而上层轻液体在交界面以上变为恒定流动。在 A、B 两点写出 Bernoulli 方程：

$$P_A = P_B + g\rho_1 h + \frac{\rho_1}{2}u^2$$

因水流处于静止，故

$$P_A - P_B = g\rho_2 h$$

联立以上两式，可得锋速为

$$U = \sqrt{2g'h} \tag{7-1}$$

其中
$$g' = g(\rho_2 - \rho_1)/\rho_1$$

Benjamin（1968）分析一管道充满液体，当一头打开时，空气进入液体上层向上游运动。图 7-2 表示一自由边界的恒定流，液体密度为 ρ，空泡流体充满空气，其重量可以忽略。黏滞性和表面张力亦可忽略。在很远的上游充满液体，上下两边界之间深度为 D，流速 u_1 为常值。在下游，在自由边界的均匀流动，深度为 h，流速为 u_2。图 7-2 中 O 点为滞点，沿自由面的压力为零。利用 Bernoulli 原理，沿此表面

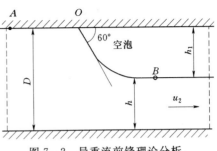

图 7-2　异重流前锋理论分析：
流体进入空泡（Benjamin）

$$P_A + \gamma D + \frac{\rho}{2}u_1^2 = P_0 + \gamma D = P_B + \gamma h + \frac{\rho}{2}u_2^2$$

得
$$u_2^2 = 2g(D-h) \tag{7-2}$$

上游边界上的压力 P_A，利用 Bernoulli 方程

$$P_A + \gamma D + \frac{\rho}{2}u_1^2 = P_0 + \gamma D$$

因 $P_0 = 0$，故

$$P_A = -\frac{\rho}{2}u_1^2 \tag{7-3}$$

水中压力为静水压力分布，上游断面 A 点上的总压力为

$$P_A D + \frac{1}{2}\rho g D^2 = \frac{1}{2}\rho(-u_2^2 D + gD^2) \tag{7-4}$$

此外，水平动量通量 $\rho u_1^2 D$，故水流动力

$$S_1 = \rho u_1^2 D + \frac{1}{2}\rho(-u_1^2 D + gD^2) = \frac{1}{2}\rho(u_1^2 D + gD^2) \tag{7-5}$$

而在很远的下游，随水深的压力变化也是静水压力，水流均匀，故有

$$S_2 = \rho\left(u_2^2 h + \frac{1}{2}gh^2\right) \tag{7-6}$$

无外力时，$S_1 = S_2$

$$\frac{1}{2}\rho(u_1^2 D + gD^2) = \rho\left(u_2^2 h + \frac{1}{2}gh^2\right)$$

与连续方程
$$u_1 D = u_2 h \tag{7-7}$$
联解时得

$$u_2^2 = \frac{g(D^2 - h^2)D}{(2D-h)h} \tag{7-8}$$

式（7-8）与式（7-2）比较，得

$$h = \frac{D}{2} \tag{7-9}$$

因
$$u_2 = u_1 D/h$$

$$\frac{u_1}{\sqrt{gD}} = \frac{1}{2} \qquad (7-10)$$

从式（7-2）有

$$u_2^2 = 2g(D-h) = 2gh$$

$$\frac{u_2}{\sqrt{gh}} = \sqrt{2} \qquad (7-11)$$

在无黏理想水流条件下分析的结果，式（7-11）与 Von Karman 分析结果相同。

Kao（1977）亦曾采用 Bernoulli 方程以及静水方程同 Benjamin 类似的方法，分析二维异重流前锋速度。

Prandtl（1952）分析冷空气前锋，如图 2-2 所示，冷空气团冲进处于静止状态的暖空气后的情况，如 Simpson 的图示。当冷空气开始运动时，即形成前峰。好似射流自孔口射向空气中形成一股边界分明的具有旋涡射流似的卷吸旋涡（设想平板上孔口射流沿平板射出），设想有如图 7-3 理想化的流动（图中坐标系随前锋一起运动）。当冷空气的前进速度为 q，在图 7-3 的坐标系中共同的动压力是 $\frac{1}{2}\rho_2(q-v)^2 = \frac{1}{2}\rho_1 v^2$，就得 $v = q/\left(1+\sqrt{\dfrac{\rho_1}{\rho_2}}\right)$，因 ρ_1 和 ρ_2 相差不太大，则冷空气前锋速度约为 $\frac{1}{2}q$；此式为德学者 Koschmieder 的观察所证实。如 ρ_2 比 ρ_1 大得多，例如发生雪崩时，则有 $v = q/\left(1+\sqrt{\dfrac{\rho_1}{\rho_2}}\right) \approx q$。

图 7-4（Prandtl 英译本 P.370）为相对地面是静止的坐标系中的流线，地面上的观察者可观察到速度的变化情况。在"阵风头"的前部流线趋于密集，这相当于我们常能观察到的冷空气入侵所形成的阵风（参阅 Schmidt 用盐水模拟冷空气所做的头部开关的实验）。

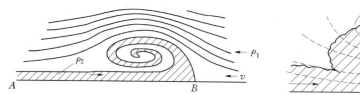 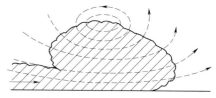

图 7-3　冷空气前锋，相对于前锋的流动（理想化）　　　图 7-4　冷空气前锋，相对于地面的流动（实际现象）

7.2　异重流头部的形状

当密度较清水为重的盐水，被引进平底或有坡度的水槽内水体底部时，所形成的异重流，其头部与清水相混，前端厚度较后续的异重流为大，前端盐水水体向上翻滚，具有三维的结构，在侧面可看到具有一定形状的头部形状，沿纵向前进时，几乎保持不变，见 Simpson 盐水头部照片。

图 7-5 为 Keulegan，M.I.T. 用盐水实验的异重流头部外形。d_2 为最大深度。其形状有所差异，可能是边壁影响所致。

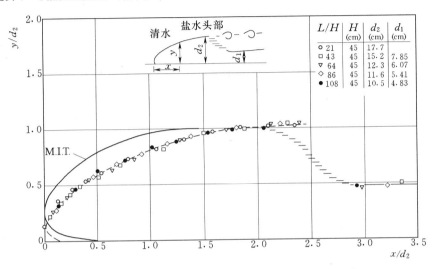

图 7-5　水槽内观测到的盐水异重流头部形状（Keulegan）

Middleton 利用塑料球悬浮液所进行的实验，图 7-6 为第 14 号试验用透明纸重叠照相外形的图形。这样求得的各测次头部形状，基本保持特有的固定形状，图 7-7 为第 9~16 号试验的头部的外形，图中并用虚线绘出 Keulegan 盐水试验的头部外形，表明悬浮质异重流头部形状与盐水异重流接近。主要的差别是头部前端离底部的距离，即异重流头部最大流速点的高程不同。其原因可能是泥沙趋向于沉淀，造成头部内部的垂向密度梯度。

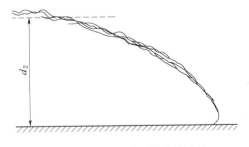

图 7-6　挟运悬移颗粒的异重流头部形状（测次 14）（Middleton）

头部周围的流态，最早是 Schmidt 用照相的方法做过测量，试图观察其瞬时流线。因此，在水和盐溶液的试验中，在打开滑门之前，在槽子的前后两部分均放入锯末，浮在液体之上，在开始实验的一个短时间里（2s），从侧面拍摄锯末的运动路线，即瞬时速度。图 7-8 是照片中的有代表性的一张。因为在头部内外放置木屑，用一定时段曝光摄取图片。从图可定性地看出头部内部和它的周围的流态。

Middleton 用勾画颜色线和用慢动作摄取的方法摄取个别色点，画出塑料沙异重流头部附近的液体运动，从而可作出头部周围的瞬时流速和头部周围的流线，如图 7-9 和图 7-10 所示。

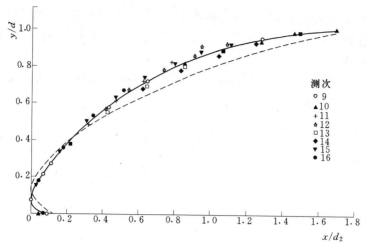

图 7-7　悬沙异重流头部形状与盐水异重流头部形状的比较

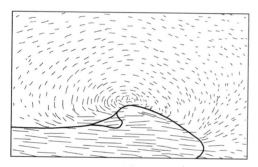

图 7-8　冷空气侵入时的瞬时速度分布
（箭头方向表示流向，头部轮廓用粗线表示）

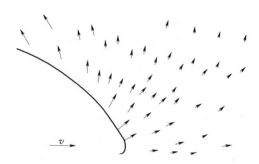

图 7-9　头部附近水流的速度向量
（测次 12，头部速度用向量 v 表示）

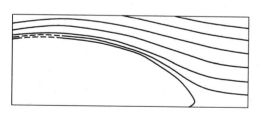

图 7-10　围绕头部的流线
（测次 13，Middleton）

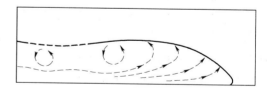

图 7-11　用示踪法测量的
挟沙异重流头部内的液态

　　为了了解异重流内部的运动，Middleton 在白色塑料沙悬浮液中加入少量的蓝色塑料沙，蓝色粒子的比重为 1.55，平均大小约 0.55mm，最大可到 1～2mm，其沉速为 3～10cm/s，蓝色粒子多数大于白色塑料沙的沉速。蓝色粒子在电影中可以清楚地看见，故其流动线路可将照片一张一张放大加以确定。当然，用这种方法所作出的图形仅反映很靠近玻璃边壁的流动情况。因为距边壁几个毫米以外的粒子是不能看到的。图 7-11 为紧靠边壁的流态。

　　在头部之后，异重流水流为紊流，但较均匀。

在盐水实验中，头部之后的异重流的厚度小得多。Keulegan 在平底水槽内进行实验，求得头部厚度与紧接的异重流厚度的比值为常值，其值等于 2。在塑料沙异重流实验中，由于旋涡使悬浮液稀释，造成云雾，故难于确定异重流本身的厚度。

Blanchet 和 Villatte（1954）在底部比降为 2‰ 的 15m 长槽中进行含有黏土的悬浮液异重流实验，将异重流区分为 3 区：一为底部流本身；二为混合层，它是为底层流所卷吸的云雾状水体的一层；三是上层水的回流区。在混合层下半部的流速仍很大，但黏土含沙量在底层流本身以上则下降很快。颜燕在 5° 的底坡的窄槽中，用含黏土的泥沙进行异重流实验，同样观察到底部存在一薄层浓度较大的异重流层，其上则有浓度很淡而随距离增厚的混合层，这是底部比降大，异重流交界面上的掺混强烈所致。

7.3 异重流前锋速度

异重流头部的实验，以 Schmidt（1910）为最早，他认为暴风运动的现象是由于冷空气侵入热空气之中。为此，利用物理实验来观察异重流头部的特性，获得正确的概念，用以了解暴风的头部速度和头部高度。

首先在长 181cm、高 31cm、宽 4cm 的两侧为玻璃的槽子，前端 40cm 处安一可以上提的滑动隔板，在该段内很小心地加进上色的盐溶液或甘油溶液，然后提起隔板，盐水流出时排挤底部的水体形成具有一定高度的前锋，后接一较薄的部分，这部分较均匀，其厚度逐渐增加。

从图 7-12 中可看出随着密度差的不同而具有不同的外形，图 7-12 是用盐水模拟气体的实验结果，即用烟雾代表较冷较重的气体进入空气中的情况。温度差为 0.5～35℃。

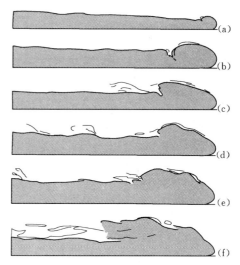

图 7-12 不同温度差情况下
冷空气流入较热空气中的情况

(a) 在 0.5℃时；(b) 在 1.5℃时；(c) 在 4℃时；
(d) 在 7℃时；(e) 在 15℃时；(f) 在 35℃时

实验共进行 90 次以上，Schmidt 出将水槽实验数据，推算至相当于天然的尺寸，得表 7-1 各值，最后推导得暴风的传播速度和温度差和头部高度成正比：

$$u_f = 1.59 \sqrt{\Delta T h_2} \qquad\qquad (7-12)$$

式中：ΔT 为以摄氏温度计的温度差；h_2 以 m 计；u_f 以 km/h 计。

表 7-1　　　　　　　　　　　　　　　暴风的传播速度　　　　　　　　　　　单位：km/h

温度差 (℃)	头部的高度（m）								
	200	300	400	600	800	1000	1500	2000	3000
2	11	18	15	18	21	23	29	33	41
7.1	21	26	30	36	42	47	58	66	81
13.9	33	41	47	58	67	75	92	105	126

为了检验式（7-12）是否符合天然实际情况，Schmidt 采用以前的实测资料进行对比。1881 年 8 月 9 日，当时温度下降约 14℃，在某些高度上可能还要大些。作者假设其厚度为 600m，则得传播速度 58km/h，而在 800m 高度（更接近于实际情况），则传播速度为 67km/h。分析等时线（出现的时间相同），从观测中得出速度为 70km/h，这与计算值非常吻合。故表 7-1 从实验得出的数值，可用于天然暴风的估计。

同 Schmidt 类似，把实验关系式用于天然气象异重流头部速度的估计的有 Simpson（1969），他把盐水异重流头部速度公式 $u_f = k \sqrt{g'd}$（其中 d 为异重流厚度，$k=0.78$），用之于英格兰南海岸 Lasham 中心自 1962~1968 年连续观测的海风前锋速度的记录，整理分析于表 7-2，列出各测次的 k 值。6 次平均 $k=0.50$。各次海风异重流厚度 d 是用照相或肉眼观察，得 $d=700m$。

表 7-2　　　　　在距英国南海岸 50km，Lasham 实测海风前锋（平均高度 700m）

日期（年-月-日）	1962-06-08	1963-06-11	1964-05-15	1965-06-04	1965-08-27	1968-06-09	平均
u（m/s）	2.9	2.7	1.9	2.6	2.9	2.1	2.5
ΔT（℃）	0.8	1.7	1.2	1.0	0.9	1.1	1.1
k	0.67	0.43	0.38	0.54	0.63	0.42	0.50

Simpson 还引用前人的速度，温度差 ΔT，异重流厚度 d 的冷风引起沙暴的资料，列于表 7-3，前两人的 k 值为 0.9 与 0.67，第 3 个资料为阿根廷的强冷风记录，计算 k 值等于 0.74，与实验值较接近。

表 7-3　　　　　　　　　　沙暴与强冷风天然实测资料

作　者	u（m/s）	ΔT	d（m）	k	文献
Farquharson（1937） Freeman（1952）	10 15	3.5℃（平均） 10.5℃	1100 1500	0.9 0.67	Simpson（1969）
Georgi（1936）冷风流 1935 年 7 月 17 日	7.6	290°K 降至 9°K	头部厚度 350	0.74	Simpson（1969）

7.4　船闸交换水流的分析与实验

船闸交换水流问题，即分析图 7-13，当 M 点处闸门上提时，上下层轻重流动的运动情况。

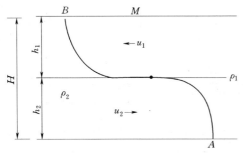

设上层轻质流体向 $-x$ 方向以流速 $-u$ 运动，下层重质流体，向 x 方向以流速 u 运动。上层流体厚度为 h_1，下层厚度为 h_2。假定自由水面保持水平。

此问题较早由 O'Brien（1934）分析，并进行盐水实验加以验证，后来 Yih 进行分析和实验。

图 7-13　"船闸交换水流"示意图（O'Brien）

7.4.1 O'Brien 的动量平衡原理分析

单位时间内动量的增加量为：上层增加的动量为 $\rho(-u_1)2h_1u_1=2\rho h_1 u_1^2$，下层为 $2\rho_2 h_2 u_2^2$，总增加的动量为 $2(\rho_1 u_1+\rho_2 u_2)hu$。

两侧的压力为 $g\dfrac{\rho_2}{2}(h_1+h_2)^2-g\dfrac{\rho_1}{2}(h_1+h_2)^2$，因此有

$$4(\rho_1 u_1+\rho_2 u_2)hu=g(\rho_2-\rho_1)(h_1+h_2)^2$$

O'Brien 假设 $h_l=h_2$，$u_1=u_2=u_f$，则有

$$4(\rho_1+\rho_2)h_2 u_2^2=4g(\rho_2-\rho_1)h_2^2$$

$$u_2^2=\frac{\rho_2-\rho_1}{\rho_1+\rho_2}gh_2\approx\frac{\Delta\rho}{2\rho}gh_2$$

$$u_f=0.71\sqrt{\frac{\Delta\rho}{\rho}gh_2} \tag{7-13}$$

7.4.2 Abraham 的分析：能量平衡

如图 7-14 所示，闸门打开后，盐水与清水即产生交换运动。盐水头部进入清水下层，清水头部在盐水的上层运动，两者流向相反。在盐水头部前面的清水水体处于静止状态，在清水头号部前面的盐水水体也处于静止状态。

交换水流将位能转变为动能；盐水沉下而使清水上升。

设两个头部在 Δt 时段内流经距离 $L=u_f\Delta t$。此时位能转换到动能相当能量释放，盐水从①至④，清水从④升至①。

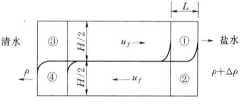

图 7-14 "船闸交换水流"能量平衡（Abraham）

位能转变为动能：

$$E_p=力\times长度$$

$$=\left[\left(u_f\Delta t\,\frac{1}{2}H\right)(\Delta\rho g)\right]\left(\frac{1}{2}H\right)=\frac{1}{4}u_f H^2\Delta\rho g\Delta t$$

获得的动能：原来静止的 1、2、3 和 4 位置在 Δt 时段内开始流动。

$$E_k=\frac{1}{2}质量\times流速^2$$

$$=\frac{1}{2}\left[(4u_f\Delta t)\left(\frac{1}{2}H\right)(g)\right](u_f^2)=u_f^2 H\rho\Delta t$$

$$E_p=E_k$$

$$u_f=\frac{1}{2}\left(\frac{\Delta\rho}{\rho}gH\right)^{\frac{1}{2}} \tag{7-14}$$

7.4.3 Yih（1947）的分析

当船闸闸门开启，形成交换水流，如图 7-15 所示的示意图。

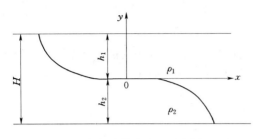

图 7-15　"船闸交换水流"示意图（Yih）

Yih 采用能量守恒定律进行分析。在 Δt 时段内，盐水头部前进距离为 $u_f \Delta t$。

上层较轻液体获得单位宽度的位能为 $\left[g\rho_1 \dfrac{h_1}{2} \right] (h_1 u_f \Delta t)$；而下层较重液体失去的单位宽度的位能为 $\left[g\rho_2 \dfrac{h_1}{2} \right] (h_1 u_f \Delta t)$。

上下两层液体获得的单位宽度的动能为

$$\frac{1}{2}(\rho_1 + \rho_2) u_f^2 (h_1 u_f \Delta t)$$

能量守恒定律：

$$\frac{1}{2}(\rho_1 + \rho_2) u_f^2 (h_1 u_f \Delta t) = \left[(\rho_2 - \rho_1) g \frac{h_1}{2} \right] (h_1 u_f \Delta t)$$

$$u_f = \sqrt{\frac{\rho_2 - \rho_1}{\rho_1 + \rho_2} g h_1} \tag{7-15}$$

设总水深 $H = 2h$，则有

$$u_f = \left(\frac{1}{2} \right)^{\frac{1}{2}} \sqrt{\frac{\rho_2 - \rho_1}{\rho_1 + \rho_2} g H} = 0.71 \sqrt{\frac{\rho_2 - \rho_1}{\rho_1 + \rho_2} g H}$$

Yih（1947）的盐水实验得

$$u_f = 0.67 \sqrt{\frac{\rho_2 - \rho_1}{\rho_1 + \rho_2} g H} \tag{7-16}$$

自式（7-15），令 $\rho_1 \approx \rho_2 \approx \rho$，有下式

$$u_f = \frac{1}{2} \sqrt{\frac{\rho_2 - \rho_1}{\rho} g H} \tag{7-17}$$

Yih 的盐水实验关系式可写成

$$u_f = 0.45 \sqrt{\frac{\rho_2 - \rho_1}{\rho} g H} \tag{7-18}$$

其实验结果，如图 7-16 所示。

7.4.4　Keulegaa 的实验（1957，1958）

1957 年、1958 年两种实验的头部示意图见图 7-17 和图 7-18。

船闸交换水流实验，测盐水起始头部流速 u_f，实验用 5 种不同宽度的水槽：B 为 45.7cm、22.9cm、11.3cm、5.2cm、2.4cm。

图 7-17，Ⅰ为船闸试验布置图，Ⅱ为前锋，Ⅲ为前锋理想化形状。试验得初始头部速度

$$u_f = 0.462 \left(\frac{\Delta\rho}{\rho_m} g H \right)^{\frac{1}{2}} \tag{7-19}$$

式中：H 为总水深；ρ_m 为平均密度，即上层和下层两密度值的平均值。

或

$$u_f = 1.07 \left(\frac{\Delta\rho}{\rho_m} g d_1 \right)^{\frac{1}{2}} \tag{7-20}$$

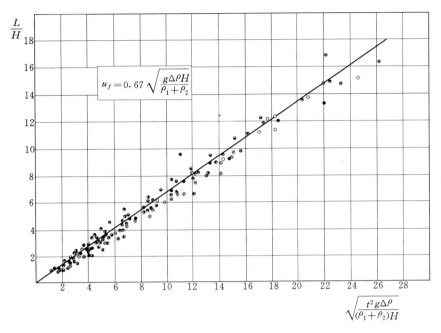

图 7-16 Yih 的交换水流实验结果

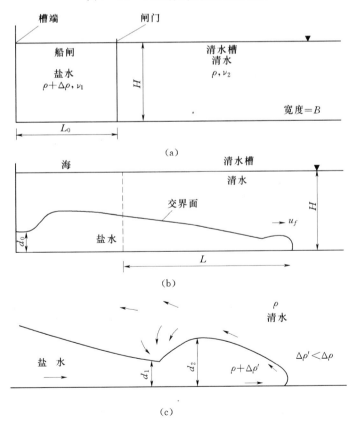

图 7-17 Keulegan 定义的船闸中盐水前锋与理想化形状

(a) 船闸与河槽；(b) 前进中的前锋；(c) 盐水前锋的理想化形状

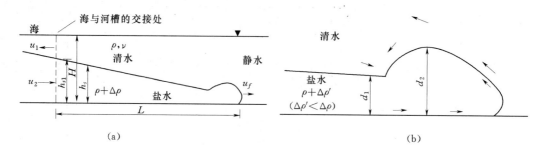

图 7 - 18　Keulegan 定义的盐水自海区潜入河槽清水以及盐水头部

　　另一类试验（图 7 - 18）是模拟海与河口的连接，盐水自无潮海域潜入河口区（水槽）形成盐水楔，其头部初始流速为

$$u_f = 0.57 \left(\frac{\Delta \rho}{\rho_m} g H \right)^{\frac{1}{2}}$$
（7 - 21）

以头部厚度 d_2 或以后续厚度 d_1 表示的头部初始速度，在大 Re 数时，$\frac{u d_2}{\nu} > 1200$，$H = 11.2 \text{cm}$，$B = 5.2 \text{cm}$，有

$$u_f = 0.683 \left(\frac{\Delta \rho'}{\rho_m} g d_2 \right)^{\frac{1}{2}}$$
（7 - 22）

式中：$\Delta \rho'$ 为头部密度与上层密度之差。

　　用较宽槽时：$\frac{u d_2}{\nu} > 1200$，$H = 22.4 \text{cm}$，$B = 11.3 \text{cm}$，有

$$u_f = 0.705 \left(\frac{\Delta \rho}{\rho_m} g d_2 \right)^{\frac{1}{2}}$$

式中：$\Delta \rho$ 为海的盐水密度与清水密度之差。

　　因 $d_2 = 2.16 d$，故有

$$u_f = 1.04 \left(\frac{\Delta \rho'}{\rho_m} g d_1 \right)^{\frac{1}{2}}, \frac{u d_1}{\nu} > 550$$

而用船闸交换水流实验结果，则为

$$u_f = 1.05 \left(\frac{\Delta \rho'}{\rho_m} g d_1 \right)^{\frac{1}{2}}, \frac{u d_1}{\nu} > 400$$
（7 - 23）

　　Keulegan 的头部高度与初始速度在 $H = 45.5 \text{cm}$，$B = 22.5 \text{cm}$ 槽内的实验数据列于表 7 - 4，其中，$u_f = C_1 \left(\frac{\Delta \rho}{\rho_m} g d_1 \right)^{\frac{1}{2}}$ 和 $u_f = C_2 \left(\frac{\Delta \rho}{\rho_m} g d_2 \right)^{\frac{1}{2}}$，$L$ 为头部前端距海与河的连接处的距离，示意图见图 7 - 18。

表 7 - 4　　　　　　Keulegan 槽内实测前锋高度 （$H=45.5$cm，$B=22.9$cm）

$\Delta\rho/\rho_m$	L/h	d_2	d_1	d_2/d_1	u_f	C_1	C_2
0.0090	21	18.2	—	—	8.47	—	0.67
	43	16.9	9.4	1.80	8.18	0.90	0.68
	64	14.3	6.9	2.07	7.83	1.01	0.69
	86	12.1	6.0	2.01	7.83	1.01	0.72
	108	11.3	5.7	1.98	7.36	0.94	0.68
0.0088	21	15.2	—	—	7.86	—	0.69
	43	14.7	8.9	1.65	8.04	0.91	0.71
	64	14.2	6.3	2.23	7.67	1.04	0.69
	86	11.6	5.2	2.24	7.36	1.09	0.74
	108	10.5	4.7	2.23	6.88	1.07	0.72
0.0198	21	18.6	—	—	14.46	—	0.76
	43	12.6	7.3	1.72	12.83	1.07	0.82
	64	12.1	6.4	1.89	12.35	1.10	0.81
	86	11.6	5.2	2.31	11.77	1.17	0.77
	108	10.6	4.5	2.35	11.14	1.19	0.78
0.0373	21	18.6	—	—	20.1	—	0.76
	43	12.6	6.6	2.00	16.4	1.06	0.74
	64	12.1	5.8	1.98	17.0	1.17	0.83
	86	11.6	5.7	1.91	16.0	1.09	0.80
	108	10.6	4.9	1.76	15.3	1.17	0.85
0.0749	21	18.6	—	—	31.2	—	0.82
	43	12.6	7.1	2.56	27.0	1.18	0.73
	64	12.1	5.1	2.18	22.3	—	0.75
	86	11.6	5.3	2.04	23.2	1.18	0.78
	108	10.6	5.1	1.89	22.8	1.15	0.85
0.1168	21	17.9	—	—	27.8	—	0.84
	43	15.5	7.7	2.02	34.6	1.16	0.82
	64	11.0	5.4	2.03	30.0	1.21	0.79
	86	12.4	5.1	2.43	30.0	1.24	0.75
	108	12.1	4.6	2.62	28.2	1.23	0.76
平均值				2.08		1.11	0.76

7.4.5　周华兴船闸交换水流试验

　　针对船闸盐水入侵问题，进行水槽试验，槽长 7.46m，宽 0.5m，两端封闭，在槽长的二分之一处设有插板。采用三个盐度 S 为 15‰、25‰、35‰，5 种水深 h 为 0.05m、

0.06m、0.075m、0.1m、0.15m。

试验时，闸门两侧，注满不同密度的液体，试验开始 $t=0$ 时，迅速拔起闸门，盐水流体的头部沿底部前进，而清水则在盐水上层以相反方向前进。上层流动为淡水楔，下层流动为盐水楔。观测表明，在起始段前锋速度保持常值，经过 1m 左右距离后，锋速降慢。前锋头端厚度较厚，随其前进时，厚度变薄，实测得盐水楔初始锋速的平均关系

$$\frac{u_f}{\sqrt{g'H}}=0.45 \qquad\qquad (7-24)$$

实验数据如表 7-5 所示。淡水楔（上层流）初始流速较盐水楔略大，系无底部阻力影响所致，实测淡水按初始速度密度 Fr 数关系式

$$\frac{u_f}{\sqrt{g'H}}=0.52 \qquad\qquad (7-25)$$

实验数据，如表 7-6 所列。

表 7-5 周华兴（1986）盐水楔初始速度实验结果（平均关系 $Fr=0.45$）

含盐度（‰）	总水深 H（m）	u_f（m/s）	$\dfrac{\Delta\rho}{\rho}$	$Fr=\dfrac{u_f}{\sqrt{g'H}}$
15 左右	0.05	0.0318	0.011192	0.429
	0.06	0.0365	0.01104	0.429
	0.075	0.0403	0.01172	0.434
	0.10	0.0455	0.011319	0.432
	0.15	0.059	0.011192	0.460
25 左右	0.05	0.0427	0.01877	0.445
	0.06	0.0485	0.01916	0.457
	0.075	0.0527	0.019095	0.444
	0.10	0.0602	0.0185	0.447
	0.15	0.0714	0.01821	0.436
35 左右	0.05	0.0555	0.02711	0.481
	0.06	0.0602	0.02551	0.492
	0.075	0.0633	0.02567	0.461
	0.10	0.0735	0.0262	0.458
	0.15	0.0893	0.0253	0.462

表 7-6 周华兴（1986）上层流初始速度实验结果

含盐度（‰）	水深 H（m）	u_f（m/s）	$\dfrac{\Delta\rho}{\rho}$	$\left(\dfrac{\Delta\rho}{\rho}gH\right)^{\frac{1}{2}}$	$\dfrac{u_f}{\sqrt{g'H}}$
15 左右	0.05	0.0294	0.011192	7.41	0.4
	0.06	0.0385	0.01104	8.06	0.48
	0.075	0.0435	0.01173	9.26	0.47
	0.10	0.0575	0.01132	10.54	0.55
	0.15	0.067	0.011192	12.83	0.52

续表

含盐度 (‰)	水深 H (m)	u_f (m/s)	$\dfrac{\Delta\rho}{\rho}$	$\left(\dfrac{\Delta\rho}{\rho}gH\right)^{\frac{1}{2}}$	$\dfrac{u_f}{\sqrt{g'H}}$
25 左右	0.05	0.037	0.0188	9.60	0.39
	0.06	0.055	0.01916	10.62	0.52
	0.075	0.063	0.0191	11.85	0.53
	0.10	0.0714	0.01821	13.48	0.53
	0.15	0.0893	0.01821	11.53	0.54
35 左右	0.05	0.0555	0.02711	11.53	0.54
	0.06	0.0602	0.02551	12.25	0.52
	0.075	0.0633	0.02567	13.74	0.52
	0.10	0.0735	0.0262	16.05	0.52
	0.15	0.0893	0.0253	19.31	0.48

7.4.6 Middleton（1966）盐水和塑料沙浑水异重流头部运动实验

试验在槽长 5m、宽 15.4cm、深 50cm 槽底比降可调整的水槽中进行。第 1 组实验是将盐水定常流量引入槽内，形成异重流头部速度向前运动，其头部速度近似地为常值，试验共 40 次；第 2 组用塑料沙中经 $d=0.18$mm，密度为 1.52g/cm³，在进口水箱平面尺寸 13.85cm×28.3cm 内与水混合均匀，在槽端开闸引浑水入槽，形成异重流头部向前运动，颗粒沉淀明显。得初始头部速度

$$u_f = 0.44\sqrt{\frac{\Delta\rho}{\rho}gH} \tag{7-26}$$

式中：H 为总水深。

异重流头部厚度以 d_2 表示，则有

$$u_f = 0.75\sqrt{\frac{\Delta\rho}{\rho}gd_2}$$

不同底坡时的头部初速系数，随底坡的加大，略有增大。如 $J=0.005$，系数 $C=0.7$；$J=0.04$ 时，$C=0.8\sim0.9$。但有的试验组次，并无此种差别。

7.4.7 Lam 的实验与陈国谦、李行伟的计算结果

实验在长 131.6cm、宽 7.7cm、高 11cm 的矩形玻璃水槽内进行。在水槽左端 x_0 的位置上安置闸门，闸门两边分别加入盐水和清水，深度均为 10cm，为便于观测，盐水中加入少量染色剂。

为了研究异重流沿纵向的流速和密度变化，共进行 7 次实验，采用三种不同的 H_0/x_0 值（H_0 为水深，x_0 为闸门至槽端存储盐水体积的距离），以及不同的含盐量试验组次，如表 7-7 所示。

表 7 - 7   Lam 的 实 验 组 次 表

组号	H_0/x_0	$\Delta\rho$ ($\times 10^3$ g/cm³)	组号	H_0/x_0	$\Delta\rho$ ($\times 10^3$ g/cm³)
P1	0.75	3.9	C1	0.75	6.5
P2	0.75	12.9	C2	0.75	15.5
P3	1.00	3.9	C3	1	6.5
P4	1.00	12.9	C4	1	15.5
P5	1.00	33.2	C5	1	33.2
P6	1.68	33.2	C6	1.68	6.5
P7	1.68	12.9	C7	1.68	15.5

实验分析得

$$\frac{u_f}{\sqrt{g'H}}=0.43 \tag{7-27}$$

比较其他学者的盐水试验与分析结果，Rottman 与 Simpson（1983）实验值为 0.45，Barr（1967）实验值为 0.46，陈国谦与李行伟用重正化群（RNG）κ-ε 模型计算得系数为 0.45，可见基本相同。

图 7-19 显示 Lam 的盐水 C7 组实验的异重流头部在不同时间的位置。

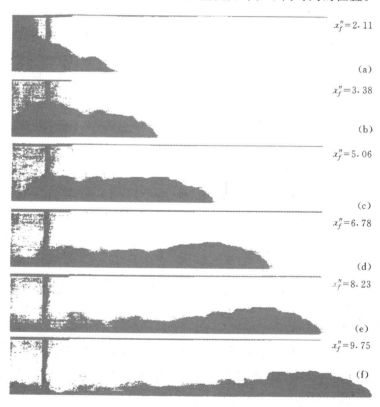

图 7-19   Lam 盐水 C7 实验异重流头部在不同时间的位置

陈国谦与李行伟（2003）用重整化群（RNG）κ-ε 模型计算初始头部速度外，还计算异重流头部沿纵向的位置变化，图 7-20 为按照 C7 组的密度差和总盐水体积条件的计算结果。图 7-21 为 C7 组异重流的密度等值线图。

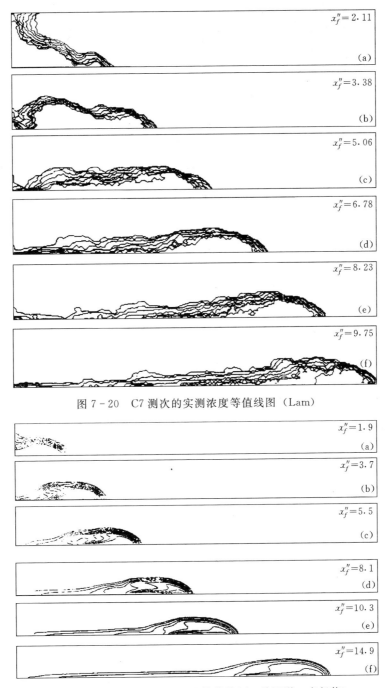

图 7-20 C7 测次的实测浓度等值线图 (Lam)

图 7-21 C7 测次的计算浓度等值线图 (陈国谦，李行伟)

7.4.8 引航道含黏土浑水异重流前锋初速

笔者曾于 1959 年为运河穿黄平交工程的可行性进行水槽实验，观察引航道内的淤积量和淤积速度，实验表明淤积速度过快，淤积量过大，结论是平交方案不可行。试验布置主河道与主河道成一定角度的盲肠河段的口门处，设一闸门，主河道过流水深与闸门一侧盲肠河段内予先注满清水的水深相同，试验开始时抽去闸门，主河道内的浑水潜入盲肠河段内沿底部运动，测量异重流沿程流速和含沙量垂线分布。

根据盲肠河段口门处潜入图形，用 Bernoulli 方程求解异重流初速，得（推导过程及实验数据见第 24 章）

$$u_f = k\left(\frac{\Delta\rho}{\rho}gH\right)^{\frac{1}{2}}$$

试验得 $k=0.50$，试验中测得异重流厚度与总水深之比 $\frac{h_2}{H}=0.39\sim0.64$，取其平均值约 0.5。同盐水异重流前锋初速的系数相比，含沙异重流的稍大一些。

Huppert（2006）、Bonnecaze（1996）、Hallworth（1998）等人为研究海岸大陆架异重流运动问题，近年来用含沙水进行"船闸交换水流"实验，研究异重流在运动过程中头部速度和泥沙沉淀变化，并建立模型进行计算。

7.5　Simpson 的水槽异重流前锋实验

Simpson 于 1972 年、1978 年与 1979 年进行异重流头部的实验，分析研究异重流头部运动速度和形状。在底部无阻力和有阻力时，头部与周围水体混合情况。并同无黏液体理论所分析的无阻力无混合的异重流头部运动进行比较，以及与其他学者的实验结果做比较。

图 7-22 的试验布置用以检验异重流在底部没有阻力情况下其头部的混合性质。在水槽中泵入恒定水量。槽的左边设有皮带转动设施，使皮带的转动速度同水流速度相同。在

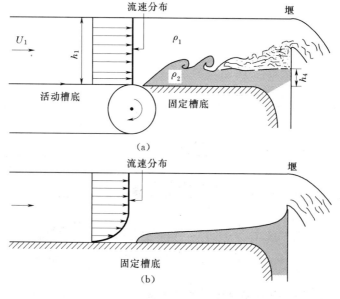

图 7-22　Keulegan 用于使异重流头部保持恒定状态的装置

（槽底可移动部分用于改变来流的流速分布形状）

槽的右边，从下面恒定地注入一定量的重液体（盐水）。

当注入一定量的重液体时，调整水流和地板速度［见图 7-22（a）］，使重液体在皮带下游停止不动，形成异重流头部在固定槽底处于静止不动状态。

这种头部，与"静止盐水楔"有所不同。静止盐水楔是受到沿底部迎面而来的水流作用而使之停止运动的。图 7-22（a）的情况槽底移动速度和水流速度相同，头部静止不动是为均匀流速分布的相对流速 U 造成。它同一个头部以 U 速度进入静止时的情况是一样的。而图 7-22（b）的情况就完全不同。盐水楔所以被置于静止状态，是由于底部水流的流速因阻力而降低为零。

迎流的流速分布对于头部前部交界面上的混合不稳定性，具有关键的作用。在图 7-22（b）中的流速不均匀分布受边界层的影响和受剪力作用使交界面的轮廓明晰。因此，静止楔的前锋几乎完全不存在不稳定性。

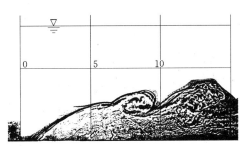

在皮带转动段下游，固定槽底的头部处于静止状态，见图 7-23。可见重液体的最前端位于槽底，没有任何裂沟和波瓣的不稳定性，而头部上面的混合区，则有清晰的二维卷浪。关于不稳定性质的特征如沟裂和波瓣情况，见图 7-24。

图 7-23　用图 7-22 的装置摄得的头部照片，头部的波瓣和沟裂不稳定性消失，波浪为二维

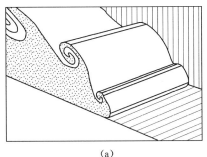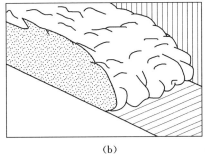

（a）　　　　　　　　　　　　　（b）

图 7-24　异重流头部不稳定形状
（a）波浪型；（b）波瓣与沟裂

Simpson 分析图 7-23 照片所示的这种头部形状，把水流头部分为三个区域，如图 7-25。底层深 h_4，代表重液体未混合进入异重流头部的流动重液体，最上层区域 h_2，为未被混合的轻液体，位于头部上层。在 h_2 和 h_4 之间的一层 h_3 为混合层。这一层的流速和浓度分相均不均匀，其分布情况，可用实验测定。

为了考虑阻力的影响，Simpson 进行实验。观察到沿地面向前运动的异重流头部的轮廓呈现

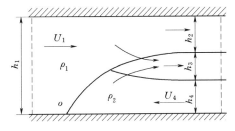

图 7-25　伴有混合的相对于无黏性异重流头部的水流，底部区为重液非混合层，该层的上面是波浪破碎的混合区

出卷浪，并伴有波瓣和裂沟的复杂结构，如图 7-26 照片所示。照片显示基本上没有混合的盐水异重流从右边底部进入水槽，异重流头部沿槽底自右向左运动。最前端的点离开底部升起以少些距离，可看到分散开的 Kelvin-Helmholtz 卷浪在头部上面形成，并在头部的右边瓦解。

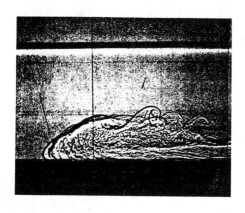

图 7-26　平底上实验室异重流图形，
盐水自右边向左进入

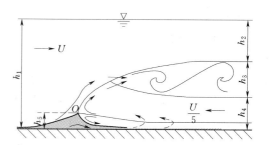

图 7-27　在水平底部异重流头部的水流状况，
头部最前端点 O 离底以上，有阴影部分进入最
前端点的下面，接近槽底有一小型环流

作出概括图，如图 7-27（Simpson），显示一简化的相对于该异重流流头部的二维流动形态。这种流动，在下边界，因在固定槽底的阻力，故具有非滑动的条件，相对于头部的最低处流线必须流向后部。这样滞点 O 必须离开地面上抬一小距离，而在头部的上部环流以外，在靠近底部有反向的较小的环流。图 7-27 中阴影部分在异重流鼻端下面流过，这部分密度较上层流体的密度为小，因此是不稳定的。关于前端抬高距离 h_s，Simpson 曾进行实验，用 h_s 的无量纲参数与 Re 数的关系，示于图 7-28。

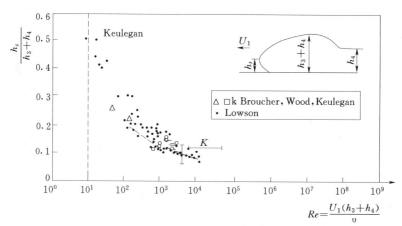

图 7-28　Keulegan 实验异重流头部最前端距底高度 h_s 的变化与 Re 数的关系

图 7-29 中三条实验和分析关系线，表示异重流流速随比值 h_4/h_1 的改变而变化，其流速以无量纲的 Fr 数 $\dfrac{U}{(g'h_4)^{\frac{1}{2}}}$ 表示。曲线（1）为无黏流，（2）伴有混合的无黏流，

（3）沿水平面的流动，伴有混合和阻力两种因素的影响。（Britter and Simpson. 1978，Simpson and Britter, 1979，Simpson 1980）。图中虚线为无混合的无黏流（Benjamin，1968）。

　　图 7－30 为类似于图 7－29 中层异重流头部速度试验关系线，Britter 和 Simpson（1981）曾进行中层流锋速的实验，将中层异重流中间剖开分为两半，上部可看作无底部阻力的底部异重流，下半部可看作在自由水面的表层异重流。他们的实验结果用图 7－30 表示，图的右上部有头部形状各测定值的定义示意图。图 7－30 的实验点据，基本符合 Benjamin（1968）理想模型分析在大深度下恒定异重流锋速的理论结果（图中虚线），补充了图 7－30 中 Benjamin 虚线部分的实验点子。关于中层异重流锋速将在本章最后部分进行讨论。

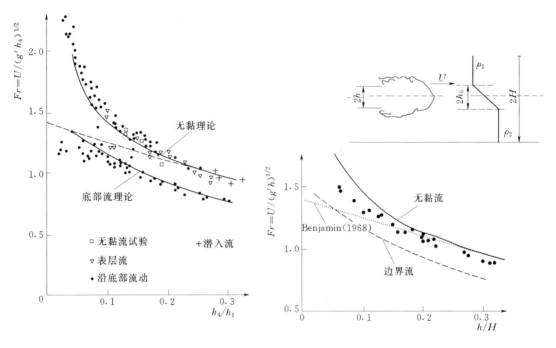

图 7－29　沿自由水面的异重流头部速度与沿水平底部的异重流头部速度的比较［其相应的 Fr 数 $U/(g'h_4)^{1/2}$，与相对深度 h_4/h_1 的关系。虚线代表 Keulegan（1968）无黏流无混合的结果］

图 7－30　类似于图 7－29 图形的中层异重流头部速度实验关系线［交界面层厚的比值 h_0/h 均小于 0.2，虚线取自 Simpson，Britter（1979），点线取自 Benjamin（1968）］

7.6　表层与中层异重流锋速实验

7.6.1　表层异重流锋速

　　图 7－31 为表层流，因水面同槽底糙率比较，其阻力可忽略，故其流速较大，而底层流受底部糙率影响，异重流头部前端不在底部而离开底部一小距离，受阻力大，故其流速

较小。关于上述现象，前已述及，Simpson等在水槽中针对底部受阻力和无阻力不同装置进行实验，从定量上说明两者的区别。

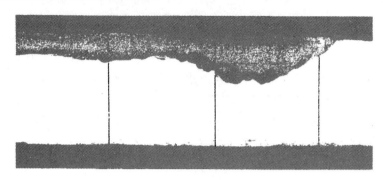

图 7-31　在水面运动的上层异重流（图上两线之间的距离为 10cm）

前面介绍了周华兴的船闸交换水流的盐水底部异重流头部实验，同时介绍了表层流初始峰速的试验结果。

从交流水流概化图形的分析，在考虑无阻力的情况下，表层流与底层流的初速是相同的。实验表明在有盖的水槽中，因盖板和底板糙率相同，其初始流速的系统相同，在明槽中交换水流实验中，则表层流的锋速系数较底层流的为大。表 7-8 列出若干实验者的实验结果 $u_f = C\sqrt{g'H}$，其中 H 为水深。

表 7-8　　　　　　　　　　表层流与底层流锋速系数表

作　者	介　质	表层流的系数	底层流的系数
周华兴	盐水	0.52	0.45
Keulegan	盐水		0.46
Barr	盐水 热水	0.50 0.52	
Yih	盐水		0.5（理论分析） 0.45（实验）
Middleton	塑料沙		0.44
Lam	盐水		0.43
Abraham			0.5（理论分析）

7.6.2　中层异重流锋速

异重流研究最多的一种是较重流体在较轻液体下面运动的底部异重流；另一种是较轻液体在较重液体上面运动的表层异重流；第三种形式的异重流前锋侵入，是在两种密度之间的层次中运动，故称中层异重流。中层异重流还可以分成两种情况：一种是周围液体的密度是线性分层；另一种是周围液体上下两种液体的密度较重的和较轻的之间有一层密度急剧变化的交界面薄层而在这中间运动的中层异重流。

Faust 与 Plate 实验研究中层异重流头部的形状和速度，其交界面层厚是有变化的，从界面层厚度为 0 改变到具有线性分层的不同厚度。这种条件的研究结果，可以用于同两种极端的情况（周围液体的密度为线性分层和周围液体上下两层密度不同而分别均匀分布形成所谓二层流）的研究结果做比较，也可用于同已有的理论做比较。

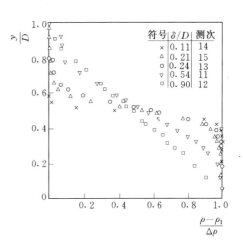

图 7 - 32 不同实验的环境水体的密度分布

Faust 与 Plate 中层流前锋实验是在长 3m、深 50cm、宽 20cm 的矩形有机玻璃水槽内进行。将食盐溶于自来水中做成具有密度差（梯度）的液体，其分层的液体含盐量（密度）的垂线分布，如图 7 - 32 所示。

在分层稳定的水槽中，用一可移动的隔板分开，位置在一端的 13.5cm、23.5cm、48.5cm 或 73.5cm 处。在隔板的一侧的液体经混合并加颜色，作为入侵异重流的液体。这样做，所得的混合液体的密度将自动调节到上下两层的平均密度。试验之前要注意应有足够量的混合液体，使隔板距离对运动没有影响。在提起隔板开始试验以前，先用电导仪测量密度垂线分布，图 7 - 32 是无量纲表示垂线分布，横坐标是 $(\rho - \rho_1)/\Delta\rho$，纵坐标是 y/D。ρ_1 为上层清水密度，$\Delta\rho$ 为底层和表层的密度差。中层 δ 厚度的确定是用最小二乘方适合一线性梯度，线性部分外延与横坐标的 0 和 1 各值相交，即得交界面厚度参数 δ/D。

当隔板门迅速提起后，入侵的前锋沿交界面向前传播。其概化图形如图 7 - 33 所示。实验表明，图 7 - 34 与图 7 - 35 两张照片看出在薄层交界面外有强烈的破波，而在中等厚度的交界面条件下，则产生内波。在前锋的上、下层，各有反方向水流，使总水深保持定常。

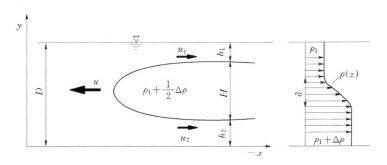

图 7 - 33 中层异重流符号定义（Faust）

每次试验摄影 30 余张，以确定入侵长度、形状和时间。试验的主要意图是研究时间和交界面厚度 δ/D 对入侵速度 u 和入侵前锋的厚度 H 的影响，u 和 H 均为总水深 D 和密度差 $\Delta\rho$ 的函数。

采用无量纲分析，定义流速 $u_* = \sqrt{g \dfrac{\Delta\rho}{\rho_1} D}$，并令

$$Fr_D = \frac{u}{u_*}, \quad \Phi_H = \frac{H}{D}$$

图 7-34　沿具有薄层交界面（$\delta/D=0.05$）运动的典型入侵流动头部后面有强烈的破波

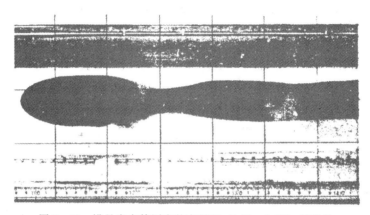

图 7-35　沿具有中等厚度的交界面（$\delta/D=0.25$）运动的
典型入侵流动头部后面是稳定波

则

$$Fr_D=f_1\left(\frac{tu_*}{D},\frac{\delta}{D}\right),\Phi_H=f_2\left(\frac{tu_*}{D},\frac{\delta}{D}\right)$$

式中：t 为时间。

　　Faust 和 Plate 共进行 37 次试验，变化范围 D 为 $10\sim30$cm，$\Delta\rho$ 为 $1.2\times10^{-3}\sim$ 8×10^{-2}g/cm^3，u_* 为 $4.1\sim48$cm/s。δ/D 最小值约 0.04，最大值为 1。

　　通过实验观察，获得很有意义的物理现象，图 7-34 表示交界面层薄的情况，每次试验入侵前锋前部形状都保持一定形状。在入侵前锋最厚部分的后面有强烈混合的不稳定性，同 Britter 和 Simpson（1981）所观察到的类似。而在较厚的变界面层$\left(\frac{\delta}{D}\approx0.25\right)$的情况下，仅看到波状水流，如图 7-35 所示。

　　把 6 次典型试验资料点绘 $x\sim t$ 的关系，示于图 7-36，表明均有定常流速，特别值得注意的是：当线性分层（第 33 次，$\delta/D=0.99$）情况下，其前锋速度仍为定常。从图 7-

36 可看出，对已知交界面厚度 $\dfrac{\delta}{D}$ 的条件下，入侵 Fr 数为常数，而其头部厚度 $\Phi_H = H/D$ 则随时间而变化，示于图 7 - 37：初期的 Φ_H 值减小，但因随交界面厚度 δ 而变的一个时段之后，$\Phi_H(\Phi_H = H/D)$ 保持常值。仅在 $\dfrac{\delta}{D} < 0.5$ 时这个前锋厚度测定是定常的，$\dfrac{\delta}{D}$ 大于 0.5 时，将使 Φ_H 降低，最后逼近二维的普遍适用的曲线。

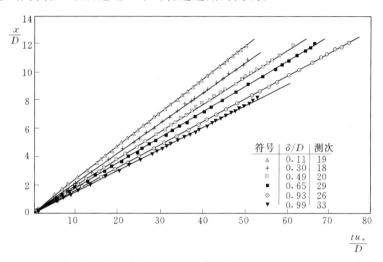

图 7 - 36　六种不同交界面层厚的无量纲中层异重流运行距离与时间的关系线

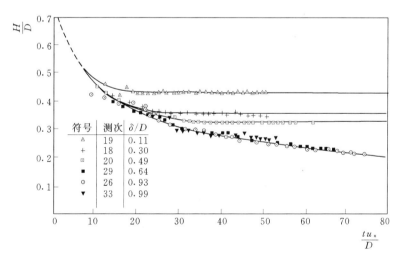

图 7 - 37　六种不同交界面层厚的无量纲中层异重流厚度与时间的关系线

图 7 - 36 和图 7 - 37 都是 Re 数（$Re = VD/\nu$）大于 2000 时的情况。在较小 Re 数测量到的是不恒定流态，说明在入侵问题中黏滞性的重要性。

37 次的实验点还可点绘成图 7 - 38，表示交界面厚度 $\dfrac{\delta}{D}$ 对无维入侵速度 Fr_D 和对前锋厚度 Φ_H 渐近线的影响。为了进行比较，加入 Britter 和 Simpson（1981）的实验资料，所有资料都是交界面厚度轻薄$\left(\dfrac{\delta}{D} < 0.25\right)$的情况，而其 Re 数都较大。低 Re 数的各次试

验（$Re < 2000$）点在图上可见黏滞性的影响。高 Re 数的资料可用下式表示：

$$Fr_D = 0.25 \times \left[1 - 0.58 \frac{\delta}{D} + 0.2 \times \left(\frac{\delta}{D} \right)^2 \right] \qquad (7-28)$$

　　所有用糖水液体的组次都属于高 Re 数，但在 32 次和 34 次与非糖水的组次相比，观测到前锋速度较低。另一方面，高黏滞性在分层过程中有助于降低混合，所以其交界面厚度 $\frac{\delta}{D}$ 值较小。类似的图形，示于图 7-39 中仅取 $\frac{\delta}{D} \leqslant 0.5$ 和高 Re 数的稳定值，近似地可用下式表示：

$$\Phi_H = 0.47 \times \left[1 - \frac{\delta}{D} + 0.766 \left(\frac{\delta}{D} \right)^2 \right] \qquad (7-29)$$

　　在多数理论模型中所假定的准恒定（Quasi-steady）流条件，只有在交界面层厚不超过总水深的一半才能成立。

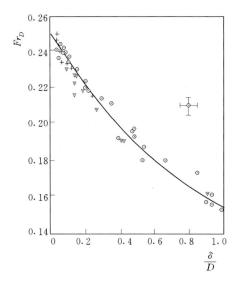

图 7-38　中层异重流 Fr 数与异重流厚度
渐近值随交界面层厚而改变的关系
［图中 ⊙ 代表高 Re 数测次，▽ 代表低 Re
数测次（Britter，Simpson 1981）］

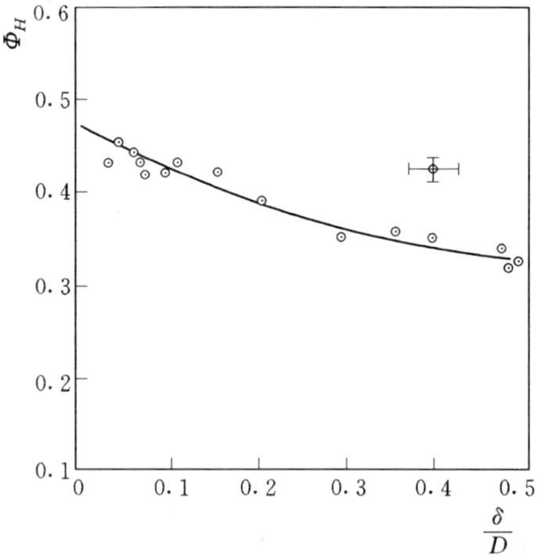

图 7-39　中层异重流的厚度与
交界面层厚的函数关系

　　关于上层流、下层流和中层流之间关系的讨论：

　　从图 7-38 和图 7-39 用质量连续条件，可以计算入侵前锋以上和以下的 Fr 数。对于对称的入侵，两种 Fr 数相同，用下式表示：

$$Fr_i = \frac{v_i}{\sqrt{\frac{1}{2} g \frac{\Delta \rho}{\rho} h_i}}, i = 1, 2 \qquad (7-30)$$

式中：v_i 为两个反向流速；h_i 为相应的水深（见图 7-33）。

　　联解式（7-28），式（7-29）和式（7-30），得

$$Fr_i = 2 \cdot Fr_D (1 - \Phi_H)^{-3/2}, i = 1, 2 \qquad (7-31)$$

当交界面相对厚度 $\frac{\delta}{D}$ 小于 0.165 时，Fr_i 大于 1，故为急流。这种形式的入侵在前锋后面存在强烈混合，因此是一种不稳定水流。对于 $\frac{\delta}{D} > 0.165$ 的水流，则为无混合的稳定前锋，均为缓流。

从图 7-38，可外延至 $\delta = 0$ 时，$\Phi_H = 0.47$，$Fr_D = 0.25$，得

$$u = 0.25 \sqrt{g'D}$$

式中：D 为总水深，而中层流厚度为 H。

上式与 Holyer 与 Huppert（1980）的理论分析结果接近，理论分析得：$\Phi_H = 0.50$，$Fr_D = 0.25$。

与前人工作的比较：对于交界面为 0 厚度的中层流，在中间取对称线，可看成上层和下层流动两者合并在一起的流动。因为对上层流、下层流而言，其中的 $\frac{\Delta \rho'}{\rho}$ 应为中层流 $\frac{\Delta \rho}{\rho}$ 的一半。又其中的深度 d 应为 $D/2$，因此其 Fr 数

$$Fr_d = \frac{v}{\sqrt{g \frac{\Delta \rho'}{\rho} d}} = 2Fr_D$$

即上下层的 Fr_d 应为中层流的 Fr_D 的 2 倍，当上层流或下层流前锋厚度为 $H/2$ 时，当 $Fr_D = 0.51$，$\Phi_H = H/D = H/2/d = 0.47$。试比较理论分析结果，Benjamin（1968）利用能量守恒方程，分析得 $Fr_D = 0.5$，$\Phi_H = 0.5$。

关于交换水流，Barr（1963）的盐水前锋试验得 $Fr_D = 0.5$，而热水上层流则有 $Fr_D = 0.52$。

Baines（1980）的上层流试验，得当 Φ 为 0.46 与 0.47 之间时，有 $Fr_D = 0.50$，Baines 在进行底层流试验时，为了克服底部阻力，故试验之前在底部布满一薄层密度高的液体，结果得 $Fr_D = 0.52$（无阻力底层流），而 Keulegan 的底层流（底部有阻力）$Fr_D = 0.46$。

参考文献

陈国谦，李行伟，李植 . 2002. 开闸式湍动异重流 . 中国科学（E 辑），32（6）：754 - 764.

周华兴 . 1986. 海河复线船闸置换法防咸试验研究（一）. 交通部天津水运工程科学研究所.

Abraham, G. 1982. Reference notes on density currents and transport process. International Course in Hydraulic Engineering, Delft, The Netherlands.

Baines, W. D. 1980. On the spread and shape of a gravity surge.（unpublished）.

Barr, D. I. H. 1963. Densimetric exchange flow in rectangular channels. I: Definitions, review and relevance to model design. La Houille Blanche, 1963（7）：739 - 754.

Barr, D. I. H. 1963. Densimetric exchange flow in rectangular channels. II: Some observations of the structure of lock exchange flow. La Houille Blanche, 1963（7）：757 - 766.

Barr, D. I. H 1967. Densimetric exchange flow in rectangular channels. III. Large scale experiments. La Houille Blanche, 1967（6）：619 - 632.

Benjamin, T. B. 1968. Gravity current and related phenomenon. J. Fluid Mech., 31：209 - 248.

Blanchet, C., Villate, H. 1954. Experimental studies of density currents in glass-sided flume. Laboratoire

Dauphinois d'Hydraulique, Grenoble, France.

Bonnecaze, R. T. , Huppert, H. E. , Lister, J. R. 1996. Patterns of sedimentation from polydispersed turbidity currents. Proc. R. Soc. London A, 452: 2247 - 2261.

Britter, R. E. , Simpson, J. E. 1981. A note on the structure of the head an intrusive gravity current. J. Fluid Mech. , 112: 459 - 466.

Ellison, T. H. , Turner, J. S. 1959. Turbulent entrainment in stratified flows. J. Fluid Mech. , 6: 423 - 428.

Faust, K. M. 1981. Intrusion of a density front in a stratified environment. Aspects of stratified flow in manmade reservoirs, by Denton, R. A, Faust, K. M. and Plate, E. J. Sonderforschungsbereieh, 80, Universitat Karlsruhe, Res. Report ET/203.

Faust, K. M. , Plate, E. J. 1984. Intrusion of a density front in a stratified environment. J. Hyd. Res. , 22 (5): 315 - 325.

Hallworth, M. A. , Huppert, H. E. 1998. Abrupt transactions in high-concentration, particle-driven gravity currents. Physics of Fluids 10 (5): 1083 - 1087.

Holyer, J. Y. , Huppert, H. E. 1980. Gravity currents entering a two-layer fluid. J. Fluid Mech. , 100: 739 - 769.

Huppert, H. E. 2006. Gravity currents: a personal perspective. J. Fluid Mech. , 554: 299 - 322.

Kao, T. W. 1977. Density currents and their application. Proc. ASCE, J. Hyd. Div. , 103 (HY5): 543 - 555.

Karman, von T. 1940. The engineers grapples with non-linear problems. Bull. Am. Math. Soc. 46: 615 - 683.

Keulegan, G. H. 1957. Thirteen progress report on model laws of density currents. An experimental study of the motion of saline water from locks into fresh water channels. NBS report 5168, National Bureau of Standards.

Keulegan, G. H. 1958. Twelfth progress report on model laws of density currents. The motion of saline fronts in still water. NBS report 5831, National Bureau of Standards.

Lam, Shing Tim. 1995. Experimental investigation of lock-release gravity current. Master Science Dissertation, Univ. of Hong Kong.

Middleton, G. V. 1966. Experiments on density and turbidity currents. I. motion of the head. Canadian J. of Earth Sciences, 3: 523 - 546.

O'Brien, M. P. , Cherno, J. 1934. Model law for motion of salt water through fresh. Trans. ASCE, 99: 576 - 594.

Prandtl, L. 1952. Essentials of Fluid Dynamics. 3rd Edition. Hafner Publishing Co.

Rottman, J. W. , Simpson, J. E. 1983. The initial development of gravity currents from fixed-volume release of heavy fluids. IUTAM Symp. , Delft, 1983, 347 - 359.

Schmidt, W. 1911. Zur Mechanik der Boen. Meteor Zeitscht. 28 (1911): 355 - 362.

Simpson, J. E. 1969. A comparison between laboratory and atmosphere density current. Quart. J. Roy. Met. Soc. , 95: 758 - 765.

Simpson, J. E. , Britter, R. E. 1979. The dynamics of the head of a gravity current advancing over a horizontal surface. J. Fluid Mech. , 88: 223 - 240.

Yih, C. S. 1947. A study of the characteristics of gravity waves at a liquid surface. Ms thesis, State Univ. of Iowa.

第8章　斜坡上的急流异重流

为了研究航道疏浚中抛泥时的异重流运动，颜燕（1986）曾进行 $5°$ 和 $10°$ 陡坡上急流异重流以及垂向重力射流的实验，观察急流异重流头部运动速度和掺混特点。斜坡上浑水异重流见照片，并以浑水急流异重流同盐水急流异重流作比较。较早时，Ellison、Turner（1959）进行过 $9°$、$14°$、$23°$、$43°$、$54°$、$74°$ 和 $90°$ 底坡的盐水急流异重流的试验，主要研究异重流交界面的掺混系数。Britter、Linden（1980）在 $5°$～$90°$ 底坡的水槽进行异重流前锋速度，并分析不同底坡对锋速的影响，他们对其他作者的实验资料：如 wood（1965）底坡 $5°$、$25°$、$50°$；Tsong、Wood（1968），$90°$；Tochon - Dangay（1977），$5°$、$10°$、$20°$、$30°$、$40°$；Hopfinger & Tochen - Dangay（1977），$10°$ 等有关盐水异重流前锋速度，一并进行分析。

8.1　陡坡上盐水异重流

8.1.1　实验结果

Britter、Linden 的实验在盛满清水的水槽中进行，玻璃水槽长 240cm、宽 15cm、深 60cm，底部可调节，角度范围 $0°\leqslant\theta\leqslant90°$，他们实验的坡度有 $5°$、$10°$、$20°$、$25°$、$30°$、$40°$、$45°$、$50°$、$60°$、$70°$、$80°$ 和 $90°$。

盐水施放入槽中，在重力作用下流动，观察二元异重流头部附近的情况，待头部流到尾部，盐水即停止供给，并立即清理干净。盐水密度用比重计测度，精度为 0.0005g/mL，盐水流量经测定，并计算其进槽单宽流量 q，用摄影机连续摄影和相机照相，从而可测定前锋速度，头部形状和大小。图 8-1 为斜坡上异重流示意图。从照片上测量头部长度 L，头部厚度 H，头部后续厚度 h，以及前锋速度 U_f 等值。他们的观察表明，$\mathrm{d}H/\mathrm{d}x$ 以及 H/L 均随 θ 的加大而线性地增大。

实验得前锋速度自原点开始沿程为常值。如图 8-2 所点绘，$1°<\theta<15°$ 的试验范围内，纵坐标为 $t(g_0'q)^{\frac{1}{3}}$ 与距离 x' 的关系图，可见前锋速度为常值。比较他们在另一论文中进行的平底水槽中前锋速度的试验，如图 8-3 所示。从图 8-3 可看出

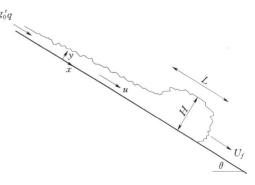

图 8-1　陡坡异重流示意图

异重流前锋速度在平底水槽中随距离有所减缓，它们之间的差别在于前者沿底坡的重力可与阻力和掺混阻力相平衡，因此产生一种恒定的锋速。而在平底水槽中，则达不到这种平衡，故锋速降低。图 8-3 中表明浮力能量小的异重流，锋速的降低更加明显。前锋在底部为临界坡度 θ_c 时，从恒定至非恒定水流取决于阻力。

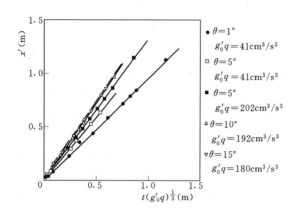

图 8-2　前锋速度位移与时间的关系

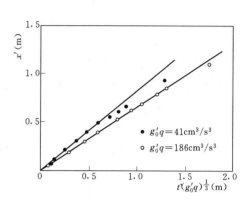

图 8-3　在水平底坡上前锋速度位移与时间的关系（图中表明前锋速度减慢）

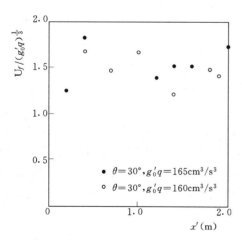

图 8-4　无量纲前锋速度 $U_f/(g_0'q)^{\frac{1}{3}}$ 为距离 x' 的函数

当底坡角度大的时候，观察到其锋速接近为常值，图 8-4 为底坡的 30°时的锋速 U_f 在不同下游距离 x' 的值。锋速 U_f 与浮力通量 $g'_0 q$ 的 1/3 方成正比，$\dfrac{U_f}{(g_0'q)^{\frac{1}{3}}}=1.5\pm0.2$。

点绘在不同 4 个不同底部角度的坡度上锋速 U_f 与浮力通量 $(g_0'q)^{\frac{1}{3}}$ 的关系，见图 8-5。可见其测点连线用直线表示，其直线的坡度为 1/3，符合上述公式。

Britter、Linden 还利用前人的试验资料，检验锋速同底坡的关系。点绘 $\dfrac{U_f}{(g_0'q)^{\frac{1}{3}}}$ 与 θ 的关系，见图 8-6。图 8-6 中不包括前锋为不恒定的资料，或者是那些锋速受 Re 数有重要影响的资料，即不包括小于 $\theta=5°$ 的资料。图 8-6 中包括 Georgeson（1942）的资料点，这是他 107 次试验的平均值，其 Re 数远远大于 Britter、Linden 实验的 Re 数。图 8-6 表明，相对而言，锋速与底部角度 θ 的关系，变化并不大。Britter、Linden 认为这是因为重力随底坡加大而增加，但也增加头部的和后续异重流的交界面的掺混，因此对异重流产生阻滞力。

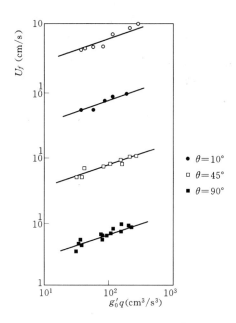

图 8-5 前锋速度 U_f 与 $g'_0 q$ 的函数关系（直线坡度为 +1/3）

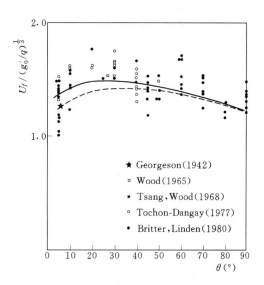

图 8-6 无量纲前锋速度 $U_f/(g'_0 q)^{\frac{1}{3}}$ 与底部坡度的关系（直线代表式中 $C_D = 3 \times 10^{-3}$，虚线代表式中 $C_D = 3 \times 10^{-3}$）

8.1.2 Britter、Linden 的分析

按照 Ellison、Turner 分析羽流流动，即头部后面的异重流，其平均速度 U 不随下游距离 x 而变，而异重流厚度 h 则随 x 因有水量渗混入异重流而呈线性增加。分别定义平均流速 U、宽度 h 与平均负浮力如下：

$$Uh = \int_0^\infty u\,\mathrm{d}y$$

$$U^2 h = \int_0^\infty u^2 \,\mathrm{d}y$$

$$\frac{g(\rho - \rho_1)}{\rho_1}hU = g'hU = g'_0 q_0$$

式中：y 为垂直向上的坐标。

Ellison、Turner（1959）发现掺混率（掺混系数）E 随加大比降而增加。用边界层假定，有

$$E \equiv \frac{\mathrm{d}h}{\mathrm{d}x} = \frac{S_2 Ri_n \tan\theta - C_D}{1 + \frac{1}{2}S_1 Ri_n} \tag{8-1}$$

$$Ri_n = \left(\frac{g'h\cos\theta}{U^2}\right)_n$$

式中：C_D 为下边界应力的阻力系数；Ri_n 为"正常"Richardon 数；S_1 和 S_2 为垂向积分的分布常数，$0.1 \leqslant S_1 \leqslant 0.15$，$0.6 \leqslant S_2 \leqslant 0.9$。

当 $C_2 < 0.02$ 时，从式（8-1）立即可得斜坡异重流在大比降时不随边界应力而变。这是因为作用于羽流的滞后力主要来自经过异重流外缘的掺混（卷吸）。另外，在小比降时，式（8-1）分子中的两项，大小相当，因而底部应力就不能忽略。

除去在很小的比降（不大于 0.5°）外，观察到前锋速度 U_f 为恒定，与 $(g_0'q)^{\frac{1}{3}}$ 成比例；对于前锋后续水流也是如此。

考虑下边界流线以参考系随头部速度移动，因此在头部处为静止，在此边界流线上的后续异重流流体速度以 U_s 表示，如沿此流线的能量损失等于因重力而造成的位能改变；因此前锋在滞点的前后任何一边的静压力相等，可导得

$$\rho_1 U_f^2 = \rho(U_s - U_f)^2 + 2g(\rho - \rho_1)S_2 h\cos\theta \tag{8-2}$$

用 Boussinesq 近似，$\rho_1 \approx \rho$，则

$$U_f^2 = (U_s - U_f)^2 + 2g'S_2 h\cos\theta \tag{8-3}$$

因 $\frac{1}{2}S_2 Ri_n \leqslant 1$，则式（8-1）、式（8-3）以及浮力守恒，可得

$$\frac{U_f}{(g_0'q)^{\frac{1}{3}}} = S_2^{\frac{1}{3}}\left[\frac{\cos\theta}{\alpha} + \frac{\alpha\sin\theta}{2(E+C_D)}\right]\left(\frac{\sin\theta}{E+C_D}\right)^{-\frac{2}{3}} \tag{8-4}$$

推导式（8-4）时，令 $U_s = \alpha U$，Ellison、Turner 测定 $\alpha = 1.45 \sim 1.65$，此 α 值存在不确定性，取值 $E = 10^{-3}\theta$ 与 $S_2 = 0.75$（Ellison 和 Turner）用式（8-4）计算锋速，示于图 8-6，两条曲线表示取两个不同阻力系数 C_D 值。图 8-6 不包括 $\theta < 5°$ 的数据。式（8-4）表明 $U_f/(g_0'q)^{1/3}$ 值随底部比降，掺混系数和助力系数而改变，图 8-6 表明其变化幅度不大。

8.2　浑水急流异重流

8.2.1　实验情况

试验在长 2m、宽 5cm 的矩形断面有机玻璃水槽内进行，水槽底坡分为 5° 和 10° 角。泥浆池（图 8-7）是一个直径为 80cm，高为 60cm 的圆形铁制容器，底部装有球阀作为控制阀门，此容器设有搅拌装置和常水头装置，以控制流量为定常，计时器选用数字式时钟，其精度为 0.1~0.01s。

泥浆选用经过处理的黄河花园口淤泥配制，泥浆中值粒径为 0.0045mm，实验中施

放泥浆的流量级为 $20\text{cm}^3/\text{s}$、$40\text{cm}^3/\text{s}$、$80\text{cm}^3/\text{s}$、$160\text{cm}^3/\text{s}$。含沙量 c 为 $5.8\sim197\text{kg}/\text{m}^3$，水槽底坡为 $10°$ 的情况下，进行了 48 组实验，槽底底坡为 $5°$ 时，进行了 31 组实验。

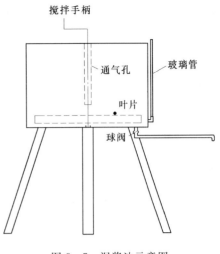

图 8-7　泥浆池示意图

实验进行之前，在水槽内蓄满清水，搅拌泥浆，开启控制阀门，调节流量并取样含沙量，流量采用体积法测量。水槽槽壁上标有坐标。在每一张照片上可以得到不同时刻异重流头部所处的位置，待水头部走到水槽尾端，停止照相，进行断面含沙量的测量工作。

异重流可以分为上下两个区域，底层为未受掺混的区域，称之为异重流核心区，上层与清水发生掺混，称之为异重流掺混层。在核心区与掺混层的交界面上有界面波存在，实验中用肉眼观测了核心区与掺混层的交面线，并对异重流平均流速利用蜡球做了定性观测。

以上内容观测完毕，再次测量泥浆流量和含沙量。水槽底部有少量淤积，对淤积量也进行了取样测量。

泥浆流入水槽后很快潜入槽底，在潜入点外发生局部掺混，形成异重流，其头部显著高于后续潜流，具有典型结构，鼻点抬离槽底，头部高度（厚度）不稳定，沿程增高，头部由翻滚的泥水组成，头部破碎波有时被甩离头部带入清水中。稳定的潜流紧跟在头部之后，潜流由核心区和掺混层组成，掺混层漩涡翻滚，掺混强烈，沿程增厚。

8.2.2　实验基本现象的分析

关于异重流头部速度的分析：点绘异重流头部位置 x 与时间 t 的关系图，如图 5-23 所示，图中曲线旁的数字为实验编号。从图 5-23 中可看出，头部速度有一小段距离加速段（不到 1m），点据可连成两条直线，分别可求出初始头部速度 U_0 和稳定头部速度 U_f，以及 U_0 与 U_f 的关系，见图 8-8。计算 U_0/U_f，平均值为 0.64。

以流量 Q、底坡 θ 为参数在双对数坐标纸上点绘头部速度 U_f 与泥浆初始含沙量 c 关系图，如图 8-9 所示。从图 8-9 中看，在相同流量级下，U_f 随 c 增大而增大，有 $U_f \propto c^{1/3}$ 的关系线。其次，以含沙量 c、底坡 θ 为参数，在双对数纸上点绘 U_f 与 Q 关系图，如图 8-10 所示，相同含沙量级下，U_f 随 Q 增大而增大，有 $U_f \propto c^{1/3}$ 的关系。因此，可

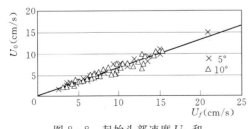

图 8-8　起始头部速度 U_0 和
稳定头部速度 U_f 的关系

在双对数纸上点绘 $U_f \sim g'_0 q$ 关系图，如图 8-11 所示，对于 θ 为 $5°$ 和 $10°$ 时两组试验，都有 $U_f \propto (g'_0 q)^{\frac{1}{3}}$。

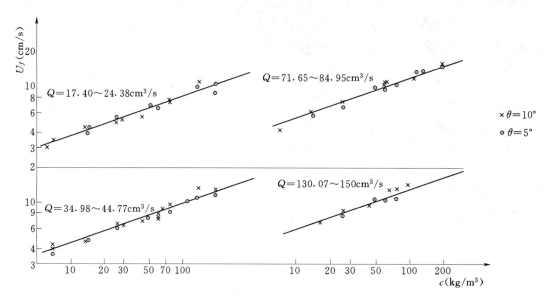

图 8-9 异重流头部速度 U_f 与含沙量 c 关系

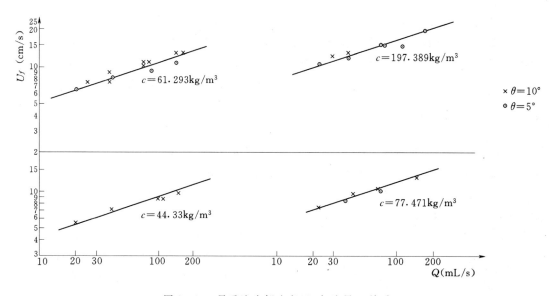

图 8-10 异重流头部速度 U_f 与流量 Q 关系

试做量纲分析，设头部速度的无量纲参数 $\dfrac{U_f}{(g_0'q)^{\frac{1}{3}}}$ 是 Re 数，底坡 θ 和水深比 h/H 的

函数。点绘 $\dfrac{U_f}{(g_0'q)^{\frac{1}{3}}}$ 与 Re 的关系图，如图 8-12 所示，Re 的范围为 1300～13350，可见

$\dfrac{U_f}{(g_0'q)^{\frac{1}{3}}}$ 不随 Re 变化，与 θ 也无明显关系。可得：

$$\frac{U_f}{(g_0'q)^{\frac{1}{3}}}=0.25 \qquad (8-5)$$

把泥水异重流头部试验和盐水异重流头部试验进行比较，点绘图 8-13，$\frac{U_f}{(g_0'q)^{\frac{1}{3}}}$ 与 θ 关系图，图 8-13 中前人盐水异重流点据来自 Britter、Linden（1980）。

异重流头部厚度 h_f 沿程增加，点绘 h_f 与 x 关系图，如图 8-14 所示，求出各组实验的 $\mathrm{d}h_f/\mathrm{d}x$ 值。根据 Britter、Linden 文中的分析：

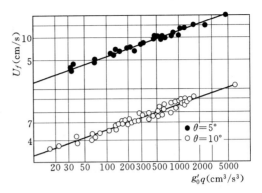

图 8-11　异重流头部速度 U_f 与含沙量 $g_0'q$ 关系

$$\mathrm{d}h_f/\mathrm{d}x=f(Re,\theta) \qquad (8-6)$$

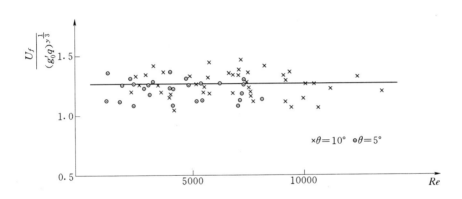

图 8-12　$U_f/(g_0'q)^{\frac{1}{3}}\sim Re$ 关系

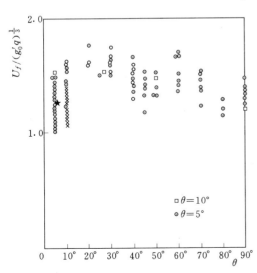

图 8-13　$U_f/(g_0'q)^{\frac{1}{3}}\sim\theta$ 关系

以 θ 为参数点绘 $\mathrm{d}h_f/\mathrm{d}x$ 与 Re 关系图，如图 8-15 所示。$\mathrm{d}h_f/\mathrm{d}x$ 随 Re 的增大而增大。

在试验中观察异重流掺混情况：关于掺混系数，已在第 5 章讨论，这里简述颜燕的一些观察。她在实验中观测到异重流核心区的厚度 h_1 沿程基本不变。如图 5-21 所示，掺混层厚度 $\Delta h=h-h_1$ 沿程增加，掺混层厚度的沿程变化：

$$\mathrm{d}(\Delta h)/\mathrm{d}x=\mathrm{d}h/\mathrm{d}x-\mathrm{d}h_1/\mathrm{d}x \quad (8-7)$$

因 $\mathrm{d}h_1/\mathrm{d}x=0$，故

$$\mathrm{d}(\Delta h)/\mathrm{d}x=\mathrm{d}h/\mathrm{d}x \qquad (8-8)$$

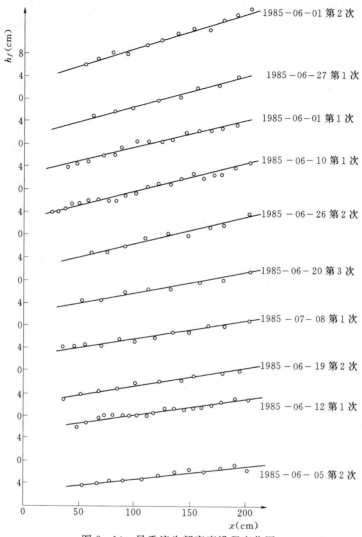

图8-14 异重流头部高度沿程变化图

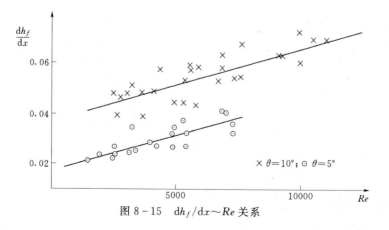

图8-15 dh_f/dx～Re关系

即掺混层厚度的沿程变化等于潜流厚度的沿程变化。从照片上可以取得潜流厚度的资料，点绘潜流厚度沿程变化图，如图 5 - 23 所示，可以认为潜流沿程按线性规律增厚，即掺混层沿程按线性规律增厚。

由掺混系数定义，有：

$$E = \frac{dh}{dx} + \frac{h}{U}\frac{dU}{dx} \tag{8-9}$$

假定 U 沿程不变，即 $dU/dx = 0$，则

$$E = dh/dx \tag{8-10}$$

因颜燕无法测到异重流平均流速，故用异重流头部速度代替异重流平均流速，取 Ri 数为

$$Ri = g'q\cos\theta/U_f^3$$

点绘 E 与 Ri 的关系图，如图 8 - 16 所示。E 随 Ri 的增加而减小。

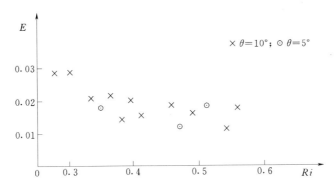

图 8 - 16 颜燕实验 E 与 Ri 的关系

颜燕将她泥水异重流实验数据同 Ellison、Turner 盐水实验数据做比较，如图 8 - 17 所示，图中 Ri 的点据是颜燕的工作，补充了高 Ri 数部分。其次，在 Ellison、Turner 的 $E = E(\theta)$ 经验关系图上，加入底坡为 5°和 10°的资料，如图 8 - 18 所示，可见其变化趋势与 Ellison、Turner 所点绘的趋势基本符合。

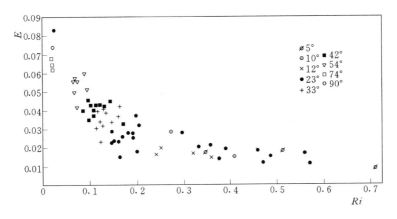

图 8 - 17 掺混系数 E 与 Ri 的关系

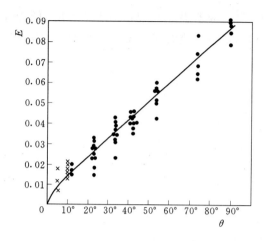

图 8 - 18　掺混系数 E 与底坡 θ 的关系

最后，试对浑水异重流头部公式略作讨论：颜燕浑水异重流头部试验所得式（8 - 5）包括底坡 5°和 10°的试验资料，而 Britter、Linden 分析盐水异重流头部运动时，认为在 $0.5° \leqslant \theta \leqslant 5°$ 时，水流为恒定，底部阻力起重要作用，而掺混作用小，因此，从式（8 - 1），得

$$S_2 g_0' q \sin\theta / U^3 \approx C_D = S_2 g_0' h \sin\theta / U^2$$

此式即为习见的异重流流速公式，式中 C_D 为 Re 数的函数。如用颜燕的式（8 - 5），可得

$$U \approx 1.4 \sqrt{g_0' h}$$

参考文献

颜燕 . 1986. 抛泥与急流异重流的试验研究 . 水利水电科学研究院研究生毕业论文.

Britter，R. E.，Linden，R. E. 1980. The motion of the front of a gravity current traveling down an incline. J. Fluid Mech.，99（3）：531 - 543.

Ellison，T. H.，Turner，J. S. 1959. Turbulent entrainment in stratified flows. J. Fluid Mech.，，6：423 - 428.

Georgeson，E. M. H. 1942. The free streaming of gases in sloping galleries. Proc. R. Soc.，London，Ser. A，180：484 - 193.

Gsang，G.，Wood，I. R. 1968. Motion of two-dimensional starting plume. J. Engng. Mech. Div.，ASCE，94（EM6）：1547 - 1561.

Hopfinger，E. J.，Tochon-Dangay，J. C. 1977. A model study of powder-snow avalanches. Glaciology，19：343 - 356.

Tochon - Dangay，J. C. 1977. Etude des courants de gravité sur fort pente avec application aux avalanche poudreuses. Thése L'Université Scientifiqué et Méedicale de Grenoble.

Wood，I. R. 1965. Studies in unsteady self-preserving turbulent flows. The University of New South Wales，Water Research Laboratory. Report，No. 81.

第9章 垂向含沙浮射流运动

9.1 引　言

　　河口航道工程中，常需用疏浚方法，挖深航道以维持一定的航深。因此应选择适当的抛泥区抛泥，如果选择不当，抛泥泥浆下沉，成为异重流运动有可能回到航道中淤积下来。因此需要了解泥浆抛入水中后的运动规律，预见抛泥去处，制订抛泥的操作规范，以提高经济效益。

　　向水中抛泥，属于浮射流运动范围。本章讨论若干垂向泥水浮射流在静止环境下和流动环境水流中的运动性质，包括：浮射流垂向运动、水体在垂向距离扩展前进时卷吸周围水体、头部宽度变宽、显示其扩散角、其头部以一定运动速度前进，同时浮射流浓度沿垂向因水体掺混而受到稀释，以及当浮射流到达底部后形成异重流运动等问题。

　　关于自由紊动射流，浮力羽流和浮射流的实验和分析，流体力学教科书与若干专著均有介绍。余常昭（1992）在他的环境流体力学导论中列出专章做了系统的介绍，对讨论环境水为静止条件下各种流动特性，求解方法，进行分析讨论。有关挟沙浮射流在静止水体中以及流动环境水中运动的实验，前人工作较少，其分析方法多采用类似于浮射流的分析方法。

　　进行垂向浮射流实验时，常在水面处注入一股盐水或泥水，观测运动过程，施测上述各项参数，用不同方法进行分析。

　　关于垂向泥沙的浮射流实验，有 Bruch（1962），Awaya（1985），Henriksen、Haar 与 Bo Pedersen（1982），颜燕（1986），程桂福（1988），Hogg 等人（2005），利用不同粒径泥沙，用连续照相方法，测定其不同时刻的外形，含沙量沿轴向的变化等。为了进行比较，现把 Wood（1965），Gsang、Wood（1966）等人的垂向盐水浮射流的实验结果同泥沙浮射流情况进行分析对照。

　　挟沙射流实验中各家所用颗粒性质不同，简述如下：

　　（1）Brush（1962）利用粒径为 0.19mm、0.32mm 和 0.55mm 的玻璃球进行垂向浮射流实验，观测各断面的流速分布和粒子浓度分布，分析射流中水流扩散和颗粒扩散的异同情况。

　　（2）Henriksen 等的实验，在盛满清水的 8m 长、3m 宽、深 0.8m 槽中进行，进沙扩散器半径 $r_0 = 2.5mm$，自常水头箱泄出定常流量和泥沙。

　　试验用沙三种：沙的沉速分别为 1.58cm/s、2.19cm/s；塑料球的沉速为 1.00cm/s；另一种人工沙（hyperit）的沉速为 6.35cm/s。其他试验参数：体积含沙量范围为 0～15%，进沙扩散器出口流速范围为 1.9～3.2m/s。

（3）Awaya 等（1986）使用粒径 $0.149\sim0.21\text{mm}$ 的天然沙（平均沉速为 2.5cm/s）进行含沙垂向浮射流的实验，并进行理论分析。

（4）颜燕（1986）在 10m 长、0.5m 宽、水深为 0.5m 的水槽中试验。试验段两端用塑料板封住，在水面注入泥浆于静止水体之中。泥浆选用黄河花园口淤泥过 0.014mm 筛孔，泥浆中值粒径为 0.0045mm。观测泥浆头部速度，泥浆扩散外形以及断面含沙量分布，以及底部异重流峰速等。其次，还进行附壁泥浆浮射流的实验。此外，进行流动水流中垂向浮射流撞击底部后形成异重流流速的观测。

（5）程桂福（1988）使用 14m 长、0.5m 宽玻璃水槽，两端封住，形成一定水流的静止水体，水面处注入泥浆，泥浆中径为 0.004mm，观测泥浆轴向上的含沙量。此外，进行流动水流中垂向浮射流撞击底部后形成顺水和逆水异重流流速的观测和分析。

（6）Hogg、Hallworth 和 Huppert（2005）利用碳化硅颗粒，密度为 3.2g/cm^3，平均粒径分别为 $17\mu\text{m}$、$23\mu\text{m}$、$37\mu\text{m}$ 和 $53\mu\text{m}$ 以及盐水在 30cm 水深的槽内进行垂向浮射流试验，主要观测浮射流撞击槽底后向两侧形成的异重流运动以及泥沙沿程淤积情况。试验分两种情况：一是环境水为静止；二是环境水流流速为 2.9cm/s。此外，用盐水进行类似垂向浮射流试验的，有 Wood（1965），Gsang、Wood（1966）和 Cavalletti、Davies（2003）等人。

9.2　垂向浮射流外缘扩展角

以 x 为射流主流的方向，y 轴为横向即径向的距离，则某一 x 断面上的外缘距轴的距离为 y_m，则其扩展角 $\tan\theta=\dfrac{y_m}{x}$。盐水和泥水浮射流的实验显示，浮射流头部与周围水体掺混，其头部形成接近圆形外缘，其后续部分则为三角形。图 9-1 为 Wood（1965）连续观测不同时间的浮射流外形，看出他们具有相似性，因此，把图形以无量纲数表示，即 x 除以头部处的 x 值，y 除以外缘 y 最大值，如图 9-1 所示。

Tsang 与 Wood 连续观测附壁浮射流的外形，其头部与其后续部分，有其相似性，图 9-2 为最初、试验中间和最后测次三次测量的结果，垂向坐标 x/x_i 和横坐标 y/x_i 为无量纲值，即各测次外形 x、y 值除以 x 最长的值。

Henrikson 等人用 1/125s 照相机摄取照片，其射流形状见图 9-3。图 9-3 中绘出垂向不同断面处的旋涡尺寸，其波长和波幅随 x 方向的增大而增大，图 9-3 中 a 为平均外缘波幅，$a=0.7y$，平均 $\dfrac{a}{r_0}=0.1\dfrac{x}{r_0}$，其中 r_0 为射流出口半径，波长与孔口半径之比 $\dfrac{\lambda}{r_0}=0.25\dfrac{x}{r_0}$。从图 9-3 中可看出射流边缘的交界面波动。

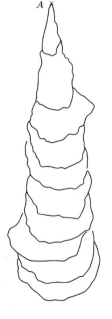

图 9-1　三元孔口每隔 0.75s 的盐水浮射流外形

从浮射流的外形，可是得外缘与轴线之间的夹角 $\tan\theta=\dfrac{y_m}{x}$，

y_m 为断面上径向距离。表 9 - 1 列出静水环境中盐水浮射流和泥水浮射流的外缘扩展角数据。其中颜燕观测附于浮射流与自由浮射流各测次的浮射流外缘扩展角，可见附壁浮射流的扩展角较自由浮射流为小。

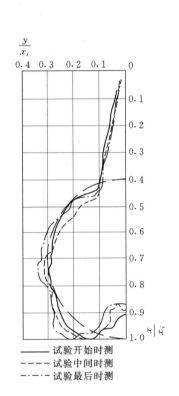

图 9 - 2 二元盐水羽流的相似外形

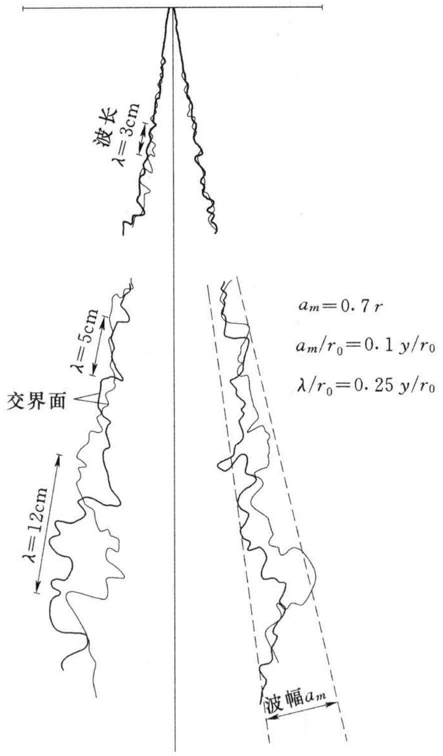

图 9 - 3 人工沙浮射流形状（Henriksen）

表 9 - 1	静水环境中垂向浮射流扩展外形	
作 者	射 流 性 质	$\tan\theta = \dfrac{y_m}{x}$
Henrikson 等（1982）	塑料沙，人工沙，圆孔自由出流	0.167
颜燕（1986）	黄河泥沙，圆孔附壁浮射流 黄河泥沙，圆孔自由浮射流	0.04～0.15 0.14～0.21
程桂福（1988）	圆孔泥沙浮射流	0.162～0.214 平均 0.188
Wood（1965）	盐水垂向二元和三元浮射流， 自由出流与附壁流	0.29（平均） 0.35（最大）

9.3 静止流体中的浮射流断面流速分布和浓度分布

根据以往研究，在动量射流以及羽流的分析和实验中，理论分析所假定的射流各断面的流速分布项，需从实验获得。实验得呈高斯分布，可用下式表示：

$$u_r = u_m \exp\left(-\frac{r^2}{b^2}\right) \tag{9-1}$$

式中：u_r 为横断面径向轴 r 上各点的流速；u_m 为横断面最大流速；b 为断面的特征厚度，即当 $r=b$ 时，$\dfrac{u}{u_m}=\mathrm{e}^{-1}=\dfrac{1}{\mathrm{e}}$，此值由 Gauss 分布曲线确定。

射流液体浓度（密度）分布或含沙量分布，实测显示出呈高斯正态分布：

$$\rho_r = \rho_m \exp\left(-\frac{r^2}{\lambda^2 b^2}\right) \tag{9-2}$$

式中：ρ_m 为最大密度；λ 为一系数，为密度分布宽度与流速分布宽度的比值，前人盐水射流实验得 $\lambda=1.16$。Awaya 等人进行的挟沙浮射流，假设 $\lambda=1.0$。

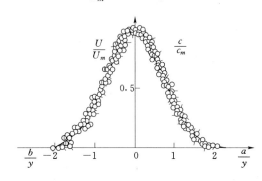

图 9-4　实测二元孔口挟沙浮射流的流速与含沙量横向分布图（Awaya 等）

图 9-4 为 Awaya 实测二元孔口挟沙浮射流的流速与含沙量横向分布图，图 9-5 为三元孔口浮射流速与含沙量横向分布图。程桂福施测的泥水浓度分布示于图 9-6。

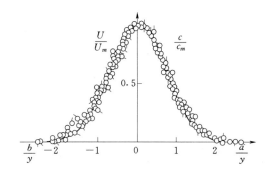

图 9-5　三元孔口浮射流速与含沙量横向分布图（Awaya 等）

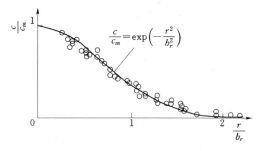

图 9-6　泥水浮射流径向含沙量分布

9.4　卷　吸　系　数

假定圆孔射流从侧边卷吸流体的径向流速 v_e 与射流特征流速成正比，此比例系数定义为卷吸系数 α，以射流当地断面的最大流速 u_m 作为特征流速，定义单位长度射流的卷吸流量为

$$v_e = \alpha u_m \tag{9-3}$$

$$Q_e = 2\pi b v_e \tag{9-4}$$

$$Q_e = 2\pi b \alpha u_m \tag{9-5}$$

颜燕在试验中测取了径向 5 点含沙量值，其中一点为中心点含沙量 c_m，对称于中心点两边各测取两点，即从实测资料中已知两组 r、c_r 值，根据径向含沙量分布公式，可确

定出两个 b 值，取其平均值为断面特征宽度值 b，故从每一组实测断面径向含沙量分布可定出其分布方程。

根据输沙平衡原理，射流断面输沙率 Q_s 沿程不变：

$$Q_s = \int_0^\infty c_r u_r 2\pi r \mathrm{d}r \tag{9-6}$$

将流速分布和含沙量分布公式代入式（9-6）中，整理后有

$$Q_s = c_m u_m \pi \frac{\lambda^2}{1+\lambda^2} b^2 \tag{9-7}$$

取 $\lambda=1.16$，有

$$Q_s = 1.8022 b^2 u_m c_m \tag{9-8}$$

$$Q_s = QC \tag{9-9}$$

即 Q_s 可由源点的流量和含沙量值计算，故可推算出：

$$u_m = \frac{1}{1.8022 b^2 c_m} Q_s \tag{9-10}$$

已知 b、u_m，就可得到断面流速分布，可算出该断面的流量 Q_x：

$$Q_x = \int_0^\infty u_r 2\pi r \mathrm{d}r$$

$$= u_m \pi b^2 \tag{9-11}$$

由连续原理有

$$\mathrm{d}Q_x / \mathrm{d}x = Q_e \tag{9-12}$$

将式（9-5）代入式（9-12），得到

$$\mathrm{d}Q_x / \mathrm{d}x = 2\pi b \alpha u_m \tag{9-13}$$

简化为

$$\alpha = \frac{Q_x - Q}{x} \frac{1}{2\pi b} \frac{1}{u_m} \tag{9-14}$$

由实测含沙量分布资料利用式（9-9）、式（9-10）、式（9-11）、式（9-14）可计算出卷吸系数 α，最大值为 0.066、最小值为 0.047、平均为 0.056。而前人的盐水浮射流资料：Morton（1956）得到的卷吸系数 $\alpha=0.082$，Fan L. N.（1967）得到 $\alpha=0.057$。此外，Wood 分析二元射流与羽流得 $\alpha=0.053$。

Ellison 与 Turner 定义的卷吸系数，采用卷吸流速与平均流速之比来表示，用代表距孔口出口距离 x 断面的流量和动量关系式来确定。

$$\int_0^\infty u \mathrm{d}y = u_{xm} b_{xm}$$

$$\int_0^\infty u^2 \mathrm{d}y = u_{xm}^2 b_{xm}$$

从上面两式可求得 u_{xm} 和 b_{xm}。

$$E = \frac{\dfrac{\mathrm{d}}{\mathrm{d}x}(u_{xm} b_{xm})}{u_{xm}} \tag{9-15}$$

浮射流的卷吸系数定义 $\alpha = \dfrac{V_e}{u_m}$，其中 u_m 为轴线上的流速，即断面上的最大流速；而斜坡上的卷吸系数的定义与上述的 α 有所不同，$E = \dfrac{V_e}{U}$，式中 U 为断面平均流速，因此 E 值大于 α 值。

9.5　含沙垂向浮射流含沙浓度的稀释

程桂福在含沙垂向浮射流中施测含沙量在径向分布外，还施测轴向含沙量的变化，测量时，先测定浮射流初始含沙量，然后将射流出水口置于水面下稍有淹没，使其垂直射入水中，在射流稳定后，用虹吸管取样，测量射流轴向与径向含沙量分布，图 9-7 为轴向浓度分布。在离射流源大约 7 倍的射流出口直径范围内，射流轴线含沙量变化不大，这表明在这一段距离内射流与周围水体之间的掺混作用还未发展到射流中心轴线，经过一段距离后，这种掺混作用才能达到射流中心。当射流冲击槽底形成一冲击区，该区内浓度分布很均匀，该区的浑水受冲击后向槽的两边形成水跃，并形成跃后异重流同时向两个方向运动。

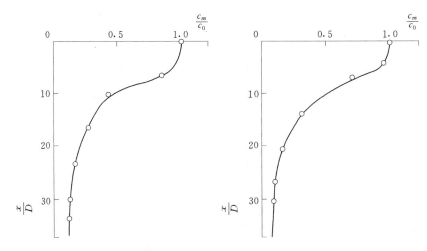

图 9-7　浑水浮射流轴向浓度分布

程桂福参照前人对浮射流的分析方法，对浮射流轴向含沙量稀释度进行量纲分析。浮射流的分析中，在初始段水流情况，由出流动量所控制，其后的流态，因又受周围流体密度差的影响，即受到密度差的作用，其最后的流态，则主要受浮力（重力）的作用。

在圆射流出口，出口的浮射流初始体积通量 Q，单位动量通量 M 和单位浮力通量 B，可表示为

$$Q = \frac{\pi}{4} D^2 u_0 \tag{9-16}$$

$$M = \frac{\pi}{4} D^2 u_0^2 \tag{9-17}$$

$$B = \frac{\Delta \rho}{\rho} g Q = g' Q \qquad (9-18)$$

文献中描述浮射流沿轴向 x 运动的变量分别为 Q、M、B、x，则射流轴线上 x 断面的总体积流量 μ 为以上变量的函数

$$\mu = f(Q, M, B, x)$$

用量纲分析，有

$$\frac{B^{\frac{1}{2}} \mu}{M^{\frac{5}{4}}} = f\left(\frac{M^{\frac{1}{2}} x}{Q}, \frac{B^{\frac{1}{2}} x}{M^{\frac{3}{4}}}\right) \qquad (9-19)$$

无量纲参数 $\frac{M^{\frac{1}{2}} x}{Q}$、$\frac{B^{\frac{1}{2}} x}{M^{\frac{3}{4}}}$ 还可用包含无量纲数 $l_Q = \frac{Q}{M^{\frac{1}{2}}}$ 和 $l_m = \frac{M^{\frac{3}{4}}}{B^{\frac{1}{2}}}$ 来表示，即

$$\frac{x}{l_Q} = \frac{M^{\frac{1}{2}} x}{Q}$$

$$\frac{x}{l_m} = \frac{B^{\frac{1}{2}} x}{M^{\frac{3}{4}}}$$

沿轴向各断面的流速分布和密度分布可用上述无量纲数表示。

设三元孔口射流直径为 D，则 $l_Q = \frac{Q}{M^{\frac{1}{2}}} = \sqrt{\frac{\pi}{4}} D$，等于常值，因此，射流源点一段距离的流动形成段（$x > l_Q$），初始体积能量并不重要，而动量通量和浮力通量的作用益趋显著。l_m 正是表征动量与浮力作用的特征长度。因此，对于流动形成区，式（9-19）可写成

$$\frac{B^{\frac{1}{2}} \mu}{M^{\frac{5}{4}}} = f\left(\frac{B^{\frac{1}{2}} x}{M^{\frac{3}{4}}}\right) \qquad (9-20)$$

根据射流运动的相似性和卷吸假定，沿点源浮射流断面积分方程（余常昭 1992，第 6 章）：

$$\frac{\mathrm{d}}{\mathrm{d}x}(\pi u_m b^2) = 2\pi \alpha u_m b \qquad (9-21)$$

$$\frac{\mathrm{d}}{\mathrm{d}x}\left(\frac{\pi}{2} u_m^2 b^2\right) = \pi \frac{\Delta \rho_m}{\rho} g \lambda^2 b^2 \qquad (9-22)$$

$$\frac{\mathrm{d}}{\mathrm{d}x}\left(\frac{\pi \lambda^2}{1+\lambda^2} \frac{\Delta \rho_m}{\rho} g u_m b^2\right) = 0 \qquad (9-23)$$

式中：u_m 为轴线最大流速；$\Delta \rho_m$ 为轴线断面上最大密度差。

解这组三个常微分方程，可求 u_m、b 和 $\Delta \rho_m$。

为求解方便，以下列出比质量通量（流量）、比动量通量和比浮力通量

$$\mu = \int_A u \, \mathrm{d}A \qquad (9-24)$$

$$m = \int_A u^2 \, \mathrm{d}A \qquad (9-25)$$

$$\beta = \int_A g \frac{\Delta \rho}{\rho} u \, \mathrm{d}A \qquad (9-26)$$

用于圆形断面浮射流，以上三式积分得

$$\mu = \pi u_m b^2 \tag{9-27}$$

$$m = \frac{\pi}{2} u_m^2 b \tag{9-28}$$

$$\beta = \frac{\pi \lambda^2}{1+\lambda^2} u_m g \frac{\Delta \rho}{\rho} b^2 \tag{9-29}$$

将式（9-27）～式（9-29）代入式（9-21）～式（9-23），得

$$\frac{\mathrm{d}\mu}{\mathrm{d}x} = 2\pi \alpha \sqrt{\frac{2m}{\pi}} \tag{9-30}$$

$$\frac{\mathrm{d}m}{\mathrm{d}x} = \frac{1+\lambda^2}{2} \beta \frac{\mu}{m} \tag{9-31}$$

$$\beta = B = 常数 \tag{9-32}$$

为运算方便，将式（9-20）改写为

$$P = f(T) \tag{9-33}$$

$$P = \frac{B^{\frac{1}{2}} x}{M^{\frac{3}{4}}} \tag{9-34}$$

$$T = \frac{B^{\frac{1}{2}} \mu}{M^{\frac{5}{4}}} \tag{9-35}$$

将式（9-34）、式（9-35）代入式（9-30）～式（9-32），经整理得

$$\frac{\mathrm{d}T}{\mathrm{d}P} = 2\pi \alpha \sqrt{\frac{2}{\pi}} \sqrt{\frac{m}{M}} \tag{9-36}$$

$$\frac{\mathrm{d}\left(\frac{m}{M}\right)}{\mathrm{d}P} = \frac{1+\lambda^2}{2} \frac{M}{m} T \tag{9-37}$$

式（9-36）、式（9-37）的初始条件为

$$x = k_1 D \text{ 时} \qquad\qquad \frac{m}{M} \approx 1 \tag{9-38}$$

$$\frac{\mu}{Q} \approx K_7 \tag{9-39}$$

应用初始条件式（9-38）、式（9-39），积分式（9-36）、式（9-37），得

$$\frac{m}{M} = \left[\frac{5(1+\lambda^2)}{16\pi\alpha} \sqrt{\frac{\pi}{2}} T^2 + 1 - \frac{5 K_7^2 (1+\lambda^2)}{32\sqrt{2}\alpha} \frac{1}{Fr_0^2} \right]^{\frac{2}{5}} \tag{9-40}$$

式中，$Fr_0 = \dfrac{u_0}{\left(\frac{\Delta\rho}{\rho} g D\right)^{\frac{1}{2}}}$ 为射流初始密度 Fr 数。将式（9-40）代入式（9-36），可得

$$\frac{\mathrm{d}T}{\mathrm{d}P} = 2\pi\alpha \sqrt{\frac{2}{\pi}} \left[\frac{5(1+\lambda^2)}{16\pi\alpha} \sqrt{\frac{\pi}{2}} T^2 + 1 - \frac{5 K_7^2 (1+\lambda^2)}{32\sqrt{2}\alpha} \frac{1}{Fr_0^2} \right]^{\frac{1}{5}} \tag{9-41}$$

在浮射流初始形成段，流动由动量作用控制，$\frac{m}{M} \approx 1$，则上式可化简为

$$\frac{dT}{dP} = 2\pi\alpha\sqrt{\frac{2}{\pi}} \qquad (9-42)$$

应用初始条件式（9-38）、式（9-39），积分式（9-42），有

$$T = 2\pi\alpha\sqrt{\frac{2}{\pi}}P + \left[K_7\left(\frac{\pi}{4}\right)^{\frac{1}{4}} - K_7\sqrt{2}\pi\alpha\left(\frac{4}{\pi}\right)^{\frac{3}{4}}\right]\frac{1}{Fr_0^2} \qquad (9-43)$$

对于动量射流，因 Fr_0 较大，上式可略去右边第 2 项，故有

$$T = 2\pi\alpha\sqrt{\frac{2}{\pi}}P$$

即

$$\frac{B^{\frac{1}{2}}\mu}{M^{\frac{5}{4}}} = 2\pi\alpha\sqrt{\frac{2}{\pi}}\frac{B^{\frac{1}{2}}x}{M^{\frac{3}{4}}} \qquad (9-44)$$

式（9-44）即为由动量控制的射流稀释度计算式。

距射流出口较长距离后，浮力起主要作用，可忽略式（9-41）中的 $\left[1 - \frac{5K_7^2(1+\lambda^2)}{32\sqrt{2}\alpha}\cdot\frac{1}{Fr_0^2}\right]$ 项，则有

$$\frac{dT}{dP} = 2\pi\alpha\sqrt{\frac{2}{\pi}}\left[\frac{5(1+\lambda^2)}{16\pi\alpha}\sqrt{\frac{\pi}{2}}\right]^{\frac{1}{5}}T^{\frac{2}{5}} \qquad (9-45)$$

应用初始条件式（9-38）、式（9-39）积分上式，且由于 Fr_0 较大，作进一步简化，可得

$$T = \left(\frac{6}{5}\pi\alpha\sqrt{\frac{2}{\pi}}\right)^{\frac{5}{3}}\left[\frac{5(1+\lambda^2)}{16\pi\alpha}\sqrt{\frac{\pi}{2}}\right]^{\frac{1}{3}}P^{\frac{5}{3}} \qquad (9-46)$$

即

$$\frac{B^{\frac{1}{2}}\mu}{M^{\frac{5}{4}}} = \left(\frac{6}{5}\pi\alpha\sqrt{\frac{2}{\pi}}\right)^{\frac{5}{3}}\left[\frac{5(1+\lambda^2)}{16\pi\alpha}\sqrt{\frac{\pi}{2}}\right]^{\frac{1}{3}}\left(\frac{B^{\frac{1}{2}}x}{M^{\frac{3}{4}}}\right)^{\frac{5}{3}} \qquad (9-47)$$

考虑到浮力通量守恒条件，式（9-32），可得

$$\mu = \frac{1+\lambda^2}{\lambda^2}\frac{c_0}{c_m}Q \qquad (9-48)$$

式中：c_0 为孔口处含沙量；c_m 为轴线上断面最大含沙量。

定义沿射流轴线特征流量 μ_k 为

$$\mu_k = \frac{c_0}{c_m}Q \qquad (9-49)$$

因此可得动量射流段和浮力羽流段轴线特征稀释度表达式分别为

$$\frac{B^{\frac{1}{2}}\mu_k}{M^{\frac{5}{4}}} = 2\sqrt{2\pi}\alpha\frac{\lambda^2}{1+\lambda^2}\frac{B^{\frac{1}{2}}x}{M^{\frac{3}{4}}} \qquad (9-50)$$

$$\frac{B^{\frac{1}{2}}\mu_k}{M^{\frac{5}{4}}} = \frac{\lambda^2}{1+\lambda^2}\left(\frac{6}{5}\pi\alpha\sqrt{\frac{2}{\pi}}\right)^{\frac{5}{3}}\left[\frac{5(1+\lambda^2)}{16\pi\alpha}\sqrt{\frac{\pi}{2}}\right]^{\frac{1}{3}}\left(\frac{B^{\frac{1}{2}}x}{M^{\frac{3}{4}}}\right)^{\frac{5}{3}} \qquad (9-51)$$

根据试验资料，点绘射流沿轴线特征稀释度无量纲数 $\frac{B^{\frac{1}{2}}\mu_k}{M^{\frac{5}{4}}}$ 与无量纲数 $\frac{B^{\frac{1}{2}}x}{M^{\frac{3}{4}}}$

$\left(\text{即 } \dfrac{x}{l_m}\right)$ 的实验关系，见图 9-8。当 $\dfrac{B^{\frac{1}{2}}\mu_k}{M^{\frac{5}{4}}}<1$，即 $x<l_m$ 时，流动显示射流特性。从图 9

-8 可看出实验结果与量纲分析的结果，式（9-50）、式（9-51）近似地符合。

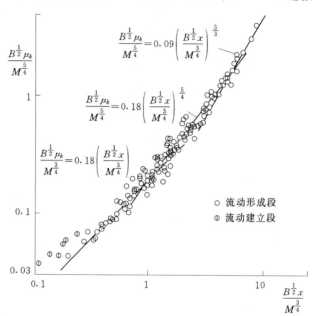

图 9-8　射流沿轴线特征稀释度无量纲数 $\dfrac{B^{\frac{1}{2}}\mu_k}{M^{\frac{5}{4}}}$

与无量纲数 $\dfrac{B^{\frac{1}{2}}x}{M^{\frac{3}{4}}}\left(\text{即 } \dfrac{x}{l_m}\right)$ 的实验关系

9.6　垂向浮射流前锋流速

颜燕（1986）的三元垂向泥沙浮射流前锋流速实验，其泥浆选用经过处理的黄河花园口淤泥配制，处理过程包括搅拌过筛，筛孔径为 0.14mm。泥沙浆中值粒径为 0.0045mm。泥浆池是一个直径为 80cm、高为 60cm 的圆形铁制容器，容器内设有搅拌装置和常水头装置。计时器选用数字式时钟，精度为 0.1s。在试验中主要用照相方法记录试验过程，从照相底片上读出异重流头部所处的坐标和计时器显示的时间，从而可求出异重流头部速度及其他参数。含沙量用取样烘干称重法测定。

观察泥浆自管路出口铅直流入装满清水的水箱中，以轴对称形式在水中运动，泥浆在管路出口有一定初速，其运动具有射流性质。试验分为两种情况：一种为泥浆在静水域中运动；另一种为泥浆沿箱壁运动。

泥浆头部以一个恒定的平均速度 U_f 运动，见图 9-9，各组次头部坐标 x 与时间 t 的关系点据基本上可连成直线。U_f 与参数 $(g'q)^{1/3}$ 正比，$q_1=\dfrac{Q}{\pi D}$ 为泥浆特征单宽流量：$D=1.26\text{cm}$，为泥浆管路出口直径，如图 9-10 所示。

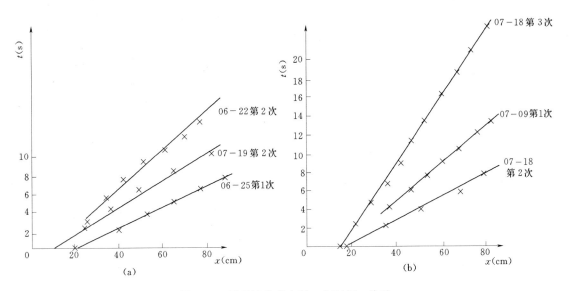

图 9-9　异重流头部坐标 x 与时间 t 关系

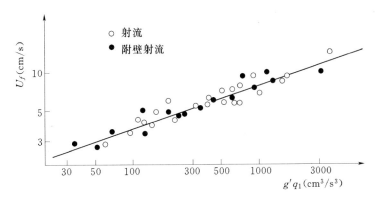

图 9-10　异重流头部速度 U_f 与 $(g'q)^{1/3}$ 的关系

图 9-11 为参数 $U_f/(g'q_1)^{1/3}$ 与 Re 的关系图，可见头部速度的无量纲参数不随 Re 数变化而变化，泥浆沿水箱边壁运动与在水域中间运动没有明显区别，从图 9-11 中求得

$$U_f/(g'q_1)^{1/3} = 0.85 \qquad\qquad (9-52)$$

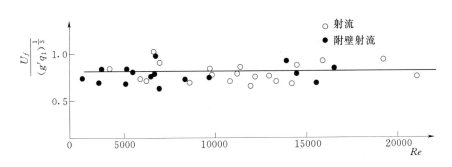

图 9-11　$U_f/(g'q_1)^{1/3}$ 与 Re 的关系

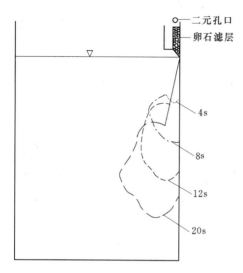

图 9-12　二元盐水附壁羽流

前人利用盐水进行过类似的垂向浮射流试验。如 Gang 和 Wood（1966）进行的垂向盐水二元羽流沿边壁和自由无边壁两种实验。容器中注满清水，盐水通过一窄缝 0.125″×1.5′ 形成二元羽流，记录不同时刻的羽流外形，计算其峰速，见图 9-12 与图 9-13，从距离与时间的关系图上，得到每次锋速为常值。又点绘锋速和 $\left(\dfrac{\Delta\rho}{\rho}gq\right)$ 的关系，于图 9-14，得二元和三元盐水羽流锋速为

$$U_f = 1.2\left(\frac{\Delta\rho}{\rho}gq\right)^{\frac{1}{3}} \qquad (9-53)$$

比较泥水与盐水羽流锋速实验结果，颜燕的泥水三元羽流的锋速公式中的系数为 0.85，而盐水羽流则为 1.2，前者试验系数偏小。其原因尚需进行分析研究。

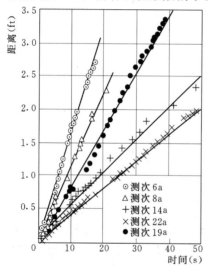

图 9-13　二元盐水羽流前锋位置
与时间的关系

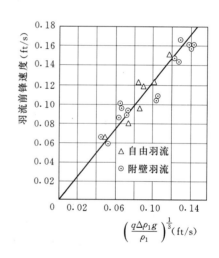

图 9-14　二元盐水羽流前锋速度
U_f 与 $(g'q)^{1/3}$ 的关系

Cavalletti（2003）进行二元盐水垂向浮射流锋速的试验，观测到在靠近底部以上一短距离，锋速并未保持常值，他认为是因受底部的影响。

9.7　静水环境中垂向浮射流至底部后形成的异重流

程桂福（1988，1990）在玻璃水槽内进行静水环境和流动水水流中垂向浮射流至底部后形成的异重流的试验，试验中水槽保持水平，槽底平整光滑。

试验前，先调节水槽水流使其趋于均匀流，水深控制在 40cm 左右，水流速度变化在

$0\sim7\mathrm{cm/s}$ 之间（当水流速度为 0 时，即为静止水体）。试验时，浑水自一特制浑水池底部以浮射流的形式均匀地射入水流中，入射角为 90℃，浮射流流量变化在 $50\sim300\mathrm{cm}^3/\mathrm{s}$ 之间（射流直径为 2cm），含沙量变化在 $20\sim170\mathrm{kg/m}^3$ 之间，浮射流运动至槽底时，形成一掺混区，在此掺混区内浑水稀释严重，含沙量一般在 $1\sim20\mathrm{kg/m}^3$ 之间，浑水的浮力作用是形成异重流的主要原因。

　　试验中，用照相的办法观测异重流运动形态和位移，计时器采用数字式时钟，精度为0.01s，用显微阅读仪从胶片上观测异重流运动，并求得异重流运动位移和时间的关系，从而求得异重流运动速度。泥沙取样采用内径为 4mm 的虹吸管，用过滤烘干法测量异重流含沙量。

　　颜燕和程桂福进行的静止环境中，垂向浮射流实验，观测垂向浮射流抵达槽底时与底部撞击，产生水跃形成异重流后沿水槽底部向两边方向对称运动，底部异重流在开始一段短距离内速度较快后趋向等速前进。在运动过程中，异重流头部膨大，头部高度明显大于后续潜流厚度。程桂福实测异重流头部位置与时间的关系线见图 9 - 15。

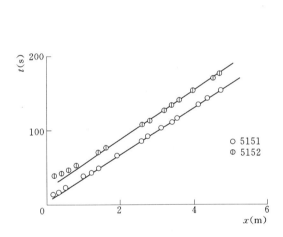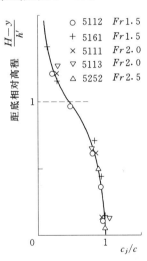

图 9 - 15　异重流前锋位置 x 与时间 t 的关系　　图 9 - 16　垂向浮射流至底部撞击后底层异重流的含沙量垂线分布

　　浮射流在下降过程中卷吸环境水进入浮射流之中，流量增加，含沙量减低，故抵达水槽底部后含沙量减小很多，在与底部撞击后临底射流中的含沙量垂线分布较均匀，实测含沙量垂线分布如图 9 - 16 所示。

　　底部异重流跃前与跃后含沙量的关系观测结果，如图 9 - 17 所示。由于浮射流到达槽底发生水跃掺混剧烈，跃后含沙量降低。

　　静止环境中浮射流到达底部后在平底上的异重流头部速度，颜燕曾进行分析：

$$f(U_f, q, \rho, \Delta\rho g) = 0 \qquad (9-54)$$

式中：U_f 为异重流头部运动速度；q 为异重　图 9 - 17　底部异重流跃前与跃后含沙量的关系

流单宽流量；ρ 为环境水流密度；$\Delta\rho$ 为异重流与环境水流密度差；g 为重力加速度。

由量纲分析可得

$$\frac{U_f}{\left(\dfrac{\Delta\rho}{\rho}gq\right)^{\frac{1}{3}}}=常数 \tag{9-55}$$

式中：$\dfrac{\Delta\rho}{\rho}gq$ 为维持异重流运动的单宽浮力通量。

颜燕和程桂福二人试验表明，$\dfrac{U_f}{\left(\dfrac{\Delta\rho}{\rho}gq\right)^{\frac{1}{3}}}$ 变化在 $0.7\sim0.9$ 之间，基本上为一常数，即

在静止环境中异重流运动满足下式：

$$\frac{U_f}{\left(\dfrac{\Delta\rho}{\rho}gq\right)^{\frac{1}{3}}}=0.8 \tag{9-56}$$

图 9-18 为异重流头部速度无量纲参数与头部 Re 数的关系图，系根据颜燕与程桂福实验数据点绘的。

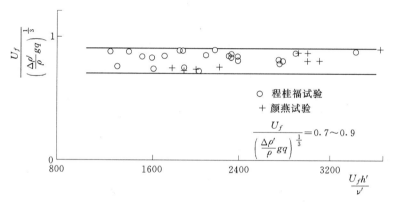

图 9-18   异重流头部速度无量纲参数 $U_f/(g'q)^{1/3}$ 与头部 Re 数的关系

颜燕与程桂福的实验，均用细沙，故其异重流前锋速度与盐水异重流锋速一样，沿程不变。而 Hogg 的实验，因用粗沙，泥沙沉淀，故其前锋速度沿程减小。

Hogg 等人（2005）利用试验水槽，长 9.4m、宽 26cm、高 50cm，试验水深 30cm。试验中在水面某点施放盐水或挟沙水的定常流量，形成垂直浮射流，当环境水为静止时它流至底部后撞击槽底，异重流向两侧沿底运动。试验中未观测浮射流垂向锋速，主要观测不同时间的底部异重流前锋位置，从而可计算其锋速。含沙浮射流试验中，采用碳化硅颗粒人工沙，其密度为 $\rho=3.2\text{g/cm}^3$，平均粒径分别为 $17\mu m$、$23\mu m$、$37\mu m$ 和 $53\mu m$，起始体积含沙量 $0.8\%\sim3\%$。

在环境静止水流时垂直浮射流到达底部时，浮射流由垂向运动时受到周围水体的卷入，以及撞击底部后形成水跃，更增加一部分卷吸流量，此流量分为两股向上游和下游运动。图 9-19 为盐水底部异重流的观测结果，图 9-19（a）、（b）两小图为静水中前锋位置和时间的关系图，试验中每隔 3s 观测头部在不同时间的位置，可见前锋速度沿程不变。

图 9-20 为含沙浮射流形成的底部异重流的观测结果，图 9-19（a）、（b）、（c）为静

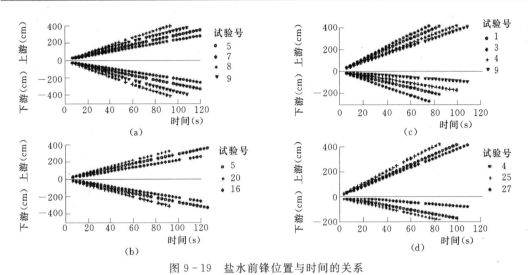

图 9 - 19　盐水前锋位置与时间的关系

（a）静水，流量同，密度改变；（b）静水，密度同，流量改变；（c）环境有流速，流量同，密度改变；
（d）环境有流速，密度同，流量改变

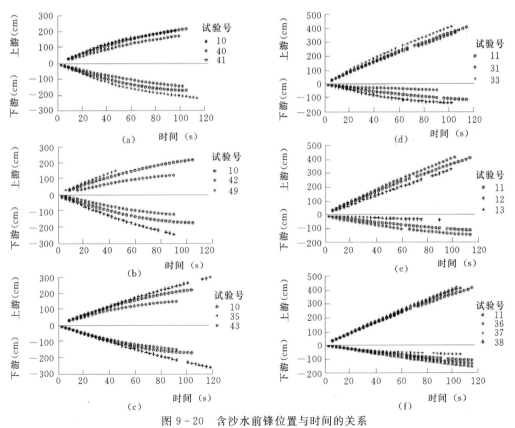

图 9 - 20　含沙水前锋位置与时间的关系

（a）静水，流量与泥沙沉速同，起始含沙量改变；（b）静水，起始含沙量与泥沙沉速同，流量改变；（c）静水，起始
含沙量与流量同，与泥沙沉速改变；（d）环境有流速，流量与泥沙沉速同，起始含沙量改变；
（e）环境有流速，起始含沙量与泥沙沉速同，流量改变；（f）环境有流速，
起始含沙量与流量同，泥沙沉速改变

水中前锋位置和时间的关系图。图 9 - 19（a）中的流量和泥沙沉速两者为常数，仅改变泥沙含量；图 9 - 19（b）中含沙量和泥沙沉速为常数，仅改变流量；图 9 - 19（c）中含沙量和流量为常数，仅改变泥沙沉速。由图 9 - 19（a）、（b）、（c）可见：由于异重流所挟运颗粒较粗，故沿程淤积较快，异重流峰速沿程减小。因此，采用挟沙异重流起始锋速进行分析，考虑到底部异重流的流量为射流的一半，故用下式分析盐水异重流锋速以及挟沙异重流前锋的起始锋速的公式（图 9 - 21），得

U_f盐水异重流平均锋速　　　$U_f = 0.85(g'q/2)^{1/3}$　　　　　　　　　　　　（9 - 57）

U_f挟沙异重流前锋的起始锋速　　$U_{fi} = 0.85(g'q/2)^{1/3}$　　　　　　　　　（9 - 58）

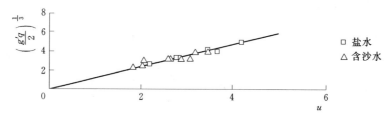

图 9 - 21　盐水异重流平均锋速以及挟沙异重流起始锋速的公式

9.8　流动环境水流中垂向泥水浮射流运动

程桂福和颜燕和 Hogg 等人进行过流动环境水流中垂向泥水浮射流抵达底部后的异重流运动的观测。程桂福和颜燕的试验：首先调节水槽水流为均匀水流，然后施放浑水垂直注入水流中，浮射流受水流的作用，流向发生位移，至槽底以后与底部撞击形成底部异重流，在发生水跃后转变为顺水和逆水底部异重流，见图 9 - 22。

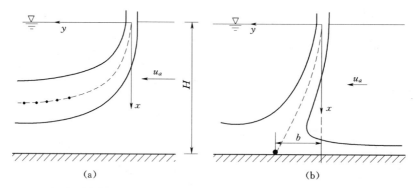

图 9 - 22　流动环境水流中垂向浮射流运动示意图

当水流速度较小时，水流对异重流影响较小，顺水异重流头部结构与静水异重流头部结构相似，异重流厚度沿程变化不大。逆水异重流流速较顺水异重流流速为小，厚度也小，其清浑水交界面清晰，由于水流的剪切作用，头部被削平。

当环境水流速度较大时，顺水异重流头部速度较接近水流速度，异重流厚度增厚，头部被拉平，而逆水异重流头部速度则愈来愈小，异重流厚度沿程变化较大，似一楔形入侵状。

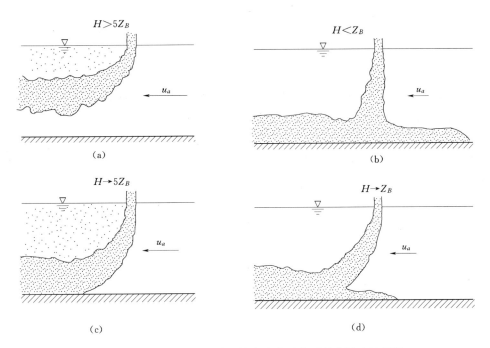

图 9 - 23　有限水深的流动环境水流中垂向浮射流运动示意图

当水流速度进一步增大，顺水异重流头部速度与水流速度接近，其清浑水交界面开始模糊。此时不再形成逆水异重流。

当水流速度再增大一定程度后，在顺水方向，已不再形成交界面清晰的异重流现象，即明渠流，但在下游一段一定距离后，有时可出现分层流现象。

9.8.1　浮射流受环境水流作用下沿射流轴线运动轨迹与密度稀释度的观测

当水流速度较小时，射流在槽底未发生明显弯曲时，向下运动的射流会下达底部，其着底点至原点轴线的距离为 y_b，施测射流着底点位置和含沙量，射流轨迹由射流轴线最大浓度的坐标确定。当水流速度较大时，在水流作用下射流发生明显弯曲，向下运动的射流不能流达底部，见图 9 - 22（a）。图 9 - 23 为不同情况的示意图。

图 9 - 24 为 $x > Z_B$ 时浮射流运动轨迹的实验关系，用量纲分析方法，主要考虑密度流量和环境水流流速对运动轨迹的影响，有

$$\frac{x}{Z_B} = 1.5\left(\frac{y}{Z_B}\right)^{\frac{2}{3}} \tag{9-59}$$

式中：Z_B 为浮射流的特征长度，有

$$Z_B = \frac{B}{u_a^3} = \frac{g'Q}{u_a^3} \tag{9-60}$$

其次，浮射流轴线上的密度变化，即稀释度，程桂福采用范乐年（1967）盐水浮射流的实验和分析方法，在 $x > Z_B$ 时得经验关系

$$\left(\frac{Z_B}{Z_m}\right)^2 \frac{R}{S_0} = 3.4\left(\frac{Z_B}{x}\right)^2 \tag{9-61}$$

其中
$$Z_m = \frac{M^{\frac{1}{2}}}{u_a}$$

$$R = \frac{u_0}{u_a}, \quad S_0 = \frac{c_0}{c_m}$$

式中：Z_m 为浮射流特征长度；R 为浮射流初始速度与环境水流速度之比；S_0 为浮射流轴线稀释度，即浮射流初始含沙量与轴线上的含沙量之比值。

图 9-25 为轴线上的含沙量稀释度，其中尚有范乐年盐水浮射流实验资料。

实验水槽水深为 H 时的浮射流着底位置和该处临底含沙量稀释度，分别绘于图 9-26 和图 9-27。

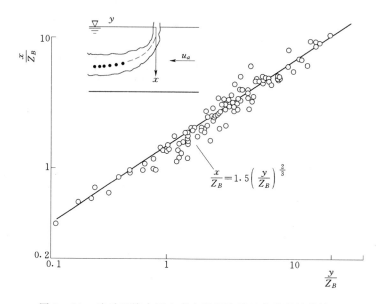

图 9-24   流动环境水流中垂向浮射流明显弯曲段轴线轨迹

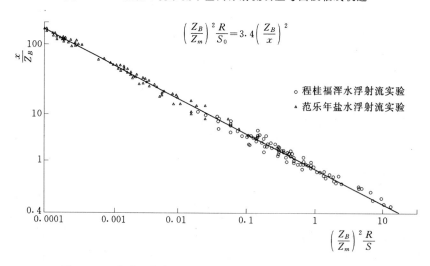

图 9-25   流动环境水流中垂向浮射流明显弯曲后轴线稀释度

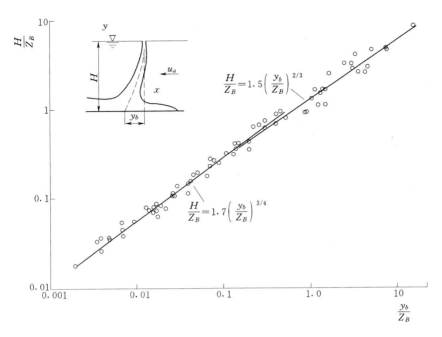

图 9 - 26　流动环境水流中垂向浮射流着底位置

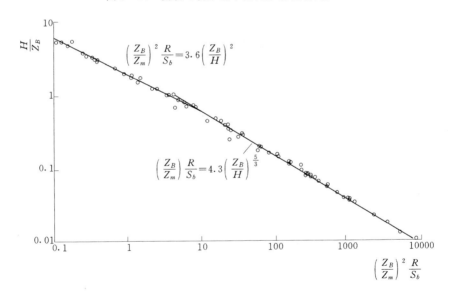

图 9 - 27　浮射流临底含沙量稀释度

当浮射流无明显弯曲时，浮射流下泄至槽底，在着底处测量临底含沙量 c_b，得临底稀释度 $S_b = \left(\dfrac{c_0}{c_b}\right)$，点绘于图 9 - 27。图 9 - 26 绘出浮射流着底时的位置。

当 $\dfrac{H}{Z_B} < 1$ 时

$$\left(\frac{Z_B}{Z_m}\right)^2 \frac{R}{S_b} = 4.3 \left(\frac{Z_B}{H}\right)^{\frac{5}{3}}$$

$$\frac{H}{Z_B} = 1.7 \left(\frac{y_b}{Z_B}\right)^{\frac{3}{4}} \qquad (9-62)$$

当 $1 < \dfrac{H}{Z_B} < 5$ 时

$$\left(\frac{Z_B}{Z_m}\right)^2 \frac{R}{S_b} = 3.6 \left(\frac{Z_B}{H}\right)^2$$

$$\frac{H}{Z_B} = 1.5 \left(\frac{y_b}{Z_B}\right)^{\frac{2}{3}} \qquad (9-63)$$

9.8.2　底部挟沙顺水异重流和逆水异重流的锋速与环境流速的关系

试验中观测顺水和逆水异重流前进中位置与时间的关系，从图 9-28 可看出异重流以等速前进。

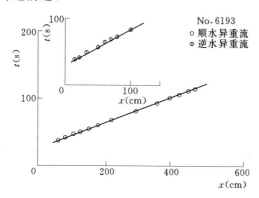

图 9-28　顺水和逆水异重流
前进中位置与时间的关系

试验中分别在距浮射流着底处 100cm 和 50cm 外测垂线含沙量分布，作为顺水和逆水异重流的含沙量，测验表明，顺水异重流平均含沙量小于逆水异重流平均含沙量。并在浮射流着底处，测量含沙量值。

顺水和逆水异重流，可用量纲分析方法，得

$$f\left[\frac{u_{f_i}}{u_a}, \frac{u_a}{\left(\frac{\Delta\rho_b'}{\rho}gq_b\right)^{\frac{1}{3}}}\right] = 0$$

式中：u_{f_i} 异重流头部速度，$i=1$ 顺水，$i=2$ 逆水；u_a 为环境水流速度；q_b 为底部异重流单宽流量；ρ_b' 为底部异重流起始密度与环境水密度之差。

设底部异重流初始密度时的浮力通量与底部起始速度 u_k 之间的关系为

$$u_k = \frac{1}{2}\left(\frac{\Delta\rho_b'}{\rho}gq_b\right)^{\frac{1}{3}} = \frac{1}{2}b^{\frac{1}{3}}$$

垂直射流在静水环境中抵达底部时形成异重流的头部速度为

$$u_f = 0.8\left(\frac{\Delta\rho_b'}{\rho}gq_b\right)^{\frac{1}{3}} \qquad (9-64)$$

则与之相比得 $u_k = 0.63u_f$。

因此，具有环境水流水平流速时，垂直射流到达底部时顺水与逆水异重流头部速度的影响，有下列关系

$$\frac{u_{f_i}}{u_a} = f\left(\frac{u_a}{u_k}\right) \qquad (9-65)$$

图 9-29 为式（9-65）的经验关系（取顺水异重流为正，逆水异重流为负）。

从图 9-29 可见，随着 $\dfrac{u_a}{u_k}$ 的增大，$\dfrac{u_{f_i}}{u_a}$ 逐渐减小。试验资料观测结果显示，流动水流

环境中异重流运动表现出如下规律:

(1) 当 $0<\dfrac{u_a}{u_k}\leqslant 1$ 时，顺水异重流运动速度大于环境水流速度（$u_{f_1}>u_a$），异重流运动形态同静水中异重流相类似，头部膨大，头部高度明显大于后续潜流厚度，潜流厚度沿程变化不大；逆水异重流运动速度也大于环境水流速度（$u_{f_2}>u_a$），异重流头部被"削平"，异重流厚度沿程变化不大。

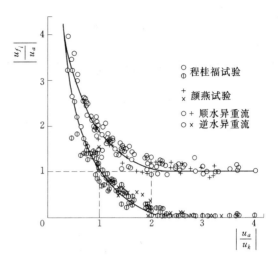

图 9-29　挟沙底部顺水异重流和逆水异重流的锋速与环境流速的关系曲线

(2) 当 $1<\dfrac{u_a}{u_k}<2$ 时，顺水异重流运动速度仍然大于环境水流速度（$u_{f_1}>u_a$），但随着水流强度的增加，异重流头部逐渐被"拉平"；逆水异重流运动速度开始小于环境水流速度（$u_{f_2}<u_a$），异重流呈"楔形"入侵。

(3) 当 $\dfrac{u_a}{u_k}=2$ 时，顺水异重流运动速度与环境水流速度基本一致（$u_{f_1}\approx u_a$）；逆水异重流运动速度为 0（$u_{f_2}\approx 0$），即此时已不在形成逆水异重流。由图 9-31 可知，此时，环境水流速度约为相当条件下静水异重流运动速度的 1.6 倍，即 $u_a\approx 1.6u_f$。

(4) 当 $2<\dfrac{u_a}{u_k}\leqslant 4$ 时，顺水异重流随环境水流一起运动，异重流界面开始模糊，异重流厚度沿程变化较大，无逆水异重流。

(5) 当 $\dfrac{u_a}{u_k}>4$ 时，由于环境水流强度较大，掺混比较严重，已不能再形成界面清晰的异重流。

对 Hogg 的挟沙底部顺水异重流和逆水异重流的锋速资料，也可进行类似分析。图 9-20 为环境水流流速 $u_a=2.9\text{cm/s}$ 的前锋位置与时间的关系线，图 9-20（d）中的流量和泥沙沉速两者为常数，仅改变泥沙含量；图 9-20（e）中含沙量和泥沙沉速为常数，仅改变流量；图 9-20（f）中含沙量和流量为常数，仅改变泥沙沉速。由此可见，由于挟沙异重流前峰沿程降低，故仅采用其初始峰速值进行分析。利用式（9-65）的关系，点绘图 9-30，可见同程桂福和颜燕的结果接近。

此外，程桂福还点绘环境流动中异重流头部速度与相应的静水环境中异重流头部速度之比同环境水流速度 u_a 与静水环境中异重流头部速度之比的实验关系，如图 9-31 所示。

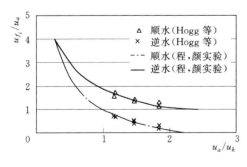

图 9-30　挟沙底部顺水异重流和逆水异重流的起始锋速与环境流速的关系（Hogg）

顺水与逆水异重流的分流比$\dfrac{q_2}{q_1}$与分沙比$\dfrac{b_2}{b_1}$的实验关系，见图 9 - 32 和图 9 - 33，静水中垂直射流抵达底部形成异重流左右两个方向流动速度相等，当$\dfrac{u_a}{u_k}=0$时，即当$q_1=q_2$时，有$c_1=c_2$。而当$\dfrac{u_a}{u_k}>2$时，$\dfrac{q_2}{q_1}=0$，$\dfrac{b_2}{b_1}=0$，即无逆水异重流发生。

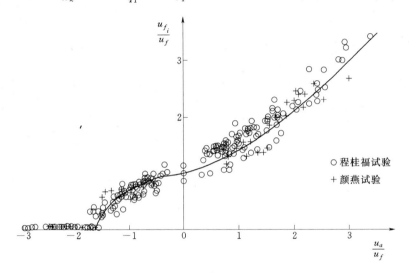

图 9 - 31 环境流动中异重流头部速度与相应的静水环境中异重流头部速度之比
同环境水流速度 u_a 与静水环境中异重流头部速度之比的实验关系

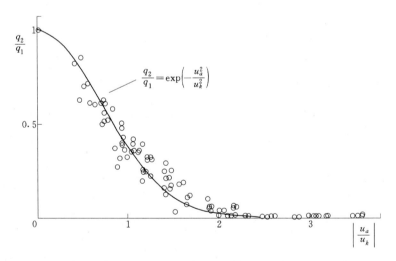

图 9 - 32 顺水与逆水异重流的分流比$\dfrac{q_2}{q_1}$与水流条件的实验关系

图 9 - 32、图 9 - 33 的经验关系，呈 Guass 分布，但分沙比"特征宽度"略大于分流比的特征宽度

$$\frac{q_2}{q_1}=\exp\left[-\left(\frac{u_a}{u_k}\right)^2\right] \tag{9-66}$$

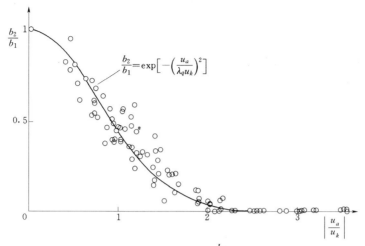

图 9 - 33　顺水与逆水异重流的分沙比 $\dfrac{b_2}{b_1}$ 与水流条件的实验关系

$$\frac{b_2}{b_1}=\exp\left[-\left(\frac{u_a}{\lambda u_k}\right)^2\right] \tag{9 - 67}$$

其中 $\lambda = 1.12$。

参考文献

程桂福. 1988. 河口抛泥浮射流与底层异重流的试验研究. 水利水电科学研究院研究生毕业论文, 96.

程桂福. 1990. 异重流运动速度与环境水流速度关系的研究. 泥沙研究, 1990 (4)：77 - 81.

颜燕. 1986. 抛泥与急流异重流的试验研究. 水利水电科学研究院研究生毕业论文.

颜燕, 范家骅. 1989. 抛泥及急流异重流的实验研究. 水利水电科学研究院科学研究论文集, 第 29 集, 228 - 236.

余常昭, 1992. 环境流体力学导论. 清华大学出版社.

Awaya, Y. Fujiszki, K., Matsumaga, K. 1985. Transition in the behavior of sediment - laden vertical buoyant jet. Journal of Hydroscience and Hydraulic Engineering, 3 (1)：63 - 74.

Bruch, Jr, L. M. 1962. Exploratory study of sediment diffusion. J. Geophys. Res., 67 (4)：1427 - 1433.

Cavalletti, A., Davies, P. A. 2003. Impact of vertical turbulent, planar, negatively buoyant jet with rigid horizontal bottom boundary. J. Hydr. Engng, 129：54 - 62.

Fan L. N. 1967. Turbulent buoyant jets into stratified or flowing ambient fluids. Tech. Report KN - R - 15, W. M. Keck Lab. of Hydraulics and Water Resources, California Institute of Technology.

Henriksen, H. J., Haar, H., Bo Pedersen, F. 1982. Sediment-laden buoyant jets. Prog. Report 57. Inst. Hydrod. . and Hydraulic Engrg., Tech. Univ. Denmark, 33 - 42.

Hogg, A. J., Huppert, H. E., Hallworth, M. A. 2005. On gravity currents driven by constant fluxes of saline and particle-laden fluid in the presence of a uniform flow. J. Fluid Mech., 539：349 - 385.

Gsang, G., Wood, I. R. 1968. Motion of two-dimensional starting plume. J. Engng. Mech. Div., ASCE, 94 (EM6)：1547 - 1561.

Wood, I. R. 1965. Studies in unsteady self-preserving turbulent flows. Univ. of N. S. W., Aust., Water Research Laboratory. Rep. No. 81.

Morton, B. R., 1956. Buoyant plumes in a moist atmosphere. J. Fluid Mech., 2：127 - 144.

Morton, B. R., 1959. Forced plumes. J. Fluid Mech., 5：151 - 163.

第 10 章 非连续浑水异重流的实验研究 I：浑水异重流槽宽突变时的局部掺混

利用浑水异重流水槽实验，改变不同收缩段和扩宽段的槽宽比，研究异重流流经槽宽突然收缩和突然扩宽时的流动特性，观察了槽宽突变断面上下游的流态，以及局部掺混情况，同时测读有关水沙因子。在不考虑沿程掺混因子的情形下，进行理论分析，求得浑水异重流流经突变断面时，上下游水力和泥沙诸因子与局部掺混系数的关系式。根据实测数据建立上下游槽宽比（扩宽与收缩）与局部掺混系数的经验关系式。利用上述诸公式，可计算求得异重流在槽宽突变时掺混系数的变化和下游断面的水沙值。

10.1 有关异重流变速流的工作简述

两种流体由于密度差异和重力作用而形成异重流，其形式有底部异重流、中层异重流或上层异重流。含有泥沙的异重流名叫浑水异重流，或浑浊流。它在不同场合中出现，如湖泊中（Forel，1885），水库中（Morris，Fan 1997，De Cesare，2001），河口（Officer，1976），海洋（Simpson，1976，Pallesen，1983）以及狭湾。此外，浑水异重流还在水工建筑内形成，设计时需要考虑，例如沉淀池、引航道和海港等。

Schijf 和 Schonfeld（1952）曾对异重流渐变流（Gradually varied flow）进行分析。Armi 和 Farmer（1986）、Grimm 和 Maxworthy（1999）曾对渐变两层流流经收缩段的流态进行研究。在他们的分析中，每层的动量通量假定为守恒的，即无动量的传递，假定一层至另一层之间没有发生水体的掺混。Ellison 和 Turner（1959）则在推导方程中考虑了两层水流之间的水体掺混，并进行盐水异重流实验，得出水量掺混系数与修正 Fr 数（或 Ri 数）的关系。Parker 等（1987）在推导动量方程时引入两层流之间的水量掺混以及底部的泥沙掺混。

具有宽度突然改变的急变两层流，或非连续两层流，最早由 Stommel 和 Farmer（1952）针对河口分层流进行过分析；Rottman 等人（1985）进行过两层流流过阻碍物时流态的分析。在他们的分析中，忽略了两层水流之间水量掺混的影响。

本章分析非连续异重流通过槽宽扩宽和缩窄时流动产生的局部水量掺混和含沙量掺混问题。至于非连续异重流水跃的局部水量掺混的讨论，见第 11 章或范家骅（2005）。

10.2 掺混的物理现象

清水层与浑水异重流层之间水量交换可按交换机理分类如下。

10.2.1　纵向水量掺混

由异重流的交界面上的剪应力而形成纵向掺混。在急流盐水异重流中沿交界面上的纵向掺混水量，Ellison 和 Turner 等人进行过测量；而在浑水异重流中，Ashida 和 Egashira（1975）、Parker 等（1987）、Lee 和 Yu（1997）在水槽内测量过纵向水量掺混量。

10.2.2　纵向负掺混现象

谢志锋（1965）对浑水异重流流过底坡为 0.003 的水槽时，用肉眼定性观察浑水异重流纵向负掺混现象，他制备成与浑水异重流相同密度的红水盐水注入异重流中，看到浑水底部流沿水槽移动过程中，有红色水体透过交界面渗出，汇集在交界面的上部，而此位于交界面上的红色水层，则随纵向愈变愈厚，且红色愈来愈深，而下层浑水异重流的层厚则逐渐减少。范家骅在木质水槽中施测浑水异重流在不同断面上的流速分布，证明异重流沿程流量减少，说明异重流有水量通过交界面渗到上层水体中去，此即负掺混现象。

另一种负掺混出现在盲肠河段内。当浑水异重流在一段盲肠河段入口处潜入而形成上下两层交换水流时，由于异重流中泥沙颗粒沉降而撇出的清水通过交界面渗到上层水流，此种掺混亦为纵向负掺混现象。流入的下层流流速沿纵向减小而清水渗入上层，后者则同时以相反方向流出盲肠段。在长盲肠段中，底部流速沿程逐渐减少，至某断面处为零，从而形成一浑水异重流楔。范家骅（1980）曾分析水槽和原型资料用经验方法估计纵向沿程的负掺混流量。

10.2.3　局部的水体掺混

局部的水体掺混产生在非连续异重流中，如在异重流通过河道突然扩宽河段，或突然收缩河段，以及内部水跃。关于异重流内部水跃的从上层掺入下层流的水体发生在旋辊区的上游，谢志锋进行过定性观察，Garcia（1993）定量测量过浑水内部水跃的掺混水量；Stefan 和 Hayakawa（1972）测量过温差异重流内部水跃掺混量，此外 Baddour（1987）和 Garcia 分别测过盐水内部水跃的掺混量。笔者曾进行浑水异重流水槽实验，以确定槽宽突然扩大和突然收缩时所造成的或正或负的局部水量掺混系数。

10.3　异重流流经突然扩宽段时的流态分析

10.3.1　异重流流经突然扩宽段时包含局部水量掺混系数的动量方程的推导

根据动量和连续方程，对异重流流经突然扩宽段的水流情况，进行解析分析。图 10 - 1（a）表示其定义图，上游宽度为 B_1，下游宽度为 B_2，其宽度比为 B_1/B_2。假定上层的流速 u_1 为零，下层的异重流流速为 u_2。推导中忽略阻力损失，并假定槽底坡度为零。

考虑上游断面 Ⅰ 上的上层清水层上的静水压力为 $B_1 \int_{h_2}^{H} \rho_1 g(H-z) \mathrm{d}z$，下层浑水层上的静水压力为 $B_1 \int_0^{h_2} [\rho_2 g(h_2-z) + \rho_1 g(H-h_2)] \mathrm{d}z$，以及在 (B_2-B_1) 墙面上的压力为

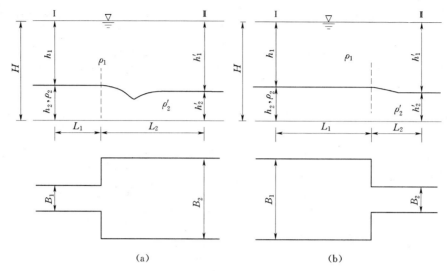

图 10-1 异重流槽宽扩宽和缩窄的纵剖面与平面示意图

$(B_2-B_1)\left[\rho_1 gH^2/2+\Delta\rho gh_2^2/2\right]$。

在下游断面 Ⅱ 上下两层上的静水压力为 $B_2\left[\rho_1 gH^2/2+\Delta\rho gh_2^2/2\right]$，以及在面积 $(B_2-B_1)h_2$ 上的动力剩余压力为 $\zeta(u_2/2g)\rho_2 g(B_2-B_1)h_2$，其中 $\Delta\rho=\rho_2-\rho_1, \Delta\rho'=\rho_2'-\rho_1, \rho$ 为密度，下角标 1、2 代表上、下层，上角标撇号代表下游断面 Ⅱ，无撇号代表断面 Ⅰ，$u_2, u_2'=$ 在断面 Ⅰ 和 Ⅱ 的异重流流速，ζ 为压力分布系数，$H=h_1+h_2$，$H'=h_1'+h_2'$。

根据牛顿第二定律，可写出动量方程：

$$B_2\left(\frac{\rho_1 H^2}{2}+\frac{\Delta\rho h_2^2}{2}\right)+\zeta\frac{u_2^2}{2g}\rho_2(B_2-B_1)h_2+\alpha\frac{\rho_2}{g}B_1 h_2 u_2^2$$
$$=B_2\left(\frac{\rho_1 H'^2}{2}+\frac{\Delta\rho' h_2'^2}{2}\right)+\alpha\frac{\rho_2'}{g}B_2 h_2' u_2'^2 \tag{10-1}$$

式中：α 为流速系数。

当异重流流经控制断面，出现内部水跃时，应考虑水量的掺混。假定水量的掺混系数为 K_Q。令 $K_Q=1+q_E/q_2=1+E$，式中 q_E 为掺混单宽流量，E 为掺混单宽流量与异重流单宽流量的比值。因此，可写出流量的连续方程：

$$K_Q B_1 h_2 u_2=(1+E)B_1 h_2 u_2=B_2 h_2' u_2' \tag{10-2}$$

代入式 (10-1)，得

$$\frac{u_2^2}{\dfrac{\Delta\rho}{\rho_2}gh_2}=\frac{1-\dfrac{\Delta\rho'}{\Delta\rho}\left(\dfrac{h_2'}{h_2}\right)^2+\dfrac{\rho_1}{\Delta\rho}\left(\dfrac{H^2-H'^2}{h_2^2}\right)}{2\alpha\dfrac{B_1}{B_2}\left(K_Q^2\dfrac{\rho_2'}{\rho_2}\dfrac{B_1}{B_2}\dfrac{h_2}{h_2'}-1\right)-\zeta\left(1-\dfrac{B_1}{B_2}\right)} \tag{10-3}$$

假定 $\zeta=0$，$\alpha=1$，$\rho_2\approx\rho_2'$，$\Delta\rho'/\Delta\rho=c_2'/c_2$，以及 $H\approx H'$，得

$$\frac{u_2^2}{\dfrac{\Delta\rho}{\rho_2}gh_2}=\frac{1-\dfrac{c_2'}{c_2}\left(\dfrac{h_2'}{h_2}\right)^2}{2\dfrac{B_1}{B_2}\left(K_Q^2\dfrac{B_1}{B_2}\dfrac{h_2}{h_2'}-1\right)} \tag{10-4}$$

虽然由于掺混量的加入，下游异重流的流量增大，但其平均含沙量则因流速降低而有所降低。

输沙量连续方程，可用下式表示：

$$\rho_2 Q_2+\rho_1 Q_E=\rho_2' Q_2'$$

$$\frac{\rho_2}{\rho_2'}Q_2 K_Q\left(1-\frac{\rho_2-\rho_1}{\rho_2}\frac{Q_E}{Q_2 K_Q}\right)=Q_2'$$

令 $K_c=\left(1-\dfrac{\rho_2-\rho_1}{\rho_2}\dfrac{Q_E}{Q_2 K_Q}\right)$，$K_c$ 为含沙量系数，因 $\rho_i=\rho_o+(1-\rho_o/\rho_s)c_i$，其中 ρ_i 为流体密度，$i=1$，2 代表上层或下层，c_i 为含沙量，ρ_s 为泥沙密度，ρ_o 为清水密度。

故输沙量连续方程，可用下式表示：

$$K_c K_Q B_1 h_2 u_2 c_2=B_2 h_2' u_2' c_2' \tag{10-5}$$

其中
$$K_c=c_2'/c_2 \tag{10-6}$$

10.3.2　浑水异重流槽宽突然扩宽的水槽试验

实验在 50m 长的异重流水槽中进行，槽宽 50cm、深 200cm、槽底坡度为 0.0005。3 组试验的布置如下：①$B_1=30$cm，$B_2=50$cm，窄段末端至宽段的扩展角为 90°；②$B_1=15$cm，$B_2=50$cm，扩展角为 90°；③$B_1=15$cm，$B_2=50$cm，扩展角为 45°。

试验过程：含有黏土的不同泥沙含量的浑水，在一个大循环池中搅匀，用水泵打至具有一定常水头的平水塔内，以供应含有一定含沙量的定常浑水流量，进入槽端，使造成在清水层下的底部异重流运动，为保持异重流进入流量等于出槽流量，用尾门控制流量，使自由水面高程保持不变。在不同断面从玻璃窗上用肉眼测量交界面和异重流厚度，并在断面Ⅰ和断面Ⅱ用虹吸管吸出槽底以上不同高度的水样，用比重瓶法测定出含沙量的垂向分布，并记录清水和浑水的温度。

异重流通过扩宽段时的纵向交界面变化，在不同断面记录其深度，可看到在窄段末端，该处为一控制断面，在临界水深处交界面降低，其下游产生一不连续的内部水跃，如图 10-2 所示。控制断面的下游，异重流含沙量随扩展角大小而降低。在水跃中发生强烈的掺混，致使其下游含沙量降低。

当异重流流量大时，交界面的紊动强度剧烈，交界面上的波动，幅度达 1～2cm。而当异重流含沙量高时，交界面比较稳定，也较清晰。在实验过程中，观察到异重流运动受到槽的末端的影响造成壅水，致使异重流在控制断面下游的厚度增加。所以，在实验中仅采用最初测取的在壅水作用之前的交界面数据。如图 10-2 所示，实验数据列于表 10-1。

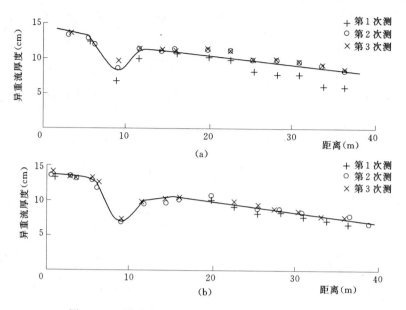

图 10-2　异重流通过突然扩宽段交界面纵向变化图
(缩窄段宽＝30cm，扩宽段宽＝50cm)

(a) 试验号 W5：$Q=3L/s$，$c=21.7kg/m^3$，$h_2=14cm$，$h_2'=10.4cm$；

(b) 试验号 W6：$Q=4.5L/s$，$c=40kg/m^3$，$h_2=14cm$，$h_2'=12cm$

表 10-1　　　　　　　　　　　　扩宽段异重流水槽试验资料

编号	B_1/B_2	Q (L/s)	h_2 (cm)	h_2' (cm)	c_2 (kg/m³)	c_2' (kg/m³)	总水深 H (cm)	h_2' 计算值 (cm)	c_2' 计算值 (kg/m³)
(1)	(2)	(3)	(4)	(5)	(6)	(7)	(8)	(9)	(10)
W1	0.6	6	19.4	16.8	27.3	25.6	125	16.1	25.8
W2		5	19	15.5	20	19.2	110	15.6	19.0
W3		4	14	10	19.5	19.4		10.4	18.5
W4	(扩展角	9.5	28	23	26.2	23	110～90	24.4	24.9
W5	＝90°)	3	14	10.4	21.7	21.6	115～90	12.3	20.6
W6		4.5	14	12	40	39.4	110～85	11.5	38.0
W7		5.5	15	11.5	26.4	25.6	120	12.0	25.1
W8	0.3	4.4	18.5	12	35.8	33.3	100	12.6	29.4
W9		6	28	21	42	37.5	125	24.1	34.4
W10	(扩展角	3	19	12	41.4	38.6	120	17.0	33.9
W11	＝90°)	5.3	32	24	22.4	17.2	125	27.5	18.4
W12		3.5	24.5	15.5	21.0	17.4	95	20.8	17.2
W13	0.3	3	16.5	10	20	15.9		11.4	16.4
W14		4	25.5	16	20	15		20.1	16.4
W15	(扩展角	5	29	16	12.4	10.2		19.4	10.2
W16	＝45°)	6	49	29	8.6	6.4	120	42.9	7.1
W17		3.5	19.5	13	18.1	13.8		13.2	14.8

注　如图 10-1 所示，h_2、h_2' 分别为断面 I 和断面 II 的异重流水深，c_2、c_2' 分别为断面 I 和断面 II 的异重流含沙量，B_1、B_2 分别为断面 I 和断面 II 的槽宽。

10.3.3　实验数据的分析

用式（10-4），可试求得水量掺混系数的值，其值随 B_1/B_2 而变。利用式（10-4），先假定 $c'_2 \approx c_2$，将测得的数据 h'_2 等值代入。图 10-3 为求得 K_Q 的平均值与 B_1/B_2 的经验关系，下式适用于扩宽试验范围，即 $B_1/B_2 < 1$：

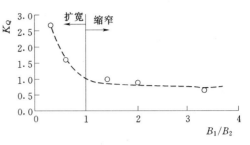

$$K_Q = 1.04(B_1/B_2)^{-0.8} \quad (10-7)$$

在下段扩宽段的含沙量减少值可利用式（10-6），求出含沙量负掺混系数值，图 10-4 为含沙量负掺混系数平均值与 B_1/B_2 之间的经验关系。

图 10-3　局部水量掺混系数与水槽扩宽段与缩窄段槽宽比值的实验关系

当已知宽度比值 B_1/B_2 时，即可求得水量掺混系数。如假定 $c_2 \approx c'_2$，代入式（10-4），可求得扩宽段异重流厚度 h'_2 计算值。图 10-5 为 h'_2 计算值与实验值的关系。

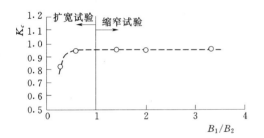

图 10-4　含沙量掺混系数与水槽扩宽段与缩窄段槽宽比值的实验关系

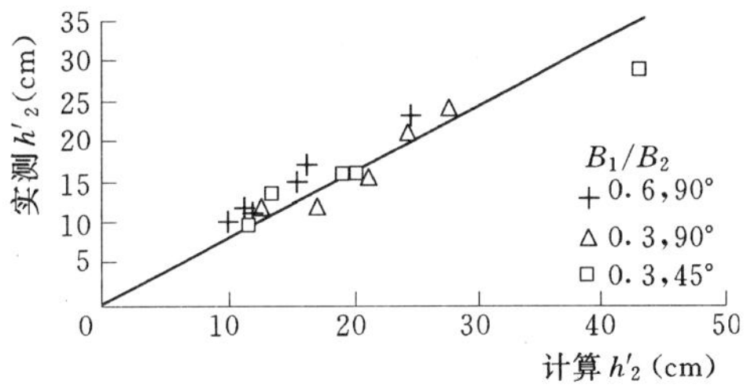

图 10-5　下游断面异重流厚度计算值与实测值的比较（50m 水槽浑水异重流槽宽突扩试验）

为估计扩宽段的异重流含沙量值 c'_2，可从图 10-4 的 B_1/B_2 与异重流含沙量的负掺混系数 K_c 的关系线，得出在扩宽段异重流含沙量的计算值 c'_2。

10.4　槽　宽　缩　窄

10.4.1　槽宽缩窄时的动量方程的推导

异重流流过平底水槽的缩窄段时各参数的定义，如图 10-1（b）所示。与异重流流过一扩宽段的分析类似，现考虑压力、重力、动压力的剩余压力和动量的改变，并忽略阻力损失，可写出动量方程：

$$B_1\left(\frac{\rho_1 H^2}{2} + \frac{\Delta\rho h_2^2}{2}\right) + \alpha\frac{\rho_2}{g}B_1 h_2 u_2^2 + \zeta\frac{u_2^2}{2g}\rho_2(B_1 - B_2)h_2$$

$$= B_1\left(\frac{\rho_1 H'^2}{2} + \frac{\Delta\rho' h_2'^2}{2}\right) + \alpha\frac{\rho'_2}{g}B_2 h'_2 u_2'^2 \quad (10-8)$$

在缩窄段的上游出现壅水造成异重流水量的负掺混。流体的连续方程为

$$K_Q B_1 h_2 u_2 = B_2 h_2' u_2'$$

$$K_Q = (1 - E) \tag{10-9}$$

$$K_Q < 1$$

将式（10-9）代入式（10-8），得

$$\frac{u_2^2}{\dfrac{\Delta\rho}{\rho_2} g h_2} = \frac{1 - \dfrac{\Delta\rho'}{\Delta\rho}\left(\dfrac{h_2'}{h_2}\right)^2}{2\alpha\left(\dfrac{B_1}{B_2}\dfrac{h_2}{h_2'}K_Q^2 - 1\right) - \zeta\left(1 - \dfrac{B_2}{B_1}\right)} \tag{10-10}$$

假定 $\zeta = 0$，$\alpha = 1$，$\Delta\rho'/\Delta\rho = c_2'/c_2$，得

$$\frac{u_2^2}{\dfrac{\Delta\rho}{\rho_2} g h_2} = \frac{1 - \dfrac{c_2'}{c_2}\left(\dfrac{h_2'}{h_2}\right)^2}{2\alpha\left(\dfrac{B_1}{B_2}\dfrac{h_2}{h_2'}K_Q^2 - 1\right)} \tag{10-11}$$

在回水区常发生泥沙淤积，故泥沙连续方程用式（10-5）表示，其中 $K_c = c_2/c_2'$ [式（10-6）]，K_c 为含沙量降低系数。

10.4.2　浑水异重流在突然缩窄段内流动的水槽实验

实验在槽长 50m、槽宽 50cm、底坡为 0.0005 的水槽中进行。缩窄段长 13.5m，宽分

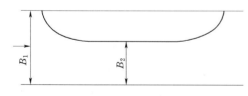

图 10-6　槽宽突然缩窄试验平面布置图

别为 35cm、25cm、15cm，如图 10-6 所示。共进行 3 组试验：①$B_1/B_2 = 1.43$；②$B_1/B_2 = 2.0$；③$B_1/B_2 = 3.33$。在每次试验之前，在浑水循环系统配好一定的含沙浓度，并泵入平水塔调好一定流量，引入水槽内，使形成底部异重流。流量范围 3～10L/s，含沙量为 6～36kg/m³。浑水中的泥沙粒径分布为：$d_{90} = 0.006 \sim 0.007$mm，$d_{50} = 0.0018 \sim 0.002$mm。

当浑水引进槽内形成底部异重流，在缩窄段的上游异重流最初到达时，交界面上产生强烈的旋涡。当异重流流到缩窄断面，由于收缩引起的壅水产生一向上游传播的涌浪，在宽段抬高了异重流交界面，直至到达一稳定的高度，这时交界面上的旋涡减弱。

图 10-7 为肉眼观测的纵向交界面线，以及组次 C13 在断面Ⅰ和断面Ⅱ上测得的含沙量垂向分布。在上游断面Ⅰ的目测异重流厚度较下游断面的异重流更厚些。如图 10-7 所示，缩窄段内所测交界面纵向坡度说明出现加速流。在缩窄段末端出现临界水深，接着在窄段下游的扩大段内产生一异重流内部水跃。此水跃与扩宽段实验类似。浑水异重流在断面Ⅱ的含沙量略低于断面Ⅰ。各组试验数据列于表 10-2。

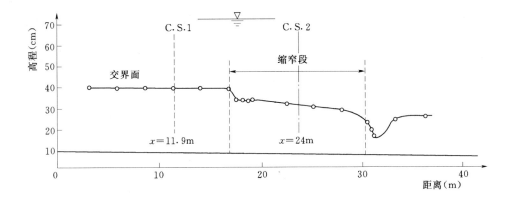

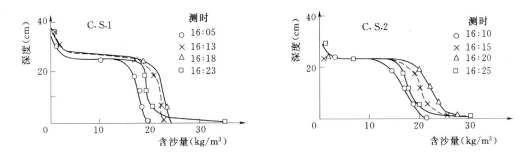

图 10-7　试验号 C13 沿缩窄段和扩宽段的交界面纵向变化线

$(Q=5.6\text{L/s}, \ c=19.5\text{kg/m}^3)$

表 10-2　　　　　　　　　　　　　缩窄段异重流水槽试验资料

编号	B_1/B_2	Q (L/s)	h_2 (cm)	h_2' (cm)	c_2 (kg/m³)	c_2' (kg/m³)	T (℃)	计算值 h_2'(cm)	计算值 c_2'(kg/m³)
(1)	(2)	(3)	(4)	(5)	(6)	(7)	(8)	(9)	(10)
C1	1.43	9.7	37.5	34	6.5	7.0	9.5	28.1	6.2
C2		9.5	40	32	10.0	9.5		36.8	9.5
C3		9.4	31	25	22.5	20.0	11.8	27.9	21.4
C4		6.5	34	30	7.5	7.0	7.6	31.3	7.1
C5		5.9	35	29	6.5	5.0		32.7	6.2
C6		4.5	29	27	7.5	7.0	5.5	27.6	7.1
C7	2.0	10	38.5	32	27.0	26.5	19.5	35.0	25.7
C8		8.4	35	30	23.7	22.5	16.0	30.1	22.5
C9		7.1	35	30	14.5	14.5	16.0	30.5	13.8
C10		6.9	30	27	23.0	22.5	19.2	26.4	21.9
C11		6.2	30	26	16.5	16.5	16.0	25.5	15.7
C12		5.8	30	26	27.0	25.0	17.0	28.2	26.7
C13		5.6	29.5	24	19.5	18.5	19.0	26.8	18.5

编号	B_1/B_2	Q (L/s)	h_2 (cm)	h_2' (cm)	c_2 (kg/m³)	c_2' (kg/m³)	T (℃)	计算值 h_2'(cm)	计算值 c_2'(kg/m³)
(1)	(2)	(3)	(4)	(5)	(6)	(7)	(8)	(9)	(10)
C14		4.2	25	21	15.0	13.5	15.5	22.0	14.3
C15		3.3	27	22	11.5	11.5	15.0	25.4	10.9
C16	3.33	6.8	42	37	24.5	24.5	26.0	37.4	23.3
C17		5.2	35.5	31	24.0	23.0	26.0	31.6	22.8
C18		3.8	28.5	25	25.0	23.0	25.0	25.4	23.8
C19		3.8	29.2	24.5	27.5	26.0	27.0	26.6	26.1
C20		3.0	26.5	23	22.0	21.0	25.5	24.1	20.9

> 注　如图 10-1 所示，h_2、h_2' 分别为断面 Ⅰ 和断面 Ⅱ 的异重流水深，c_2、c_2' 分别为断面 Ⅰ 和断面 Ⅱ 的异重流含沙量，B_1、B_2 分别为断面 Ⅰ 和断面 Ⅱ 的槽宽。

10.4.3　试验资料的分析

资料表明，在河段缩窄的实验中在清浑水之间形成水体的负掺混，而在河段扩宽的实验中在宽段内则存在清浑水之间水量的正掺混。

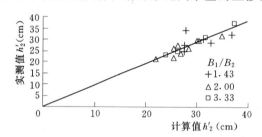

图 10-8　缩窄段异重流厚度实测值和计算值的比较（槽宽缩窄试验）

利用式（10-11），可通过实验资料计算 K_Q 值。分析得出在缩窄段（$B_1/B_2>1$）水量掺混系数的平均值 K_Q 与 B_1/B_2 的经验关系（见图 10-3）如下：

$$K_Q=1.26\exp(-0.2B_1/B_2)$$

$$(10-12)$$

而含沙量系数 K_c，其平均值与 B_1/B_2 的关系，如图 10-4 所示。

当考虑缩窄段的负掺混的因素时，下游异重流厚度 h_2' 可用式（10-11）计算。点绘 h_2' 计算值与实测值的关系，如图 10-8 所示。

利用 K_c 和 B_1/B_2 的经验关系线，可计算缩窄段的含沙量值 c_2'。

10.5　小　　结

笔者在实验室水槽中进行了浑水异重流流经宽度突然变化的急变流的实验。当浑水异重流进入水槽扩宽段时，即发生一内部水跃，局部掺混的水量从上层掺入下层。在扩宽段的流速和含沙量均降低。利用不同扩宽比例的实验资料，求得掺混系数平均值与槽宽比例的经验关系，如图 10-3 所示。对扩宽情况下动量方程的分析，表明异重流上下游厚度比例是密度 Fr 数，槽宽比 B_1/B_2，含沙量比值 c_2'/c_2 以及水量掺混系数的函数 [式（10-4）]。扩宽段异重流厚度实验值同计算值进行比较（见图 10-5），得到较好的结果。

　　当异重流从宽段进入缩窄段时，缩窄段上游产生壅水，故产生水量的负掺混。水量负掺混系数值由不同槽宽比水槽试验资料来确定。图 10-8 表示窄段异重流厚度实验值同理论关系式计算值的关系，两者符合较好。

　　以上两种的掺混系数，均由水槽所得，是否适合天然情况，尚需实际资料的检验。

参考文献

范家骅 . 1980. 异重流泥沙淤积的分析 . 中国科学，1980（1）：82-89.

范家骅 . 1984. 沉沙池异重流的实验研究，中国科学 A 辑，1984（11）：1053-1064.

谢志锋 . 1965. 水库泥沙异重流沿程淤积的试验研究 . 清华大学研究生论文 .

Abraham，G. 1982. Reference notes on density currents and transport process. International Course in Hydraulic Engineering，Delft，The Netherlands.

Ami，L.，Farmer，D. M. 1986. Maximal two-layer exchange through a contraction with barotropic net flow. J. Fluid Mech.，164：27-51.

Ashida，K.，Egashira，S. 1975. Basic study on turbidity currents. Proc. JSCE，No. 237：37-50（in Japanese）.

Baddour，R. E. 1987. Hydraulics of shallow and stratified mixing channel. J. Hydraul. Engg. ASCE，113（5）：630-645.

De Cesare，G.，Schleiss，A.，Hermann，F. 2001. Impact of turbidity currents on reservoir sedimentation. J. Hyd. Engrg.，ASCE，127（1）：6-16.

Ellison，T. H.，Turner，J. S. 1959. Turbulent entrainment in stratified flows. J. Fluid Mech.，6：423-428.

Fan，J. 1980. Analysis of the sediment deposition in density currents. Scientia Sinica，23（4）：526-538.

Fan，J. 1985. Experimental studies on the density currents in settling basins. Scientia Sinica，28（3）：319-336.

Fan，J. 1998. Notes on density currents and sedimentation. Continuing Professional Development Short Course，Department of Civil and Structural Engineering，The University of Hongkong，Hongkong，China.

Forel，F. A. 1885. Les ravins sous-lacustres des fleuves glaciaires. Comptes Rendus，Acad. Sci.，Paris，101：725-728.

Garcia，M. H. 1993. Hydraulic jumps in sediment-driven bottom currents. J. Hydr. Engrg.，ASCE，119（10）：1094-1117.

Grimm，Th.，Maxworthy，T. 1999. Buoyancy-driven mean flow in a long channel with hydraulically constrained exit condition. J. Fluid Mech.，398：155-180.

Jeager，C. 1956. Engineering Fluid Mechanics. Blackie & Son Ltd.

Lee，H. Y.，Yu，W. S. 1997. Experimental study of reservoir turbidity current. J. Hydraul. Engrg.，123（6）：520-528.

Morris，G. and Fan，J.（范家骅）1997. Handbook of Reservoir Sedimentation. McGraw-Hill Co.

Officer，C. B. 1976. Physical Oceanography of Estuaries. John and Wiley & Sons，Inc.

Pallesen，T. R. 1983. Turbidity Currents. Series Paper 32，Institute of Hydrodynamics and Hydraulic Engineering，Technical University of Denmark.

Parker，G. et al. 1987. Experiments on turbidity currents over an erodible bed. J. Hydraulic Research，25（1）：123-147.

Rottman，J. W. ，Simpson，J. E. ，Hunt，J. R. C. ，Britter，R. E. 1985. Unsteady gravity current flows over obstacles: some observations and analysis related to the phase II trials. J. Hazardous Materials，11: 325 – 340.

Schijf，J. B. ，Schonfeld，J. C. 1953. Theoretical consideration on the motion of salt and fresh water. Proc. Minnesota Intern. Hydraulics Convention，Joint Meeting IAHR and Hydraulic Div. ，ASCE，321 – 333.

Simpson，J. E. 1982. Gravity currents in the laboratory，atmosphere and ocean. Ann. Rev. Fluid Mech. ，14: 213 – 234.

Stefan，H. ，Hayakawa，N. 1972. Mixing induced by an internal hydraulic jump. Water Resources Bulletin，8 (3): 531 – 545.

Stommel，H. ，Farmer，H. G. 1952. Abrupt change in width in two layer open channel flow. J. Marine Research，11: 1065 – 1071.

Turner，J. S. 1973. Bouyancy Effects in Fluid. Cambridge Univ. Press: 367.

第 11 章　非连续浑水异重流的实验研究 Ⅱ：内部水跃

本章分析挟沙异重流移动水跃和稳定水跃所伴随的负掺混或正掺混的机理，采用简化的假定，推导包含正掺混和负掺混系数的内部水跃的表达式。利用前人异重流（浑水、热水和盐水）的稳定水跃的实测掺混系数值同计算值进行比较。同样，将移动水跃的实验资料同计算值进行对比。

11.1　内部水跃的流态与水量局部掺混

异重流水跃或内部水跃是非连续异重流或急变流中的一种典型流态。一般而言，异重流的产生，是由于异重流受到边界条件的改变，如从急流转变为缓流，或底坡的纵向变化从陡坡接以缓坡，或受阻碍物的阻挡，都会产生不同类型的内部水跃。Turner，J. S. （1973），Wood，I. R. and Simpson，J. E. （1967） 和 Rottman，J. W.，Simpson，J. E.，Hunt，J. R. C. & Britter，R. E. （1985）曾分析内部水跃的流态。当异重流流到并越过一障碍物时出现在障碍物上游和上游的不同流态，如图 11 - 1 ［引自 Turner，JS. （1973）］所示：①异重流流到障碍物时流层受到阻碍，产生壅水，异重流流层厚度增高，并向上游方向推进，形成移动水跃。②如阻碍物不是全部拦截，

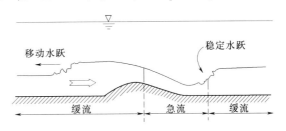

图 11 - 1　异重流移动水跃和稳定水跃示意图

而是有一部分异重流漫越阻碍物（例如潜坝）顶部顺其下游陡坡面上急流而下，流至其衔接平缓底坡处，异重流自急流过渡到缓流，形成稳定水跃。

除了此类流态分析的工作外，尚有实验观察流态的工作，较早时 Long（1954）进行水槽试验观察两层异重流流过一潜坝时在什么水流条件下产生水跃；还观察三层异重流流过潜坝时，最底层的异重流形成较强的稳定水跃，而在其上层的异重流，则形成较弱的稳定水跃。

实验表明，异重流从急流过渡到缓流时形成稳定水跃时，伴随着从上层的一些清水被卷入下层异重流，这种水量的局部掺混，定义为正掺混。例如，谢志锋（1965）利用红色水作为指示剂注入水跃前的上层清水层中，观察到上层水体被卷入下层浑水异重流中，这试验证明了水量掺混的存在。这种掺混现象同异重流流经扩宽段时出现水跃并伴随着水量的局部掺混现象（范家骅，2005）相类似。有关稳定水跃的实验，不少作者进行过试验，见 Garcia（1993），Baddour（1987），Rajaratnam、Tovell 和 Loewen（1991），Stefan 和

Hayakawa（1972），Iwasaki 和 Abe（1971）和 Wood（1967），其中仅有 Garcia（1993），Baddour（1987）和 Stefan 和 Hayakawa（1972）测有水量正掺混值。

至于另一种形式的移动内部水跃，因异重流受阻碍产生壅水，层厚增加，而以立波形式向上游推进，即形成所谓移动水跃。进行此种实验的仅有 Yih（易家训）（1955）和 Guha（1954）。

这种移动水跃的流态，同异重流流经突然收缩段时，受到阻碍使异重流壅高的情况相似。分析表明，这种因受阻而使异重流壅高的移动水跃，伴有水量的负掺混。

本章的目的，鉴于水量局部掺混的存在，将此因素引入推导之中，经适当简化，得伴有掺混系数的内部水跃表达式，并利用测有渗混系数的水跃实测资料，验证所得的表达式。

11.2 内部水跃的分析

异重流内部水跃各参数的定义见图 11-2。实验表明，在这种水跃的旋辊区内，上层的清水被掺进下层异重流之中，见 Long（1954）和 Stefan，Hayakawa（1972）。因此水跃的共轭水深方程的推导应结合考虑上下两层流体之间的水量掺混系数。

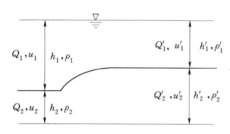

图 11-2 内部水跃有关参数的定义

上下流层的连续方程分别写成

$$h_1 u_1 - q_E = h_1' u_1' \qquad (11-1)$$
$$h_2 u_2 + q_E = h_2' u_2' \qquad (11-2)$$

式中：q_E 为从上层清水掺入下层浑水层的单宽流量。这种掺混叫做正掺混。亦即

$$q_E = E(h_2 u_2) = E q_2$$
$$K_Q = 1 + E = 1 + q_E / q_2$$

故

$$K_Q h_2 u_2 = h_2' u_2'$$

异重流的密度通量与不可压缩的连续方程如下：

$$\rho_2 q_2 + \rho_1 q_E = \rho_2' q_2'$$
$$q_2 + q_E = q_2'$$

故密度差额的连续方程可导得

$$(\rho_2 - \rho_1) q_2 = (\rho_2' - \rho_1) q_2' \qquad (11-3)$$

以下的推导过程是基于下列假定：①忽略交界面上的剪力，由于交界面上强烈的混合，其剪力可能较大；②压力为静力学分布；③均匀流速分布；④异重流在平底水槽上运动。

上下层的动量方程可写成

$$\rho_1 h_1' u_1'^2 + \rho_2 h_2' u_2'^2 - \rho_1 h_1 u_1^2 - \rho_2 h_2 u_2^2 = \frac{1}{2} g h_2^2 (\rho_2 - \rho_1) - \frac{1}{2} g h_2'^2 (\rho_2' - \rho_1) \qquad (11-4)$$

如 $u_1 = 0$，即在上层没有引入槽内清水流量，则动量方程变为

$$\frac{\rho_2'(q_2')^2}{h_2'} - \frac{\rho_2 (q_2')}{h_2} \left(\frac{\rho_2' - \rho_1}{\rho_2 - \rho_1} \right)^2 - \frac{\rho_1' q_E^2}{h_1'} = \frac{1}{2} g h_2^2 (\rho_2 - \rho_1) - \frac{1}{2} g h_2'^2 h'^2 (\rho_2' - \rho_1) \qquad (11-5)$$

式（11-5）左边的小项 $(\rho_1' q_E^2)/h_1'$ 同其他项比较，这里为简化起见予以忽略。故得

$$\frac{\rho_2' K_Q^2 q_2^2}{\rho_2\ h_2'^2} - \frac{(K_Q^2 q_2^2)}{h_2}\left(\frac{\rho_2'-\rho_1}{\rho_2-\rho_1}\right)^2 = \frac{1}{2}gh_2^2(\rho_2-\rho_1)/\rho_2 - \frac{1}{2}gh_2'^2(\rho_2'-\rho_1)/\rho_2 \quad (11-6)$$

在式（11-6）中假设异重流在水跃前后的密度相差很小，故可假定 $\rho_2' \approx \rho_2$，亦即忽略了水跃上下游含沙量的变化，故有

$$(\rho_2-\rho_1)/\rho_2 = (\rho_2'-\rho_1)/\rho_2 = \Delta\rho/\rho_2$$

或

$$(\rho_2'-\rho_1)/(\rho_2-\rho_1) \approx 1$$

因此异重流内部水跃的动量方程可近似地用下式表示：

$$1 = \frac{1}{2K_Q^2 F_2^2}\left(\frac{h_2'}{h_2}\right)\left(1+\frac{h_2'}{h_2}\right) \quad (11-7)$$

或

$$\frac{h_2'}{h_2} = \frac{1}{2}\left(\sqrt{1+8K_Q^2 F_2^2}-1\right) \quad (11-8)$$

$$Fr_2 = u_2/\sqrt{[(\rho_2-\rho_1)/\rho_2]gh_2}$$

式中：Fr_2 为下层流的密度 Fr 数，同样

$$Fr_1 = u_1/\sqrt{[(\rho_2-\rho_1)/\rho_1]gh_1}$$

式中：Fr_1 为上层流的密度 Fr 数，见图 11-7。

易家训与 Guha 在推导时，不考虑掺混系数，即得式（11-8）中 $K_Q=1$ 时的方程。Stefan 和 Hayakawa 在推导温度异重流水跃时，不忽略小项 $(\rho_1' q_E^2)/h_1'$，所得公式繁复，所得结果与近似关系式（11-8）接近。

式（11-8）在已知密度 Fr 数（或修正 Fr 数）和掺混系数的值时，可计算水跃共轭水深的比值，亦即可得水跃下游的异重流厚度。

在稳定水跃的分析中，做了近似假定，当 Fr_2 为一定值时，正掺混系数值愈大，则其共轭水深的比值 h_2'/h_2 也愈大，亦即下游异重流厚度愈大。

11.3　异重流内部水跃的实验

11.3.1　异重流稳定内部水跃的实验资料

有许多学者做过盐水或热水的异重流水跃实验，但用含沙水体做异重流水跃实验则很少，仅有谢志锋和 Garcia。

谢志锋在他的研究生论文中采用 $d_{50}=0.016$mm 的细泥沙浑水进行水槽实验，其中做异重流水跃时，槽中设一上下游坡度为 1∶1 的三角形潜水坝，令异重流流过坝面时产生一稳定的内部水跃，观察坝下游段在水跃中的掺混情况。谢志锋在水跃上游的上层水体中注入红色水，观察红色水流线被掺卷入异重流水跃，但没有施测掺混系数值。

Garcia 采用两类分布均匀的颗粒做水槽实验，一为两种级配的石英颗粒，另一为两种级配的玻璃球，平均几何直径为 0.004mm 和 0.065mm。槽长 11.6m、上游段长 5m、底坡 0.08、下游段长 6.6m，平底。实验中在水跃的上下游，共 10 个断面施测流速分布和含沙浓度分布。水跃常在底部的非连续点处产生。从各断面流速分布，可计算出水量掺混

值。从流速和含沙浓度的垂线分布中可计算出异重流平均流速、厚度和含沙浓度各值。此外，Garcia 还做过盐水水跃的类似试验。

现在使用 3 组测有掺混系数值的试验数据同本文基于简化假定的分析结果［式(11-8)］进行比较。第 1 组是 Garcia 所做的挟沙颗粒的异重流稳定水跃测有水量掺混的数据的实验资料。图 11-3 为用式（11-8）计算水量掺混值与他实测掺混值的比较结果，可见计算值偏小。

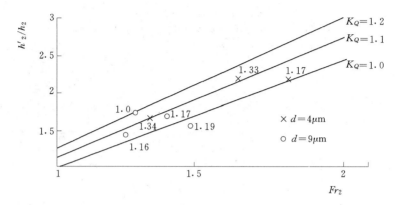

图 11-3　Garcia 浑水异重流稳定内部水跃中水量掺混系数实测值与计算值的比较

第 2 组是 Stefan 和 Hayakawa 所进行的测有水量掺混系数数据的热水异重流内部水跃的水槽试验资料。为便于观察，他们把染红的热水引进充满冷水的水槽，使产生上层异重流内部水跃。每次试验测得的水量掺混系数值同计算值作比较，见图 11-4，可见计算值偏小。图 11-4 中纵坐标和横坐标分别为上层热水层的内部水跃的共轭水深和密度 Fr 数。

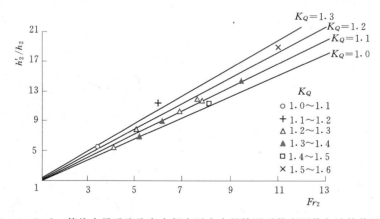

图 11-4　Stefan 等热水异重流稳定内部水跃中水量掺混系数实测值与计算值的比较

第 3 组用于与理论比较的是 Baddour 和 Garcia 的盐水内部水跃的数据。Baddour 的实验是在长 3.5m、宽 0.1m、深 0.5m 的水槽中进行。盐水是通过 1cm 高、10cm 宽的管嘴从底部输入。槽内自由水面高程用尾门控制。掺进水跃中的清水量是从施测上层清水的流速分布资料中获得。Baddour 做了 6 组试验，得到进槽流量，掺混流量和密度 Fr 数等资料。由于他的论文中未给出共轭水深比值的数据，故用 Baddour 所推导的该文中式（9）动量方程推算。Garcia 的盐水内部水跃的水槽试验列出密度 Fr 数，共轭水深比值，以及水量掺混系数的数据。将 Baddour 和 Garcia 的资料同理论作比较，见图11-5，可见计算值亦偏小，但由于 Baddour 的共轭水深比值并非实验值，故不能作定量比较。至于 Garcia 的集中在 $Fr=1.9\sim2.2$ 小范围内的 5 个测点，仍见偏小。

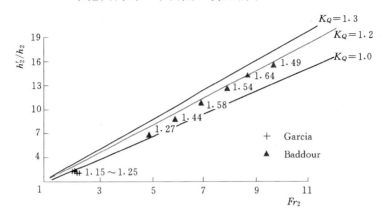

图 11-5 Baddour 及 Garcia 盐水异重流稳定内部水跃水量掺混系数实测值与计算值的比较

综观图 11-3～图 11-5，说明由式（11-8）计算掺混系数较实测值为小。这可能是由于实测局部掺混量不易测准，误差较大而导致偏差，其次，推导中采用若干简化。考虑到计算 K_Q 值系统偏小，可对 K_Q 值加以修正。经对 Garcia 浑水试验 7 测点，盐水试验 5 测点，以及 Stefan 热水试验 11 测点（不包括 Baddour 的 6 个测点，因其 h_2'/h_2 为非实测值），同式（11-8）计算掺混量作比较，得出 K_Q 的修正系数约为 1.1，故用修正的局部掺混系数同实测值作比较，见表 11-1。对理论式（11-8）进行修正后，得

$$\frac{h_2'}{h_2}=\frac{1}{2}\left[\sqrt{1+8(1.1K_Q)^2 Fr_2^2}-1\right] \tag{11-9}$$

表 11-1 分别列出浑水异重流，热水异重流和盐水异重流实测水量局部掺混系数实测值与经乘以修正系数的计算值，可见修正后的局部掺混量计算值与实测值接近。

表 11-1 浑水、热水及盐水异重流水跃实测掺混系数与修正掺混系数的比较

Garcia 浑水异重流水跃		Stefan 热水异重流水跃		Garcia 盐水异重流水跃	
实测掺混系数	修正掺混系数	实测掺混系数	修正掺混系数	实测掺混系数	修正掺混系数
1.24	1.21	1.0～1.1	1.34	1.16	0.87
1.17	1.11	1.2～1.3	1.13	1.15	0.93
1.33	1.23	1.2～1.3	1.25	1.25	1.01
1.16	1.16	1.1～1.2	1.54	1.24	1.07
1.17	1.18	1.3～1.4	1.21	1.19	1.10
1.00	1.31	1.2～1.3	1.22		
1.19	1.05	1.2～1.3	1.26		
		1.2～1.3	1.22		
		1.4～1.5	1.14		
		1.3～1.4	1.21		
		1.5～1.6	1.36		

还有其他利用不同介质所做的稳定内部水跃的试验，但这些试验均未测掺混系数值，如谢志锋、Wood、Iwasaki 等和 Rajaratnam 等的水槽试验，这里也用理论式（11 - 8）进行定性比较。他们的资料点据，同图 11 - 3～图 11 - 5 类似，均位于无掺混异重流水跃的关系线的上部，即代表存在正掺混水量掺入水跃。图 11 - 6 代表谢志锋做的浑水水跃的结果，图 11 - 7 包括盐水异重流，实验者为 Wood、Iwasaki 和 Uchara（引自 Hayakawa 1974 年的论文），以及热水异重流实验者为 Rajaratnam 等资料。

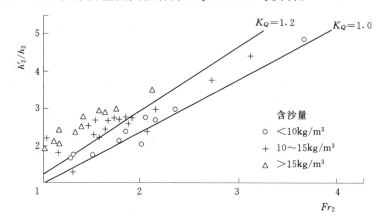

图 11 - 6　谢志锋测验资料与计算值的比较（浑水异重流稳定内部水跃）

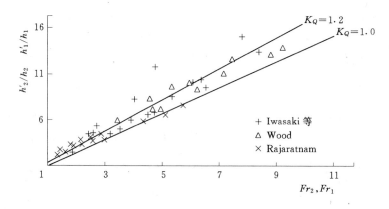

图 11 - 7　Wood、Iwasaki 盐水异重流及 Rajartnam 热水异重流
试验与计算值的比较（稳定内部水跃）

因此，在稳定异重流水跃中，浑水或盐水异重流被掺入上层来的清水，而热水异重流则被掺入下层冷水层来的冷水，即正掺混，导致异重流水跃下游的厚度增大。掺混系数愈大（大于 1），下游异重流厚度愈大。

11.3.2　移动内部水跃的实验资料

对于在分析的讨论中提到由于壅水影响而产生的移动水跃中，其掺混系数 E 为负值，即负掺混。易家训和 Guha 所做的移动水跃试验中，采用了水和其他液体，一种是 stanisol 为专门配制、比重为 0.777 的油类，另一种是 stanisol 和四氯化碳，其比重为

1.59 的混合物，水槽末端密封，用较轻的液体充满水槽，然后将较重的液体引入槽底运动，当下层流体流到槽尾，流层加厚，形成一涌波或移动水跃，向上游以某波速前进。

易家训的实验点据位于无掺混（$K_Q = 1$）的理论线的下面，而不像稳定水跃的资料，位于理论线的上面。其原因是移动水跃产生负掺混，其内部水跃的共轭水深比值较无掺混的情况为小。因此，易家训和 Guha 的实验如图 11 - 8 所示，同理论分析定性地符合。

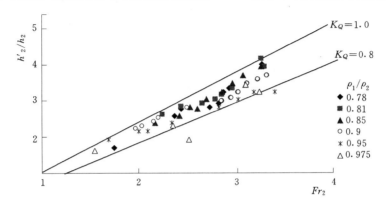

图 11 - 8　易家训和 Guha 实测值和计算值的比较（移动内部水跃）

将内部水跃作一总结：不论稳定水跃还是移动水跃，绝大部分的实验资料都为基于简化近似的理论分析所证实。

11.4　小　　结

本章针对异重流非连续流，或急变流的分析中，加进局部掺混系数的因子，而在沿程异重流渐变流区内，则假定无掺混发生。

有关稳定与移动内部水跃，做分析时，均分别考虑正与负水量掺混系数。对稳定水跃，将浑水异重流（Garcia），热水异重流（Stefan 等）以及盐水异重流（Baddour，Garcia）实测水量掺混系数值，同计算值比较，如图 11 - 3～图 11 - 5 所示。比较说明，计算值偏小；如经乘以修正系数 1.1（见表 11 - 1），则计算值与实测值较接近。其他如谢志锋、Wood、Iwasaki 等和 Rajaratnam 等的实测资料，虽均未测掺混资料，但仍用以同计算值进行定性比较，见图 11 - 6 和图 11 - 7。至于移动水跃，则利用易家训和 Guha 的实验资料同计算值进行定性比较（图 11 - 8）。

本章分析所得异重流水跃的表达式［式（11 - 8）］，虽得到初步验证，但今后仍需对卜列问题做进一步的研究：局部掺混的机理和水量掺混量的精确测量。

参考文献

范家骅 . 2005. 浑水异重流槽宽突变时的局部掺混 . 水利学报，2005（1）：1 - 8.

谢志锋 . 1965. 水库泥沙异重流沿程淤积的试验研究 . 清华大学水利工程系研究生毕业论文 . 36.

Baddour, R. E. 1987. Hydraulics of shallow and stratified mixing channel. J. Hydraul. Engg. , ASCE, 113

(5): 630 – 645.

Garcia, M. H. 1993. Hydraulic jumps in sediment-driven bottom currents. J. Hydr. Engrg. , ASCE, 119 (10): 1094 – 1117.

Iwasaki, T. , Abe, T. 1971. Researches on density spectrum of fluctuation quantities of internal hydraulic jump. 18th Conference of Coastal Engineering, 1971, Japan (in Japanese).

Long, R. R. 1954. Some aspects of the flow of stratified fluids. II. Experiments with a two-fluid system. Tellus, 6 (2): 97 – 115.

Rajaratnam, N. , Tovell, D. , Loewen, M. 1991. Internal jumps in two moving layers. J. Hydraulic Research, 29 (1): 91 – 106.

Rottman, J. W. , Simpson, J. E. , Hunt, J. R. C. , Britter, R. E. 1985. Unsteady gravity current flows over obstacles: some observations and analysis related to the phase II trials. J. Hazardous Materials, 11: 325 – 340.

Stefan, H. , Hayakawa, N. 1972. Mixing induced by an internal hydraulic jump. Water Resources Bulletin, 8 (3): 531 – 545.

Turner, J. S. 1973. Bouyancy Effects in Fluids. Cambridge Press.

Wood, I. R. 1967. Horizontal two-dimensional density current. JHD, ASCE, 93 (2): 35 – 42.

Wood, I. R. , Simpson, J. E. 1967. Jumps in layered miscible fluids. J. Fluid Mech. , 140: 329 – 342.

Yih, C. H. , Guha, C. R. 1955. Hydraulic jump in a fluid system of two layers. Tellus, 7 (3): 358 – 366.

Yih, C. S. , Guha, C. R. 1954. Internal hydraulic jump in a two-layer fluid system. Master thesis, The University of Iowa.

第12章 非恒定异重流实验与计算

当上游洪峰挟带泥沙的浑水进入水库后，由于浑水密度比库中水的密度大，常潜入库底，形成异重流，顺原河槽向坝前推进。因洪水有涨落过程，所以浑水异重流亦是非恒定的。为了研究非恒定异重流的运动规律，我们曾做过非恒定异重流水槽实验，并进行非恒定流计算工作，沈受百用特征线图解法计算不同断面异重流厚度随时间的变化，计算值与实测值接近。此种计算未考虑泥沙的变化以及浑水异重流交界面掺混作用。因此，后来在建立非恒定异重流方程时，考虑异重流在运动中不断有泥沙淤积，同时有清水自异重流中分离出来的物理现象，引入异重流流量沿程减少这一因素。试用四点隐式差分，求解非恒定异重流方程。在给出进口处异重流水深、流量、含沙量变化等条件下，求出库区及坝前异重流的水深、流量、流速变化过程，用水槽实验资料进行验算。

12.1 不恒定异重流实验与特征线法计算

12.1.1 非恒定异重流水槽实验

为了了解异重流不恒定运动的性质，特在水槽内进行了实验观测，试验是在 50m 长、2m 高、0.5m 宽的砖砌水槽内进行，本试验的观测段约为 35m，进入流量的不恒定性质由进口阀门控制，沿纵向在 3~4 个窗口观测异重流交界面随时间变化的过程，每隔 30s 同时在各观测窗口测读一次交界面厚度，并分别测取各断面的异重流含沙量的分布，在 7 次实验中，有 2 次曾在一个断面的固定深度上用小流速仪观测异重流流速的变化过程。所用泥沙的级配，$d_{90}=0.03\text{mm}$，$d_{50}=0.0025\text{mm}$。

进入流量中的含沙量值保持不变；流量的变幅在 3~13L/s 之间，进槽流量开始保持不变，经过一段时间后，施放"洪峰"，洪峰历时约 10min。

在水槽内进行异重流试验，不仅过水断面形状简单，进入流量的含沙量值保持不变，只有流量是不恒定的。

图 12-1 为一次试验在断面 1522cm 和 2474cm 异重流厚度随时间变化图，该次试验平均含沙量为 5.2kg/m^3，进入流量 3L/s，最大流量为 9.9L/s。

12.1.2 异重流平均运动方程

在异重流中取出长度为 ds 的流管，其断面面积为 dA，流管管壁的剪力为 τ，写出 Euler 方程

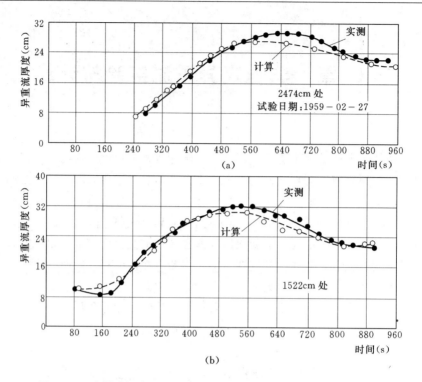

图 12 - 1　水槽非恒定异重流实验两断面上异重流厚度随时间的变化

(a) 2474cm 断面；(b) 1522cm 断面

$$\frac{1}{\rho'}\frac{\partial p}{\partial s}+g\frac{\partial y}{\partial s}-\frac{1}{\rho'}\frac{\partial \tau}{\partial n}+\frac{\partial\left(\dfrac{u^2}{2}\right)}{\partial s}+\frac{\partial u}{\partial t}=0 \qquad (12-1)$$

下面试写出异重流的平均运动方程。

先考虑交界面上所受的剪力，令 τ_i 代表交界面上单位面积上所受的剪力，这剪力由两个部分组成：一部分是由于水流的作用；另一部分是为交界面以上反向流所造成的水面倒坡 i 而引起的剪力。即

$$\tau_i = \tau_i' + \tau_i''$$

而

$$\tau_i = \frac{\lambda_i}{4}\rho'\frac{u^2}{2}$$

$$\tau_i' = \gamma\left(\frac{Bh_1}{2h_1+B}\right)J \qquad (12-2)$$

$$\tau_i'' = -\gamma\left(\frac{Bh_1}{2h_1+B}\right)i \qquad (12-3)$$

$$\tau_i = \gamma\left(\frac{Bh_1}{2h_1+B}\right)\left(\frac{\partial(y_0+h)}{\partial y}-i\right) \qquad (12-4)$$

式中：u 为异重流的平均流速；λ_i 为交界面阻力系数。

设槽内底部、槽壁的剪力分别为 τ_b 和 τ_w，并设

$$B\tau_b + 2h\tau_w = (B+2h)\tau_0$$

如令水力半径

$$R = \frac{Bh}{2h+B}$$

则有

$$\tau = \frac{(B+2h)\tau_0 + B\tau_i}{B+2h} \qquad (12-5)$$

如令

$$R = \frac{Bh}{2(B+h)}$$

则有

$$\tau = \frac{(B+2h)\tau_0 + B\tau_i}{2(B+h)} \qquad (12-6)$$

式中：τ 为异重流的平均剪力。

τ 可以写成

$$\tau = \frac{\lambda}{4} \rho' \frac{u^2}{2} \qquad (12-7)$$

自图 $12-2$ 令 y 为水平基准面至异重流中某点的
距离，则有

$$p + \gamma' y = \gamma H + (\gamma' - \gamma)h + \gamma' y_0 = \gamma H + \Delta\gamma h + \gamma' y_0$$

$$\frac{\partial p}{\partial s} = \gamma \frac{\partial H}{\partial s} + \Delta\gamma \frac{\partial h}{\partial s} - \gamma \frac{\partial y}{\partial s} + \gamma' \frac{\partial y_0}{\partial s}$$

而式中的

$$\frac{\partial H}{\partial s} = -\frac{\partial y_0}{\partial s} - i = J_0 - i \qquad (12-8)$$

式中：i 为水面倒坡，故为负值。

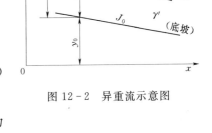

图 $12-2$　异重流示意图

如不考虑流速分布的影响，取水流的平均流速为
代表，则由式（$12-1$）可写出：

$$\frac{\Delta\gamma}{\gamma'} J_0 - \frac{\Delta\gamma}{\gamma'} \frac{\partial h}{\partial s} + \frac{\gamma}{\gamma'} i + \frac{u^2}{gh} \frac{\partial h}{\partial s} - \frac{\tau}{\gamma' R} - \frac{1}{g} \frac{\partial u}{\partial t} = 0 \qquad (12-9)$$

将式（$12-7$）及式（$12-4$）代入式（$12-9$），得

$$\frac{\Delta\gamma}{\gamma'}\left(J_0 - \frac{\partial h}{\partial s}\right) + \frac{u^2}{gh}\frac{\partial h}{\partial s} - \frac{u^2}{8gR}\left[\lambda_0 + \lambda_i \frac{B}{B+2h} + \lambda_i \frac{\frac{Bh}{B+2h}}{\frac{Bh_1}{B+2h_1}}\right] - \frac{1}{g}\frac{\partial u}{\partial t} = 0 \quad (12-10)$$

令

$$\lambda_0 + \lambda_i \left[\frac{B}{2h+B} + \frac{\frac{h}{B+2h}}{\frac{h_1}{B+2h_1}}\right] = \lambda_m \qquad (12-11)$$

则有

$$\frac{\Delta\gamma}{\gamma'}\left(J_0 - \frac{\partial h}{\partial s}\right) + \frac{u^2}{gh}\frac{\partial h}{\partial s} - \frac{\lambda_m u^2}{8gR} - \frac{1}{g}\frac{\partial u}{\partial t} = 0 \qquad (12-12)$$

式（$12-12$）即异重流不恒定流方程。

对于二元问题，$B > 2h$，$B > 2h_1$，则

$$\lambda_m = \lambda_0 + \lambda\left(\frac{H}{H-h_1}\right) \tag{12-13}$$

12.1.3 特征线法求解非恒定异重流

用式（12-12），当已知边界条件和起始条件时，可用特性线法求解。根据赫里斯季昂诺维奇（Архангельский，1947）建议的方法，可得特性线方程为

$$ds = Wdt = \left(\sqrt{\frac{\Delta\gamma}{\gamma'}gh}\right)dt \tag{12-14}$$

$$ds = \Omega dt = \left(u - \sqrt{\frac{\Delta\gamma}{\gamma'}gh}\right)dt \tag{12-15}$$

$$du = -\sqrt{\frac{\Delta\gamma}{\gamma'}\frac{g}{h}}dh + Ndt \tag{12-16}$$

$$du = \sqrt{\frac{\Delta\gamma}{\gamma'}\frac{g}{h}}dh + Ndt \tag{12-17}$$

其中
$$N = -g\left(\frac{\lambda_m u^2}{8gh} - \frac{\Delta\gamma}{\gamma'}J_0\right) \tag{12-18}$$

利用特征线图解法进行计算。计算异重流不恒定传播过程示于图 12-3。距离 1.522m 和 2.474m 处计算的异重流厚度与时间的关系同实测的关系，如图 12-1 所示，在 1.522m 处的最大相对误差为 10%，平均偏差 2.5%。在 2.474m 处最大相对误差为 10%，平均误差为 4.8%。

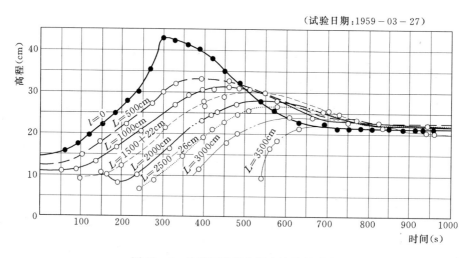

图 12-3 计算异重流非恒定流传播过程

计算时采用 $\lambda_m = 0.05$，该值较恒定流时光滑底部的平均阻力系数值 $0.02\sim0.03$ 为大，这是考虑到测定异重流厚度的读数，常常不是等到稳定之后才测读，由于厚度的读数偏大，所以 λ_m 也偏大。

12.2　非恒定异重流空间运动方程

异重流的物理图形可概化为图 12-4 所示，假定异重流上面的库水为静止清水，水面近似水平，河底纵坡较缓，不考虑异重流头部的特殊情况，下面根据图 12-4 来建立非恒定异重流方程。

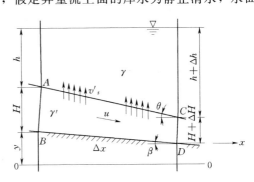

图 12-4　异重流运动概化图

12.2.1　运动方程

分析在长为 Δx，宽为 B 的河槽中，异重流水体 $ABCD$ 的受力情况，求出诸力在 x 轴方向的分力，均略去二次微量，设异重流容重为 γ'。

重力沿 x 方向分力：

$$\gamma'\left(H+\frac{\Delta H}{2}\right)B\sin\beta\Delta x\approx\gamma'HB\sin\beta\Delta x$$

作用于 AB 面上的压力：

$$\left(\gamma h+\gamma\frac{H}{2}\right)B\frac{H}{\cos\beta}$$

作用于 CD 面的压力：

$$\left[\gamma(h+\Delta h)+\frac{\gamma'(H+\Delta H)}{2}\right]B\frac{H+\Delta H}{\cos\beta}$$

故 AB 与 CD 面上的压力差（与 x 轴平行）约为

$$(\gamma H\Delta h+\gamma h\Delta H+\gamma'H\Delta H)B\ （因\ \beta\ 很小，\cos\beta\approx1）$$

交面 AC 上的压力沿 x 轴的分力：

$$\gamma\left(h+\frac{\Delta h}{2}\right)B\Delta x\frac{\sin(\theta-\beta)}{\cos(\theta-\beta)}\approx yhB\Delta x\tan(\theta-\beta)=-\gamma hB\frac{\partial H}{\partial x}\Delta x$$

底面 BD 上的反压力在 x 轴方向分力为零。

底部阻力：　　　　　　　　　　$\tau_b B\Delta x$

槽壁阻力：　　　　　　　$\tau_w 2\left(H+\frac{dH}{2}\right)\Delta x\approx 2H\Delta x$

交面阻力：　　　　　　　$\tau_i B\dfrac{\Delta x}{\cos(\theta-\beta)}$

惯性力：异重流由水沙组成，在铅直方向，泥沙要下沉淤积，清水则自异重流分离出来，由于异重流泥秒粒径较细，沉速很小，与之相应的清水渗出速度 v_y 也很小，有下列实验经验关系

$$v_y=0.0002c_0^{-2/3}\quad（m/s）\tag{12-19}$$

式中：c_0 为进口处异重流含沙量（范家骅，1980），kg/m^3。

因此 v_y 产生在铅直方向的惯性力是很小的，在 x 方向的分力就更小，相对于流速 u

产生的惯性力可忽略不计，故沿 x 方向的惯性力约为

$$\frac{\gamma'B\left(H+\dfrac{H}{2}\right)\Delta x}{g}\frac{\mathrm{d}u}{\mathrm{d}t}\approx\gamma'\frac{\gamma'BH\Delta x}{g}\frac{\mathrm{d}u}{\mathrm{d}t}$$

列出诸力在 x 轴方向分力的平衡方程（见图 12-4）：

$$\Delta h=\frac{\partial h}{\partial x}\Delta x,\Delta H=\frac{\partial H}{\partial x}\Delta x$$

$$\gamma'H\sin\beta-\left(\gamma H\frac{\partial h}{\partial x}+\gamma h\frac{\partial H}{\partial x}+\gamma'H\frac{\partial H}{\partial x}\right)+\gamma h\frac{\partial H}{\partial x}-\tau_b-\tau_w\frac{2H}{B}-\frac{\tau_i}{\cos(\theta-\beta)}=\frac{\gamma'H}{g}\frac{\mathrm{d}u}{\mathrm{d}t}$$

令

$$\tau_b+\tau_w\frac{2H}{B}+\frac{\tau_i}{\cos(\theta-\beta)}=\tau=\frac{\lambda}{4}\gamma'\frac{u^2}{2g}$$

式中：λ 为综合阻力系数。

由于

$$\frac{\partial h}{\partial x}=-\frac{\partial(Z+H)}{\partial x}=-\frac{\partial Z}{\partial x}-\frac{\partial H}{\partial x}$$

当 β 很小时

$$-\frac{\partial Z}{\partial x}=\sin\beta\approx\tan\beta=J_0$$

其中 J_0 为河槽底坡。

将上述关系式代入诸力的平衡方程，化简得

$$(\gamma'-\gamma)HJ_0-(\gamma'-\gamma)H\frac{\partial H}{\partial x}-\frac{\gamma'\lambda u^2}{8g}=\frac{\gamma'H}{g}\frac{\mathrm{d}u}{\mathrm{d}t}$$

令 $g'=\dfrac{\Delta\gamma}{\gamma'}g$ ，$\dfrac{\Delta\gamma}{\gamma'}$ 为重力修正系数，而 $\dfrac{\mathrm{d}u}{\mathrm{d}t}=\dfrac{\partial u}{\partial t}+u\dfrac{\partial u}{\partial x}$，最后可化简得运动方程

$$\frac{\partial u}{\partial t}+u\frac{\partial u}{\partial x}+g'\frac{\partial H}{\partial x}=J_0g'-\frac{\lambda u^2}{8H}\qquad(12-20)$$

12.2.2　连续方程

在 $\mathrm{d}t$ 时间内，由 AB 断面流入的异重流重量为 $\gamma'Q\mathrm{d}t$；在 CD 断面流出的重量为

$$\gamma'Q\mathrm{d}t+\frac{\partial(r'Q)}{\partial x}\Delta x\mathrm{d}t$$

由 BD 面泥沙的沉淀及 AC 面清水的渗出，使异重流重量减少了 $v_y\mathrm{d}t\Delta xB\gamma'$。流出流入之差为

$$\frac{\partial(\gamma'Q)}{\partial x}\Delta x\mathrm{d}t+v_y\gamma'B\Delta x\mathrm{d}t$$

应等于 $\mathrm{d}t$ 时段内 $ABCD$ 中异重流重量的变化，即

$$\frac{\partial(\gamma'BH)}{\partial t}\Delta x\mathrm{d}t\text{（略去高次微量）}$$

可得

$$\gamma'B\frac{\partial H}{\partial t}+BH\frac{\partial\gamma'}{\partial t}+\gamma'\frac{\partial Q}{\partial x}-Q\frac{\partial\gamma'}{\partial x}=-v_yB\gamma'$$

异重流进口含沙量是非恒定的，但为了使问题简化，先假设异重流在库底向坝前推进的过程中，含沙量不变，即

$$\frac{\mathrm{d}\gamma'}{\mathrm{d}t}=\frac{\partial\gamma'}{\partial t}+u\frac{\partial\gamma'}{\partial x}=0$$

将此关系代入上式，可得连续方程为

$$\frac{\partial H}{\partial t}+\frac{1}{B}\frac{\partial Q}{\partial x}=-v_y$$

12.2.3　隐式差分方程及求解

将计算库分为若干库段 Δx_i，设每段内河槽平顺，断面变化不大，异重流变化均匀，间距可以不等，因异重流运动变化较缓，可用隐式差分求解，方法与解一般明渠不恒定流相同，如采用普莱土曼差分格式（林秉南，1980），则

$$\left.\begin{array}{l}f(x,t)=\dfrac{\theta}{2}(f_{i+1}^{j+1}+f_i^{j+1})+\dfrac{1-\theta}{2}(f_{i+1}^{j}+f_i^{j})\\[2mm]\dfrac{\partial f}{\partial x}=\theta\dfrac{f_{i+1}^{j+1}-f_i^{j+1}}{\Delta x_i}+(1-\theta)\dfrac{f_{i+1}^{j}-f_i^{j}}{\Delta x_i}\\[2mm]\dfrac{\partial f}{\partial t}=\dfrac{1}{2\Delta t}(f_{i+1}^{j+1}-f_{i+1}^{j}+f_i^{j+1}-f_i^{j})\end{array}\right\}$$

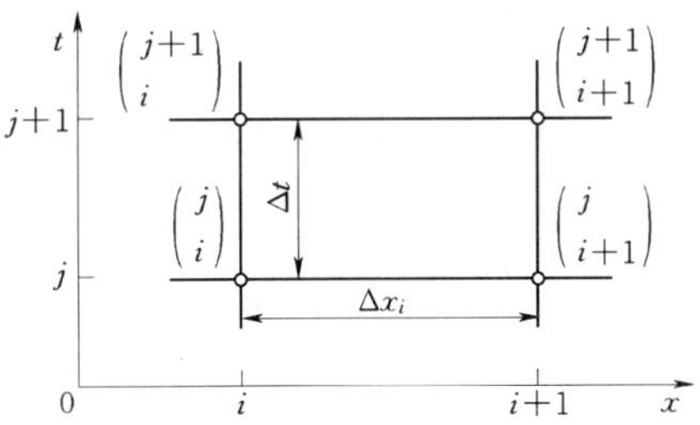

图 12-5　四点隐式差分格式

$$(12-21)$$

稳定条件为 $\dfrac{1}{2}\leqslant\theta\leqslant 1$，其中瞬时的值已知，$(j+1)\Delta t$ 瞬时的值待求，可参看图 12-5。以 $\theta=\dfrac{1}{2}$ 为例将上述差分格式代入连续方程式（12-20）得其差分形式为

$$\overline{\overline{B}}H_i^{j+1}-\frac{\Delta t}{\Delta x}Q_i^{j+1}+\overline{\overline{B}}H_{i+1}^{j+1}+\frac{\Delta t}{\Delta x_i}Q_{i+1}^{j+1}=\overline{\overline{B}}(H_i^{j}+H_{i+1}^{j}-\overline{v}_y 2\Delta t)+\frac{\Delta t}{\Delta x}(Q_i^{j}+Q_{i+1}^{j})$$

$$(12-22)$$

其中

$$\overline{\overline{f}}=\frac{1}{4}(f_{i+1}^{j+1}+f_i^{j+1}+f_{i+1}^{j}+f_i^{j})$$

同样可得 $\theta=\dfrac{1}{2}$ 时，运动方程式（12-19）的隐式差分形式为

$$H_i^{j+1}-\left[\frac{\Delta x_i}{\Delta t\cdot\overline{\overline{g'}}}-\frac{u_i^{j+1}}{2\overline{\overline{g'}}}+\frac{\Delta x_i}{2\overline{\overline{g'}}}\frac{\lambda(u_{i+1}^{j+1}+u_i^{j+1})}{8(H_{i+1}^{j+1}+H_i^{j+1})}\right]\frac{1}{A_i^{j+1}}Q_i^{j+1}-H_{i+1}^{j+1}$$

$$-\left[\frac{\Delta x_i}{\Delta t\cdot\overline{\overline{g'}}}+\frac{u_{i+1}^{j+1}}{2\overline{\overline{g'}}}+\frac{\Delta x_i}{2\overline{\overline{g'}}}\frac{\lambda(u_{i+1}^{j+1}+u_i^{j+1})}{8(H_{i+1}^{j+1}+H_i^{j+1})}\right]\frac{1}{A_{i+1}^{j+1}}Q_{i+1}^{j+1}+2\Delta x_i J_0$$

$$=-\left[(H_i^{j}-H_{i+1}^{j})+\frac{(u_i^{j})^2-(u_{i+1}^{j})^2}{2\overline{\overline{g'}}}\right]-\left[\frac{\Delta x_i}{\Delta t\cdot\overline{\overline{g'}}}-\frac{\Delta x_i}{2\overline{\overline{g'}}}\frac{\lambda(u_i^{j}+u_{i+1}^{j})}{8(H_i^{j}+H_{i+1}^{j})}\right](u_i^{j}+u_{i+1}^{j})$$

$$(12-23)$$

式中：A 为断面面积。因假设含沙量沿程不变，式（12-22）、式（12-23）中 $\overline{v}_y$、$\overline{\overline{g'}}$ 都可由进口含沙量求出。如已知进口含沙量为 $c_0(t)$，经插值可定出 c_0^{j}，即 $v_{y_0}^{j}$、g_0^{j} 亦已知，假设异重流运动速度用其平均速度为

$$U=\sqrt[3]{\frac{8}{\lambda}J_0\frac{\Delta\gamma}{\gamma'}g\frac{Q}{B}}$$

$$(12-24)$$

来估算，则异重流由进口到"i"断面所需时间为 $\dfrac{\sum\limits_{1}^{i}\Delta x_i}{U}=t_i$，可得 $v_{y_i}^j=v_{y_0}^{j-k}$、$g'_i=g'^{j-k}_0$，其中 k 为 $\dfrac{t_i}{\Delta t}$ 的整数部分。因此差分方程式（12-22）、式（12-23）中只含有 H_{i+1}^{j+1}、H_i^{j+1}、Q_{i+1}^{j+1}、Q_i^{j+1} 4个未知数，及其有关的未知函数，不能独立求解。每个断面有两个未知数 (H_i,Q_i)，n 个库段有 $n+1$ 个横断面，共 $2(n+1)$ 个未知数。而每个库段可列出像式（12-5）、式（12-6）这样两个方程，n 个库段加两个边界条件就可得出 $2(n+1)$ 个方程，方程数与未知数的个数相等，可联立求解，求出所有断面的 H_i、Q_i 值。由于差分方程式（12-22）、式（12-23）是多元高次方程，一般这种非线性方程组直接求解较难。可用牛顿迭代法（华东水利学院，1979）或线性近似法（张二骏：河口水流计算讲义）将它们化为线性方程组。如近似法：将式（12-22）、式（12-23）中一些未知项与上一时刻的已知项作适当调整，二次项 $(u^j)^2$ 与 $(u^{j+1})^2$ 都写成 (u^j)、(u^{j+1})，系数中与未知数有关的项都换成上一时刻的已知值，使式（12-22）、式（12-23）化为一阶形式，即

$$H_i^{j+1}-\frac{\Delta t}{\Delta x_i}\frac{2}{B}Q_i^{j+1}+H_{i+1}^{j+1}+\frac{\Delta t}{\Delta x_i}\frac{2}{B}Q_{i+1}^{j+1}=H_i^j+H_{i+1}^j-\overline{v}_y2\Delta t$$

$$H_i^{j+1}+\left\{\frac{\overline{u}}{\overline{g'}\,\overline{A}}-\frac{\Delta x_i}{\Delta t}\frac{2}{2\,\overline{g'A}}-\frac{\Delta x_i}{2}\frac{\lambda}{\overline{g'}}\frac{\overline{u}}{8}\frac{1}{\overline{A}\,\overline{H}}\right\}Q_i^{j+1}-H_{i+1}^{j+1}-\left\{\frac{\overline{u}}{\overline{g'}\overline{A}}+\frac{\Delta x_i}{\Delta t}\frac{1}{2\,\overline{g'A}}+\frac{\Delta x_i}{2}\frac{\lambda}{\overline{g'}}\frac{\overline{u}}{8}\frac{1}{\overline{A}\,\overline{H}}\right\}Q_{i+1}^{j+1}$$

$$=-\frac{\Delta x_i}{\Delta t}\frac{\overline{u}}{\overline{g'}}-\Delta x_iJ_{0i}$$

其中 $\overline{f}=\dfrac{1}{2}(f_{i+1}^j+f_i^j)$，上两式可简写成

$$\alpha_1H_i+\alpha_2Q_i+\alpha_3H_{i+1}+\alpha_4Q_{i+1}=\alpha_5 \tag{12-25}$$
$$\beta_1H_i+\beta_2Q_i+\beta_3H_{i+1}+\beta_4Q_{i+1}=\beta_5 \tag{12-26}$$

假设上、下游边界条件均为交界面高度，即异重流厚度，则两个边界条件为：$H_0^j=R_0^j$，$H_n^j=R_n^j$（边界条件为流量或流速也能解）。则 $2(n+1)$ 方程的线性方程组为

$$
\begin{pmatrix}
1 & & & & & & & & 0 \\
\alpha_1^1 & \alpha_2^1 & \alpha_3^1 & \alpha_4^1 & & & & & \\
\beta_1^1 & \beta_2^1 & \beta_3^1 & \beta_4^1 & & & & & \\
& & \alpha_1^2 & \alpha_2^2 & \alpha_3^2 & \alpha_4^2 & & & \\
& & \beta_1^2 & \beta_2^2 & \beta_3^2 & \beta_4^2 & & & \\
& & & \ddots & \ddots & & & & \\
& & & & & \alpha_1^n & \alpha_2^n & \alpha_3^n & \alpha_4^n \\
& & & & & \beta_1^n & \beta_2^n & \beta_3^n & \beta_4^n \\
0 & & & & & & & & 1
\end{pmatrix}
\begin{pmatrix}
H_0 \\ Q_0 \\ H \\ Q_1 \\ H_2 \\ \vdots \\ Q_{n-1} \\ H_n \\ Q_n
\end{pmatrix}
=
\begin{pmatrix}
R_0 \\ \alpha_5^1 \\ \beta_5^1 \\ \alpha_5^2 \\ \beta_5^2 \\ \vdots \\ \alpha_5^n \\ \beta_5^n \\ R_n
\end{pmatrix}
\tag{12-27}
$$

　　求解时，取上一时段的计算结果 H_i^j、Q_i^j（$i=0$，1，2，$\cdots$，n），作为已知值，则方程组中全部系数 α、β 可求。从每个库段的一对方程［式（12-25）和式（12-26）］中消去 β_1 和 α_4，则线性方程组［式（12-27）］化为三对角线性方程组，可用追赶法求解（数学手册编写组，1979）。所得解即各断面的 H_i^{j+1}、Q_i^{j+1} 值（$i=0$，1，2，$\cdots$，n）。若用牛顿迭代法，同样用追赶法解其对应的 $2(n+1)$ 个方程的线性方程组，但所得解还要经过几次迭代，使残差小于允许误差，才能得出各断面的 H_i^{j+1}、Q_i^{j+1} 值。上面的求解过程是已知 $j\Delta t$ 时刻的 H_i^j、Q_i^j，求 $(j+1)\Delta t$ 时刻的 H_i^{j+1}、Q_i^{j+1}。只要给出初始值，就可把上一时刻求出的结果，作为下一时刻的已知值，通过反复计算，求出各断面随时间变化的异重流交面高 H 及流量 Q 的变化过程，而初始条件，当进口断面刚产生异重流时，其他各断面的异重流初始值均为零，具体计算时，因算式中有 H 在分母的情况，故用到 H 为零的条件时，可用一极小的数来代替。

　　牛顿迭代法解非线性方程组，收敛速度较快，一般迭代三次左右就能达到计算精度要求，因此是解非恒定流常用的一种方法。差分格式中的权重系数 θ，可取略大于 0.5 值（华东水利学院，1979）。线性近似法较简便，因为异重流与上层清水的掺混作用，交界面不是很清晰的，测异重流交面高 H 本身就有一定误差。所以用线性近似法计算异重流，一般也能满足要求。

　　下面对两组非恒定异重流水槽实验资料进行验算，水槽试验是在 50m 长、2m 高、0.5m 宽的水槽内进行的，沿纵向设有若干观测点，观测异重流交界面随时间变化的过程，试验中进口含沙量保持不变。验算时，取上、下游异重流交面高 H 变化过程的资料作为边界条件，计算中间断面 15.2m 处、24.7m 处异重流立面高 H 的变化过程。

　　【算例（1）】　主要计算参数：时间步长 $\Delta t=100\text{s}$；总阻力系数 $\lambda=0.05$（考虑到异重流在水槽内受壅水影响，故选用较大的 λ 值）；槽底坡降 $J_0=0.0005$；平均含沙量 4.5kg/m^3；重力修正系数 $\dfrac{\Delta\gamma}{\gamma'}=0.0031$；计算结果与实测资料比较见图 12-6（a）、(b)。

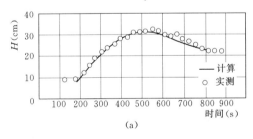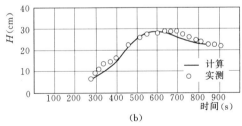

图 12-6　实验计算值与实测值比较图

(a) 15.2m 处；(b) 24.7m 处

　　【算例（2）】　主要计算参数：时间步长 $\Delta t=90\text{s}$；总阻力系数 $\lambda=0.05$；槽底坡降 $J_0=0.0005$；平均含沙量 3kg/m^3；重力修正系数 $\Delta\gamma/\gamma'=0.0046$；计算结果与实测资料比较见图 12-7（a）、(b)。

12.2.4　虚拟零边界

　　由上述验算可知，计算一段异重流，需用上下游（如进出口处）实测的异重流变化过

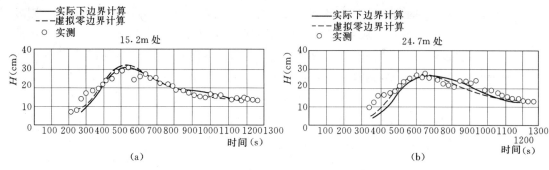

图 12 - 7 用不同下边界的计算值与实测比较图

(a) 15.2m 处；(b) 24.7m 处

程，作为已知的边界条件。一般用坝址作为下边界，但实际上这是有困难的。因为当泄流量不足够大时，不能立即排出的异重流将在坝前存积壅高，形成浑水区。所以实测的坝前界面高，很可能是被壅高后的清浑水界面高，而不是异重流刚到坝址时就具有的高度。而

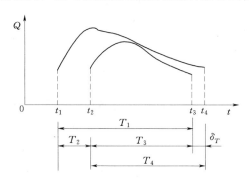

图 12 - 8 异重流在潜入处及坝址的流量
过程示意图

且作为下边界的坝址异重流高度，流量或流速变化过程，预先是不知道的，最好能由进口上边界的异重流变化条件推算出来，但这类问题又必须有下边界条件，如何解决这个困难？根据异重流的运动过程，提出以一个虚拟的零边界为下边界进行计算的方法。

由于进库洪峰有涨落，异重流在潜入进口处也有产生和衰弱的过程，设此过程经历的时间为 T_1，这相当于洪峰历时（图 12 - 8）、异重流从潜入处运动到坝前，所需时间为 T_2，到 T_3 时刻洪峰已过，异重流不能持续运动，

但出口处仍有部分泥沙继续排出，令这小段时间为 δ_T。若 $T_1 < T_2$，则异重流未流到坝址就停止运动，潜入库区的泥沙将逐渐落淤，只有 $T_1 > T_2$ 异重流才能到坝前。到坝址后的持续时间为 $T_4 = T_1 - T_2 + \delta_T$，实验表明 δ_T 时间很短，若不考虑形成浑水水库的作用，则异重流在坝前的持续时间，一般为 $T_4 < T_1$。

显然，异重流能否运动到坝前？有多少到坝前？主要决定于入库浑水的流量、含沙量和持续时间等条件。坝址处的泄流规模，只影响坝前局部流场及异重流的排出量。为了使问题简化，先忽略因泄流引起的坝前流场变化对异重流的影响，算出异重流能到达坝前的量，与实际泄流量比较，并估算出本次洪峰异重流的排沙量。

因此，假设异重流前峰到达坝址后不受坝体阻拦，可继续向前运动，相当于整个水库向前延伸，过坝后的河槽断面形状等沿用坝前河段的情况。这样处理，近似于假设到达坝址后的异重流可以自由出流，异重流来多少排多少，而泄流对坝前异重流的局部影响忽略不计。在 T_1 时段末，异重流前峰在假想的库区延伸段上到达 M 断面，即在 T_3 时刻之前，M 断面没有异重流通过，故 M 断面可看成是异重流在 T_1 时段的零边界面（显然在 T_1 时段内，比 M 更远处，异重流亦为零）。如果，计算中以虚拟的零边界面 M 作为下边界，则只要掌握进

口潜入处异重流变化条件，就能求出异重流在库区断面及坝址处的变化过程。

设断面 M 距离坝址为 x'，则 $x'=U'T_4$，其中 U' 是异重流前锋的平均运动速度，一般异重流前峰推进至坝址是在洪峰上涨时段内完成的，可取涨峰阶段进口处平均流量 $\overline{Q_0}$ 及含沙量 $\overline{c_0}$，用式（12-24）来算 U'，其中 J_0、B 均可取各库段的平均值，将 T_4 用 T_1 代替，得

$$x=U'T_1 \tag{12-28}$$

显然 $x \geqslant x'$；但向坝后延伸距离 x 所定出的下边界，并不改变异重流始终为零的条件。经比较计算，若将零边界距离 x 再加大些，计算的结果相差甚微，这说明式（12-28）虽得出略大于 x' 的估算值 x，但按 x 延伸并作为零下边界来计算库区及坝址断面异重流的变化过程是可行的。

以［算例（2）］的资料为例，用虚拟零边界作为下边界进行验算，需拓展的距离 $x=43.14\text{m}$，取延伸的间距与试验段间距基本一致，$\Delta x=11\text{m}$，按 $4 \times 11\text{m}=44\text{m}$ 延伸，见示意图 12-9。计算结果与用实测下边界的计算结果及实测资料相比，见图 12-7（a）、(b)。两种计算方法，除有无延伸段及下边界条件不同外，别的参数都一致。对延伸 $4 \times 11\text{m}$、$5 \times 11\text{m}$、$6 \times 11\text{m}$ 进行比较计算，所得结果基本一致。

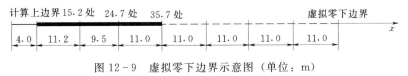

图 12-9　虚拟零下边界示意图（单位：m）

12.3　小　　结

产生异重流的入库洪峰流量及含沙量都是非恒定的，在推导非恒定异重流方程时，假设含沙量沿程不变，由于考虑了泥沙沉淀，清水渗出引起的异重流流量沿程减少的因素，使之较接近实际情况。用虚拟零边界作为下边界，忽略泄流对异重流的局部影响，只要掌握潜入后的异重流进口变化过程，就可算出库区及坝前异重流运动的情况。计算中可采用四点隐式差分格式，求解方法同一般明渠不恒定流。虚拟零边界计算，是假设异重流在坝址可自由出流的条件下，进口异重流可能到达坝址的实际排沙量。

对不同类型的水库所产生的异重流，特别是较高含沙量的异重流，根据已有资料表明 $u \sim D_{90}$ 关系随含沙量的增大而上移。因此计算中应选用符合实际情况的异重流挟沙规律。

参考文献

Архангельский，В. А. 1947. 明渠中不稳定流的计算 . 王承树译 . 北京：科学出版社 .
范家骅，等 . 1959. 异重流的研究与应用 . 水利水电科学研究院研究报告 15. 水利电力出版社 .
范家骅 . 1980. 异重流泥沙淤积的分析 . 中国科学，(1)：82-89.
华东水力学院 . 1979. 水力学下册 . 科学出版社 .
黄永健，范家骅 . 1987. 非恒定异重流计算 . 水利水电科学研究院科学研究论文集，第 26 集，111-122.
林秉南 . 1980. 明渠不恒定流研究的现状和发展 . 水利水电科技进展，第一册 . 北京：水利出版社 .

第13章　异重流的冲刷

异重流冲刷，最初是地质学家所关注的课题。首例异重流冲刷是 1929 年大西洋的 Newfoundland 岛以南 Grand Banks 发生海下地震，大量泥土塌滑形成异重流，沿程运动冲断多根海底电缆。从观测数据，估计异重流的冲刷能力，从而解释这是大陆架狭谷存在的原因。Parker（1986）还列出异重流方程，考虑异重流发生冲刷的条件。

另一异重流冲刷的实例是：黄河渭河的汇流区下游的潼关断面经高含沙量异重流的冲刷，测得其断面冲深冲宽的记录。

第三种异重流冲刷的例子是沙尘暴的形成。不同风速冲起沙漠上不同大小的泥沙颗粒，悬移在空中，形成异重流前锋，其异重流厚度可高达 1000m（Simpson，1997）。

13.1　大陆架海洋底部的异重流

深海床面有时受来自大陆架异重流运动的强烈干扰，首先为海洋学者关注的是海底电缆的断裂，认为是异重流运动导致电缆的断裂。

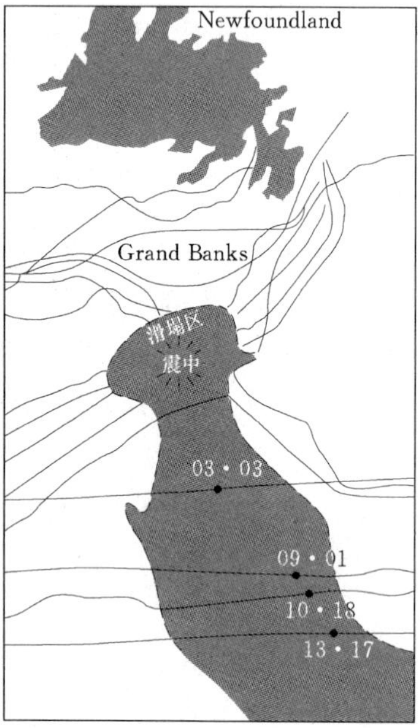

图 13-1　1929 年 Grand Banks 地震泥沙滑塌形成的异重流在不同时间冲断海底电缆

1929 年 11 月 18 日大西洋 Newfoundland 岛南部的大陆坡发生 Grand Banks 地震，巨大的海底滑坡，在大陆架边缘形成异重流。在海底铺设的 12 根海底电缆，其中在震中的 6 条电缆瞬时断裂，其余 5 根电缆自北至南先后断裂。距离震中 657km 最后一根电缆的断裂，发生在地震后 13h17min（图 13-1，图 13-2）。Heezen 和 Ewing（1952）最早提出海底电缆的断裂是由于大陆坡的地震造成滑坡形成巨大浑浊流所致。这 5 次电缆断裂的情况列于表 13-1。

在距震中最远的最后断裂的电缆的南方下游，所作的深海钻孔结果示于图 13-3。其 d_{50} 在 3～6μm 之间，这种细粒泥沙的存在，说明海底异重流的存在（Heezen 等，1954）。估计异重流的泥沙淤积量，约为 100km^3（Simpson，1997）。

这种电线折断的事实，不单发生在 Grand Banks 地区，还有在 Algeria 的 Oranville 港湾，斐济 Suva 地区，南美哥伦比亚的 Magdalena 河口地区。在 Magdalena 河口，1935 年 8 月 30 日滑塌使河口防波堤移

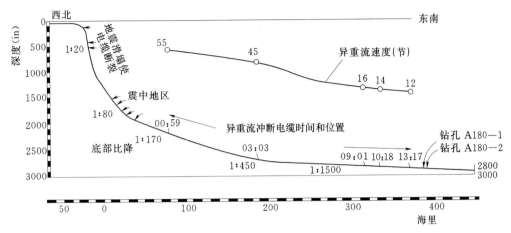

注　1 节＝1.85km/h，1 海里＝1.85km

图 13-2　电缆断裂位置和钻探孔位置以及异重流流速图

表 13-1　异重流头部速度表（Pallesen 1983）

电缆号	地震至电缆断裂的时段（时：分）	电缆之间距离（m）	异重流头部速度（m/s）	底部比降
1	0：59	0	28.3	1/170
2	3：03	2.0×10^5	23.2	1/450
3	9：01	4.3×10^5	8.2	1/1500
4	10：18	4.6×10^5	7.2	1/1500
5	13：17	5.4×10^5	6.2	1/1500

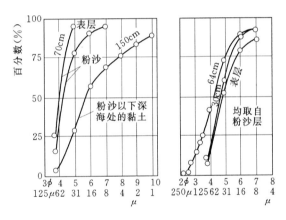

图 13-3　深海钻孔土样级配

动 480m，防波堤突然消失在海中，滑塌体积达 $3 \times 10^8 \text{m}^3$。那天夜里，在 1.5km 海底深处自河口伸向海方向，在沙洲上切割出 10m 的一狭谷深槽，在海外 24km 水深 1400m 处的海底电缆折裂（Menard，1964）。在该地区安放电缆后的最初 25 年中，曾发生

表 13-2　　　　各处滑塌的估计土方量

地　　　点	土方量（m³）	来源
大西洋 Newfoundland 岛 Grand Banks	1×10^9	Simpson
哥伦比亚 Magdalena 河口三角洲	3×10^8	Menard
斐济 Suva	1.5×10^8	
挪威 Orkdals 海湾	1×10^7	

异重流冲断电缆达 17 次。这是异重流在某些狭谷中被观测到一个例子。地质学家认为海底狭谷深槽是强大的异重流冲刷而形成。因而，在大陆坡某些断面出现海底狭谷。这类似于地面上被水流切割出来的具有一定边坡和深度的河谷。

各处滑塌的土方量，如表 13-2 所示。

13.2　潼关断面高含沙异重流

在黄渭汇流区潼关控制断面上，1969～1975 年间的汛期，在测流过程中曾观测到高含沙量异重流，以及测到横断面有冲深冲宽的实测记录。当渭河来水的含沙量大于黄河主流含沙量时，渭河来水在潼关上游形成底部异重流，通过潼关断面时形成下层异重流，而这时黄河来水则通过潼关断面时形成上层异重流。图 13-4 为黄渭汇流区的平面示意图，图 13-5 为 1975 年 7 月 25 日至 8 月 1 日黄渭来水来沙过程线，可见渭河和黄河两三个沙峰的流量和含沙量的变化过程。图 13-6 为 1975 年 7 月 27 日第 13 测次潼关断面四根垂线的流速和含沙量垂向分布以及断面含沙量等值线。从图 13-6 可清楚地看出分层情况，渭河流量较小，故下层异重流流速较上层黄河流速为小，上层黄河流量较大，故上层异重流流速也较大。

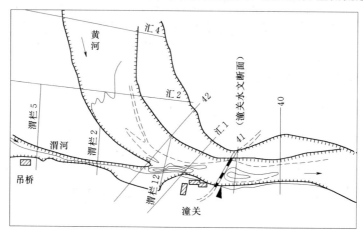

图 13-4　黄渭汇流区地形示意图

潼关水文站曾将潼关断面出现异重流时龙门站流量与潼关上层流量以及渭河流量与潼关下层流量作成关系线，同时将龙门站含沙量与潼关断面上层含沙量，以及渭河含沙量与潼关断面下层含沙量点绘关系线，示于图 13-7。可见黄渭来水流量和含沙量与潼关上下层流量、含沙量基本相同。

潼关断面 1969～1975 年出现高含沙量异重流时上游黄渭流量和含沙量与潼关断面上下层的流量和含沙量各测量值，列于表 13-3，可见，渭河含沙量出现异重流时的含沙量范围在 211～859kg/m³ 之间。

万兆惠与牛占（1989）曾选取拦淤 12 断面计算其修正 Fr 数以检验在该断面是否已潜入形成异重流，其各测次的 Fr 列于表 13-3，可见大部分的 Fr 值小于潜入点判别数：

$$Fr=\frac{u}{\sqrt{\frac{\Delta\rho}{\rho}gh}}=0.78$$

$$u=\frac{Q}{bh}$$

式中：u 为拦淤 12 断面的平均流速；Q 为流量；b 为断面宽度；h 为断面水深。

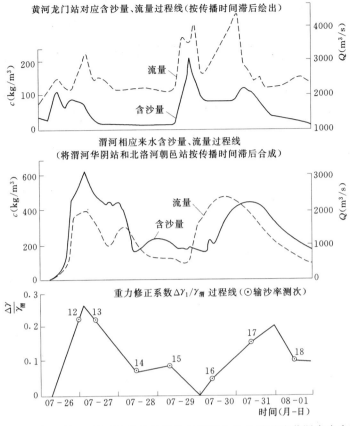

图 13-5　1975 年 7 月 25 日至 8 月 1 日潼关出现高含沙量异重流黄渭来水来沙过程线

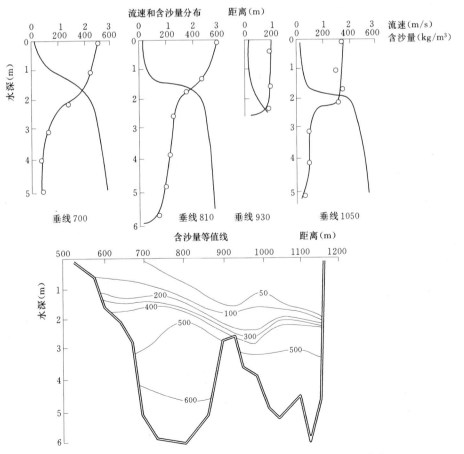

图 13-6　潼关断面 1975 年第 13 测次实测流速、含沙量分布

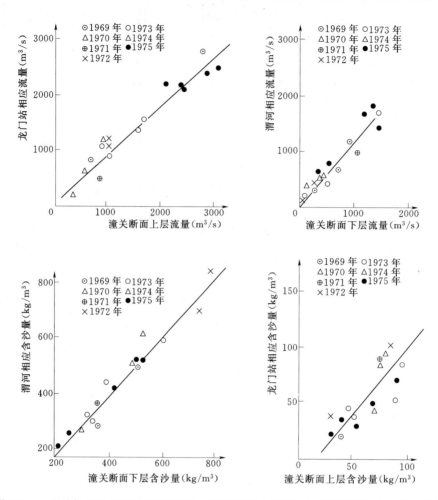

图 13-7　潼关断面河道异重流情况下上、下层流量含沙量与上游黄渭河相应值的相关图

表 13-3　　　　　潼关断面上下层流量、含沙量与黄渭来水来沙的相应关系

时　　段		流量　（m³/s）					含沙量　（kg/m³）				Fr
年-月-日	时：分	Q	$Q_上$	$Q_下$	$Q_黄$	$Q_渭$	$c_上$	$c_下$	$c_黄$	$c_渭$	
1969-07-31	15：15～18：10	3720	2800	920	2800	1200	161	508	230	510	0.723
1969-09-02	08：00～09：37	1020	755	265	850	289	42.8	353	20	286	0.388
1970-07-27	08：30～10：48	777	389	389	250	473	62.2	303	45	279	0.720
1971-08-23	08：25～10：10	1990	910	1080	520	1000	72.0	364	85	373	0.680
1972-07-03	08：00～10：00	180	1070	310	1250	316	68.9	780	100	859	0.586
1972-07-04	15：00～16：50	1130	1045	84.7	1150	160	30.8	744	40	625	0.373
1973-07-23	08：00～09：48	1870	1715	155	1600	213	56.0	339	35	303	0.761
1973-08-20	08：10～10：20	1660	894	766	1100	712	89.5	584	80	592	1.27
1973-07-21	15：25～16：40	1680	1140	540	900	415	49.3	307	45	328	1.45
1973-07-30	08：05～10：05	3150	1580	1570	1400	1700	85.0	382	55	449	0.695

续表

时 段		流量 （m³/s）					含沙量 （kg/m³）				Fr
年-月-日	时：分	Q	$Q_上$	$Q_下$	$Q_黄$	$Q_渭$	$c_上$	$c_下$	$c_黄$	$c_渭$	
1974-07-30	08：28～10：30	1140	641	500	628	500	76.9	485	90	620	0.330
1973-07-31	08：30～10：40	1110	960	150	1200	390	72.7	500	80	520	0.283
1975-07-26	23：00～01：17	4390	3150	1240	2500	1700	68.5	540	50	536	1.04
1975-07-27	08：50～11：15	3560	2110	1450	2200	1450	43.3	511	35	537	0.88
1975-07-29	08：35～10：45	2750	2410	344	2150	550	35.2	207	15	211	0.635
1975-07-31	08：50～11：30	4190	2880	1310	2400	1850	87.5	419	70	420	1.40
1975-08-01	08：37～10：33	2910	2370	539	2200	800	58.7	247	30	265	0.83

以拦淤 12 断面作为潜入断面，是一种假定情况，潜入点可能在该断面的上游，也可能在其下游。故表 13-3 上的拦淤 12 的 Fr 值，仅具有定性的意义。

在潼关断面曾观测到高含沙量异重流在其断面上冲深扩宽的冲刷情况。1975 年 7 月 27 日至 8 月 1 日多次断面测验情况绘于图 13-8。1975 年 7 月 27 日 0：10 测主槽大部淤满，10：10 测断面，可见断面主槽冲深约 2m。7 月 28 日 9：17 时主槽继续冲深约 4m，但 7 月 30 日 9：30 实测断面淤积高达 5m，而 8 月 1 日 10：00 则发生冲刷，冲深约 5m。

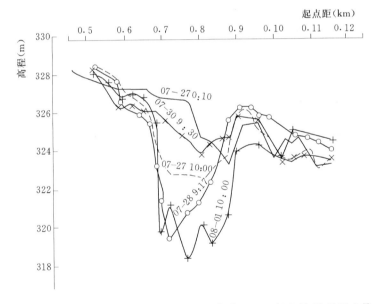

图 13-8 高含沙量河道异重流对潼关断面的冲刷（1975 年 7 月 27 日至 8 月 1 日）

高含沙量异重流由于其含沙量高，与明渠高含沙量挟沙水流类似，含沙量越大，其所能挟带的泥沙颗粒也越粗。点绘潼关断面高含沙量异重流 1969～1975 年实测含沙量与 d_{50} 的关系，如图 13-9 所示。因此在异重流中上下层水流中含沙量不同，其所悬浮的泥沙粒径也有上细下粗的变化。图 13-10 为潼关断面泥沙粒径 d_{50} 和 d_{95} 的垂向变化。

潼关水文站那几年测到的高含沙量异重流资料，经黄河水利委员会水文局、黄河水利科学研究院和中国水利水电第十一工程局许多同志的共同分析，给我们提供了极为宝贵的鲜为人知的高含沙量异重流物理现象，为我们后来的研究人员开阔了研究领域和思路，从而提高对异重流运动的认识。

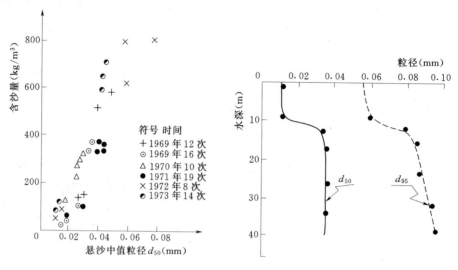

图 13 - 9　河道异重流悬沙 d_{50} 与含沙量关系　　图 13 - 10　一条垂线悬沙的 d_{50}、d_{95} 分布

参考文献

黄河水利委员会潼关水文站 . 1982. 黄河潼关断面高含沙量河道异重流现象 . 水文，1982（1）：8 - 13.

Heezen，B. C.，Ewing，M. 1952. Turbidity currents and submarine slumps，and the 1929 Grand Banks earthquake. American J. Science，250：849 - 873.

Heezen，B. C. Ericson，D. B.，Ewing，M. 1954. Further evidence for a turbidity current following the 1929 Grand Banks Earthquake. Deep-Sea Research，1：193 - 202.

Menard，H. W. 1964. Marine geology of the Pacific. Chapter 9，Turbidity currents. 199 - 222.

Pallesen，T. R. 1983. Turbidity currents. Series Paper 32，Institute of Hydrodynamics and Hydraulic Engineering，Technical University of Denmark，115.

Parker，G.，Fukushima，Y.，Pantin，H. M. 1986. Self-accelerating turbidity currents. J. Fluid Mech.，171：145 - 181.

Simpson，J. E. 1997. Gravity Currents：In the Environment and the Laboratory. 2nd Ed. Cambridge Univ. Press.

Wan，Z.，Niu，Z. 1989. Hyperconcentrated density current in rivers. Proc. 23rd Congress of IAHR.

第14章 异重流对工程的影响

14.1 引 言

研究异重流运动的目的，在于了解异重流的运动特性，它在自然环境和各种工程中可能产生的对于环境和工程的不利因素，从而有可能利用异重流的特性，减轻或消除不利因素的影响，或转向于有利的作用。

浑水进水库后的流动情况可概化如图 14-1 所示。上游来水进库，在壅水区泥沙淤积，形成三角洲，异重流在三角洲下游运动过程中，沿程泥沙淤积，形成异重流浑水楔形状的淤积。此外，异重流到达坝址时，如孔口不开，它遇到坝址的阻拦，受壅水影响，形成另一种具有水平面的异重流浑水楔淤积。如淤厚太大，将危害坝体安全，而坝前异重流泥沙进入进水口，磨损水轮机机件。

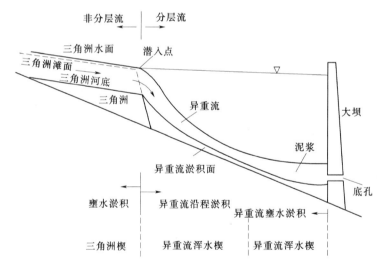

图 14-1 浑水进库后的流动和淤积概化图

异重流对工程的影响，举例简要说明如下：

（1）水库中在汛期会产生可以持续运动到坝址的异重流，在没有排沙孔口情况下，异重流在坝前持续淤积，形成异重流浑水楔淤积，将危害电厂进水口，有进入异重流来沙的危险。如瑞士 Luzzone 水电站，坝前异重流浑水楔淤积的淤积面已近电厂进水口，因此采用深水挖泥的方法以降低浑水楔淤积高程，消除泥沙进入进水口的危险。

碧口水电站建有排沙底孔，在大沙年份的 1995 年，异重流流抵坝址，因未能开孔泄沙，故将底孔堵塞，不得不花费一个月的时间进行疏通。

刘家峡水电站设计阶段，忽略了进水口高程以下安设多个排沙孔（水科院曾免费做试验并建议在进水口下设置孔口，未被采纳（方宗岱，1992），另一个不利因素是坝上游1.5km处，支流洮河的异重流进入黄河干流后，很快流到坝前，形成浑水楔淤积，泥沙进入电厂进水口，磨损水轮机。如果事先考虑设置多个进水口的排沙孔，并设置大泄量的低孔用以适时排沙，就可避免坝前淤积面的上升，也可以避免泥沙进入进水口。

（2）水库中异重流进入支流形成拦门槛，使支流库容不能得到利用。如官厅水库干流与支流妫水河汇合口所形成的沙坎；又如三门峡水库上游黄渭两河汇合处，在一定条件下也会造成黄河异重流倒灌入渭河，以往有几次将渭河口堵塞。

（3）水利枢纽通航船闸上下游引航道（盲肠河段）内的异重流淤积。

（4）河口段船闸或挡潮闸的盐水和浑水异重流入侵。盐水入侵，影响该地区工农业用水。另一情况，盐水入侵时挟带细颗粒泥沙，进入航道与河道，造成淤积。

（5）沿海港区内或河口港区异重流淤积。

沿海开辟一定水域建港，因港区形成相对静止水域，港外水流涨潮时，挟带泥沙进入港区内，在高潮时形成异重流，泥沙淤积，水域愈大、进沙量愈多。落潮时，出流含沙量减小，故造成持续累积性的淤积。大风天时，海岸泥沙被掀起，常形成异重流，涨潮时随流进入港区，造成大量的淤积（范家骅，1958）。塘沽新港最初在日本占领期间设计，原港区水域甚大，后经观测及研究港区淤积机理，后来逐渐减小港区水域面积，随之回淤量减少。

河口范围内开挖航道以加大航深，由于盐水楔以及异重流淤积，增加了维护的困难。航道内异重流交界面上的波动，对船舶的航行产生很大的阻力，使驾驶人员搞不清楚航行慢的原因。

14.2　水库异重流各种流动类型

现将异重流运动状态进行分类，列于表 14-1（Fan，1996）。并将其中若干流态和对工程的影响，分别加以讨论。

表 14-1　　　　　　　　　　　异重流流态分类和对工程的影响

异重流流动情况	泥沙来源	异重流环境条件与流态	实　例
（A）异重流自水库中无阻碍排出	流域主河道	异重流流到坝前顺利地排出	三门峡水库 1961 年、1964 年；官厅水库 1954 年 9 月 5 日；美国 Lake Mead 1935～1936 年
		异重流流到坝址经短时间壅水，即开闸门排沙	官厅水库 1956 年 8 月 1～3 日
（B）异重流在阻碍物前聚集	流域来沙	异重流流到坝址时闸关闭未开，或流到水库中一潜坝前，形成浑水水库	官厅水库 1955 年 8 月 8 日；三门峡水库 1961 年；阿尔及利亚 Steeg 坝；法国 Sautet 坝；法国 Chambon 坝

续表

异重流流动情况	泥沙来源	异重流环境条件与流态	实　例
(C) 坝前浑水水库，通过开启闸门排出；或开挖新孔排异重流	流域主河道或支流来沙	开启闸门，排泄先前异重流淤沙；或修建新孔以排泄先前异重流浑水水库泥沙	阿尔及利亚 Steeg 坝
(D) 库水位下降产生冲刷，冲起的泥沙潜入库底形成异重流	主槽局部淤积被冲起的泥沙	库水位骤降，造成潜入点上游的冲刷，它供给额外的泥沙形成异重流并泄出	三门峡水库 1962 年坝前壅水河段；官厅水库 1954 年 8 月 10～15 日
(E) 河道汇合处上游在控制断面的分层流或异重流	流域主河道或支流	控制断面处干流与支流的含沙量两者存在差异	三门峡水库坝上游 114km 潼关断面上，观测到黄河来水呈上层高流速、低含沙量，而渭河来水呈下层低流速、高含沙量的异重流通过断面
(F－1) 主河道内的异重流浑水楔	流域来沙	进库的洪峰较小，洪水量较小，形成的异重流在流向坝址方向的中途停止流动	官厅水库曾测到数次，如 1957 年 7 月 11～12 日、1957 年 8 月 16～17 日等
(F－2) 干流进入支流的异重流浑水楔	干流异重流	干流异重流横向进入支流形成异重流浑水楔淤积	官厅水库干流进入其支流妫水河倒灌形成异重流楔形淤积，使妫水河大部库容不能应用
(F－3) 异重流浑水楔从干流进入支流，以及从另一、二级支流进入	自干流和支流	干流和二级支流的悬移泥沙从横向进入支流形成异重流楔形淤积	三门峡水库支流渭河下游段，从黄河潜入异重流，以及从渭河支流洛河进入异重流形成异重流楔形淤积，河床上抬，地下水位上升，影响防洪和农业生产
(F－4) 从支流进入干流的异重流浑水楔	来自支流	支流异重流进入干流，同时向上游和下游方向运动：其向上游运动的异重流与库内来水运动方向相反，即其上层流流向下游，下层异重流向上游。流向下游的异重流，上层与下层流向相同	刘家峡水库坝上游约 2km 处支流洮河，洪水期形成高含沙异重流流进黄河干流，逆向运动形成异重流楔形淤积。另一股向下游运动很快到达坝前淤积，形成沙坎影响发电
(G－1) 进入盲肠渠道的浑水楔	主河道	主河道与盲肠渠道内水体含沙量的差异，形成进入盲肠渠道的异重流	长江葛洲坝枢纽船闸上游和下游引航道内异重流淤积
(G－1) 进入盲肠渠道的浑水楔	滩地上淤沙	涨潮时进沙量大于落潮出沙量	天津大港电厂引潮沟，河北沿海盐场引潮沟
(G－2) 海岸挡潮闸下游河段内的淤积	滩地上淤沙	涨潮时进沙量大于落潮出沙量	江苏夸套闸下游河段
(H－1) 海港内的淤积，河口段港内的淤积	海岸滩地上在波浪和风浪掀起的泥沙	涨潮时进入海港的潮流挟运泥沙进入港区，至最高水位时挟沙水流转变为分层流泥沙沉淀，退潮时仅少量泥沙随流输出海港	天津塘沽新港
(H－2) 河口段港区的和河道港区内的淤积	河道水流	河道挟沙密度大于港内水体，密度不同，因压差形成进入港区的异重流	上海宝山港区

14.2.1 不能流到坝址的异重流

当进流洪峰时段的总体积较小，而那时水库水位则较高，即水库长度较长，如 $Qt < BhL$（其中 Q 为流量，t 为时间，B 为宽度，h 为异重流厚度，L 为异重流长度），则异重流形成后有可能流不到坝址。其淤积形态为楔形，即所谓异重流浑水楔。这种流态同河口段盐水楔在涨潮时逆流向上游推进至一定距离的情况相像，不同处在于，水库内异重流浑水楔与上层水流流向相同，而盐水楔则上下两层流向相反。

官厅水库曾测到过若干次未能流到坝址的异重流，表 14-2 中列出的有 5 个测次。其中一次，1958 年 7 月 28 日测到的沿程流速、含沙量垂线分布以及异重流垂线上最大流速，异重流运动长度 4～5km（参见"异重流排沙"中图 14-2 官厅水库异重流沿程流速与含沙量垂线分布以及异重流垂线上最大流速的等值线图）。

表 14-2　　　　　　　　　　　官厅水库异重流浑水楔

日　期 (年-月-日)	进　流			现场观测情况	异重流运行距离 (km)
	流量 (m³/s)	含沙量 (kg/m³)	历时 (h)		
1955-08-19				异重流在 1008 断面消失	7.5
1957-07-11～12	115	70	38	在 8 号桥潜入，在 1010 断面测不到流速	6.2～7
1957-08-16～17	110	70	26.3	在 1019 断面潜入，在 1010 断面测不到流速	3～5
1958-07-28～29	140	70	27	在 1015 断面潜入，在永会 03 断面无流速	4
1959-09-14	220	41	4	在 1015 断面潜入，异重流在 1010 断面消失	2.5

14.2.2 库水位下降时的异重流运动

当水库中异重流运动至坝前通过孔口泄出时，库水位下降，会冲刷底部异重流淤泥，增加进库含沙量，从而加大异重流含沙量，并加大出库含沙量。下面举两个测验的例子。

第一个例子，1954 年官厅水库处于自然调洪阶段，洪峰涨落过程中库内出现异重流（水科院河渠所、官厅水文实验站，1958）。图 14-2（a）为官厅水库 1954 年 10 月 13～15 日水位下降时，实测各断面异重流流速和含沙量分布图。13 日水库长度约 4.2km，库首浑水潜入处含沙量约为 50kg/m³，14 日水库长度约 3.3km，库首潜入点处含沙量约为 70kg/m³，15 日水库长库为 2km，潜入点处平均含沙量约为 100kg/m³，此时水位较 13 日下降 2m 多，库底淤沙受到冲刷，因此库中异重流含沙量值较前两日为大。这时段降低水位进行冲刷，水库沿程仍是属于异重流排沙性质。图 14-2（b）为整个下降时段进出库水沙过程和断面变化图。

另一个例子，1962 年 7 月 30 日三门峡水库水位下降至 314m 左右，潜入点以上水流中含沙量，因冲刷而沿程增加，因此潜入后距坝 15km 处异重流的含沙量也增加高达 40kg/m³，靠近坝前 1km 处的异重流底部以上的一半厚度，含沙量达到 450～500kg/m³。由图 14-3 可见库水位下降过程中产生溯源冲刷和沿程冲刷，沿程含沙量增加，出库含沙量也相应增加。

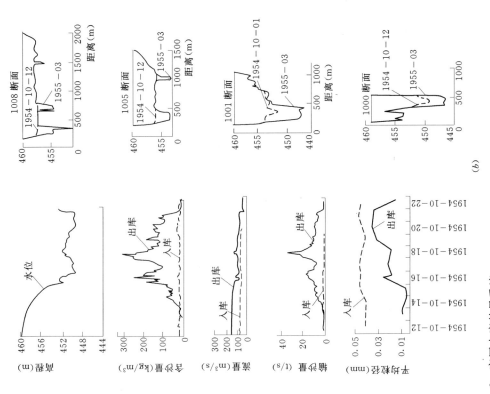

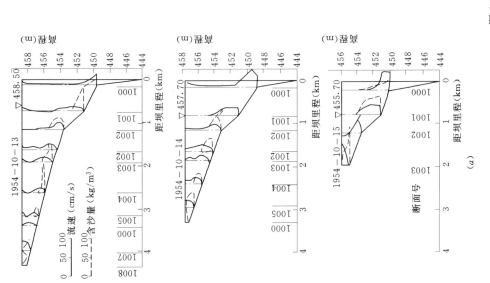

图 14 - 2　官厅水库的异重流

(a) 1954 年官厅水库库水位下降时实测各断面异重流流速和含沙量分布图；(b) 官厅水库 1954 年 10 月 12~22 日
水库水位下降时段的进出库水沙过程和断面变化图

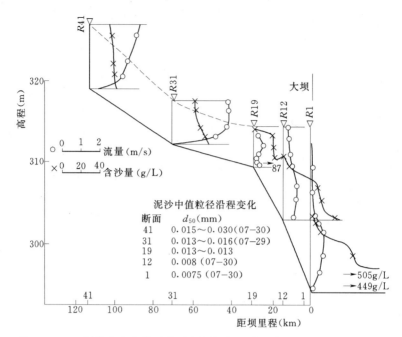

图 14-3　三门峡水库水位下降时实测各断面异重流流速和含沙量分布图

14.2.3　水库和河道汇合处异重流造成的影响

水库中两河汇合处异重流的淤积会给防洪和水力发电带来困难问题，这些问题的严重程度在当时最初的工程设计阶段并未估计到。

下面介绍刘家峡水电工程、三门峡水库和官厅水库所遇到的问题。

14.2.3.1　刘家峡水库

该水电站装机容量 $1.16 \times 10^6 \text{kW}$，为中国第三大水电站。水库库容 57 亿 m^3。大坝上游 2km 处有支流洮河汇入。支流异重流进入黄河时，同时向上游和下游沿河底运动，经过持续不断的淤积，形成一水下沙坝，图 14-4 为异重流历年淤积发展过程，在 20 世纪 80 年代在大坝前所形成的沙坝坝顶，在水库低水位时会阻碍发电引水。其次，异重流泥沙进入发电进水口，造成水轮机和闸门凹壁的磨损。从黄河和洮河异重流的沿程淤积剖面可看出，经 15 年蓄水运行，在两河汇合处有两次严重淤积，沙坝高程有突然的升高：第一次发生在 1973 年汛后，测到淤积厚度 14.7m。其淤积原因是支流的输沙量高达 5230 万 t，为多年平均输沙量的 2 倍。此外，当时的一个泄沙孔口（原设计的一个，显然不能保证所有进水口门前清）没有及时打开排沙，结果在近坝的黄河河段和洮河河段造成严重的淤积。第二次发生在 1978~1979 年汛后，沙坝淤积厚度达 15.6m，淤积原因是：汛期洮河河道淤积后，由于水电期间库水位下降，洮河河段内发生冲刷，因此大量淤积下来的泥沙被移至近坝址的河段，而那时泄沙孔未开，所以坝址处严重淤积（杨赉斐等，1985）。

14.2.3.2　三门峡水库支流渭河

三门峡水库潼关断面位于黄渭两河汇流处的卡口，具有侵蚀基准面的作用。水库开始蓄水水位超过潼关水位时，在黄河和渭河河段内遭受严重的壅水淤积。在黄河汛期时段，

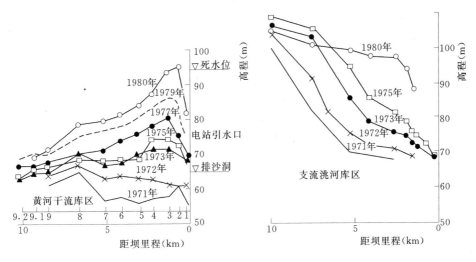

图 14-4　黄河和洮河异重流的沿程淤积剖面

当渭河流量较小时，黄河水进入渭河形成异重流向渭河上游入侵，即形成异重流浑水楔，结果造成层层淤积，致水位上抬，给防洪造成困难。当渭河流量很小，而渭河的支流洛河高含沙水流流进渭河时，渭河偶尔会发生淤积而被堵塞。

渭河由于异重流倒流造成堵塞的一个例子是发生在 1967 年 8～9 月。在 1967 年 8 月，潼关站发生过几次大洪水（$Q=5000\text{m}^3/\text{s}$），而潼关水位壅水高，1967 年 8 月各河的月平均流量为：黄河月平均流量 $4070\text{m}^3/\text{s}$，渭河月平均流量为 $177\text{m}^3/\text{s}$，北洛河月平均流量 $556\text{m}^3/\text{s}$，含沙量达到 $568\text{kg}/\text{m}^3$。这种情况下，黄河在壅水时，异重流向渭河河口运动并向渭河上游方向入侵。异重流继续不停地淤积，使华阴河床在 1967 年 8 月持续抬高。图 14-5 为华阴断面实测断面流速分布，上层流速流向下游，下层异重流流向上游。而实

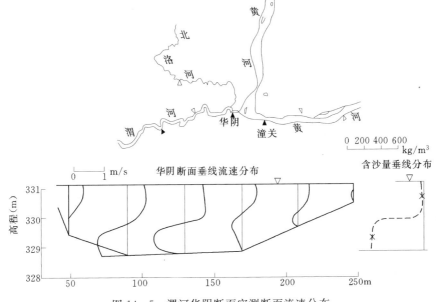

图 14-5　渭河华阴断面实测断面流速分布

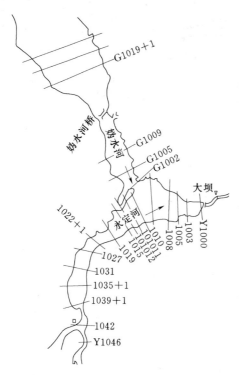

图 14-6　官厅水库主流与支流妫
水河汇合口的平面图

测下层含沙量达到 $774kg/m^3$，系来自北洛河高含沙水流。而当时黄河龙门站测得含沙量为 $97kg/m^3$（8 月 23 日），$30kg/m^3$（8 月 24 日测）（曾庆华、周文浩，1986）。根据华阴站实测异重流流速 $0.87m/s$，异重流厚度 $1m$，上下层含沙量差为 $745kg/m^3$，经试算，得密度 $Fr = u/\sqrt{g'h} = 0.41$。

14.2.3.3　官厅水库妫水河支流 (Fan, 1991)

官厅水库库区由永定河河谷和支流妫水河河谷组成。永定河原河道比降为 0.142%，妫水河比降为 0.053%。水库库容，永定河谷占 $1/4$，而妫水河占 $3/4$。由于永定河异重流在妫水河汇合口的横向运动进入妫水河，异重流形成浑水楔，异重流泥沙沿程淤积，在妫水河口河段形成沙坝，这样沙坝顶以下的库容就不能利用。图 14-6、图 14-7 为汇合口的平面和地形状况。妫水河流向与永定河基本上成直角。1959 年 7 月 31 日永定河发生大洪水，洪峰流量达 $2750m^3/s$，大量异重流泥沙进入支流。实测 1959 年 7 月 31 日至 8 月 1 日的异重流流速和含沙量垂线分布示于图 14-8。在汇合口永定河上游 1010 断面处的异重流流速约为 $0.4m/s$，在支流妫 1002 断面异重流流速约为 $0.2m/s$，在妫 1005 断面异重流流速小于 $0.1m/s$。

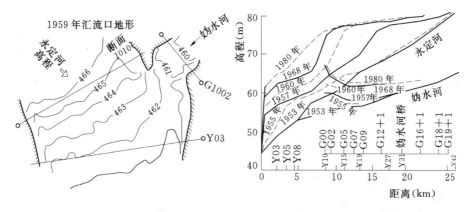

图 14-7　官厅水库主流与支流妫水河汇合口地形图和纵剖面图

关于主河道异重流倒灌支流的流动情况，可用图 14-9 表示，进行分析。

利用动量公式，考虑断面 1 至断面 2 之间的动量变化和压力差各项，忽略上层流速，得下列方程：

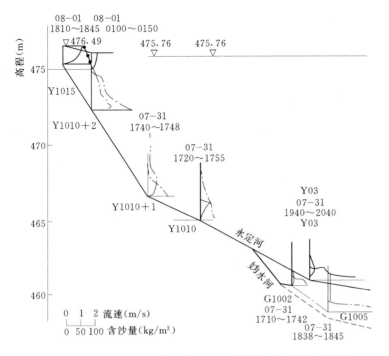

图 14-8　官厅水库主河道与支流异重流流速和含沙量垂线分布

$$\frac{\Delta\gamma H^2}{2}-\frac{\Delta\gamma h^2}{2}=\frac{\gamma' uq}{g}$$

式中　　　　　　　$q=uh$

$$u=\sqrt{\frac{g'h}{2}\left(\frac{H^2}{h^2}-1\right)}$$

从图 14-8 可见，H 略大于 h，设计 H $=(1.1\sim1.2)h$，得 $u=(0.32\sim0.46)\sqrt{g'h}$，如取 $H=1.15h$，则得

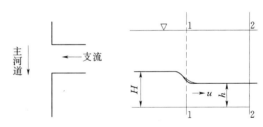

图 14-9　异重流倒灌支流图形

$$u=0.4\sqrt{g'h}$$

从上述三门峡水库黄河异重流向渭河倒灌时所测的异重流和含沙量分布线，计算得 u $=0.4\sqrt{g'h}$，官厅水库中永定河异重流向支流妫水河倒灌形成的异重流，据陈宗文分析得平均关系也有上列的系数值，如图 14-10 所示。

为了了解主河道与支流异重流之间的相互关系，将两个时段，1959 年 7 月 31 日至 8 月 2 日和 1959 年 8 月 19～20 日，在永 1010＋1、永 1010 和妫 1002 各断面的异重流垂线最大流速的因时变化过程，点绘于图 14-11。可见主河道异重流潜入支流后，其异重流在倒坡河床上运动，与主流的洪峰过程有相应的涨落变化，但支流异重流流速的衰减也很明显。

支流内异重流在倒坡河床上溯运动，使异重流形成浑水楔淤积，在汇流口处淤积量为最多。图 14-12 为妫水河河谷 1959 年各测次各断面的淤积状况，可见各测次持续淤积明显。妫 1002 断面在一个汛期淤积厚达 15～2.5m，在妫 1005 断面，淤厚达 2m。比较妫 1002

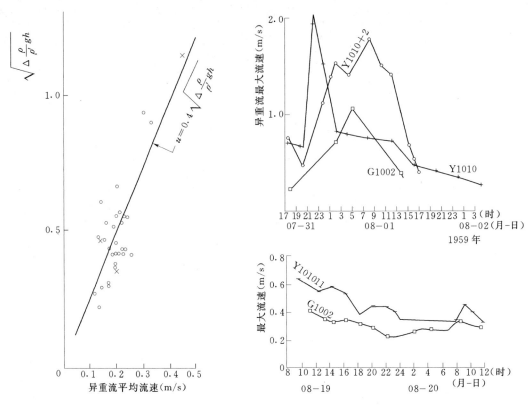

图 14-10　官厅水库永定河异重流
向支流妫水河倒灌（陈宗文）

图 14-11　官厅水库主河道永 1010＋1、永 1010 和支流
妫 1002 各断面的异重流垂线最大流速的因时变化

和妫 1005 两断面在 1953～1980 年的淤积厚度，以 1953～1956 年、1959 年和 1967 年 3 个
时段为最严重。

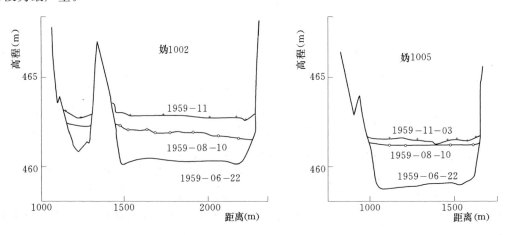

图 14-12　妫水河河谷 1959 年各测次各断面的淤积状况

从进库泥沙数量与妫水河异重流淤积量两者之间的关系，也可看出其大致的相应关
系。将上述时段进水总量和在妫水河的淤积量列于表 14-3，发生在 1956 年、1959 年、

1967 年、1974 年和 1979 年各时段的淤积明显。

表 14 - 3　　　　　　　　　官厅水库进水量与妫水河异重流淤积量

时段 （年-月）	水库进入输沙量（×10^6t）	妫水河淤积量（×10^6t）	时段 （年-月）	水库进入输沙量（×10^6t）	妫水河淤积量（×10^6t）
1955 - 11～1956 - 10	77.68	4.39	1974 - 06～1975 - 05	33.04	5.57
1958 - 11～1959 - 10	78.49	8.50	1979 - 06～1980 - 05	20.65	3.88
1967 - 06～1968 - 05	49.53	8.65			

14.3　坝前异重流浑水楔淤积

在我国多沙河流上修建的水库，以及在少沙河流上的水库，均发现异重流流至坝前淤积，形成浑水楔淤积的形状。

法国 Chambon 水库 （Millet，1983），1935 年建成，坝高 136m，库容 5600 万 m^3，设有 2m 直径的底孔 （高程 951.5m）。1955 年，底孔被淤堵；1959 年以前，坝前淤泥厚达 12m，危及坝体安全。1960 年淤积面高程为 968m，故新建高程为 959m 的孔口。水库于 1962 年曾降低水位至 952m，但 1980 年，坝前淤积面仍高至 968m。因此，1980 年 1 月重新打开高程 951.5m 的原底孔。

法国 Sautet 水库 （Groupe de Travail du Comite Francais des Grande Barrages，1976），建于 1935 年，坝高 115m，库容 1.00 亿 m^3，在不同高程设计两层孔口：一为底孔，底槛高程 651m，即原来的导流底孔；二为中孔，底槛高程 673m，高于底孔 25m。水库运行至 1938 年，底孔几乎全部为泥沙堵塞，1961 年坝前淤积面已淤至中孔高程，并堵塞中孔。由于坝前淤积泥沙厚达 50m，在进水口以下 15m，故决定在进水口以下 5m 处开一新孔，于 1962～1963 年完成。

Sautet 坝位于 Motty 坝的下游，上游坝的来水中含沙量已小，但在水库形成 1kg/m^3 的异重流 （Nizery，1952），流经 5km 至坝前沉淀，多年来形成浑水楔的淤积，图 14 - 13 为 1935～1973 年坝前淤积剖面图。

图 14 - 14、图 14 - 15 为美国 Lake Mead （Bureau of Reclamation，1947）和日本千头水库坝前异重流楔形淤积 ［Kira （吉良），1982］。

阿尔及利亚 Fodda 河上的 Steeg 水库，由法国工程师设计。坝高 90m，库容 2.25 亿 m^3，年进沙量 2.5×10^6 m^3。1932 年开始运行至 1937 年，坝前淤积厚达 15m （Hannoyer，1974），至 1960 年 （Jarniac，1960）坝前淤积厚达 50m （见图 14 - 16）。有效库容减少 50×10^6 m^3，1960 年新设计开 4 孔，高程为 311.80m，孔口直径为 800mm。试验孔高程 327.50m。孔经 800mm，出流密度至少为 1.5。从图 14 - 16 可看出，出流为一股泥浆。

瑞士 Luzzone 水电站，坝前异重流浑水楔淤积的淤积面已近电厂进水口 （见图 14 - 17），为防止进入进水口，故采用深水挖泥，降低在进水口附近的浑水楔淤积高程，以避免泥沙进入进水口的危险 （Pralong，1987）。

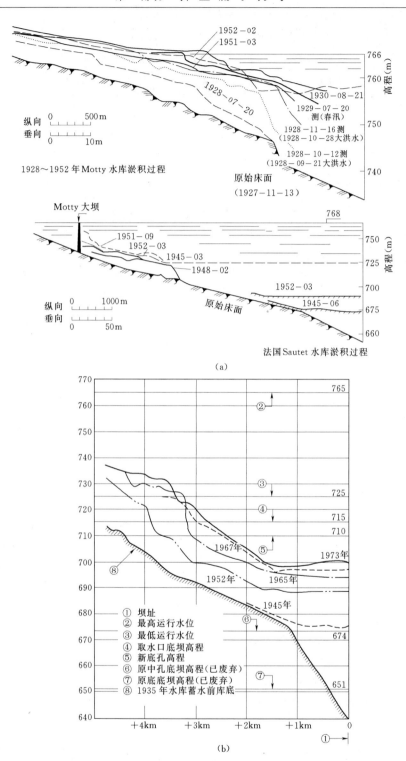

1928～1952 年 Motty 水库淤积过程

法国 Sautet 水库淤积过程

(a)

① 坝址
② 最高运行水位
③ 最低运行水位
④ 取水口底坝高程
⑤ 新底孔高程
⑥ 原中孔底坝高程(已废弃)
⑦ 原底底坝高程(已废弃)
⑧ 1935 年水库蓄水前库底

(b)

图 14-13　法国 Sautet 水库坝前淤积剖面图
(a) 1935～1952 年；(b) 1945～1973 年

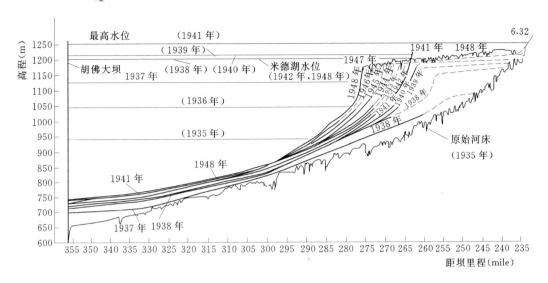

图 14－14　美国 Lake Mead 坝前异重流楔形淤积

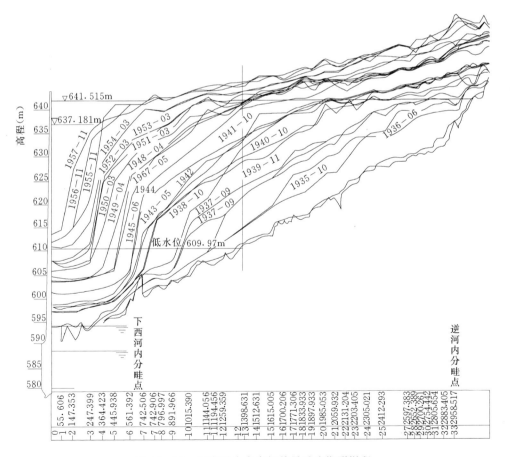

图 14－15　日本千头水库坝前异重流楔形淤积

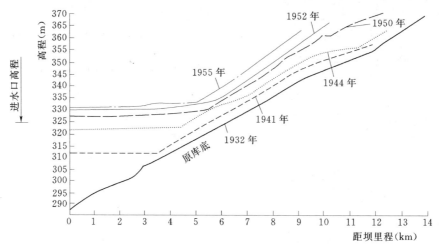

图 14-16　阿尔及利亚 Steeg 水库坝前淤积面抬高过程

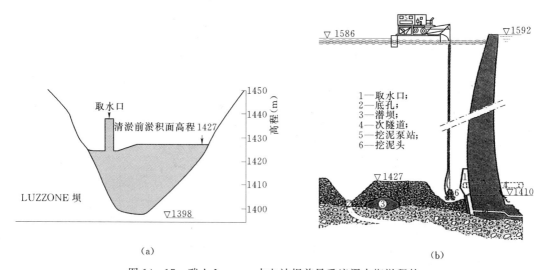

图 14-17　瑞士 Luzzone 水电站坝前异重流浑水楔淤积的
淤积面和深水挖泥示意图

　　水库内观测高含沙量浑水水库有山西小河口水库，观测水库泄沙前后浑水水库中含沙量垂线分布随时间变化过程，并测定浑水水库交界面的涨落过程。观测时段为 1976 年 8 月 7～8 日和 8 月 20～22 日，见图 14-18 和图 14-19。在 8 月 7～8 日浑水水库在上涨过程中，来流含沙量自 50kg/m³ 逐渐增加至 180kg/m³，而在 8 月 10～22 日期间，来水含沙量在 200kg/m³ 左右。

　　坝前泥沙淤积造成对坝体的附加压力，将危及坝体的安全。高含沙来水或尾矿在坝前的淤积，因泥沙颗粒很细，淤积体不易密实，故相对而言，占有更大体积。如坝前淤积过高，坝体不堪承受，就有可能发生垮坝事故。例如 2008 年报导的陕西和山西发生的储藏尾矿砂的水库，发生坝垮事故，产生的泥石流，具有很大的破坏力。在矿区，可能缺乏水

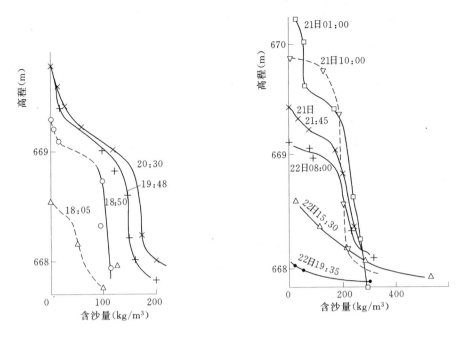

图 14-18 小河口水库浑水水库中含沙量垂线分布变化过程

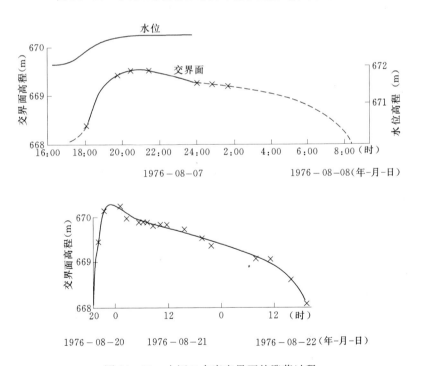

图 14-19 小河口水库交界面的涨落过程

工管理人员，没有做检测工作，任尾矿砂浆排入水库，直到发生坝体被破坏，无法控制，整库尾矿砂浆瞬时下泄，形成洪水波式的泥石流。前已述及，我们曾与有色冶金部来访同志交换过意见，认为可利用有色金属尾矿砂浆不易密实的特点，在坝底设置排沙管道，利用重力作用将其排出库外，导入明槽流入较低处存储，以备以后再做精炼，这样就不需要另建新的高坝。

14.4　异重流流至坝前的泥沙淤堵的实例

在 14.2.4 节中提到法国 Sautet 和 Chambon 两水库底孔被淤堵的过程，在本节中将引述我国两水库底孔淤堵的情况。

万兆惠曾对三门峡水库泄水建筑物闸门被淤堵的事例做过调查。左岸 2 号隧洞，高程 290m，洞径 11m，1968 年 8 月过水一天后，未再运用。经 11 个月后，于 1969 年 7 月 28 日再次提门，准备过水，由于闸门前泥沙淤积，20：00 提门，直到次日 4：30，经过 8.5h，才能冲开淤泥过水，当时库水位约 310m。

1972 年 4 月 27 日进行双层孔过水试验，当时坝前水位 319.45m，泥沙淤积面高程约 298m。10：25 打开 4 号底孔工作闸门后，不见出水，25min 后，10：50，突然一声巨响后，浑水才汹涌流出。经历 5h，于 15：50 关闸。当时 4 号底孔闸前淤积面降至 280m 左右，但 5 月 30 日测量，底孔前已回淤到 290m 左右，即闸门关闭 5～6d，闸门前淤厚达 10m。

碧口水电站排沙洞的淤堵（江拴丑，1997）。碧口水电站位于甘肃白龙江上，坝高 105.3m，库容 5.21 亿 m^3。左岸设排沙洞直径 4.4m，全长 698m，其中洞身有压段 565.9m，明渠段 124.1m，水库喇叭口段 13m，检修门位于进口以内 44m，工作门与检修门相距 525.9m。其主要任务为排沙，保证电站取水口不受泥沙危害。

1995 年 3 月，机电设备检修完毕，进行例行的汛前提门试水，15 日 10 时工作门全开，未见出水，至 17 日仍不出来，经查，洞内有压段工作门以上 500 多 m 范围内全断面被泥沙淤堵。

由于 1994 年 9 月 28 日排沙洞最后一次放水冲淤，淤泥未冲干净，即关闭工作门，当时未关检修门，在敞开位于进口的检修门的时间段内，至 1995 年 3 月 15 日历时 195d，这段时间内，排沙洞仅运行 3 次，历时 3.47h。因此，到达坝的异重流已进入排沙洞内的近长 600m、直径 4m 的有压管道内，导致全断面的泥沙淤堵，后经一个月的疏通工作，才清除洞内淤堵泥沙。

从上述孔口淤堵的实例可见，异重流流抵坝前时，如不及时排走，异重流就会潜入孔口管道造成持续性淤积直至堵塞整个断面。在第 20 章讨论孔口设计中，将作其淤积机理的分析。因此，有必要进行定时的观测，经常启动闸门，排走坝前异重流泥沙，保持有一定的冲刷漏斗，这样，才能避免底孔被堵塞。

14.5　进入盲肠水域的异重流淤积

当浑水水流进入某种盲肠水域时，浑水水流与盲肠内水体的密度差形成异重流进入盲肠水域，而经置换流出盲肠水域的是上层清水水流，这种持续性的异重流淤积，常造成大量的淤积。如武汉的青山运河，在长江边上开挖一运河以修造码头供武钢之用，最初估计年淤积量 7700m^3，而建成后的实际运行数月，淤积量达 60 万 m^3。

上述异重流流态，也出现在船闸引航道之内，如葛洲坝、广西西津电站的船闸引航道。也会出现在河口和海岸挡潮闸下游河段之内。例如在江苏沿海岸修建的不少挡潮闸下游河段内的淤积。

另一种盲肠水域是海港、河口港、河道港。港区内常形成异重流淤积，特别是在开挖航道和码头前深挖区内的泥沙淤积，如天津塘沽新港内每年大量的疏浚量以维持一定的深度。

参考文献

范家骅 . 1958. 关于塘沽新港的回淤.

范家骅，焦恩泽 . 1958. 官厅水库异重流资料初步分析 . 泥沙研究，1（4）.

范家骅 . 1980. 异重流泥沙淤积的分析 . 中国科学，1980（1）：82 - 89.

方宗岱，1992. 论江河治理.

江拴丑 . 1997. 碧口水电站排沙洞淤堵原因及疏通处理 . 甘肃电力，1997（4）.

水科院河渠所，官厅水文实验站 . 1958. 官厅水库异重流的分析 . 水利科学技术交流第二次会议（大型水工建筑物），北京，1958.

小河口水库灌溉管理局，陕西水利科学研究所，清华大学泥沙研究室 . 1976. 小河口水库高含沙量异重流壅高时排沙初步研究 . 黄河水科院泥沙研究室汇编，第 3 集，138 - 148.

杨赉斐，等 . 1985. 黄河上游水电站泥沙问题初步分析 . 西北水电，1985.

曾庆华，周文浩，杨小庆 . 1986. 渭河淤积发展及其与潼关卡口黄河洪水倒灌的关系 . 泥沙研究，1986（3）.

Bureau of Reclamation. Lake Mead density currents investigations. Vol. 1 - 2，1937 - 1940，Vol. 3，1940 - 1946.

De Cesare，G. et al. 2001. Impact of turbidity currents on reservoir sedimentation. J. Hydraul. Engg.，ASCE，2001（1）：6 - 16.

Fan，Jiahua. 1985. Methods of preserving reservoir capacity. Methods of computing sedimentation in lakes and reservoirs（Bruk，S.，rapporteur），UNESCO，Paris，65 - 164.

Fan，Jiahua. 1996. Sediment impacts on hydropower reservoir. Proc. Sixth Federal Interagency Sedimentation Conference，March 10 - 14，1996，Las Vegas，USA，Ⅸ106 -Ⅸ113.

Fan，J. 1991. Density currents in reservoirs. Workshop on Management of Reservoir Sedimentation，New Delhi，June 27 - 30，1991，25.

Groupe de Travail du Comité Français des Grande Barrages，1976. Problèmes de sédimentation dans les retenues. Trans. 12th ICOLD，Q. 47，R. 30，1976. Vol. 3：1177 - 1208.

Hannoyer，J.，1974. Nouvelle méthode de dévasement des barrages - réservoirs，Annales de l'Institute Technique du Bâtiment et des Travaux Publics，No. 314，Fev. 1974，146 - 153.

Kira，H. 1982. Reservoir sedimentation and measures to minimize siltation. Senbo Press：392.（In Japanese）.

Millet，J. C. 1983. Barrage du Chambon. Overture de la vidange de fond d'origine. La Houille Blanche，1983（3/4）：275 - 279.

Nizery，A. et al. 1952. La station du Sautet pour l'étude de l'alluvionnement des réservoirs. Transport Hydraulique et Décantation des Materiaux Solides，Comte Rendu des Deuxièmes Journées de l'

Hydraulique，Grenoble，1952，180 - 218.

Pralong，R. 1987. Removal of sedimentation in storage lakes with depths of up to 200 m. Wasserwirtschaft，77 Jahrgang，Heft 6/1987，1 - 3 (in German).

Tolouie，E. 1989. Reservoir sedimentation and de - siltation. Ph. D. thesis，Univ. of Birmingham，Birmingham，U. K. 1989.

第二部分

泥 沙 工 程

第 15 章 水库淤积Ⅰ：水库泥沙调查

为求解工程问题，已建成工程的运行和出现的泥沙问题，常可提供有用的数据，供设计新工程时参考。通过水库调查，了解现场的实际情况，分析资料，可加深对泥沙问题的认识，提高求解泥沙问题的能力。

本章介绍以前为若干水库工程中的泥沙问题，所作的调查研究工作，如三门峡水库淤积发展对潼关淤积高程的影响，对三峡水库变动回水区淤积可能导致的航道碍航，以及船闸引航道淤积等问题。关于引航道淤积调查情况，见第 24 章，引航道异重流。

15.1 北方水库泥沙调查

为了解水库壅水淤积和库水位降低时的冲刷，我们曾调查了若干水库，了解各水库在特定条件下的冲淤情况，试图了解泥沙冲淤规律。

15.1.1 三盛公枢纽

三盛公枢纽，1961 年 5 月投入运用，枢纽主要作用在于抬高水位进行灌溉，非汛期一般在 11 月至次年 5 月，则降低水位冲刷河槽。

绘制修建枢纽以前 1953 年 10 月和 1959 年 10 月的滩面高程纵向变化图（图 15 - 1），两次测量结果基本相同。滩面比降值为 0.017%，再点绘枢纽修建后 1961 年 9 月、1962 年 8 月、1964 年 8 月的滩面比降，可看出滩面逐年淤高，比降变缓。1964 年滩面比降值为 0.013%。建闸后淤积大断面测量范围在 26km 下游部分，1965 年延长至 30km，而在 33km 处加设断面；事实上滩面淤积超过 33km。从滩地淤积比降延长线，同建闸前滩面比降相交处，估计淤积范围约在 40km 附近。

为了了解枯水河槽的淤积情况，绘制同流量水面线（图 15 - 2）；以对比建闸后河槽有无抬高。如图 15 - 2 所示，建闸前 1959 年 10 月 23 日至 11 月 2 日水面线测量时的流量为 480～550m³/s。为了要同建闸后多次测量为 800m³/s 时的水位相比，故从水位流量关系线（见图 15 - 3）推算至 800m³/s 时的水位，得水位应上抬 0.2m。建闸后选择 800m³/s 左右时的水面线，如 1962 年 5 月 3 日、1964 年 4 月 23 日和 1965 年 5 月 4 日，比较之下，可看出建库后枯水河槽上抬总计约 20cm，因此，可得出结论，主槽基本上没有较明显的淤积。

分析主槽不抬高的主要原因是由于三盛公枢纽设置泄流闸门 18 孔，基本上能泄放枯水时流量而不发生壅水，同时，由于闸底板高程基本上位于原河床高程，故枯水水位也不壅高。三盛公水文实验站作出了枢纽修建前后在距闸 300m 处的水位流量关系曲线，

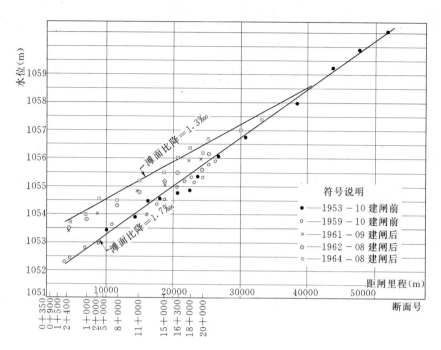

图 15-1　三盛公枢纽建闸前后滩面比降的变化

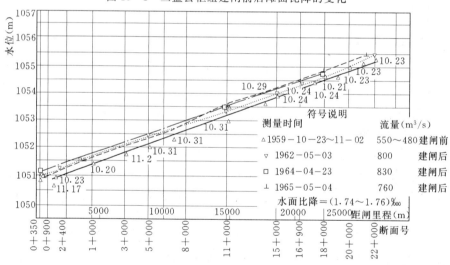

图 15-2　三盛公枢纽建闸前后同流量水面线

见图 15-3，在 800m³/s 以下时，建闸前后属同一曲线，大于 800m³/s 时，即发生偏离，水位壅高。

　　将闸底板放低，固然是保持河槽不受淤积的基本条件之一，而非汛期全部打开闸门放低水位，并使发生连续冲刷，也是保持河槽不受淤积抬高的必要条件。即使设计的闸底板放低，如果不打开闸门，不降低水位，即没有使闸底板放低发挥作用，如魏家堡枢纽，则河床仍会淤高。

　　另外，从建闸前后的粒径均在 0.15mm 左右这点来看，也可看出，河床基本处于相对平衡状态。图 15 - 4 中粒径值 0.15mm 上下，是从各测次断面上最大的 D_{50} 定出的。

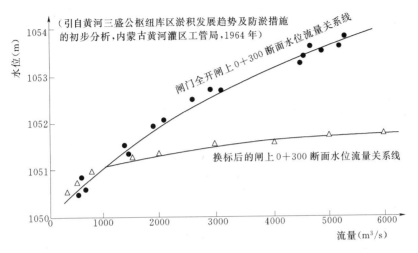

图 15 - 3　三盛公枢纽 1969 年水位流量关系线

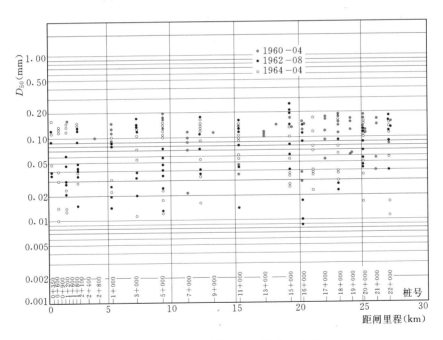

图 15 - 4　三盛公枢纽 D_{50} 沿程变化图

15.1.2　渭河魏家堡渭惠渠渠首堰

魏家堡渭惠渠渠首堰修建于 1935 年，堰顶高程 471.8m（南）至 471.1m（北），河床高程为 468.5m，冲刷闸底高 469.5m。在 1965 年 12 月初查勘时，正值枢纽引水灌溉，坝前水位高达 471.67m，低于南岸堰顶约 0.13m，了解到渭惠渠常年放水，河道枯水时，仍须抬高水位，以满足引水的需要。由此可见，非汛期水位较建闸前抬高约 2～3m，洪水期，流量过大时将漫溢坝顶而过，在坝顶上可见混凝土磨损撞击的痕迹，这表明有卵石过坝的现象。在坝下游，可见卵石的堆积，显示堰上游越过坝顶而停积下来的，据管理站介绍，1954 年大水流量为 5780m³/s 时，坝上过水深度为 3.5m（此流量值似有争议），1965 年流量 3500m³/s 时，坝上水深为 1.7～1.8m。由此可以推断，洪水水位在坝前壅高达 3m 以上。

　　沿渭惠渠渠首向上游查勘访问，淤积延伸距离较远。在距坝址 24.25km 的阳平渡口处访问船工，该处河道南北摆动，数十年来无变化。由于没有找到修坝前的河道纵断面图，无法与 1965 年 7 月由黄委和陕西省施测大断面点出的河道图比较，难于确切地肯定淤积延伸的范围。但可以肯定，由于泥沙淤积洪水位和枯水位均有抬高，而渠道终年壅水灌溉，故淤积距离必然较远。这个情况，与三盛公枢纽泄流能力的设计和不同运用方式所导致的河床变化，形成鲜明的对照。三盛公枢纽中枯水河槽在建闸后未见上升，而魏家堡堰上游河道的滩槽均有淤积上抬的显示。

15.1.3　闹德海水库

　　闹德海水库自 1963 年开始，由辽宁省水电厅主持每年施测一二次大断面或地形。测量范围目前已延伸至上游石门子拦沙堰。在查勘时特别注意石门子站的位置和测流断面，及河床的历年变化，以便同过去历年地形测量资料进行对照。因为过去的测量资料中施测断面位置，有的无从考证，所以这次还对建库前的河床纵剖面作了一些审查，以便于把已有资料进行比较对照。

　　在查勘过程中，还取了一定数量的河床质，特别注意河道主流处的河床质粒径的情况。辽宁省勘测设计院在 1963 年洪水后，曾沿河取河床质并作分析。这次查勘采了一些沙样，其粒径与 1963 年的级配相近。在粒径沿程变化中（图 15-5），可以看出，在养畜牧河入汇口以上河段，河床的比降较平缓，河床质粒径较细，主槽河床最大中数粒径为 0.07～0.08mm，养畜牧河入汇口以下河段，河床较陡，床沙较粗，最大中数粒径为 0.25mm。此外，由于养畜牧河流量的加入，也会引起河床冲刷比降的改变。

　　在查勘中看到闹德海水库库区河道在枯水时的水深很浅，枯水河槽高程与低滩高程很接近，河槽最低点处的水深也很小。由于测量地形时，没有测量水面高程，因此这里采用河床深泓的联线来代表枯水河床，以往我们是用枯水水面线表示的（图 15-6）。这种情况因其他类似的枯水流量不大，洪水猛涨猛落的水库中的河槽情况差不多。对于枯水流量较大的河槽，深泓线比降就难于正确地代表枯水时的河槽比降。

　　对照不同年份的滩面淤积比降（图 15-7）。发现以 1963 年 7 月洪水后的淤积比降为最小。对于这种自然泄流的水库，即泄流量随坝前水位抬高而增加。滩地的淤积主要是随不同频率的洪水而逐步增加，同时滩地淤积比降亦随时间的增长而平缓。

　　从图 15-6，可看出乌根稿河上游的河道比降较陡，1963 年大洪水后，由于石门子拦沙堰堰边土埂连接处被洪水冲垮，大量泥沙下泄，堆积到石门子水文站的下游，因而淤积骤增。而 1963 年汛前的淤积比降则较缓和，这个情况同 1963 年汛后比较，其差别是很明显的。对闹德海水库来说，这种由于上游拦沙堰被冲垮，造成大量泥沙下泄的情况是一次特例，不属于一般情况下的来水来沙条件所形成的淤积。

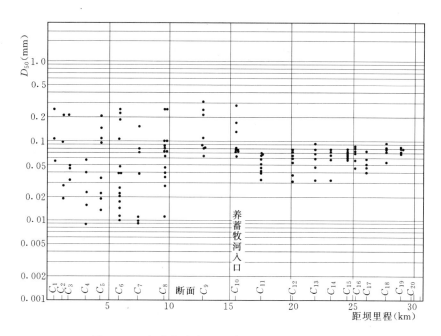

图 15-5　闹德海水库 1963 年 9 月滩槽淤积物取样

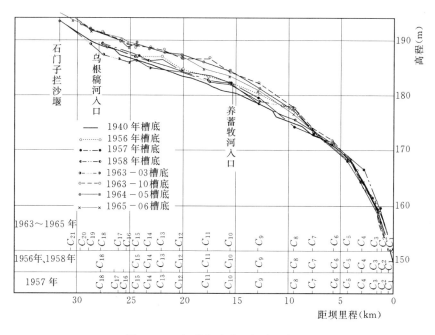

图 15-6　闹德海水库最深点纵剖面

15.1.4　宝鸡峡水库

渭河宝鸡峡水库位于林家村水文站上游 1～2km，库区河谷很窄，河道比降很陡。在方塘铺上游 1～2km 处，可以看到卵石滩地，而滩地卵石滩唇明显。从河道滩槽高差以及

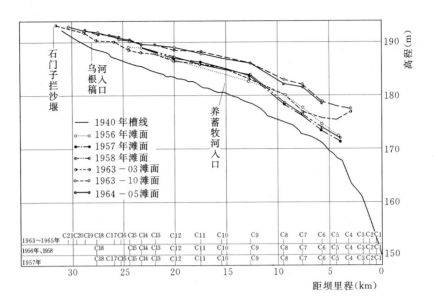

图 15-7 闹德海水库滩面平均纵剖面

河床粒径来看，可以判断为淤积的末端。在查勘时看到方塘铺河段河滩淤得很高，滩地泥沙粒径很细，访问后得知，是 1965 年洪水淤积所造成。沿水库还看到 1965 年大水时的洪痕。图 15-8 点绘 1960 年、1962 年与 1965 年 3 年的滩面纵剖面。

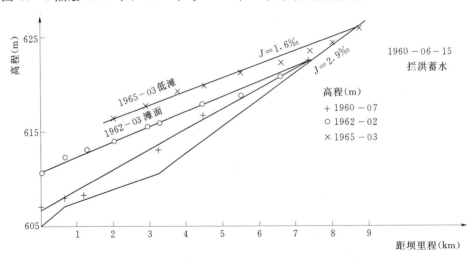

图 15-8 宝鸡峡水库滩地纵剖面

在坝前的滩地淤积层很厚，滩地高程较坝顶低 1m，枯水河槽则较低，但未作测量。在库区看到岸边两山谷之间有淤积滩地，在凹岸部分，滩地高程与水面高差较大，在凸岸部分则因滩地受到冲刷呈倾斜状，滩地没入水中。这种滩地淤积，估计系在洪水退落时由于河谷单宽流量较大而受到不同程度的冲刷所残留的一部分。这种滩地淤积与很宽的河谷中的滩地淤积形态有所不同，它没有滩唇，也没有较为固定整齐的滩面。

从上述情况可以得出，峡谷型水库滩面淤积同宽河谷或湖泊型水库的滩地淤积，在形态上和比降值上，都显得不同。

15.1.5　水磨沟水库

内蒙古水磨沟水库，又名红领巾水库，1958 年 5 月 1 日开工，1960 年建成，是以灌溉为主，兼顾防洪的山谷中型水库，坝高 41m，但因河道比降陡，约 1‰，故库长仅约 2km。据内蒙古水利厅统计，进库站店上水文站 1960～1964 年入库沙量达 305 万 t，由于水库蓄水水位很高，洪水期来沙集中时未用底孔泄水排沙，故使库区淤积达 230 万 m³。库区淤积严重。

1962 年开始，水库管理所反复试验用人工拉淤的办法，即在汛期降低水位，冲刷淤积泥沙，并辅以人工措施，以增加下泄泥沙量。1962 年冲刷出库沙量 0.3 万 m³，1963 年冲出 12 万 m³，1964 年冲出 28 万 m³，1965 年冲出 46 万 m³。在查勘中了解他们所以能冲刷出大量泥沙，固然是用了不少人工措施，如在滩面上开引渠，使引渠中水流产生溯源冲刷，以及在主槽内人为地壅水冲刷滩壁，使滩地泥沙倒塌，最重要的还是利用底孔的落差，以及底孔具有一定的泄流能力。在具备这些条件时，还应有合适的运用方式，如汛期降低水位，才能减少或清除库中泥沙，否则仍不能避免泥沙的淤积。

水磨沟水库的纵断面图，见图 15-9。

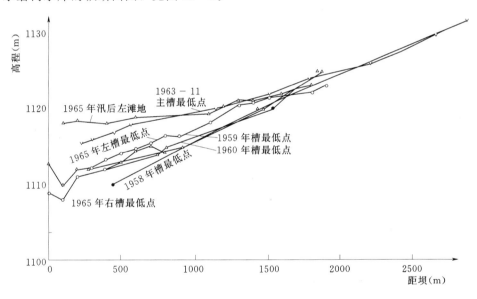

图 15-9　水磨沟水库滩面与槽底纵剖面图

水磨沟水库汛期把泥沙下泄，含沙浓度达 400～600kg/m³。这些泥沙含肥量大，农民竞争把浑水灌田淤地，这种引洪放淤的办法，正确地解决了泥沙出路的问题。据了解，在建库前，因洪水历时短，汛期浑水没有得到充分利用，修建水库后，汛期洪水经过调节，比较充分发挥了作用。1965 年 3～4 月间在查勘陕西石川河上赵老峪引洪灌溉时，看到上游修建水库，老乡却认为水库的修建破坏了引浑水肥田的作用，也许是由于其他原因，以致已修好的坝被冲毁后未能修起来，那次查勘了解到水磨沟水库的经验，联想到赵老峪的自流引洪灌溉，如果修建拦河坝并加强管理，经过调节洪水，也许可以扩大灌溉面积，取得更大的效益。

内蒙古水利部门，对于这种类型的水库淤积，已经找到了解决的办法，即利用水磨沟水库的办法，加大底孔泄量，降低底孔高程。我们还查勘了陈梨窑水库，那里正在开挖隧洞。不仅在内蒙古地区，在山西、陕西，也从实践中在生产的要求下逐步摸索出类似的经验。内蒙古水利厅调查，汛期如果只下泄清水，只能起灌溉作用而不能兼起施肥的作用，这种做法老乡说"把地浇瘦"。据说桑干河郑子梁水库修建后群众也有同样的反映。修建水库后把泥沙拦在水库里，水库却负担不起，库容的减少，逐渐削弱了防洪的能力。解决的办法，如内蒙古水利部门那种做法，是调整运用方式，非汛期蓄水灌溉，汛期降低库水位，处于自然泄流状态，使加大排沙数量，下游沿途引洪淤灌，增加土地肥力，增加农业生产。这是多沙河流上修建中型水库的一个正确方向。

15.2　水库淤积形态的特点

三门峡水库改变运用方式后，由于大坝泄水能力的限制，汛期洪水造成库区壅水，使滩面淤积抬高，汛期洪水过后，水位下降、水流冲刷河床、形成主槽的下切和展宽。那时1964年以前，为考虑三门峡水库第一次改建，如何估计打 2 个泄流隧洞和 4 条钢管后的冲淤情况，还是一个待解决的任务。

为了了解水库淤积和冲刷的基本图形，分析除了三门峡水库的实测资料外，还利用其他水库的淤积和冲刷等资料，进行对比分析。

根据已有水库测验的资料可以得出下列概念：水库处在自然泄流条件下时，洪水造成的滩地淤积剖面和枯水时经过汛后冲刷处于冲刷状态时的主槽剖面，随着枢纽建筑物的泄流和运用条件不同而具有不同程度的差异。或者说，泄流建筑物处的水位流量关系线同建坝后的水位流量关系曲线差别愈大，也就是塑造成的河道与原河道的差别程度愈大，滩地淤积剖面和主槽的剖面的差别也愈大。为了说明情况，试分洪水时滩地的淤积剖面，中枯水时主槽剖面，以及滩地比降、主槽比降的控制因素等方面，说明如下。

15.2.1　洪水时的淤积

河道上修筑闸坝后，水流将受到一定程度的改变，在库区里小范围内的原河道的相对平衡遭到破坏。当河道在壅水淤积的过程中，首先主槽内发生淤积，然后随着水位的上涨，主槽内的和滩面上的淤积面逐渐上抬，待淤积面接近于水面时，主槽在淤满后，仍会因水流的集中而存在一个主槽，水流集中在主槽内运动。因此，在多沙河流上洪水时期，水流漫滩时，滩面上的淤积和主槽内的淤积是同时发生的。在纵向方面，当处于壅水淤积时，回水末端处，由于水流开始发生壅高，水流速度降低，泥沙淤积较多，这种淤积所造成的过水断面缩小，水位逐渐上抬，结果使回水末端逐步地向上游延伸；随着时间的推移，在回水末端向上游延伸的过程中，逐渐塑造成一定的淤积纵向比降。这个淤积纵向比降的数值取决于洪峰大小、洪量、洪水的历时以及输沙数量及其挟带的泥沙的性质。上述的淤积延伸的速度随来沙量多寡而改变。当一定频率的一次洪水尚不能使这个过程（趋于相对平衡状态）完成时，第二次洪水（接近于此频率大小）将继续使淤积延伸，直至淤积趋于相对平衡状态时为止。当更大的洪水来到时，由于坝址泄量的限制，水位壅得更高，则淤积将进一步发展，使河床和滩面再度上抬。直至淤到一定的相对平衡时为止。

这种淤积延伸的状态，对于一定频率的洪水具有一定的影响范围。利用淤积纵剖面与原河道纵剖面做比较，可以确定淤积末端的位置，例如，在比较陡的（宝鸡峡、水磨沟水库）河道上可以用肉眼看出明显的衔接处。从主槽的床沙粒径的纵向变化（官厅水库）也可以定出衔接段的位置。

滩面淤积的高度和范围，决定于一定频率的洪水和这场洪水在闸坝泄流条件下所造成的壅水高度。在洪水淤积时，在一般情况下，水流主流依然有可能形成不同大小的主槽。但是在洪峰过后，随着库水位的下落，则主槽内或滩地上某处发生冲刷，槽底高程下降，主槽底部在纵向的下降幅度，则视水流大小、泄流条件和冲刷条件而不同。

滩面在横断面上的淤积，随河谷宽度不同而有不同的外形，对于宽河谷（三门峡水库黄河及渭河部分）淤积时泥沙发生明显的横向流动，形成滩唇，粒径在滩唇处较粗；而在狭窄河谷（宝鸡峡），淤积物会受到库水位下降时的水流作用而遭受冲刷。因此淤积纵比降，也随之有较大的差别。

根据水流运动方程，挟沙能力方程、连续方程、可得滩面淤积比降的关系式：

$$J_{滩} = \frac{n^2 B^{\frac{1}{2}} (g\omega c)^{\frac{5}{6}}}{K^2 Q^{\frac{1}{2}}} \qquad (15-1)$$

式（15-1）中的挟沙能力方程，利用 Velikanov 公式，$c = K \dfrac{V^3}{gh\omega}$，这里并不排斥利用别的挟沙能力公式，现在用这个公式只是为了分析问题。这个公式显然不能包括泥沙横向运动的流态，因为在滩地上和主槽内的 ω、c 等值，均有不同值。这里也不采用代表边壁的条件，即河相关系，例如，$\dfrac{\sqrt{B}}{h} = K_2$，它不符合水流上滩的情况。所以，对于式（15-1）只能看作是一种定性关系式。我们采用实际资料来确定 $J_{滩}$。

对于来沙为细沙的河道，修建水库后，滩面淤积比降，可以归纳为下列关系式（图15-10）：

$$J_{滩} = \frac{43}{Q^{0.44}} \qquad (15-2)$$

式中：Q 以 m^3/s 计，$J_{滩}$ 以 $\dfrac{1}{10000}$ 计。

这是用三门峡水库、官厅水库、三盛公枢纽、渭河下游河道的滩面比降与相应洪峰平均流量两个因子找出的关系。其他因素则未考虑。从现场的了解，河谷宽度对于滩面比降的形成可能有相当大的影响，但是，河谷宽度如在渭河下游和官厅水库，很难取得有代表性的数值，即使像三门峡水库那样，在潼关以下河谷宽度比较整齐的河段，要取其平均值也是比较困难，不容易正确确定出。其次是来沙量，因为这里只是考虑经过一段时间的淤积到达相对平衡的情况，除此以外就是说来沙的供给是充分的情况下所形成的滩面比降，所以并不反映淤积过程中含沙量的影响，何况进库含沙量沿程在变化，挟沙能力的关系也不代表横向运动的特性，所以它同泥沙粒径一样，没有在式中表示出来。

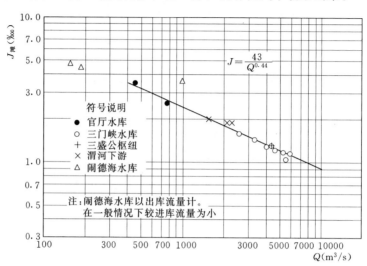

图 15-10　入库洪峰平均流量与滩面比降的关系

式（15-2）只是代表在所引用资料限于来沙为细沙的水库内的滩面比降的相关关系，它并不包括来沙较粗、河床比降很陡、河谷较窄的水库中的淤积资料（如宝鸡峡水库和其他小型水库）。

15.2.2　滩面淤积末端和主槽淤积末端的相对位置

滩地淤积延伸的部位，已如前述，对于多沙河流上的某些水库主要是取决于洪水的流量。对于不同的壅水程度的淤积情况，例如官厅水库的蓄水，或者像三门峡水库的坝前壅水，或者如渭河下游河段受到潼关控制断面处河床以及水位的抬高的影响而淤高，在淤积充分发展的条件下，多服从于同一规律，如式（15-2）所表示的那样。如果同原河床淤积滩地比降相比，其比值，对不同水库并不是都一样的。渭河下游和三盛公枢纽的滩地淤积比降与原河床比降相比，比较接近，而官厅水库的滩地比降与建库前的滩地比降的比值则最小。其所以有这样的差别，原因是很复杂的，其中壅水程度不同，可能是造成这种差别的重要原因之一。

滩地淤积末端的位置，一般地说，可以用 $L_{滩} = \Delta H / (J_{原滩} - J_{滩})$ 来表示。式中 ΔH 为控制断面处的滩地淤积高度，例如三盛公枢纽处洪水位抬高了约2m（滩面高程），原滩地比降为 0.017‰，淤积后的滩地比降为 0.012‰～0.013‰，滩地淤积范围约40km。魏家堡枢纽以上的淤积延伸至 10～15km。渭河下游滩地淤积延伸至交口附近，距华阴约90km（所列数字均为水库调查时的实测值）。虽然从上述举出的例子，可以得出一些滩地淤积末端的位置，由于 ΔH 和 ΔJ 两数字，不容易很正确地确定，所以 $L_{滩}$ 值的误差是比较大的。

滩地淤积末端和主槽淤积末端，并不一定在同一位置。三盛公枢纽的情况，很说明这个问题。因为这两个末端的成因并不是由同一个因素决定的。主槽淤积末端在汛期时是由汛期洪水的大小所决定，但在非汛期时，则由中、枯水所决定。由于枯水水位抬高、主槽内在汛期发生淤积之后，经过中水和枯水持续一定时段的冲刷之后，造成一个新的非汛期主槽。三盛公枢纽在枯水时闸前水位不抬高，河床基本上能保持建闸前原来的状态。换言之，河床淤积末端位于闸前。对于其他水库，枯水河床或因泄流底孔位置抬高一些，或泄流能力的限制，在枯水期的水位略高于原来的水位，则主槽的淤积延伸位置，将位于坝闸的上游的一定距离。如以 $L_槽$ 代表主槽的淤积末端距离，则有

$$L_槽 = \Delta H / (J_{原槽} - J_槽)$$

式中：ΔH 为控制断面的枯水水位的抬高值；$J_{原槽}$ 为原河床主槽的比降；$J_槽$ 为修建枢纽后主槽的比降。

一般说来，主槽淤积末端的位置在滩地淤积末端的下游，上限是两个末端在同一位置，下限是主槽淤积末端距离为零。

把滩地淤积末端和主槽淤积末端区别开来的做法，可以避免用河槽的平均高程或不考虑情况的不同而利用河槽最低点来定出淤积比降并确定淤积末端所产生的不确切性。因为平均河底高程的确定是随着平均方法的不同而有不同值。至于河床最低点高程，则随着水流条件和河床宽窄的不同而不同，如把先后两次测的资料数字作比较，如果其他条件相同而流量不同，也就难于肯定该断面是处于冲刷或淤积状态，因为洪水时一般天然情况下断面是冲深的，而枯水时槽底会有淤积，而在壅水区，则大流量时冲刷，小流量时，则冲深较小，所以如忽略流量的不同而不加区别地采用两个测次间的冲刷或淤积深度，显然缺乏代表意义。为了比较正确的找出河槽的淤积高度。用同流量的枯水水面比较，目前看来，似是一种比较恰当的做法。

把滩地淤积和主槽淤积区别开来讨论的另一理由是，库区淤积不仅决定于修建多高的坝，而是决定于泄流能力的大小和泄流孔的高程，以及对于这些泄流设施的运用方式的。同样的泄流条件，如果运用方式不一样，也会造成不同形态的淤积。

15.2.3　主槽冲刷比降

库区在汛期发生淤积的过程中滩地和主槽都发生泥沙淤积，但在库水位下落时，滩地一般不会遭受冲刷，而主槽却下切刷深，形成一定宽度的深槽。测验表明，不同的流量分别具有一定冲刷能力，将冲刷出相应的宽度。取渭河，北洛河和黄河潼关以下库区枯水时水面宽和流量，作出关系线，如图 15 - 11 所示，其中河床水面宽度是取河段的平均值。从图 15 - 11 可得出在冲积河床上基本符合 $B \sim Q^{0.4 \sim 0.5}$ 的关系。

主槽在冲刷过程中，枯水季节、来沙较少，而河床底部抵抗冲刷的条件将代替水流挟沙能力关系而起主要作用。边壁抗冲的条件也起到一定作用，因此可以用下列各关系式来探讨枯水河床的冲刷比降。由

$$u = \frac{1}{n} h^{\frac{2}{3}} J^{\frac{1}{2}}, \quad Q = Bhu, \quad \tau_o = \gamma h J = k_3 D, \quad \frac{\sqrt{B}}{h} = k_2$$

得

$$J = \frac{k_2^{\frac{12}{19}} k_3^{\frac{22}{19}} D^{\frac{22}{19}}}{Q^{\frac{6}{19}} n^{\frac{6}{19}}}$$

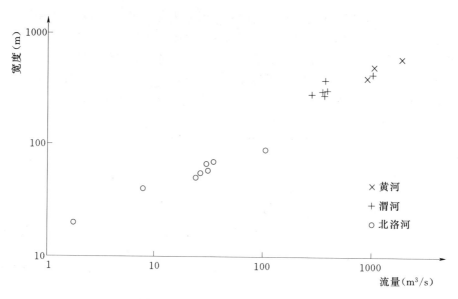

图 15-11　水面宽度与流量的关系

考虑到波浪阻力，设 $n \sim D^m$，$k_2^{\frac{12}{19}} k_3^{\frac{22}{19}} = k_4$ 则有

$$J_{槽} = k_4 \frac{D^{(22-6m)/19}}{Q^{\frac{6}{19}}}$$

上式是一个近似式。这里所谓考虑到沙波阻力的影响，也是极粗糙的。河床质粒径 D 暂取 D_{50} 代替。

　　把卵石河床的宝鸡峡水库、魏家堡枢纽、水槽子水库、水磨沟水库、陈梨夭水库以及沙质河床的三盛公枢纽、三门峡水库、官厅水库三角洲顶坡段，闹德海水库等地区有关资料进行初步分析，点绘主槽冲刷比降与非汛期流量以及河床粒径的关系，如图 15-12 所示。从图上可以看出卵石河床的河道比降和细沙河床的比降在与流量关系的变化趋势是基本一致的。由于卵石河床和卵石夹沙河床的平均粒径值不易确定，手边也没有这方面粒径级配的资料，故不能定出三因素之间的关系；但如不考虑卵石粒径的因子，则可得下式经验关系，即对于卵石河床，有

$$J_{槽} = \frac{5.7}{Q^{0.36}}$$

而对于沙质河床的冲刷比降，见图 15-13，则有

$$J_{槽} = \frac{50 D^{0.55}}{Q^{0.33}} \tag{15-3}$$

即式（15-3）中的 $J_{槽}$ 以 $\frac{1}{10000}$ 计，m 值约为 1.9，$k_4 = 50$，式中 D_{50} 的量纲为 mm，Q 为 m^3/s，式中流量值的确定，是采用非汛期月平均流量，一般采用 10 月平均流量值，这时期流量较大，这是考虑到较大流量的冲刷作用。有的水库，则采取对河床起冲刷作用的经

历一定时段的流量值。

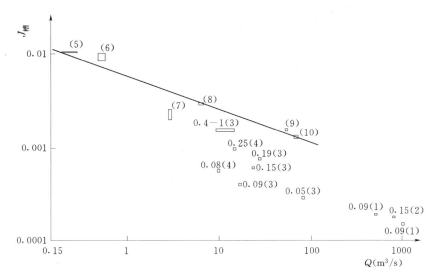

图 15-12　水库库区主槽冲刷比降与非汛期流量、河床粒径的关系图

（1）—三门峡水库；（2）—三盛公枢纽；（3）—官厅水库；（4）—闹德海水库；（5）—陈梨夭水库；

（6）—水磨沟水库；（7）—张家湾水库；（8）—水槽子水库；

（9）—宝鸡峡水库；（10）—魏家堡枢纽

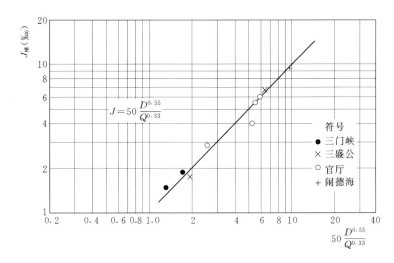

图 15-13　库区主槽冲刷比降与流量、河床粒径的关系图

粒径的确定，取沿程各断面上许多取样中的最大粒径的 D_{50}。即主槽中最粗粒径的 D_{50}。

由于控制断面处修建枢纽建筑物后的枯水水位抬高，被抬高的河槽内的淤积物受到水流的冲刷，河床泥沙逐渐变粗，但和建库前比较，仍然是比较细。三盛公枢纽修建后，床面上粒径很少变细，这是因为枯水水位没有上抬，造成较细沙淤积的缘故。而三门峡水库枯水水位上抬约 20m，坝前河床沙粒径就比原河床的细多了，原河床粒径大于 0.1mm，经数年的运行后，则为 0.08～0.09mm。

三门峡水库坝前段的冲刷比降，也随流量的改变而改变。根据 1964～1965 年实测的冲刷资料的分析，冲刷的比降与流量的 −1/3 次方成比例。基本符合式（15−3）的关系。

综上所述，了解到在多沙河流上修建水库后，汛期洪水漫滩时，引起滩槽的淤积，滩面抬高，河槽亦相应地有一定的变化。槽底抬高或者降低。视水流和河段位置的具体情况而定。在回水末端的上游，在洪水期河底可能冲深，在河宽甚小的地段，即使在壅水范围之内仍有冲深的可能。洪水淤积后库区滩面高程上升后，在较宽的河谷内，在水位下落时，滩面不会受到冲刷而在一般情况下深槽部分则随水位下落而遭受冲刷。河槽内的冲刷将使河床粒径逐渐变粗，槽底比降随水流和床面粒径的变化而调整。因此，滩地淤积的末端取决于一定频率的洪水，而河槽的淤积部位，则取决于中、枯水的作用。

15.3　南方水电站泥沙问题调查

在小含沙量河流上修建水电站，对有关泥沙问题，也日益引起重视。所谓"小含沙量河流"，是相对于我国挟悬移质泥沙、含沙量大的河流而言的，指悬移质含沙量较小的河流，虽然河流的年悬移质输沙量可能为数很大。例如，长江在宜昌站的年平均含沙量为 1.18kg/m^3，而悬移质年输沙量达 5.26 亿 t。比较确切地说，它是一条悬沙输沙量大而含沙量小的河流。

"小含沙量河流"并不指推移质输沙而言的。由于我国过去水文工作以及测验条件的限制，水文站一般只施测悬移质泥沙，仅个别站才施测过或施测推移质输沙（底沙运动），有很多站不取床沙样品。在工作过程中发现，水流条件相近的河流，有的推移质输沙量大，有的则较小。所以，对于推移质而言，又可把河流区分为多底沙河流和少底沙河流，用来区别一般仅代表悬移质含沙量大或小的河流。实际上，由于我国推移质测验在 20 世纪 60～70 年代尚未全面地进行，所以那时尚难明确哪些河流属于多底沙河流，哪些可称为少底沙河流。这种状况给生产工作带来一定的困难。

在小含沙量河流上修水利工程或其他工程，是否会产生如大含沙量河流上出现的类似问题，其影响的程度如何，这些都需要分别地根据不同情况，加以分析研究。例如，船闸引航道的淤积问题，在大含沙量河流上，淤积很明显，在小含沙量河流上是否会引起严重的后果？实践证明，在一定条件下，引航道的淤积仍相当严重，其泥沙运动规律是一样的。

1973 年笔者曾到江西作了若干水电站的调查，了解和搜集了一些资料，这工作主要是围绕讨论江西万安水利枢纽的有关泥沙问题而进行的。

调查工作内容是水电站可能发生的泥沙问题：例如，在小含沙量河流上修建水利枢纽后悬沙和底沙的淤积状况，对于上游城市造成多大程度的影响，即在水库末端由于淤积引起回水位上升，对城市淹没和浸没的影响。为了判断其可能造成的影响的程度，需要了解流域来沙情况和河道过去和现在的情况，从而根据具体情况以估计上游来沙数量。其次，了解泥沙（悬沙和底沙）在回水变动区的淤积形态，从而为推算回水位提供较为可靠的资料。至于船闸上下游引航道会不会由于泥沙淤积而造成碍航，考虑有无可能在水工结构布置方面预先设置防淤设施。此外，在水电站运行过程中，细粒泥沙将会以异重流运动方式或明流运动方式通过电厂水轮机而下泄，如果含沙量小、粒径很细，可能不会严重地磨损水轮机机件；而在将来会不会有粗粒泥沙推进到坝前时通过水轮机造成水轮面的磨损，目前是否要考虑通过水工枢纽的布置，即合理的布置底孔，从而防止或减少粗沙进入水轮机等，由于时间和条件的限制，只作了其中前面三个问题的学习和调查研究。

15.3.1　推移质输沙数量

一定河段的悬移质输沙量，可以根据水文站实测资料统计求得。而推移质年输沙量，则往往缺乏实测资料，即使以前有些水文站作过一些测验，也由于测验仪器的取样效率，取样历时的长短对取样的影响等问题未能搞清楚，而难于对推移量作定量的估计。

万安水利枢纽在进行初设的过程中，在赣江干支流上布置了推移质测验。并在赣江水轮泵站和其他水电站进行了不少的库区淤积量测验的工作，以期从拦截的泥沙数量中区分悬移质和推移质，从而定出年推移质输沙量。在初设中，他们利用若干资料，推估了赣江的推移质输沙量。

推移质来沙量的多寡，同悬移质一样，主要取决于流域上存在的易于遭到侵蚀的种种大小的泥沙及其水土流失的情况，而不仅仅取决于流域的河流水流的条件。过去有一种习惯做法是按推移量占悬移量的一定比例来估计推移量，这种做法，并不能反映流域面上泥沙来源的具体情况。赣江的支流平江和潋水，由于流域植物覆盖情况差，水土流失严重。过去在长冈水电站的规划设计工作期间，为了要作出库区泥沙淤积的估计，曾进行过调查，他们看到潋水的河底由于泥沙淤积而高出两岸田地；河槽淤积物为风化花岗岩，中值粒径在 1～2mm 之间。据了解这种风化花岗岩的表层为青苔杂草，一旦被冲刷破坏，大量的粗沙即从流域面上泄入河道，造成河道的淤积。据以往调查，兴国县在 20 世纪 20 年代受国民党反动派大肆破坏森林，以致群山遍秃，水土流失严重。这次从赣州到兴国县长冈电站，沿途看到有的红土山岭树木极少，山坡上有明显的面蚀和沟蚀现象，有的山岭也只有稀少的松树。红土的侵蚀，构成河流中的悬移泥沙，致使河水呈现红色，虽然那时河水中的含沙量很小。

在调查过程中，了解了一些水文站的床沙、推移质和悬移质的粒径级配情况，试图了解它们之间存在什么关系。在赣江万安上游的一些水文站，悬沙中径在 0.01～0.03mm，而底沙中径或床沙中径在 0.7～1.5mm 之间，可见两者相差悬殊。赣江坝上游水文站在 1972 年施测推移质外，还对悬移质含沙量分布作了细致的观测，测站布置示意图，见图 15-14 (a)。选出一组推移质和悬移质沙样绘于图 15-14 (b)。可以看出，悬沙级配与底沙级配相差是很大的。这个情况和上述流域上风化花岗岩和红土构成的河道泥沙来源相一致的。悬沙和底沙相互之间的关系似不密切，即临底层悬沙与底沙交换现象不明显。

另一种类型的河道是靠近底层悬沙存在明显的交换的，作为比较，选取长江中下游交界处的宜昌站的实测资料示于图 15-15，例如，1973 年 6 月、7 月间，实测底沙平均中径为 0.20mm 左右。而悬沙，距河底以上 0.1m 处，中径为 0.3mm（1973 年 7 月 5 日流

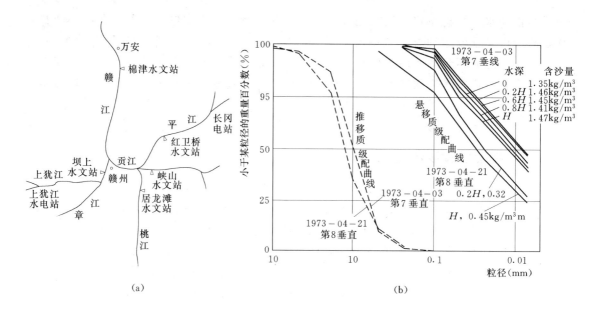

图 15-14　各水文站示意图及章江水文站的推移质、悬移质的粒径级配关系图
(a) 赣州至万安河段以及章江、贡江各水文站位置示意图；
(b) 章江江坝上水文站推移质和悬移质粒径级配

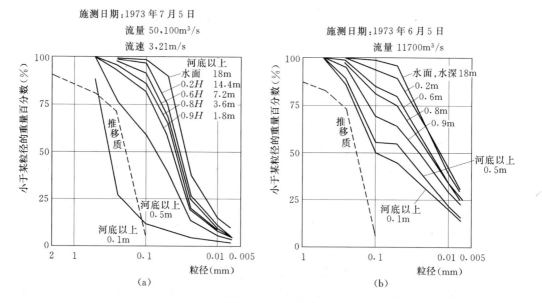

图 15-15　长江宜昌站推移质和悬移质级配曲线

量 50100m³/s)，流量较小时该处悬沙中径变小，为 0.1mm (1973 年 6 月 5 日，流量为 11700m³/s)，在水面附近的悬沙中径分别为 0.029mm 和 0.014mm。

从以上两种河道输沙的不同类型的比较，可以看出，赣江万安以上的河段的悬沙和底沙几乎不存在相互交换的现象。

还看到有的河道，如乌溪江黄坛口以上河段，河床为卵石或卵石夹沙所组成，悬沙级配与床沙级配相差更为悬殊，悬移质输沙与河床组成无关。

为了估计底沙输沙量，首先要了解底沙的来源；其次，要了解河流的输沙能力。对于不同的地区，底沙来量不一样，它同悬沙一样，水土流失严重的地区，底沙来沙量大，而并不完全取决于河流的输沙能力。例如赣江上游支流上犹江的三条支流，从库区淤积实测资料，可明显地看出，水土流失严重的营前水的底沙来量最大，古亭水次之，而崇义为最小。又如，在贡江与章江汇合处的赣州附近，据赣州航道部门介绍，赣州至万安90km 河段共有 18 个滩，在赣州附近的桃源滩至白漳滩 5 个滩为沙质浅滩，处于它们下游的则为石质浅滩。由于河床淤浅，赣州港水深不足，故自 1964 年开始对桃源滩以下河道进行整治，修建丁坝，束窄河床，增加航道水深。这个情况说明该处河段近期底沙淤积的严重程度。调查表明，底沙的来源主要来自贡江。

根据水文站实测底沙量数据，可看出章江与贡江的底沙来量的概况。那时，由于底沙取样的效率系数尚难确定，故其数据只能代表它们之间的相对关系。1972 年 5 月至 1973 年 5 月底沙输沙量列于表 15-1。这是相当完整的推移量测验资料。

表 15-1　　　　赣江实测底沙量表

河　段	水文站名	推移量（万 t）
赣江	上游各站累计	214.78
章江	坝上站	52.03
贡江	各站累计	162.75
贡江	峡山站	76.91
桃江	居龙滩站	53.18
平江	红卫桥站	32.66
赣江	棉津站	90.4

注　1972 年 5 月至 1973 年 5 月测量，未作采样器效率系数校正。

从赣江支流章江与贡江测得推移量合计赣江年推移量达 214.78 万 t。而位于章江与贡江汇合口下游 90km 的棉津站，实测得 90.4 万 t。由于取样器取得的沙样往往小于实际输沙量，故实际的推移量当大于 214.78 万 t 与 90.4 万 t。另外，上述各站施测推移量时间不长，表 15-1 中实测值还不能说可以代表其平均情况。

表 15-2　　　　　　　河 段 推 移 量 估 计

项目	枢纽名称	上犹江水电站	上犹江水电站	黄坛口水电站	章江水轮泵站	丰满水电站	丹江口
	河流名称	营前水	古亭水	乌溪江	章江	第二松花江与辉发河	汉江
河道特性	多年平均流量（m³/s）	7.8	34.2	90.6	188	299（两年平均）	1090
	年均悬移质输沙量（万 t）	3.16	11.6	41.2	109	240（两年平均）	7266
	年平均含沙量（kg/m³）	0.14	0.12	0.14	0.19	0.11（第二松花江）0.67（辉发河）	—
	原河床比降	0.0028	0.0013	0.00104～0.0011	未测，暂用第一年淤积比降约 0.00036	0.00047	0.0003

续表

项目	枢纽名称	上犹江水电站	上犹江水电站	黄坛口水电站	章江水轮泵站	丰满水电站	丹江口
	河流名称	营前水	古亭水	乌溪江	章江	第二松花江与辉发河	汉江
推移质	床沙粒径（mm）	以大于 0.5 计	以大于 0.5 计	中径 0.2～0.5	大于 0.5	淤积物中径 0.03～0.2	淤积物中径 0.3～0.45
	年推移质（万 t）	7.7	4.65	17.2～20.7	34～65	43.6	460～640
	统计年份	1957～1970	1957～1970	1966，1973	1971～1972	1943～1958.9	1960～1966
	时段（年）	14 年	14 年	8 年，15 年	1/2 年	16 年	6 年
	推移质量估计方法的说明	距坝 17.8～24.8km 的淤积量，按各断面大于 0.5mm 的泥沙作为推移量，并取淤积物容重为 1.5t/m³ 计算而得	距坝 32～43.8km 之间的淤积量，按各断面淤积泥沙大于 0.5mm 的作为推移量，取淤积物容重为 1.5t/m³ 计算而得	断面 28 以上的淤积量。$D_{50} = 0.2～0.5$mm	无建站前的河床地形，故其淤积量为粗略的估计值	河床比降按钻探资料最低点定出。以大于 0.1mm 的淤积物作为推移质泥沙，采用东北勘测设计院数字	长办河流研究室估计滞洪期推移质输沙量每年为 920 万 t（粒径大于 0.2mm），估计粒径大于 0.3～0.5mm 占其 50%～70%，故为 460 万～640 万 t

　　利用已建成水电站或水利枢纽拦截的泥沙量来确定底沙来量，目前看来，是较可靠的一种方法。目前搜集到的计有：上犹江水电站，黄坛口水电站，丹江口水利枢纽汉江库段，章江水轮泵站，丰满水电站（见表 15 - 2）。根据库区实测淤积量（包括悬沙与底沙），减去悬沙部分，得底沙数量，或按三角洲体淤积粗粒泥沙作为底沙量，然后求得多年平均底沙输沙量。将此值与河段年平均流量 Q 与河床比降 J 的乘积点绘关系线，如图 15 - 16 所示。这些资料的底沙中径在 0.2～1.5mm 的范围之内，即限于沙质河床。选择沙质床沙的资料，是为了便于和赣江的情况进行对比。

　　从图 15 - 16 可以看出，上犹江水电站营前水的底沙输沙量较另一支流古亭水为大；而乌溪江黄坛口上游河段和松花江丰满水电站上游河段的底沙量较章江以及丹江口枢纽汉江库段的小。因此图上点子有些分散。这种情况说明流域来沙数量有所不同，有时来沙量小于其输沙能力，这并不表明底沙输沙量与水流、河床条件无关。以往底沙输沙量的研究指出，底沙量与流量、比降成正比，与床沙粒径成反比。

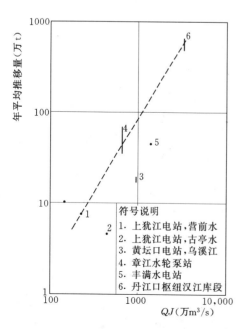

符号说明
1. 上犹江电站，营前水
2. 上犹江电站，古亭水
3. 黄坛口电站，乌溪江
4. 章江水轮泵站
5. 丰满水电站
6. 丹江口枢纽汉江库段

图 15 - 16　河段年平均推移质量与 QJ 的关系

图 15-16 表明的沙质河床的底沙量与 QJ 的关系，可以用以推估一定河段的底沙输沙量的大致范围。

15.3.2　水库淤积形态

赣江万安水利枢纽上游 90km 为赣州市，正处于回水末端，淤积回水影响赣州市的程度，涉及城市的防护范围，最后将限制万安水电站的运用水位。

枢纽修建后，由于回水末端处的壅水，水流速度降低，底沙和悬沙淤积下来，形成一定形态的淤积剖面。淤积将使回水进一步上升。

这次调查了解了一些水电站的淤积情况，如江西的上犹江水电站，长冈水电站，浙江黄坛口水电站。大部分水电站的运用水位的变化幅度都较大，泥沙淤积的分布受到水位变化以及河谷河床地形的影响。河谷较宽处，形成湖泊。而河谷较窄处则保留河床形式，黄坛口水电站基本上属于河床式水电站。从淤积横向分布上，可以看出，较宽的断面（湖泊型河段）底部淤积物分布比较均匀，而当水位下降，水流冲刷出一定宽度的槽子，这时原来均匀分布的淤积而却变成了滩地。在较窄的断面上，当水位上升时，淤积下来的泥沙在槽内堆积，而当水位下落时，槽内淤积物可能被冲刷带往断面的下游。所以当库区测验工作在低水位时进行，在窄断面可能看不到泥沙淤积的痕迹。在河道弯道部分，泥沙因受离心力作用而比较集中于凸岸，这种现象在河床式电站（黄坛口、丹江口）可以看得很清楚。

了解了一些水电站泥沙淤积的纵向和横向分布，得出结论：在含沙量小的河流上，库区泥沙淤积仍然可以得出淤积三角洲的形状，见图 15-17。它的特点有：

（1）三角洲纵向淤积顶坡和前坡之间，存在一个转折点。

（2）三角洲顶坡上的床沙粒径较粗，前坡上的床沙粒径较细。从顶坡过渡到前坡，泥沙粒径（中径）有明显的变化。

（3）三角洲顶坡与前坡的转折点的高程和水库运用水位（低水位）有关。

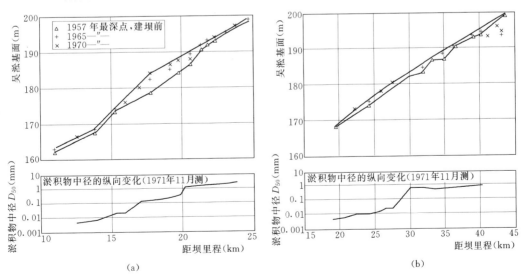

图 15-17　上犹江水电站营前水河段淤积最深点纵剖面

（a）营前水河段；（b）古亭水河段

选择的三角洲淤积粒径，所用资料系限制在沙质泥沙的范围之内。

根据河段水力因子和泥沙因子关系的分析，冲积河流比降在一定床沙组成的条件下，主要取决于河流流量。当洪水期间坝上游河段处于壅水范围之内时，在较宽断面处，淤积的结果将形成滩地和主槽，在窄断面河段，就可能不能形成滩地淤积。洪水过后流量减小，水流归槽，经一定时间的冲淤变化之后，形成一个适应于某级流量的河槽。

三角洲顶坡段的河床就是处于淤积和冲刷的交替作用之后形成的。可以利用河段水流的几个独立的关系式来推断三角洲顶坡的表达式。除水流的连续方程、阻力方程（曼宁公式）以外，采用推移质输沙公式（这里暂用 Meyer‑Peter 公式）和河相关系式（槽宽与流量的 1/2 方成比例。此关系符合我国一些河流某些水文站的资料）。联解上述 4 个方程。得三角洲河槽的比降：

$$J = \frac{\left(\dfrac{k_2}{n}\right)}{Q^{\frac{3}{7}}} \left(\frac{A\gamma''}{\gamma} D + B g_s''^{\frac{2}{3}} \right)^{\frac{10}{7}}$$

式中：k_2 为河相关系的系数；n 为糙率；γ'' 为泥沙在水下的容重；g_s'' 为以水下重量计的推移质输沙率；D 为推移质粒径；A，B 为系数。

根据 Meyer‑Peter 公式水槽试验结果，当 g_s'' 较小时，输沙曲线上所表示的情况与底沙起动时的情况接近，即与条件

$$\gamma h J = k(\gamma' - \gamma)D$$

接近。因此，有

$$J = \frac{k D^{\frac{10}{7}}}{Q^{\frac{3}{7}}}$$

上式表明底沙粒径对比降的影响很大。从河床组成物质为淤泥至卵石的一些资料看到，粒径对于比降有一定的影响，但不存在如上式所示那样重要的程度。我们看到的 7 个资料在沙质河床的范围内，粒径的影响不大。此外，所找到的资料缺乏水流过程和淤积变化过程的资料，因而采用年平均流量代表水流作用的因子。利用实测的三角洲顶坡比降（除丰满水电站采用冲刷河槽以前的河底高程定出比降值外，其余均用最深点定出纵比降）与年均流量点绘关系，见图 15‑18，得下列关系式：

$$J = 6.5 \times 10^{-4} Q^{-0.55}$$

式中：J 为无量纲数；Q 以 m^3/s 计。底沙（床沙）的粒径范围为 0.1～2.5mm，多年平均流量范围为 8～1000m^3/s。这个经验关系可以用以推估沙质河床三角洲顶坡值。

为了估计水库库区回水末端的水位壅高值，首先要确定由于壅水可能造成的淤积剖面，为此，可采用水位频率较大的低水位，并取一定流量下的河宽值，从平均流量算出平均水深，从而定出三角洲前坡与顶坡转折点的位置。然后可以作出一定淤积年限条件下的三角洲淤积剖面。在一定的淤积剖面情况下，向上游推算回水线。

根据已有的实测资料，可以看出，三角洲顶坡段的河床比降，对于沙质河床以及卵石夹沙的河床，可以用一个比降来代表，这是由于河床经底沙淤积和冲刷之后，床面纵向具

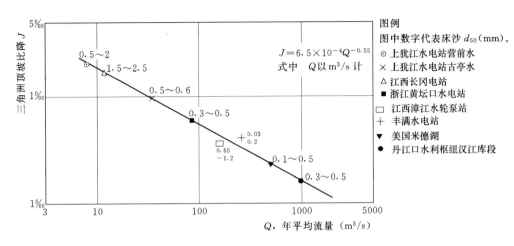

图 15-18　三角洲顶坡段比降与流量、床沙粒径的关系

有均匀性。而对于卵石河床，例如黄坛口水电站回水末端河段则有另一个较陡的比降，与沙质河床比降相衔接。黄坛口电站乌溪江河段原河床是卵石，壅水段内的淤积主要是沙子，由于壅水的影响，较上游部分（如湖南镇水文站）则有卵石的堆积。

　　这次调查中，未能找到国内水电站的三角洲顶坡段淤积发展过程的较完整的资料。过去的一些水槽试验结果说明粗沙三角洲堆积和推进的过程中三角洲洲面随时间的增长而逐步抬高。为了了解已建成电站的三角洲顶坡段洲面淤积发展的过程，把日本的千头水电站 1935~1957 年逐年淤积的纵剖面作一简单的分析。

　　千头水电站于 1935 年 8 月建成，流域面积 132km^2，库容 495 万 m^3，有效库容 434.9 万 m^3。蓄水后 23 年，淤积库容占 88.2%，三角洲淤积物为砂与砾石。由于淤积，引水口运用受到影响，于 1958 年新建排沙设备并改建引水口工程。

　　由于看到的淤积纵剖面未标明采用何种河底高而绘的，姑且以此纵剖面定出三角洲顶坡比降值，并定出距坝址 2591m 处的河床高程，绘出三角顶坡比降和河底高程随时间变化的曲线，如图 15-19 所示。从图 15-19 可看出：

　　(1) 在三角洲淤积体向坝址推进过程中在较长时间内顶坡段比降值在 0.0046~0.0079 范围内。1935~1944 年为 0.0046~0.0063，1945~1957 年为 0.0063~0.0079。为什么前者较小，后者较大，由于没有详细的纵、横断面和水文泥沙等资料，无法进行分析说明。

　　(2) 在距坝 2951m 处，即三角洲洲面高随时间的增长而逐年抬高，每年抬高约 0.67m。从图 15-19，得到的三角洲淤积发展的趋势和基本物理图形，对估计三角洲的发展，会有一些帮助。

　　三角洲前坡段的淤积，处于常年回水区泥沙淤积的范围之内，可能是形成异重流后的淤积，也可能是处于明渠流条件下的群体泥沙沉淀的结果。其淤积泥沙粒径较细，一般的中径小于 0.02mm。三角洲前坡比降值与水流的含沙量、水深以及单宽流量有关。由于目前我们掌握的资料还不够全面，未能进行进一步的分析工作。

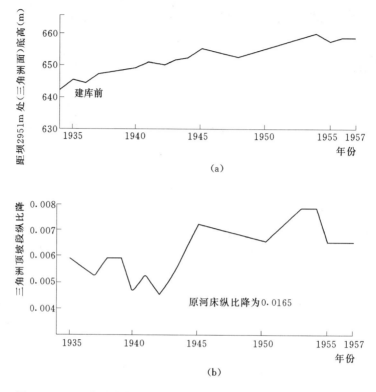

图 15 - 19　日本千头水电站库区 1935～1957 年三角洲淤积发展情况

15.4　水库变动回水区泥沙问题

水库变动回水区可能出现的泥沙问题有二：

（1）水库建成后库首变动回水区由于水流中泥沙受壅水影响而沉积，造成水位的抬高，从而将扩大这个地区的淹没范围，还涉及城市防洪问题。

（2）当水位下落时，淤积泥沙受水流冲刷而搬运下移，在冲刷过程中，对于航运，是否仍能保持必要的航深，亦应作出必要的估计，或需进行一定的整治工程。

15.4.1　受壅水影响的泥沙淤积

水库建成后可能增加淹没面积，是由于壅水造成原河床淤积，水位上抬而造成。

以美国 Elephant Butte 坝的淤积上延为例。这个坝于 1916 年建成，位于 Rio Grande 河上，其水库位置平面图见图 15 - 20（a），水库年平均来沙量 19×10^6 t。水库建成后，水库水位并不控制，因此在不同库水位时出现相应于该水位的淤积三角洲。图 15 - 20（b）中，水库水位在 4420 英尺❶上下，泥沙淤积自 4420 英尺❶高程，向上游延伸 25 英里，高程达 4490 英尺。图 15 - 20（c）中，水库水位在 4450 英尺上下，淤积向上游延伸

---

❶　1 英尺＝0.3048m

15 英里❶，高程达 4500 英尺。水库淤积上延另一资料是在上游 San Marcial 站 1969～
1990 年间平均河底和最深点的观测，见图 15-20（d）。可见 1980 年后出现更高的上升.

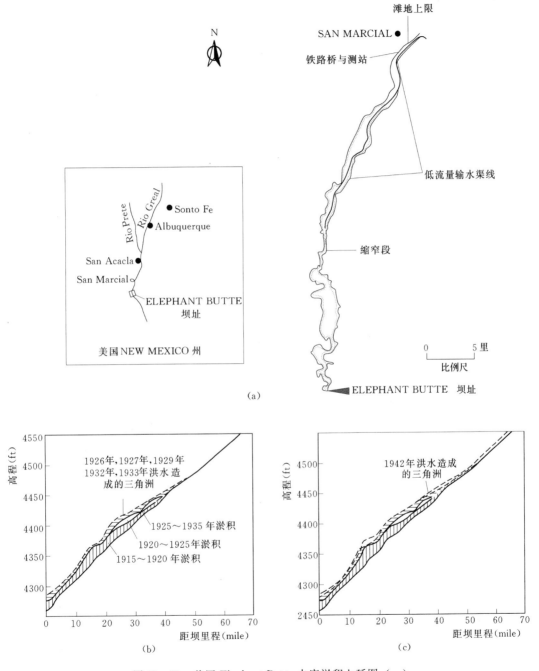

图 15-20　美国 Elephant Butte 水库淤积上延图（一）

❶　1 英里＝1609.347m（美制）

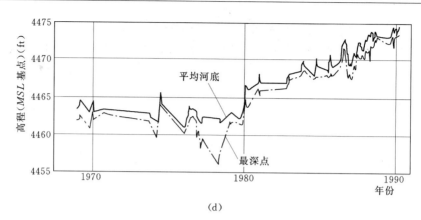

(d)

图 15-20　美国 Elephant Butte 水库淤积上延图（二）

　　再以三盛公枢纽为例。三盛公枢纽位于黄河上游内蒙古巴颜淖尔。1961 年建成投入运用。枢纽主要作用在于抬高水位进行灌溉。11 月至次年 5 月开闸放水冲刷河槽。泄流闸门计 18 孔，闸底板高程在原河床上，可使枯水流量不发生壅水。从图 15-3 三盛公枢纽的流量关系曲线，可看出流量 800m³/s 以下时，不发生壅水，800m³/s 以上时，水位壅高。当流量为 6000m³/s 时，水位抬高约 2m。从图 15-2 枯水水面线可以看出，建闸前后，枯水河床在 800m³/s 时抬高 20cm，而河床粒径 D_{50} 在 0.15mm 建闸前后没有改变。而从图 15-1 淤积滩面纵向剖面，可看出建坝后滩面抬高，淤积延伸达 40km。

　　低水头枢纽的水库库容小，泥沙容易淤至闸前，即淤积三角洲很快地推进至坝前，淤积的影响比较容易表现出来。

　　从以上两个例子，可见抬高水库水位，淤积向上游延伸是很明显的。由于泥沙的淤积，原河床的水位相应抬高，使淹没范围扩大。

　　以往，有的设计人员，多不考虑建库后泥沙淤积向上游延伸而使水位抬高的影响，因而所算出的淹没范围，显然偏小。如官厅水库的设计和三峡初设报告中所推算的淹没面积，没有包括蓄水后淤积向上游延伸。

15.4.2　变动回水区的航道冲淤变化

　　在通航河道上修建水库，在变动回水区的航道航运水深有无改变或恶化，亦应进行模型试验来作出估计。

　　在通航河道上修建水库的，在广西有郁江西津电站，笔者曾于 1980 年做过调查。

　　广西西津电站位于南宁下游 166km 的郁江上。1964 年建成水电站，至 1980 年蓄水运行已 16 年。在蓄水范围内改善了 20 余滩险的航行条件。但在变动回水区的㵢滩，1964～1989 年并不出浅，1970 年以后每年 3～4 月枯水季节，有时发生碍航情况。据南宁航道区统计 1970～1979 年各年的㵢滩出浅日数：水深不足 1.5m 的，1973 年最少为 2d，1977 年、1971 年最多为 84d；水深不足 0.8m（断航），1973 年无，1977 年为最多达 38d。

　　㵢滩位于南宁下游 29km，滩长 1600m，宽 400～500m，该河段处于弯曲段，1977 年的㵢滩平面图见图 15-21，在西津电站修建之前的情况是：河中礁石、油尊口、鬼塘角等礁石及天然石梁，将 400 多 m 河宽缩至百米左右，并使河段形成跌水，流速很大，为著名礁石滩之一。但洪水期南岸凸岸的下游形成大回流区，泥沙淤积，水位降落时，淤积受冲，历时三五天，即可冲净。淤积被冲后留下 2cm 左右的卵石抗冲层。

建库后，由于壅水，细沙淤积，1970 年因淤浅。涩滩出浅达 80d，遂引起有关方面的注意。建库后涩滩由礁石滩变为淤沙滩，如图 15-21 所示。据广西航道区在涩滩河段做过的 1959～1974 年河床地形测量作对比，见图 15-22 涩滩淤积量达 80 万 t，主要淤在南岸。而水库年淤积量约 500 万 t。变动回水区河床泥沙 d_{50} 在 0.03mm 左右。

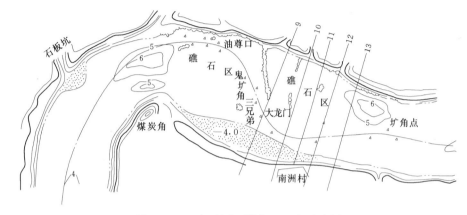

图 15-21　广西郁江涩滩 1977 年示意图

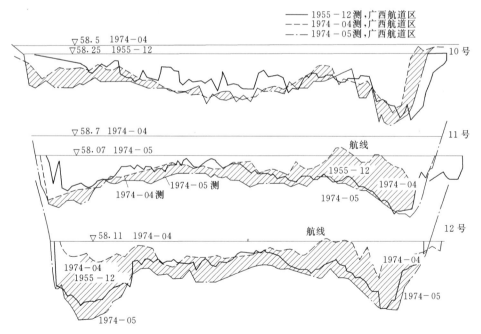

图 15-22　广西郁江涩滩横断面图

航道部门曾利用螺旋桨打沙，将淤沙搅起下移，以加深航道水深，但经 3～4d，又见淤平。有时水流有壅水，打沙就不起作用，如无壅水就比较有用。每天可打沙几十米至近百米。有时利用下降库水位来刷出航道。

涩滩地形特殊，凹岸有礁石，如果那里没有礁石，则航道可设在右岸，情况可能有所改善。

　　曾了解过一些长江航道的滩险情况。滩险有许多种，其中淤沙滩，往往是处于扩宽段受其下游地形限制造成水流壅高致使细粒泥沙在原来的卵石沙床上大量淤积而形成，这种情况同水库变动回水区冲淤特性有类似之处。

　　长江淤沙滩，在重庆以下有臭盐碛（图 15 - 23～图 15 - 26）、兰竹坝、土脑子三处。

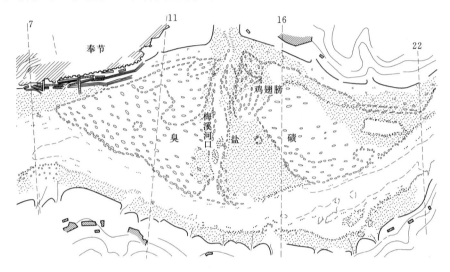

图 15 - 23　长江臭盐碛示意图

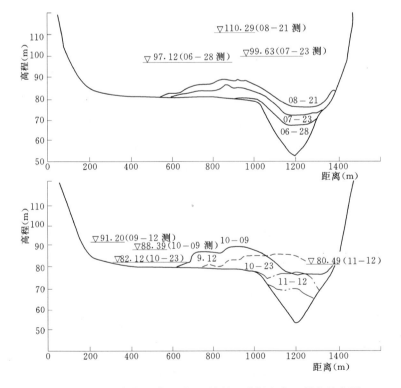

图 15 - 24　1962 年长江臭盐碛 16 号断面冲淤变化（荆实站实测）

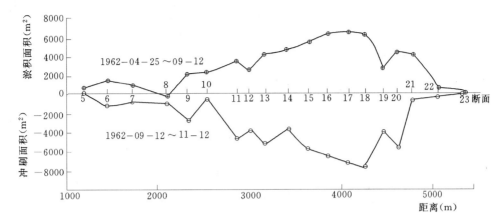

图 15-25　1962 年长江臭盐碛时段淤积和冲刷面积

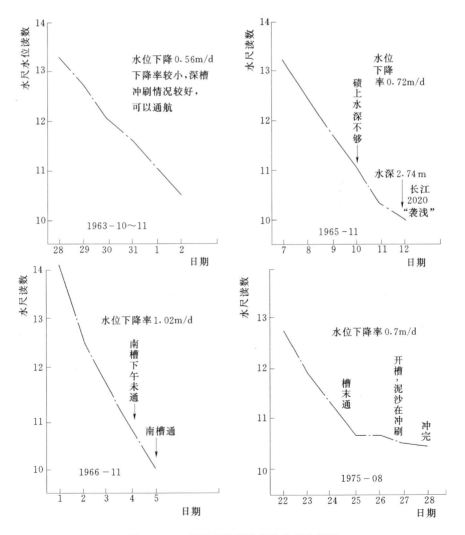

图 15-26　长江臭盐碛航行水位变化情况

重庆长江口与嘉陵江汇合处以上的长江猪儿碛和嘉陵江磨儿石（图15-27），也属于淤沙滩。这5处的冲淤情况，有一定的共同性，虽然其造成壅水条件不同。臭盐碛是一溪口滩，是由其下游菟峡200m窄口水流受阻壅水而造成细粒泥沙的淤积，兰竹坝及土脑子是由于下游河床地形收缩及河中礁石水流受阻；猪儿碛是由嘉陵江大洪水引起长江水位壅高；磨儿石则因长江大水使嘉陵江壅水造成其泥沙沉积的条件。

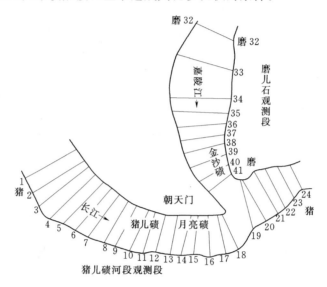

图15-27 重庆港区猪儿碛与磨儿石河段观测布置图

我们把这几个淤沙滩的情况，列于表15-3。这些淤沙滩淤积和冲刷的共同性质是洪水枯水位差很大，汛期的壅水造成悬移质的落淤，往往把深槽淤平。而当汛后水位下降，淤在槽内的细粒泥沙被冲刷下移，刷出枯水航道。有的淤沙滩，如兰竹坝、臭盐碛，水位下降过快，其水位下降率大于泥沙刷深率，枯水航道未能及时洗通，就会发生停航事故。图15-23为臭盐碛示意图，图15-24为横断面实测冲淤变化图，从图可看出水位上升时泥沙淤积的过程，以及水位下降时冲刷深槽的过程。

表 15 - 3   长江重庆港下游淤沙滩情况表

滩 名	猪儿碛	磨儿石	土脑子	兰竹坝	臭盐碛
距宜昌里程（km）	660	660	507	457	207
地形情况	长江与嘉陵江汇合口，嘉陵江大水时发生壅水碛在河中，南北均有槽	长江与嘉陵江合口，长江大水时发生壅水	下游2km处南北两岸有石盘	河段下游有收缩段	溪口滩下游有菟峡，河宽200m
航行情况	10m以上走北槽，10m以下走南槽		水尺15m以上，船走碛面，12m以下，走南深槽	水尺8m以上船走右槽8m以下走左槽	水尺13m以上时在碛面上航行，10m以下时走深槽

续表

滩　名	猪儿碛	磨儿石	土脑子	兰竹坝	臭盐碛
冲淤情况	枯水航道的深槽，汛期发生大量淤积，汛后水流冲刷逐渐恢复到原来状态			水退时刷槽 8m 以下而河槽未洗通时即发生停航，至 5.5m 时可刷出深槽	洪水时淤槽，碛上也有淤积，退水时刷槽
河床泥沙 D_{50}		0.09～0.22mm		细沙	0.1mm
洪枯水位差	20m 以上（寸滩站）	20m 以上（寸滩站）			40～50m（奉节站）

此外还将臭盐碛纵向的淤积变化和冲刷变化，示于图 15 - 25。可见扩大段的淤积量和冲刷量沿程的变化情况。汛期淤下的泥沙汛后基本冲完。

臭盐碛河段的航行情况是根据河床冲淤过程中维持的水深而改变航路。据航道部门的经验介绍，洪水深槽泥沙淤满，故在碛上通航。滩碛河床为卵石，仅在靠槽一边有部分淤沙。当水位退至水尺 13m 时，臭盐碛上水深可达 3.5m，水尺 12m 时有 3.2m 水深，当水尺为 11m 时，深槽内泥沙未冲净，而碛上水深不到 3.2m，须到水尺 10m 以下才能将深槽泥沙冲完。因此 10～13m 时，航道处于不通航状况，在 11～12m 之间。水深为 3.5～3.2m，采用减载方式通航。当水尺在 11～10m 之间，深槽内泥沙未冲净，就不能保证通航。

另一种情况是水位下降快慢对深槽刷深快慢的关系。如 1963 年水退较慢，每天下降

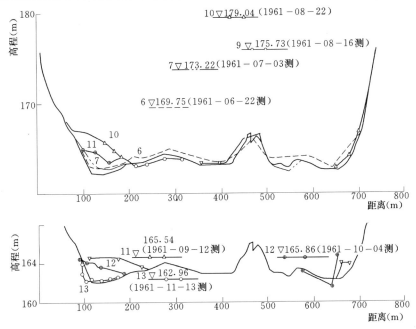

图 15 - 28　猪儿碛第 7 号断面冲淤变化图（据长办荆实站实测资料）

0.56m 可以及时刷出河深。情况较好。也就是说，冲刷率与水位下降率相适应，可以满足通航的要求。又如 1965 年、1966 年、1975 年水位下降过快，就不能及时冲开深槽。见图 15-26 所示。

重庆港区长江猪儿碛河段与嘉陵江磨儿石河段，受长江嘉陵江汇合口壅水影响的冲淤情况，与臭盐碛类似。图 15-27 为猪儿碛，磨儿石河段平面示意图，图中所示断面为两河段观测段各断面位置。

图 15-28 和图 15-29 分别为猪儿碛、磨儿石河床断面冲淤变化图，猪儿碛在嘉陵江大水时，造成壅水淤积，同样，磨儿石河段在长江大水时造成壅水淤积，大水时淤深槽，小水时则刷槽。

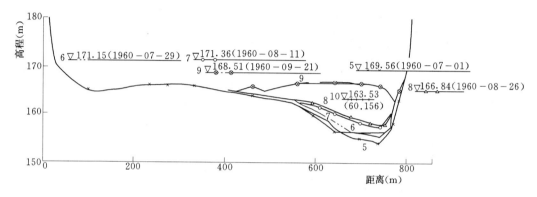

图 15-29　磨儿石 34 号断面冲淤变化图（据长办荆实站实测资料）

第 16 章　水库淤积 Ⅱ：水库水沙运动物理现象

　　在水电站水库修建之前，规划设计工程师需要对库中水流泥沙运动的物理现象，事先有充分的了解，以便进行符合实际情况的规划、设计工作。在建坝过程中，水库处于未控制状态，库中的水沙运动如何；当工程完工后，采用不同运行方式时，库内水沙运动、泥沙淤积和冲刷状况如何，淤积对兴利指标的影响又如何。只有这样，才有可能设计出照顾到上下游河道过程的防洪、发电、灌溉等具有多目标利益的工程布置，以及规定最佳的水库运行方式。我国修建水库为数很多，取得许多经验和教训，也观测了丰富的现场资料，进行了不少的分析研究工作，目前我们已有条件把工程的规划、设计和运行工作做好。

　　本章所讨论的水库中水沙运动和淤积形态等问题，拟从提供的现场和试验资料中获得的物理现象，做一些机理方面的阐述。期望能对规划和设计人员有实用参考价值，而且，对于工程的决策者和管理部门的技术人员，也有一定的参考价值。

　　在规划、设计、管理运用中要求回答的问题有：进库水流、输沙以及淤积过程，包括明渠均质流的淤积和冲刷，异重流的淤积和排沙，冲刷排沙，淤积形态等。解决和回答这些问题的途径，很重要的一个方面是通过不同类型的众多水库内实际出现的情况，从中获得物理现象的基本特征，借以建立符合实际的概化的物理图形，使有可能推算有关设计数据。目前阶段，模型试验也是一种解决问题的工具，通过实验，可得到主要因素之间定性或定量的关系。

16.1　水库内水沙运动

16.1.1　蓄水过程中的水沙运动

　　当水库的闸坝完工后开始蓄水时，进库水流受到拦截而壅水，坝前水位升高，回水范围向上游延伸。水流受到壅水影响后，流速降低，推移质首先沉积，悬移质泥沙随之沉淀。图 16-1 为南非 Verwoerd 水库实测含沙量分布在不同时间的沿程变化（Annandale，1987）。

　　当水位抬高到一定高度即水深加大到一定值，流速降低到某一定值时，悬移质的均质水流将转变为分层流，浑水潜入库底运动，以底层异重流的形式，向前运动。由于水流流速的进一步降低，悬移质泥沙继续沉淀，异重流中所能保留的细粒泥沙可被携带到很远的距离，流抵坝址时，如果泄流底孔已经开启，则将通过孔口排至坝的下游河道。如果孔口关闭，则异重流将在坝前聚集。

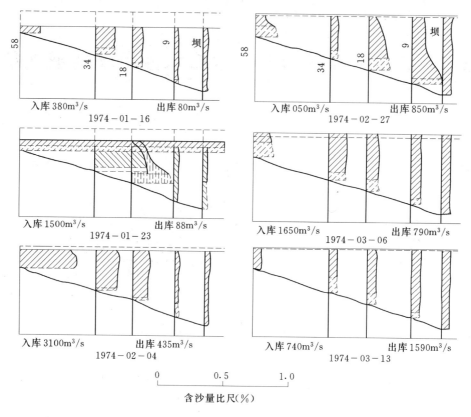

图 16-1　南非 Verwoerd 水库含沙量分布

图 16-2 为三门峡水库 1961 年 7 月 16～18 日实测的明渠均质流和异重流流速和含沙量分布的沿纵向的变化，在运动过程中悬移质粒径沿纵向变细。

在蓄水过程中，回水末端处，洪水带来的大量泥沙将淤积在那里，形成三角形淤积体。在三角洲推进的过程中，由于回水上延，泥沙会继续在三角洲洲面上淤积并向上游延伸。当库水位上升时，则在洲面上再淤一层，形成另一个三角洲形状的淤积体。如第二年有更大的洪水，蓄水位更高，则在原来的洲面上形成又一新的三角洲，这种现象在美国 Elephant Butte 水库中观测到很典型的复合三角洲，如图 15-20（b）、（c）所示。可见不同的库水位，形成不同的三角洲剖面（Johnson，1962）。

在淤积过程中，水库中原河槽首先淤积，不可能在滩地上层层淤积。三角洲面上，如宽度过大，则淤积先在主流部分，然后向左右陆续淤积上抬。

水库内如有支流，蓄水后支流有可能进入异重流倒灌泥沙，顶向支流来水的异重流，逐渐扩散淤积，形成浑水楔淤积。

水库蓄水初期，两岸受到水流的浸润或风生波浪的侵袭，导致滑坡、坍岸，陡坡竖立的岸壁，会整块整块地往库水中下坠，发出声声巨响，从而改变水库边缘的地形，坍岸泥沙在库边最终形成一定的稳定剖面，随着岸边一定风向造成的波浪的冲蚀，产生沿岸移动的泥沙运动，使岸边出现沙嘴地形。在峡谷河段，大量的坍岸体会造成水库内局部潜坝，改变水库水下地形，由于原河道被淤堵拦截，异重流将被拦阻在潜坝前，须待潜坝上游的

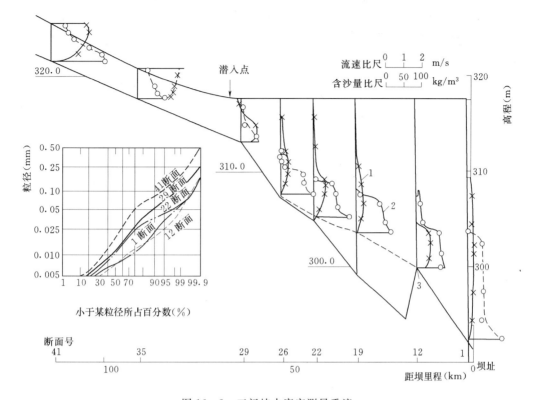

图 16-2   三门峡水库实测异重流

库容被异重流充满之后，异重流才能越过潜坝顶部向前运动。潜坝的存在，降低了原河床的比降。图 16-2 所示水库底部纵向变化，可看到在黄淤 12 断面处潜坝的存在，使异重流比降减缓。

有的水库岸边土质呈现成层结构，夹有古代沉积的卵石层。库水侵蚀库岸造成坍岸后，使成层结构明显暴露，并使水库边缘出现卵石的堆积物。它受水流的作用，逐渐形成某种稳定的坡度。在形成的过程中，坍下来的细粒泥沙，受到风浪的作用，细泥沙被悬浮在清澈的库水中，形成含有不同浓度和一定宽度的浑浊带，沿岸坡向库中方向运动，而在距岸一定距离处潜入库水面下面形成异重流沿底坡方向运动，并逐步衰减沿程沉淀下来。

蓄水过程中通过坝址孔口下泄的泥沙，绝大部分是异重流泥沙，含有大量的黏土颗粒，但在高含沙异重流排沙时，则含有较粗的颗粒。对于下游河道，因较粗泥沙已经淤在库中，故不饱和含沙水流就有能力冲刷河床，挟运更多泥沙，所以下游河床将发生沿程冲刷，河床逐渐粗化。

16.1.2   泄水过程中的水沙运动

在滞洪水库中当洪峰过后水库有泄水和库水位下降的过程；而采用蓄清排浑运用的水库，在汛前降低水位以迎洪，也有降低水位泄水的过程，有时为了迎洪排沙，则降低水位直至空库。

在泄水过程中，库内因水位下降，回水末端下移，在回水末端的上游，因已恢复明渠流流态而发生河床冲刷。所冲起的淤积物多是先前淤积下来的，水流的淘刷首先把较细泥沙带走，使床面泥沙的级配粗化。随着水位的下降，水流下切河床，产生沿程冲刷和溯源冲刷，形成具有一定河相关系的河槽。图 14－2 为官厅水位下降过程中进出库输沙、中值粒径的过程以及经冲刷后的断面变化。其中包括两种类型的排沙过程：一为异重流（潜入点上游有冲刷）排沙；二为溯源冲刷。1954 年 10 月 14～15 日出现的出库沙峰，当时坝前有一定水深，上段河床冲刷的泥沙，随水流下泄进入库内蓄水体，因水流中挟沙数量的增加，在某处潜入清水下层形成异重流，而异重流中的泥沙仍沿程淤积，一如蓄水过程中那种淤积。这个情况将在第 16.5 节作专门介绍。接着库水位很快降至最低（10 月 16～17 日），回水末端趋近于坝前，因而产生很陡的水面比降或急流水面比降，形成强烈的溯源冲刷（10 月 16～22 日），大量的淤积物被切割冲刷出库，甚至水中挟有大块的黏土块，整块地被泄至下游。

这种冲刷的结果是在滩地上切割出一定宽度的主槽，如图 14－2（b）所示。

溯源冲刷的发展速度和可能到达的最远点距离依赖于水流强度、冲刷历时、淤积物抗冲强度、水库地形以及泄流设施的位置和高程。最初阶段溯源冲刷下泄的出库沙量，常远远超过下游河道水流的挟沙能力，因而会造成严重的淤积，所以如何控制出库输沙率的过程，使下游河道的淤积减少到最低限度，是确定水库运行方式所需考虑的重要问题。

16.2　水库淤积的不同形态（Fan and Morris，1992）

水库中主要的淤积过程，可区分为三种：

（1）主要为粗颗粒的三角洲淤积。

（2）均质水流的细泥沙淤积。

（3）分层流（异重流）的细粒泥沙的淤积。

其他过程也会发生，如滑坡和库岸的冲蚀。

挟沙水流进入水库库首回水区，流速与输沙能力降低，均质水流（不分层）中的粗粒泥沙沉淀形成三角洲。它可分为两个区域，顶坡段和前坡段，见图 16－3，顶坡段淤积物主要为较粗颗粒，前坡段及其下游，则主要为较细颗粒，顶坡段和前坡段的过渡处正处于浑水异重流潜入点，也就是从均质非分层流过渡到分层流。显然，潜入点的位置是移动的，主要随流量的变大而向前移动，随流量减小而向后退缩。

潜入点下游的淤积为异重流淤积，其范围为三角洲顶端的下游至整个库长，直至坝址。

当水流强度大，而悬移质极细，为黏土，则可能无分层流出现，如图 16－1 所示的含沙量分布。这是属于均质流的沉淀情况。

因此，将淤积形态加以分类，可分为三角洲淤积、异重流淤积和均质流淤积 3 种。第三种的淤积，从水流流态而言，亦可归入第一种明渠均质流之内，只是其包括范围较长，不仅包括三角洲部分，亦包括全库长。

当三角洲推进至坝址时，则成为锥体淤积。图 16－4 为三门峡水库三角洲推进过程，

1961 年出现三角洲，由于淤积严重，1964 年三角洲已推进至坝前。

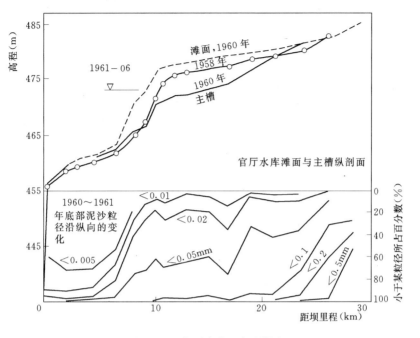

图 16-3　官厅水库三角洲淤积

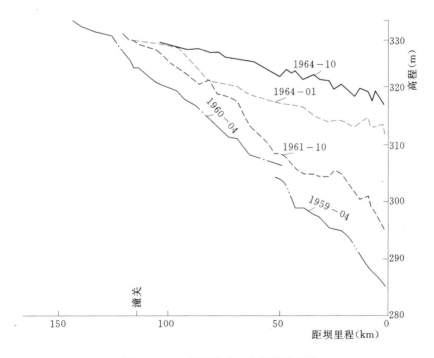

图 16-4　三门峡水库三角洲推进过程

当水库水位变幅很大时，三角洲形状不明显，出现薄层条状淤积，但其床沙级配的变化显示有明显的转折，图 15-17 为江西上犹江水电站古亭水河段的淤积剖面。

因此，可把三角洲的淤积特征，归纳为：

（1）三角洲纵向淤积顶坡段和前坡段之间，存在一个转折点，该处为浑水潜入处。

（2）三角洲顶坡段的床沙粒径较粗，前坡上的泥沙较细。从顶坡过渡到前坡，床沙粒径有明显的变化。

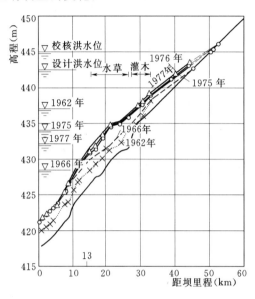

图16-5 红山水库滩面纵剖面

（3）顶坡与前坡的转折点的高程同水库运用水位有关。

三角洲在塑造过程中同时向上游延伸。水库三角洲的形成，主要是大洪峰挟运的大量泥沙在库首壅水区落淤塑造而成。例如，官厅水库1953年尚未完工未正式蓄水时，曾遭遇洪峰为3900m³/s的大洪水，形成庞大的三角洲体，以后的洪水的淤积在原先的三角洲上向前延伸并加厚向上游延伸。又如，红山水库在建设过程中于1962年大洪水形成三角洲淤积，正式投入运用后，坝前水位有所抬高，故塑造成新的三角洲，在原来三角洲面上层层淤积加厚，三角洲体积增大，淤积向上游延伸，图16-5为红山水库历年滩面纵剖面，1966～1969年的淤积相当均匀，而1975～1977年则三角洲顶端部分淤积较厚。顶坡段淤积上延也较明显。红山水库淤积上延的另一个原因是三角洲滩面上在距坝15km的上游有水草和小树丛生长，拦截泥沙，促使泥沙淤在洲面上，使其尾端向上游伸展（赵宝信，1980）。

由此可见，三角洲的位置，取决于洪水强度，坝址孔口的泄流能力，坝前水位变化和水库的控制运用方式。

16.2.1 三角洲滩面塑造过程

三门峡水库在1961年7～8月，曾在回水末端附近的黄淤35断面施测断面、流速和含沙量的分布，从这些材料可看出三角洲滩面的塑造过程。图16-6～图16-8分别为三门峡水库黄淤35断面1961年7月17日至8月8日横断面变化、1961年8月3日和8月5日含沙量等值线和流速等值线。

（1）断面形状的变化：7月断面宽约1400m，因淤积而渐缩窄至300m左右（8月8日），水深由2～3m加深至5m。断面由宽浅变为窄深。主流部分流量集中而冲深，非主流部分淤浅，形成滩面。从8月3日和5日的断面之间的差别，可看出非主流区域逐日淤积的变化，由主流区向非主流区输移泥沙，造成主流区与非主流区交界处的自然堤地形，8月8日非主流区已经淤死，成为滩地，宽约750m，笔者曾到滩地上沿途察看，滩地表面非常光滑平整。

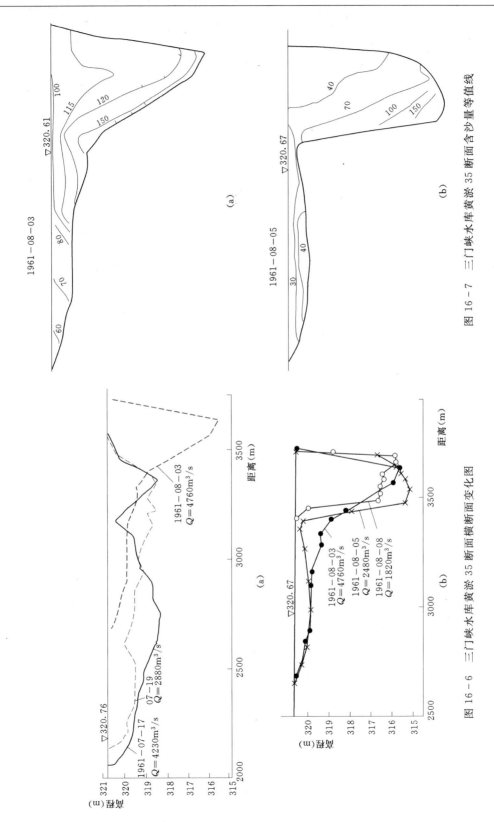

图 16-7　三门峡水库黄淤 35 断面含沙量等值线

图 16-6　三门峡水库黄淤 35 断面横断面变化图

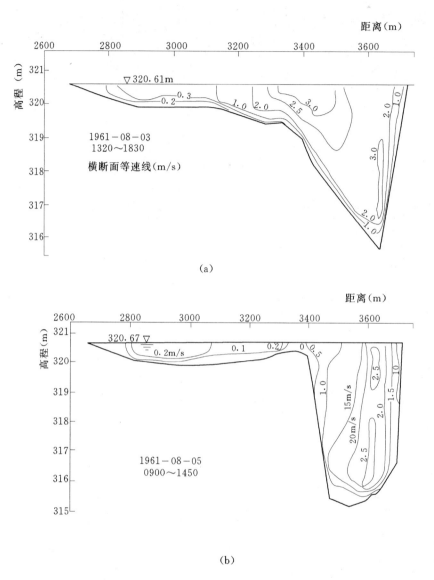

图 16 - 8　三门峡水库黄淤 35 断面流速等值线

　　（2）含沙量的变化：主槽内含沙量高于滩地上含沙量，3 日主槽与滩地交界处含沙量在 100～150kg/m³ 范围内，而滩地含沙量则自 100～120kg/m³ 向岸沿横向减小。既然含沙量沿横向减小，而滩槽交界处又有明显的淤积（自然堤），8 月 3～5 日，淤高 1m 多，这是主槽泥沙向滩地输移的结果。

　　（3）流速的变化：8 月 5 日主流偏向右岸，最大流速 2.7m/s，而滩地与主槽交界处，流速仅 0.15m/s，甚至在交界处附近滩地淤积最厚处出现半水深处流速为零的记录。只有分层流（底层流速自主槽流向滩地，上层流速自滩地流向主槽，故在半深处出现零流速）才会在滩唇处出现零流速。此外，滩地上流速随时间变小，是滩地淤积断面变小所致，使水流在主槽内集中，主槽被冲深。

因此可总结如下：在回水末端处，宽浅断面上由于泥沙的不均匀分布，包括泥沙在纵向和横向的输移，造成大片滩地的淤积，而主流则集中于窄深的主槽，这就是三角洲滩地洲面的塑造过程。

16.2.2　异重流淤积和浑水水库

异重流常能流经水库全长，它的淤积特征有：

（1）一般异重流沿程沉淀，粗悬浮颗粒先淤，故异重流泥沙级配沿程变细，流经一定距离后，其粒径可保持不变，这时所挟带的大部分为黏土。

（2）异重流的淤积厚度，在纵向和横向分布均较均匀。

（3）异重流流抵坝址后聚集而形成浑水水库，故又具有表面水平的淤积体。即使是进库含沙量很小的水库，仍出现异重流流抵坝前，形成表面水平的浑水水库淤积。如法国 Sautet 水电站水库，其上游有一水电站坝，故下泄泥沙很少，虽然这样，但仍多次测到坝前水平淤积体，如图 14-13 所示，1945 年、1952 年、1965 年、1967 年与 1973 年测得坝前 1～1.5km 段淤积体均为水平并平行上抬（Groupe de Travail du Comité Français des Grands Barrages，1976）。

为了说明异重流浑水水库的形成过程，现举官厅水库坝前 3 个断面的含沙量分布来说明浑水水库的充满和沉淀情况。图 16-9 点绘出 1000 断面、1003 断面、1008 断面分别为距坝 0.48km、2.22km 和 4.65km 各断面不同时间实测含沙量垂线分布和等值线图，可见浑水水库的形成过程。1958 年 7 月 11 日 16：00 以前为充水阶段，上游进来的异重流从 1008 断面至 1000 断面运动过程中伴有交界面下沉，浑水水库泥沙沉淀现象。清浑水交界面高程稳定在 460.5～461m 之间，浑水水库呈楔形状。由于泥沙沉淀，上游进入浑水水库的异重流，易从底部异重流转变为中层异重流。这种水流和泥沙运动，结果使异重流在坝前浑水水库的淤积剖面显示水平淤积，这些均为许多水库淤积测验所证实。

16.2.3　滩地淤积比降

在不太宽的河谷河段，滩地淤积的泥沙均匀，滩面表面平整，其滩面纵向比降相当光滑；滩面比降的大小取决于洪峰流量、洪水总量、洪水历时、洪水输沙率和泥沙特性。大洪水进库时，受到泄水设施流量的限制，回水较高，滩面泥沙淤积并向上游延伸，往往在前期淤积层上覆盖一层淤积物，塑造新的比降。分析表明，这种滩面淤积主要决定于某频率的洪峰。

滩地淤积过程的另一方面是，由于主槽和滩地含沙量不同，如图 16-12 所示，两者之间造成横向压差使泥沙向横向输移。原型观测表明，一般库首部分滩地横比降很平缓，近似地可视为水平。至于特别宽的断面，主槽两侧有明显的自然堤地形。

滩面淤积的纵向比降，可试用水流连续方程 $Q=Bhu$，水流运动方程 $u=\dfrac{1}{n}h^{\frac{2}{3}}J^{\frac{1}{2}}$ 和挟沙能力方程 $c=k\dfrac{u^3}{gh\omega}$ 联解求取，得

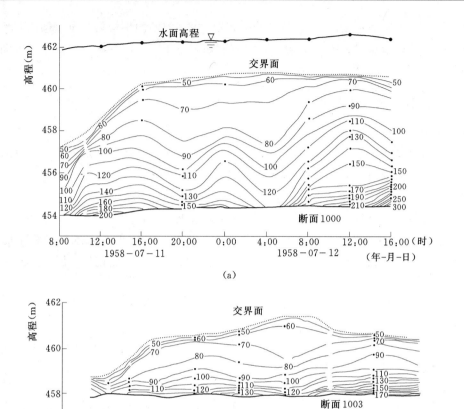

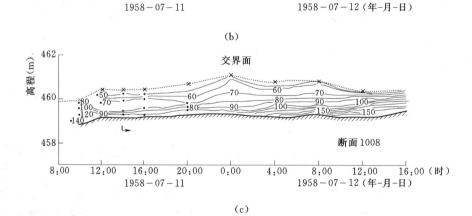

图 16-9　官厅水库浑水水库（1958 年 7 月 11～12 日）

$$J = \frac{n^2 B^{\frac{1}{2}} (g\omega c)^{\frac{5}{6}}}{k^2 Q^{\frac{1}{2}}} \qquad (16-1)$$

式中：Q 为洪水历时的平均流量；B 为宽度；n 为糙率；ω 为泥沙沉速；c 为含沙量；g 为重力加速度；k 为常数。

式（16-1）仅为定性的表达式。它是从一维方程导得，并不能反映滩地上横向泥沙运动，也不能反映滩地与主槽的两种含沙量值和它们各自的沉速。而且水库沿纵向的宽度是有变化的，难于求取某平均值，n 值在滩地与主槽也不同。所以不可能简单地将有关值代入推导公式求得滩面比降。

因此，采用实地查勘和观测资料以经验方法求取。取主要因子流量与滩地比降建立经验关系。根据三门峡水库、官厅水库、三盛公枢纽、美国 Mead 湖以及三门峡库区渭河下游河段受回水淤积的滩面比降及其相应的一场洪水的洪峰平均流量等资料，点绘得图 16 - 10 的下列关系：

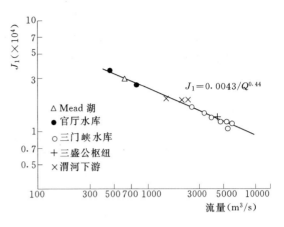

图 16 - 10　滩面比降与洪峰平均流量的关系

$$J_1 = \frac{0.0043}{Q^{0.44}} \qquad (16-2)$$

在第 15 章图 15 - 10 中，曾采用闸德海水库资料，因用其出库流量代替入库流量，故在图 16 - 10 中未点上该水库资料。另外，在图中加上美国 Mead 湖资料。

16.3　回水淤积和汇流区倒灌淤积

16.3.1　回水淤积过程

三门峡水库黄渭汇流区潼关断面处于卡口位置，起到侵蚀基准面作用。库区高水位时，回水超过潼关，使淤积向黄河干流和渭河下游河段上延，一场一场的大洪水使滩面层层上抬，造成累积性淤积，图 16 - 11 为渭河下游历年滩面纵剖面。

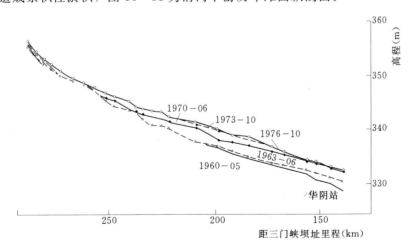

图 16 - 11　渭河下游滩面纵断面图

回水淤积还反映在河槽内的溯源淤积。渭河河槽平滩流量一般大于 1000m³/s，取 200m³/s 的水位代表河槽经冲刷和淤积后的高程，据此可作出代表河槽的纵向比降。图

16-12 为 1961 年 11 月三门峡水库坝前壅水时，200m³/s 水位的纵比降，同 1960 年 6 月
纵比降相比，可见淤积向上游延伸至渭淤 15 断面距坝 235km 处；而于 1962 年 10 月，库
水位下降至最低水位，但槽内淤积却继续向上游延伸（张启舜、龙毓骞，1980）。

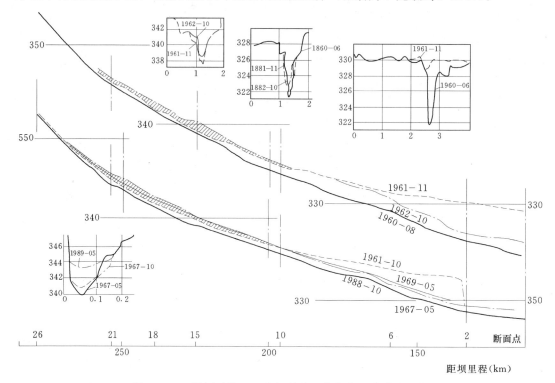

图 16-12　渭河下游 200m³/s 的水面线与淤积末端的延伸

　　1973 年以后，原 8 个底孔打开用于泄流后，潼关侵蚀基准面有所下降，200m³/s 的
水位，造成溯源冲刷，渭河下游河段几乎全程下降。

　　上述回水淤积状况，影响渭河下游的防洪排涝和农业灌溉，使当地人民付出很大代价。

　　如这类上延淤积发展到二级支流汇流区，则会促使支流河口的泥沙堆积和淤积上延。
因此，设计人员应注意限制回水淤积的范围，以避免出现不利局面。如天桥水电站，在设
计确定库水位时，考虑到不使回水影响到支流皇甫川口，距坝 20.1km。因皇甫川以上河
道比降较缓，皇甫川洪水泥沙常对干流产生顶托。为维持河道的天然特性，故设计回水末
端不超过皇甫川口（涂启华、李世滢、张醒，1988）。

　　回水淤积在通航河道会带来航运的困难。葛洲坝枢纽修建以后臭盐碛河段的情况，是
一个典型的例子。长江奉节县臭盐碛是一个宽阔的溪口滩（图 15-23）。支流梅溪进入长
江汇流区形成三角洲，它的下游兜峡河谷极窄，宽仅 200m。峡口为一水力控制断面，因
而洪水在该处受阻产生壅水而造成臭盐碛的细粒泥沙在滩地上和主槽内的淤积。这种流态
类似水流通过滞洪水库大孔口时坝上游的壅水淤积。洪水时，臭盐碛上水位骤升，主槽和
滩地均发生淤积，见图 15-24，主槽淤满时，其高程可与滩地淤面平齐，洪水退落时，
冲刷主槽和滩地。如洪水退落速度过快，来不及冲出主槽，如当时滩地航深又显得不足
时，则将碍航。图 15-24 为臭盐碛三角洲上 16 号断面在一场洪水历时内的断面变化。汛

期河槽最深点在 1 个月之内可有超过 10m 的变化。

　　航运部门的经验是，如在洪水退落时水位慢慢地下降，使南航槽中的淤积物被冲刷掉，从而可获得足够的航深；如水位下降太快，则其下降率大于淤沙的冲刷率，则在南航槽可能会有 1～3 日不能保持航深。因为北航道（滩面）水深也不够，所以这时南北航槽都不能通航。图 15-26 表示不同水位下降率与通航状况的关系。1965 年水位下降为 0.72m/d，在北部滩地 11 月 10 日前不能再用作航道，而南航道在 11 月 12 日之前水深也太浅，吃水深度不足。这是对航运不利的状况。相反，1963 年 10 月，水位下降缓慢，航运畅通。

16.3.2　汇流区的水沙倒灌

　　在黄渭汇流区，渭河水流常受黄河大流量的顶托，黄河水沙倒灌入渭河口，造成局部的集中淤积，形成拦门沙，并导致进一步的淤积向上游延伸。这种倒灌水流，伴有分层流和倒流，在三门峡水库建库前的 1932 年、1954 年和 1959 年均发生过。水库建成后，由于潼关侵蚀基准面的抬高，黄河大水以及北洛河高含沙水流向渭河倒灌，加重了渭河下游的淤积。在渭河华阴站断面多次测到负流量，说明倒灌机会相当频繁。表 16-1 为华阴站部分负流量记录。

表 16-1　　　　　　　　　　渭河华阴站实测负流量

时　间		流量（m³/s）			潼关水位（m）
年-月-日	时：分	潼关	华县	华阴	
1966-08-28	19：00	475		−6	327.37
	20：00	(700)		−24.6	(327.75)
1966-06-29	00：00	(820)		−12.8	(327.89)
1966-07-18		5130	98.2（日平均）	−200	
1966-07-19	04：00	3660		−37	329.38
	04：30	(3660)		−163	329.40
	05：00	3770		−220	329.43
	05：30	3860		−82	329.47
	06：00	3950		−12	329.50
1967-08-02～22		9300～9530	53.4（月平均）	−27	
1977-07-08	05：30	14800	3160	−430	330.71
1977-08-31	06：00	13300	200	−915	328.38
1977-08-07	00：00	16600	51	−570	330.58
1979-08-12		11200	27.3（日平均）	−415	
1979-08-14		6940	8.8（日平均）	−315	
1991-07-23	08：00～09：00	3000		0	
1991-07-28		2500～3000		−202	328.6

　　表 16-1 上 1977 年 7～8 月的记录中 8 月 2～13 日的华阴流量过程，示于图 16-13。

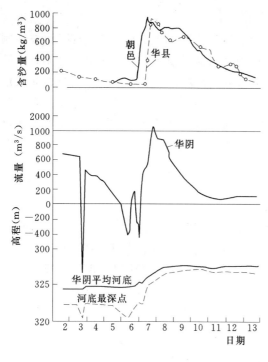

图 16-13　华阴站 1977 年 8 月 2～13 日
流量与河床高程变化过程

三次负流量峰谷同华阴站断面河底上升基本相应。华阴断面最后大幅度的上升是在倒灌之后遇到渭河和北洛河先后发生小水大沙 [见图 16-13 中朝邑（北洛河）华县（渭河）含沙量在 8 月 7 日突然增大]，从而使淤积上延，并使华阴断面平均河底高程上升近 2m，最深点共计上升 5m 多。

倒灌淤积甚至出现渭河河口河槽被堵塞的情况。如 1967 年 8～9 月渭河口被堵塞，8 月潼关出现多次较大洪峰（5000m³/s），洪峰水位均超过 290m，壅水较高。8 月洪水主要来自黄河干流，龙门站月平均流量达 4070m³/s，而渭河流量则较小，华县月平均流量为 177m³/s，月平均含沙量 538kg/m³，北洛河月平均流量为 55.6m³/s，月平均含沙量高达 568kg/m³。由于黄河水大，壅水高，北洛河沙大，渭河水小，从而导致渭河口的淤堵。图 16-14 为实测华阴断面 1967 年 8 月 1 日至 9 月 1 日水位和河底高

程不断上抬的过程。图 14-5 为渭河华阴站 1967 年 8 月 24 日实测流速和含沙量分布图（曾庆华、周文浩、杨小庆，1986），含沙量数据仅有两点，用它与流速分布的相应关系，可用虚线表示垂线分布的大致趋势。从图 14-5 中可看出拦门沙淤积的机理是黄渭交换水流，下层为黄河、北洛河水沙向渭河上游方向运动，而上层则为渭河水流向下游运动。注意下层测点含沙量达 771kg/m³，它主要来自北洛河，查北洛河朝邑站 8 月 24 日含沙量达

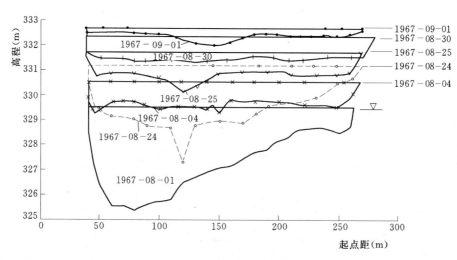

图 16-14　华阴断面淤高过程（1967 年 8 月 1 日～9 月 1 日）

585 kg/m³，而黄河龙门站 23 日、24 日含沙量分别为 97kg/m³ 和 30kg/m³。这种异重流流态，是由于黄河与北洛河高含沙量同渭河上游来水含沙量之间存在差异，在华阴站的下游某处发生潜入水流（潜入点），因而在华阴站测到分层流。

试按实测流速和含沙量分布，估算华阴断面的密度 Fr 数。主流线异重流下层流速为 0.87m/s，异重流厚度为 1m，上下层含沙量差为 745kg/m³，则得

$$Fr_d = \frac{u}{\sqrt{\frac{\Delta\rho}{\rho}gh}} = 0.4$$

这时段正值北洛河加入大量泥沙，在北洛河与渭河汇流区泥沙大量淤积，形成北洛河口拦门沙，其淤积重心在渭淤 2 至渭淤 4 河段，如图 16-15 所示的淤积分布。这种拦门沙因其位置靠上，不易冲开。如同时遇渭河小水大沙，则淤积末端很快上延至华县附近，见图 16-15 的纵剖面（第十一工程局勘测设计研究院，1975）。

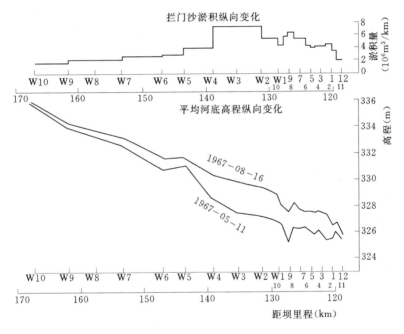

图 16-15　1967 年 5 月 11 日至 8 月 16 日渭河拦门沙淤积分布及纵剖面

渭河口尚有另一种拦门沙，其泥沙来自黄河。当倒灌期间渭河北洛河来沙量很小，而黄河含沙量则很大。1971 年 7 月的以黄河泥沙为主体的拦门沙，位于河口段，淤积重心在渭拦 9 河段以下（在上述 1975 年拦门沙下游约 20km）。其淤积物 D_{50} 从下游到上游由粗变细，见图 16-16，1971 年 7 月 3～29 日拦门沙床面的变化和淤积量的纵向分布。拦门沙总淤积量中（华阴以下）有 60%～90% 为黄河泥沙。这种拦门沙因其位置靠下，故较易被冲开。

汇流区的淤积和水流情况复杂，不同来水来沙和不同地形条件，淤积带来不同的不利影响。在第 17 章中还将讨论其他有关情况。

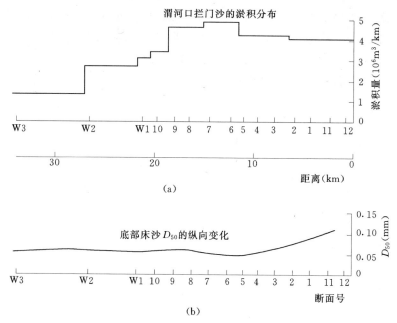

图 16-16　1971 年 7 月 3～29 日渭河口拦门沙淤积分布及床沙 D_{50} 的沿程变化

16.4　水　库　冲　刷

16.4.1　沿程冲刷和溯源冲刷

　　未饱和挟沙水流进库时，如正值坝前控制水位有所下降，水流比降加大，水流的输沙能力增加，故有可能冲刷河床底部泥沙，掺混入水流下泄，这种冲刷定义为沿程冲刷。图16-17 为三门峡水库沿程冲刷实测含沙量分布沿纵向变化图。冲刷显示沿程平均含沙量增加。

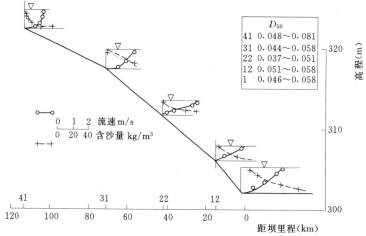

图 16-17　三门峡水库 1964 年 1 月 23 日沿程冲刷含沙量沿程变化图

当坝前水位急剧下降，则产生冲刷向上游发展的溯源冲刷。如 1971 年三门峡水库新建隧洞开始放水，隧洞下缘与深孔下缘相比下降10m。水流冲刷坝前黏土老淤，黏土抗冲性强，因之产生跌水状流态（图 16-18），淤泥被切割，上溯发展（陕西水利科学研究所河渠研究室、清华大学水利工程系泥沙研究室，1979）。

又如，1964 年三门峡水库基本处于滞洪运用方式，12 个 300m 深孔全部打开，洪峰后期

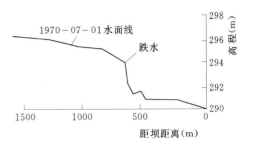

图 16-18　三门峡水库溯源冲刷时的跌水水面线

库水位迅速下降，产生溯源冲刷，图 16-19 示出不同时间的水面线，可看出冲刷向上游发展的过程。1964 年汛期进库泥沙量特大，虽然 12 个深孔全开，但泄量仍嫌不足，故涨峰时库内产生大量淤积，落峰时则产生强烈的冲刷，如图 16-19 上出库输沙率出现历时近一个月的沙峰，图 16-20 为不同测站的含沙量过程，可看出上段冲刷量小，坝址附近河段冲刷量大。

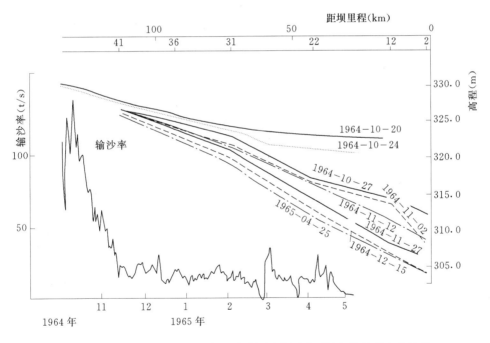

图 16-19　三门峡水库 1964 年汛末溯源冲刷时水面线与输沙率变化过程

类似的溯源冲刷，在官厅、恒山、闹德海水库都进行过观测。例如图 14-2 所示的官厅水库 1954 年的溯源冲刷情况。有关溯源冲刷情况，列于表 16-2。

16.4.2　洪水过后主槽冲刷（Fan 和 Morris.，1992）

库内蓄水时滩面和主槽都发生淤积。当水库泄水使库水位迅速下降时，主槽内的淤积物被冲走，或水流在滩地切割出主槽。原型观测表明，刷出的深槽宽度与流量存在一定关

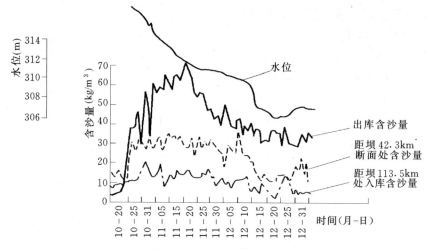

图 16-20 三门峡水库 1964 年溯源冲刷不同测站的含沙量过程

系，与稳定渠道宽度的河相关系类似。

表 16-2　　　　　　　　　　　　　　水 库 溯 源 冲 刷 情 况

水 库	泥沙性质	冲刷原因	水头(m)	情 况
三门峡水库	悬移质淤积物	库水位下降	17	1964 年改变运用方式，12 深孔全开，洪峰落峰时产生强烈冲刷
		出流孔口高程下降 10m		1971 年增建的两条隧洞开始使用，库中老淤受溯源冲刷排出
官厅水库	悬移质淤积物	库水位下降	10	大坝建成前水库采用滞洪水库运用方式，1954 年汛期库水位下降，前期淤积物被冲刷排出库外
映秀湾水电站库区	推移质淤积物	水位下降	5	为防止分流比过大时推移质进入取水口，在河道流量小于 600m³/s 时，壅水拦蓄推移质泥沙，而当河道流量大于 600m³/s 时，降低水位，造成溯源冲刷，将前期淤沙排出库外，使壅水段保持一定的库容，以调节水沙，确保枢纽正常运行
恒山水库	悬移质淤积物	水位下降		每隔 3~4 年放空水库，刷出河槽和有效库容

　　分析主槽冲刷情况和主槽纵剖面，可采用水流作用于槽底的推移力，作为判别条件之一，以确定非汛期冲刷的槽比降。并且考虑主槽的宽深比河相关系，即今 $\tau_0 = \gamma h J_2 = k_3 D$ 和 $\dfrac{B^{\frac{1}{2}}}{h} = k_2$。此外，用流量连续方程，$Q = Bhu$，Manning 方程

$$u = \frac{1}{n} h^{\frac{2}{3}} J_2^{\frac{1}{2}}$$

式中：J_2 为槽比降；τ_0 为水流推移力；D 为底部泥沙平均粒径；B 为槽宽。联解得

$$J = \frac{k_2^{\frac{12}{19}} k_3^{\frac{22}{19}} D^{\frac{22}{19}}}{Q^{\frac{6}{19}} n^{\frac{6}{19}}} \tag{16-3}$$

　　考虑沙坡对槽底糙率的影响，设 $n = k_4 D^m$，代入式（16-3），得

$$J_2 = k_5 \frac{D^{22-6m}}{Q^{\frac{6}{19}}}$$

其中
$$k_5 = \frac{k_2^{\frac{12}{19}} k_3^{\frac{22}{19}}}{k_4^{\frac{6}{19}}}$$

k_5 这个沙坡影响的假定，是很粗糙的。

底部的代表粒径 D，可从现场实测资料求取。一般在横断面上取多个床面泥沙样品，粒径值常很分散；在滩面上的细，在槽内则较粗。笔者曾沿纵向点绘 D 的变化，从图 16-26 和图 16-27 上可看出沿库长的最大的 D_{50} 几乎不变，故可取此值为槽底粒径的代表粒径。如图 15-5 和图 15-4 所示闹德海水库和三盛公水库的纵向滩面和主槽床沙 D_{50}，其值比较稳定。笔者认为不宜将断面上所有样品的 D_{50} 值取其平均值作为代表粒径，因为该值的纵向变化范围很大，缺乏稳定性。

比降的确定是用同流量的水面线的比降值，而不宜用河床平均高程的比降，也不宜用河床最深点的平均比降。

点绘比降、粒径和流量的关系，如图 15-12 所示，资料取自魏家堡枢纽、宝鸡峡、水槽子、水磨沟、陈梨夭、三盛公、三门峡、官厅（三角洲河段）、闹德海等水库。

从图 15-12 得下列经验关系：对于卵石河床有

$$J_2 = \frac{0.0057}{Q^{0.36}} \tag{16-4}$$

对于沙质河床，则有

$$J_2 = \frac{0.005D^{0.55}}{Q^{0.33}} \tag{16-5}$$

如图 15-13，式（16-5）中 Q 为非汛期月平均流量，或一定时段的平均流量，以 m^3/s 计，D 为代表粒径，以 mm 计。

16.5　库区上段冲刷下段淤积的流态

当水库在高水位开始降低库水位时，而水库仍处于异重流出流，这时可能出现上游明流段冲刷下段壅水河段淤积的情况。

当水库处于高水位时，异重流如能流到坝址，则有异重流排出，如不能流到坝址，在中途停止运动，则出流中无泥沙排出。当水位下降时，水流在回水末端河段可冲起淤沙，浑水潜入库底形成异重流，沿程有淤积，最后从底孔排出。这时的出库含沙量可能大于进库站含沙量，因为潜入点的上游有泥沙被冲起进入水流。

这种现象在官厅水库、三门峡水库和其他水库都曾出现过。现举官厅水库 1954 年 10 月 13～15 日发生的异重流为例，用以说明其过程（水利科学研究院河渠研究所、官厅水库管理处水文实验站，1958）。图 14-2 为 1954 年 10 月 12～16 日的过程线。水位下降前，13 日中午以前出库含沙量为零，虽然该时段的进库含沙量在 20～25kg/m³ 之间。水位下降后的冲刷，提供较大的含沙量进入回水区，形成异重流，实测库中含沙量在 70～100kg/m³ 之间，见图 14-2（a）所示异重流含沙量垂线分布沿纵向的变化，出库含沙量 13～15 日增至 50～75kg/m³。一般情况下，异重流在流动过程中是沿程淤积的。

再看这个时段（10 月 13～15 日）悬沙粒径的沿程变化，列于表 16-3，这里包括明渠流和异重流悬移质，可看出泥沙沿程变细。中途冲起的泥沙是前期异重流淤积物，故远较进库泥沙粒径细小。

表 16 - 3　　　　官厅水库 1954 年 10 月 13～15 日悬沙中径 d_{50} 的变化

断　面	1954 年 10 月 13 日	1954 年 10 月 14 日	1954 年 10 月 15 日
进库（梁头大桥）	0.04	0.04	0.046
1008	0.0035～0.006		
1006	0.0044～0.008	0.005～0.006	
1004	0.004～0.009	0.0035～0.0045	
1002	0.004	0.0045	0.0045～0.006
1001	0.0028～0.0035	0.0034	0.005～0.0068
1000	0.003～0.006	0.0025～0.007	0.0046～0.014
出库站	0.007	0.0033	0.0045

注　粒径级配，用比重计法测定。

　　另一个例子是三门峡水库 1962 年汛期降低水位的时段内，发生多次库首段冲刷的异重流排沙。各洪峰时段内各断面的含沙量、粒径以及排沙率等因子，均列于表 16 - 4。从表 16 - 4 可看出 3～6 月黄淤 41 断面至黄淤 31 断面之间，含沙量沿程增加，但悬沙中径则沿程变细。这说明，浑水在潜入点上游发生冲刷，冲起异重流前期淤积物细粒泥沙，潜入形成异重流向坝址运动过程中发生淤积，然后排出库外，出库异重流很细，在 0.008mm 左右（三门峡水库泥沙当时用粒径计法测定，其值较用比重计法或吸管法为粗）。

表 16 - 4　　　　　1962 年三门峡水库泄降冲刷与异重流排沙

编号	时段（月-日）	水位（m）	入库流量（m³/s）	出库流量（m³/s）	含沙量（kg/m³）			d_{50}（mm）			输沙量比值（%）	
					R41	R31	出库	R41	R31	出库	出库/R41	出库/R31
1	03-21～04-09	308.6	1120	1200	16.3	49.2	17.7	0.063	0.038	0.008	117	38.6
2	04-09～04-20	306.0	780	768	18.9	27.2	7.6	0.064	0.048	0.008	43	29.9
3	05-16～06-16	303.8	446	428	12.7	14.8	5.3	0.043	0.025	0.008	39.3	38.5

注　用粒径计法测定，其值较用比重计法或吸管法测定值为大。

16.6　水库不同运行方式时的淤积和冲刷

　　不同运行方式的水库有不同的排沙形式和冲淤情况，为了说明方便起见，列出表 16 - 5。

表 16 - 5　　　　　　水库不同运用方式的冲淤情况

运用方式	排 沙 方 式	冲 淤 情 况	水 库 名 称
蓄水运用水库	有时有异重流	明渠流淤积，三角洲和异重流淤积	官厅水库 Mead 湖（美国） Elephant Butte 水库（美国） Sautet 水库（法国） Chambon 水库（法国）

运用方式	排沙方式	冲淤情况	水库名称
滞洪水库	壅水浑水排沙，异重流排沙，水位下降过程溯源冲刷，低水位空库排沙	三角洲淤积，异重流淤积，溯源冲刷，基流沿程冲刷	三门峡水库（1959 年与 1964 年） 闹德海水库（1970 年以前）
蓄清排浑运用水库	壅水浑水排沙，异重流排沙，水位下降过程溯源冲刷	三角洲淤积，异重流淤积，溯源冲刷	三门峡水库（1974 年以后） 黑松林水库 红领巾水库 东峡水库 Sefid Rud 水库（伊朗）
定期骤降水位冲刷（有时采用洪水排沙）	溯源冲刷	三角洲淤积，主槽溯源冲刷	映秀湾水电站 Ouchi Kurgan 水库（前苏联）

蓄水运用的水库，如官厅水库、Mead 湖、Elephant Butte 水库，为蓄水兴利，库容较大，基本上不考虑排沙，只是在泄水时，排出一些泥沙。

滞洪水库的泄流孔口可分无闸门控制与有闸门控制两种。无闸门控制的水库，平时空库，汛期来洪时自然滞洪。洪峰上涨期间水位壅高，排泄浑水或排异重流，洪峰落峰时有异重流和溯源冲刷排沙。空库时为基流排沙，沿程可能有冲刷，或有淤积。有控制闸门时，泄量受到控制，拦蓄一部分水量供兴利之用，不使水库空库。

实际上滞洪运用方式也在蓄清排浑运用的水库中采用，汛前泄空水库或降低库水位，以迎接洪水，洪水过后不使非汛期流量排走，蓄水兴利。有的蓄清排浑水库，如当年来水量过少，则采用蓄水运用，不使用洪水排沙，以节省水量。故当年不能保持冲淤平衡，库内淤沙，则留待次年采用空库滞洪，洪水排沙等方式排除之。

有的水电站则采用定期汛期骤降库水位，利用溯源冲刷排沙。

16.6.1　蓄水水库

水库蓄水运行，指以蓄水为主，不考虑泄水排沙。不少水电站采用这种运行方式。如三门峡水库初期采用蓄水运行方式，导致严重淤积，如当时采用滞洪方式，则可以减缓淤积速度的。又如法国 Chambon 和 Sautet 两水电站，因来沙量甚少，为了蓄水发电，未采用排沙的运行方式，虽然来沙很少，但仍使坝前淤积层厚度分别达到 18m 和 60m，堵塞原来设置的底孔，故后来均重打新孔。典型的蓄水运用的水库为美国 Mead 湖（Smith、Vetter、Cummings，1960）。

16.6.2　滞洪水库

滞洪运用水库随进库洪峰在一定的孔口泄流能力下的自然调节。闹德海水库在 1970 年安装底孔闸门之前是一座自然调节的滞洪水库。官厅水库在 1953～1954 年间尚未完工正式蓄水以前，也采用滞洪运用。三门峡水库未建成前的 1959 年以及全部改建工程全部完工以前，即 1964～1973 年，基本上也是滞洪运用。

这种运行方式下的水沙运动包括两个部分，前一部分为涨峰期间的壅水淤积；淤积形态有明流淤积，三角洲和坝前浑水淤积，以及异重流淤积和水下浑水水库淤积。后一部分为落峰期间的泄水冲刷；最初出现的异重流和浑水水库排沙，接着当水位降得较低时产生的溯源冲刷。图 16-21 为三门峡水库 1959 年滞洪期间的进出库水沙过程线。

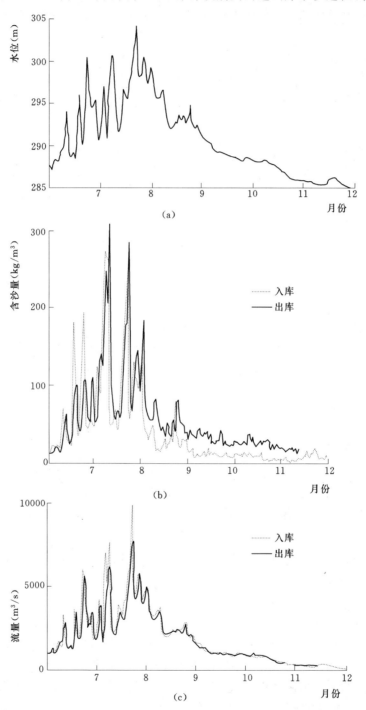

图 16-21　三门峡水库 1959 年滞洪时水位、含沙量、流量的过程线

滞洪水库的排沙比较大。由于孔口的泄洪能力有一定限度，故进库洪峰流量愈大，则滞洪程度愈大，壅水愈高，漫滩淤积量愈多，排沙比就愈小。

黑松林水库的滞洪排沙情况，任增海（1986）做过分析，该库库容 860 万 m³，坝高 45m，泄洪洞流量为 10m³/s。1959 年 5 月建成，最初蓄水运用，淤积严重，后改为蓄清排浑运用方式，汛期常把水库泄空，采用滞洪运用方式排沙。表 16-6 为黑松林水库滞洪排沙运用时数次洪峰的排沙比。从表 16-6 中可看出，入库洪峰流量愈大，则滞洪程度愈高，排沙比较小；反之，则较大。

表 16-6　　　　　　　　　　　黑松林水库滞洪运用排沙比

| 编号 | 时间
（年-月-日） | 入　库 | | | | 出　库 | | | | 排沙比
（%） |
		洪峰 流量 （m³/s）	最大含 沙量 （kg/m³）	水量 （×10³m³）	沙量 （×10³t）	最大 流量 （m³/s）	最大含 沙量 （kg/m³）	水量 （×10³m³）	沙量 （×10³t）	
1	1971-08-20	465	314	5927	1484	10.75	621	4880	862.0	58
2	1970-08-04	370	438	3260	1180	8.79	606	2250	757.6	64
3	1970-07-24	63.4	415	414	84	5.8	514	389	74.7	90
4	1970-08-27	55	239	464	57	6.82	420	317	64.0	112
5	1972-08-16	21.3	774	120	49	3.22	630	154	40.9	84
6	1971-08-19	19.3	369	145	29	4.54	403	131	31.3	108

黑松林水库所以有这样大的排沙比，一是因为水库处于狭谷，水库长度短；另一是因为流域为黄土高原，侵蚀严重，来水多为高含沙水流，能挟运较粗的颗粒和较多的沙量。洪水进库，在很短的水库内滞蓄，高含沙浑水内的颗粒不易沉淀，所以容许有较长时间的滞留，可较从容地排出库外。一般来说，滞洪水库如无前期淤积物被洪水挟运，其排沙比应小于 100%。表 16-6 中有超过 100% 两次，估计系前期淤积物被冲刷所致。

16.6.3　蓄清排浑运用

水库内淤积速度快，淤积量占去大量有效库容，影响水库兴利时，常改为蓄清排浑的运用方式：非汛期蓄水，而汛期利用洪水排沙，并刷去非汛期前期淤沙，以期保持可长期使用的有效库容。这是以已备有可供泄洪排沙的设施（如底孔）为前提的。如无这种排沙孔，则需要重新开挖；也可重新打开施工导流洞，改作泄洪排沙洞。

规模最大的蓄清排浑水库是三门峡水库。它的运用方式是经过多年的研究和实践而最后形成的，直至 1990 年 7 月新投入运用第 9、第 10 号底孔。由于我国有不少水库采用蓄清排浑运行方式，累积了经验，20 世纪 70 年代我国对冯家山水库、碧口水电站的设计，就考虑设置排沙孔，以利于洪水排沙和异重流排沙，采用蓄清排浑运用方式。

在洪水排沙过程中，有时伴有异重流排沙。异重流排沙比随水库地形，进库水沙以及运行方式而变。表 16-7 仅列出若干水库洪峰的异重流排沙比，说明排沙比的范围。Elephant Butte 水库在最初运行期的异重流可排出洪峰来沙量的 23%，而 14 年后，库内原河槽早已淤满，异重流单宽流量变小，流速变小，故排沙比随之变小，仅为 9%。Mead 湖的异重流 1935 年排沙比为 23%～39%，而 1936 年为 18%，可能也是原河槽淤满，使异重流在滩面上运动、流速减小所致。黑松林水库小，库短，而来沙又多为高含沙水流，故排沙比较大。关于异重流运动机理和排沙，将专列一章作较详细的讨论。

表 16-7　　　　　　　　　　　　　　异 重 流 排 沙 比

水　库	一场洪水历时 （年-月-日）	输沙率		排沙比
		入库（$\times 10^6$t）	出库（$\times 10^6$t）	
Elephant Butte 水库 （Lara，J. M. 1960）	1919-08-08～28	18	4.15	0.23
	1933-06-15～07-01	11.75	1.03	0.09
Mead 湖 （Grover 和 Howarol，1938）	1935-03-30～04-17	7.78	1.79	0.23
	1935-08-26～09-09	9.48	2.37	0.25
	1935-09-27～10-07	8.35	3.27	0.39
	1936-04-13～24	11.08	2.0	0.18
黑松林水库	1964-07-11	0.308	0.117	0.38
	1964-07-16	0.102	0.067	0.66
	1964-08-01	0.348	0.309	0.91
	1965-07-19	0.079	0.028	0.31
	1966-08-09	0.051	0.026	0.50
	1971-07-21	0.031	0.0180	0.59
	1972-08-01	0.035	0.019	0.54

16.6.4　骤降水位冲刷

当水库淤积严重到影响兴利时，例如影响水电站发电，为了排除库内泥沙，腾出库容，常采用骤降坝前水位，使产生急流，冲刷淤积物出库。由于侵蚀准面降低，造成溯源冲刷，其强度随水位下降幅度而异。

坝前水位降低的方式，有随进库洪峰的升落的自然降落，滞洪水库洪峰后期出现的冲刷就是自然水位降落的结果；也有水库蓄水时，突然开启闸门泄放大流量，这是人为的水位降低。骤降水位引起强烈冲刷，大量泥沙在短时间输往下游，往往造成下游严重淤积，故泄流排沙，要考虑到下游河道的输沙能力；在水库运行中，宜适当放慢水位下降速度，以适应下游河道的排沙能力，减少下游河道的集中淤积。

三门峡水库 290m 高程的两条隧洞打通使用，（原泄水深孔高程为 300m），同流量水位下降 10m，因而坝前淤沙被冲刷，由于淤积物多年固结，不易冲刷，故在坝前段产生跌水，如图 16-18 实测水面线。

伊朗 Sefid Rud 水库 1962～1987 年实测资料表明（Tolouie、Esmail，1989），1970 年前蓄水较高，淤积严重；1970～1979 年间汛期降低最低库水位，仍有淤积；1982 年开始，采用汛期空库运行，以便泄水排沙。

前苏联 Ouchi Kurgan 水电站（Zyrjanov，1973），库长 17km，总库容 56.4×10^6m³，死库容 20×10^6m³，为保持有效库容，设计规定在洪水期每年下降库水位 5m，以期使产

生溯源冲刷，减少水库淤积。水库于 1961 年 10 月建成，1963 年开始按汛期降低水位运行，但水库继续淤积，直至 1968 年水库才能保持一定库容而不再进一步淤积。其淤积纵剖面如图 16-22 所示。图 16-23 为 1964 年水位骤降冲刷时的水位、流量和含沙量变化。那时水位虽然下降，但出库含沙量仍小于进库含沙量，库区依然处于淤积状态。这可能是

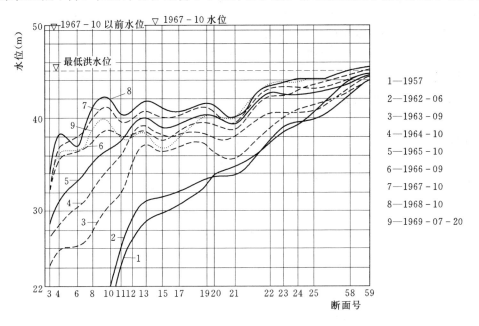

图 16-22　Ouchi Kurgan 水库淤积纵剖面

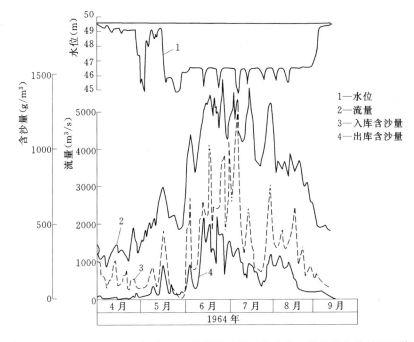

图 16-23　Ouchi Kurgan 水库 1964 年泄降冲刷时的水位、流量和含沙量过程线

库区上游冲刷下来的泥沙，淤在近坝河段，而不能全部排出。估计 1968 年以后，坝前孔口以下库容已淤满，因此骤降水位冲刷时，能把当年淤积物冲走，可保持库容不再受损失。由此可见，如在距坝较远处三角洲上发生溯源冲刷，冲下来的泥沙会有部分淤在坝前，出现上段冲、下段淤的复杂水沙运动。滞洪运用水库在洪峰后期，也会出现这种现象。

以上所举的例子是悬移质溯源冲刷。推移质溯源冲刷的例子有映秀湾水电站。该水电站水库长 1.7km 左右，库区位于峡谷，两岸陡峻。壅水高度 5m 左右。为防止分流比过大时水流把推移质带进取水口，故在河道流量小于 $600m^3/s$ 时，壅水拦蓄推移质，而流量大于 $600m^3/s$ 时，则降低水位，使产生溯源冲刷，将前期推移质淤积物排至下游，从而使壅水段范围内能保持一定的库容。

在骤降水位冲刷持续一定时间之后，随之而来的是非汛期进库小流量的沿程冲刷。有的水库空库时间历时很长，这样运用的目的是希望加长冲刷时间能产生较大的冲刷效果，然而实际上空库后，仅在最初阶段，冲刷率较高，过一定时段（视水库地形，淤积情况而不同）后，空库冲刷效率很低，所以不宜延长这种冲刷的时间。这种小流量沿程冲刷，排沙比小，并不经济。

16.7   淤 积 对 工 程 的 影 响

16.7.1   库首回水区的淤积

悬移质和推移质进入库首回水区形成的淤积，带来一系列的严重问题。

（1）防洪。泥沙在壅水区淤积使河床比降变缓，因而河道过水能力相应减小。修筑的防洪堤需要加高。如官厅水库洋河和桑干河汇流区上游的三角洲河段淤高情况，如图 16 - 24 所示。又如：三门峡水库蓄水引起的溯源淤积，使渭河下游河段的防洪问题变得愈来愈严重。有的水库的回水淤积，导致水位上升，使附近城市的防洪问题更为困难。

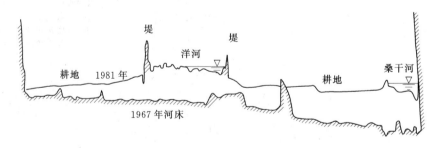

图 16 - 24   官厅水库三角洲河段淤高横断面图

（2）地下水位上升。回水区淤积，使河道水位上升，同时也使地下水位上升。据调查，官厅水库库首地段地下水位上抬，较建坝前高 1~4m，使耕地盐碱化。三门峡水库渭河下游回水区，也遇到同样的困难。

（3）航运交通。在通航河流上修建水库，在规划、设计阶段，应研究对航运的影响问题。图 15 - 21 为西津水电站库首回水区的一段碍航航道情况，1974 年 4 月航槽为泥沙淤积，航深不足，为了冲去淤沙，故降低水位进行冲沙，直至深度达到所需航深时为止，冲沙后的测验，于 1974 年 5 月进行。

对于三角洲地区已建成的桥梁，三角洲淤积使桥下过水面积和深度减少、桥梁工程师在桥梁设计时，要求估计回水淤积地区最高淤积厚度和高程，以便确定桥梁高度。

16.7.2　来自支流或进入支流的泥沙淤积影响

刘家峡水电站坝址以上 1.6km 处的支流洮河来沙量大，汛期来水形成异重流，进入黄河后一股向上游，另一股向下游运动，使汇流区泥沙层层淤积，形成沙坎。沙坝的存在（图 14 - 4）使水库低水位时发电引水困难；泥沙进入电厂进水口，磨损水轮机和门槽机件。

另外淤积沙坎出现在主流异重流进入支流口门处，如官厅水库永定河主流异重流进入支流妫水河情况，庞大的沙坝（图 14 - 7）有阻塞妫水河河口危险，使官厅水库主要库区的妫水河库容有失去作用的危险。关于异重流在汇流区的运动，后面还要讨论。

16.7.3　库容的损失

一般泥沙淤积，不全淤在死库容内，却占据了部分有效库容。库区泥沙的沉积，使有效库容缩减。经过一定时间，防洪、发电等库容将不敷应用。

水库库首回水区的三角洲以及异重流沿库长的大部分淤积，均未在有效库容之内。

干旱地区的水库，如未设置排沙设施，则淤积发展很快，甚至很早淤废。

有的水电站不设排沙洞，任其淤积，如菲律宾的 Binga 水电站，来沙较粗，大部分库容已为泥沙所占（见图 16 - 25）（Electrowatt Engineering Services Ltd，1991）。

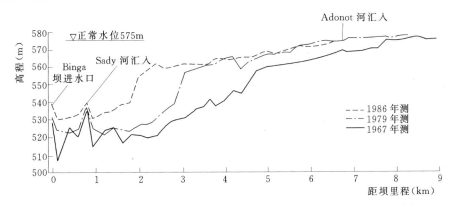

图 16 - 25　菲律宾 Binga 水库淤积纵剖面

应考虑利用各种保持库容的方法，减少水库淤积，延长水库寿命，并保持一定的长期可用库容，详见第 19 章。

16.7.4　泥沙进入电厂进水口

坝前的泥沙淤积，将带来淤积坍塌堵塞底孔进口的危险。官厅水库坝前淤积高程很高，为避免泥沙流下淤堵洞口，故规定将泄洪洞闸门经常开动，以排除洞前泥沙，不使堵塞。法国 Sautet 和 Chambon 两水电站的底孔，均被淤沙和树干堵塞掩埋。

进入电厂进水口泥沙，将磨损水轮机、门槽。进入底孔泥沙，也将磨蚀底孔表面。三门峡水库底孔经多年运用，表面磨蚀，经修补后过水断面减少，因之泄量相应减小。

在高速和高含沙量水流作用下，磨损剧烈，但据我国水电站观测，当泥沙粒径小于 0.01mm，在低含沙量下，仍产生磨损。

16.7.5 引航道内的淤积

在通航河道修建水库，须修建船闸与引航道；上下游两引航道内的淤积，使航深不足。如长江葛洲坝水电站、广西西津水电站等工程，都出现引航道淤积和维持航深的问题。

参考文献

第十一工程局勘测设计研究院.1975. 渭河下游冲淤中的几个问题. 黄河泥沙研究报告选编（第一集）. 下册：90 – 107.

任增海.1986. 黑松林水库"蓄清排浑引洪淤灌"经验总结. 西北水利科学研究所科学研究报告选集，第 2 集，第 1 号，108 – 119.

陕西水利科学研究所河渠研究室，清华大学水利工程系泥沙研究室.1979. 水库泥沙. 水利电力出版社：372.

水利科学研究院河渠研究所，官厅水库管理处水文实验站.1958. 官厅水库淤积分析. 水利科学技术交流会议第二次会议文件.

涂启华，李世滢，张醒.1988. 黄河天桥水电站工作泥沙问题初步总结. 水电站泥沙问题总结汇编，97 – 107.

曾庆华，周文浩，杨小庆.1986. 渭河淤积发展及其与潼关卡口黄河洪水倒灌的关系. 泥沙研究，1986（3）：13 – 28.

张启舜，龙毓骞.1980. 三门峡水库泥沙问题的研究. 河流泥沙国际学术讨论会论文集，1980，北京，第 2 卷：707 – 716.

赵宝信.1980. 红山水库淤积上延初步分析. 泥沙研究，复刊号：53 – 61.

Annandale，G. W. 1987. Reservoir sedimentation. Elsevier Science Publishers.

Electrowatt Engineering Services Ltd. 1991. Review Report，Binga Hydroelectric Power Plant reservoir siltation.

Fan，Jiahua and Morris，G. L. 1992. Reservoir sedimentation. I：Delta and density current deposits. Journal of Hydraulic Engineering，ASCE，118 (3)：354 – 369.

Fan Jianhua and Morris G. L. 1992. Reservoir sedimentation. II：Reservoir desiltation and long-term storage capacity，Journal of Hydraulic Engineering，ASCE，118 (3)：370 – 384.

Groupe de Travail du Cormité Français des Grands Barrages. 1976. Problèmes de sédimentation dans les retenues. Trans. 12th ICOLD，Q47，R. 30，Vol. 3：1177 – 1208.

Grover，N. C. ，Howard，C. S. 1938. The passage of turbid water through Lake Mead. Trans. ASCE，103：720 – 790.

Johnson，J. W. 1962. Discussion on "Some legal aspects of sedimentation" by Rusby，C. E. Trans. ASCE，127（pt 2）：1037 – 1042.

Lara，J. M. 1960. The 1957 sedimentation survey of Elephant Butte Reservoir. Bureau of Reclamation，US-DI.

Smith，W. O.，Vetter，C. P.，Cummings，G. B. 1960. Comprehensive survey of sedimentation in Lake Mead，1948—1949. USGS. Prof. Paper 295. U. S. Government Printing Office.

Tolouie，Esmail. 1989. Reservoir sedimentation and desiltation. Ph. D. Diss，University of Birmingham，U. K.

Зырянов，А. Г. 1973. Динамика заиления водохранища Уч-Крганской гэс и опыт борьбы с наносами. Гидротехническое Строительство，1973 (1)：32 - 37.

第 17 章 水库淤积Ⅲ：水库异重流排沙

17.1 前人的观测研究简况

1956 年，作者接受任务研究三门峡水库的异重流问题，首先提出的问题是异重流排沙的可能性。那个时候，工程师们认识到，多沙河流上修建水库后，进库泥沙淤积速度很快，水库寿命较短。采取什么措施来减少水库淤积，延长水库寿命，是当时人们关心而未解决好的问题。利用水库中挟沙水流形成异重流运动的特点来排除泥沙，是减少水库淤积的一种比较有效的措施。

20 世纪 30 年代在阿尔及利亚，就利用泄水孔排除水库中的异重流泥沙（Raud，1958），后来，美国米德湖胡佛坝在 1935～1936 年底孔（工程竣工后，将施工底孔堵死。我国三门峡水库在工程完工后，也将底孔堵死。）未堵死以前，在底孔中突然出现浑水，异重流排除泥沙数量，颇为可观（Grover 和 Howard，1938），这种异重流现象引起人们的注意和讨论，在美国（Ippen 和 Harleman，1951）和法国（Michon 等，1955）开始在水槽内和实地测验研究异重流的运动。天然水库也有排出较多泥沙的实例资料。在美、法、阿尔及利亚等国都有一定数量的观测工作。在国内，官厅水库 1953 年开始，三门峡水库于 1961 年进行观测，并在许多水库中发现异重流的运动，此后在异重流的观测和实验以及理论研究方面，进行过不少工作，累积了很宝贵的资料。

本章拟围绕异重流排沙问题，介绍有关异重流的形成，异重流的运动，异重流运动中泥沙的沉淀，异重流排沙现象，然后讨论异重流排沙数量的估算方法。

17.2 水库中异重流现象

17.2.1 异重流的形成

异重流在水库中的运动情况，示意于图 17-1。在水库中可以观测到这样的现象，挟带大量细泥沙的洪水进入水库壅水区后，浑水中的粗泥沙不能继续为水流所挟带，淤积在水库的进口部分，含有细颗粒泥沙的浑水，则与库内清水形成一定的密度差，由此产生压力的区别，开始潜入水库底部，形成底部异重流。在潜入点下游有逆流，和由于逆流而聚集的漂浮物，漂浮物同潜入水库形成明显的交界线。在扩大地段，还可观察到进库浑水主流潜入处的两侧发生回流的现象。流量涨落时，潜入点的位置也向前后移动。浑水潜入前后，含沙量和流速的垂线分布，也表现出明渠流分布转变为异重流分布，如图 17-2 所示。

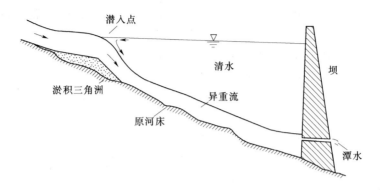

图 17-1　异重流在水库中的运动情况

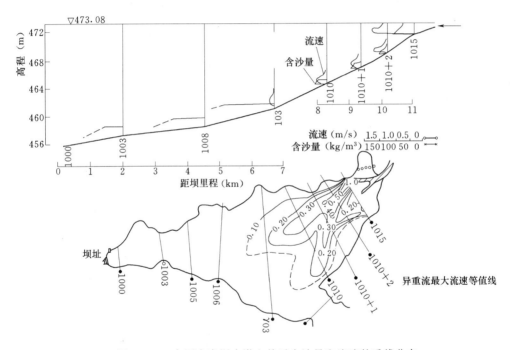

图 17-2　官厅水库浑水潜入前后含沙量和流速的垂线分布

　　水库中泥沙淤积形成库首三角洲后，在水库水位较低的条件下，潜入点将位于三角洲的下游，浑水进入水库有如一股射流向较宽阔的库中潜入，浑水很像舌状的外形。如水库水位较高，则潜入点可能处在三角洲的洲面上。

　　在浑水潜入的过程中，从图 17-2 可以看出明渠流状态下的水流流速逐渐减小，泥沙沉淀，因此可以联系到三角洲淤积和异重流的形成，有很密切的关系（水科院河渠所、官厅水文实验站，1958）。

　　在潜入处可以看到的清晰的清浑水分界线，在"诗经"中提到的"泾渭分明"，就是对这种现象的描述。当泾河含沙浓度大于渭河含沙浓度时，泾河水进入渭河时，在一定地点潜入渭河水流的下层，形成异重流，在潜入处，可见不同河水的分界线。当泾河含沙浓度小于渭河时，则泾河水在渭河水之上，形成上层流，随流向下游运动。我们为了求取潜

入点的水流、泥沙因子的相互关系及其判别数，在水槽内进行试验，第 4 章图 4 - 7 所示
不同底坡时浑水进入清水区时潜入处的交界面纵剖面的变化，各断面的流速分布，实验表
明浑水进入清水水域时与清水掺混，潜入后的异重流与上层清水在交界面处也发生水流交
换掺混现象。如忽略掺混影响，即进入流量沿程不变，注意到交界面的转折点处，异重流
厚度沿水流方向的变化率 $dh/dx \to \infty$，因此该处的密度 Fr 数为 1，由此可见，潜入点的
水深大于交界面转折处的异重流厚度，故潜入点的 $u_p/\sqrt{g'h} < 1$。其中 u_p 为潜入点流速，
$g' = (\Delta\rho/\rho)g$，实验得（第 4 章图 4 - 6）

$$u_p/\sqrt{g'h} = 0.78 \qquad\qquad (17 - 1)$$

式（17 - 1）中，没有规定含沙量的值，只要有密度差，在一定水流条件下，就能潜入形
成异重流，如图 17 - 3。进库含沙量很小，仍能形成异重流运动。后来有些学者进行实验
和分析，其结果列于第 4 章表 4 - 3。

　　根据以上判别数，只要符合式（17 - 1），是否即可产生异重流？我们在开始分析官厅
水库异重流资料时，认为进库流量较大，含沙量 30kg/m^3 时，可发生异重流，那个时候
的理解是，所谓发生，意味着这异重流可流到坝址排出库外（中国水利水电科学研究院、
官厅水文实验站"官厅水库异重流的分析"，1958）。现在看来，这种看法并不全面，因
为，库中发生异重流，可能流至中途停下来，不能流到坝址排出。这种认识混淆了异重流
的发生条件和持续条件两个概念。一般而言，来水中含有少量泥沙（$1 \sim 2\text{kg/m}^3$），有一
定的密度差，即可形成异重流，能行进一定距离，到达坝址。如 Sautet 水库中的含沙量
异重流仅 1kg/m^3，能运行 5km，见图 17 - 3。因此，在水库中产生了异重流，并不是说，
异重流一定能流到坝址而排出。官厅水库中实测到几次流不到坝址的异重流。根据资料分
析，可以看出，形成异重流的条件主要是密度的差别，在一定历时长而流量相当大的洪水
中，要挟带较大量的细粒泥沙，即保持较大的密度差。由于细粒泥沙含水量大，因此易于
絮凝，这也有助于异重流的形成。异重流形成条件满足后，是否能流到坝址，通过孔口而
排出，这要看来水大小、含沙量大小、水库地形、蓄水高程等具体情形而定。这涉及异重
流形成之后的持续运动的条件，此问题将在后面进行讨论。

17.2.2　异重流的运动

　　水库中异重流的运动是不恒定的。因为进入水库的洪水有一个涨落的过程，有的多沙
河流，常常是猛涨猛落。河流中不恒定洪水波传进的结果，使异重流运动也具有相应的不
恒定性质。由于流量的不恒定性，含沙浓度也是不恒定的。图 17 - 4 表明因进库流量和含
沙量的变化，库中异重流的性质也有相应变化。

　　异重流在进入扩大地段，开始并不充满整个宽度的，然后渐渐扩散，乃至全断面。图
17 - 5 为三门峡先后三次实测黄淤 26 断面的异重流流速和含沙量等值线的变化过程，可
见其扩散的过程。在收缩段上，异重流则常通过整个断面上流动的。

　　异重流挟带的粒径，沿纵向有改变，图 17 - 6 为官厅水库实测两次异重流流速和粒径
的沿程变化图；由于携带粒径的变化，淤积物粒径也沿程变化。

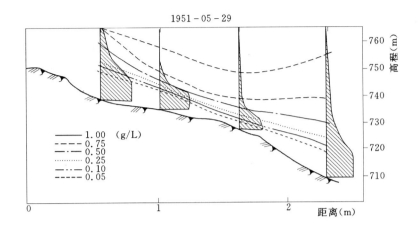

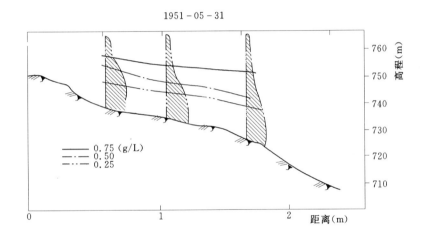

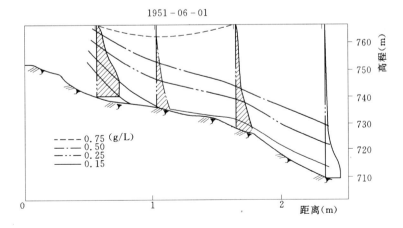

图 17 - 3　Sautet 水库中实测低含沙量异重流（Nizery，1952）

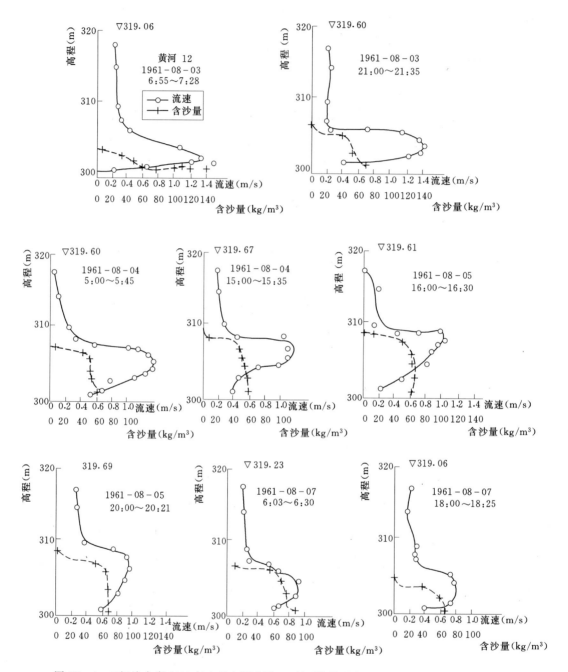

图 17-4　三门峡水库 1961 年 8 月实测黄淤 12 断面的异重流流速和含沙量分布的变化过程

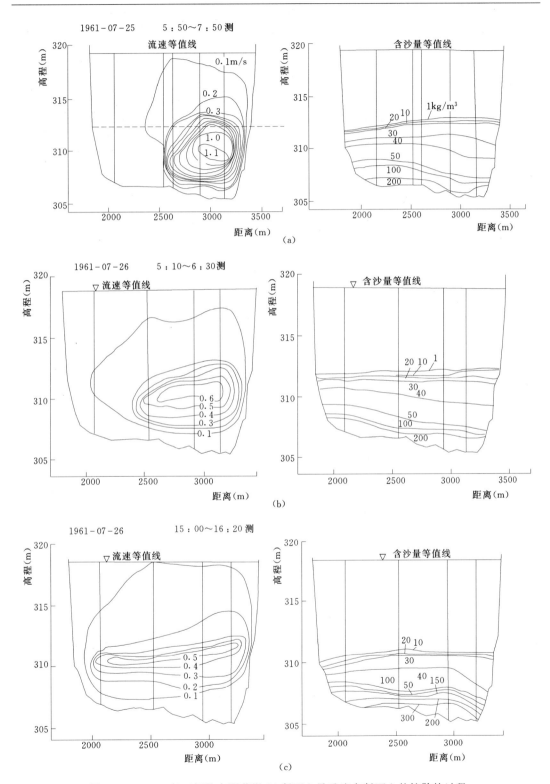

图 17-5 1961 年三门峡实测黄淤 26 断面上异重流在断面上的扩散的过程

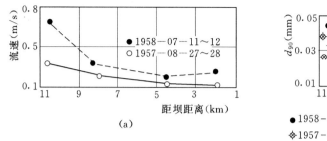
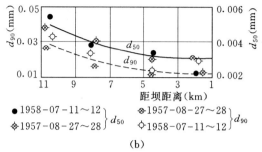

图 17-6　官厅水库实测两次异重流流速和粒径 d_{90} 和 d_{50} 的沿程变化

17.2.3　异重流的沉淀

水库中异重流在收缩地段或底部局部抬高地段（1961 年三门峡水库开始蓄水时，距坝 15km 处岸边塌方，形成潜坝），异重流到达时，发生壅高现象，图 17-7 中，可看到利用回声测深仪测到的异重流交界面壅高并越过潜坝的情况。在壅水部分，由于水流流速减低，底部泥沙淤积下来，因而含沙浓度加大，异重流逐渐从底部移至中层，图 17-8 为水槽中观测在壅水过程中底部异重流转变为中层异重流的情况，以及在官厅水库 1003 断面上观测到的中层异重流。

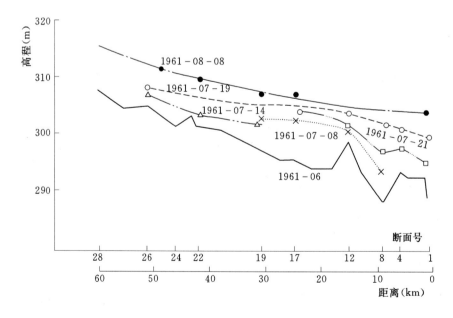

图 17-7　三门峡水库异重流交界面纵向变化过程

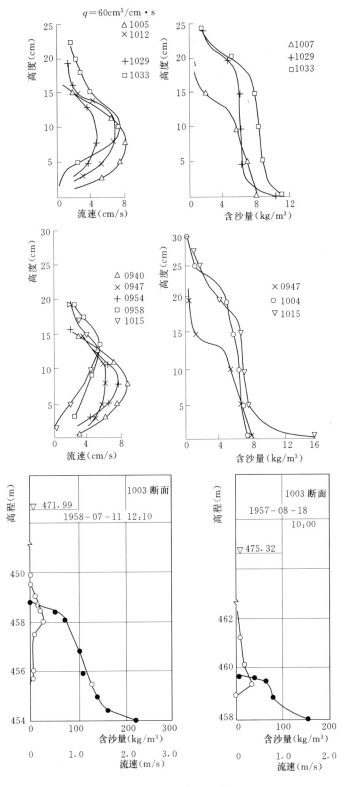

图 17-8　中层异重流

17.3 若干水库异重流排沙情况

水库异重流排沙问题有许多讨论和观测。我国官厅水库1953年开始进行细致的观测，前面的讨论中我们引用许多观测资料，让我们得到异重流运动机理方面的认识，焦恩泽还统计过1953～1960年测到的50多次异重流排沙记录（范家骅、焦恩泽，1958）；1961年起三门峡水库也进行大规模的观测，取得丰富资料；2001年开始小浪底水库结合水库调度进行异重流的观测。

较早的实测异重流出库沙量过程的有美国Mead湖1935～1936年的入库站和出库站的含沙量记录，这是异重流在水库运行最长的达129km的实例。表17-1列出各次异重流排沙的详细数据。排沙量占洪峰期沙量的比值，平均为25%。而1935年9月27日至10月7日一次洪峰，进沙量达835万t，出库沙量为327万t，出库和入库沙量的比值高达39%。

表17-1 美国Hoover水库（Mead湖）各次异重流排沙详细数据

异重流编号	1	2	3	4
入库洪水历时（年-月-日）	1935-03-20～04-04-17	1935-08-26～09-09	1935-09-27～10-07	1936-04-13～04-24
出库洪峰历时（年-月-日）	1935-04-07～04-21	1935-09-03～09-13	1935-10-06～10-13	1936-04-22～04-28
水库长度（km）	37	129	127	117.7
入库沙量（$\times 10^6$ t）	7.78	9.48	8.35	11.08
出库沙量（$\times 10^6$ t）	1.79	2.37	3.27	2.0
异重流排沙比（%）	23	25	39	18

阿尔及利亚Iril-Emda水库于1953年9月开始蓄水，蓄水量1.50亿 m^3，用于电厂发电，坝体设有3个高2.75m、宽1.8m的冲沙闸门，以及8个直径为40cm的冲刷孔。法国Duquennois（1955）主持异重流排沙的观测工作，据统计1953～1957年平均排沙量达到全年进沙量的47%。20世纪90年代Remini分析Iril-Emda水库淤积和异重流排沙。分析他们收集到的异重流排沙过程（Remini等，1995），计有1965年、1966年以及1983年3个测次，其出库沙峰分别绘于图17-9、图17-10、图17-11，各时段的数据列于表17-2。

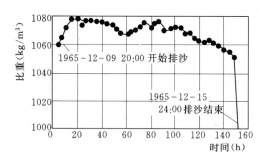

图17-9 Iril Emda水库1965年12月9～15日排沙情况

根据水库运行经验，在坝前施测水样，当含沙水样密度超过1.025，即40g/L时，即开启闸门排沙。他们研究含沙水流从"黏性流态"过渡到"塑性流态"的密度为1.06，即100g/L，他们发现当含沙水流密度超过此值时，排沙工作非常困难。

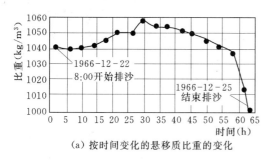

（a）按时间变化的悬移质比重的变化

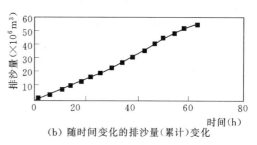

（b）随时间变化的排沙量（累计）变化

图 17-10 Iril Emda 水库 1966 年 12 月 22～25 日排沙情况

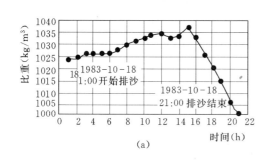

（a）

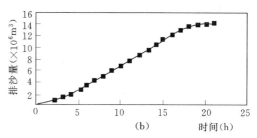

（b）

图 17-11 Iril Emda 水库 1983 年 10 月 18 日排沙情况

表 17-2 　　　　　　　　　Iril-Emda 水库若干洪峰过程的异重流排沙

时　段 （年-月-日）	异重流排沙历时（h）	排出沙比重（kg/m³）	清水泄量（×10⁶m³）	泄出总沙量		用水排沙比（L/kg）	总来沙量（×10⁶t）	排沙比（％）
				×10⁶m³	×10⁶t			
1965-12-09～15	148	1060～1079	6.6	0.864	1.38	5	3.5	39
1966-12-22～25	63	1040～1055	0.662	0.055	0.088	7.5	0.214	41
1983-10-18	20	1025～1036	0.316	0.014	0.0224	13	0.025	56

　　我国恒山水库（郭志刚、李德功，1984）曾测到过高含沙异重流排沙，该水库位于山西省浑源县永定河流域桑干河上游支流浑河的一条小支流唐峪河上，水库库容 1330 万 m³，坝高 69m，拱坝设有泄洪洞一个，断面 7m×9m，高出河床 14.5m，另有泄水底孔，直径 1m，高出河床 2.6m，设计泄量分别为 1260m³/s 和 17m³/s。

　　水库流域面积 163km²，库底比降为 2.9％。多年平均来沙量为 76.8 万 t，其中推移质约占 15％～20％。来水量 1215 万 m³，悬移质中值粒径为 0.01～0.06mm。汛期入库洪水平均含沙量为 385kg/m³，最高可达 836kg/m³，出库洪水含沙量最大测量值为 1220kg/m³。

　　水库运行方式采用每隔 3～4 年蓄洪排沙运用后定期空库排沙，刷出深槽，恢复一定库容，为今后数年有效地排沙和兴利之用。一般空库时能刷出宽度 30～60m，长度 1000m 的主槽，比降 1.3％～2.6％。见图 17-12。因此蓄洪排沙运用阶段，入库洪峰形成异重流后能在主槽中运动直到坝前排出，这时的排沙量较大，可达 50％以上。例如，1976 年 7 月 9 日，入库洪峰流量仅为 1.76m³/s，就产生异重流沿主槽运动，来沙几乎全部排出库外。又例如，如图 17-13 所示，1982 年 7 月 3 日的一次异重流进库最大洪峰流量为 18.9m³/s，洪水总量 11.2 万 m³，最大含沙量 476kg/m³，平均含沙量 275kg/m³，总沙量 3.51 万 t。出库最大含沙量 383kg/m³，出库总沙量 2.95 万 t，排沙比为 84%，每吨泥沙耗水 6.3m³。

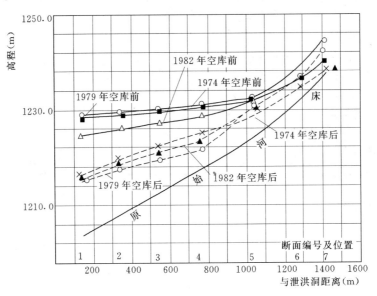

图 17-12　恒山水库历次空库前后库区纵断面图

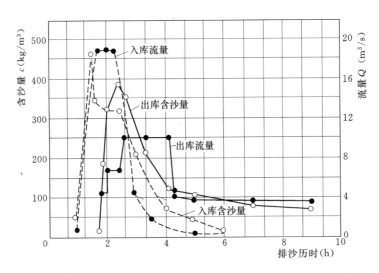

图 17-13　恒山水库 1982 年 7 月 3 日异重流排沙过程线

有时异重流因其他原因未能及时排出，或出库流量较入库流量为小，使坝前库区形成浑水"水库"，但在滞留数小时后开闸排沙，由于异重流泥沙细，浓度甚大，浑水水库泥沙沉降慢，故仍能排出较多泥沙，据统计，排沙比可达 38% 以上，耗水率 4.8%～5.5% 之间。这种情况下的排沙比小于异重流不受滞留时的排沙比。虽然如此，由于恒山水库洪峰来水属于高含沙水流，同时水库回水长度很短，故排沙比常较其他不属于高含沙水流以及回水长度较长的水库为大。表 17 - 3 列出该水库浑水水库排沙时有关出库和入库各水沙因子。

另一种浑水水库排沙情况是在滞洪前水库处于异重流排沙过程，后续异重流因滞留形成浑水水库，在这种条件下的排沙，其排沙率较上述单纯浑水水库排沙为大。表 17 - 4 为两次排沙的进出库水沙因子。其排沙比在 85% 以上，这可能是由于出库沙量中包括前次洪峰异重流泥沙继续受重力影响向坝前聚集的一部分泥沙。

表 14 - 3　　　　　　　　　恒山水库异重流滞留形成浑水水库排沙统计

日期 (年-月-日)	滞洪历时 (h)	排沙历时 (h)	入库			出库			排沙比 (%)	耗水率 (%)
			洪峰流量 (m³/s)	洪量 (万 m³)	沙量 (万 t)	洪峰流量 (m³/s)	洪量 (万 m³)	沙量 (万 t)		
1976 - 07 - 15	14.8	31	105	37.87	11.8	2.79	31.11	5.94	50	5.2
1976 - 07 - 22	10.5	11.6	43.8	11.02	3.59	1.79	7.46	1.36	38	5.5
1973 - 06 - 25	12.5	201	425	321.1	119.84	3.8	272.9	57.42	48	4.8
1972 - 07 - 02	12.8	42	58	8.48	2.15	0.41	6.2	1.13	53	5.5

表 17 - 4　　　　　　　　　恒山水库异重流排沙后形成浑水水库排沙统计

日期 (年-月-日)	滞洪历时 (h)	排沙历时 (h)	入库			出库			排沙比 (%)	耗水率 (%)
			洪峰流量 (m³/s)	洪量 (万 m³)	沙量 (万 t)	洪峰流量 (m³/s)	洪量 (万 m³)	沙量 (万 t)		
1975 - 07 - 07	43.3	59	39.5	15.92	6.15	0.91	19.52	5.23	85	3.7
1982 - 07 - 21	80	72	178	122.0	32.2	3.93	101.78	33.32	103	3.1

冯家山水库有关异重流排沙的设计是西北勘测设计研究院采用我们的近似估算方法进行设计的。冯家山水库位于渭河支流千河的下游，坝高 73m，坝顶高程 714m，泄洪排沙洞底部进口高程 652.5m；底孔高 6.4m，洞的直径 5.6m，进口形式为双孔方形；最大泄量 575m³/s；水库正常高水位 712.0m，死水位 688.5m，死库容 0.91 亿 m³，最大回水长度达 18.5km。

水库于 1974 年开始蓄水，1978 年以前受工程施工的限制，运用水位在 687m 以下，1978 年后，工程完工，但因来水偏枯，库水位仍在 700m 上下，统计至 1982 年前 8 年，平均库水位多在 696～700m 之间，低于正常高水位 712m 达 12～16m，水库采用蓄洪排沙。

水库异重流排沙测验，自 1976～1981 年间开闸排沙次数 16 次，列于表 17 - 5，表中的排沙比一般在 11%～65% 不等，个别高达 491%，个别低达 3.7% 与 5%。

出现这种排沙比相差悬殊的原因，估计异重流到达坝址时不及时开闸排沙，而且开闸历时过短从而使排沙数量减少，如排沙比最小的两次：1979 年 7 月 2 日和 1981 年 9 月 1 日两次。水库管理人员常为了节省排沙水量，因而异重流达到坝址后，并不马上开闸排异

表 17－5　　　　冯家山水库历年洪峰异重流排沙比实测数据表

入库					出库							
洪峰起迄时间 (年-月-日　时：分)	Q_m (m³/s)	c_m (kg/m³)	W_Q (万 m³)	W_C (万 t)	排沙起迄时间 (月-日　时：分)	Q_m (m³/s)	c_m (kg/m³)	W_Q (万 m³)	W_C (万 t)	排沙比 (%)	回水长度 (km)	库水位 (m)
1976-09-08　0：00~24：00	331	95.2	3318	86	1976-09-06　8：00~09-07　20：00	200	46.3	2592	53.3	61.9	12.1	689.70
1977-07-06　6：00~07-08　18：00	298	80.1	2550	45	1977-07-12　10：00~07-13　09：00	80	317	598	5.0	11.1	13.4	696.66
1977-07-17　9：00~07-19　24：00	77.8	189	302	24	1977-07-19　11：30~07-19　20：00	50	113	153	3.2	13.0	13.9	697.42
1977-07-29　2：00~07-29　20：00	121	157	292	30	1977-07-31　10：00~07-31　19：40	200	20.8	2578	8.7	29.0	13.8	697.39
1977-08-20　12：00~08-21　12：00	34	341	302	28	1977-08-21　8：35~08-21　19：45	50	249	201	3.7	13.4	13.4	695.58
1978-07-27　17：00~07-28　6：00	64.6	115	343	11.6	1978-07-28　10：30~07-29　11：45	100	162	886	56.9	491*	14.1	698.79
1978-08-06　18：00~08-08　6：00	88.2	199	475	45.9	1978-08-07　8：50~08-09　8：00	50	55.2	867	10.6	23.1	13.7	697.70
1979-07-02　2：00~07-03　20：00	61.4	68.5	606	16.1	1979-07-03　9：00~07-03　12：00	18.8	92.4	20.3	0.6	3.7	13.6	697.34
1979-07-11　8：00~07-13　24：00	77.6	209	979	34	1979-07-12　6：00~07-12　18：00	37.3	57.7	173.4	7.0	20.6	14.1	698.38
1979-07-21　20：00~07-23　2：00	654	442	1020	279	1979-07-22　8：00~07-25　20：00	85	676	1799	190	68.2	14.5	700.89
1979-07-25　16：00~07-26　24：00	287	227	834	118	1979-07-26　3：00~07-27　23：30	85	238	906	76.7	65.0	14.4	700.41
1980-07-02　8：00~07-05　24：00	70	38.3	1743	22.8	1980-07-04　10：00~07-04　11：30	50	674	27	5.5	25.2	13.7	696.72
1980-08-02　14：00~08-11　2：00	225	87.5	4066	52.5	1980-08-03　20：00~08-04　2：00	57	123	112	7.1	13.4	14.4	700.43
1980-08-23　2：00~08-27　20：00	279	162	3061	90.8	1980-08-23　16：00~08-24　10：50	63	97.3	304.7	20.7	22.8	15.4	703.14
1981-08-21　8：00~08-26　8：00	1180	141	12214	474.6	1981-08-22　9：00~08-25　5：00	300	514.2	2490	205	43.2	17.0	707.56
1981-09-09　8：00~09-10　8：00	308	30.3	8843	104.5	1981-09-07　9：00~09-08　3：00	300	8	1950	5.2	5.0		
合计				1462.8					659.2	44.5		

* 本次排沙比特高，是因前期 7 月 21 日洪水入库沙量 91.6 万 t，未开闸排沙，泥沙潴留库内从而加大本次排沙比。

重流，而使异重流壅高至孔顶以上，然后开启闸门。这样做可减少用水量，但却丧失了可用的排沙时间。表 17-5 中 1978 年 7 月 27 日一次异重流排沙比高达 491%，这是由于一周前 7 月 21 日入库洪峰入库沙量达 91.6 万 t，未开闸排沙，（7 月 27 日洪峰入库沙量仅为 11.6×10^4 t），因此排沙比异常的高。

　　观测表明，异重流含沙量高，在坝前滞留形成浑水水库，这种情况，如能适时开闸排沙，仍可取得较好的排沙效果。

　　当入库洪峰挟运高含沙量时，可获得较高的排沙比，如 1979 年 7 月 21 日，入库洪峰 654 m^3/s，是水库运行以来峰量最大的一次，含沙量高达 442 kg/m^3。洪峰入库后 12h 开始泄洪排沙，出库流量 85 m^3/s。含沙量 177 kg/m^3，历时 84h，共排出泥沙 190 万 t，排沙比达到 68.2%，是一次较好的异重流排沙。进出库流量和含沙量过程线，见图 17-14。

　　观测表明，1979 年 7 月 22 日的排沙过程中，测得库内异重流的粒径较粗，$d_{90} = 0.076$mm，

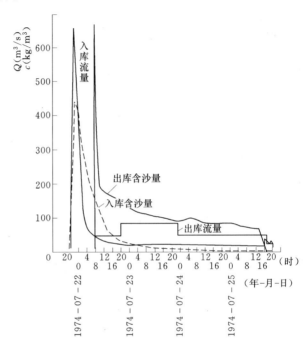

图 17-14　冯家山水库 1974 年 7 月 22～25 日高含沙异重流排沙过程图

并在泄洪洞出口发现大量的青皮核桃、梨、萝卜、树根、禾秆，并有少量小石子随洪水泄出库外。究其原因是 7 月 2 日在水库上游的陇县突降 43mm 暴雨，并有冰雹，故经地面侵蚀形成高含沙水流入库。

　　另一个高含沙量的特殊现象是异重流冲刷现象，1980 年 4 月进行库区测量，发现在断面 10、断面 9 与断面 8（距坝里程 9.5～8.5km 之间）分别冲深 0.6m，0.7m 和 0.1m，第 8～第 10 断面位于淤积三角洲的前坡，该段比降在 0.006～0.007 之间。当洪峰大流量高含沙异重流在较陡比降条件下运动时，流速大，有可能造成冲刷的条件。另一可能是库水位下降至 680m，三角洲产生溯源冲刷，从而加大了含沙量值，并冲刷出一定宽度的主槽。

　　从冯家山水库异重流排沙的介绍，由于用水和排沙的矛盾，有时不能及时开启闸门排异重流，由此可见，孔口的设置后采用合理的运行方式是至关重要的。

　　我国有不少水库进行过异重流排沙的观测，表 17-6 列出国内外一些水库异重流排沙比数据，此外，表 17-7 列出伊朗 Sefid Rud 水库异重流历年排沙比数据（Tolouie，1989）。

　　分析实测异重流资料表明：较小流量在水库中形成异重流，因洪水水量不够大，异重流不能达坝址，即在中途停止运动。也测到异重流受局部损失的影响，损失一部分能量，使异重流运动受阻，减弱，甚至逐渐停止运动。

表 17-6   国内外一些水库异重流排沙比数据

水 库	洪峰历时 （年-月-日）	输 沙 量		出库与入库 输沙量比值 （%）
		入库 （×10⁶t）	出库 （×10⁶t）	
(1)	(2)	(3)	(4)	(5)
Elephant Butte 水库 (Lara,1960)	1919-07-08~07-28	18	4.15	0.23
	1933-06-15~07-01	11.75	1.03	0.09
冯家山水库	1978-08-06~08-08	0.459	0.106	0.23
	1979-07-25~07-26	1.18	0.767	0.65
官厅水库	1954-07-28~07-29	0.58	0.187	0.32
	1954-08-24~08-27	5.3	1.06	0.20
	1954-09-05~09-06	3.14	0.8	0.20
	1956-06-26~07-06	20.5	4.56	0.22
	1956-08-01~08-03	6.34	1.58	0.25
Mead 湖 (Grover & Howard,1938)	1935-03-30~04-17	7.78	1.79	0.23
	1935-08-26~09-09	9.48	2.37	0.25
	1935-09-27~10-07	8.35	3.27	0.39
	1936-04-13~04-24	11.08	2.0	0.18
刘家峡水库	1976-07-02~07-05	1.58	0.83	0.52*
	1976-07-20	0.38	0.26	0.68
	1976-08-02~08-05	13.0	1.13	0.87
三门峡水库	1961-07-02~07-08	117.0	1.4	0.012**
	1961-07-12~07-18	109.0	6.1	0.056**
	1961-07-21~07-28	163.0	29.0	0.18
	1961-08-01~08-08	170.0	30.0	0.18
	1961-08-10~08-22	147.0	31.0	0.21
	1961-08-22~08-28	81.0	6.9	0.085***
	1961-09-27~10-02	64.0	3.8	0.06***
	1962-06-17~07-24	161.5	56.8	0.35
	1962-07-24~08-04	130.0	31.8	0.25
	1962-08-04~08-13	71.4	16.2	0.23
	1962-08-13~08-20	63.5	16.3	0.26
	1962-09-25~10-15	118.0	27.0	0.23
	1963-05-24~06-01	78.0	17.5	0.22
	1964-08-13~08-26	418.0	144.0	0.34

* 刘家峡水库，其入库沙量为支流洮河的来沙量，出库沙量包括通过电厂进水口的出库沙量。

** 三门峡水库1961年最初两次洪峰的出库沙量甚小，原因是库中距坝15km处岸坡滑塌形成水下潜坝，异重流在潜坝前聚集，形成浑水水库，积满后才从坝顶溢流至坝前流出，故出库沙量少。

*** 三门峡水库最后两个洪峰期间，水库抬高水位蓄水，故出库沙量少。

表 17 - 7　　　　　伊朗 Sefid - Rud 水库（Tolouie 1989）历年异重流排沙数量

年　份	输沙量（×10⁶ t）		出库与入库输沙量之比
	入　库	出　库	
1963～1964	97.80	11.84	0.12
1964～1965	13.75	2.60	0.19
1965～1966	45.02	11.26	0.25
1966～1967	34.72	8.38	0.24
1967～1968	77.45	16.68	0.21
1968～1969	218.23	64.03	0.29
1969～1970	17.21	4.14	0.24
1970～1971	18.71	2.09	0.11
1971～1972	63.71	16.20	0.25
1972～1973	19.51	3.39	0.17
1973～1974	57.50	21.69	0.38
1974～1975	41.42	18.69	0.45
1975～1976	49.95	11.76	0.23
1976～1977*	22.14	12.88	0.58
1977～1978	17.26	2.66	0.15
1978～1979	26.10	6.32	0.24
1979～1980	36.52	13.63	0.37
平均	50.41	13.42	0.27

* 最枯水年。

17.4　水库中异重流的排沙数量估算

为寻求一种水库中异重流运动的计算方法，以估计可能排出的泥沙数量，需回答下列问题：

(1) 在已知的入流条件下，在库首河段什么时候在什么地点出现异重流？（前已讨论）

(2) 如何估算异重流流速，其厚度以及其挟沙能力？

(3) 如何确定异重流流到坝址的泥沙数量，而这些泥沙数量能排出库外？

(4) 当异重流出现在库中时，如何估计异重流泄出的历时？

17.4.1　异重流在水库中持续运动的条件

要估计异重流排出库外的数量，需要了解异重流发生后能运行多长距离，能否通过水库全长而排出库外，不仅要研究异重流的形成条件，还要研究异重流持续运动的条件。

异重流持续运动条件是指在一定的水库地形条件下，进入的洪峰所形成的异重流能保持在一定长度的水库中继续运动到达坝址而排出所要满足的条件。即入库洪峰形成异重流所供给的能量，须能克服水库全长的沿程和局部的能量损失。否则，则在中途停止运动。研究这个问题的目的，是要了解异重流在不同洪峰条件和不同水库地形条件下，可能流到坝址而排出的泥沙数量。

异重流持续条件，包括下列各因素：

（1）入库洪峰流量的延续，流量的连续是保持异重流连续的首要条件。对于一定大小（长度、宽度和底部比降等）的水库，则要求一定大小的洪峰（延续时间、流量和含沙量），才能使异重流运动，直到坝址。在水槽内观察到：异重流运动时，一旦上游停止进入流量，异重流流速很快减小，乃至停止运动。

（2）入库洪水的洪量（和洪峰的陡峻度），将决定异重流流动的强度。洪峰猛涨将加速异重流的流速，推进流速较大的异重流将较快地流到坝址。上述两个因子代表异重流所供给的能量大小。

（3）水库地形的影响，水库底部地形局部变化（扩大段、收缩段、弯道等）的地方，都将使异重流损失能量，减低异重流流速，从而降低异重流的挟沙能力。水库的底部比降也是影响异重流运动的一个因素。由于异重流在库底运动，因此水库底部的宽度对异重流也有影响，宽度大，相对地说，异重流的单宽流量和流速则较小，反之，则大。对水库长度较大的水库来说，沿程能量损失较大，反之，则较小。

17.4.2 异重流的出库沙量的概化图形 (Fan，1996)

现试用异重流水体和输沙量连续方程，简单地分析一下异重流的出库沙量。其概化图形，如图 17-15 所示。设入库洪峰时段 T_i 内的入库洪峰体积为 V_i，异重流流经水库长度（自库首至坝址）L 所占的异重流体积为 V_d，如异重流各段厚度为 h，各段宽度为 B，异重流时段内平均流速为 u，异重流流经库长 L 所需的时间为 T_L，则有

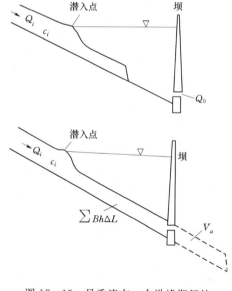

图 17-15 异重流在一个洪峰期间的
出库沙量的概化图形

$$V_d = \sum hBL = \sum hBuT_L = Q_{im}T_L$$

$$(17-2)$$

在洪峰时段 T_i 内异重流流经库长 L 的这部分异重流体积是不能排出库外的（水槽实验表明，当流量中止进入槽内时，槽内异重流就会停止运动）。如洪峰时段内可排出的异重流体积为 V_0，则

$$V_0 = V_i - Q_{im}T_L = Q_{im}T_i - Q_{im}T_L = Q_{im}(T_i - T_L)$$

$$(17-3)$$

式中：T_i 为洪峰历时。

实验和现场资料表明，异重流所含泥沙沿程淤积，导致异重流流量沿程有部分通过交界面进入上层水体，故可定义：流量的掺混系数 E_Q，异重流输沙掺混系数为 E_c，令

$$E_Q = 1 - Q/Q_i$$

$$E_c = 1 - c/c_i$$

式中：c 为异重流含沙量；c_i 为洪峰含沙量。关于洪峰含沙量，当潜入库底时，其中所挟运的泥沙沿程淤积，首先形成三角洲淤积，潜入后沿程泥沙淤积，实测资料表明，流至坝

前的异重流中基本上全是黏土成分，在后面介绍异重流排沙量的计算中，对粒径变化，将作详细分析。故异重流水体连续方程为

$$V_i - V_d = V_0$$
$$V_0 = V_i - V_d = V_i - Q_{im}[T_i - T_L]$$
(17 - 4)

异重流输沙量连续方程为

$$W_0 = W_i - Q_{si}T_L = W_i - Q_i c_i T_L$$
(17 - 5)

因 $Q = (1 - E_Q)Q_i$，$Q_m = (1 - E_Q)Q_{im}$，下角标 m 表示时段平均值，含沙量 $c = (1 - E_c)c_i$，以及 $c_m = (1 - E_c)c_{im}$，故有出库输沙率

$$Q_c = (1 - E_Q)(1 - E_c)Q_{im}c_{im}$$

为估计洪水时段内异重流出库沙量，根据概化图形，采用时段平均值，洪峰入库输沙量 W_i 有

$$W_i = c_i Q_i T_i$$

式中：c_i、Q_i、T_i 分别为平均含沙量、平均流量、洪峰历时，出库输沙量 W_0 有

$$W_0 = c_0 Q_0 T_0$$

式中：W_0、c_0、T_0 分别为出库平均含沙量、出库平均流量、出库沙量历时，故

$$W_0 = c_i Q_i T_i - V_d c_i = c_i Q_i T_L - (Q_{im}T_L)c_i$$

考虑掺混系数，则有

$$
\begin{aligned}
W_0 &= (1 - E_Q)(1 - E_c)Q_{im}c_{im}T_i - (1 - E_Q)(1 - E_c)Q_i c_i T_L \\
&= (1 - E_Q)(1 - E_c)[W_i - Q_i c_i T_L] \\
&= K(W_i - Q_i c_i T_L)
\end{aligned}
$$
(17 - 6)

其中

$$K = (1 - E_Q)(1 - E_c)$$

据官厅水库实测资料，列于表 17 - 8，作图 17 - 16，可定出式中的负掺混系数的综合参数 $K = 1/3$。以上分析是根据一种简单的概化图形。下一节将进一步考虑异重流挟沙能力的因子，估计出库沙量。

表 17 - 8　　　　　官厅水库 1954 年异重流排出沙量表 (Fan, 1996)

异重流历时 (月-日)	入流沙量 W_i ($\times 10^6$ t)	入流平均流量 Q_i ($\mathrm{m^3/s}$)	入流平均含沙量 c_i (kg/$\mathrm{m^3}$)	出库沙量 W_0 ($\times 10^6$ t)	库内异重流历时 T_L (h)	$\dfrac{W_0}{W_i}$	$Q_{si}T_L$ ($\times 10^6$ t)
07 - 02～05	7.86	250	112	2.7	4	0.34	0.4
07 - 21～25	13.5	380	91.5	4.08	8	0.30	1.00
07 - 25～37	3.48	285	69.5	0.865	6.5	0.24	0.46
07 - 26～29	0.58	125	49.7	0.187	4.5	0.32	0.10
07 - 30～08 - 02	9.7	318	103	3.14	6	0.46	0.71
08 - 24～27	5.55	322	67.5	1.06	8	0.19	0.63
09 - 01～03	6.37	356	115	1.85	8	0.29	1.12
09 - 03～04	4.31	420	142	0.97	7	0.23	1.50
09 - 04～05	4.05	377	115	0.796	14	0.20	2.19
09 - 05～06	3.14	250	125	0.61	12	0.19	1.35

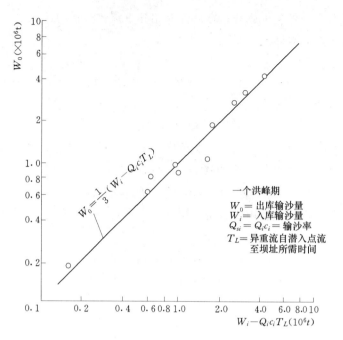

图 17-16 官厅水库异重流出库时负掺混系数的确定

17.4.3 异重流出库沙量的近似计算方法 （范家骅等，1962）

17.4.3.1 异重流输沙平衡方程

根据水库实测资料分析所提供的现象，以及异重流持续运动的条件概念，试写出异重流容积和异重流沙量的平衡关系式，然后利用异重流研究成果，对各项进行计算，从而判断异重流是否有条件流到坝址，或者有多少泥沙有可能排出库外。

假定进入水库的流量保持连续，粗泥沙在库首部分沉淀下来，挟带较细颗粒的异重流向坝址推进，异重流所挟带的泥沙随其流速的降低而有相应的改变，经过一段距离后，异重流泥沙粒径接近于常数，其 d_{90} 在 $0.01 \sim 0.015\text{mm}$ 之间。

沙量的平衡式有：

$$\int_{t_1}^{t_4} Q_i c_i \, \mathrm{d}t = W_\Delta + \int_0^h \int_0^L cB \, \mathrm{d}h \mathrm{d}L + \int_{t_1}^{t_3} Q_i c_n \, \mathrm{d}t \qquad (17-7)$$

式中：第一项代表入库洪水时一个洪峰的输沙总量；Q_i、c_i 分别代表瞬时流量和含沙量；$t_4 - t_1$ 为入库（洪峰）的延续时间；第二项 W_Δ 为水流进入水库由于水流流速低而淤在库首形成三角洲的粒径较粗的泥沙量；第三项为异重流占据水库全长范围的泥沙量；c 为各地段的异重流含沙量，它随流速的改变而改变；h 为异重流的厚度；B、L 为水库底部宽度和长度；第四项为异重流流到坝址的输沙总量，这里假定异重流流量沿程没有损失。

图 17-17 中 $t_2 - t_1$ 代表异重流自库首流到坝址的时间，并令 $\int_{t_1}^{t_2} Q_i \, \mathrm{d}t = \int_{t_3}^{t_4} Q_i \, \mathrm{d}t$，$c_n$ 为流到坝址异重流的含沙量，因此异重流流到坝址的沙量为 $\int_{t_1}^{t_3} Q_i c_n \, \mathrm{d}t$。

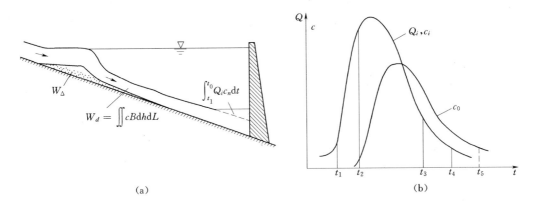

图 17-17　异重流排沙过程示意图

(a) 异重流沙量的平衡关系；(b) 入库洪峰和出库沙峰的延续时间

设坝的底部装有泄水孔，则异重流流到坝址后即能下泄，如泄水时出库沙峰的历时为 t_2 至 t_5，则有：

$$\int_{t_1}^{t_3} Q_i c_n \mathrm{d}t + \varepsilon \int_0^h \int_0^L c Q \mathrm{d}h \mathrm{d}L = \int_{t_2}^{t_5} Q_0 c_0 \mathrm{d}t \qquad (17-8)$$

在泄水孔开放时，流到坝址的异重流将有可能全部排出。出库含沙量 c_0，随出库流量 Q_0 的大小及其他条件而变。式（17-8）中第二项代表式（17-7）中第三项在坝前的一部分，在泄水孔开放时亦将排出库外。其中 ε 代表一小数，作为第一次近似，可以忽略第二项，故可写作：

$$\int_{t_1}^{t_3} Q_i c_n \mathrm{d}t = \int_{t_2}^{t_5} Q_0 c_0 \mathrm{d}t \qquad (17-9)$$

其次，可写出异重流容积平衡方程：

$$\int_{t_1}^{t_4} Q_i \mathrm{d}t = \int_0^h \int_0^L B \mathrm{d}h \mathrm{d}L + \int_{t_1}^{t_3} Q_i \mathrm{d}t \qquad (17-10)$$

式（17-9）第一、第二项分别代表入库洪峰总容积和异重流在水库长度范围内的容积，第三项为流到坝址的异重流总容积。

利用式（17-7）、式（17-10），如果知道异重流含沙量的沿纵向的变化规律，就可以计算可能排出库外的沙量。

从式（17-10）也可看出，如果

$$\int_{t_1}^{t_4} Q_i \mathrm{d}t < \int_0^h \int_0^L B \mathrm{d}h \mathrm{d}L \qquad (17-11)$$

即异重流延续时间较短，水库长度相对地比较长，则异重流就没有机会排出库外。根据方程式（17-8）、式（17-9），得异重流出库沙量 W_0 的关系式：

$$W_0 = \int_{t_1}^{t_3} Q_i c_n \mathrm{d}t \qquad (17-12)$$

在计算中，为了简化起见，采用洪峰时段内的平均洪峰流量 Q_{im}，则有：

$$W_0 = Q_{im} c_n (t_3 - t_1) \qquad (17-13)$$

如已知洪峰持续时间为 t_4-t_1，要确定 t_3-t_1，则首先必须确定 t_2-t_1，即异重流自库首流到坝址所需的时间，即有

$$L=\sum u_f\Delta T=(u_f)_m(t_2-t_1)$$

式中：u_f、$(u_f)_m$ 为异重流前峰推进速度和平均推进速度。因此，异重流所造成的浑水出库的延续时间为 t_0，其值接近于 t_3-t_1。

要确定到达坝址的异重流含沙量，就应该寻求异重流含沙量和粒径沿纵向变化的规律，我们目前所采用的办法是先明确一定流速能挟带多大的最大粒径，找出流速与粒径的关系，然后将它同含沙量的改变建立关系。

17.4.3.2 异重流流速和异重流泥沙粒径的关系

浑水水流潜入库区形成异重流后，异重流中悬浮的泥沙沿程沉淀，粒径变细，图 17-6 为官厅水库 1957 年 8 月 27~28 日和 1958 年 7 月 11~12 日两次洪峰过程中在断面最大流速点上的泥沙粒径以及流速的沿程变化。

其次，美国 Mead 湖异重流淤积物粒径沿程变化，也显示沿程变小的趋势，如表 17-9 所示。

表 17-9   Mead 湖异重流粒径纵向的变化

距进库站（km）	0	6	20	37	53	170
d_{90}（mm）	0.085	0.038	0.017	0.015	0.014	0.013

考虑到受水流脉动作用而悬浮在水中的泥沙沉速 ω 同水流脉动流速 u' 之间存在一定关系，即 $u'\sim\omega$。苏联明斯基实验结果表明平均流速与脉动流速成正比：$u\sim u'$。因此，对于悬浮泥沙，有

$$u\sim\omega\sim d^2 \tag{7-14}$$

而在沉速与粒径之间，有下列关系：

$$\omega\sim kd^2$$

则

$$u\sim kd^2$$

点绘官厅水库异重流流速与 d_{50} 的关系，如图 17-18 所示。可得下列关系式：

$$u=37000d_{50}^2 \tag{7-15}$$

式中：u 以 m/s 计；d_{50} 以 mm 计。

采用含沙量重量小于 90% 的泥沙的粒径 d_{90} 代表含沙量中的最大粒径，求取 $u\sim d_{90}$ 的关系（图 17-19）。

根据水库中异重流实测资料的分析，得到当 $d_{90}>0.02\text{mm}$ 时，符合 $u\sim d_{90}^2$ 的关系，而 $d_{90}<0.02\text{mm}$ 时，则不符合上述关系，其原因，可能是由于颗粒过细，泥沙絮凝现象的影响。分析结果如图 17-19 所示。图 17-19 中有两根关系线：一为异重流最大流速与 d_{90} 的关系；另一线为异重流平均流速与 d_{90} 的关系，平均流速是根据最大流速和平均流速

的关系定出的。附带指出，官厅水库的粒径级配是用取来的新鲜水样加分散剂用比重计法
分析得出。我们未利用三门峡水库异重流资料验证其排沙量，是因为他们的颗粒分析方法
不用比重计法，而用粒径计法，所得的粒径较大。那时我们未进行进一步的比较工作。不
过，后来有研究者在图 17-19 上，增加三门峡异重流的测点。

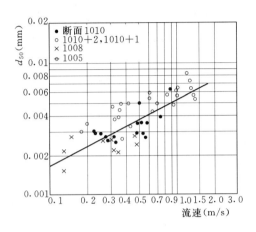

图 17-18　官厅水库异重流速度与
挟运泥沙的 d_{50} 的关系

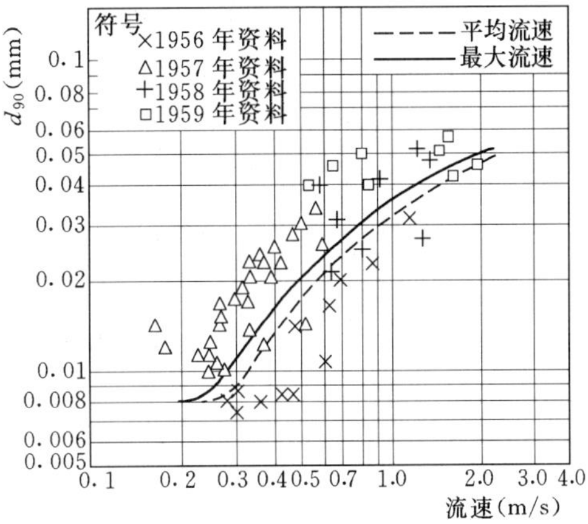

图 17-19　异重流流速与
挟带粒径 d_{90} 的关系

17.4.3.3　异重流排沙数量的估算

图 17-19 可以认为是代表异重流的挟沙能力的一种关系，可用以推算含沙量的沿纵
向的变化。

先确定一次洪峰延续时间内（洪峰陡涨陡落之间的时间间隔）的入库总沙量 W_i，总
水量 V_i，以及 $t_i = t_4 - t_1$，计算出平均含沙量和平均流量。并根据水文资料，选定入库水
流中含沙粒径级配曲线。

其次，根据水库地形特点（水库长度、沿纵向各断面的底部宽度、底部比降），将水
库全长分成几个地段，求出各段平均底宽 B 和底部比降 J。并根据水库水位，利用潜入点
的判别关系：

$$\frac{q}{\left(\frac{\Delta\rho}{\rho}gh^3\right)^{1/2}}\approx 0.78$$

估计潜入位置。然后，利用：

$$u=\sqrt[3]{\frac{8}{\lambda}\frac{\Delta\rho}{\rho}g\frac{Q}{B}J}$$

的关系式，计算各地段的异重流流速，即可确定 $t_2 - t_1$，并确定 $t_3 - t_1$。其中 λ 值，可令
等于 0.025~0.03（范家骅，1959）。已知各地段平均流速时，利用图 17-19 的关系线，
即可定该流速可能挟带的 d_{90} 和较此 d_{90} 为粗的泥沙颗粒，由于沿纵向异重流流速减小而
沉淀下来，因此可求出任一断面的平均含沙量为

$$c = c_i P \cdot \frac{100}{90} \qquad (17-16)$$

式中：P 为任一断面的 d_{90} 相当于入库粒径级配曲线上的百分数。最后，到达坝址的异重流含沙量值，即可确定。因此得

$$W_0 = Q_{im} c_n (t_4 - t_2) = Q_{im} c_n (t_3 - t_1) \qquad (17-17)$$

必须指出，这里假定：到达坝址的异重流泥沙量即为可能排出的泥沙量。过去的研究指出，异重流出库含沙量，随出库流量，异重流含沙量，孔口位置高程等条件而改变。在这里假设孔口高程放得相当低，就有可能将流到坝址的异重流排出。如孔口位置较高，则将有一部分异重流滞留在孔口高程以下的库容内。

17.5　异重流出库沙量实测值同计算值的比较

找到两个水库有实测入库沙峰同它相应的异重流出库沙峰以及入库泥沙粒径级配数据和水库地形条件等的材料：一为我国官厅水库 1954 年、1956 年的实测异重流 12 次资料；二为美国米德湖 1935 年几次异重流，资料齐全的只有 4 次，1935 年 1 月一次没有入库悬沙粒径的数据。1936 年 4 月中旬开始的异重流，则因 1936 年 5 月 1 日隧洞闸门关闭而使出库沙峰骤然中断。

上述两个水库的泄水隧洞都在水库的底部。选择我国官厅水库的 1954 年一次异重流图示于图 17-20。米德湖 1935 年进出库沙峰的情况图示于图 17-21。图 17-21 中标出了入库泥沙粒径小于 0.02mm 的含沙量，细粒子含沙量对异重流的形成与运动很重要，从这点上可以看出为什么 5 月、6 月含沙量虽达到 1.5%～1.9%，由于小于 0.02mm 的泥沙含量较小，因而异重流强度不大，在坝址下游柳滩站看不到相应的出库沙峰，虽然出库水中有少量仍属于异重流的泥沙。

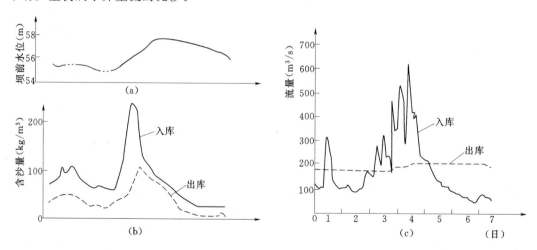

图 17-20　官厅水库 1954 年 7 月上旬入库及出库的流量和含沙量过程线

为了便于应用，将计算步骤分述如下：

（1）掌握水库特性：水库地形，各断面的地形宽度，纵向底坡，水库三角洲位置，三

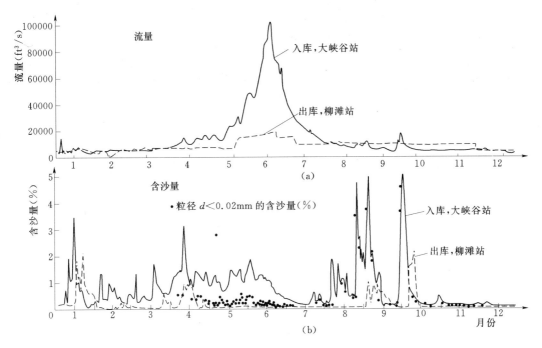

图 17-21　Mead 湖 1935 年大峡谷及柳滩站流量和含沙量过程线

角洲顶坡及前坡，水库水位，水库长度等。

（2）掌握入库水文资料：根据洪水预报，估计进库洪峰类型，历时大小；或直接根据进库站水文测验，作出洪峰、沙峰图形以及泥沙颗粒级配曲线。

（3）确定洪峰持续时间：从入库洪峰陡涨算起，至流量、含沙量减小，急趋平缓时为止。

（4）根据地形特征把整个水库，分成若干段、定出各段平均底坡，平均宽度，取为阻力系数为 0.025，填入表 17-10 的第（1）、第（2）、第（4）、第（5）项。

（5）将入库洪峰简化成恒定流，即在洪峰持续时间内，取流量与含沙量的平均值，用 Q_m 求出各地段的单宽流量，填入表 17-10 的第（3）项内。

（6）假定第一断面为潜入断面，含沙量为进库的 100%，根据均流方程式 $u = \sqrt[3]{\dfrac{8}{\lambda} g \dfrac{\Delta\rho}{\rho} qJ_0}$ 求第一地段的平均流速 u，填入表 17-10 的（12）项内。

（7）把上述求得的 u 视作进入第二断面的流速，填入表 17-10 的第（6）项，用流速与所能挟带的极限粒径的关系曲线，求得该流速所能挟带的最大粒径，用 d_{90} 代表，填入表 17-10 的第（7）项内。

（8）从所选择的进库级配曲线上查出上一步骤求得的 d_{90}。相当于这曲线上的百分数，填入表 17-10 的第（8）项内。

（9）表 17-10 的第（8）项数字除 0.9，即为断面含沙量占入库平均含沙量的百分数，再求得断面含沙量的绝对值，分别填入表 17-10 的第（9）、第（10）两项内。

（10）根据含沙量 c 求出 $\dfrac{\Delta\rho}{\rho}$，填入表 17-10 中第（11）项。求此地段内的平均流速，

填入表 17 - 10 的第 (12) 项。

(11) 依次重复计算，直到推进至坝址。

(12) 根据水库地形特性，填入各地段间距 ΔL 于表 17 - 10 中的第 (13) 项。

(13) 根据各地段长度及流速求流经各段需要的时间 ΔT，填入表 17 - 10 的第 (14) 项。

(14) 累积 ΔT 得 $\sum T = T_f$，即传播到坝址所需的时段。潜入的时刻加 T_f，即应是排沙开始的时间。

(15) 入库持续时间 $T_i - T_f = T_0$，即为出库沙峰持续时间，即表示异重流出流历时的久暂。

(16) 计算可能出库的沙量 $W_0 = Q_m T_0 c_m$，其中 c_m 为到达坝址时的平均含沙量。

将 1954 年 9 月 1～3 日异重流计算与实测值比较如下：

(1) 计算传播时间＝7h48min

出库持续时间＝44h－7h48min＝36h12min

计算出库沙量＝$Q_{im} T_0 c_m$＝356×130320×40.2＝1.87×10⁶t

实测出库沙量＝1.85×10⁶t

(2) 水库总长度＝10.36km

计算传播时间＝7h48min

计算平均锋速＝0.38m/s

实测传播时间＝8h0min

实测平均锋速＝0.36m/s

(3) 可能到达坝前的异重流容积 $V_a = V_i - V_d$

$V_a = 55.5×10^6 - 10.2×10^6 = 45.3×10^6\,\mathrm{m}^3$

实测出库沙量＝1.85×10⁶t＝W_0

$$c_m = \frac{W_0}{V_a} = \frac{1.85×10^6\,t}{45.3×10^6\,\mathrm{m}^3} = 40.7\mathrm{kg/m}^3$$

用表 17 - 10 方法推算到坝前的含沙量 $c_m = 40.2\mathrm{kg/m}^3$

(4) 计算库内总容积＝$\sum V$＝12.315×10⁶m³

该时段内入库总容积＝$Q_{im} T_{实测传播时间}$＝356×8×3600＝10.2×10⁶m³＝V_d

(5) 传播时间内入库总沙量＝$V_d c_{im}$＝10.2×10⁶×115

$W_d = 1.13×10^6\,t$

$W_i - W_d = (6.37-1.13)×10^6 = 5.24×10^6\,t$

可能到坝前粒径小于 0.01mm 泥沙量＝5.24×35%＝1.83×10⁶t（入库泥沙小于 0.01mm 的为 35%）

实测出库沙量＝1.85×10⁶t

用上节介绍的计算方法，计算异重流流到坝址的数量，可以认为此值即排出的沙量。计算数据和实测数据列表 17 - 11。各次异重流排出数量的计算值同实测值相当接近，见图 17 - 22。

表 17 – 10

异重流出库沙量计算表

日期 1954 年 9 月 1～3 日　　$Q_m=356\,\text{m}^3/\text{s}$　　$W_i=6.37\times10^6\,\text{t}$　　J_0 根据 8 月 30 日纵剖面图

$c_m=115\,\text{kg/m}^3$　　$V_i=55.1\times10^6\,\text{m}^3$　　B 根据 8 月 30 日地形平面图

$T_i=44\text{h}$　　$\Sigma L=10.36\,\text{km}$　　$\Sigma T=7\text{h}48\text{min}$　　$\Sigma V=12.315\times10^6\,\text{m}^3$

断面	宽度 B (m)	单宽流量 q (m²/s)	底坡 J_0	阻力系数 λ	进入断面流速 u (m/s)	挟带极限粒径 d_{90} (mm)	d_{90}占进库 (%)	占进库含沙量 (%)	平均含沙量 c_m (kg/m³)	$\dfrac{\Delta\gamma}{\gamma}$	平均流速 u_m (m/s)	距离 ΔL (km)	传播时间 ΔT (min)	厚度 h (m)	$\Delta V=h_m B_m \Delta L$ (×10⁶ m³)
(1)	(2)	(3)	(4)	(5)	(6)	(7)	(8)	(9)	(10)	(11)	(12)	(13)	(14)	(15)	(16)
永定河大桥	400	0.89	0.00156	0.025				100	115	0.0675	0.665	1.6	40	1.34	2.29
1010	3300	0.108	0.00735	0.025	0.665	0.036	73	81	93.1	0.0555	0.517	1.9	64	0.208	1.74
永会 03	4200	0.085	0.0022	0.025	0.517	0.0275	63	70	80.5	0.0480	0.305	1.86	102	0.279	2.64
1008	2300	0.155	0.00117	0.025	0.305	0.013	40	44.5	51.5	0.0314	0.260	1.6	102.5	0.591	2.24
1005	1100	0.324	0.00117	0.025	0.260	0.0082	31.5	35	40.2	0.0248	0.309	0.8	43	1.05	0.89
1004	625	0.57	0.00117	0.025	0.309	0.0082	31.5	35	40.2	0.0248	0.373	1.0	44.5	1.53	0.875
1002	500	0.71	0.0009	0.025	0.373	0.0082	31.5	35	40.2	0.0248	0.368	1.6	72	1.93	1.54

注　计算至近坝诸断面时，原河槽宽度断面减窄，故计算的进入断面的流速加大。考虑到异重流运动流速加大，其挟运的含沙量并不能相应加大，（异重流计算流速的增加，并不反映异重流在收缩段受壅水影响的情况），故在收缩断面，仍采用上一断面的流速值和 d_{90} 值。

表 17 - 11　　异重流计算值与实测值的比较

水库名称	洪峰发生时间 年	起止月日（月-日）	实测数据 入库洪峰历时 T_i (h)	洪峰平均流量 Q_i (m³/s)	洪峰平均含沙量 c_i (kg/m³)	洪峰入库总沙量 W_i (×10⁶t)	水库回水长度 (km)	出库流量 Q_i (m³/s)	出库平均含沙量 c_0 (kg/m³)	出库总沙量 W_0 (×10⁶t)	$\dfrac{W_0}{W_i}$	计算值 计算出库沙峰延续时间 T_0 (h)	出库总沙量 W_0 (t)	$\dfrac{W_0}{W_i}$
官厅水库	1954	07-02~07-05	78	250	112	7.86	4.8	200	50	2.70	0.34	74	2.66	0.34
	1954	07-21~07-25	108	380	91.5	13.50	6.6	40 220	20 50	4.08	0.30	101	4.33	0.32
	1954	07-25~07-27	49	285	69.2	3.67	5.5	300	20	0.865	0.24	44.5	1.33	0.36
	1954	07-28~07-29	26	125	49.7	0.58	5.5	270	10	0.187	0.32	26	0.248	0.43
	1954	07-30~08-02	82	318	103	9.70	5.5	270	50	3.14	0.32	77	3.41	0.35
	1954	08-24~08-27	71	322	67.5	5.30	10.8	70 195	50 25	1.06	0.20	56	2.10	0.40
	1954	09-01~09-03	44	356	115	6.37	10.1	280	80	1.85	0.29	35	2.33	0.37
	1954	09-03~09-04	20	420	142	4.31	10.5	285	35	0.970	0.22	10	1.05	0.24
	1954	09-04~09-05	26	377	115	4.05	10.5	290	35	0.796	0.20	16	1.02	0.25
	1954	09-05~09-06	28	250	125	3.14	8.5	285	20	0.610	0.19	19	0.897	0.29
	1956	06-26~07-06	26	260	75.7	20.5	16.8			4.562	0.22	222	4.46	0.22
	1956	08-01~08-03	50	360	80	6.34	15.0			1.58	0.25	32	1.68	0.27
Mead湖（美国）	1935	03-20~04-17	455	298	13.4	7.78	36.8	203	6.15	1.80	0.23	417	1.78	0.23
	1935	08-26~08-31	144	259	26.4	4.0	129.3	284	6.75	0.73	0.18	105	0.66	0.17
	1935	09-01~09-13	216	262	22.6	5.48	129.4	283	7.58	1.64	0.30	111	1.49	0.27
	1935	09-27~10-07	264	296.5	23.1	8.35	127.2	277.5	16.9	3.27	0.39	167	3.66	0.44

上述计算方法，是一种简化的方法，可供设计人员使用。西北勘测设计院已用此法于若干水库的设计。

从以上分析，我们基本上了解并得出一些异重流在水库中运动的规律。总结起来，我们了解了异重流形成和持续决定于哪几个因素，在什么条件下它有可能排出库外。有时候，在库首观测到异重流，但由于某些条件的影响，异重流不能继续而中途停止运动；也有因为地形条件的限制，局部损失很大，而出库沙量大为减小。其次，我们也了解到异重流孔口出流的一些特性，通过实验，明确了异重流排出的极限吸出高度是不大的。以往有一种看法，认为异重流能够"爬高"的说法，这是不符合实际情况的。从这里也可以得结

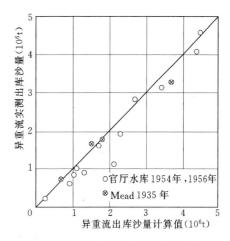

图 17 - 22　异重流排出沙量计算值同实测值的比较

论，要很好的排沙，孔口位置的高低，起到很重要的作用。异重流孔口排沙的分析见第 6 章，并在第 20 章中讨论。第三，这里介绍的方法提供了水库异重流预报的可能性，从估计异重流到达坝址的时间，可准备开闸，及时地开启闸门有利于异重流泥沙的排泄，但是实际上能否及时地开启闸门，并不是每个水库都能做得很好的。要根据水库建设的目的和其他有关条件，设计一套具体的运行方案和步骤。

为了减沙水库淤积和避免泥沙进入电厂进水口，利用异重流排沙，可达到较好的效果。异重流排沙，最有利的时间是利用汛期排沙。异重流排沙，已日渐被人们重视和使用。不少水库在设计阶段已考虑设置排沙洞。内蒙古有的已建成水库，再设计开挖隧洞排沙，把排出的泥沙用于淤灌，同时可以减少水库的淤积，这当然是一种很好的安排。有的水库开挖排沙洞排异重流，如法国设计的阿尔及利亚的 Steeg 水库，因为淤积迅速，不得不费很大的劲在坝前淤积面以下一定距离打孔，把异重流淤积的泥浆通过孔口排出。这些情况都说明了人们在同水库淤积作斗争中努力寻求适合他们情况的解决办法，这些经验应当很好地加以总结。

参考文献

范家骅，焦恩泽 . 1958. 官厅水库异重流初步分析 . 泥沙研究，3（4）：35 - 53.

范家骅，王华丰，黄寅，吴德一，沈受百 . 1959. 异重流的研究和应用 . 水利电力出版社.

范家骅，沈受百，吴德一 . 1962. 水库异重流近似计算法 . 水利水电科学研究院科学研究论文集，第 2 集：34 - 44.

郭志刚，李德功 . 1984. 恒山水库的水沙调节运用经验 . 水利水电技术，1984（5）.

陕西省宝鸡市冯家山水库管理局枢纽管理处 . 1982. 冯家山水库异重流排沙技术总结.

水科院河渠所，官厅水文实验站 . 1958. 官厅水库异重流的分析 . 水利科学技术交流第二次会议（大型水工建筑物），北京.

朱书乐 . 1986. 冯家山水库异重流排沙的观测运用 . 水利工程管理技术，1986（5）：34 - 39.

Duquennois，H. 1955. New methods of sediment control in reservoirs. Water Power，May 1956.

Duquennois，H. 1995. Lutte contre la sédimentation des barrages réservoirs. Compte rendu No. 2，Electricité et Gas d'Algeria.

Fan，Jahua. 1996. Guidelines for preserving reservoir storage capacity by sediment management. US Federal Energy Reguratory Commission.

Grover，N. C.，Howard，C. S. 1938. The passage of turbid water through Lake Mead. Trans. ASCE，103：720 - 790.

Ippen，A. T.，Harleman，D. R. F. 1951. Steady-state characteristics of subsurface flow. Proc. NBS Semi-centennial Symposium on Gravity Waves，1951，79 - 93.

Michon，X. et al. 1955. Etude théorique et expérimentale des courants de densité. Laboratoire National d'Hydraulique，Chatou，France.

Nizery，A. et al. 1952. La station du Sautet pour l'étude de l'alluvionnement des réservoirs. Transport Hydraulique et Décantation des Materiaux Solides，Comte Rendu des Deuxièmes Journées de l'Hydraulique，Grenoble，1952，180 - 218.

Raud，J. 1958. Les soutirages de vase au barrages d'Iril Emda (Algerie) . Trans. 6th ICOLD，New York，Com. 31.

Remini，B.，Kettab，A.，Hibat，H. 1995. Envasement du barrage Ighil Emda (Algérie)，La Houïlle Blnche，50 (2/3)：23 - 28.

Tolouie，E. 1989. Reservoir sedimentation and de-siltation. Ph. D. thesis，Univ. of Birmingham，Birmingham，U. K.

第 18 章   水库淤积 Ⅳ：保持库容的方法

保持水库库容的方法有：减少进入水库的泥沙，从而减少库内的淤积量，利用水流以增加排沙数量，以及利用其他方法排除库内淤沙。

18.1   减少入库泥沙的方法

18.1.1   利用水土保持措施以减少入库泥沙

防止泥沙入库的水土保持方法，可在流域内修筑建筑物以及采取土地改良措施。

建筑物有下列数种：①沉沙池，在水库使用年限内用以永久储存泥沙，或为定期清除泥沙的特别用以某暴雨径流的沉沙池；②跌水和陡槽，以减少沟壑侵蚀；③护岸，以减少岸坡的冲蚀；④潜坝或跌水建筑物以保持河床稳定。

减少面蚀的流域内土壤改良措施有：土壤改良，适当的耕种方法，条状耕作，修筑梯田和作物轮作。

如流域面积不是很大，水土保持可在短期内见效。根据美国的经验，采用不耕作较常规耕作，其土壤流失可减少 95%（Holemn，1980）。但是，在大面积上土壤的自然条件很差，水土保持工程几乎不可能在短期内见效。而且，在大流域范围内的水土保持效果不能精确估计。

下面举几个实例来证明水土保持的效果。

1. Tungabhadra 水库（Rajan 1982）

Tungabbadra 水库于 1953 年建于印度 Tungabhadra 河上。年径流量变化范围为 84 亿～171 亿 m³，平均为 114.7 亿 m³，干旱时流量降至几个 m³/s。水库库容为 37.5 亿 m³，流域面积 28，178km²，其中 14.5% 是森林，53% 是重黏土壤，32.5% 是可冲土（包括黑棉土），工程规划假定面积淤积率为 1280 万 m³/a。

1963 年、1972 年、1978 年曾进行过水库淤积测量，经统计：1953～1963 年 10 年间淤积率为 5047 万 m³/a，1953～1972 年 19 年间的淤积率为 1696 万 m³/a，1953～1978 年 25 年间的淤积率为 1673 万 m³/a。可见，1963 年以后淤积率已趋减少。其部分原因是水库上游支流的泥沙被拦截，另一部分原因则是流域治理，如采用筑高堤和植树造林等水土保持方法。据统计，流域内有一块面积为 4571km² 的可冲土（特别是黑棉土）最为松软，需要治理，到 1978 年已治理 3076km²，其中，2085km² 采用水土保持法，233km² 则采用植树造林法。

2. 官厅水库

官厅水库于1956年建在永定河上，流域面积为4.34万 km²，流域年平均侵蚀模数为0.3万 t/km²，最大为1.8万 t/km²，库容为22.9亿 m³。官厅站年径流量为14亿 m³，年输沙量为8100万 t。

水库初期（1959～1960年），淤积量计3.6亿 m³。1958年以来水库上游永定河干流上陆续修建约300座水库，总库容为15亿 m³，其中最大的是桑干河上的册田水库，流域面积为1.67万 km²，控制官厅水库流域面积的38%，由于采用浑水淤灌的水土保持措施，减少了入库的径流量和输沙量，如表18-1所示。因此，库内淤积量和淤积率，也随之减少，见表18-2。

表 18-1　官厅水库径流量和沙量减少情况

年　份	年降水量 (mm)	汛期降水量 (mm)	年径流量 (亿 m³)	年输沙量 (万 t)
1951～1960	444	338	18.63	7954
1961～1970	410	313	12.66	1933
1971～1980	427	333		1300

表 18-2　官厅水库淤积量的减少

年　份	总淤积量 (亿 m³)	淤积率 (亿 m³/a)
1956～1960	3.50	0.70
1961～1970	0.82	0.082
1971～1980	0.73	0.066

3. 沟壑小面积实验

对于面蚀和沟蚀产沙量的预测，用经验方法提出不少公式，如通用土壤流失公式等。但预测沟壑侵蚀量和河岸侵蚀量的工作，在20世纪80年代以前则做得很少。在干旱和半干旱地区，沟壑侵蚀是产沙量的重要来源。

我国曾进行小面积沟壑实验，采用各种不同的措施，观察其减沙效果，所采用的措施有：①修筑梯田；②植树造林；③种草（种紫苜蓿和草水榉）；④淤地坝；⑤引洪淤灌。

根据西北庆阳韭园沟、辛店沟实验区所测的统计资料表明，为图18-1所示，采取修

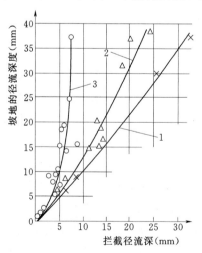
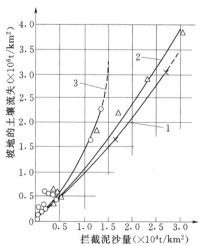

图 18-1　坡度控制的拦蓄流和泥沙的效果

1—修筑梯田（有田埂的水平梯田）；2—造林（树龄超过4年，覆盖率大于60%）；
3—草地（紫苜蓿和草木榉）

筑梯田（有田埂的水平梯田）、造林（4 年以上的刺槐树，覆盖率达 60％以上）、草地植被（紫苜蓿和草木樨）等措施，对每次暴雨所产生的径流和泥沙具有控制作用。图 18-1 中纵坐标表示径流深度和土壤流失量（在斜坡农田未控制的相同情况下），横坐标表示采用各种不同措施径流深度的减少和截流的土壤重量（Gong、Jiang，1979）。

关于拦沙坝的作用，一是拦截泥沙、减少沟壑出口处的输沙量，二是抬高沟壑底部床面，使其比降变缓，从而减弱甚至制止各种类型的侵蚀。

韭园沟泥沙减少量，如图 18-2 所示。韭园沟集水面积为 70.1km²，经数年修建控制工程，梯田、森林和植被面积总计 24km²，相当于集水面积的 34.4％，还修建了 318 座拦沙坝。18 年来观测结果表明，沟壑口平均年输沙量比工程修建前减少 55％，其中 9％是坡度控制的结果，46％为拦沙坝的效果。随着控制面积的扩大，用坡度控制法保持泥沙的能力稳步增长，后来的年份已达到 20％以上。但拦沙坝的作用则随着使用年限的增长而降低，最初年份这些坝的库容较大，拦沙较多。当然，如将坝加高，或新建拦沙坝，其

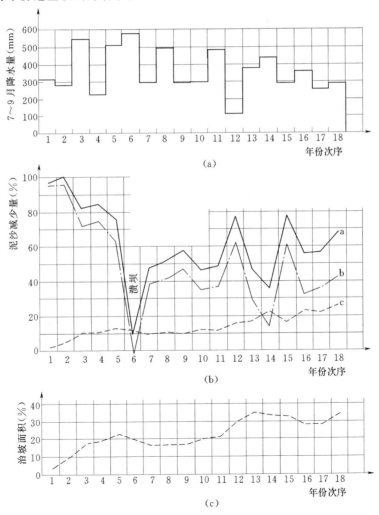

图 18-2 韭园沟流域上侵蚀控制的历年效果
(a) 泥沙减少总效果；(b) 治沟效果；(c) 治坡效果

作用将会增加。拦沙作用，枯水年比丰水年为大。

18.1.2　利用植被网截留泥沙

为防止泥沙进入水库或湖泊，植被网是很有效的措施，不论是人工的或天然的，这种植被网都可使水库上游的来流扩散，减小其流速，使泥沙沉淀下来。因此，大量来沙可被拦截在水库上游，阻止泥沙进入水库。

泥沙沉淀在三角洲滩地的植被面积上，就会发生三角洲上出现连贯淤积后同样的问题。由于地下水位升高，该地区的农田可能受到损害。如水库上游有城市或工业区，泥沙进一步淤积，就需要修建或加高防洪工程。

第一例是美国 McMillan 水库上游的 Pecos 河沿河生长柽柳（盐杉），所以 1915 年以后水库的淤积量减少（Stevens，1936），如图 18-3 所示，由此可看出库容 1.107 亿 m³ 逐渐减少的情况，1915 年以后，减少率变得平缓。

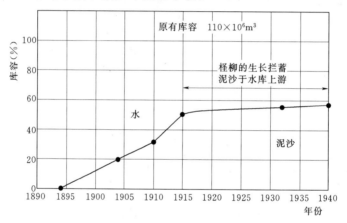

图 18-3　美国 McMillan 湖的淤积曲线

第二个例子是美国的 Elephant Butte 水库。1930 年以前，水库上游很少有柽柳生长（Lara，1960）。1935～1947 年间，Rio Grande 河中部河谷，出现大面积的柽柳，覆盖率也大。1947～1955 年间，在 Bernardo 桥和 San Marcial 之间，约有 12.1km² 的面积出现柽柳。

柽柳的存在降低了河流流速，截留相当数量的泥沙，这些淤积位于坝顶高程以上。表 18-3 列出坝顶以上和以下的淤积量。

表 18-3　　　　　　　　　　Elephant Butte 水库植被引起的库首淤积

年　份	坝顶以上淤积量（亿 m³）	坝顶以下淤积量（亿 m³）	总淤积量（亿 m³）	坝顶以上占总淤积量的百分数（%）
1915～1935	0.07	4.50	4.82	1.57
1935～1947	0.27	0.90	1.16	22.91

柽柳的繁殖是 Rio Grande 河槽和滩地淤高的重要因素。柽柳的生长，加速了自然堤增厚变高的过程。植被增加后有一不利后果，即耗水量增加，上游段增加植被后，每年有 1.23 亿 m³ 以上的水量消耗于蒸发，约为年水量的 10%。

第三个例子是东北西辽河支流老哈河上的红山水库。该库库容为 25 亿 m³，年径流

9.18 亿 m³，年输沙量 0.43 亿 t，汛期平均含沙量 46.8kg/m³，泥沙中值粒径为 0.02mm。

1960 年水库开始运行，至 1977 年，淤积总量达 4.75 亿 m³。1966～1977 年间，95%的进沙量淤积在距坝 15km 的 13 号断面上游。其原因是在 13 断面上 15km 范围内滩地上形成植被网，生长的是荆三棱和宽叶香蒲等植物，高 2～3m，覆盖面积超过 15km 长、4km 宽（赵宝信，1980）。

18.1.3　高含沙水流的旁泄

修筑旁泄渠道或隧洞绕过水库库区通往下游是减少泥沙入库的重要措施之一。一般说来，汛期河流含沙量高，特别是在干旱或半干旱地区，输沙在汛期尤为集中。因此，如果大部分含沙水流通过旁泄通道下泄，可避免库内的严重淤积。下面举几个实例：

（1）Tedzen 水库 1950 年修建于土库曼斯坦的 Tedzen 河上，目的是灌溉和 Tedzan、Kirotsk 两城市以及铁路线的防洪。Tedzan 河长为 1124km，年径流量为 7.00 亿 m³，年输沙量为 0.082 亿 m³，汛期平均含沙量为 16～20kg/m³，最大含沙量为 94kg/m³。汛期的 50% 以上的泥沙小于 0.01mm。

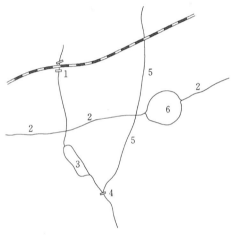

水库原库容为 1.772 亿 m³，据 1962 年调查，0.79 亿 m³ 已为泥沙淤积，占 44%，1950～1962 年间的平均年淤积率为 0.065 亿 m³/a。

由于淤积率高，库容的迅速减少，洪水开始威胁城市和铁路线的安全。因此，从水库上游，修建了一条绕经 Hayz - Hansk 水库旁的泄洪道，并通过一涵洞穿过铁路线（图 18 - 4）。这样，就有 28% 含有大量泥沙的洪水被分泄，有些进入 Hayz-Hansk 水库，更多的则泄往下游。因此每年平均减少淤积量 0.023 亿 m³。

图 18 - 4　Tedzen 水库旁泄渠示意图
1—市；2—渠道；3—Tedzan 水库；4—分洪堤；
5—分洪旁泄渠；6—Hayz-Hansk 水库

（2）在瑞士，利用旁泄廊道从上游分洪直接排到坝的下游的做法，已在几座水库的实践中得到检验。

1974 年在 Palagnedra 水库的上游，增设一条旁泄廊道，用以分洪，引含沙水流直接泄入下游（Swiss National Committee on Large Dams，1982）。引水廊道长 1760m，断面面积 30m²，坡度 2%，明渠流泄流能力 222m³/s，其布置见图 18 - 5。

曾为 Gebidem 水库设计过一条引水廊道，但由于造价过高而放弃。

（3）瑞士另一工程，建造在 Reuss 河 Amsteg 水库的上游，包括引水坝和旁泄隧洞。水库于 1922 年建成发电，坝高 32m，库容仅 19.7 万 m³，其流域面积 404km²。Reuss 河流量最小为 1.98m³/s，洪水流量达 396m³/s。为了防止水库淤积，绕水库修建一旁泄隧道（图 18 - 6）。隧道长为 305m，断面面积为 20.9m²，泄流能力为 221m³/s。进入隧洞的流量由闸门调节，使进入水库的流量仅够满足电站需要。枯水季节，当全部流量通过电厂

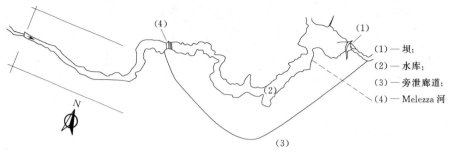

图 18-5 Palagnedra 水库旁泄廊道示意图

(1)—坝;
(2)—水库;
(3)—旁泄廊道;
(4)—Melezza 河

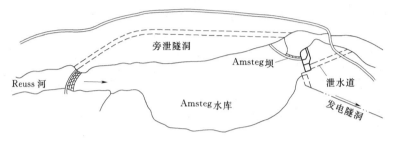

图 18-6 Amsteg 水库旁泄隧洞示意图

时,河流携带泥沙极少。在洪水季节,约有 1/3 的流量漫溢引水坝流入水库,这部分近表面的水流仅携带细沙和粉沙,而大部分高含沙水流经旁泄隧洞下泄。运行 3 年后的观测表明,库中淤积甚微。

绕过水库的隧洞工程造价很高。若水库附近有修建短的旁泄渠道或隧洞的合适的地貌条件,是很有经济价值的。

为防止库容小的水电站库区内淤积并保持固定的水头,从经济上来说,修建旁泄建筑物是可取的,其他好处是可减轻泥沙对水轮机和其他电力设备的危害。

18.2　利用水流作用增加排沙量的方法

18.2.1　洪水期的流量调节

利用水流的挟沙能力,使水流挟运较多的泥沙通过水库排往下游,从而减少库内淤积。洪水期流量大,挟沙能力大,可以挟运大量泥沙,因此,加大高程低孔的泄水洞的流量,可以使全年大部分泥沙通过水库。一般说来,在汛期操纵深水底孔(控制或非控制)降低库水位,实现对流量的调节。

在滞洪水库抬高水位期间,由于壅水和流速降低,出库输沙量小于入库输沙量。而在水位降低过程中,没有回水影响期间,出库输沙量则大于入库输沙量,这时库内常发生冲刷。

下面将讨论某些水库洪水排沙的特性以及滞洪水库的水流特性。希望通过讨论,能对它们的物理现象有较深刻的理解。

18.2.1.1　控制泄流

1. 黑松林水库(Zhang Hao 等,1976;任增海,1986)

汛期降低水位,宣泄高含沙水流,这种运行方式,许多水库常用来减少水库的淤积,每年汛期河流挟带全年大部分泥沙，如 80％～90％，而汛期径流量仅占全年的 25％～50％，故可利用较少水量排除大部分泥沙。

黑松林水库是黄河支流的小水库。1959 年竣工，坝高 45.5m，库容 0.086 亿 m³，至 1973 年已减少至 0.0587 亿 m³。年径流量为 0.142 亿 m³。水库运行初期，1962 年以前，为蓄水水库，结果发生严重淤积，年淤积率为 54 万 m³/a，1962 年 8 月以后，水库的运行方式改变，即在汛期降低库水位，而在非汛期蓄水。这样运行的结果，淤积率减至 9.3 万 m³/a。

水库设有底孔，泄流能力为 10m³/s。滞洪时的一次洪峰期间的水文过程线见图18-7。1971 年 8 月 20 日 23：30 发生特大洪水，洪水发生前是空库。入库洪峰为 465m³/s，沙峰

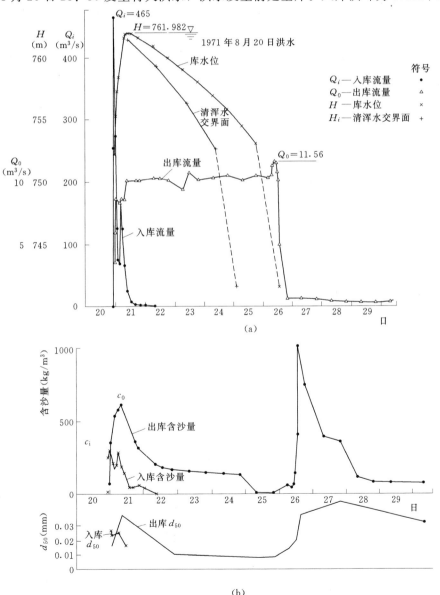

图 18-7　黑松林水库 1971 年 8 月 20 日滞洪排沙过程线

为 314kg/m³，总水量为 592 万 m³，总沙量为 148 万 t，洪水历时为 32.5h；平均泄量为 10m³/s，出库最高含沙量为 621kg/m³，泄洪历时 5.6d，排出沙量为 86.2 万 t，排沙效率为 58%。在滞洪过程中，当水位到达最高水位 761.98m（21 日 12：00）时，坝前形成浑水水库，出现清浑水交界面，浑水水库中细粒泥沙含沙量高沉降很慢，故出库泥沙浓度很高。水库泄出的浑水，用于淤灌。在非汛期则拦蓄清水。这种运行方式，不仅减少淤积率，使泥沙和洪水均可用于农业生产，并可保持水库长期可用库容。

2. 红领巾水库

中型水库红领巾水库，坝高为 42m，库容为 0.166 亿 m³，年径流量为 0.432 亿 m³。其运行方式与黑松林水库相似，汛期降低库水位，造成库内冲刷，排出来沙和被冲刷的泥沙。图 18-8 为 1973~1974 年的水文过程，包括丰水年 1974 年 6 月 15 日至 8 月底降低水位时期的过程线。

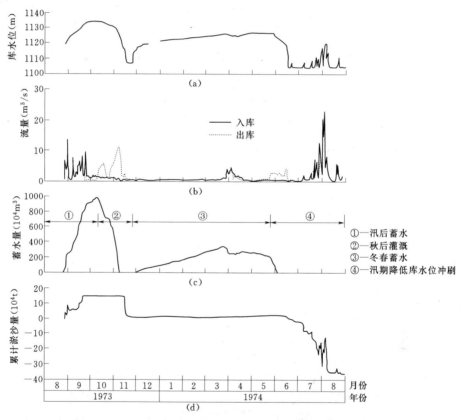

图 18-8 红领巾水库 1973~1974 年水文过程线
①—汛后蓄水；②—秋后灌溉；③—冬春蓄水；④—汛期降低库水位冲刷

3. 三门峡水库（张启舜、龙毓骞，1980；杨庆安、缪凤举，1991）

三门峡水库是一座大型水库。在大坝竣工 10 年后，采用洪水排沙的运行方式，洪水排沙期间，库内泥沙运动状态为明渠流或异重流。前者的排沙比（出库沙量与入库沙量的比值）常比后者为大。

三门峡水库位于黄河中游，为一综合利用的枢纽，1960 年大坝竣工。年平均径流量为 432 亿 m³，其中 60% 在汛期 7～10 月入库。年输沙量为 16 亿 t，平均悬移质含沙量为 37.8kg/m³，最大实测含沙量为 933kg/m³。

坝址位于潼关下游 114km 的峡谷。潼关在黄河和渭河的汇流区下口。潼关可作为水力控制断面，因该处河道宽度仅 1km，而汇流区的宽度则大于 10km。汇流区的水位可以看成是局部侵蚀基准面。控制断面的水位也影响潼关上游黄河和渭河的水流流态和泥沙运动。潼关的位置，见图 18-9。

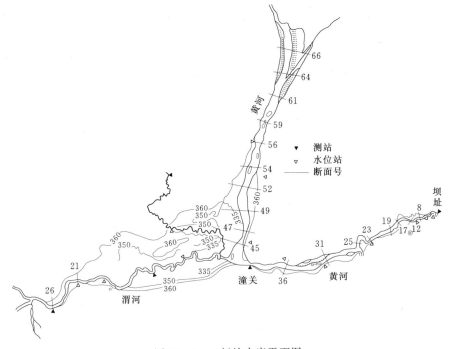

图 18-9　三门峡水库平面图

三门峡水库的不同运行方式，可分为 5 个阶段，见表 18-4。

表 18-4　　　　　　　　　　　三门峡水库不同运行阶段的出库泥沙

阶段	时　期 （年-月）	运　行　方　式	坝址水位（m）		出库沙量 （亿 t）	出库占 入库百分数 （%）
			最高	平均		
1	1960-09～1962-03	蓄水	332.58	324.04	1.1	6.8
2	1962-04～1966-07	滞洪排沙，利用高程 300m 处的 12 孔泄水孔降低库水位	325.90	312.81	33.9	58.0
3	1966-07～1970-06	另加 2 条隧洞和 4 根钢管排沙	320.13	310.00	73.8	82.5
4	1970-07～1973-10	另加 8 个导流底孔排沙，闸门基本不控制	313.31	298.03	59.3	105
5	1973-11～1990-10	泄流建筑物同第 4 阶段，改变运行方式为蓄清排浑			169.7	104

大坝竣工后头 6 个月，水库处于蓄水运行阶段。由于水库充水，潼关控制断面水位上抬，库内壅水使库区发生淤积。而淤积又向上游延伸。在渭河壅水区，淤积延伸距坝 250km，即距离潼关以上 136km。淤积引起渭河水位的上升，附近地区的地下水位也上

升，使这一地区的防洪和农业生产造成困难。

第一阶段，由于出流孔口位置高，排沙能力的限制，1960～1962 年间库区发生严重淤积。在 18 个月内，约有 18 亿 t 泥沙，占入库沙量的 93％沉积在库内。同时，潼关的河床高程上抬 4.5m。

很明显，这种状况如果继续下去，水库将因淤积而处于危险之中。因此，作为第一步措施，是改变水库的运行方式，同时，考虑改建底孔工程。

第二阶段，1962 年后，改变运行方式，在汛期降低库水位，但淤积量仍相当大。到 1966 年 6 月，又有 37.2 亿 m³ 泥沙淤积。

由此可见，所以引起大量的淤积是孔口位置高、泄量不足，改建的任务应是降低孔口高程，增加泄流能力，这样才有可能减少库区淤积，从而降低潼关河床高程，控制渭河的回水淤积向上游延伸。同时通过调节出流水沙，减少坝下游河床的淤积。

以后采取步骤以提高泄流排沙能力（图 18-10）：在左岸挖掘两条高程为 290m 的隧洞；8 条压力输水钢管（发电机组进口）中的 4 条改造成排沙管道；1970～1973 年，将施工期间使用的 12 条导流底孔（高程 280m）中的 8 孔重新打开。

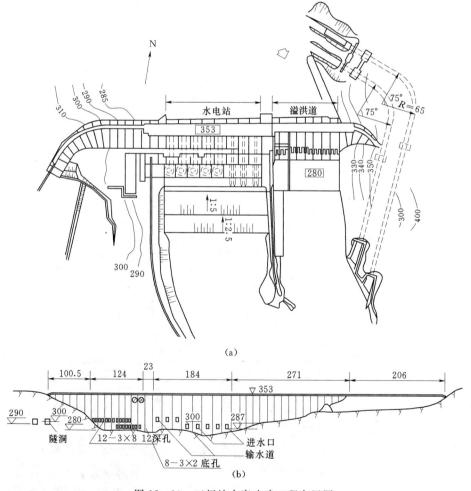

图 18-10 三门峡水库改建工程布置图

　　第三阶段运行期间（1966 年 7 月至 1970 年 6 月），隧洞和钢管改造工程完成后，加大了排沙量。由于库水位的降低，占入库沙量的 82.5％的泥沙排泄出库，但是，潼关断面的河床高程，由于壅水淤积，仍在上升。

　　第四阶段（1970 年 7 月至 1973 年 10 月），8 个导流底孔打通以后，水库采用敞泄滞洪排沙运行方式。排沙率达 105％，潼关高程降低 2m 左右。

　　由于坝前水位降低，发电机组只能达到设计出力的 20％左右（原设计出力的库水位为 360m 高程）。

　　第五阶段，运行方式改为非汛期蓄水，汛期降低水位排洪排沙，非汛期淤下来的泥沙，可用汛期大流量冲刷排出库外。由于泄流能力加大，水库有能力控制大洪水。并可用于控制冰壅，在非汛期蓄水，提供灌溉和发电水量。此外，排沙率可达到 100％左右，库区可达到冲淤年平衡或多年平衡，从而可保持长期可用库容。汛期库内泄出的泥沙被较大流量带走，可改善下游河道的输沙能力。同未改建相比，出库水沙情况已改变了小水带大沙的情况，如图 18-11 所示。由于泥沙对机组的磨损，1980 年起汛期停止发电，底孔因受泥沙磨损进行修补，使过水断面缩小，故于 1990 年打开第 9、第 10 节两个底孔，以补偿过水断面收缩泄流降低的额外流量。

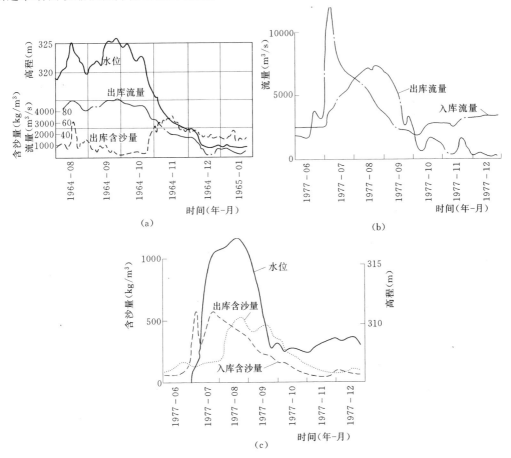

图 18-11　三门峡水库改建前（1964 年）与改建后（1977 年）出库水沙过程线

图 18-12 和图 18-13 绘出三门峡水库滩地和河床最低点纵剖面，说明在不同运行阶段库区淤积和冲刷情况。

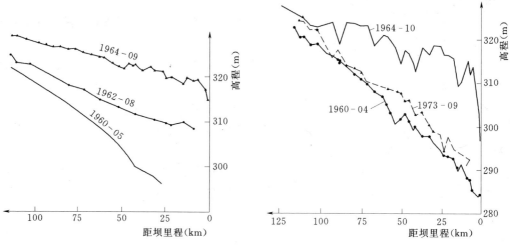

图 18-12 三门峡水库滩面纵剖面图　　　图 18-13 三门峡水库河床最低点纵剖面图

三门峡水库的改建，应用洪水排沙的运行方式，减淤效果显著，年内基本达到冲淤平衡，可保持长期使用库容，并改善下游河道的水沙搭配情况，降低下游河道的淤积。但由于非汛期蓄水位较高，库内淤积靠近潼关下游，潼关高程无法得到明显改善。

18.2.1.2　非控制泄流

用以防洪的滞洪水库，坝的作用仅仅是为了削减洪峰。其运行方式，同汛期敞开泄水孔泄洪排沙的水库的运行方式类似。在干涸的滞洪水库中，滞洪开始库水位上涨过程中，库内出现湧波。壅水的结果导致泥沙的沉积。当水位下降时，流速增大，淤积物受到冲刷。这种水位突然下降形成的冲刷，总是向上游发展，形成所谓溯源冲刷。这时，大量泥沙可从库内排出。

1. Germantewn 和 Englewood 水库的淤积

Curtis（1981）曾分析美国 Ohio 西南地区 Great Miami 河谷一些滞洪水库的淤积状况。他分析 5 个干旱盆地的水库，这些水库只是在汛期有过量水量时才滞洪。它们的坝高在 20~40m 之间。都有无控制的泄水孔。洪水期间，滞洪时间通常只有几天，淤积并不明显。仅有 Germantown 和 Eaglewood 两水库有淤积测验结果，同另外三个滞洪水库相比，由于出库流量与进库洪水流量的比值较小而形成壅水，因而导致淤积。这两个水库的淤积情况，列于表 18-5。

表 18-5　　　　　　　　　Germantown 和 Englewood 滞洪水库的淤积

水 库 名 称	Germantown	Englewood
大坝竣工时间年份	1920	1920
溢洪道高程（m）	249	274
溢洪道高程以下库容（亿 m³）	1.30	3.84

续表

水 库 名 称	Germantown	Englewood
水位在溢洪道高程时泄水孔泄量（m³/s）	283	340
1937～1939 年年平均淤积量（万 t）	3.48	6.44
流域年产沙量（万 t）	10.3	18.8
拦沙率（%）	33	34

2. 大坝完工前处于滞洪运用时的三门峡水库

三门峡水库在 1959 年施工中短暂滞洪期间的淤积和冲刷情况，相当于孔口未加控制的滞洪水库。这个时段，即大坝修建期间，用 12 条导流底孔泄洪，壅水长度约 40km。进出库流量和含沙量的过程线，见图 16 - 21。可见流量受壅水的影响不大。涨峰时出库流量有些滞后。而含沙量在涨峰期出库值偏小，落峰期则出库值偏大，说明前者为淤积，后者为冲刷。

在 1959 年不同时间里，用断面法多次施测河床高程。1959 年 3～9 月、9～11 月，沿库长的淤积和冲刷分布，绘于图 18 - 14。3～9 月水位上升，库内发生淤积，而 9～11 月，水位下降，库内发生冲刷。通过对每个断面淤积量和冲刷量的比较，可算出净淤积量以及水库总的拦沙率。图 18 - 15 为实测断面 18 和实测断面 20 的横断面冲淤变化，在较宽的断面 20 上，1959 年 3～8 月淤积期形成滩地，经 8～11 月冲刷，它不可能全部被冲刷掉。那时构成滩地的物质是 1959 年汛期被拦截的泥沙。但在较窄的断面，如断面 18，几乎全部淤积泥沙在水位下降期间被冲走。后期水位降落期间的冲刷为溯源冲刷。

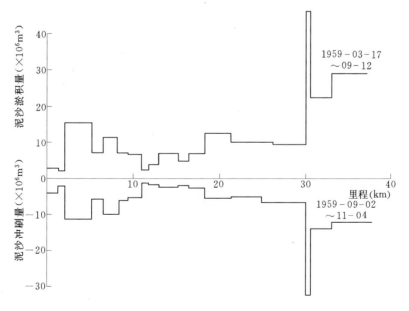

图 18 - 14　三门峡水库 1959 年沿库长的淤积和冲刷分布

3. 三门峡水库 1964 年滞洪与溯源冲刷（闸门全开）

三门峡水库于 1964 年敞开 12 个深孔采取滞洪运用方式，洪峰过后，水位下降出现典

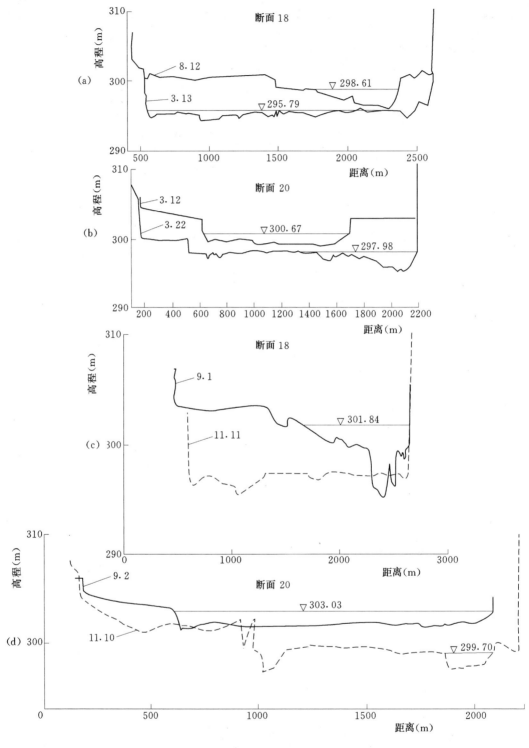

图 18 - 15　三门峡水库断面 18 和断面 20 的变化

型的溯源冲刷。水位降落期间沿程水面线变化，见图 16 - 19，可见冲刷向上游延伸的情况。其次，不同断面的含沙量的变化过程以及出库含沙量，点绘于图 16-20。出库含沙量较黄淤 22 断面（距坝 42.3km）处的含沙量为大，而断面 22 的含沙量又比黄淤 41 断面（距坝 113.5km）的含沙量为大。距坝址 42.3km 范围内的冲刷率较 42.3～113.5km 范围内的冲刷率大，这说明该年坝址附近发生最强烈的冲刷，这是溯源冲刷的特征之一。

溯源冲刷期间，冲刷主槽的水面宽度取决于流量的大小，好像在稳定灌溉渠道所得的关系那样，又类似河道水面宽度和流量的地貌关系。图 15-11 表示水库内河槽水面宽度和流量之间的关系。

4. 滞洪运用时的官厅水库

官厅水库于 1954 年采用滞洪水库运用方式。图 14-2 为官厅水库进出库流量、含沙量和泥沙中径的过程线以及溯源冲刷形成的主槽横断面。观测表明，当水位降落时，冲刷加刷，直至 1954 年 10 月 22 日出库流量减小，库水位上升。由于冲刷前期异重流泥沙出库，故出库泥沙粒径小于入库泥沙粒径。但随着冲刷时间的延长，出库泥沙粒径逐步变粗。

5. 闹德海滞洪水库

闹德海水库是一座位于东北干旱地区柳河上的滞洪水库。坝内布置两排无闸门的泄水孔，其中一排靠近河底。1970 年安装控制闸门，拦蓄非汛期水用于灌溉。1970 年以前，水库主要为防洪，根据设计入库洪水 3500m³/s，可调节至 1640m³/s；为防止柳河下游的洪水灾害，5000m³/s 的洪水可降到 3500m³/s。

柳河的高含沙水流年平均含沙量为 77kg/m³，汛期进入的大洪水滞留在库内，由于库水位上升，流速降低，泥沙淤积形成滩地。洪峰过后，库水位下降，发生向上游发展的强烈的溯源冲刷。图 18-16 为 1963 年 7 月 3 个特大洪峰的流量和输沙量的过程线。

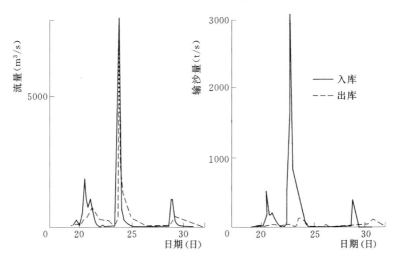

图 18-16　闹德海水库 1963 年 7 月流量输沙量过程线

表 18-6 列出 3 次洪峰的进出库流量和沙量（辽宁水利科学研究所、闹德海水库管理所，1972）。表 18-6 中的洪水是筑坝以后发生的两个特大洪水期（1949 年和 1963 年）中的一个。

表 18 - 6   闹德海水库 1963 年洪峰期间淤积量

洪 峰 日 期	7 月 20～22 日	7 月 23～27 日	7 月 28～31 日
最高水位（m）	84.57	88.62	83.02
最大入库流量（m³/s）	1928	7980	1160
最大出库流量（m³/s）	760	2470	440
最大入库输沙量（t/s）	617	3280	388
最大出库输沙量（t/s）	67	168	147
入库沙量（万 t）	2300	6730	1290
出库沙量（万 t）	990	1130	1040
淤积量（万 t）	1310	5630	250

表 18 - 6 中 3 个洪峰期间的出库沙量具有同样的数量级，均在 1000 万 t 左右。这意味着滞洪淤积后洪峰后期水位下降过程的冲刷量相近，即切割滩地的泥沙数量相近。

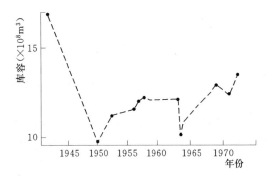

图 18 - 17 闹德海水库库容的变化

1942～1972 年期间用断面法测得的库容（见图 18 - 17）显示出周期性的变化。1949 年和 1963 年两年大洪水年份，滞洪淤积量大，库容减少，而大洪水过后，库容又逐渐增大。库容的恢复主要是 1949 年和 1963 年以后的溯源冲刷，水流切割滩地的泥沙，排出库外。闹德海水库库容的改变（图 18 - 17）反映了河槽扩大和加深的过程，这是多年冲刷的结果。图 18 - 18 表示自 1949 年以后河槽深泓高程的变化，经 8～9 年的冲刷，刷深接近于 1940 年建坝前的最深点。槽底虽然在刷深，但滩地滩面的高程却不能降低，而继续淤高，如图 18 - 19 所示。

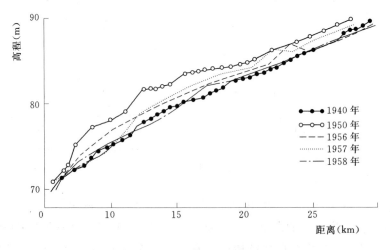

图 18 - 18 闹德海水库深泓线

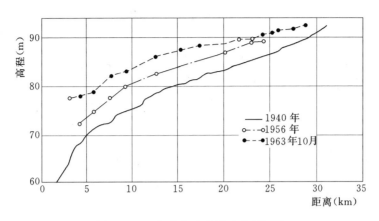

图 18 - 19 闹德海水库滩地纵剖面图

18.2.2 异重流排沙

异重流排沙很早被认为是减缓水库淤积的一种有效手段，特别是蓄水水库。

有关利用浑水形成异重流排沙的可能性，早在 20 世纪 20 年代进行过定性的实验室水槽试验 （Smrcek、Antonin，1929），也有用盐水代替冷水的试验 （Schoklitsch A.，1929），这些实验同湖泊和水库所观测到的现象一致 （Forel F. A.，1885）。

不少水库中有存在异重流的迹象，并进行现场观测。有些异重流能运移 100km 以上，并通过导流孔排出库外 （如美国 Mead 湖），这表明有可能利用异重流排沙，减少水库的淤积量。其他进行过现场观测的有法国 Sautet 水库、南斯拉夫 Metka 水库和 Groshnitza 水库，以及前苏联 Nulek 水库等。

18.2.2.1 Elephant Butte 水库异重流特性

根据下列观测可确认 Elephant Butte 水库存在异重流 （Fiock，1934）：

（1）在坝址以上 21～23km 范围内，浑水下潜入清水的下层。清水和浑水之间有一条明显的分界线。

（2）当高含沙洪水 （4%～10%重量）进入水库末端 2～5d 以后，大坝泄水孔排出浓度为 2%～6%的浑水，浑水流量通常仅持续数天。异重流自库首至坝址的运行时间约 2～5d。

（3）当浑水从泄水闸门排出时，出流水温立刻升高 3.3℃左右，同时，可溶性含盐量显著增加。当出库水体很快变为清水时。出流水温回到一年中那个季节的正常水温，可溶性含盐量也降到平常的库水的含量。

（4）坝前淤积厚度达 10m 以上。根据入库流量 （主要是从 Rio Puero 河和 Rio Salodo 河支流）和出库流量两者之间在特定洪水期的相似性，可解释为异重流运动的存在，它们流经水库而排出，情况如表 18 - 7 所示 （Grover、Howard，1938）。这似乎是最早的有关异重流排沙的记载。

Resch 曾在 Elephant Butte 水库坝址上游 300m 断面处施测含沙量、含盐量和水温的垂线变化，见表 18 - 8，这证明库底异重流来自汛期入库流量。

表 18－7　　　　　　　　　　　Elephant Butte 水库的异重流

入　库　含　沙　量			出　库　含　沙　量		
日　期 （年-月-日）	含沙量 （kg/m³）		日　期 （年-月-日）	含沙量 （kg/m³）	
	平均	最大		平均	最大
1917 年数日	无记录		1917 年数日	无记录	
1919－07－05～22	72	119	1919－07－07～10	41	41
1919－07－31～08－09	68	163	1919－07－18～28	41	41
1921－07－23～29	97	124	1921 年数日	无记录	
1921－08－01～04	58	77			
1923－09	无记录		1923－09－22～26	11	20
1927－09－09	113	113	1927－09－19～21	64	67
1927－09－15	40	40			
1929－08－08～16	64	119	1929－08－13～31	26	52
1929－08－25～09－05	47	74	1929－09－26～10－07	47	67
1931－09－19～25	98	115	1931－09－22～25	46	58
1933－06－15～28	47	101	1933－06－23～30	35	54
1935－07－28	1	1	1935－08－09～11	23	41
1935－08－05	68	78			
1935－08－18～22	80	139	1935－08－25～26	17	20
1941－05	无记录		1941－05－09	数小时	无记录

表 18－8　　Elephnt Butte 水库坝上游 300mm 处实测含沙量、含盐量和温度垂线分布

高　程 （ft）	水　深		温度 （℃）	含盐量 （×10⁻⁶）	含沙量 （×10⁻⁶）
	ft	m			
4335.8	水面		26.7	400	0
4334.8	1	0.3	26.1		
4330.8	5	1.5	25.6		
4325.8	10	3.1	25.6		
4315.8	20	6.1	25.0		
4305.8	30	9.2	24.4		
4295.8	40	12.2	23.3		
4285.8	50	15.3	21.7	540	60
4275.8	60	18.3	20.6		
4270.8	65	19.8	18.9		
4265.8	70	21.4	18.3		
4260.8	75	22.9	17.8	600	100
4255.8	80	24.4	17.8	600	0

续表

高　程	水　深		温度	含盐量	含沙量
（ft）	ft	m	（℃）	（×10^{-6}）	（×10^{-6}）
4254.8	81	24.7	17.8	600	0
4254.3	81.5	24.9	18.3		
4253.8	82	25	20.0	700	1100
4252.8	83	25.3	20.6	900	11000
4250.8	85	25.9	21.7	900	30800
4245.8	90	27.5	22.2	1100	41800
4240.8	95	29.0	22.2	1000	37000
4239.8	96	29.3	21.7	1000	45300
4239.3	96.5（库底）	29.4			

注　1ft＝0.3048m

18.2.2.2　Mead 湖

Mead 湖是美国 Colorado 河上修建的 Hoover 坝后形成的水库。1935 年总库容为 384 亿 m³（溢洪道闸门顶以下），有效库容为 345 亿 m³。年平均径流量约为 160 亿 m³，进库站大峡谷站年悬沙量约为 1.55 亿 t。

1935～1949 年共观测到 21 次异重流（Grover、Howard，1938），包括美国垦务局和国家研究委员会做过的观测并提出报告（Smith、Vetter、Cummings，1960），如图 18 - 20（a）所示。异重流流动到区坝前的一个标志是坝前的含沙量增加及淤沙表面的上升。上述 21 次异重流，并不代表这时间内全部异重流。根据第 17 章的分析，可见他们间断的测量，并不能测到全部异重流出现的次数。

根 Mead 湖 1935～1936 年的出库和入库输沙量的过程线算出的出库悬沙和入库悬沙的比值的范围为 0.18～0.39。Mead 湖异重流有下列特征：

（1）保持异重流沿库底运动到坝址并排出水库的一个重要因素是入库洪峰的含沙浓度。当入库含沙量小于 1‰（按重量计）时，似乎难以维持异重流运动使之到达坝前。见图 17 - 21 和图 18 - 20（b）所示：1935 年 4 月、9 月、10 月和 1936 年 4 月的洪峰，均有相应的出流沙峰出库。

（2）入库泥沙粒径对异重流运动也有一定影响。将大峡谷站粒径小于 0.02mm 的含沙量占绘在图 17 - 21 上，1935 年 5～8 月期间，由于入库泥沙的细颗粒含量很小，在出库站柳滩站的出库含沙量极小，说明这些异重流只能流到坝址，极少泥量能排出库外。但在 9～10 月，细颗粒含量增高，又出现异重流出库沙峰。

18.2.2.3　Iril Emda 水库

Iril Emda 坝修建在阿尔及利亚的 Agrioun 河上，坝高 61m，库容约为 1.50 亿 m³，用于发电。1935 年 9 月投入运行。

环绕主冲刷闸装有 8 个直径 400mm 的小阀门，通过变更阀门的开启数目来调节流量，以避免经常使用冲刷闸。

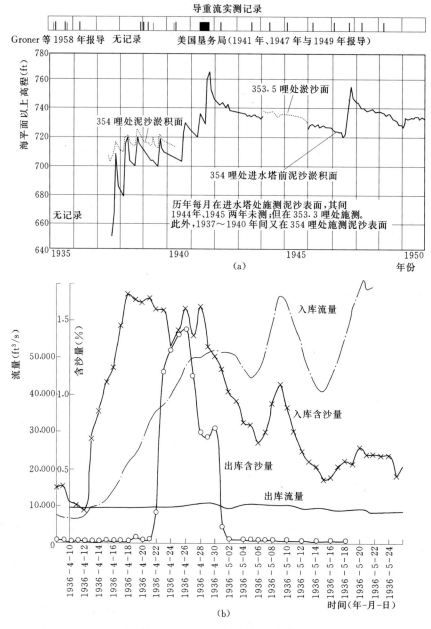

图 18-20　Mead 湖观测异重流情况

（a）Mead 湖坝前淤沙表面高程的变化和测到的异重流次数；

（b）Mead 湖 1936 年 4～5 月进出库流量和含沙量过程线

该水库曾观测每个水文年（9 月 1 日至次年 8 月 31 日）的出库沙量。根据 Duquen-nois（1959）的报告，1953～1955 年间，约有 45%～60% 的入库泥沙排出库外，但在开始运行的第一年却仅 25%。部分原因是阀门底槛高于河床 7m，7m 以下库容淤满后，来沙方能顺利排出。1953～1958 年的排沙率数据（Duquennois，1955；Duquennois，1959；Raud，1958），见表 18-9。

表 18 - 9　　　　　　　　　　　　　若干水库异重流排沙比

水　库	坝高 (m)	库容 (亿 m³)	年径流量 (亿 m³)	一次洪峰 时间 (年-月-日)	输沙量 （万 m³ 或万 t） 入库	出库	出库和入库输 沙量比值
阿尔及利亚 Iril Emda 坝	75	1.60	2.10	1953～1954	332.7*	93.9	0.25
				1954～1955	108.4	46.7	0.43
				1955～1956	533.9	260.3	0.49
				1957～1958		642.4	0.60
美国 Mead 湖		384	160	1935 - 03 - 30～04 - 17	778	179	0.23
				1935 - 08 - 26～09 - 09	948	237	0.25
				1935 - 09 - 27～10 - 07	835	327	0.39
				1936 - 04 - 13～24	1108	200	0.18
突尼斯 Nebeur 坝	65	3.00	1.80	1954 - 05～1980 - 05	490*	330	0.59～0.64
冯家山水库	77	3.98	4.85	1978 - 08 - 06～08	45.9	10.6	0.23
				1979 - 07 - 25～26	118.0	76.7	0.65
官厅水库	45	22.7	14	1954 - 07 - 02～05	784	270	0.34
				1954 - 07 - 04～25	1350	400	0.30
				1954 - 07 - 28～29	58	18.7	0.32
				1954 - 08 - 24～27	530	106	0.20
				1954 - 09 - 05～06	314	80	0.20
				1956 - 06 - 26～07 - 06	2050	456	0.22
				1956 - 08 - 01～03	634	458	0.25
三门峡水库	106	96.4	432	1961 - 07 - 02～08	11700	140	0.012**
				1961 - 07 - 12～18	10900	610	0.056**
				1961 - 07 - 21～28	16300	290	0.18
				1961 - 08 - 01～08	17000	3000	0.18
				1961 - 08 - 10～28	14700	3100	0.21
				1961 - 08 - 22～28	8100	690	0.085***
				1961 - 09 - 27～10 - 02	6400	380	0.06***
伊朗 Sefid Rud 水库	106	17.6	490	1963～1964	9780	1184	0.12
				1964～1965	1375	260	0.19
				1965～1966	4502	1126	0.25
				1966～1967	3472	838	0.24
				1967～1968	7745	1668	0.21
				1968～1969	21823	6403	0.29
				1969～1970	1721	414	0.24
				1970～1971	1871	209	0.11
				1971～1972	6371	1620	0.25
				1972～1973	1951	339	0.17
				1973～1974	5750	2169	0.38
				1974～1975	4142	1869	0.45
				1975～1976	4995	1176	0.23
				1976～1977	2214	1288	0.58****
				1977～1978	1726	244	0.15
				1978～1979	2610	632	0.24
				1979～1980	3652	1363	0.37

*　输沙量单位：Iril Emda 坝为万 m³，Nebeur 为万 t/a，其他均为万 t。
**　中途有潜坝。
***　汛期末蓄水水位上抬。
****　最干旱年份。

18.2.2.4 官厅水库异重流

官厅水库于 1953 年汛期开始拦洪，1955 年 8 月开始蓄水。在滞洪期间（1953～1955年 8 月）库水位的变动范围相当大，水库曾多次泄空。

滞洪运用期间，泄水闸门两排共 8 个，通常开启数个。蓄水运用期间，则常关闭闸门，但闸门常轮换开启，以免泥沙堵塞。1953～1957 年间，水库淤积量约为 2.683 亿 t，相当进库总沙量的 63.4%。排出的沙量，一部分为异重流排沙，另一部分是泄空水库时河床的冲刷。1956～1957 年间，水库为蓄水运用，从水库排出的泥沙全部为异重流排沙，这两年内的出库沙量占进库总沙量的 8.3%。

根据异重流运动机理，其排沙比应以每一个洪峰期的出库沙峰和入库沙峰的比值来表示，因为有的洪峰持续时间长，排沙较多，有的洪峰历量短，排沙历时相应较短，排沙量较小。非汛期来沙含量小，所形成的异重流流到水库的中途消失，无泥沙排出。官厅水库部分异重流资料，列于表 18 - 9。

官厅水库异重流的观测，除了进出库水峰沙峰的异重流排沙过程外，还包括水库中许多断面在不同时间的流量、流速和含沙量在纵向和横向的分布的测验，资料完整，从它们那里可看到很细致的变化过程，极为难得。这是在其他水库中难于看到的。有的情况，前数章有所介绍，如流速和含沙量垂线分布随时间的变化，见图 14 - 2（a）；图 18 - 21 为断面 1019 和断面 1015 的横断面的流速和含沙量的分布；又如当泄水闸门关闭时，抵达坝址的异重流受壅水影响，形成浑水水库，图 16 - 9 显示浑水水库的形成在空间和时间的变化过程。

18.2.2.5 三门峡水库异重流

1960 年 9 月大坝竣工后，水库开始蓄水。异重流测验工作在 1961 年汛期开始。图 18 - 22（a）为三门峡水库 1961 年 7～8 月异重流排沙时期的进出库水沙过程线。

异重流具有不恒定性，根据不同断面施测的异重流厚度、流速和含沙量，作出图 18 - 22（b）。图 18 - 22（b）中表示距坝 15km 和 1km 处，流速、含沙量和厚度随时间改变，而在距坝 1km 处，异重流厚度因受壅水影响而变厚。其不恒定性质同距坝 144km 的潼关站入库流量和含沙量的过程线相一致。

在图 17 - 7 中还可看到距坝 15km 处的潜坝（水库蓄水初期坍方形成），1961 年 7 月 2～18 日期间，异重流流抵潜坝前积集壅高，如图 17 - 7 所示，待潜坝前体积为异重流充满后，才能越过潜坝继续前进，直至坝址排出。这使异重流初期的排出量甚少，如表 18 - 9 中所示。如果潜坝不存在，则最初两个洪峰时段内，异重流排出沙量就会增加，而且库底比降也较陡。由于潜坝的存在，使后来的异重流在较缓的底坡上运动，流速较慢，导致出库沙量的减少。

1961 年异重流在不受壅水时顺利运动时的排沙比，在 0.18～0.21 之间，如表 18 - 9 所示。

18.2.2.6 冯家山水库

冯家山水库于 1974 年修建于渭河的支流干河上。库容为 3.98 亿 m³，为了泄洪和排

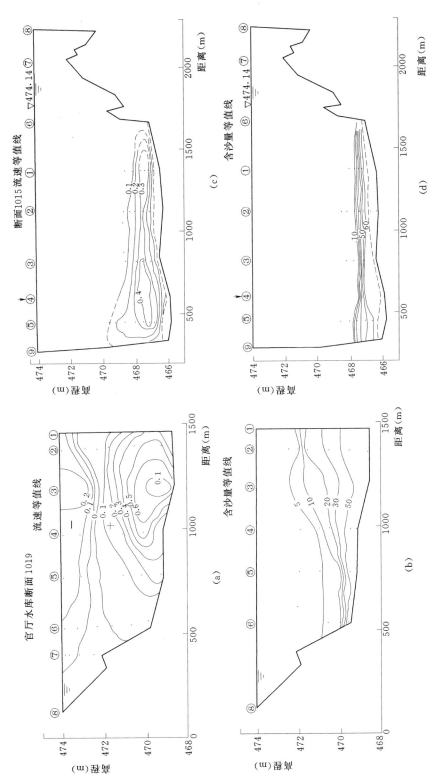

图 18-21　官厅水库 1956 年 7 月 19 日实测异重流横断面流速和含沙量等值线

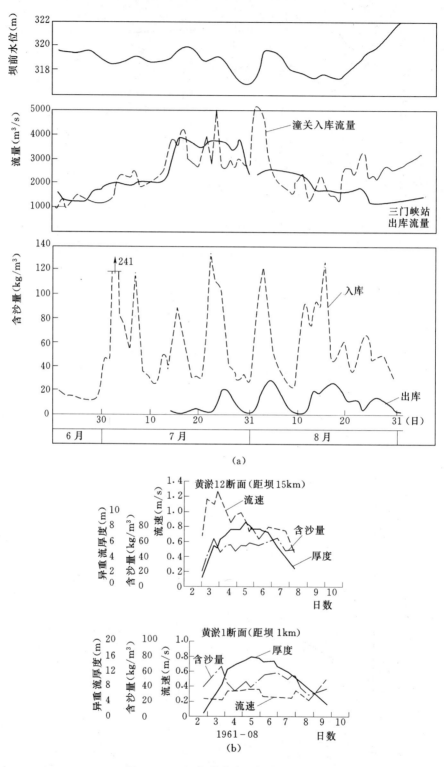

图 18-22 三门峡水库不恒定异重流

泄异重流，以及有条件的泄空水库，修建了左岸和右岸隧洞和其他泄水建筑物，在设计中已考虑利用异重流排沙，以减少水库淤积。

水库的年径流量为 4.85 亿 m³，其中 44％发生在汛期。进库总沙量为 496 万 t，其中 84％是在汛期输移入库。年平均含沙量为 9.0kg/m³，实测最大含沙量达 604kg/m³。

1976～1980 年间，测得 14 次异重流，最大含沙量高达 675kg/m³，以洪峰计的异重流的排沙比在 23％～65％之间；排沙比取决于洪水性质、水库长度和进库泥沙性质诸因素。

冯家山水库的地貌特点和泄水建筑物的布置有利于异重流排沙：水库原河道比降较陡，流域产沙粒径细，水库回水长度较短，以及底孔位置低，正好位于原河床高程，其他高程较高的泄水孔的泄量大。

在水库运行初期，异重流流到坝址时，泄水闸门没有打开；如泄水孔能及时控制，则会有更多的泥沙可通过异重流排泄出库。

18.2.2.7　突尼斯 Nebeur 水库（Abid A.，1980）

Nebeur 水库位于突尼斯西北地区 Mellegue 河上。坝址流域面积 1.03 万 km²，其中 46％为易侵蚀之地，年径流量 1.80 亿 m³。

Nebeur 坝为调节 Mellegue 河流而设计的，该河流为 Medjerda 河南部主要支流。库水用以向 Medjerda 河下游河谷 4.0 万 hm² 灌溉网供水，并为水电站提供年发电量 1700 万 kW·h 的水头。

坝内装有 Neyrpic 阀的两个出水口，泄流能力为 12.5m³/s；另有一个 Bafour 阀门，泄水能力为 1m³/s，如图 18-23 所示（Groupe de Travail du Comite Français des Grands Barrages，1982）。

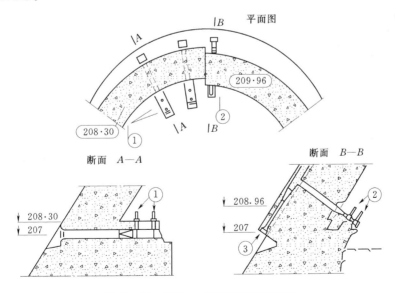

图 18-23　Nebeur 坝排异重流的闸门
①—Neyrpic 阀门；②—Bafour 阀门；③—拦污栅

Nebeur 水库泄放异重流是根据流抵坝前异重流含沙量的变化进行操作的；当异重流密度达 1.08 时，开启 Bafour 阀门。一旦异重流密度超过 1.08 时，加开 Neyrpic 阀门，根据需要开 1/4、1/2、3/4 阀门或全开。当异重流密度小于 1.02 以下时，则停止排沙。

据统计，1954～1980 年间，总排沙量达到 9070 万 t，平均排沙比为 59%～64%。

18.2.2.8　水库中影响异重流运动的重要因素

异重流排沙浓度取决于水库的地貌特征（河槽宽度，库底比降）、入库洪峰的大小、入库输沙量及其泥沙特性、泄水孔的高程（相对于库底高程）、孔口的泄流能力、排沙流量、库水位和水库长度等。异重流最初几次的运动基本上沿河槽内运动，待河槽淤满后，则在较宽的库底运动，这时，异重流的单宽流量比最初运动时段要小。

一般地说，当水库长度短，入库流量大，异重流含沙量大，泄水孔泄流能力大，位置又较低，出库流量大时，则可排出较多的异重流。

统计若干水库以洪峰计的异重流排沙比，如表 18-10。

表 18-10　　　　以洪峰历时计的异重流排沙比

水库名称	水库长度（km）	异重流洪峰排沙比	水库名称	水库长度（km）	异重流洪峰排沙比
黑松林	2	0.36～0.59	官厅	10.1～16.8	0.20～0.29
冯家山	12～14	0.23～0.65	三门峡	80（1961 年）	0.18～0.21
官厅	4.8～8.5	0.19～0.34	Mead 湖	128	0.18～0.39

分析表明，排沙比尚与出库流量有关，试以异重流在洪峰历时的排沙比，与水库长度，参数 $\overline{Q}_o/\overline{Q}_i$，即洪峰期间出库平均流量与入库平均流量的比值，三者点绘于图 18-24，其中排沙比为 W_o/W_i，W_o 为异重流出库沙峰历时内的沙量，W_i 为进库洪峰沙量。由图 18-24 可见，当水库长度减少时，W_o/W_i 增加；当 $\overline{Q}_o/\overline{Q}_i$ 增大时，W_o/W_i 有增大的趋势。

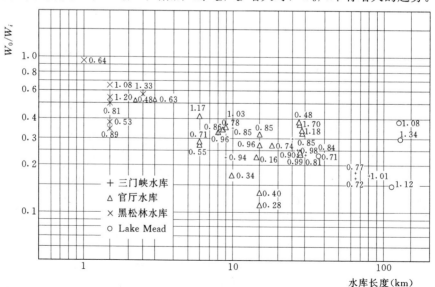

图 18-24　异重流排沙比与水库长度、参数 $\overline{Q}_o/\overline{Q}_i$ 的关系

18.3　库内淤沙的排除

水库内的泥沙淤积物可利用降低水库水位将淤沙冲刷出库，或用机械方法清除。

18.3.1　降低库水位利用水流冲沙

降低库水位以增加水流速度冲刷淤积泥沙出库，可分两种情况：一为全部降低，将水库泄空，进行空库冲刷；二为降低一定水位冲沙。

18.3.1.1　恒山水库的泄空冲刷

一般而言，空库冲刷适用于由于缺水即使采用汛期排沙、非汛期蓄水（即所谓蓄清排浑）的运行方式，仍不能获得泥沙冲淤年平衡的水库；或者用于由于库内淤积严重的水库，利用空库冲刷将淤积物排出库外以恢复库容。

恒山水库是一座小型峡谷型水库，长 1km，库容 1330 万 m^3，坝高 69m，坝内有一底孔，高于原河床 2.6m，流量 17m^3/s，另有一用于洪水排沙的泄水孔，高于原河床 14.5m，最大流量 1260m^3/s。水库用于防洪和灌溉。

水库最初 8 年（1966～1973 年），淤积泥沙 319 万 m^3，坝前淤高达 27m。1974 年水库泄空，冲刷 37d，恢复库容 80 万 m^3。此后，水库蓄水运行至 1979 年 6 月，那时 1974 年刷出的主槽被淤满。1979 年汛期，进行第二次空库冲刷，持续 52d，又获得 103 万 m^3 库容。库内淤积量减至 262 万 m^3。

1974 年和 1979 年每次冲刷前后的实测河床纵剖面，见图 18-25，定期空库冲刷，由于切割滩地泥沙淤积物，在库内刷出一条主槽，恢复了库容（郭志刚、李德功，1984）。

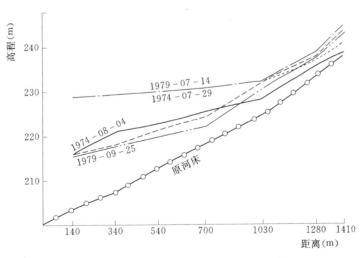

图 18-25　恒山水库空库冲刷前后河床纵剖面

现场观测表明，空库冲刷具有强烈的溯源冲刷，在 100min 时间之内，不论流量多少，出库含沙量均达到约 1000kg/m^3，但在 1974 年却持续了 1000min。如图 18-26 所示，而在 2000min 后，出库含沙量逐渐减小。1975 年实测最大含沙量为 1240kg/m^3，1979 年为 1300kg/m^3。

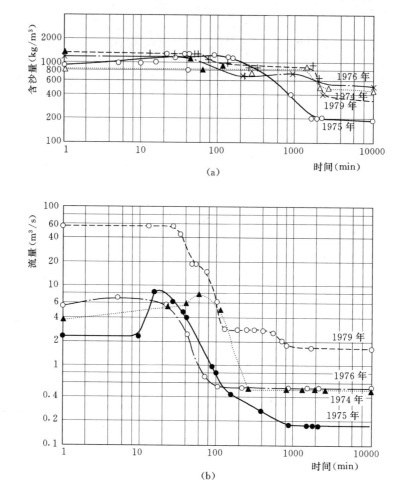

图 18-26　恒山水库泄空冲刷期间的出库含沙量与流量过程

　　强烈的溯源冲刷,切割滩地淤沙,主槽很快形成,同时逐步加深,并向上游扩展。在距坝 350m 范围内,滩地表面的泥浆逐渐滑入主槽,从而降低了滩地的淤积面。在距坝 150m 的横断面上测得 5.5% 的横向比降。细粒淤积泥沙($D_{50}=0.02$mm),含水量大,易滑入主槽。这些细泥沙容易被冲动,形成高含沙量(800~1500kg/m³)水流,从水库排出。

　　距坝 350~800m 之间,淤积泥沙较粗,也观测到边坡滑动,但横断面两侧边坡上出现一些小台阶。

　　在远离坝址的河段上,受冲刷的横断面接近于矩形。主槽因坡脚的冲刷而扩大,致使滩地的粗颗粒淤积物垂直坍进主槽。

　　恒山水库的蓄水对灌溉非常重要,冲沙用水与灌溉用水存在矛盾,因此,如何选择泄空冲刷的时间,以及如何预测冲刷开始时刻和持续时间,是水库运行的最重要的问题。

　　恒山水库的经验表明,冲刷后形成的主槽经过 4~5 年的运行被淤满之时,进行泄空冲刷,其冲刷效率很高。

　　如水库在汛前已经泄空,而库中淤积又尚未固结,汛期进库洪水可以强大的冲刷力作用在未固结的淤泥上，冲刷效率高，从而可恢复更大的库容。冲刷时间应限制在汛期之内，这样洪水冲刷以后，汛后来沙少，库内就不会发生进一步的严重淤积。

18.3.1.2　Gebidem 水库的泄空冲刷

瑞士 Massa 河上的 Gebidem 坝，坝高 122m，1968 年建成，库容 900 万 m³，用于发电。年径流量 4.20 亿 m³，悬移质和推移质 50 万 m³，其中沙和砾石的推移质为 13 万 m³，要解决的问题是库容较小、进沙量较多的水库淤积。此水库在每年河流量大时，定期进行一次冲刷（一般在 6 月初），狭窄的谷底，使排沙效率大大提高。为了水库排沙，特别设计了大坝底孔，如图 18-27 所示。

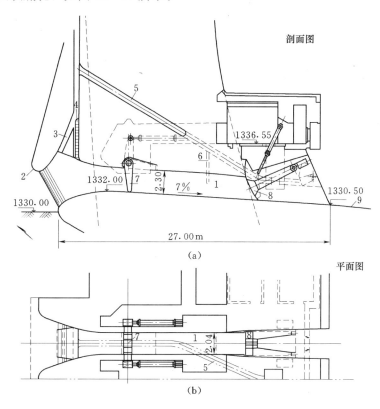

图 18-27　Gebidem 坝底孔的剖面与平面图（Dawams 等，1982）

1—钢板衬砌的底孔；2—进口保护鱼嘴；3—喷水管；4—叠梁闸门；5—补偿水管（直径 60cm）；

6—旁通管；7—单向阀；8—弧形闸门；9—下游护坦

为了研究底孔的排沙效率，进行了模型试验和现场观测。模型试验的目的在于确定通过库水位完全降低排沙的可能性。

模型试验包括两种排沙方式的试验（Dawans 等，1982）：

（1）孔流排沙（发电不中断，水位略高于最低发电水位）。

（2）明流排沙（发电全停，通过底孔排沙）。

以上两种排沙方式的试验结果，列于表 18-11。

1969 年以来的原型观测结果，示于表 18-12。

表 18 - 11　　　　　　　　　　　Gebidem 水库排沙模型试验

排 沙 方 式	孔流排沙	明流排沙	排 沙 方 式	孔流排沙	明流排沙
每年排沙次数	15	1	排沙平均流量（m³/s）	115	30
每排 1m³ 泥沙的需水量（m³）	14	32	排沙持续时间（h）	1	35
耗水总量（万 m³）	168	384			

表 18 - 12　　　　　　　　　Gebidem 水库 1969～1977 年间排沙资料

年份	排沙用水量（万 m³）	排沙量（万 m³）	水量/沙量	排沙历时（h）	坝下最大含沙量（kg/m³）
1969	110	4.9	22.4	46	10.5
1970	165	8.0	20.6	44	12.5
1971	213	13.0	16.4	47	30
1972	208.7	10.4	20.1	42	30
1973	183.73	11.02	16.8	41	30
1974	247.19	14.8	16.7	43	60
1975	106.0	6.4	16.5	48.75	27.5
1976	227.1	13.6	16.7	47	33.7
1977	193.0	11.58	16.7	46	26.3

　　模型试验与现场 1969～1977 年观测资料比较，证明排沙方法的试拉结果令人满意。采用水沙比代表排沙效率，原型约为模型试验所预测值的两倍。底孔年排沙量平均为 10 万 m³，此值相当于年淤积量。表中坝下含沙量系在 Viege 站所测，为支流 Massa 河流入 Rhone 河的含沙量值。关于 1977 年以后的排沙情况，我们曾去信询问，从寄来的资料看，他们仅施测流量，不测含沙量，而利用已有的水沙经验关系来估计排沙量。

18.3.1.3　Zemo-Afchar 水电站（Gvelessiani，1968）

　　水电站位于前苏联 Kura 河和 Aragvi 河汇合处的下游，1927 年建成。水库平面图见图 18 - 28。在 Kura 河上的回水长度为 8km，而在 Aragvi 河上则为 18km。坝址处年平均

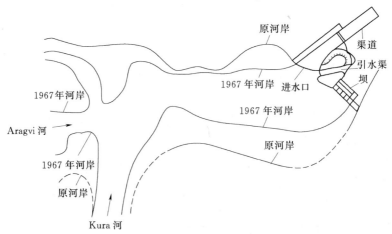

图 18 - 28　Zeme-Afchar 水库平面图

流量为 210m³/s，悬移质沙量估计为 400 万 m³，推移质量大于 30 万 m³，用于水力冲刷的两个泄水底孔，总宽度为 15m。

水库使用 40 年后，由于运行不当，库容损失 80%。在最初两年，库容每年减少 22%，此后 8 年间，又减少 32%。1937～1954 年 18 年内又进一步减少库容的 3.5%，见图 18-29，分别示出两河段与总淤积量累计百分数。

1940 年以前，曾将库水位部分下降约 2.3m，但无冲沙效果。故建议将库水位全部下降，以利于冲刷淤沙。规定每一次冲沙分两个阶段，先是部分下降，继之以全部下降。

图 18-30 为 1961 年、1962 年冲沙时的含沙量和冲刷量的随时间变化过程，1961 年 7 月 9 日的冲刷流量为 130m³/s，1962 年 6 月 3 日的冲沙流量为 285m³/s。出库沙量的过程线，见

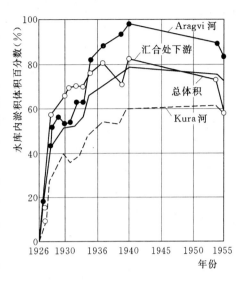

图 18-29　Zemo-Afchar 水库 1926～
1955 年累计淤积百分数

图 18-31。从此可见，1961 年 7 月 9 日冲刷第一阶段的平均排沙率为 1.05 万 m³/h，而 1962 年 6 月 3 日的第一阶段为 0.4 万 m³/h，两次排沙的第二阶段的排沙率都是 5.4 万 m³/h，大于第一阶段好多倍。图 18-31 上还点绘另外几次冲刷过程。从图 18-31 中冲刷率曲线可见，1961～1962 年的冲刷须经 8～10h 后才得到最有效的冲刷，即水位全部下降时，才有高效率的排沙。所以，改变运行方式为全部下降水位是正确的。从图 18-31 中还可看出最佳冲刷的流量在 400～500m³/s 之间。

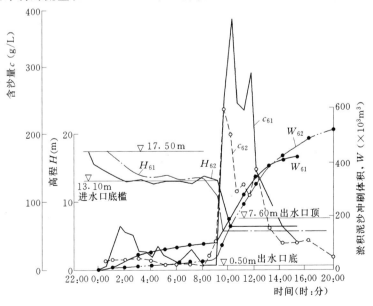

图 18-30　水位、含沙量和冲刷量的变化

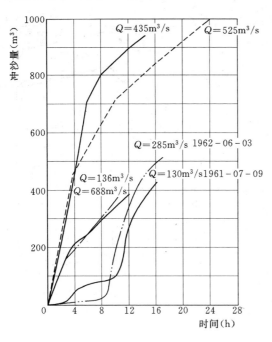

图 18-31 Zemo-Afchar 水电站排沙量的变化

表 18-13 列出 38 个时段的水力冲刷的详细资料，在水位完全下降的情况，每年冲沙量平均为 100 万 m³（50 万～200 万 m³ 的范围内）。列出这些详细的冲刷资料，是为了给大家有一个具体的数字概念，也为研究者提供可进一步分析的资料。

根据 Zemo-Afchar 水库的运行经验，可得下列结论：

（1）冲沙效果最佳的流量为 400～500m³/s。当流量大于最佳值时，由于库内壅水的作用，排沙效率降低。当流量小于最佳值时，由于水流的功率达不到峰值，冲刷量减少。

（2）当冲刷效率降低时，经过短时间的蓄水（部分或全部），接着把水位完全下降，冲刷效率可以得到恢复。

表 18-13　　　　　　　　　　**Zemo-Afchar 水库水位下降冲沙资料**

冲刷日期 （年-月-日）	河道流量 （m³/s）	冲刷流量 （m³/s）	冲刷量 （万 m³）	冲刷水量 （万 m³）	冲刷历时 （h）	平均含沙量 （kg/m³）	一年内冲刷量 （万 m³）
1939-11-07～08	325	325	67	3500	30.0	—	67
1940-11-07～08	205	205	80	—	—	—	80
1941-05-01～02	930	688	74	5010	20.5	22.6	74
1945-04-08～09	500	480	81	5180	30.0	24.2	81
1947-05-13～14	217	217	49	2600	34.0	29.8	49
1948-07-04～05	127	127	74	1720	37.4	66.7	74
1949-05-14～16	742	592	69	7870	37.0	13.1	—
1949-11-13	89	89	25	360	11.2	109	94
1950-04-16～17	433	431	68	3880	25.0	27.0	—
1950-11-08	110	110	40	340	8.5	182	103
1951-05-13～14	255	251	56	2490	26.5	34.9	—
1951-11-11	202	193	46	780	11.0	91.3	102
1952-04-23～24	525	525	101	4650	24.5	33.7	—
1952-07-02	435	435	94	2270	14.5	64.2	195
1953-04-26～27	443	443	113	4140	26.0	42.1	—
1953-11-03	90	90	33	400	12.0	126	146
1954-04-25～27	900	728	96	17100	65.5	8.6	—
1954-11-02	75	72	29	300	11.6	152	125
1955-05-22	381	381	68	1600	11.0	68.6	68

续表

冲刷日期 （年-月-日）	河道流量 （m³/s）	冲刷流量 （m³/s）	冲刷量 （万 m³）	冲刷水量 （万 m³）	冲刷历时 （h）	平均含沙量 （kg/m³）	一年内冲 刷量 （万 m³）
1956 - 04 - 22	800	683	54	3190	14.0	26.2	—
1956 - 11 - 07	136	136	39	600	12.3	100	93
1957 - 04 - 28	436	436	52	2040	13.0	39.9	52
1958 - 04 - 27	412	457	50	1830	11.2	42.2	—
1958 - 07 - 27	112	112	38	420	10.5	140	88
1959 - 04 - 12	750	547	47	3140	16.0	23.3	—
1959 - 11 - 08	130	134	48	500	10.3	150	95
1960 - 04 - 24	1070	648	36	2970	13.0	19.0	—
1960 - 10 - 02	108	126	49	560	12.3	13.7	85
1961 - 02 - 12	80	84	6	210	7.0	46.5	—
1961 - 04 - 23	470	395	30	1810	12.7	25.4	—
1961 - 07 - 09	130	163	42	940	16.0	69.2	—
1961 - 10 - 01	97	97	16	410	11.8	61.8	94
1962 - 07 - 03	285	285	52	1350	10.0	59.7	—
1962.11.06	98	116	24	460	11.0	79.1	76
1963 - 04 - 21	460	439	64	2160	13.7	29.6	64
1964 - 05 - 17~18	800	437	75	6210	39.5	16.2	75
1965 - 05 - 23	574	553	46	2120	13.4	21.9	46
1966 - 05 - 22	506	402	64	3600	24.8	24.0	64

18.3.1.4　Ouchi-Kurgan 水电站（Зырянов，1973）

前苏联 Ouchi-Kurgan 水电站水库长 17km（图 18-32），总库容为 5640 万 m³，死库容为 2000 万 m³，主要为灌溉和发电。在电站进水口高程以下 20.8m 处设置 8 个泄水底孔，泄流能力为 350m³/s，其最大水头为 35m。

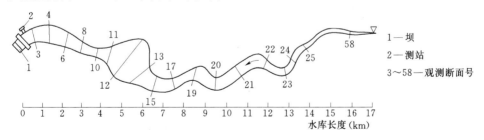

图 18-32　Ouchi-Kurgan 水库平面图

设计阶段考虑到年入库输沙量为 1200 万～1400 万 t，蓄水库容与输沙量相比，显得不够大，所以汛期降低水位 5m，以保持有用库容。

水库于 1961 年 10 月开始蓄水。自 1963 年运行以来，每年汛期 5～8 月都要降低库水位 4～5m，以减少淤积。图 16-23、图 16-22 以及图 18-33 为库水位、入库悬沙、流量和淤积量过程线，可见 1968 年以后，库容基本保持不变，不再受到损失。其泥沙淤积纵

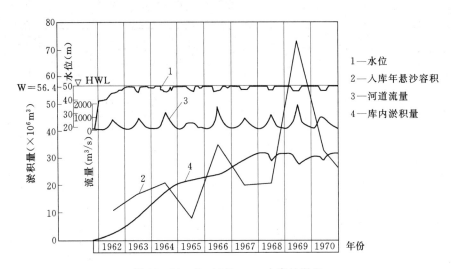

图 18 - 33　Ouchi-Kurgan 水库的淤积

剖面，见图 16 - 22。从图可见，运行 4～5 年后，淤积三角洲已抵达坝前，1969 年所测淤积纵剖面表明，库内淤沙已被冲刷出库，而 1968 年以前水库虽然降低水位，但仍处于淤积过程。图 16 - 23 为 1964 年汛期降低水位时的水位、流量和进出库含沙量过程线，其出库含沙量小于入库含沙量。即并不能造成全库区的冲刷，而处在淤积过程之中。所以，在这个时候降低水位冲刷，仅使泥沙搬动位置，从排沙效率而言，并不高。降低水位的最佳冲刷流量估计大于 $1000～1500 m^3/s$。

从图 18 - 33 可见，水库总库容为 $56.4×10^6 m^3$，淤积量约为 $30×10^6 m^3$，长期可用库容约为 $26×10^6 m^3$。

18.3.1.5　Khashm El Girba 水库（El Hag、Tayeb，1980；Fatin Saad A.，1980）

苏丹 Atbara 河上 1964 年修建的 Khashm El Girba 水库库容 9.50 亿 m^3，用于灌溉、发电和供水。年平均进沙量达 8400 万 t，水库淤积使库容损失严重。1971 年与 1973 年下降水位冲刷库内泥沙，见表 18 - 14。

表 18 - 14　　　　　　　　　　Khashm，El Girba 水库下降水位冲刷

时　间 （年-月-日）	进水量 （亿 m^3）	进沙量 （万 m^3）	净排沙量 （万 m^3）	出沙量/出水量
1971 - 07 - 11～14	6.12	350	1750	0.0286
1973 - 07 - 29～08 - 02	5.45	330	1250	0.023

据报告（El Hag、Tayeb，1980；Fatin Saad A.，1980），每年 7 月的出库沙量（包括水位下降冲刷）为 8500 万 t，大于平均年估计入库沙量。可惜该报告没有详细资料。

18.3.1.6　水槽子水库

水槽子水库水电站位于我国的南部，库容 958 万 m^3。坝高 36.9m，水库长度 6km，坝址年平均流量为 $16.3 m^3/s$，发电引水流量为 $29 m^3/s$，入库流量由上游一水库调节。估

计年悬沙量达 60 万 t，推移质输沙量为 3 万 t。

为了利用从上游坝至水槽子坝之间流域来水以及上游坝的来水，要求水库有效库容 360 万 m^3。1958 年 6 月至 1981 年 1 月之间的水库淤积量计达 818 万 m^3，占总库容的 85%，剩余 140 万 m^3，库容不足以用于流量调节。

1965 年以来曾多次做过降低水位冲刷淤积物的实验。流量是溢过溢洪道下泄出库，溢洪道高程 2089m，电站进口高程 2088m，而正常高水位为 2100m。显然，下降水位受溢洪道顶高的限制。下降水位冲刷在春节期间电站不工作时进行，历时 2～3d。所需水量约 50m^3/s 专门由上游水库下泄。坝前水位最低值只能到 2090m 左右。1965 年、1966 年、1974 年、1978 年、1980 年和 1981 年 6 年的冲刷资料，列于表 18-15，由此可见，每次冲刷，即每年可冲掉 20 万 m^3 泥沙，相当于年进沙量的 1/3。1980～1981 年冲刷前后的纵剖面，见图 18-34，坝前刷深仅 2m，而坝上游 4km 处则未发生冲刷。水位下降时的冲刷期间出库流量和含沙量的变化，见图 18-35。可见冲刷流量因溢过溢洪道，其高程较高，只能在 4km 范围内下切滩地约 2m 深。冲刷效率不高的另一原因，可能是由于细粒泥沙淤积物已经固结，或由于上游段为推移质泥沙淤积。

表 18-15　　　　　　　　　　　水槽子水库下降水位冲刷观测资料

冲刷历时 （年-月-日　时：分）	日数 （d）	最低水位 （m）	冲刷流量 （m^3/s）	出库最大 含沙量 （kg/m^3）	用水量 （万 m^3）	冲淤量（万 m^3）	
						输沙量法	断面法
1965-06-15　14：00～06-16　18：00		2090	44～175	38.3	1150		13.3
1966-08-31　10：00～14：34		2090.8	200～230	140	324		13.8
1974 年春节			90～97.5	87.9	1000		27.5
1978-02-05　16：10～02-08　18：22	3	2092.7	40（最大）	129.8	425	10.9	17.5
1980-02-14　8：20～02-19　3：00	4	2089.9	21.4～37.9	165	1574	25.6	31.6
1981-02-04　21：49～02-07　9：00	3	2089.9	58.6	79	806	12.0	18.1

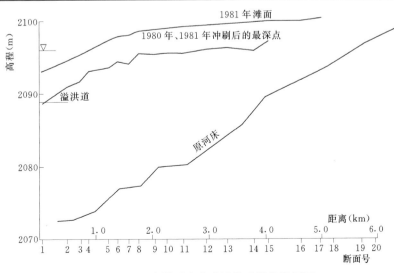

图 18-34　水槽子水库冲刷前后淤积纵剖面

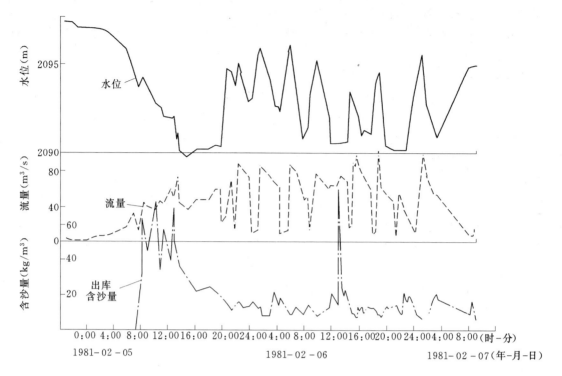

图 18－35　水槽子水库水位下降冲刷期间流量和含沙量的变化

降低水位冲刷乃至泄空水库可获得一定的排沙效果，如恒山水库、Zemo-Afchar 水库通过一定运用方式，取得理想的效果；而水槽子水库则由于水位降低不足，冲刷效果不佳，因此于 1988 年建成高程较低的排沙洞，以期取得较大的有用库容（据了解，低排沙洞建成后，似未得到很好的利用）。

18.3.2　疏浚

利用疏浚方法清淤以恢复库容是一种昂贵的方法，除非挖出来的泥沙可以利用，比如有的粗沙可以当作建筑材料。

当有下列情况的水库，可以考虑使用疏浚清淤：①水力冲刷的实施不易成功；②没有可能修建旁泄工程；③为了节省用水，不允许水库水位降低排沙；④坝址没有可代替的地方，也不可能加高坝顶；⑤水库不能泄空，因要损失电能，认为不经济。

水库疏浚可用于下列不同情况：

（1）恢复小型水库，砾石淤积的水库或部分恢复中型水库库容。在阿尔及利亚，曾用挖泥恢复库容以应灌溉需要（Bellouni，1980；Belbachir，1980）。所使用的挖泥船名 Lucien Demay，具有旋转绞刀头的吸扬式挖泥船，其理论效率是挖 1m³ 泥（容重约 1.6t/m³）约需 5m³ 清水。每月挖泥量估计为 34 万 m³。当抽吸管和压力管发生堵塞时，就需附加水，因此挖 1m³ 泥耗水 9m³。

1957～1968 年间 Lucien Demay 挖泥船的挖泥量，见表 18－16。

Hamiz 水库在 5 个半月的挖泥期间，有效抽吸时间总计 2300h，停机时间 730h。停机

表 18 - 16　　　　　　　　　　　Lucien Demay 挖泥船挖泥量

时间（年-月-日）	坝　名	挖泥量 （万 m³）	时间（年-月-日）	坝　名	挖泥量 （万 m³）
1958～1961	Cheurfas	1000	1965～1966	Fergoug	300
1962～1964	Sig	100	1967 - 11 - 10～1968 - 04 - 30	Hamiz	120

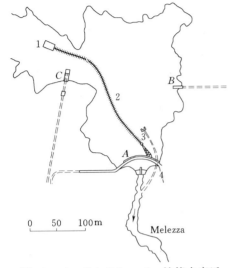

图 18 - 36　瑞士 Palagnedra 补偿水库近
坝库区的浮式挖泥机

A—坝；B—隧洞的出口工程；C—进水口和压力隧洞
1—浮式挖泥机；2—浮式管道；3—连接坝
的活动构件；4—过坝管道

的主要原因是机械和管路事故、管道堵塞、定位变化和浮管加长或缩短等。其中因堵塞现象而停机的时间占 25％。抽吸管中的泥团与其他外来物（如树枝等）紧密地连在一起而堵塞，故需退回抽吸管，让清水进入使泥团分开。堵塞也可能在压力管内发生，这是由于泥团尚未稀释的缘故。

阿尔及利亚水库挖泥的程序是从下游向上游开挖，以便在淤积物中挖出一条槽子，有利于异重流运动，在新开槽子中异重流的单宽流量大，流速也相应较大。

瑞士 Palagnedra 补偿水库安装一台浮式挖泥机，疏浚淤积在进水口附近深达 50m 的最细泥沙。吸入的泥沙经浮管输运到坝址，然后穿过坝体泄到下游，如图 18 - 36 和图 18 - 37 所示（Liechti、Haeberli，1970）。

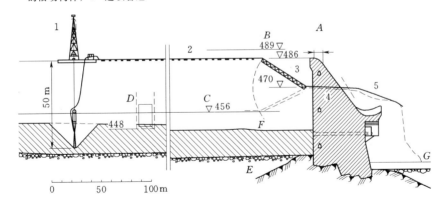

图 18 - 37　设置浮式挖泥机的瑞士 Palagnedra 补偿水库下游段纵剖面

A—坝的主轴线断面；B—无溢流时的最高蓄水位（高程 486m）；C—最低蓄水位（高程 456m）；
D—Verbano 压力隧洞进水口（槛高 448m）；E—老河床；F—1967 年 6 月淤积高程；
G—Melezza 河下游高程（约 426m）
1—浮式挖泥机，最大提取深度 50m；2—浮式管路（长 280～350m，直径 350mm）；
3—连接坝的活动构件（长 32m）；4—过坝管路（长 20.5m，钻孔直径 490mm）；
5—安全阀门和具有出口锥的出流管

（2）清除梯级水电站壅水池中的泥沙；降低河道洪水水位；或在水库回水淤积区内保持必要的通航水深。

奥地利 20 世纪 50 年代开始在多瑙河上修建水电站的水力发电开发计划。首先投入运转的是 1957 年建成的 Ybbs-Persenbeug 水电站，库容为 7600 万 m^3，有效库容 4400 万 m^3，发电的平均水头为 11m。由于推移质泥沙淤积在回水池的上段，使该河段缩窄和变浅，有碍于通航。过水断面的缩小，使水位抬高，增加洪水险情。根据最初 4 年的观测，有 80 万 m^3 砾石淤积在回水池的上段，被定期挖除。

1968 年上淤的 Wallsee-Mitterkirchen 水电站竣工，这在很大程度上减少了推移质输沙量。该电站平均水头为 11m，库容 5400 万 m^3，有效库容 2900 万 m^3，多年来，在较大洪水年份，有大量的推移质淤积，如 1970 年约 30 万 m^3，1975 年约 40 万 m^3。这些淤积物均被挖除，以防止洪水位的上升，并保持铁路桥下有 8m 高净空，以满足通航要求。

曾经估算（Kobbilka、Hauck，1982），从经济观点来看，在回水区上段挖除砾石是合算的；另一方面，通过挖泥人为地使尾水位下降是增加发电水头最经济的办法；此外，挖出的砂砾石可供建筑工程之用。

（3）当砾石淤积物可用作混凝土骨料时，挖泥方法并不昂贵。

在日本有从许多水库里挖出沙砾石用作混凝土骨料，下列三座水库，（Murakami，1979；Nose，1982；Okada、Baba，1982），就属于这种情况。

Akiba 坝，修建在天龙川上，坝高 84m，1958 年竣工发电。库容为 3400 万 m^3，库区流域面积为 4490km^2。每年需清除淤积物 40 万 m^3，以保持原河床高程。其中在距坝 4.5km 范围内的淤积泥沙，为细粒黏土和淤泥，每年由吸泥机清除 15 万 m^3，堆放在坝址上游，以供洪水流量冲走。距坝 4.5～8.2km 范围内的淤积物，具有良好的级配，适合于作混凝土骨料，每年需挖去 20 万 m^3。距坝 8.2km 以上的淤积物是砾石。每年用铲式挖泥机挖除 5 万 m^3，部分用于混凝土骨料，部分废弃，堆放在弃土场内。

Sakuma 水库是一座大型水力发电水库，位于日本天龙川上，总库容 33 万 m^3，坝高 155m。

1956～1980 年自开始运行的 25 年间，库内共淤积 7300 万 m^3，约占总库容的 23%，平均年淤积率为 300 万 m^3。

为了抵销河底的淤高，每年需清除 100 万 m^3 泥沙。从水库上游挖出的泥沙具有良好级配，大部分是优质石英沙，适用作混凝土骨料。

此外，尽可能长时间保持水位运行，有利用防止水库上游回水区内的淤积。

Miwa 水库修建套在日本天龙川的支流 Miwa Gawa 溪上，用于防洪、灌溉和发电，1959 年竣工。坝高 69.1m，总库容 3700 万 m^3，有效库容 2550 万 m^3。设计时的估计，在 40 年内总淤积为 650 万 m^3，实际淤积证明，估计数字太小。1959～1972 年间的淤积量已达 950 万 m^3，实际淤积率比估计的高数倍。

1965 年开始挖泥清淤，至 1974 年已挖去泥沙 230 万 m^3，并用作混凝土骨料（Shiozawa，1974）。1973 年 10 月，年挖泥量为 15 万 m^3 的吸扬式挖泥机投入运转，作为 10 年挖泥计划的一部分，以保持有效库容。

18.3.3　虹吸

虹吸挖泥用于水库清淤，系利用坝址上下游的水头差作为原动力，它不同于普通的吸泥机。

（1）Jandin 法。19 世纪由工程师 Jandin 首先提出（Brown，1944），通过虹吸作用把淤积物通过坝体输到坝的下游。他于 1892～1894 年间把此法应用于阿尔及利亚 Djidiouia 水库。3 年内搬走粉沙淤泥 140 万 m³，其中 49.8 万 m³ 为前期淤积的泥沙，其余部分是运行期间内进入水库的。该水库建造于 1873～1875 年，用于供水。原库容为 249 万 m³，10 年内库内淤积严重。该库进库平均含沙量达 3％，汛期最大含沙量高达 7％。该坝在坝底安装两个直径为 1.15m 的泄水闸门，可能由于不正确的运用方式，无法防止其快速淤积。

Jandin 布置方案包括一条柔性管，直径 61cm，在正常运行情况下泄流流量 1.53m³/s；管子穿过坝底一孔口到达自由浮动的薄铁板舱，可在水库内以半径 1.6km 的范围内活动；管口处装上一个叶轮，它借助于管流而转动，并连接于管子进口端部轮式切割器上，它是为搅动淤积泥沙而设计的。

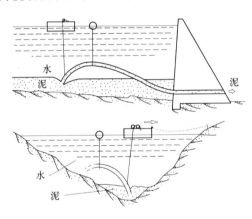

图 18-38　虹吸挖泥布置示意图

1974 年，Hannoyer 根据 Jandin 的 80 年前提出的"水力抽吸器"原理提出新的方法（Hannoyer，1974）。图 18-38 为水力抽吸器的示意图。坝前柔性管通到坝底泄水孔，管子头部是可动的，可借助出口高程以上的水头把泥沙吸出，而不需水泵。由浮体悬吊着的管子长度可大于 2km，管子位置保持在泥浆面以上。

1970 年利用虹吸挖泥的实验，曾在法国 Seine 河上的 Bongival 水库中进行过。

（2）最简单的成功实例是安装在法国 Rioumajou 坝的水力虹吸装置（Evrard，1980）。虹吸管路跨立在 21m 高的重力拱坝上，见图 18-39。虹吸管进口位于电厂进水口和泄水隧洞口之间，以便清除进水口泥沙，因为水库淤积每年将底孔淤堵，并威胁高于底孔 4m 的进水口。当溢洪道泄流时，虹吸能自动运行。为保险起见，自动排水罐还附设一个手动的排水装置。上游段管路长 20m，直径 450mm，近出口处装有自吸管嘴。下游段管路长 24m，直径 400mm。此虹吸装置泄流能力为 1m³/s，可挟运 15kg 泥沙。此装置效率很高，其建设费用在一年内回收。

（3）我国山西、陕西、甘肃等地的中小水库，也有用虹吸挖泥而恢复库容的，如田家湾水库、小华山水库、北岔集水库等，都取得较好的清淤效果。

根据干旱、半干旱地区试点水库试验情况，列出各种水库虹吸清淤有关特征值，见表 18-17（陕西省水利水土保持厅，1989）。

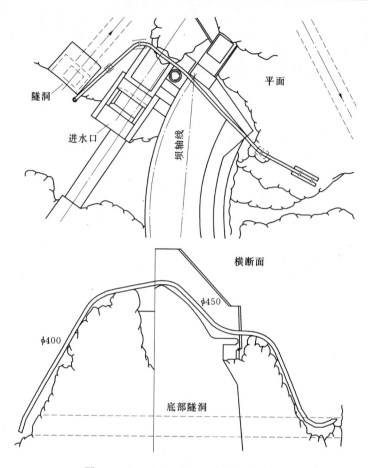

图 18 - 39　Rioumajou 坝水力虹吸装置

表 18 - 17　　　　　　　　　　　　水库特征和虹吸清淤特征值

	水 库 名 称	田家湾水库	小华山水库	游河水库	浠河水库	桃树坡水库	北岔集水库
水库特征值	坝址	山西榆次	陕西华县	陕西渭南	陕西临潼	陕西凤翔	甘肃静宁
	坝高（m）	29.5	33	32	35	32.3	15
	库容（万 m³）	942.5	176.6	2450	394	154	275
	运用时间（年）	18（1960～1978 年）	19（1959～1978 年）	19（1959～1978 年）	9（1969～1978 年）	23（1959～1982 年）	6（1972～1978 年）
	总淤积量（万 t）	400	52.5	898.5	310	78.2	52.8
	泄水建筑物形式	卧管	转斗门	放水塔	卧管	卧管	底孔
	泄水流量（m³/s）	2.5	5.0	5.5	2.0		10
虹吸清淤的特征值	虹吸清淤开始年份	1975	1976	1976	1977	1978	1977
	工作水头（m）	5.5～8.8	8～20.8	9～14	5～10	6～8	6～14
	排沙管径（m）	0.55	0.3	0.5	0.3	0.3	0.41
	管道排沙流量（m³/s）	1.2	0.3	0.72	0.3	0.25	0.23～0.40

续表

水　库　名　称		田家湾水库	小华山水库	游河水库	浠河水库	桃树坡水库	北岔集水库
虹吸清淤的特征值	吸头形式	吹水冲泥、搅刀	吹水冲泥	搅刀	搅刀	吹水冲泥	耕刮吹吸式
	库内水深（m）	3.0	12.8～2.7	6～8	2～8	2～6	1.5～5.0
	排出平均含沙量（kg/m³）		年均 136～163			87.7	484
	排出最大含沙量（kg/m³）	480	720	581.5	1080		1143
	排出沙的利用	引沙入田	引沙入田	引沙入田	引沙入田	引沙入田	引沙入田、填沟
	出口泥沙中径（mm）	0.007	0.024～0.044	0.015～0.029			0.0056～0.0096

表 18-17 中吸头形式有用高压水泵将水吹到泥面造成泥浆，或用电动机带动吸头上的绞刀，转动削泥，制造泥浆等方式，也有用自吸式吸头，即靠虹吸和吸力吸取泥浆。

虹吸清淤的设计，包括吸头形式的选择与设计、管道尺寸的设计（虹吸管道的不淤流速、排沙流量、管长、驼峰的高度位置和平面位置的确定）以及虹吸管出口的连接。

现以小华山水库虹吸清淤的效果为例，说明该水库虹吸清淤在水库减淤的作用。

小华山水库情况，见表 18-17。水库流域面积 17.5km²。多年年平均径流量 250 万m³，年均来沙量 5 万 t，年平均含沙量为 20kg³/m。1959 年开始蓄水运用，入库泥沙拦在库内，后改为拦洪排沙运用，排沙效率有所增加，淤积由 1960～1961 年平均 5.65 万 m³（蓄水运用）下降到 1971～1976 年的年均 1.74 万 m³（拦洪运用），见表 18-18，虽然淤积量减少，但淤积仍在继续，到 1976 年有效库容仅为 55 万 m³，占原有效库容的51.7%，严重影响作物用水，故于 1976 年大坝加高 3m，溢流坝加高 2.8m，以暂时满足灌区用水要求。为彻底解决水库的淤积问题，采用虹吸清淤，这既满足水库长期使用的综合利用的要求，又无用水和排沙的矛盾，即不仅要求当年泥沙不淤，而且要求逐步清除前期的淤积泥沙 52 万 m³。

表 18-18　　　　　　　　　小华山水库不同运用期的淤积率

测验时间（年-月）	测验方法	正常高水位452m 以下有效库容（万 m³）	观测时段内淤积量（万 m³）	使用年限（年）	年平均淤积量（万 m³）	运用方式
1960 - 02	地形	107	11.3	2	5.65	蓄水运用
1961 - 03	地形	95.7	9.7	3	3.23	
1965 - 03	断面	86.0	22.0	6.5	3.38	拦洪排沙运用
1971 - 07	断面	64.0	8.7	5	1.74	
1976 - 06	断面	55.3				

设计要求每年排出当年来沙沙量 5 万 t，加上前期淤沙 5 万 t，共 10 万 t。全年按 80d

工作计，每日工作 8h。排沙流量设计值为 0.29m³/s。平均排出含沙量设计为 150kg/m³。

多年试验的虹吸清淤效果，列于表 18-19。由此看出，历年虹吸清淤沙量逐年增加，1985 年虹吸清淤量已达 11 万 t，超过原设计 10 万 t 的要求。

田家湾水库是最早开展虹吸清淤的水库。1977 年 6 月至 1978 年 6 月期间 29.8 万 m³ 泥沙进入水库，虹吸挖泥装置清除 32 万 m³ 泥沙。这期间内总工作时间达 695h，每小时平均排出 460m³（戴继岚、陈武奎、周宾，1980）。

表 18-19 小华山水库历年虹吸、异重流与泄空排沙量

年 份		1978	1979	1980	1981	1982	1983	1984	1985
入库沙量（万 t）		2.92	0.60	2.09	5.25	7.55	5.29	7.38	6.71
出库沙量（万 t）	虹吸	0.56	0.45	2.78	5.03	4.68	7.94	9.02	11.03
	异重流	0.61	0.27	0.16	0.87	1.84	3.44	1.49	0.57
	泄空	0.03	1.04			1.61	0.37		0.42
	合计	1.20	1.76	2.92	5.90	8.13	11.75	10.51	12.01

北岔集水库（张光复、李元红，1987）虹吸清淤工作始于 1978 年。该水库 1958 年兴建后运用到 1971 年淤满报废；1972 年在原坝址上游 50m 处的淤积面上重新建坝，坝高 15m，总库容 275 万 m³，死库容 30 万 m³，并设有泄洪洞，最大泄量 20m³/s，原计划用该洞泄洪排沙，由于基流小，用水紧张，故不能敞泄排沙，以致淤积有增无减。1981 年再次加高土坝 1m，总库容达 395 万 m³。

虹吸清淤工作经 8 年的试验，研究改进了吸泥头装置，先后采用簸箕式吸头（田家湾水库采用的）、插入式吸头、耕吸式吸头（吸泥口安装耕犁，犁壁处设喷水管，先将淤沙耕起，然后喷水破碎）、潜入刮吸式吸头（耕犁松土，犁壁处设冲水管吹水冲泥，吸泥管口安装活动刮泥板，将耕起的泥沙刮入吸泥管）以及耕刮吹吸式吸头（吸头内设耕犁，先耕松淤土，由刮泥板将耕起泥沙刮入，接着吸泥管口喷嘴吹水破碎、稀释、加力送入输泥管道）。经试验比较，以耕刮吹吸式吸头效果最佳。此外，还研制了橡胶筋加筋软接头，增设竖井等，从而取得较好的排沙效果。利用耕刮吹吸式吸头，1984 年 5 月 21 日至 6 月 7 日，工作时间 392.5h，排沙 21.6 万 t 泥沙，大于多年平均入库沙量 16.3 万 t。

参考文献

戴继岚，陈武奎，周宾.1980.水库水力吸泥装置清淤的初步研究.河流泥沙国际学术讨论会论文集第 2 卷，光华出版社：763-782.

郭志刚，李德功.1984.恒山水库的水沙调节运用经验.水利水电技术，1984（5）.

辽宁水利科学研究所，闹德海水库管理所.1972.闹德海水库冲淤变化及近两年非汛期蓄运用情况的初步分析.水库泥沙报告汇编，1972：205-214.

任增海.1986.黑松林水库"蓄清排浑引洪淤灌"经验总结.西北水利科学研究所科学研究报告选集，第 2 集，第 1 号：108-119.

陕西省水利水土保持厅.1989.水库排沙清淤技术.水利电力出版社：236.

杨庆安，缪风举.1991.三门峡水库运用经验简述.人民黄河，1991（1）4-7.

张光复，李元红. 1987. 静宁县北岔集水力吸泥试验总结报告. 甘肃省水库排沙清淤试验研究成果汇编. 甘肃省水利科学研究所. 45 - 60.

张启舜，龙毓骞. 1980. 三门峡水库泥沙问题的研究. 河流泥沙国际学术讨论会论文集，第 2 卷，光华出版社：707 - 716.

赵宝信. 1980. 红山水库淤积上延初步分析. 泥沙研究，1980 年复刊号：53 - 61.

Abid，A. 1980. Transported sediments and drawing off at the Nebeur Dam on the Mellegue Wadi during the period 1 May 1954 to 30 April 1980. International Seminar of Experis on Reservoir Desiltation, Tunis，1980. Com. 3.

Belbachir，K. 1980. Desilting of Hamiz Dam. International Seminar of Experts on Reservoir Desiltation, Tunis，1980，Com. 8.

Bellouni，M. 1980. I. Main courses of action undertaken by Algeria for the desilting of dams in operation. II. Study of the Hamiz dam dredging. III. The "Lucien Demay" dredger and the desilting of the Hamiz Dam. Intern. Seminar of Experts on Reservoir Desiltation，Tunis，1980，Com. 13.

Brown，C. B. 1944. The control of reservoir silting. Misc. Pub，No. 521，USDA.

Curtis Jr. ，L. W. 1968. Sedimentation in retarding basins. Proc，ASCE，J. Hyd. Div. ，Hy 3，May 1968.

Dawans，Ph. ，Charpie，J. ，Giezendanner，W. ，Rufenacht，H. P. 1982. Le dégravement de la retenue de Gebidem：Essais sur modèle et expériences sur prototype. Trans. 14th ICOLD，Vol. 3：383 - 407.

Duquennois，H. 1955. Lutte contre la sédimentation des barrages réservoirs. Compte rendu No. 2, Electricité et Gaz d'Algeria.

Duquennois，H. 1959. Bilan des opérations de soutirage des vases au Barrage d'Iril Emda (Algerie). Colloque de Liège，Mai 1959.

El Hag，Tayeb. 1980. The limited experience of desilting in Sudan. Intern. Seminar of Experts on Reservoir Desiltation，Tunis，Com. 14.

El Fatih Saad，A. 1980. Sedimentation and flushing and flushing operations of Roseires，Sennar and Khashm El Girba Reservoies. Intern. Seminar of Experts on Reservoir Desiltation，Tunis，Com. 2.

Evrard，J. 1980. Considerations on sedimentation in the hydraulic installations of the France (French Electricity Authority) . Intern. Seminar of Experts on Reservoir Desiltation，Tunis，Com. 7.

Fan Jiahua. 1985. Methods of preserving reservoir capacity. Methods of Computing Sedimentation in Lakes and Reservoirs，Unesco，Paris：65 - 164.

Fiock，L. R. 1934. Records of silt carried by the Rio Grande and its accmulation in Elephant Butte Reservoir. Trans. AGU，pt. 2，1934，468 - 473.

Ford，F. A. 1885. Les ravins sous-lacustres des fleuves glaciaires. Comptes Rendus，Acad. Sci. ，Paris, 101：725 - 728.

Gong Shiyang. Jiang Deqi. 1979. Soil erosion and its control in small watersheds of the loess plateau. Scientia Sinica，. 22：1302 - 1313.

Groupe de Travail du Comite Franccais des Grands Barrages. 1982. Controle de l'alluvionnement des retenues，quelques examples types. Trans. 14th Congress ICOLD，Q54，R. 34，vol. 3：537 - 562.

Grover，N. C. ，Howard，C. S. 1938. The passage of turbid water through Lake Mead. Trans. ASCE, 103：720 - 790.

Hachaturian，A. G. et al. 1966. Sedimentation and erosion in irrigation stilling basin and reservoir (in Russian) . Kolos.

Hannoyer，J. 1974. Nouvelle méthode de dévasement des barrages réservoirs. Annales de l'Institute Technique du Bâtiment et des Travaux Public，No. 314，Fév. 1974，146 - 153.

Holeman，J. N. 1980. Communication of the Soil Conservation Service-U. S. Department of Agriculture. Intern. Seminar of Experts on Reservoir Desiltation. Tunis, Com. 12.

Kobilka, J. G. , Hauck, H. H. 1982. Sediment regime in the backwater ponds of the Austrian run-of-river plants on the Danube. Trans. 14th ICOLD, Q. 54, R. 10.

Lane, E. W. 1954. Some hydraulic engineering aspects of density currents. Hyd. Lab. Report No. Hyd - 373, US Bureau of Reclamation.

Lara, J. M. 1960. The 1957 sedimentation survey of Elephant Butte Reservoir. Bureau of Reclamation, US-DI.

Li, Yuanhong, Fan Jiahua. 1992. Managemant of reserveoir sedimentation in semiarid region. 5th Intern. Symp. on River Sedimentation, April 6 - 10, 1992, Karlsruhe.

Liechti, W. , Haeberli, W. 1970. Les. sédimentation dans le bassin décompensation de Palagnedra et les dispositions prises pour le déblaiement des alluvions. Trans. 10th ICOLD, Q. 38, R. 3.

Murakami, S. 1979. Sedimentation in the Tenryu river system. Water Power and Dam Construction, October 1979, 36 - 40.

Nose, M. 1982. Present trends in construction and operation of dams in Japan. Trans. 14th ICOLD, G. P. 1. Vol. 3: 693 - 728.

Okada, T. , Baba, K. 1982. Sediment release plan at Sakuma Reservoir. Trans. 14th ICOLD, Q. 54, R. 4.

Rajan, B. H. 1982. Reservoir sedimentation studies of Tungabhadra Reservoir Peoject, Karnataka, India. Trans. 14th ICOLD, Q. 54, R. 27.

Raud, J. 1958a. Les soutirages de vase au barrage d'Iril-Emda (Algerie). Trans. 6th ICOLD, New York, Com. 31.

Raud, J. 1958b. Organes de dévasement du barrage d'Iril Emda. Résultates obtenus pendent autre années d'exploitaltion. La Houille Blanche, 1958 (4).

Reed, O. 1931. Swiss methods of avoiding silt deposits in reservoir. Engineering News Record, 107 (8): 289 - 290.

Schoklitsch, A. 1929. The Hydraulic Laboratory at Gratz. 2. The Research Laboratory and the researches undertaken therein. B. (f) on the flow of water through lakes. Hydraulic Laboratory Practice (Ed. Freeman, J. R.). ASME, 322 - 325.

Shiozawa, K. 1974. Sedimentation in Miwa Rewervoir and its dredging program (in Japanese). Dams in Japan, No. 362, 1974.

Smith, W. O. , Vetter, C. P. , Cummings, G. B. 1960. Comprehensive survey of sedimentation in Lake Mead, 1948 - 1949. USGS Professional Paper 295, US Government Printing Office.

Smrcek, Antonin. 1929. The Hydraulic Laboratory of the Bohemian Technical University at Brunn, Pt. 2. E. Experiments on the motion of water in the interior of large reservoirs. Hydraulic Laboratory Practice (Ed. Freeman, J. R.). ASME, 510 - 511.

Stevens, J. S. 1936. The silt problem. Trans. ASCE, 101: 207 - 250.

Swiss National Committee on Large Dams. 1982. General Paper 8. Trans. 14th ICOLD, Vol. 3: 889 - 958.

Tolouie, Esmail. 1989. Reservoir sedimentation and desiltation. Ph. D. Diss. , Univ. of Birmingham, U. K.

Zhang Hao et al. 1976. Regulation of sediments in some medium-and small-sized reservoirs on heavily silt - laden streams in China. Trans. 12th ICOLD, Q. 47, R. 32.

Гвелесияни, А. Г. , Шмлъцелъ, Н. П. 1968. Заиление водохранищ гидрозлектростанций. Энергия.

Зырянов, А. Г. 1973. Динамика заиления водохранища Уч-Крганской гэс и опыт борьбы с наносами. Гидротехническое Строительство, 1973 (1): 32 - 37.

第 19 章 水库淤积 Ⅴ：水库可持续使用库容的研究

水库可持续使用库容的研究，主要是水利工作者包括水库管理人员在实际工作中探索总结出来的。最早记载的西班牙水库经历几百年运行使用，埃及尼罗河上游老 Aswan 水库设置许多孔口泄流排沙以减少淤积，还有 20 世纪 40 年代 Savage 设计的印度水库采用大底孔的设计用以排沙。新中国成立后也兴建了大量水库。最初，蓄水水库带来大量淤积，因而寻求排淤措施，例如陕西黑松林水库，内蒙古红领巾水库，改变运用方式采用泄空冲刷，恢复库容。20 世纪 70 年代，在讨论水库淤积的一个会上，笔者听到长江委办公室的同志介绍他们提出的长期使用库容的概念（唐日长，1964）。1980 年第一次国际泥沙讨论会的筹备会议上讨论会议文选题时建议由三家合写论文"水库长期使用"（夏震寰、韩其为、焦恩泽，1980）。笔者在参加联合国教科文组织水文计划项目"湖泊与水库泥沙淤积计算方法"中总结国内外保持水库库容方法，介绍保持长期有用库容的水库（Fan，1985），并在 Reservoir Sedimention Hand book（Morris、Fan，1997），以及为美国能源部编写 Guidelines for Preserving Reservoir Storage Capacity by Sediment Management（Fan，1996）中除介绍国外泥沙处理有成效的水库外，更着重介绍我国处理水库淤积并能保持可持续使用库容的经验。在那个时候，国内外也出版可持续使用库容问题的论文和著作，如 Atkinson（1996），Palmieri 等（2003），韩其为（2003）。

先讨论库容保持的必需条件，然后讨论长期可用库容的估计方法。

19.1 库容保持所需的条件

从泥沙冲刷方面考虑，欲保持水库一个可持续使用的库容，需满足下列条件：

（1）水库中有利的地形条件。

（2）设计具有足够大泄量的底孔或低孔。

（3）满足水库多目标效益条件下，有合适的泥沙调节的运用方式。

（4）每年有可用于冲刷的水量。

（5）能泄相当大的出库流量。

19.1.1 水库地形

如水库大坝建于山区河流，河段比降大，有很大的挟沙能力，标志之一是在建库前，其床沙由粗颗粒组成，远远大于悬沙颗粒粒径。由于挟沙能力大，所有悬沙可以为水流输移，没有泥沙淤积，结果在河床看不到细粒悬沙的存在。

举三门峡水库为例，建坝前，进入悬沙的平均直径，d_{50} 为 0.03mm，而近坝处河床底质为沙，D_{50} 为 0.2mm 左右，1958 年 2 月现场实测陕县站（近坝址）床沙 D_{50} 为 0.218mm；4 月 D_{50} 为 0.172mm；6 月 D_{50} 为 0.182mm；10 月 D_{50} 为 0.229mm；12 月 D_{50} 为 0.241mm。

19.1.2 底孔的设置

对于目的在于保持一个长期可用库容，设置具有合适的泄流能力的位置低的孔口是首要的条件，底孔可用于泄洪和排沙，通过孔口泄放库水或空库冲沙，在水位下降过程中产生溯源冲刷，最后，在水流和地形条件下塑造出一个长期可用库容。

以前我国规划水电站工程时是否设置合适的孔口问题，有经验也有教训。在 20 世纪 70 年代以前，我国有些工程师对于为了水库排沙利用洪水通过底孔排沙，没有明确概念，还有些工程人员对于为了减少粗粒泥沙进入电厂进水口，需在进水口的下面设置孔口，认为没有必要（方宗岱，1991）。在我国，有的水库在设计时未设计底孔，水库建成后，采用蓄水运行方式，结果造成严重淤积，为了排除淤沙，必须建造底孔，然后采用泥沙处理运行方式。泄空冲刷，排除大部分的淤泥，以保持长期可用库容，内蒙古陈梨窑水库所采取开挖新孔的方法来恢复库容，它是根据附近的红领巾水库泥沙处理的经验而开挖新孔的。从这两个例子可以看到设置底孔的重要性。这两水库均为小型水库，大型水库的例子有三门峡水库。

三门峡水库多次加大孔口的泄量，如表 19-1 所示，可见原设计的排沙方法不符合多沙河流的情况，虽经多次加大排沙泄量，仍不能使上游淤积延伸得到改善，故三门峡水库的改建，没有全部解决问题，它不是一个成功的例子。

表 19-1　　　　　　　　　　三 门 峡 水 库 的 孔 口

孔口类别		孔口尺寸和个数	编　号	高程（m）	运行年份
底孔		3m×8m, 3 个	1～3	280	1970
深孔		3m×8m, 3 个	9～12	300	1960
双层孔	深孔	3m×8m, 7 个	1～7	300	1960
	底孔	3m×8m, 6 个	4～8	280	1971
	底孔 *	3m×8m, 2 个	9～10	280	1990
隧洞		直径 11m, 2 个 下游 9m×11m，闸门 8m×8m	1～2	290	1967 1968
压力钢管 泄水道 **		直径 7.5m, 3 个 出口 2.6m×3.4m	6～8	300	1966
压力钢管 泄水道		直径 7.5m, 1 个 出口 2.6m×3.4m	5	287	1966

*　除去 1970～1971 年重新打开 8 个底孔之外。于 1990 年再打开 9 号，10 号 2 个底孔。

**　第 5 号至第 8 号发电压力钢管 1966 年改为泄水管，第 5 号压力钢管泄水道 1978 年恢复改为发电进水管道。

19.1.3 运用方式

一般而言，水库运用方式有：①蓄水运行；②控制或非控制闸门的壅水运行；③汛期泄空冲刷，非汛期蓄水；④在一个合适的时间泄降冲沙；⑤采用泥沙处理的运行方式，以减少上游段的回水淤积，并控制出库流量泄放泥沙以降低水库下游河段内的严重淤积，更为水库的各种效益，保持可持续使用的库容。

现举一些例子来说明水库运用的方式：天桥水库必须控制水库的最高水位不影响到上

游河段支流的汇合处。这使支流的高含沙量水流可不受壅水影响进入水库。如果水库回水影响到支流汇流区，则在该处将产生严重的淤积，并使淤积向上游延伸。

水库采用洪水滞洪和洪水冲沙相结合的运用方式。比如三门峡水库应如何控制，可使下游减少淤积而在主槽内有所冲刷。当特大洪水来临时，出库应控制在一个有限制的下泄流量。实测资料表明，三门峡水库下游河道在流量大于 $3000m^3/s$ 时，主槽发生冲刷，滩面则漫水而发生淤积，因为当流量较小时，水流挟沙能力降低，会在主槽内发生淤积，抬高河床，从而给防洪带来严重问题。

有的水库采用非汛期蓄水用于兴利，在非汛期淤积的泥沙，将在下一个汛期采用泄降冲沙的方法把这些泥沙清除掉。

我国有些小型水库，控制出流中含有高含沙量用于淤灌，水库中在壅水期间的淤沙可采用泄降冲刷泥沙的方法，冲沙出库，引沙入田。

伊朗 Sefid Rud 水库洪水期需蓄水用于灌溉，库内泥沙淤积，在非汛期则采用降低库水位泄降冲沙的运用方式，非汛期泄降冲沙时间停止发电，Sefid Rud 水库于 1980 年开始使用这种运行方式，图 19-1 为 1986～1987 年的非汛期泄沙运用过程。

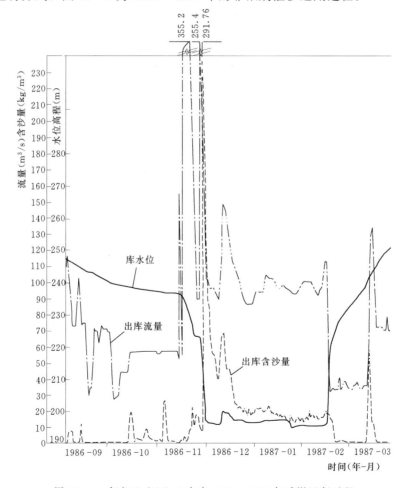

图 19-1　伊朗 Sefid Rud 水库 1986～1987 年减淤运行过程

　　欧洲的水电站，有采用短期（数日）泄降冲沙。例如瑞士 Gebidem 水电站，在 5 月末至 6 月空库约 3d，冲刷库内淤沙，1977 年的空库泄沙过程示于图 19-2。

19.1.4　水库有富裕水量

　　水库冲沙需要有富裕的水量，一般汛期有多余的水量。有的水库，为了防洪，水库常在汛前泄放水量以腾空一定的库容，这个时候可以用以排沙。如有大量的富裕水，水库在汛期滞洪时可利用一部分水量来排除异重流泥沙。但在我国干旱地区汛期来水甚至不敷灌溉之用，故没有余水来排异重流，因而必须改变运行方式，只能安排在第二年，看有无可能采用排沙运行方式。山西恒山水库采用的运用方式是每 3～4 年空库排沙。

　　如果没有富裕的水可用于排沙，则须将一部分兴利的水用来冲沙，以保持一定库容，如水槽子电站则选择 3 天假期，需电量较小时进行泄水排沙。

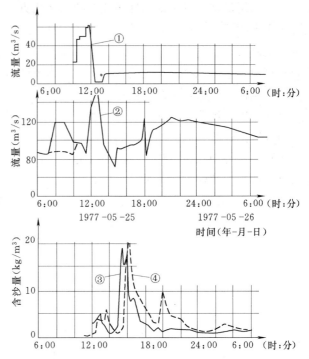

图 19-2　瑞士 Gebidem 水电站 1977 年泄沙过程
①—底孔下游 Massa 河流量；②—Rhone 河 Brig 站流量；
③—Rhone 河 Brigerbad 站含沙量；
④—Rhone 河 Visp 站含沙量

19.1.5　足够的泄量

　　泄出库外的流量应较大，这样可获得恢复较大的库容，同时因泄量较大，具有较大的挟沙能力，故在坝下游，例如黄河下游河道可避免出现大量淤积，如流量太小，水流速度小于淤积颗粒的起动临界流速，则可产生淤积，水流的悬沙挟沙能力与流速 3 次方成正比，因此，采用的排沙流速越大，则排出库外的沙量也越多。我国一些水库内进行过原体观测。研究表明，所采用冲沙流量应相当于造床流量。也可建议采用较大的流量，流量的大小也可通过数学模型或物理模型来确定。

19.2　长期可用库容的容积

19.2.1　长期有效库容的容积

　　水库的长期可用库容，如图 19-3 所示，它包括主槽库容和滩地库容两部分，在设计中需要确定若干参数。

　　典型河道断面包括主流河槽加上一个不经常淹没的滩地面积，蓄水时泥沙首先淤在河槽，然后淤在河槽和滩地，最后淤成一接近水平的底部。但是，当用底孔泄流使库水位骤降，则水流最后在淤积体上冲刷出一河槽重新建立一新的河槽和滩地（图 19-3），如果底孔汇量相当大，可以避免壅水，则此新的河槽从三角洲自上而下延伸至坝址。

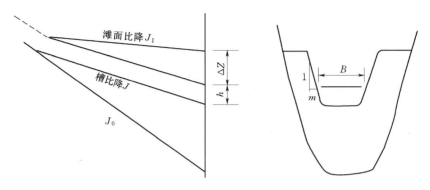

图 19-3　长期可用库容概化图

如果底孔泄量太小，则在三角洲部分的被冲刷的粗泥沙将淤积在近坝的回水区内。

如采用水力冲沙形成的可长期使用的库容是主槽容积。此容积可用泄降（水位完全下降）冲刷前的滩地比降和冲刷后的主槽比降和断面面积来估计，虽然滩地上面会继续处于淤积状态，如果有大泄量的底孔可以运用排沙，以尽量减少壅水和滩地漫水。则滩地上仅在非汛期蓄水期会有泥沙淤积，但汛期水流中含沙量相当低。这种泄降冲沙不仅能冲刷主槽，同时它延缓滩地上的泥沙淤积。为了把降低水流漫滩的机会，设计的出库流量应尽可能加大，相当于 5 年一遇至 10 年一遇的洪水流量。

为估计此种容积，需要了解断面的一些参数值：泄降冲刷后流量所能冲出的断面宽度和边坡，以及主槽和滩地的纵向比降。

见图 19-3，设主槽容积用 V_{ch} 表来示，V_{ch} 为冲刷泥沙出库而形成，可用下式表示：

$$V_{ch} = \frac{1}{J_2}\left[BhZ_0 + \frac{B(Z_0)^2}{2} + \frac{m(Z_0)^3}{3}\right]$$

式中：J_2 为槽比降；B 为槽底宽度；Z_0 为滩地与主槽的高程差；m 为边坡；h 为水深。

至于滩地容积则取决于水库地形条件。

19.2.2　出库输沙率

出库输沙率为在特定水流条件下水流能输移的输沙率，因此可视为近坝河段的泥沙挟沙能力。

挟沙能力公式有多种可用以计算。

（1）Velikanov 公式：

$$c = k\frac{u^3}{gh\omega}$$

式中：c 为含沙量；u 为平均流速；h 为水深；ω 为泥沙颗粒的沉降速度；k 为系数。

（2）清华大学公式：

假定冲刷水流为均匀流（实际上，冲刷水流并不均匀），联解 Manning 公式，水流连续方程和挟沙能力公式得（图 19-4）：

$$Q_{co} = Kq^{1.6}J^{1.2}B = K\frac{Q^{1.6}J^{1.2}}{B^{0.6}}$$

或

$$q_{co} = Kq^{1.6}J^{1.2} = K\frac{Q^{1.6}J^{1.2}}{B^{1.6}}$$

式中：J 为比降，B 为主槽宽，K 为系数。
清华大学（1979）分析 10 个水库的溯源冲刷和沿程冲刷资料，分成 3 组不同 K 系数的资料。

（3）陕西水利科学研究所：

$$Q_{so} = kQ^{1.6}J^{1.2}$$

式中：$k = 10$，适用于溯源冲刷；$k = 3$，适用于沿程冲刷。

（4）Fan、Jiang（1980）分析三门峡水库 1963 年、1964 年资料获得：

$$Q_{co} = 3.5 \times 10^{-3} Q_0^{1.2} J^{0.8}$$

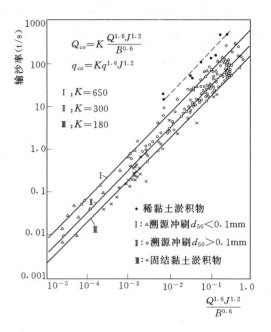

图 19-4　分析现场冲刷资料的经验关系
（清华大学泥沙研究室，1979）

其中 J 代表 $J \times 10^4$，资料的底部泥沙范围 $D_{50} = 0.06 \sim 0.09\text{mm}$。

19.2.3　主槽冲刷宽度和主槽边坡

在河道水力学中，最早研究渠道稳定条件下的宽度是 Lacey 和其他人分析印度灌溉渠道。Altunin（1964）研究河道稳定宽度是根据中亚细亚各大河的纵向比降以及各河道上下游的河道断面形状，发现上游河道较窄，下游则较宽，分析得

$$A = \frac{BJ^{0.2}}{Q^{0.5}}$$

式中：B 为槽宽；J 为比降；Q 为造床流量。参数 A 根据河道状况而变，见表 19-2。河道状况见图 19-5 和图 19-6。

表 19-2　　　　　　　不同河段的 A 和 m 各值（Altunin，1964）

河　段	Lohtin 系数	Fr 数	河床参数 A		指数 m	
			剖面Ⅰ	剖面Ⅱ	剖面Ⅰ	剖面Ⅱ
高山河段	＞10	＞1.0	0.5	0.75	1.0	0.95
山区河段	＞7	1.0～0.5	0.75	0.9	0.9	0.8
山簏河段	＞6	0.5～0.2	0.9	1.0	0.8	0.75
中游河段	＞5	0.2～0.04	1.0	1.1	0.75	0.7
下游河段 a）舍尔河 b）阿姆河	＞2 ＞1	0.2～0.02 0.3～0.2	1.1 1.3	1.3 1.7	0.7 0.65	0.65 0.6

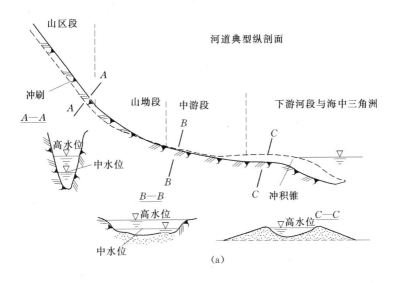

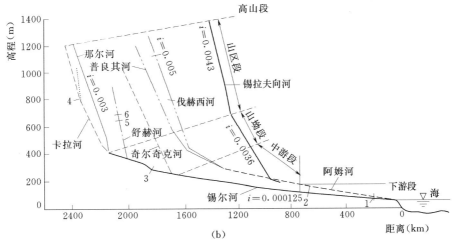

图 19-5　中亚细亚大河的纵剖面（Altunin，1964）

上式亦可写成

$$B = \frac{Q^{0.5}}{AJ^{0.2}} \tag{19-1}$$

Altunin 又求得断面的宽深比公式：

$$\frac{B^m}{H} = K$$

式中：H 为平均水深；m 为指数，随河道情况而改变，见表 19-2。

K 值对于冲积区，其值在 8～12 之间，（平均为 10）；对不易冲刷边坡，K 值为 3 和 4；易冲边坡，K 值可达到 20。

式（19-1）中 m 值可表示如下：

$$m = 0.5 + \frac{V_s - V}{V}$$

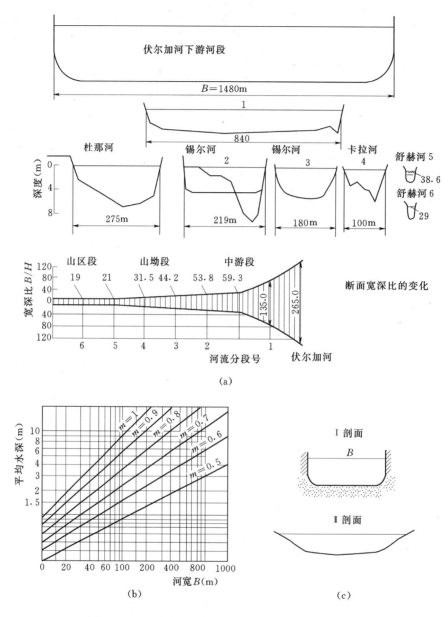

图 19-6　河道横断面宽深比的变化（Altunin，1964）

(a) 河道流量频率为 3%～10% 时河道横断面因素变化；(b) 断面平均水深与河宽
的关系；(c) 冲积河道典型断面

式中：V_s 为平均表面流速；V 为平均流速；m 值在 1～0.5 之间。

式（19-1）亦可写成：

$$B = A' \frac{Q^{0.5}}{J^{0.2}}$$

式中：$A' = \dfrac{1}{A}$，$A' = 0.75 \sim 1.7$ 之间，从上游至下游有不同值。

根据我国学者分析，经对三门峡水库现场实测资料验证，$A=1.7\sim2.0$；对于盐锅峡、青铜峡、闹德海、官厅等水库，$A=1.7$。

关于河槽的宽深比，前苏联国立水文所提出

$$\frac{B^{0.5}}{H}=\alpha$$

式中：砾石河床 $\alpha=1.4$；河质河床，$\alpha=2.75$；易冲的细沙河床 $\alpha=5.5$。

中国水利水电科学研究院泥沙研究所曾分析三门峡水库上游黄河潼关断面、渭河和北洛河的断面资料，得到

$$B_0=13.7Q^{0.5}$$

式中：B_0 为水面宽度。

河槽断面的横向边坡 m 值，根据实测资料，$m=4\sim8$。

河道在水力学中，对一河段存在一种占优势的流量，它塑造断面的形状，即所谓造床流量。汛期的平均流量被看作造床流量。

在设计底孔流量时，常采用平滩造床流量作为底孔的泄流能力。但是，我们建议设计更大的泄流能力，这样可以保持一更大的主槽，即有更大的库容，取何种造床流量，可采用模型试验的方法，或数学模型方法进行优选（Bruk 等，1983）。

19.2.4　汛期淤积和滩地比降

在水库中采用底孔泄放汛期流量，令流量通过主槽而减少漫滩的机会，因水流漫滩将造成滩地的淤积。

分析水库的壅水淤积过程中形成滩面淤积比降的有关资料，可用水沙方程联解求得滩面比降 J_1 与主要因素，即汛期中一次洪峰的平均流量的关系，有下列经验关系（Fan、Morris，1992）

$$J_1=\frac{0.0043}{Q^{0.44}}$$

见图 16-10，所用实测资料，在水库查勘时所取的三门峡水库、官厅水库、三盛公枢纽、渭河下游河段水沙资料外，后来加添美国 Mead 湖资料，各数据列于表 19-3。

表 19-3　　　　　　　　　　　　水库淤积滩面比降数据表

水库名称	测站	观测时间 （年-月-日）	洪峰平均流量 （m³/s）	滩面比降 （‰）	含沙量 （kg/m³）
红山水库	老哈河 小河沿（二）	1963-07-24～27	298	4.5 （1964-01 测）	
		1963-07-24～31	275		
		1965-07-13～16	250	4.45 （1966 年测）	
		1965-07-13～15	310		

水库名称	测站	观测时间 （年-月-日）	洪峰平均流量 （m³/s）	滩面比降 （‰）	含沙量 （kg/m³）
三门峡水库	潼关站	1959 - 07 - 15～19	2600	1.6	146
		1959 - 07 - 21～26	4100	1.3	143
		1959 - 08 - 04～08 - 11	4690	1.2	225
		1959 - 08 - 16～08 - 23	5780	1.14	176
		1964 - 07 - 06～10	3370	1.43	179
		1964 - 07 - 21～26	4320	1.33	107
		1964 - 08 - 13～08 - 20	5310	1.18	133
		1964 - 09 - 21～09 - 22	5480	1.03	40
官厅水库	朝阳寺 响水堡	1959 - 08 - 09～11	410	3.4（1956 - 08～10）	
		1959 - 07 - 31～08 - 01	693	2.6（1959 - 08～10）	
三盛公枢纽			4320	1.3（1964 年测）	11
美国 Mead 湖		1947 - 10 平均	650	2.84（1948 年测）	
渭河下游	华县	1961 - 10 - 11～14	1550	2（1962 - 05）	
		1963 - 05 - 24～30	2260	1.9（1963 - 10）	
		1964 - 09 - 11～20	2080	1.9（1964 - 10）	

19.2.5　洪水后主槽的冲刷

　　当大坝底孔开启，库水位下降，库内产生冲刷，在淤积泥沙中刷出主槽。现场观测表明，冲刷出的主槽宽度同流量之间存在一定关系。

　　不论在汛期泄降冲刷或非汛期冲刷，塑造成一定的主槽比降和宽度。分析主槽内的冲刷时，水流作用于槽底泥沙颗粒的冲刷力可以视为一判别条件。应用 Manning 公式、连续方程、推移力方程和主槽宽度与水深的关系，可推导出主槽底部比降同糙率参数、底部淤积物粒径和流量诸因子之间的关系式。假定糙率 n 与泥沙粒径有关，则可得底部比降 J_2、流量 Q 和底部泥沙粒径 D 3 个因子的定性关系式（Fan，1992）。

　　主槽床面的代表性中值粒径，D_{50} 取自现场实测资料，由于断面上取样测定的 D_{50} 的实测值分散，见图 15 - 4 和图 15 - 5，在闹德海水库和三盛公枢纽取沙样分析。点绘的每个断面许多 D_{50} 值及其沿纵向的变化，每个断面所取的沙样有的取自主槽，有的取自滩地，各断面上有其最大的 D_{50}，而此值在一定河段上变化不大，接近一常值，在分析中我们采用此最大值 D_{50} 代表泥沙粒径值。

　　在主槽内所测的水面比降，用来代表床面比降，因为所测的水面比降要比人们经常用的方法，把各断面底部的平均高程作连线作为底部比降更为准确。

　　我们把收集到的宝鸡峡、魏家堡、水槽子、水磨沟、陈梨窑等水库的卵石床底，以及三盛公枢纽、三门峡、官厅水库（三角洲河段）、闹德海水库的沙质床底有关资料，分析主槽比降，床沙直径和流量各因素的关系，结果如图 15 - 13 所示。

从图 15 - 13 可粗估得沙质河床比降的关系式

$$J_{槽} = 0.005 \frac{D_{50}^{0.55}}{Q^{0.33}}$$

式中：Q 为非汛期的月平均流量，实际上，主槽也受到汛期大流量的冲刷，对于较大流量时，底部比降较平缓；D_{50} 为不同断面底部取样的中径最大值。

19.2.6　现存水库的长期可用库容

对于峡谷型水库，长期可用库容与原始库容之比值较大，因为滩地淤积量少，如果水库为湖泊型，则可用库容与原始库容之比值，则较小，因为有大部分的滩地淤积。从水库经泥沙处理的库容变化，可以估计可保持的库容。例如，图 19 - 7 为三门峡水库的历年库容的变化。1979 年以后，槽库容和滩地库容基本上能保持围绕某一定值。表 19 - 4 中列出若干水库的长期可用库容。

表 19 - 4　　　　　　　　　　　　　　长 期 可 用 库 容

水　库	库容（×10^6 m³）		可持续库容/原始库容（%）
	原始库容	可用库容	
三门峡	5930	2300～2600	39～44
Zemo - Afchar，苏联	12	3	25
Ouchi - Kurgan，苏联	56.4	26	46
三盛公枢纽	80	30～50	38～63
南秦水库	10.19	7～7.5	70
Meurad，阿尔及利亚			33（Bellouni 1980）
Roseires. 苏丹	3000	2000	67（Nordin 1991）
Jinsanpi，中国台湾	7～8.1	3.71	53～46

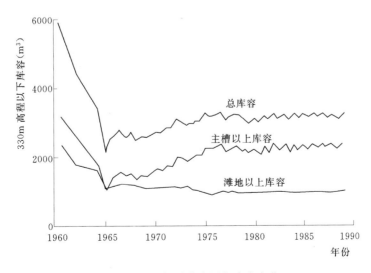

图 19 - 7　三门峡水库历年库容变化

　　关于长期有效库容与原始库容之比值，很大程度上取决于水库地形，水库运行方式以及泄流设施规模的大小。对于湖泊型水库，长期可用库容与原始库容的比值显然小于河道型水库。对于已建成的水库，如淤积过快，库容损失过快，则可通过改造方案以及改变运用方式，扩大可持续运用库容。

参考文献

方宗岱.1992. 论江河治理.

韩其为.2003. 水库淤积. 科学出版社.

陕西省水利科学研究所河渠研究室，清华大学水利工程系泥沙研究室.1979. 水库泥沙. 水利电力出版社：372.

唐日长.1964. 水库淤积调查报告. 人民长江，1964（3）.

夏震寰，韩其为，焦恩泽.1980. 论长期水库使用库容. 河流泥沙国际学术讨论会，1980，北京，793－802.

Atkinson, E. 1996. The feasibility of flushing sediment from reservoirs. Report OD 137, HR Wallingford Group Limited.

Altunin, S. T. 1964. Barrages and reservoirs. Kolos Press, Moscow (In Russian).

Amenagement Hydroelectrique d'Electra-Massa. 1992. Purge 1991 de la Retenue de Gebidem. Rapport complementaire, 1992.

Bruk, S., Cavor, R., Simonovic, S. 1983. Analysis of storage recovery by sediment flushing. Pro. 2nd Intern. Symp. on River Sedimentation, Nanjing, China, Water Resources and Electric Power Press：918－926.

Dawans Ph., Charpie J., Giezendanner W., Rufenacht H. P. 1982. Le dégravement de la retenue de Gebidem：Essais sur modèle et expériences sur prototype. Trans. 14th ICOLD, Q. 54, R. 25, Vol. 3：383－407.

Fan, J., Jiang, R. 1980. On methods for the desiltation of reservoirs. International Seminar of Experts on Reservoir Desiltation. Ministry of Agriculture, Tunisia, and CEFIGRE, France.

Fan, J., Morris, G.. L. 1992a. Reservoir sedimentation I：Delta and density current deposits. J. Hydraulic Engineering, ASCE, 118（3）：354－369.

Fan, J., Morris, G.. L. 1992b. Reservoir sedimentation II：Reservoir desiltation and long term storage capacity. J. Hydraulic Engineering, ASCE, 118（3）：370－384.

Morris, G., Fan J. 1997. Reservoir Sedimentation Handbook. McGraw-Hill Book Co. 784.

Palmiert. A. et al. 2003. Reservoir Conservation. Vol. 1. World Bank.

Takasu, S. 1982. Hydraulic design of sediment facilities at Unazuki Dam and model experiment. Trans. 14th ICOLD, Vol. 3, Q. 54, R. 3.

Tolouie, E. 1989. Reservoir sedimentation and desiltation. Ph. D. thesis, Univ. of Birmingham, Birmingham, U. K.

第 20 章 水库淤积Ⅵ：底孔设置和坝址选择

本章讨论水库底孔的作用，分析设计和运行中出现的泥沙问题。根据历史经验，提出底孔设置应与坝址选择同时考虑的建议。

为了保持水库有效库容，水库大坝如何设计孔口的大小和位置，是十分重要的内容，需要考虑下列问题。

20.1 底孔的作用（ICOLD，1987；Bourgin 等，1967）

大坝中设置底孔以泄放泥沙的可能性，在规划和设计阶段应予以考虑。底孔可用于泄洪，同时可用于排沙。

在泄洪方面：

（1）打开底孔，泄放历时较长的洪水，以避免高水位较长时间高于坝顶时通过溢流堰下泄。据报告，澳大利亚 Clod 坝，其底孔用于泄放历时较长的洪水，而坝顶溢流堰则用于泄放历时短的洪水（Fitzpatrick，1988）。

（2）底孔应视为一种可以提供可持续蓄水计划总体安全的建筑（Minor 和 Boden-mann，1979；ICOLD，1987），它可在紧急情况下泄空水库，必须在短时间内降低库水位。所谓紧急情况，包括坝体或坝基漏水或沉陷，山坡滑塌入水库区，地震或上游蓄水区由于垮坝造成特大的洪水波。

（3）为坝体维护，需要水库泄空。在法国有 100 多个水库，每隔几年需要检验一次，因此需要将库水排干。

（4）在水库初次蓄水时控制水库水位。

（5）为水库兴利的放水。

（6）在大坝修建时泄放河道水流。

（7）洪水来临，预先放水和泄洪。

（8）控制并泄放额外的进流。

在排沙方面：

（1）设置低高程的孔口，可用于水库蓄水时泄放浑水异重流，降低水库内淤沙率。

（2）底孔可用于水库水位下降时冲刷淤积物（粉沙、沙和砾石）。

（3）当底孔高程低于电厂进水口时，可阻止或减少泥沙进入进水口，从而可减少水轮机机翼等部件的磨损。

（4）在泄空水库进行冲沙时，由于水位下降时发生溯源冲刷，冲刷泥沙通过底孔排出库外，可形成可持续使用的库容。

（5）底孔可用于排出库内大块石头。

以前我国有些工程师在设计大坝时不选用底孔，其理由是建造费用高，建造工艺缺乏经验，事实上，他们缺乏对水库淤积问题的关注：如水库如何保持库容，如何使泥沙不进电厂进水口以防水轮机的磨损等。由于设计中忽视设置底孔或者底孔设计不适当，使已建成的水库中存在没有解决的泥沙问题，因此，在水库规划和设计中，了解底孔的作用是十分重要的。

20.2 西 班 牙 老 坝

历史上建成的坝中间，有一些设计并建造底孔和运用成功的例子，西班牙式底孔是最古老的排沙设施，有必要学习他们的经验。

早在 13～17 世纪，西班牙工程师采用一种对付水库淤积的方法，通过底孔，把库中泥沙冲刷出库外，此种底孔名叫西班牙底孔。他们成功的修建底孔，并采用适当的运行方式排出库中泥沙，虽然不能在某些水库如 Almonacid 和 Ontigala 两水库，免遭水库淤积而不能恢复库容（Smith，1992）。

第一个修建冲沙廊道的似乎是 Almansa 坝 ［图 20-1（a）、（b）］。根据 Smith（1971，1992）介绍，西班牙第一座拱坝是块石圬工坝，用大石块砌面，全部工程坚固，表面有冲刷痕迹。在基础的高程上，通过坝体设置两个底孔隧道。其中一小孔 1m×1m，连接一灌溉渠道，孔口用铜滑动门来控制；第二隧道，1.3m 宽，1.5m 高，用于冲刷库中淤沙。其运行方式很有效，但有明显地冒险性，冲刷廊道的口门，用许多粗木梁放在槽内来封闭，在许多年间，工人们进入隧道把木梁取走，坝前经常淤积很厚的泥沙并已固结，工人们在坝顶处用长铁棍去松动淤沙，不久进入清水，淤沙块即被刷走。这种技术不错，但有缺点，就是库中所有蓄水将连同泥沙被排出，因此，这种运用方式最好在多水季节使用，这样就容易把水库重新蓄满。1586 年该坝加高至 20.7m，库容达 280 万 m³，虽然有排沙

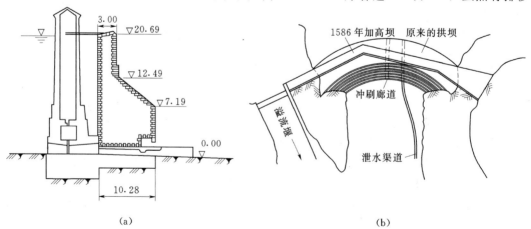

图 20-1 西班牙 Almansa 坝情况

(a) Almansa 坝断面图；(b) 现今的 Almansa 坝平面图（根据 Smith）

廊道，但仍不能防止有用库容减少 120 万 m³。

Tibi（Alicante）坝于 1594 年建于 Monegre 河上，此坝用于灌溉，坝高 146.6ft（44.68m），原始库容约 2982acre - ft（367.82 万 m³），冲刷廊道建于坝中间底部通道，口门处 5.9ft（1.8m）宽 8.9ft（2.71m）高。其冲沙情况，根据 Kanthack 叙述：他于 1908 年 12 月考察坝区，正是冲刷孔在 16 年中第一次开启后的一个星期，在打开冲刷廊道之前，坝前淤泥 79.5ft（24.23m）厚，其上水深仅 8.6ft（2.62m）。在一个星期之内，坝前约 300ft（91.44m）距离内的泥沙全部被清除，这样坝下游的河道内充满了淤泥，由于水和淤泥的突然泄放，造成相当大的损害。

设有底孔的西班牙古代坝的情况，简列于表 20 - 1，并作若干说明如下：

（1）Almansa 低坝，装有相对较大的冲刷廊道，得以保持库容约 57%，并提供灌溉用水约 500 年。

（2）Tibi（Alicante）坝，1579 年建成，1738 年修理，仍在运行，约 300 年。

（3）在 Elche 坝用以调节出库流量的隧洞末端设有铜闸门，那时有关排沙孔的设计和制造已有所改进。自 1842 年以来大坝运行没有困难。

（4）Villar 水库为湖泊型水库，因此在冲沙之后，在一边留存有滩地淤积物。

表 20 - 1　　　　　　　　　　设有底孔的古老西班牙坝

坝　名	Almansa	Tibi（Alicante）	Elche	Puentes	Villar
建成年份	1384 1586	1579 （1594）	1632 1842	1771 ？	1870～1878
坝高（m）	14.6	44.68（146.6ft）	23.2	50	50
库容（万 m³）	280	367.82（2982acre - ft）	40	2647.67（21465acre - ft）	1609.69（13050acre - ft）
底孔	排沙廊道：1.3m 宽 1.5m 高；新廊道：1.7m²	冲刷廊道：口门 1.8m（5.9ft）宽 2.71m（8.9ft）高	冲刷廊道：隧洞装有铜阀门以控制水流	3 条冲刷廊道：2 条 3.5m（6'66"）高 1.22m（4'）宽，1 条 1.49m×1.0m（4'10.5"×3'3"）	2 条冲沙廊道：各 1.86m²（20ft²）
备注	此坝安装第一个冲沙廊道，减淤 120 万 m³ 此坝供水灌溉近 600 年（Smith，1971、1992）	使用已有 300 年，坝底比降 2.33%（Brown，1944；Smith，1971、1992）	1842 年以后此坝运行无障碍（Brown，1944；Smith，1971、1992）	毁于 1802 年（Brown，1944）	冲沙后留有滩地淤积，横向冲刷（Brown，1944）

（5）在冲沙时会发生阻塞，如图 20 - 2 Puentes 水库，在 1893 年由于冲刷廊道被大块岩石所堵塞而停止工作。

（6）有的水库的底孔被泥沙淤死，如 Relieu 坝，由于泥沙淤积，坝顶加高 3.85m，以增加库容。可能其排沙廊道由于某种原因未能使用，故水库继续淤积直至淤积至原坝顶高。

在西班牙，新建的坝，常于靠近原河床设置底孔，使用西班牙冲刷方法。

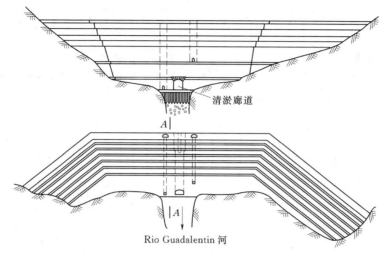

清淤廊道

Rio Guadalentin 河

图 20 - 2　Puentes 坝立面和平面图

20.3　若干设置底孔的坝

　　Minor 等（1979）分析在建成的高坝中有的未设置底孔，其不设底孔的理由如下：

图 20 - 3　瑞士 Gebidem 坝 1976 年
冲沙后水库照片（Dawans 等，1982）

　　（1）经济上的考虑。

　　（2）底孔的流量不能及时泄放大河水流量。

　　（3）底孔建筑物不能承受水流的高流速。

　　但是由于需要，许多水库和水电站均设置大孔口底孔：

　　（1）著名的实例之一就是埃及尼罗河上 Haifa 附近的老阿斯旺坝。其应用原理是允许汛期挟沙水流流经库区而保持流速无明显降低。坝内在不同高程处分 4 组设置 180 个泄水道，可通过最大洪水 14200m³/s。这是一座特殊设计的具有底孔的坝工实例。能宣泄特大洪水，并且库水位可完全降低。

　　（2）另一个实例是瑞士 Massa 河上的 Gebidem 水库（Swiss National Committee on Large Dams，1982）。这座水库每年在河流流量足够大时定期进行一次冲沙（一般在 5 月初），狭窄的谷底大大增加了排沙的效果。Gebidem 水库的底孔平面布置见图 18 - 27。1976 年底水库泄空冲沙后的照片，如图 20 - 3 所示。水库情况与冲刷效果，见第 18 章。

　　（3）第三种是为异重流清淤用的装有闸门的底孔（Groupe de Travail de Comite Français des Grands Barrages，1982）。

突尼斯 Oued Mellegue 河上的 Nebeur 坝装有一个 Bafour 阀和两个 Neyrpic 阀，平面布置见图 18-23，此外，Bebhana 坝和 Bir M'cherga 坝装有 4 条泄水管（直径 400mm）和 8 个小阀门。

阿尔及利亚 Oued Mina 河上 Es Saada 坝有 4 条泄水管（直径 400mm）和 8 个小阀门。Iril Emda 坝环绕主阀门有 8 条泄水管（直径 400mm）。

摩洛哥 Youssef Ben Tachfine 坝和 Tleta 坝各有一条旁泄管（作底孔用），直径 400mm。

实践证明，这些阀门的运用，对排泄异重流来说效果是满意的。例如 Nebeur 水库每年有 60% 的入库泥沙被排出（Abid，1980）。

（4）在有些实例中，原来提供的底孔被淤废，可能是水库运行不正确的结果，因此，为了排沙而打开一个新的底（低）孔，或者重新打开被淤废的底孔。

在法国 Chambon 和 Sautet 水库，已有严重淤积现象，为排沙而修建了新的底孔（Berthier 等，1970）。

Chambon 重力坝于 1935 年建成，坝高 136m，库容 560 万 m³。原设计底孔具有拦污栅，但在 1955 年，这些底孔全被泥沙阻塞，到 1959 年淤泥面升高 12m 左右，危及大坝的安全。在重修期间，坝后和原底孔中的淤泥都被清除，并把原施工期间用的导流隧洞重新打开，该隧洞较原底孔高 15m。新修的底孔于 1962 年 12 月竣工（图 20-4 和图 20-5）。

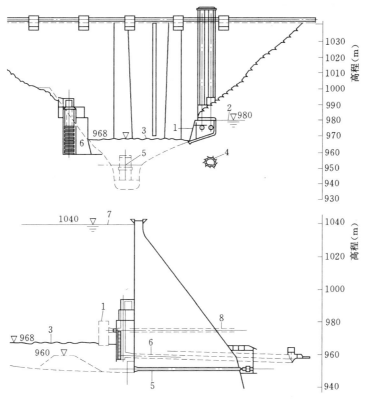

图 20-4　法国 Chambon 坝修建新底孔（Berthier，1970）

1—进水口；2—最低运用水位；3—开新孔前的泥沙淤积面高程；4—导流隧洞；

5—老底孔；6—新底孔；7—正常库水位；8—引水廊道

图 20 - 5 法国 Chambon 坝新底孔（Berthier）
1—新底孔；2—老底孔；3—进水口

法国 Sautet 水库，坝高 115m，1935 年初开始蓄水，库容 1 亿 m³，在不同高程上布置了两个泄水道，第一个是底孔（即原导流隧洞）；第二个是中孔（在底孔以上 25m 处）。底孔一直运行到 1938 年，当时它几乎全被泥沙阻塞。淤积面逐渐上升到中孔，至 1961 年中孔又淤废。坝上淤积厚度达 50m，仅低于电站进口 15m，于是决定新修一条泄水道，高程低于进口 5m，于 1962～1963 年竣工（图 14 - 13 和图 20 - 6）。

这两座水库的新建底孔用以在汛期异重流排沙。

据另一报导，阿尔及利亚 Oued Fodda 河上 Steeg 坝的一个底孔，运行几年以后被淤废。后来，打开低于坝后淤积面的一些孔口，通过异重流排泄先前所堆积的泥沙（图 20 - 7 和图 20 - 8，Thevenin，1960）。

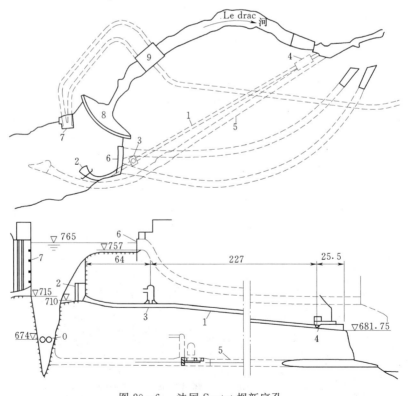

图 20 - 6 法国 Sautet 坝新底孔
0—中孔；1—新孔，直径 3m；2—孔口的进口；3—上游叠梁门；4—下游调节闸门；
5—老底孔；6—表面溢洪道；7—电站进水口；8—坝；9—电站

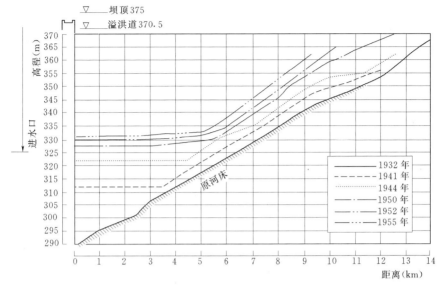

图20-7　阿尔及利亚 Oued Fodda 河上的 Steeg 坝泥沙淤积纵剖面图（Thevenin，1960）

图20-8　阿尔及利亚 Oued Fodda 河上从水库中排出的泥浆（Thevenin，1960）

（5）底孔可供清除电站进口周围的泥沙，以防止进口周围局部地区泥沙淤积，以避免粗粒泥沙进入电站进水口。Grimsel 水库就是一个实例，它是瑞士最老的蓄水水库（Swiss National Committee on Large dam，1982）。这个蓄水量为1亿 m³ 的水库在40年内淤积165万 m³，不到蓄水量的2%。1973年水库完全泄空时，淤积物不仅到达坝址，而且已上升到电站进口。因此，老的电站进口改为冲刷孔，而在新的进口周围提供了局部的自由冲沙区。这个新进口建在紧接老进口上面（图20-9和图20-10）。

（6）三门峡水库是大坝改建的一个实例。它包括新建的两条侧岸隧洞，改建并重建泄洪用的四条有压钢管。此外，大坝建成后被封堵的12条底部泄水道中的8条又重新打通，

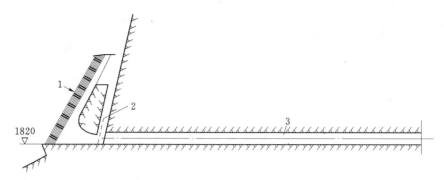

图 20 - 9　Grimsel 水库的改建前的电厂进水口
1—进口拦污栅；2—定轮闸门；3—老的压力廊道

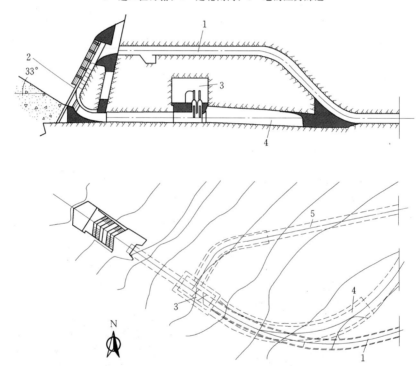

图 20 - 10　Grimsel 水库改建后的电厂进水口
1—新的压力廊道；2—清水通道；3—闸门室；4—冲刷隧洞；5—交通廊道

以供泄洪和排沙之用。据报道其他两个底孔也已打开。

大坝建成以后，水库开始蓄水（1960 年 9 月至 1962 年 3 月），即出现了严重的淤积。运行方式改变为汛期泄洪冲沙，但因泄流能力不足，淤积仍在继续。为了增大泄流能力，大坝必须进行改建。

这是一个在设计中没有考虑底孔的坝工实例，结果发生了严重的淤积。为了泄沙起见，不得不着手修建新的底孔工程如隧洞等。

显然，在已建坝上重修底孔，其造价是很大的。所以，在设计阶段考虑底孔是必不可少的。尤其在干旱和半干旱地区的坝工建设中，这是一个重要问题。因为那些地方的水库通常都会发生严重淤积。

就水库的管理来说，在汛期运用底孔泄沙时机的选择的重要性不可低估。例如，为确保异重流的排沙效率，底孔或阀门既不可早开又不宜迟开（Groupe de Travail du Comite Français des Grands Barrages，1982；Fan，1962）。为了做好管理运行工作，设计人员应设计一套运行方案，而管理人员也需要了解水库中泥沙运动情况，从而有可能作出预报，实施符合实际情况的运行方案。

此外，列出若干设置底孔的大坝，见表 20 - 2（Fan，1996），图 20 - 11 和图 20 - 12 为若干设置底孔的坝的断面图。

表 20 - 2　　　　　　　　　设 置 底 孔 的 高 坝

坝　名	底孔数目	底孔大小 （m×m）	流量 （m³/s）	水头 （m）
日本 Ohola 重力坝	5 底孔	6.2×5.6	3800	38
摩洛哥 M'Jara 土坝	1 底孔	6.2×6.2 弧形闸门	1400	73
法国 Sainte Croix 拱坝	2 底孔	4.5×4	550×2=1100	72.7
法国 Barthe 拱坝	2 底孔	3.5×3.5	350×2=700	59
苏丹 Kashm el Girba 支墩坝	7 底孔	7×7	最大 7700	32
苏丹 Roseires 支墩坝	6 深孔	6×10.5	7500	35
巴西 Jupia 支墩坝	37 深孔	10×7.5	45000	19
莫桑比克 Cabora Bassa 坝	8 中孔	6×7.8	13000	82

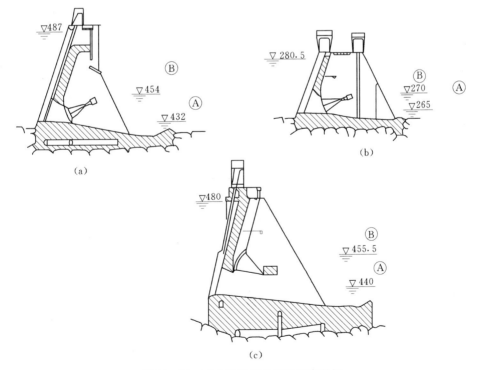

图 20 - 11　三个设置溢洪底孔的支墩坝

Ⓐ—下游最低水位；Ⓑ—下游最高水位

（a）苏丹 Kashm el Girba 坝（7 底孔，闸门 7m×7.3m）；（b）巴西 Jupia 坝（37 底孔，闸门 10m×7.3m）；（c）苏丹 Roseires 坝（5 底孔，闸门 6m×10.5m）

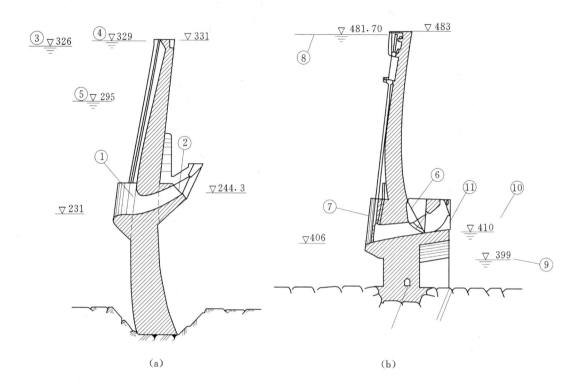

图 20-12　莫桑毕克 Cabora Bassa 坝和法国 Sainte Croix 坝中孔与底孔泄洪布置图
(a) 莫桑毕克 Cabora Bassa 坝中孔；(b) 法国 Sainte Croix 坝底孔
①—安全闸门 6m×15.5m 1 座；②—8 个弧形闸门，6m×7.8m，总泄量 13100m³/s，最大水头 85m；
③—正常水位；④—最高水位；⑤—最低运行水位；⑥—2 座弧形闸门，每座 4m×4.5m,
在高程 477 共计泄量 1100m³/s；⑦—维修闸门；定轮闸门 4m×7.9m；⑧—最高
库水位；⑨—最低尾水位；⑩—最高尾水位；⑪—分流疏齿

　　此外，日本 1985 年和 1987 年建成的两座水电站，设有用于冲沙的底孔。第一座名叫 Otozawa 水电站的 Dashidaira 坝，于 1985 年首次在坝中间修建排沙设施，5m×5m，其平面和断面示于图 20-13 和图 20-14。每个排沙洞设 3 个阀门，在上游安装滑动闸门用于检查，在中间有辊式闸门用于截止水流和输沙，在下游面有弧形闸门用于截止水流。3 个闸门开门关门情况均好，止水也有保证。隧洞底部和边缘部分均用钢材镶面抗磨。所用钢材均经过磨损试验。由于进口处不能替换，故采用高锰钢材。

　　第二座坝是 Unazuki 坝，建于 1987 年，用于防洪、供水和发电，曾进行过水库泄降冲沙模型试验 (Takasu, 1982)，冲沙设施示于图 20-15 和图 20-16。此外，还做过不同材料的耐磨试验，并选用保护材料 (Q65, R20, ICOLD)。

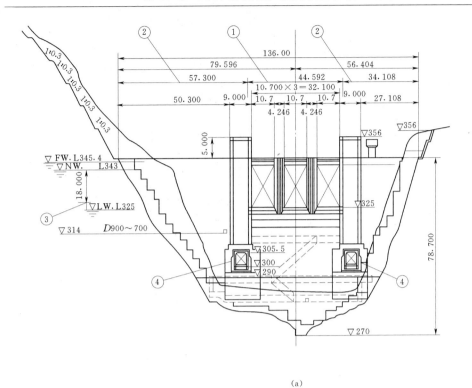

(a)

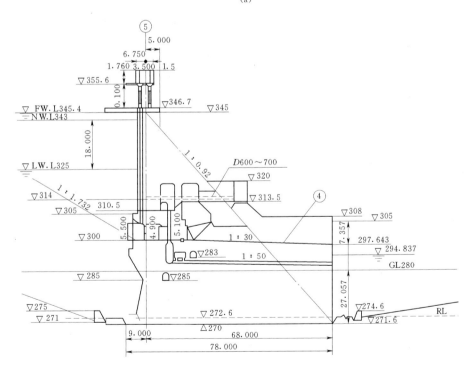

(b)

图 20-13　日本 Dashidaira 坝
①—溢流段；②—非溢流段；③—水位下降幅度；④—冲刷渠道；⑤—坝轴线

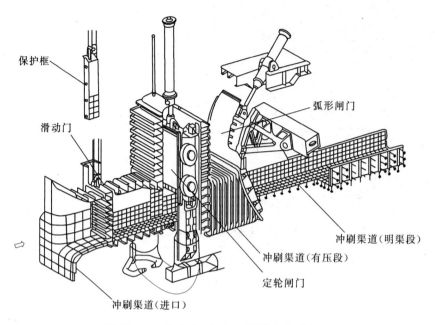

保护框

滑动门

弧形闸门

冲刷渠道（明渠段）

冲刷渠道（有压段）

定轮闸门

冲刷渠道（进口）

图 20-14　日本 Dashidaira 坝泥沙冲刷设施

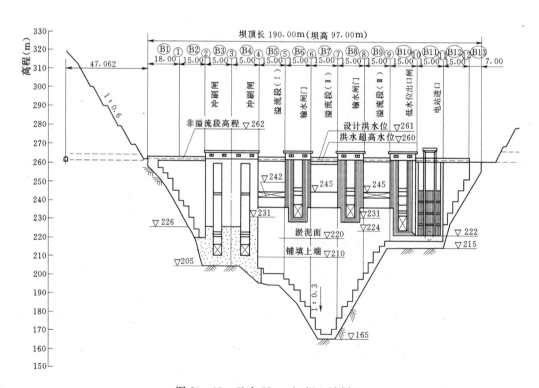

图 20-15　日本 Unazuki 坝上游剖面

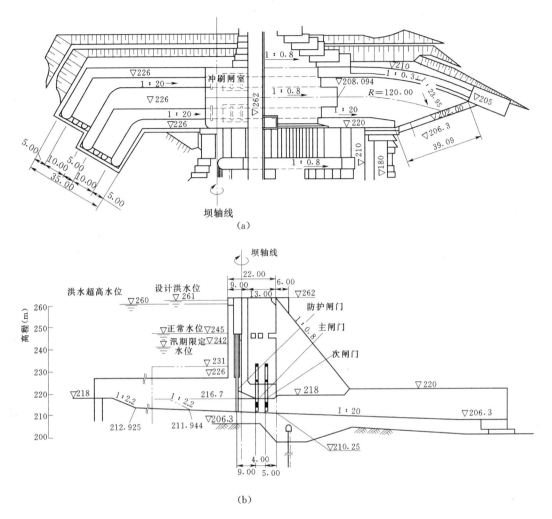

图 20-16　日本 Unazuki 坝冲刷设置

(a) 冲刷闸门地面平面图；(b) 冲刷闸断面图

20.4　孔口设置存在的问题实例

以往我国在设计孔口时，有的设计较为合理，有的则不合适，下面将作叙述和讨论。

20.4.1　碧口水电站

此水电站建于西南山区河道白龙江上，该河段比降约 0.003。年进沙量 2460 万 t，悬沙平均粒径 0.036mm，90% 的输沙量和 65% 的径流来自汛期。

水库以发电为主，装机 3×100MW。坝体为土石混合坝，最大坝高 105.3m，除左右岸泄洪洞和右岸溢洪道外，在左岸修建排沙洞，洞长 698m，其主要任务为排沙，减少进水口进沙量，不使进水口被泥沙淤堵。

排沙洞洞径 4.4m，最大泄量 300m³/s，进口底板高程 636m，较电站进水口低 25m，为减少水库淤积量，水库汛期降低水位 10m 进行排沙，汛后蓄水。水库于 1975 年 12 月开始蓄水，统计 1976～1981 年年平均排沙率为 33％（余厚政，1988），6 年的淤积量占总库容的 19.1％。至 1994 年底，19 年中累积淤积量达 2.55 亿 m³，占总库容的 48.9％，那时库区已形成三角洲淤积，前坡已推进至距坝址 1.94km 处。坝前异重流淤积面高程达660～665m 之间，高于原河床高程（615m）达 45～50m。

水库运行中大部分泥沙通过排沙隧洞下泄，进入电厂进水口的泥沙很少，因此，经过 15 年的运行，仅在水轮机叶片头部发现 1mm 深 2mm 宽的磨损面积，在其他部分未发现有磨损。

碧口水电站设计排沙洞，运行证明是成功的，但由于工作疏忽，却于 1995 年 3 月 15 日发现排沙洞被泥沙淤堵，后经采取多种清淤方法，于 4 月中旬疏通（江拴丑，1997）。情况如下：

排沙洞全长 698m，其中洞身有压段 565.9m，明渠段 124.1m，伸入水库喇叭口段 13m，工作门与检修门之间距离 525.9m。

1995 年 3 月 15 日汛期前提门放水时，10：00 工作门全开，却不见出水，至 17 日，仍不出水。碧口水电厂分析淤堵原因，由于白龙江 1994 年水枯，来水少，发电紧张，故排沙洞仅开启 3 次，累计 3.47h，排沙洞进口未能形成冲沙漏斗。1994 年 12 月测量，排沙洞进口淤积高程为 651m，高出排沙洞底坎 15m。

排沙洞疏通过程中，曾提到 1994 年 9 月 28 日排沙洞最后一次放水冲淤落门时，淤泥未冲干净，即关闭下游的工作门，那时为防止上游的检修门落不到底和提门困难，故未落检修门。1994 年来水枯，排沙洞未能进行正常运行，故导致泥沙在排沙洞前淤积（洞前的漏斗地形是靠开启排沙洞放水冲沙才能得以保持的）和洞内洞身全长（工作门以上）淤堵。

由于洞身工作门上游在检修门未落情况下，与库水相通，因此，库内流到坝前的含沙浑水，以异重流形式进入排沙洞内，并置换出洞内清水，此种淤积同引航道异重流淤积情况类似，将于下一节中分析浑水在洞内异重流的淤积过程。

20.4.2　盐锅峡水电站（蒲乃达等，1980；杨赉斐，1985）

盐锅峡水库建于 1958～1961 年，由于电厂进水口以下没有修建排沙孔口，故建成后泥沙淤积严重，据 1978 年测量，泥沙淤积已占总库容的 73.7％，仅存 5680 万 m³ 库容。1990 年测量，可用库容仅为 4950 万 m³，供电站日调节发电。

由于表面溢流堰高于电站进水口 9m，因此大部分泥沙通过进水口下泄，观测表明，电厂进水口下泄的含沙量大于通过溢流堰的含沙量，泥沙粒径也是前者大于后者。1962 年观测通过 4 号进水口的泥沙中径为 0.0086mm，最大粒径 $d_{max} = 0.50$mm，1978 年观测，$d_{50} = 0.3$mm，$d_{max} = 1.0$mm，通过电厂的泥沙粒径愈来愈粗。

这是未设底孔的一个例子。

20.4.3　刘家峡水库的孔口问题（Fan、Morris，1992；杨赉斐，1985）

刘家峡水电站建于 1959～1969 年间，水库主要为发电，并用于灌溉、防洪和防冰。

大坝上游 1.6km 处有支流洮河汇入，汛期洮河水流含沙量甚高，故其水流进库形成高浓度异重流，分别向黄河段上游和下游运动。支流与黄河交汇处以及黄河库区形成的沙槛，产生下列问题：

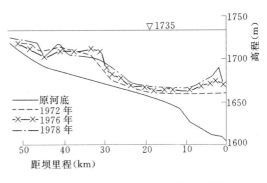

图 20-17　刘家峡水电站水库内沿黄河淤积分布

（1）沙坝在低库水位时阻碍库水进入进水口，见图 20-17。

（2）异重流运动至坝址，进入电厂进水口，磨损水轮机叶片和闸门凹槽。

（3）排沙洞淤堵。

刘家峡水库泄水排沙孔的布置，如图 20-18 所示。设计的排沙孔的位置远离电厂进水口。孔口前的局部冲刷漏斗不能有效地减少进入进水口的泥沙量，这样导致严重的水轮机磨损。1969 年发电后，经过 5 年的运行，泥沙开始进入进水口，后来，进沙量逐年增加。表 20-3 列出 1974～1979 年进入 2 号水轮机的沙量和其粒径大小，可见 5～7 月进入 2 号机组的沙量，随时间迅速加大，其粒径也变粗。

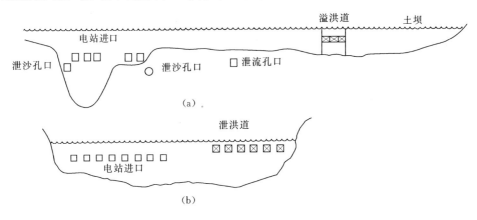

图 20-18　刘家峡与盐锅峡水电站上游立面图
（a）刘家峡水电站；（b）盐锅峡水电站

表 20-3　　　　　　　　　刘家峡水电站通过 2 号机的泥沙量

年份	年沙量（万 t）	5～7 月过机沙量（万 t）	5～7 月沙量占全年沙量百分数（%）	d_{50}（mm）	大于 0.05mm 的泥沙所占百分数（%）
1974	14.1	10.3	73		
1975	28.7	5.9	21	0.014	8.2
1976	129	77.5	60	0.015	14.5
1977	180	133.1	74	0.025	16.2
1978	1160	924.5	80	0.026	20.7
1979	1190	950	80	0.026	22.4

关于排沙洞的淤堵情况，于广林等（1999）曾报导刘家峡水库排沙洞 1988 年和 1992

年的淤堵。1988 年在低水位拉沙前，那时泄水道（底坎 1665m）与泄洪洞（底坎 1675m）洞前的淤积面分别高出其底坎高程 17.3m 和 11.5m，故泥沙易于进入底坎更低的排沙洞（底坎高程 1665m）导致淤堵，以致排沙洞提门后 56d 不能出水。后来在低水位拉沙期，才将洞内淤积物冲开，1992 年，排沙洞又一次淤堵，提门 17d 未能出水。

这是一个设置排沙孔口不成功的实例，方宗岱（1992）著文叙述有关刘家峡水库在设计阶段设置孔口的研究，以及和设计部门讨论和争论过程。

该水电站 1964 年复工时曾对工程重新审查，建议由科研单位进行试验研究，设法消除支流来沙造成沙槛对电站运行的危害。经中国水利水电科学研究院河渠所免费进行实验，提出建议在电厂进水口下面设置排沙孔，此建议设计部门最后提出因排沙管没有安放位置，借故推托，由于设计部门对泥沙引起的危害认识不足，顾虑修建排沙孔将会减少发电量，故未能在进水口以下设置排沙设施。后来因泥沙危害明显，设计部门才于 1985 年后开始对新建排沙洞进行研究和设计。

20.4.4　三门峡水库

万兆惠调查过三门峡水库泄水建筑物的闸门被泥沙淤堵的情况。

大坝左岸 2 号隧洞，高程 290m，孔径 11m，1968 年 8 月过水 1d 后，未再运用，至 1969 年 7 月 28 日 20：00 再次提门，因闸门前为泥沙淤堵，直至 29 日晨 4：30 才冲开淤泥过水，当时库水位约为 310m。

4 号底孔于 1972 年 4 月 27 日进行双层孔过水试验，坝前水位 319.45m，泥沙淤积高程约 298m。27 日 10：25 打开 4 号底孔工作闸门，不见出水，直至 10：50，轰然一声巨响后，浑水汹涌而出。

此外还观察 4 号底孔闸门前的淤积速度。1972 年 2 月 6 日底孔全部关闭，此后由隧洞和深孔泄水。4 月 4 日测得底孔前淤积面高程 297～298m，即淤积厚度达 17～18m，在这段时间内来水量不大，来沙量也不大，仅 4 月 2～4 日桃汛含沙量 24.7～48.6kg/m³ 以外，其他时间均小于 10kg/m³。4 月 27 日上午 4 号底孔与 1 号深孔相继过水，15：50 关闭。5 月 3 日测量测得底孔前已回淤至 290m 左右，即底孔闸门关闭后 6.5d，底孔淤厚达 10m，这段时间内，因水库蓄水，坝前库区是清水。这种情况说明坝前淤积属于异重流楔形淤积。

20.5　坝前异重流淤堵底孔闸门和排沙洞淤堵机理分析

前面已介绍了许多水库的底孔被淤塞的情况，不论河流来沙量大或来沙量小，都发生过坝址孔口被堵塞的事件。前面已经分析过，入库挟沙水流常在蓄水区形成三角洲淤积，以及形成沿程淤积的异重流，直至流到坝址，如孔口开启，则异重流可顺利通过孔口排出，如孔口关闭，则形成壅水异重流淤积（浑水水库淤积），这种淤积泥沙在孔口前会积集起来堵塞孔口。

关于水库异重流的运动，顺便说一下，以前我们根据官厅水库异重流资料分析，认为水库异重流的形成条件是单宽流量为 0.2～0.3m³/s 和含沙量 5～10kg/m³，现在看来，这个认识是不完全的，因为在法国 Sautet 水库测到的异重流含沙量在 $1kg/m^3$ 左右，另外，在水槽中的实验，含沙量不到 $1kg/m^3$ 的水流，仍能形成异重流运动。因此，水库中只要有清浑水密度差，即可形成异重流；至于它能运行多远，则依据它具备的其他条件。关于此问题，已在第 17 章中讨论过。

另一个水库异重流是美国 Mead 湖，分析异重流资料，取出相应于入库沙峰的出口沙峰进行异重流计算，图 17 - 21 中入库沙峰中含有较粗泥沙的几个峰，由于粗颗粒的存在和沿程沉淀，在出口没有相应的出库沙峰，我们未对它们做计算，而实际上，从其含沙量时间变化过程线，仍可看出出库水流中，仍有少量泥沙持续地排出库外，从此可以看出这些入库沙峰，虽然把粗沙沿程沉淀，但其细粒泥沙的异重流仍能运行 100 多 km 到达坝址并排出库外。这些实地观测资料，说明低含沙量可形成异重流并运行很长距离。

从另一方面看，大坝设计者所关注坝前淤积高程对坝体的影响，在早期设计中，常假设坝前泥沙淤积高程，而且假定其淤积面是平的，估计这是根据水库实测资料总结出来，现在看来，异重流流到坝址而不能排出时受到阻碍而壅高形成具有水平交界面的浑水水库的淤积形态。图 14 - 13（a）的 Sautet 水库淤积剖面图，前面已经提到过，早年仅施测坝前部分和三角洲部分的淤积，似未对浑水水库的形成是一种异重流淤积的形式，作出解释。

因此可以得出结论，异重流在水库内形成，如图 14 - 1 所示，它向下游运动，随入库水峰沙峰大小的不同和洪峰历时的长短，可能在中途消失，也可能流到坝址形成浑水水库淤积。许多国内外水库的实测坝前水库地形，可以说明异重流运动的沿程淤积和浑水水库的淤积，具有普遍的意义。

关于底孔排沙洞的淤堵形成的机理，它类似异重流或浑水进入支流，或进入盲肠河段的流动情况。

水库排沙底孔或底孔泄洪道的闸门设计，常把工作门放置在通道的尾部，而首部设置检修门，而检修门常开启不关闭，尾部工作门则经常关闭。在这种布置的情况下，当异重流流至坝前壅高的同时，由于与敞开

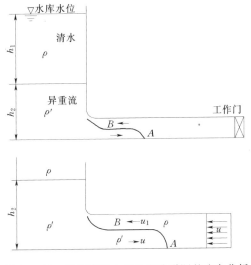

图 20 - 19　异重流潜入排沙底孔隧洞的流态分析

的通道内清水存在密度差引起的压差，将潜入隧洞内，向下游运动，形成异重流的淤积，如图 20 - 19 所示。

在文献中尚看不到进行此种浑水异重流的试验，但有连通管道中盐水楔的试验。

Sharp、Wang（1974）进行的一种管道中盐水楔试验，用 $6.8m^3$ 的装满海水的水箱，接以 4.5m 长内径 8.8cm 的丙烯酸透明管，管的尾部接以闸门，闸门后面下部接以测清水流量仪器，以测定从管尾进入透明管的清水流量。试验时水箱盐水进入管内以底部异重流形式前进，管后部闸门开启调节从管尾进入的清水流量，从而使形成管中的稳定的盐

水楔。

这种试验与碧口水电站排沙闸异重流淤积有类似之处，不同处在于排沙闸内的清水在异重流潜入时被置换，从排沙洞口门流出排沙洞，并无清水从尾部源源注入，另一不同之处是，异重流在运动过程中泥沙沉淀，分离出清水进入上层。上层清水同时以浑水异重流相反方向流出排沙洞。这种流动和淤积情况基本上同我们运河穿黄（河）试验中观察到的近似。

当异重流潜入时的初速（即锋速），可参照分析船闸交换水流的方法，叠加 u，其大小与锋速相同，使锋速成为静止，即将不恒定的锋速变成为静止状态。写出 A、B 两点的方程：

$$\frac{P_A}{\rho g} = \frac{P_B}{\rho g} + h + \frac{(u_1 + u)^2}{2g} \qquad (20-1)$$

其中

$$P_A = \rho g h_1 + \rho' g (h_2 - h) \qquad (20-2)$$

$$P_B = \rho g h_1 + \rho' g h_2 \qquad (20-3)$$

因锋速静止，则

$$\frac{P_A}{\rho' g} = \frac{P_B}{\rho' g} + h \qquad (20-4)$$

$$P_A = P_B + \rho g h + \frac{\rho}{2} (u_2 + u)^2 \qquad (20-5)$$

$$P_A = P_B + \rho' g h \qquad (20-6)$$

得

$$u = \sqrt{0.5 g' h} \qquad (20-7)$$

式（20-7）为异重流进入管道的初速，故初始进入隧洞的输沙量为 $Q_c = u A c / 2$，其中 A 为过水面积，c 为异重流含沙量，在 ΔT 时段内进入的沙量为 $Q_c \Delta T$，当异重流流至洞尾，即工作门前，受到阻碍造成壅水，异重流厚度增厚，其厚度随时间而增加，因厚度增加，异重流流速有些降低，其中泥沙沉淀，异重流在泥沙沉淀过程中分离出清水渗入上层清水层。但进入的泥沙含量不变，底部异重流则逐渐转变为中层异重流，它的下面的淤积泥沙，逐渐密实。这种持续沉淀将在短时间内将隧洞全长淤满。

20.6 底孔设置与坝址选择：规划设计

水库泄流泄沙设施的设计和运行方式，将决定来水来沙的运动对坝上游和下游的影响范围，认为底孔的设置应与坝址选择同时考虑。因为底孔设计可能影响坝址的取舍。

在本节中，先讨论水库三角洲向上游延伸的淤积，然后讨论排沙孔口高程和孔口泄量的设计，以及在此布置一定水库运用条件下的可持续使用库容，这些是孔口设计的主要问题，而不是全部。然后，讨论为什么要提出底孔设置应与坝址选择同时考虑的原因。

20.6.1 三角洲滩地淤积

关于三角洲淤积对水库上游的影响，如美国 Elephante Butte 水库，很早测得其淤积三角洲随水库运行水位而逐渐向上游延伸，Johnson（1962）分析自 1915～1947 年之间淤积三角洲和水位变化的关系，说明水位同三角洲顶端高程的相关关系［如图 15 - 20（b）、(c)］。图 15 - 20（d）为上游 San Marcial 站的河床高程的因时变化，由于影响上游城市 San Marcial 的防洪，不得不修筑防洪堤以防御洪水（ENR，USA）。

又如官厅水库开始运行，即出现设计时未料到的淤积向上游延伸的情况：三角洲淤积向上游延伸淹没上游村庄，因此不得不进行赔偿。又如，三门峡水库蓄水后造成渭河下游河段壅水淤积，影响该地区的防洪和农田生产。因为水库三角洲滩地淤积（见第 16 章）的范围包括潼关以上和以下河段，见历年水库淤积测验滩面纵剖面图《黄河水库泥沙》中图 2 - 12（焦恩泽，2004）。

关于三角洲淤积形状和滩面比降，在第 15 章水库泥沙调查中已有介绍，为了了解三角洲滩面的现场情况，我们曾到三门峡滩面上从上游步行到下游一段，亲眼观察到滩面的淤积面极其平坦。

因为来沙量大，在宽河段水中泥沙在壅水时向两边扩散淤积，最终塑造成平坦光滑表面。其淤积过程见图 16 - 6。

三角洲滩面比降是设计人员很关心的数据，经过水库调查和分析，得滩面比降与洪峰平均流量的近似经验关系式，如图 16 - 10 所示。它包括官厅、三门峡、三盛公水库、渭河下游河段以及美国 Mead 湖的三角洲滩面比降资料，水槽试验和水库实测资料显示三角洲在一定水位下形成，在淤积体前端向下游延伸时，洲面的水位也相应上抬。同时水流中部分泥沙在三角洲前端附近形成异重流。可以认为，三角洲前坡是异重流潜入和运动过程中淤积泥沙所塑造而成。

第 16 章讨论滩面淤积的塑造过程（图 16 - 6～图 16 - 8），可见它是在悬沙水流与分层流过渡以前在一定水位下形成具有一定比降的滩面淤积体，而库水位则是由泄流孔口的大小和孔口高程所决定的。

因此，孔口的设计和运行方式将决定具有一定滩面比降的三角洲淤积体的位置。因此，如果三门峡水库在坝址选定前能做出一定孔口运行条件下三角洲淤积体的位置的估计，预计在运行初期三角洲滩地即位于潼关以上和潼关以下，即是说三角洲淤积将扩展到潼关断面的上游河段，即黄河北干流和支流渭河下游河段。这样就有可能预估渭河下游河段可能遭受河床淤高的大致范围，就有可能为了不影响渭河下游的防洪和农田生产考虑把运用水位下降或另行选择三门峡下游的坝址，例如，1947 年美国顾问团曾在查勘黄河以后，却建议在三门峡下游 100 余 km 的八里胡同筑坝，而不选择三门峡为坝址（公共工程委员会黄河治理报告，1947）。

20.6.2　排沙孔口高程与泄流量的确定

根据异重流孔口出流极限吸出高度的分析（范家骅，2007a、b），底孔的位置可考虑在河床底部或在河床底部以上一个极限吸出高度处，见示意图 20 - 20。当选择孔口底坎与河床底部平齐时，应考虑水库蓄水时有可能两岸塌岸造成水下堆积体形成水下潜坝，这样就会使河床底部抬高。如三门峡水库刚开始蓄水时的情况，这样，是否可考虑把孔口的位置放得较高一点。一般而言，把孔口放在原河床，有利于泄水时降低库水位，在水库运行时，可降低淤积三角洲的滩面高程，从而降低向上游淤积的距离。

另一种布置的方案是底孔底坎高于河床一个极限吸出高度。从图 20-20 可见，当交界面在 h_c 时，无泥沙进入孔口，当交界面上升至 $-h_c$ 时，则异重流含沙量全部通过孔口排出。现在的问题是孔口前的淤积高程是否会高于 h_c 的高程，如果底孔前不能保持具有一定深度的冲刷坑，即其深度小于 h_c 的话，则欲排出全部异重流（在 h_c 和 $-h_c$ 范围之内）其上面的交界面 $-h_c$ 高程必须上抬。如果淤积高程发展到底孔的底坎，则这种情况相当于前面的第一种布置的情况。不过实际上只要及时观测底孔前情况，经常开启闸门进行冲沙，即可保持一定大小的冲刷坑，关于孔前冲刷坑的大小，以及其边坡值，已有不少研究成果（涂启华、杨赉斐，2006）可供参考。

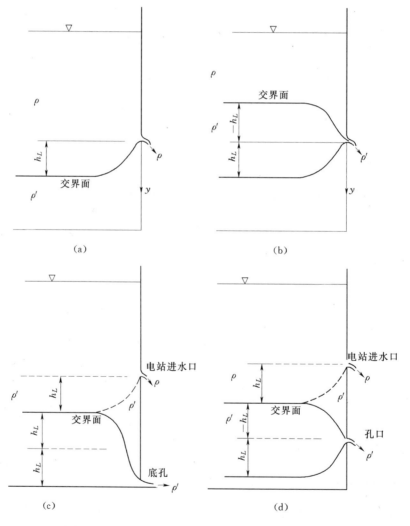

图 20-20 异重流孔口出流极限孔口吸出高度示意图

上面讨论底孔的底坎是布置在靠近或放在原河床上。这种布置在水库出现紧急情况需要泄空时，就有条件把水库泄空，在合适的运用方式下，可利用降低水位冲刷出可持续使用的库容。

关于底孔的泄量，在前面第 19 章已作过讨论，一般而言，泄量应足够大，相当于洪水平均流量，可顺利地泄放汛期洪水，向下游泄放平滩流量或造床流量，对下游河道可基本上避免主槽淤积。

20.6.3　可持续使用库容

第 19 章讨论过水库设置具有一定泄量的底孔在合适的运行条件下能冲刷出一个有用的库容。在一定泄量时，在底孔的位置上游能冲刷出底部具有一定比降的深槽。当水库淤积和冲刷在一年或数年内能保持平衡时，此库容即为可持续使用库容，即每年来沙量能在一定时间内排出库外。

我国工程人员在实践中寻找出保持库容的方法，如 20 世纪 60 年代红领巾水库在运用初期未能正确地使用底孔排沙，致使库内淤积严重，底孔前为泥沙淤塞。后来当地管理人员决定排除孔前泥沙疏通孔口，采用降低库水位排沙，冲出一定宽度和深度的槽库容，因此，内蒙古的工程人员总结出设置底孔，采用库水位降低的办法，输送和冲刷泥沙出库，从而可保持长期可用的库容，在第 15 章提到笔者曾在那里学习他们的经验和分析该水库观测资料。彭润泽 20 世纪 60 年代初已开始研究如何利用泄空冲刷来把库内淤沙冲刷出库外，来保持水库库容的工作。另一个实例是西北水科所陈诗基研究的小河口水库死库复活的现场试验。在库内淤积严重的条件下，利用底孔造成溯源冲刷排出淤沙，以获得一定的库容（陈诗基等，1981）。

前已述及，要获得以及恢复库容，须采用库水位下降的冲刷方法。我们在针对三门峡水库初期改建的设计阶段，开始对此方法的分析研究，完成该水库初次增建二隧洞和改造进水口管道的计算报告，再进一步根据彭润泽最早提出的溯源冲刷图形，经多人根据概化图形，利用三门峡水库实测资料，提出一简化图形，分析试算，提出计算方法（Fan、Jiang，1980；Fan、Morris，1992）。

溯源冲刷是由水位骤降时出现，冲刷先在下游发生，然后冲刷向上游推进。

溯源冲刷的示意图示于图 20-21。淤积面初始比降为 J_0，水深为 H_0，当打开底孔水

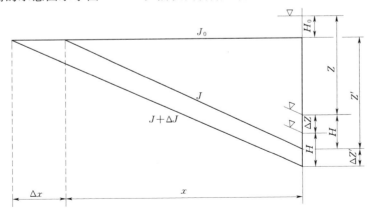

图 20-21　溯源冲刷计算简化模型

位突然下降即产生溯源冲刷，淤沙面比降一步一步地从 J_0 持续地改变至 J_1，然后水位下降 y，当 Δy 时，比降 $J = J + \Delta J$。

根据示意图，单位宽度的冲刷体积，可用下式计算：

$$\Delta A = \frac{1}{2}(x + \Delta x)(y' + \Delta y') - \frac{1}{2}\Delta y'$$

$$= \frac{1}{2}(x\Delta y' + y'\Delta x + x\Delta y')\mathrm{d}A$$

$$= (x\mathrm{d}y' + y'\mathrm{d}x)/2$$

$$= \frac{1}{2}\left[2y'\mathrm{d}y'/(J - J_0) - y'^2\mathrm{d}J/(J - J_0)^2\right]$$

泥沙连续方程为

$$\gamma B\mathrm{d}A = (Q_{ci} - Q_{co})\mathrm{d}t$$

式中：γ 为淤积泥沙的容重，$\mathrm{kg/m}^3$；B 为冲刷槽宽；Q_{ci} 和 Q_{co} 为进沙量和出沙量，$\mathrm{kg/s}$，分析三门峡水库实测资料，得经验公式

$$Q_{co} = 3.5 \times 10^{-3} Q_0^{1.2} J^{1.8}$$

式中：Q_0 为出库流量，m^3/s；J 为底部比降，10^{-4}。在冲刷时段 1963 年和 1964 年期间，底部泥沙的平均粒径在 $0.06 \sim 0.09\mathrm{mm}$ 之间。

将上述的三门峡水库经验关系式代入连续方程，其中用 K 代表经验关系式的系数值，有

$$\frac{\gamma B}{2}\left(\frac{2y'\mathrm{d}y'}{J - J_0} - \frac{y'^2\mathrm{d}J}{(J - J_0)^2}\right) = (KQ_0^{1.2}J^{1.8} - Q_{ci})\mathrm{d}t$$

$$\frac{\mathrm{d}J}{\mathrm{d}t} = \frac{2(J - J_0)}{y}\frac{\mathrm{d}y}{\mathrm{d}t} - \frac{2}{\gamma B}\frac{(J - J_0)^2}{y^2}(KQ_0^{1.2}J^{1.8} - Q_{ci})$$

此式连同边界条件

$$J\big|_{t=0} = J_0$$

$$\frac{\mathrm{d}J}{\mathrm{d}t}\bigg|_{t=0} = J'$$

或

$$J\big|_{t=t_1} = J_1$$

可用于计算溯源冲刷的过程，计算时可用

$$J_{n+1} = J_n + \Delta t\frac{\Delta J}{\Delta t}\bigg|_{t=t_0}$$

$$J_n = J\big|_{t=t_0}$$

计算时，已知 J_0、$\dfrac{\mathrm{d}y}{\mathrm{d}t}$、$y$、$Q_{ci}$、$Q_0$、$H(Q)$ 等值，即可求得 $\mathrm{d}J$，然后得 $J_2 = J_1 + \Delta J$，继续向下计算。具体计算步骤，可列表，列出已知值：时间，坝前水位，水深，槽底高程 y，水位下降值 Δy，然后计算 $\dfrac{y}{\gamma B} \times \dfrac{1}{y^2}$，再列出已知出库流量值 Q_0，然后取略大于 J_0 的 J 值进行试算，计算 $Q_0^{1.2}J^{1.8}$ 和 Q_{co}，计算 $Q_{co} - Q_{ci}$。再计算 $(J - J_0)^2\Delta t$ 以及 $\dfrac{2}{\gamma B}\dfrac{(J - J_0)^2(Q_{co} - Q_{ci})}{y^2}$，再计算 $2\dfrac{\Delta y}{y}$，即得 $(J - J_0)\dfrac{2\Delta y}{y}$，最后得出 ΔJ 值，将此值与

试算的 J 比较，如不合，则修正其取值 J，试算至两者符合为止，然后继续计算。

计算三门峡水库，1963 年 10 月至 1964 年 1 月和 1964 年 10 月至 1965 年 1 月两次溯源冲刷，其水位变化，出库沙量的变化，见图 16 - 20 和图 16 - 21 出库输沙量的计算值和实测值的比较，示于图 20 - 22。图中第一时段 1963 年 12 月至 1964 年 1 月的计算中，在 1963 年 12 月 22 日至 1964 年 1 月 15 日时段内计算输沙率大于实测值，其原因是那时淤积尚未到达坝前，当水位下降开始形成溯源冲刷，在上游冲刷下来的泥沙随水流进入壅水区时潜入水体形成异重流，此时悬浮泥沙继续会沉淀，出库的是异重流泥沙，因此实测出库含沙量较低，此外，另绘图 20 - 23 表示计算水面线比降与实测比降的比较。

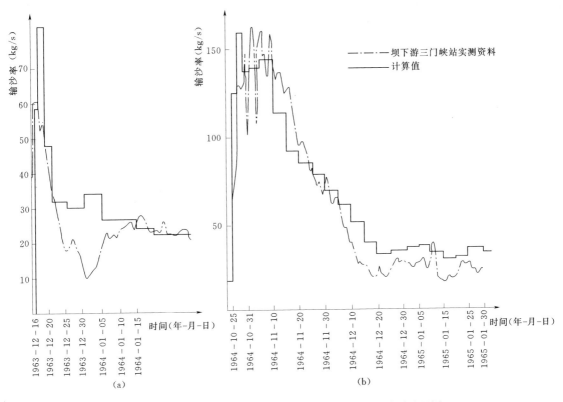

图 20 - 22　三门峡水库 1963 年与 1964 年 2 次溯源冲刷过程图

20.6.4　国内外有关底孔设计运用的经验

我国在筑坝修建水库的实践中，总结泥沙处理经验，从而改善孔口设计和运行方式。

新中国成立后我国非常重视水利工作，修建了大量水库，初期常采用蓄水运行方式，即出现严重的泥沙淤积，因此改变运用方式，采用底孔排沙，减少淤积，恢复库容。

20 世纪 60 年代，笔者实地调查过的内蒙古水磨沟水库，1960 年投入运行，初期采用拦洪蓄水运用，水库淤积严重，1960～1963 年间，入库悬沙量计 261.7 万 t，而淤积总量为 270 万 m³，年平均淤积量为 67.5 万 m³，全部来沙淤在库内。1962 年开始试行排沙减淤，1963 年改变运用方式为滞洪蓄清，1964 年打开施工导流洞。1964～1974 年 12 月，

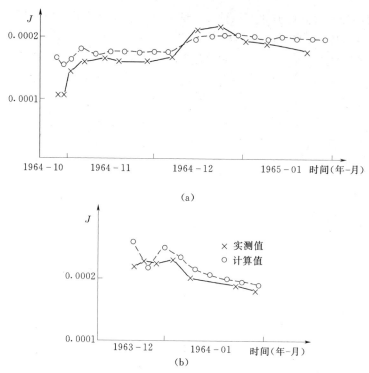

图 20-23　三门峡水库溯源冲刷期间实测水面比降与计算值的比较

10 年期间，其间总沙量 727.6 万 t 全部排出库外，还多冲刷淤沙 2.4 万 m³ 出库。水库排出的泥沙全部引入灌区，引洪淤灌不仅改善盐碱地，更扩大灌溉面积，并提高产量（红领巾水库管理所、内蒙古水利勘测设计院，1975）。这是水库管理人员和设计人员在实践中探索解决泥沙淤积，利用泥沙引洪淤灌，造福人民的范例。那个时候，陕西黑松林水库，在 1959 年建成后至 1962 年常年蓄水，汛期拦洪，头 3 年淤积达 162 万 m³，如照此速度，水库 16 年将淤满，故改变为蓄清排沙运用方式，在汛期 7 月下旬至 8 月集中来沙之前，将水库放空，以便空库迎洪，及时泄洪，使洪水流入下游灌区灌溉。后来山西恒山水库，甘肃东峡水库和锦屏水库等均采用改变运行方式，通过底孔排沙，恢复和保持库容，均取得良好效果。

设计部门在总结经验的基础上，改进设计方法，例如，西北设计院在 20 世纪 70 年代设计冯家山水库（1974 年蓄水）、碧口水电站（1975 年蓄水）时，设计底孔，用以排泄异重流，泄降水位排沙，水库建成投入使用后，在底孔排沙保持库容方面取得预期效果。

水利水电主管部门和规划设计部门，随着水库建设的开展，重视水库泥沙的经验总结工作。20 世纪 70 年代黄河泥沙研究工作协调小组，编印泥沙问题论文汇编五集，其中有许多水库泥沙论文；1972 年在三门峡召开黄河水库泥沙观测研究成果交流会，水利电力部水利水电规划设计院组织直属设计院和有关水电厂开展泥沙总结工作；1982 年在昆明，1985 年在成都先后两次召开水电站泥沙问题讨论会，并于 1988 年出版水电站泥沙问题总结汇编。此外，水电部北京规划设计院组织有关设计院多次组织编写水库泥沙设计规范，2005 年出版的《泥沙设计手册》，是其中工作之一。由于水利主管部门重视总结经验工作，因而提高了泥沙处理的设计工作水平。例如，20 世纪 90 年代设计的黄河万家寨水库，是黄河北干流上供水、防洪、发电、防凌的综合效益工程，为保持有效库容，设计泄洪排沙建筑物，包括底孔 8 个，中孔 2 个。孔口分不同层次分别供引清水和排泄浑水之用，并在电厂进水口下方 20m 处设 5 孔排沙孔。黄河来沙 80％来自汛期，故采用蓄清排浑的运行方式，汛期降低库水位泄洪排沙，以保持有效库容及日调节发电库容。

排沙孔在坝内设置事故检修门，出口处设置工作门，设计者吸取排沙洞可能出现淤堵的处理经验，设置高压水枪冲淤系统（姜家荃，1994）。这是设计上的又一进步。

再回顾国外水利工程人员在实践中改进泥沙处理方法，提高底孔设计水平。例如法国 Chambon 水库，1935 年蓄水后原设计底孔被泥沙淤堵，后来，新打开中孔，最终于 1980 年重新打开原底孔。又如法国工程师设计修建的位于阿尔及利亚 Oued Fodda 河上的 Steeg 坝，运行几年后（1932～1955 年）坝前淤积严重，故在淤积面下面打开一试验孔和另一孔口，排泄重流浑水水库泥沙。出库的泥浆密度很大。由于孔口高程较高，未能排出孔口以下约 30m 的淤沙，故此孔口的设置，似为一种权宜的措施。又如 1968 年瑞士建成的 Gebidem 水电站，设计排沙底孔的水平有所提高，设计时还进行了模型试验，故水库建成后运行情况良好（Morris、Fan，1997）。又如，前面介绍日本 1985 年建成的 Dashidaira 坝（Otozawa 水电站）的坝内排沙设施，这还是日本首次修建此种设施。另一座 1987 年建成的 Unazuki 坝，也设置排沙孔，并进行模型试验和抗磨材料的试验，设计中考虑较周到。

20.6.5　底孔与坝址选择

在选坝时，现在已有条件估计在一定底孔设置和水库运行方式下，库中水流泥沙对坝上下游河床淤积的影响，从而可判断选择此坝址是否合适。

其所以提出这个建议是因为：

（1）对孔口异重流排沙极限吸出高度的分析（范家骅，2007a、b），经水槽孔口实验和三门峡水库异重流通过孔口的实测资料分析，得出出口含沙量与孔口高程、泄量和异重流含沙量的经验函数关系。其极限吸出高度的数值不大。故孔口应放在近河底处。当孔口位置确定后，即可按三角洲滩面比降估计其淤积延伸的范围，因此可同时判断坝址位置的选择是否可行。

（2）回顾我国建坝成功经验和失败教训，如位山枢纽拆坝、三门峡水库孔口改建，故有必要分析坝址选择问题。

三门峡水库 20 世纪 50 年代由中国政府委托苏联列宁格勒设计院设计，当时他们按水电站设计，认为水能（水位抬高）是用淹没换来的，忽略了淤积对上游地区的不良影响，也没有设计合适的排沙设施。他们 1957 年设计提出的 12 个泄沙孔口的高程为 320m，比原河床底部高程 280m 高 40m。据方宗岱（1992）回忆他参加审查会议，认为泄洪道高程过高对排沙不利，要求降低，而苏方坚持不同意，也没有得到国内科技界的支持，而周恩来总理却十分重视这个技术问题。他曾请李葆华、刘澜波两部长以他（总理）个人的名义写信给苏方，要求苏方降低 20m（由 320m 高程降低至 300m 高程）。水科院异重流实验技术档案中附有 1958 年 6 月 1 日方宗岱与范家骅致水利部建议把苏联设计的三门峡水库泄洪孔的高程降低 20m 的函件，方宗岱还提到："这个下降为三门峡几次改建创造了有利的条件，也减轻了水库淤积，减轻渭河淤积上延的速度，作用是很大的。"（方宗岱，1992：第 189 页）

关于三门峡坝址问题，方宗岱还提到美国垦务局 Savage 等 3 位专家于 1947 年应全国经济委员会的邀请来华研究黄河治理，经查勘黄河后，在治黄初步报告中提出大坝不宜放在三门峡，而应放在三门峡下游 100 多 km 的八里胡同。按 Savage 在 20 世纪 40 年代为印度设计大坝时明确指出需采用大底孔用以排沙，他有处理泥沙的经验，方宗岱那时参加了实地查勘。他知道美方提出的意见是正确的，但在审查苏方设计时，没有提出美方的指导思想，感到没有尽到科学工作者应尽之责，心殊内疚。从 Savage 提出坝址选择的意见，可以看出水库淤积和底孔排沙，同坝址选择有必要一并同时考虑。

三门峡大坝建成后，按设计规定，用混凝土堵死 280m 高程的 12 个导流底孔，然后于 1960 年正式蓄水运行，最初按 328m 水位运行后，库内出现严重淤积，这才不得不临时改变运行方式，采用 12 个高程 300m 孔口敞泄排沙，同时准备进一步增建泄流设施。

1964 年周恩来总理主持召开会议，决定增建 2 条 290m 高程隧洞和把部分电厂进水口（300m）改为排沙道，后来 20 世纪 70 年代进一步改建，打开 280m 高程大部分导流底孔。

经过多次改建，三门峡水库按汛期泄洪排沙，非汛期限制水位发电，在此运行方式下，渭河下游河段的淤积发展有所减轻，但其淤积所造成的影响未能消除，给防洪和农业生产以及当地群众生活方面付出沉重代价，国家也为此负担大量治理经费。

多次改建取得一定效果，但不能解决渭河下游存在的问题。虽然最后打开了 280m 底孔。从底孔设计而言，已达到最大的水位降低，但因坝址位置的限制，不能使淤积上延不影响渭河下游河段的淤积。因此，可以看出，三门峡水库的坝址选择并不正确。

因此，从总结经验而言，在三门峡水库选址时，如果能对上游淤积影响渭河下游河段防洪和农业生产，有足够的认识，就会考虑放弃三门峡坝址，而选择其下游的坝址了。

参考文献

陈诗基，卢文新 . 1981. 小道口水库死库复活的实验研究 . 西北水利科学研究所 .

涂启华，杨赉斐 . 2006. 泥沙设计手册 . 中国水利水电出版社 .

范家骅 . 2007a. 异重流孔口出流极限吸出高度分析 . 水利学报，38（4）：460 - 467.

范家骅 . 2007b. 浑水异重流孔口出流排沙规律 . 水利学报，38（9）：1073 - 1079.

方宗岱 . 1992. 论江河治理 . 240.

公共工程委员会 . 1947. 黄河治理计划报告 .

何录合 . 1999. 碧口水库泄水建筑物门前淤积监测效果分析 . 甘肃电力技术，1999（6）：44 - 46，43.

黄河水利委员会 . 1973. 水库泥沙报告汇编 . 黄河水库泥沙观测研究成果交流会，1972.12，河南三门峡 .

姜家荃 . 1994. 万家寨水利枢纽设计中的主要问题 . 海河水利，1994（4）：16 - 19.

焦恩泽 . 2004. 黄河水库泥沙 . 黄河水利出版社 .

江栓丑 . 1997. 碧口水电站排沙洞淤堵原因及疏通处理 . 甘肃电力，1997（4）：15 - 17.

全国重点水库水文泥沙观测研究协作组 . 1982. 重点水库文献汇编 .

水利电力部水利水电规划设计院 . 1988 水电站泥沙问题总结汇编 . 水电站泥沙问题讨论会，1982.6（昆明），1985.11（成都）.

水利科学研究院河渠研究所，官厅水库管理处水文实验站 . 1958. 官厅水库异重流的分析 . 水利科学技术交流会议第二次会议（大型水工建筑物）.

余厚政. 1988. 白龙江碧口水电站泥沙设计及排沙运用总结. 水电站泥沙问题总结汇编. 水利电力部水利水电规划设计院. 183 - 202.

于广林，李志敏. 1999. 刘家峡水电站泥沙问题的解决措施与运用实践. 水力发电学报，1999 (2)：45 - 51.

Bourgin et al. 1967. Considérations sur la conception d'ensemble des ouvrages d'évacuation provisoires et definitifs des barrages. Trans. 1967 ICOLD, Q. 33, R. 27.

Brown, C. B. 1944. The control of reservoir silting. USDA Misc. Publication No. 521, U. S. Government Printing Office, Washington, D. C. 166.

Dawans Ph. , Charpie J. , Giezendanner W. , Rufenacht H. P. . 1982. Le dégravement de la retenue de Gebidem: Essais sur modèle et expériences sur prototype. Trans. 14th ICOLD, Q. 54, R. 25, Vol. 3: 383 - 407.

Duquennois, H. 1955. Lutte contre la sédimentation des barrages réservoirs. Compte rendu No. 2. Electricité et Gaz d'Algérie.

Duquennois, H. 1956. New methods of sediment control in reservoirs. Water Power, 8 (5).

Duquennois, H. 1959. Bilon des opération de soutirage des vases au barrage d'Iril Emda (Algeria) Colloque de Liège, Mai 1959.

Fan, J. , Jiang, R. 1980. On methods for the desiltation of reservoirs. International Seminar of Experts on Reservoir Desiltation, Minstry of Agriculture, Tunis, Tunisia, and CEFIGRE, France, Com. 14.

Fan, J. , Morris, G. L. 1992a. Reservior sedimentation. Ⅰ. Delta and density current deposits. J. Hydraulic Engineering, ASCE, 118 (3): 354 - 369.

Fan, J. , Morris, G. L. 1992b. Reservior sedimentation. Ⅱ. Reservior desiltation and long-term storage capacity. J. Hydraulic Engineering, ASCE, 118 (3): 370 - 384.

Fitzpatrick, M. D. 1988. Crotty dam (CFRD) . Spillway over dam and bottom outlet. Q 63 - 20. Trans. 16th ICOLD, Vol 5: 582 - 586.

ICOLD. 1987. Sedimentation control of reservoirs. Guidelines. ICOLD, Paris.

ICOLD. 1987. Spillways for dams. Bulletin 58, 1987, ICOLD, Paris, 172.

Johnson, J. W. 1962. Discussion on some legal aspects of sedimentation. Trans. ASCE, 127 (Pt. I): 1037 - 1042.

Kira, H. 1982. Reservoir sedimentation and measures to minimize siltation. Senbo Press. 392 (In Japanese).

Minor, H. E. , Bodenmann, H. 1979. Considerations about the determination of capacity and structural design of a bottom outlet for large dam. Trans, 13th ICOLD, Q. 50, R. 39, 675 - 690.

Sharp. J. J. , Wang, C. S. 1974. Arrested wedge in circular tube. J. Hyd. Engg. 100: 1085 - 1088.

Smith, N. 1971. A history of dams. Peter Davies, London: 279.

Smith, N. A. F. 1992. The heritage of Spanish dams. Spanish National Committee on Large Dams.

Swiss National Committee on Large Dams. 1982. General Paper No. 8, prepared by the Scientific Commission of the Swiss National Committee. Trans. 14th ICOLD, Vol. 3: 889 - 958.

Takasu, S. 1982. Hydraulic design of sediment facilities at Unazuki Dam and model experiment. Trans. 14th ICOLD, Vol. 3, Q. 54, R. 3.

Thevenin, J. 1960. La sédimentation des barrages-réservoirs en Algérie et les moyens mis en oeuvre pour preserver les capacités. Annales de L'Institute Technique du Bâtiment et des Travaux Publics, N. 156. Dec. 1960.

Willi. W. 1981. Silting-up and scouring of the small Innerferrera Reservior of the Hinterrhein Hydroelectric Scheme. Internationale Fochtarung uber Verlandung von Flussstauhaltungen und Speicherseen im Alpenraum, Zurich, 22 und 23, October 1981, 157 - 162 （德文）.

第 21 章　沉沙池 I：沉淀池异重流
的实验和分析

21.1　我国沉淀池研究简况

泥沙颗粒在沉淀池水流中沉淀过程的研究，在工程建设中有重要的实际意义。水利、水电、电力、给水、化工、矿冶等工程中常需解决取水沉沙、引用清水以满足工、农业用水或生活用水等问题。需研究的问题包括泥沙特别是细颗粒泥沙在沉淀池中的流态、群体泥沙在动水中的沉降特性以及泥沙运动对于水流运动的影响等。从工程应用观点而言，研究目的在于了解其物理图形，寻求计算方法。泥沙在动水中沉淀的机理，迄今尚未完全阐明，有待今后继续研究。

我国以前沉沙池设计方法，一般采用粗粒泥沙在池内动水中沉淀几率理论［Veli-kanov, M. A. 1936］，这种图形对于单颗粒或低浓度粗颗粒泥沙可能符合实际情况（范家骅，1981），但不适用于细颗粒泥沙。现场和实验室观测都表明细颗粒群或含沙量较大（其中含有部分细颗粒泥沙）的沉淀情况与单个粗颗粒的沉淀方式不同；由于沉淀池内水流缓慢，在一定条件下将形成异重流运动（范家骅等，1959），这时泥沙沉淀效率很高；对于含沙量较大，颗粒较粗的粉煤灰水在沉灰池中也会产生异重流运动。李圭白（1964）、张有威（1966）曾进行黄河浑水沉淀实验，寻求动水沉速和静水沉淀的关系，以改进 Coe 和 Clevenger 浓缩面积的设计方法。

为了解沉沙池中泥沙运动的流态，曾在水槽中进行异重流和明渠流沉沙池的实验，试求明渠流过渡到异重流的水沙条件，以及观察水流流速、泥沙含量和粒径沿程的变化情况。

在长 50m、宽 0.5m 的水槽中进行泥沙沉淀试验，池中水流有明渠流和异重流输沙和沉淀两种流态。为了观察泥沙分选情况，采用试验沙样为较粗的中径为 0.06mm 的泥沙。但在进入水槽的水流中，则测得其中值粒径变小，仅为 $d_{90} = 0.06$mm，$d_{50} = 0.005$mm。实验中改变流量使产生异重流，观察各断面的清浑水交界面、含沙量垂线、流速垂线分布、粒径垂线分布，图 21-1 为明渠流和异重流时的流速、含沙量和粒径的沿程变化图。

此外，笔者曾进行 3 种试验：含有细颗粒泥沙在含沙量较大（10～100kg/m³）时异重流沉淀实验、火电厂粉煤灰异重流沉淀实验以及低浓度浑水（海域来沙）在海水中的沉淀实验。实验的条件，列于表 21-1。实验中，观测泥沙和水流运动的流态和沉淀效果，探讨泥沙形成分层流（异重流）的条件及其沉降特性。针对设计单位提出的生产实际问题，分不同情况，提出形成异重流的沉淀池设计方法。所建议的方法已为设计单位采用，其中有关火电厂粉煤灰沉淀异重流悬浮高度概念，已被编入《火力发电厂除灰计算手册》（水电部西南电力设计院，1981 年）。

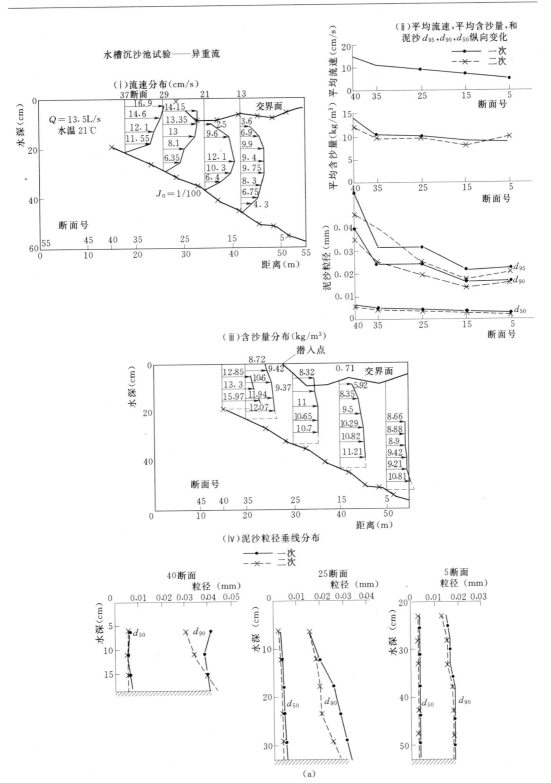

图 21-1　水槽沉沙池实验的流速、含沙量和粒径的沿程变化（一）

(a) 异重流

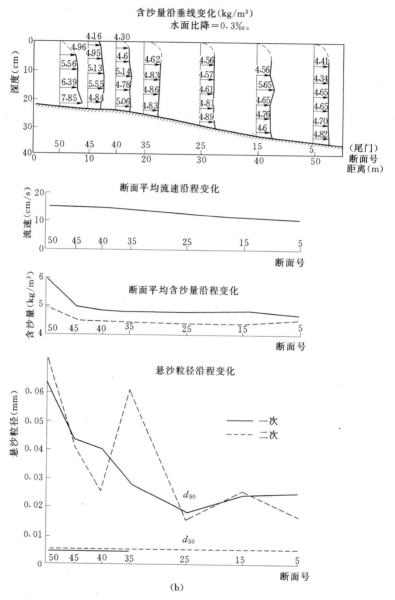

图 21-1　水槽沉沙池实验的流速、含沙量和粒径的沿程变化（二）

（b）明渠流

表 21-1　　　　　　　　　　沉淀池实验情况表

编　号	1（1957 年）	2（1964 年）	3（1975 年）
试验目的	工地用水	火电厂粉煤灰的沉淀	黏土在海水中的沉淀；火电厂冷却水
含沙量范围（kg/m³）	8.5～100	6～65	0.6～2.3
泥沙性质	黏土和部分粉沙	粉煤灰	黏土
泥沙密度（g/cm³）	2.65	2.13	2.7
流体介质	清水	清水	海水、含盐量大于 2%

续表

编　号	1（1957 年）	2（1964 年）	3（1975 年）
水深范围（cm）	60～110	85	20～50
试验流量（L/s）	1.2～4.3	3～12	3～15
水槽尺寸（m）　长	19.2～44.6	104	104
水槽尺寸（m）　宽	0.5	0.36	0.36
水槽尺寸（m）　高	0.6～1.1	0.6	0.6

　　沉淀池中的异重流沉淀，可分为两种沉淀形态：一为壅水沉淀；二为异重流浑水楔沉淀。本章分析表 21-1 中前两种异重流在短槽中形成壅水沉淀实验。至于表 21-1 中第三种异重流在长槽中的异重流形成浑水楔的泥沙沉淀情况，将在第 22 章中进行讨论。

21.2　泥沙沉淀的分析

21.2.1　异重流空间运动方程

　　实验室和现场观测的资料表明，在沉淀池和水库里异重流在运动和沉淀过程中分离出清水（范家骅，1980），可写出上下两层水流的空间运动方程。令图 21-2 中上下两层流体密度分别为 ρ_1 和 ρ_2；上下两层平均流速为 u_1、u_2；水深分别为 h_1、h_2。在沉淀过程中，从下层有清水进入上层，其单位面积单位时间的流量为 V_y。此外，表面剪力、交界面剪力和底部剪力分别以 τ_s、τ_i、τ_0 代表。故空间运动方程与水流连续方程有：

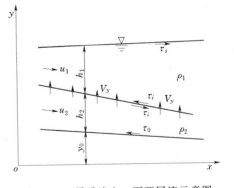

图 21-2　异重流上、下两层流示意图

　　水流连续方程为

上层：
$$\frac{\partial}{\partial t}(\rho_1 h_1) + \frac{\partial}{\partial x}(\rho_1 u_1 h_1) = \rho_2 V_y \quad (\rho_2 \approx \rho_1)$$
$$(21-1)$$

下层：
$$\frac{\partial}{\partial t}(\rho_2 h_2) + \frac{\partial}{\partial x}(\rho_2 u_2 h_2) = -\rho_2 V_y \qquad (21-2)$$

　　空间水流运动方程：

上层：
$$g\frac{\partial h_1}{\partial x} + g\frac{\partial h_2}{\partial x} + u_1\frac{\partial u_1}{\partial x} + \frac{\partial u_1}{\partial t} + g(i_1 + J_0) + \frac{\rho_2 V_y u_2}{\rho_1 h_1} = 0 \qquad (21-3)$$

$$i_1 = \frac{\tau_i - \tau_s}{g\rho_1 h_1}$$

下层：

$$(1-\varepsilon)g\frac{\partial h_1}{\partial x}+g\frac{\partial h_2}{\partial x}+u_2\frac{\partial u_2}{\partial x}+\frac{\partial u_2}{\partial t}+g(i_2+J_0)+\frac{V_y u_2}{h_2}=0 \qquad (21-4)$$

$$i_2=\frac{\tau_0-\tau_i}{g\rho_2 h_2},\varepsilon=\frac{\rho_2-\rho_1}{\rho_2}\approx\frac{\rho_2-\rho_1}{\rho_1}$$

$$\tau_i=\frac{\lambda_i}{4}\frac{\rho\,|\,u_1-u_2\,|\,(u_1-u_2)}{2} \qquad (21-5)$$

$$\tau_0=\frac{\lambda_0}{4}\frac{\rho\,|\,u_2\,|\,u_2}{2} \qquad (21-6)$$

式中：λ_i、λ_0 为交界面和底部阻力系数；$J_0=-\dfrac{\mathrm{d}y_0}{\mathrm{d}x}$。

在水库、长引航道或很长的沉沙池内，浓度不大的异重流流速及其含沙量沿程衰减，同时分离出清水进入上层清水层；在短沉淀池内异重流受壅水影响而壅高，异重流在壅水区中分离出清水，而异重流含沙量沿程基本不变，其流速则沿程衰减。一般而言，清水分离流速 V_y 随泥沙特性（比重、级配情况）和含沙量大小而变化。

设在恒定情况下，上下层连续方程可写成

$$q_1=u_1 h_1+\int V_y \mathrm{d}x$$

$$q_2=u_2 h_2-\int V_y \mathrm{d}x$$

设对某种泥沙，V_y 为含沙量的函数，当下层异重流含沙量沿程不变（短沉淀池）时，则可得流量与距离呈线性关系。实验室盲肠水槽异重流沉淀实验测得上层清水流量沿纵向的变化符合线性关系［范家骅，1980。该文中图 1（a）］。李圭白在他的论文中示意的沉淀池水槽试验所测上下层流量的沿程变化，定性地符合线性变化的关系。

21.2.2　悬移质运动扩散方程

沉淀池中低浓度挟沙水流的含沙量变化，可用泥沙扩散方程，即沙量连续方程来描述，在恒定水流条件下有

$$u\frac{\partial c}{\partial x}=\frac{\partial}{\partial y}\left(D\frac{\partial c}{\partial y}+wc\right) \qquad (21-7)$$

式中：c 为含沙量；D 为扩散系数；w 为泥沙动水沉速；u 为纵向平均流速。

前人如 Dobbins 曾求得一定边界条件下的解析解，并与他的实验进行对比。他所采用的沉速代表泥沙静水沉速。

在淤沙质海岸破波区有风浪掀沙时，海水中常含有若干黏土细颗粒。细颗粒在运动海水内沉淀过程中因颗粒互相接触形成絮凝体，这时的沉速值，不再是静水中单颗粒的沉速值，实验表明，在流动海水中在含沙量很低的范围内，黏土颗粒的平均沉速随含沙量的增加而增加。这种变化的定性趋势和 Migniot 等人（1977）含有黏土颗粒的静水沉速实验结果一致。

求解一维恒定流速成扩散方程，可求得断面平均含沙量沿纵向的变化。积分式（21-7），令断面垂线平均含沙量为 c_m，则有

$$hu_m \frac{\partial c_m}{\partial x} = \left[D\frac{\partial c}{\partial x} + wc \right]_{y=0}^{y=h}$$

在水面，有

$$y=h \ , \frac{\partial c}{\partial y} + wc = 0$$

其底部边界条件，如设沉淀池内水流紊动很小，底部层面上没有泥沙向上移动，则有

$$y=0 \ , D\frac{\partial c}{\partial y} = 0$$

$$hu_m \frac{\partial c_m}{\partial x} = -wc(x,0)$$

这里假定泥沙的动水沉速 w 不随水深而变。并令底部含沙量 $c(x,0)$ 与各该断面平均含沙量 c_m 的比值为 α，即令 $c(x,0)=\alpha c_m$，$\alpha \geqslant 1$，即有

$$hu_m \frac{dc_m}{dx} = -\alpha wc_m(x)$$

积分，并假定泥沙在很小流速时最后可以基本沉清，即 $c_m(\infty) \approx 0$，并令 $c_m(0)=c_{m0}$，则有

$$c_m/c_{m0} = \exp\left[-\alpha wx/hu_m \right] \tag{21-8}$$

关于 α 值，可分两种情况：

（1）当含沙量垂线分布在全程接近均质流时，α 接近于 1，即

$$c_m/c_{m0} = \exp\left[-wx/hu_m \right] \tag{21-9}$$

（2）当含沙量垂线分布在某些断面上出现分层流，即上层含沙量与下层含水量差别较大时，α 值大于 1，一般在 1～2 范围内变化。观测表明，海水中黏土在沉淀过程中，当均质流转变为分层流后，下层内的泥沙继续沉淀，含沙量减小，随后整个水流可恢复为垂线含沙量均匀分布的均质流。

关于动水沉速，它随流体流动特性和泥沙性质而变。此问题将在以下各节中进行分析和讨论。

21.3　浑水异重流壅水沉淀

为黄河三门峡工程局设计工地用水沉沙池提供设计参数，进行黄河浑水沉淀试验，含沙量范围在 $10 \sim 100\text{kg/m}^3$。试验用沙的级配与当地泥沙接近，其 d_{90} 和 d_{50}，列于表 21-2。试验做法和观察到的现象说明如下：按照设计的单宽流量放进储满清水的水槽（沉沙池）中，浑水立即潜入池底形成底层异重流；当流抵水槽尾端时，即壅高产生反射波向上游推进直至水槽首端，然后交界面徐徐上升，在这过程中异重流变为中层异重流，同时自异重流中分离出清水进入上层清水层向槽尾运动。另一种试验是槽内不预先注满清水，观察浑水在壅水过程中分离出清水，以及清浑水交界面随时间的上升过程。如图 21-3 所示。在原设计的单宽流量范围内，此情况与槽内预先注满清水试验，基本相同。每次试验历时 60～400min。

表 21 - 2　　　　　　　　　　　　　　泥 沙 级 配 情 况

粒径 （mm）	试验用沙	等浓度层悬浮泥沙	距槽端不同距离的底部淤积层泥沙粒径值（mm）		
			3.2m	14.2m	25.2m
d_{90}	0.05	0.017~0.025	0.07	0.035	0.025
d_{50}	0.01	0.006~0.0065	0.03	0.01	0.007

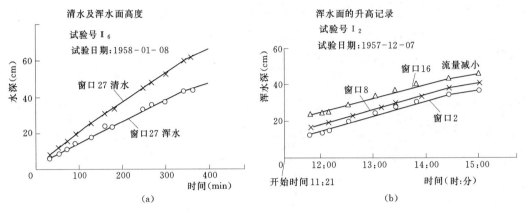

图 21 - 3　实测清水及浑水面高度沿程和随时间的变化

　　在水槽不同断面上测量含沙量垂线分布的变化，如图 21 - 4 所示。并测定异重流与底部淤积层的泥沙级配，见表 21 - 2。从图 21 - 4 可见：①异重流的含沙量梯度很小，壅水异重流形成一个不随时间而变的等浓度层，其级配基本保持常值，$d_{90}=0.02\sim0.03\text{mm}$，$d_{50}=0.005\sim0.007\text{mm}$；②在等浓度层以下存在一浓度较大而含沙量梯度大的淤积层，其厚度为 10cm 左右。由于进槽浑水中泥沙的沉淀，槽的前部淤积层中的泥沙粒径较粗，其浑水容重较大，而尾部淤积层的泥沙粒径较细，其浑水容重较小。表 21 - 2 列出不同距离

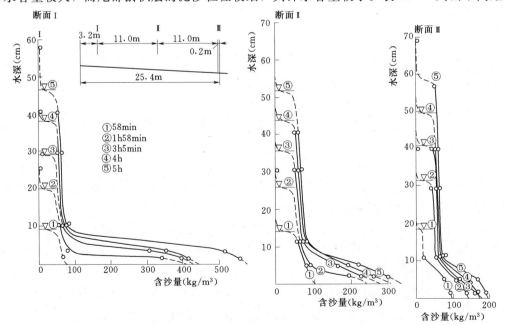

图 21 - 4　25.4m 水槽异重流沉淀试验的含沙量分布图

的粒径值。

由于从不同断面上测定的等浓度层的泥沙级配接近常值，故可以从它的最大粒径值（以 d_{90} 为代表）所占进槽泥沙级配曲线上的百分比（以 P 代表）乘以进槽含沙量，其乘积可大致代表等浓度层的含沙量值，即 $c = c_i P$。

从清水面上升率（实测或从进槽流量计算）和清浑水交界面上升率，即可算出分离清水的速度 V_y，平均而言，在整个池内的 V_y 保持常值。即在一定的含沙量条件下 V_y 为一定值。亦即，分离清水流量随距离线性增大，到水槽的末端时为最大，而异重流流量则相反，在槽首为最大，在槽尾处流量为零。

这种分离清水量和含沙量等浓度层的情况，同盲肠水槽中异重流泥沙沉淀分离清水的情况，有类似之处，所不同的是：

（1）进入盲肠槽内的异重流流量大小，取决于大河与盲肠河段流体两者的密度差，即进盲肠水槽的流量是由大河含沙量的大小而自动调节。因而进入流量与分离出的清水流量可保持相等，而本试验的进入流量的大小则由设计决定。

（2）盲肠水槽内上下层水流方向相反，因而其交界面阻力保持一定，而本实验的情况是上下层的流向相同。

根据实验资料，可作出异重流壅水沉淀所分离的清水速度 V_y 与含沙量的关系，如图 21-5。在图 21-5 中还点绘泥沙粒径较细的静水沉淀浑液面下降（即分离清水）速度的试验结果，以及盲肠水槽内异重流分离清水速度的实验资料。从比较可见，动水时的清水分离流速较静水时为小；静水时浑液面沉速的实验表明，清浑水交界面下降，即分离清水速度随含沙量和泥沙大小、级配而变。故 V_y 也与上述诸因素有关。

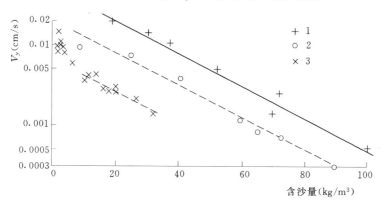

图 21-5　异重流壅水沉淀所分离的清水速度 V_y 与含沙量的关系
1—静水沉淀；2—异重流壅水沉淀水槽试验；3—盲肠水槽中异重流壅水沉淀

该试验表明异重流等浓度层随着时间的增长而升高，其上升率大于底层淤积层厚度的上升率，这说明进入流量的一部分是通过异重流分离出清水进入上层清水层，另一部分则包含在等浓度层和淤积底层之内不能排出，从而使交界面继续升高。

在水槽末端堰顶前观测极限吸出高度值，即清浑水交界面超过某一高度时出流浓度骤增的位置，令此高度位于堰顶以下 h_L（cm），根据多次测量记录，可得出本试验堰宽和水流、泥沙条件下的密度 F_r 数的平均值为

$$\left[\frac{\Delta\rho}{\rho}gh_L^3/q^2\right]^{1/3}\approx2.5 \qquad (21-10)$$

式中：q 为单宽流量，cm^2/s；$\Delta\rho$ 为异重流与清水的密度差。

21.4　粉煤灰壅水异重流沉淀

电力设计院为天津第一发电厂设计沉灰池，笔者接受实验任务，拟通过实验以确定池的尺寸。进池灰浆引自该火电厂排出的粉煤灰，其中较粗的灰渣，均沉在池子的首部，其余灰浆参加沉淀，为异重流所悬浮的粒径则最细。表 21-3 为进沙灰浆与异重流层泥沙级配的情况，从表 21-3 中数字可看出悬浮的煤灰粒子较细，也较均匀。

表 21-3　　　　　　　　　　　　沉灰池试验的泥沙级配

粒径（mm）	进池灰浆	异重流泥沙
d_{90}	0.1	0.056～0.065
d_{50}	0.058～0.067	0.042～0.052

实验分两种情况：一为先在池中盛满清水然后放入灰水，浑水立即潜入底部形成异重流运动；二为空池中放进灰水，两种实验结果基本相同。其物理现象与上节所述相同。每次实验历时为 6～7h。除记录进槽流量和含沙量外，还在 5 个观测断面上测读清浑水分界面和淤积面高程，在 3 个断面上测量含沙量垂线分布的变化过程。出槽含灰量的变化过程也作记录。

图 21-6 为一次试验记录，可看出含灰浑水在异重流运动过程中沿程分离出清水。当清浑水界面低于某极限高度以前，出水含灰量极微，小于 0.5kg/m^3。在这时段内，如图 21-6

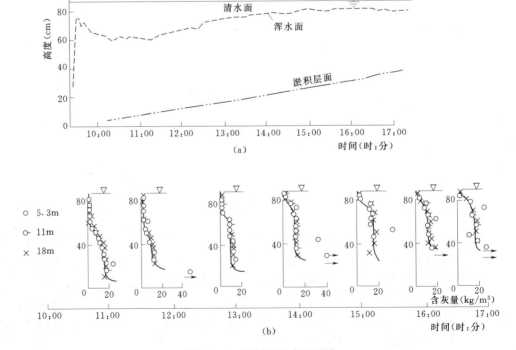

图 21-6　沉灰池试验过程图

中 13：00 以前，浑水面与平均淤积面以等速度上升，这种现象说明粉煤灰存在于异重流悬浮层的那部分外，全部淤在淤积层内。另一种有趣的现象是，由于来自电厂的含灰量有起伏变化，故在不同时间所测量的含灰量垂线分布也有相应的差异，如图 21-6 所示，10：40、15：00、16：30 所测含灰量较大，而当时进池含灰量也较大。但每次测量却表明，在不同距离的 3 个断面上的含灰量垂线分布则基本相同。此外，曾在槽内施测异重流流速分布，见图 21-7，表明异重流在淤积层以上运动，由于粉煤灰淤积层含灰量常在 $500 \sim 600 \mathrm{kg/m^3}$ 范围之内，此值远远大于悬浮浓度，因此进槽灰浆沿淤积层上面运动。从图 21-7 还可看出主流流速区以上有 40cm 的具有一定浓度梯度的含灰层。它是由分离的清水通过悬浮层向上运动时造成的紊动而形成的。观测表明，含灰层厚度随异重流壅水影响而增加，但在一定水流条件下，其厚度增至某定值后则不再增加。这个厚度可称为最大悬浮高度。在这高度范围内浓度梯度很小，接近等浓度层。当粉煤灰等浓度达到最大悬浮高度时，进入浑水流量将与出槽清水（含灰量极小）流量相等。这时全池单位面积的清水分离量 V_y 为单宽流量 q 除以槽长 L，

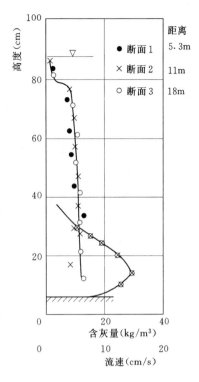

图 21-7　沉灰池异重流壅水沉淀过程中的流速与含沙量分布

即 $V_y = q/L$。异重流流量在槽端等于进槽流量，沿程减小，至槽尾流量为零；而上层清水层流量，则在槽端为零，沿程增加，至尾端达到最大值，等于进槽流量。

此外，还连续测取流过堰顶的出口含灰量以及堰顶前清浑水交界面高程，分析出口含灰量与异重流含灰量的比值与密度 Fr 数的关系线，从这关系线可估出基本无浑水出槽的极限吸出高度的条件（图 21-8）为

$$\left[\frac{\Delta \rho}{\rho} g h_L^3 / q^2 \right]^{1/3} \approx 2 \tag{21-11}$$

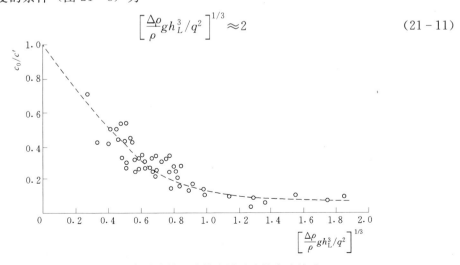

图 21-8　沉灰池末端堰流排出异重流的实验关系

21.5   利用分层流原理含黏土浑水和粉煤灰壅水沉淀的沉淀池设计方法

根据上述两种实验结果可利用分层流原理对含黏土浑水和粉煤灰的运动，提出沉淀池的设计方法。

这里所指含黏土浑水的含沙量范围约为 $10\sim100\mathrm{kg/m^3}$。含黏土浑水和粉煤灰在沉淀池中形成异重流流态具有下列共同特性：

（1）当含沙（灰）量较高的浑水引入池中形成底部异重流后，异重流的厚度将壅高。在壅高的过程中，异重流流量有一部分（对于含黏土浑水）或全部（对于粉煤灰）通过异重流层本身分离出来汇成上层清水层流量。

（2）异重流悬浮层的含沙（灰）量和泥沙级配，在一定水流强度下保持某定值，大于某粒径的泥沙，经过一定沉降距离后，不能保持在悬浮层内，沉到浓度较大的底部淤积层内。

（3）当异重流悬浮层交界面上升超过某一极限吸出高度时，溢流过槽尾堰顶的出流含沙（灰）量将由极微骤然增大。这时沉淀池将不能继续使用。

不同性质的泥沙所形成的悬浮层存在差异，粉煤灰颗粒松散，无黏性，颗粒之间无絮凝现象，进池水流在悬浮层松散粒子中间可以全部通过。粉煤灰的悬浮高度，可用实验求得，如某电厂的粉煤灰实验所得悬浮高度与 $V_y = q/L$ 的经验关系，如图 21-9 所示，大于某种粒径的颗粒不能停留在悬浮层中而成为底部淤积物，因易排水，故其容重较大，实验得在 $500\sim600\mathrm{kg/m^3}$ 之间。考虑到异重流含灰量的影响，绘 $\Delta\rho/\rho$ 和 $V_y/\sqrt{(\Delta\rho/\rho)gh_s}$ 的关系线，见图 21-10。而含黏土浑水的悬浮层，因黏土颗粒之间易产生絮凝现象，进入池内

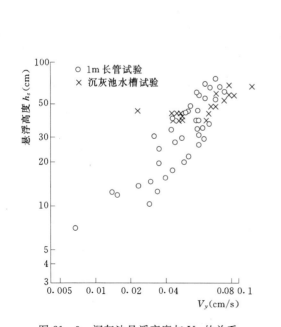

图 21-9   沉灰池悬浮高度与 V_y 的关系

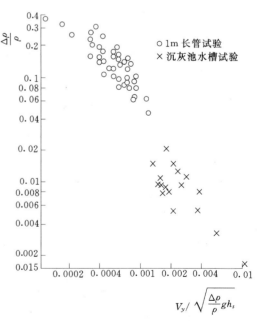

图 21-10 $\Delta\rho/\rho$ 和 $V_y/\sqrt{(\Delta\rho/\rho)gh_s}$ 的关系线

的水体不能全部通过悬浮层进入上层清水层，有
一部分滞留在悬浮层内，使悬浮层厚度随时间而
加厚。通过实验可求得其动水沉速 V_y 值（见图 21
-5），按此值及进入流量，即可求得悬浮层的上
升率。

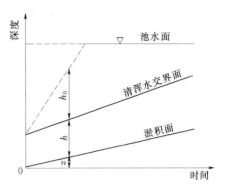

图 21-11　沉淀过程概化图

　　为了把实验中获得的物理现象加以概化以用
于计算，现绘出代表一定断面上的沉淀过程概化
图，如图 21-11。设进水流量的水面上升率为 q/L。现分别对含黏土浑水的沉淀和粉煤灰沉淀两种
情况进行计算。

21.5.1　含黏土浑水的沉淀

　　设进水含沙量 c_i，进水的单宽流量为 q，在某时刻，则可分别写出水量和沙量平衡方
程为

$$V_y = \frac{\mathrm{d}h_0}{\mathrm{d}t} \tag{21-12}$$

$$\frac{q}{L} = \frac{\mathrm{d}h}{\mathrm{d}t} + V_y \tag{21-13}$$

$$c_i \frac{q}{L} = c_d \frac{\mathrm{d}h}{\mathrm{d}t} + c_0 V_y + c_b \frac{\mathrm{d}z}{\mathrm{d}t} \tag{21-14}$$

式中：c_d、c_0、c_b 分别为异重流悬浮层含沙量、出水含沙量和淤积层含沙量。

　　在设计中要求得到 $\mathrm{d}h/\mathrm{d}t$ 和 $\mathrm{d}z/\mathrm{d}t$ 各值。

　　$\mathrm{d}h/\mathrm{d}t$ 值可由式（21-13）算出，V_y 由实验确定，如图 21-5 所示，不同性质的泥沙
及其级配，有不同的 V_y 值。

　　$\mathrm{d}z/\mathrm{d}t$ 值可从实验求得的 c_b、c_d 等值按式（21-14）计算。在异重流沉淀时，式（21-
14）中的 $c_0 \rightarrow 0$；c_b 值可用实验中测到的悬浮层含沙量的级配分布以及 c_i 及其级配分布，
用 $c_d \approx c_i P$ 来近似估算，其中 P 为异重流级配的最大粒径（以 d_{90} 代表）在进水泥沙级配
曲线上的百分数；c_b 值可从实验测得，对于黄河悬移质泥沙，在异重流沉淀时沿程淤积
物级配由粗变细，故淤积物含沙量由大变小，但经过不长距离（十余米）c_b 值保持在 200
～300kg/m^3 之间。因此可得

$$\frac{\mathrm{d}z}{\mathrm{d}t} = \frac{1}{c_b} \left[c_i(1-P)\frac{q}{L} - c_i P V_y \right] \tag{21-15}$$

　　前面已经指出，含黏土浑水沉淀实验表明，从异重流中分离出一部分清水通过悬浮层
进入上层清水层，另一部分留在悬浮层内，故浑水面上升率大于淤积面上升率。当浑水面
上升到某极限高度时，沉淀池就不能继续使用。

　　故沉淀池在运用时间内的总深度 H 应为淤积层厚度 z、悬浮层厚度 h、极限吸出高度
h_L 和安全深度之和。其中极限吸出高度，可用式（21-10）估出，在本实验堰流条件下，
h_L 在 6～13cm 之间。悬浮层厚度 h 包括两个部分：一是异重流厚度；二是异重流壅高部

分。后者可从清浑交界面上升率从式（21－13）乘以运行时间 T 计得，即 $\dfrac{\mathrm{d}h}{\mathrm{d}y}T$，淤积层厚度可按式（21－14）计算。

21.5.2　粉煤灰沉淀池的设计方法

当粉煤灰异重流悬浮层厚度到达最大悬浮高度后，进入流量可全部通过悬浮层进入上层清水层，清浑交界面与淤积层表面将接近平行上抬。即有

$$\frac{\mathrm{d}h}{\mathrm{d}t}=0$$

因此从式（21－13）与（21－14），有

$$q/L=V_y \qquad\qquad (21-16)$$

$$\frac{\mathrm{d}z}{\mathrm{d}t}=\frac{c_i}{c_b}V_y \qquad\qquad (21-17)$$

式（21－17）中 c_b 接近常值，实测为 $500\sim600\mathrm{kg/m^3}$ 之间。

因此可计算出沉淀池运用历时 T 所需的总深度 H 为淤积层厚度 $\dfrac{\mathrm{d}z}{\mathrm{d}t}T$、异重流最大悬浮高度、异重流极限吸出高度和安全深度之和。其中异重流悬浮高度可从图21－9估算。而异重流极限吸出高度，可从式（21－11）确定。

参考文献

范家骅.1980.异重流泥沙淤积的分析.中国科学，1980（1）：82－89.

范家骅.1981.紊流中泥沙扩散的实验研究.中国科学，1981（9）：1176－1186.

范家骅，等.1980.浑水异重流的实验研究和应用.河流泥沙国际学术讨论会论文集，第一卷，光华出版社：227－236.

范家骅.1984.沉沙池异重流的实验研究.中国科学 A辑，1984（11）：1053－1064.

蒋如琴.范家骅.1984.含盐浑的淤积及其二维数值计算.第二次河流泥沙国际学术讨论会论文集，第一卷，水利水电出版社：118－127.

范家骅，等.1959.异重流的研究和应用.水利水电出版社.179.

黄建维.孙献清.1983.黏性泥沙在流动盐水中沉降特性的试验研究.第二次河流泥沙国际学术讨论会论文集，水利水电出版社：286－295.

李圭白.1964.高浑浊水的动水浓缩规律和自然沉淀池的计算方法.土木工程学报，10（1）：76－86.

张有威.1966.高浑浊水的动水运动特性及沉淀池面积的计算.建筑技术，1966（5）：23－29.

Migniot, C. 1977. Action des courants, de la houle et du vent sur les sédiments. La Houille Blanche, 1977（1）：9－47.

Velikanov, M. A. 1936. Theory of probability applied to analysis of sedimentation of silt in turbulent streams. Transactions of the Scientific Research Institute of Hydrotechnics (Izvestia VNEEG), Vol. 18, 50－56.（俄文）.

第 22 章　沉沙池Ⅱ：低浓度泥沙在海水中的沉淀与冲刷试验

本章将讨论无壅水影响的长距离沉沙池的泥沙淤积状态以及使用分层流的沉沙池设计方法，并介绍淤沙的冲刷试验，探讨沉沙池冲刷槽有关尺寸的设计问题。

22.1　水槽沉淀试验与水沙流态

天津大港电厂拟在近海岸修造电厂引水工程，在海滩上挖槽，涨潮时抽取海水，通过长距离沉淀池，沉淀海水中泥沙，引取含沙量极低的海水作为冷却水，冷却水所需流量 120m³/s，需要多大的沉沙池，是设计院提出的问题之一。当时设计院已选择在海岸边至电厂的 5km 的地区，修建沉沙池的一边墙，另一边墙则拟根据实验结果修筑。设计院要求在 3 个月内提出沉沙池尺寸的建议。

最初在短槽中进行试验，发现含盐低含沙量水流受壅水影响，沉淀效率受到限制，其沉淀情况与天然情况不同。故修建长 104m、宽 0.36m、深 0.6m 水槽，并沿水槽纵向布置 6 个观测断面。用虹吸管在中线取沙样，用光电仪测定含沙量，用旋桨低流速仪测垂线流速，并测含盐量和水温，在槽前端建巴氏量水槽测定流量。

试验泥沙沙样，取自工地现场附近独流减河闸下淤泥，第一次所采沙样供第Ⅰ组至第Ⅲ大组近 20 次试验，第 2 次所取沙样，颜色较黑，估计含有较多有机物，加入第 1 次所取沙样为混合沙样，供第Ⅳ大组试验。

按照系统试验方法安排试验组次，根据天然海滩上涨潮期的含沙量范围，分试验含沙量为 0.5kg/m³，1.0kg/m³ 和 2.0kg/m³ 3 种，流量分 3L/s、5L/s、7L/s 3 种。水深分 20cm、30cm 和 50cm 3 种。

天然海水含盐量在 3% 左右。考虑到含盐量对泥沙沉速的影响，采用南京水利科学研究所的实验结果，在含盐量小于 2% 时，泥沙静水沉速随含盐量的增加而加大；在含盐量为 2% 以上时，影响很小。因此，试验所配制的含盐量保持在 2% 以上。

每次试验的操作过程是：先将泵房内水库中浑水在搅拌的同时配成要求的含沙量。然后按要求的流量打入试验水槽内。水槽尾端用尾门控制，槽内水深徐徐上升，直至溢流，水流逐步达到稳定。这种从不稳定到稳定的过程与原体工程有某些程度的相似，一般每组试验沿纵向 6 个断面施测含沙量垂线分布，并规定在稳定流态时进行 3 次重复观测，要求数据具有重复性。1~6 依次各断面距槽端的距离分别为：7.0m、11.5m、16.3m、31.8m、47.0m、71.37m。

淤积试验共 32 次，列于表 22-1 和表 22-2，其中各断面的含沙量为断面垂线平均值，$c_m = \int c \mathrm{d}y / h$。

表 22-1　　　　　　　　第 1 种沙 Ⅰ～Ⅲ 组各测次纵向断面含沙量变化数据表

试验编号	日期 (年-月-日)	测读时间 (时:分)	流量 (L/s)	含盐量 (‰)	纵向平均水深 (cm)	平均流速 (cm/s)	温度 (℃)	各断面平均含沙量 (kg/m³)					
								1	2	3	4	5	6
Ⅰ1	1975-04-15	12:42	3.1	23.1	31.9	2.7	17.1	0.81	0.58	0.41	0.27		0.16
Ⅰ2	1975-04-16	17:38	3.2		22.8	3.9	17	0.85	0.68	0.52	0.31		0.27
Ⅰ3	1975-04-14	17:10	5.25		32.6	4.5		0.61	0.58	0.56	0.52		0.44
Ⅰ4	1975-04-16	11:16	5.1	23.3	22.9	6.2	17	0.68	0.67	0.66	0.61		0.56
Ⅰ4A	1975-04-18	11:25	5.1		22.0	6.4	19.5	0.67	0.65	0.63	0.59		0.54
Ⅰ5	1975-04-17	11:20	6.7	23.2	33.0	5.6	18	0.69	0.66	0.65	0.64		0.53
Ⅰ6	1975-04-16	20:50	7.45		24.3	8.5	18.5	0.76	0.75	0.71	0.71		0.63
Ⅰ7	1975-04-17	17:25	14.4	23.3	35.2	11.4	19.1	0.79	0.77	0.77	0.70		0.73
Ⅱ8	1975-04-23	16:45	3.25	22.5	32.0	2.8	19.8	1.32	0.61	0.38	0.21	0.17	0.15
Ⅱ9	1975-04-21	14:30	3.2	23.8	22.4	4.0	19.9	1.12	0.82	0.54	0.33	0.20	0.18
Ⅱ10	1975-04-24	11:40	5.2		32.6	4.4		1.08	0.96	0.84	0.54	0.40	0.36
Ⅱ11	1975-04-19	17:25	5.4	23.5	23.0	6.5	19.8	1.18	1.08	0.99	0.78	0.67	0.56
Ⅱ12	1975-04-19	12:00	7.1	23.2	33.0	6.0	19.2	1.16	1.10	1.07	0.98		0.81
Ⅱ13	1975-04-18	17:00	7.0	23.3	24.0	8.1	19.0	1.08	1.05	1.02	0.95		0.93
Ⅱ14	1975-04-25	15:00	15.6	24.1	35.5	12.2	21.0	1.12	1.11	1.11	1.11	1.1	1.09
Ⅲ15	1975-04-29	11:25	3.4		32.0	3.0	21.8	1.44	0.59		0.20	0.15	0.11
Ⅲ16	1975-04-29	16:45	3.5	22.5	22.7	4.3	22.3	2.11	0.93	0.46	0.30	0.21	0.20
Ⅲ17	1975-04-28	14:45	5.4	23.0	32.8	4.6	19.8	2.32	1.64	1.20	0.57	0.42	0.34
Ⅲ18	1975-04-28	17:01	5.4		23.7	6.4		2.48	2.13	1.74	0.86	0.58	0.46
Ⅲ19	1975-04-26	15:05	7.4	24.0	33.2	6.2	23.0	2.20	2.12	1.63	1.14	0.75	0.55
Ⅲ20	1975-04-26	12:30	7.5		24.1	8.7	19.4	1.91	1.84	1.78	1.55	1.45	1.39

表 22-2　　　　　　　　第 2 种沙 Ⅳ 组各测次纵向断面含沙量变化数据表

试验编号	日期 (年-月-日)	测读时间 (时:分)	流量 (L/s)	含盐量 (‰)	纵向平均水深 (cm)	平均流速 (cm/s)	温度 (℃)	各断面平均含沙量 (kg/m³)					
								1	2	3	4	5	6
Ⅳ22	1975-06-17	11:00	5.6	28.8	52.7	2.96		1.30	1.16	0.92	0.84	0.50	0.37
Ⅳ23	1975-06-18	17:30	8.2	27.3	53.24	4.28	23.9	1.31	1.22	1.02	0.85	0.75	0.63
Ⅳ24	1975-06-18	16:54	8.6	29.1	53.18	4.49		1.42	1.32	1.27	1.21	1.01	0.91
Ⅳ25	1975-06-19	10:40	11.2	26.4	53.66	5.79	23	1.10	1.08	1.08	1.06	0.96	0.94
Ⅳ26	1975-06-21	11:20	6.5	29.4	43.92	4.12		1.33	1.24	1.08	0.90	0.83	0.66
Ⅳ27	1975-06-23	11:40	8.5	27.9	43.07	2.46	25	1.28	0.97	0.58	0.34	0.23	0.17
Ⅳ28	1975-06-23	11:15	4.1		32.9	3.46	27	1.31	1.14	0.85	0.51	0.35	0.31
Ⅳ29	1975-06-23	12:15	2.5		32.3	2.41	26.3	1.00	0.89	0.67	0.30	0.21	
Ⅳ30	1975-06-25	11:15	4.1		32.8	3.47	26.8	1.38	1.27	1.00	0.57	0.42	0.35
Ⅳ31	1975-06-23	15:15	4.25	26.8	25.28	4.68	28.2	1.34	1.24	1.16	0.98	0.72	0.52
Ⅳ32	1975-06-23	14:08	2.43	26.8	23.9	2.82	27.2	1.32	0.91	0.52	0.31	0.22	0.20

　　试验组次的安排，是根据系统试验的方法，即固定流量、水深和含盐量诸值，改变含盐量的值，观察其变化趋势，试验组次排列见表 22-3。

表 22-3　　　　　　　　　　　系统试验组次排列表

编　号	水深 H （cm）	流量 Q （L/s）	含沙量 c_1 （g/cm³）	含盐量 S_1 （‰）
1	31.9	3.1	0.81	23.1
8	32.0	3.25	1.32	22.5
15	32.0	3.4	1.44	—
2	22.8	3.2	0.85	—
9	22.4	3.2	1.12	23.8
16	22.7	3.5	2.11	—
3	32.6	5.25	0.61	—
10	32.6	5.2	1.08	—
17	32.8	5.4	2.32	23.0
4	22.9	5.1	0.68	23.3
4 月	22.0	5.1	0.67	—
11	23.0	5.4	1.18	23.5
18	23.7	5.4	2.32	23.0
5	33.0	6.7	0.69	23.2
12	33.0	7.1	1.16	21.2
19	33.2	7.4	2.20	24.0
6	24.3	7.45	0.76	—
13	24.0	7.0	1.08	23.3
20	24.1	7.5	1.91	—
7	35.2	14.4	0.79	
14	33.5	15.6	1.12	

　　对于所有测次，为了保证水流中含沙量垂线分布为恒定，均在一定间隔的时间内测 3 次分布。图 22-1～图 22-4 为分层流试验号 8、15、16、17 实测各断面含沙量垂线分布图。从 15 号试验的沿程含沙量分布的变化，可看出在进口第 1 断面处（距槽端 7m）含盐浑水已呈异重流（分层流）分布状况，而 16 号、17 号试验的第 1 断面含沙量分布均呈非分层流的均质流，在第 2 观测断面，则是明显分层分布，从沉淀效率看，15 号试验最佳，16 号次之，17 号又次之。图 22-5～图 22-8 点绘上述 4 个测次，即 8 号、15 号、16 号、

17号各测次的各断面相应的流速垂线分布。从流速分布随纵向的变化，也可看流动从不分层改变到水流集中至下层，过渡到分层流形状。前面已经提到，在试验开始，含沙含盐浑水进入水槽其水深逐渐增加至一定水深后保持水深不变。在水深上涨过程中曾施测各断面含沙量分布的变化过程，直到3次测验结果保持恒定为止，例如图22-2为15号测次的试验施测含沙量分布的整个过程，其中图22-2（d）、（e）、（f）绘出水位上涨过程中，所施测的不同水深时的含沙量分布。当水深较小，因流速较大，异重流在第1断面（距槽端7m）尚未潜入，当水位上升时，水深增加，流速减小，异重流潜入形成在第1断面的上游。待水深至32cm时，连续施测3次［图22-2（a）、（b）、（c）］，资料表明各断面含沙量分布基本保持恒定状态，满足实验要求。

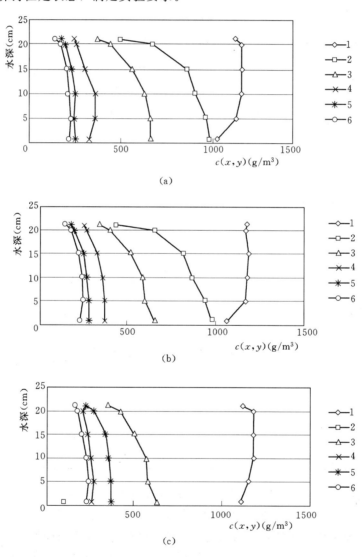

图22-1 第8号试验各断面含沙量垂线分布

(a) 16：05时测；(b) 16：45时测；(c) 17：19时测

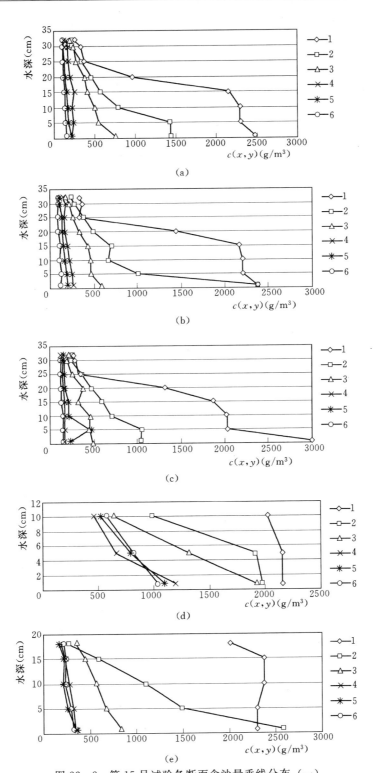

图 22-2　第 15 号试验各断面含沙量垂线分布（一）

（a）10：49 时测；（b）11：25 时测；（c）11：50 时测；（d）9：25 时测，$h=11.9$cm；

（e）9：50 时测，$h=18.5$cm

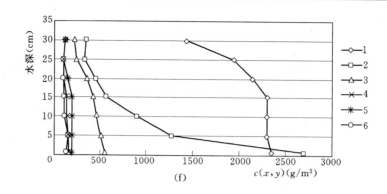

图 22-2　第 15 号试验各断面含沙量垂线分布（二）

(f) 10：25 时测，$h=30\text{cm}$

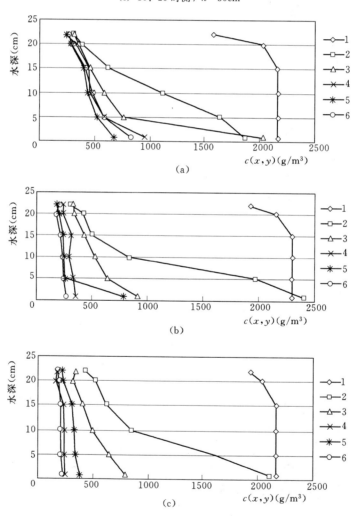

图 22-3　第 16 号试验各断面含沙量垂线分布

(a) 16：00 时测；(b) 16：26 时测；(c) 16：45 时测

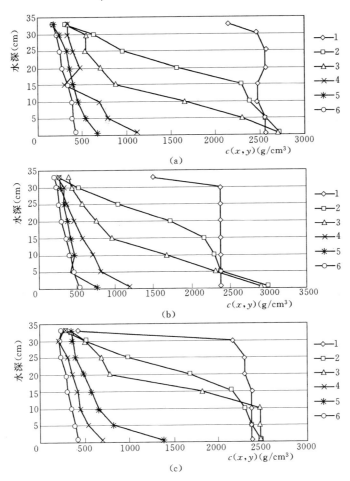

图 22-4　第 17 号试验 4 各断面含沙量垂线分布

(a) 14：10 时测；(b) 16：45 时测；(c) 15：10 时测

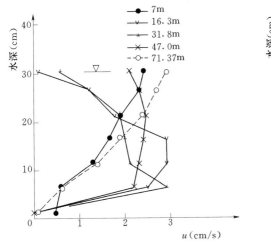

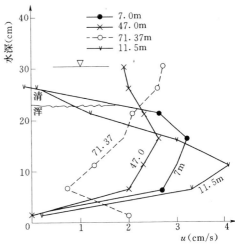

图 22-5　第 8 号测次各断面流速垂线分布图　　　图 22-6　第 15 号测次各断面流速垂线分布图

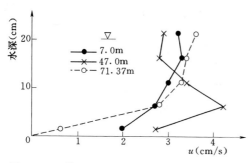 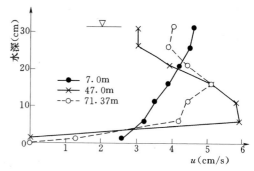

图 22-7　第 16 号测次各断面流速垂线分布图　　图 22-8　第 17 号测次各断面流速垂线分布图

再看非分层流的实验，如试验 5 号、13 号、14 号，点绘含沙量分布（图 22-9～图 22-11）。

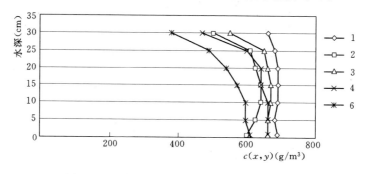

图 22-9　第 5 号试验各断面含沙量垂线分布

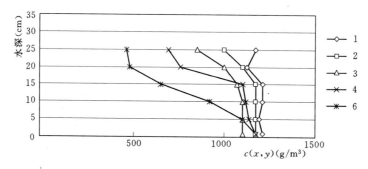

图 22-10　第 13 号试验各断面含沙量垂线分布

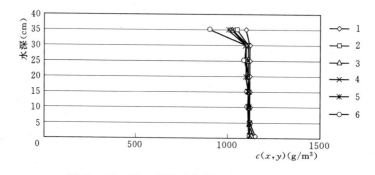

图 22-11　第 14 号试验各断面含沙量垂线分布

由此可见基本上没有沉淀。其相应的流速分布，示于图 22-12～图 22-14，可见其流速分布均属于明渠水流的分布形状。

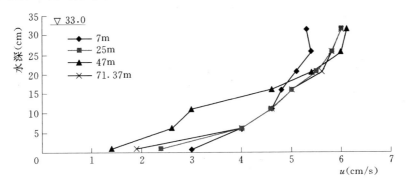

图 22-12 第 5 号试验各断面流速垂线分布图

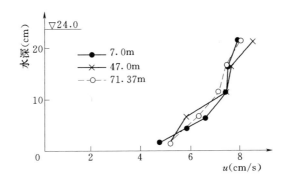

图 22-13 第 13 号测次各断面流速垂线分布图

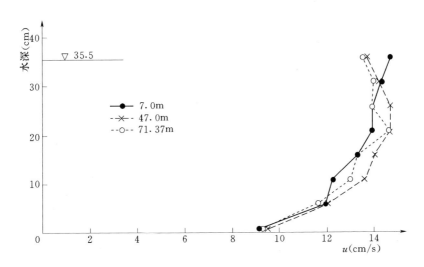

图 22-14 第 14 号测次各断面流速垂线分布图

为了说明水深和流量基本相同的条件下，含沙量不同，从而显示出含沙量沿程分布的改变从不分层至分层的情况，将表 22-3 中的 2 号、9 号、16 号测次共 3 组试验结果，绘于图 22-15。各组试验的水深保持在 22.4～22.8cm、流量 3.1～3.4L/s 之间，含盐量 23.8‰，而含沙量自 0.8kg/m³ 改变 1.44kg/m³ 时，水沙即发生分层。

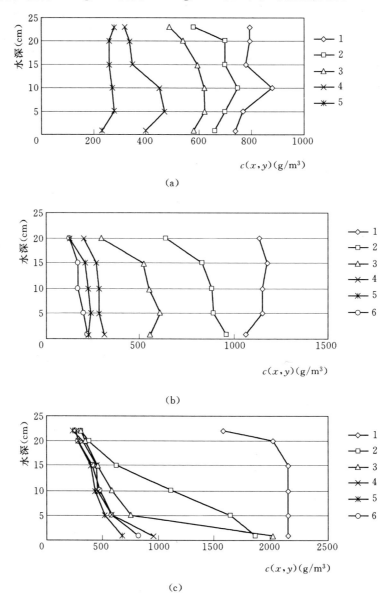

图 22-15　第 2 号、9 号、16 号试验各断面含沙量垂线分布图

22.2　淤积试验资料分析

22.2.1　悬移质运动扩散方程

沉淀池中低浓度挟沙水流的含沙量变化，可用泥沙扩散方程，即沙量连续方程来描

述，在恒定水流条件下有

$$u\frac{\partial c}{\partial x}=\frac{\partial}{\partial y}\Big(D\frac{\partial c}{\partial y}+\omega c\Big) \qquad (22-1)$$

式中：c 为含沙量；D 为扩散系数；ω 为泥沙动水沉速；u 为纵向平均流速。前人如 Dobbins 曾求得一定边界条件下的解析解，并与他的实验进行对比。他所采用的沉速为泥沙静水沉速。

在淤泥质海岸破波区有风浪掀沙时，海水中常含有若干黏土细颗粒。细颗粒在流动海水沉淀过程中颗粒互相接触形成絮凝体，这时的沉速不再是静水中单颗粒的沉降，实验表明（见后面的讨论），流动海水中在很低的含沙量范围内，黏土颗粒的平均沉速随含沙量的增加而增加。这种变化的定性趋势和 Migniot（1977）等人含有黏土颗粒的静水沉速实验结果一致。

求解一维恒定流速成扩散方程，可求得断面平均含沙量沿纵向的变化。断面垂线平均含沙量为 c_m，式（22-1）积分，则有

$$hu_m\frac{\partial c_m}{\partial x}=\Big[\frac{\partial c}{\partial x}+\omega c\Big]_{y=0}^{y=h}$$

在水面，有

$$y=h,\frac{\partial c}{\partial y}+\omega c=0$$

其底部边界条件，如设沉淀池内水流紊动很小，底部层面上没有泥沙向上移动，则有

$$y=0,D\frac{\partial c}{\partial y}=0$$

$$hu_m\frac{\partial c_m}{\partial x}=-\omega c(x,0)$$

这里假定泥沙的动水沉速 ω 不随水深而变。并令底部含沙量 $c(x,0)$ 与各该断面平均含沙量 c_m 的比值为 α，即令 $c(x,0)=\alpha c_m$，$\alpha \geqslant 1$，即有

$$hu_m\frac{\partial c_m}{\partial x}=-\alpha\omega c_m(x)$$

积分，并假定泥沙在很小流速时最后可以基本沉清，即 $c_m(\infty)\approx 0$，并令 $c_m(0)=c_{m0}$，则有

$$\frac{c_m}{c_{m0}}=\exp\big[-\alpha\omega x/hu_m\big] \qquad (22-2)$$

关于 α 值，可分两种情况讨论：

（1）当含沙量垂线分布在全程接近均质流时，α 接近于 1。即

$$\frac{c_m}{c_{m0}} = \exp\left[-\omega x/hu_m\right] \qquad (22-3)$$

（2）当含沙量垂线分布在某些断面上出现分流层，即上层含沙量与下层含沙量差别较大时，α 值大于 1，一般在 1～2 范围内变化。观测表明，海水中黏土在沉淀过程中，当均质流转变为分层流后，下层内的泥沙继续沉淀，含沙量减小，随后整个水流可恢复为垂线含沙量均匀分布的均质流。

关于动水沉速，它随流体流动特性和泥沙性质而变。此问题将在以下各节中进行分析和讨论。

22.2.2　淤积试验含沙量沿程的变化

根据一维扩散方程的解，有

$$\frac{c}{c_1} = \exp\left[-\frac{\omega' x}{uh}\right] \qquad (22-4)$$

式中 ω' 为泥沙在水流中的动水沉速，式（22-4）中当已知 ω' 时，则在已知流速、水深时，即可求得距离 x 的含沙量 c。试验小组虽对盐水中泥沙的静水沉速进行过试验，但未得满意的结果，何况静水沉速也不能代替动水沉速，故采取系统试验的方法寻求含沙量沿程的变化规律。

点绘每组试验断面平均含沙量随 x 的变化，大部分资料显示基本上成半对数的直线关系，有的异重流资料，可用两段直线表示。图 22-16（a）、（b）分别点绘 2 号测次、9 号测次、16 号测次和 3 号测次、10 号测次、17 号测次两组淤积试验断面平均含沙量的纵向变化，因此可求得在一定水流条件下的动水沉速 ω'，利用量纲分析方法，可点绘 $\dfrac{\omega'}{u}$ 和 $\dfrac{u^2}{\dfrac{\Delta\rho}{\rho'}gh}$ 的关系线，示于图 22-17（a）（Ⅰ～Ⅲ组）和图 22-17（b）（Ⅳ组）。

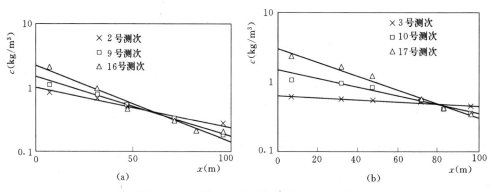

图 22-16　淤积试验平均含沙量纵向变化

（a）2 号测次、9 号测次、16 号测次组；（b）3 号测次、10 号测次、17 号测次组

考虑到图 22-17 $\dfrac{\omega'}{u}$ 与 $\dfrac{u^2}{\dfrac{\Delta\rho}{\rho'}gh}$ 关系线，其中有的组次 ω' 有前后两段，作为近似，可以

用平均动水沉速以代替前后两段的动水流速。在以后的分析中，曾采用此种平均动水沉速。

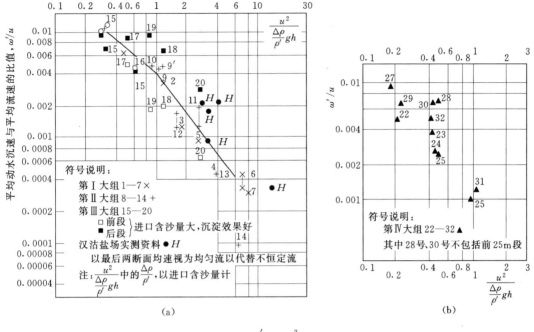

图 22 - 17　$\dfrac{\omega'}{u}$ 与 $\dfrac{u^2}{\dfrac{\Delta\rho}{\rho'}gh}$ 的关系

（a）Ⅰ～Ⅲ组；（b）Ⅳ组

点绘平均动水沉速与平均流速的比值，同 $\left[\dfrac{u^2}{\dfrac{\Delta\rho}{\rho}gh}\right]\left(\dfrac{\Delta\rho}{\rho}\right)^{-\frac{1}{2}}$ 的关系，得图 22 - 18。图

22 - 18 与图 22 - 17 的差别在于采用平均动水沉速，另一个差别是密度 Fr 数的平方

乘以 $\left(\dfrac{\Delta\rho}{\rho}\right)^{-1/2}$。有此关系线，即可从已知的 $\left[\dfrac{u^2}{\dfrac{\Delta\rho}{\rho}gh}\right]\left(\dfrac{\Delta\rho}{\rho}\right)^{-1/2}$，求得 $\dfrac{\omega'}{u}$，然后将 $\dfrac{\omega'}{u}$

代入式（22-4），即可计算 $\dfrac{c}{c_1}$ 的沿程变化，见图 22 - 19 所示的 $\dfrac{\omega'}{u}\times\dfrac{x}{h}$ 和 $\dfrac{c}{c_1}$ 的关系线。

另一种简单的估算平均含沙量沿程变化的方法是，从图 22 - 17 $\dfrac{\omega'}{u}$ 与 $\dfrac{u^2}{\dfrac{\Delta\rho}{\rho}gh}$ 的关联，

可直接点绘 $\dfrac{c}{c_1}$ 和 $\dfrac{g'h}{u}\cdot\dfrac{x}{h}$ 的关系线，如图 22 - 20 所示。图 22 - 20 中包含第 1 种沙样的 20 次试验和汉沽盐场现场观测资料，包括明渠流沉淀和分层流沉淀两种情况，在所有测次中，除第 15 号这唯一测次外，在第 1 断面（距槽端 7m）其含沙量分布均匀，均为均质流分布（即非分层流分布）。而第 15 号测次在第 1 断面，其含沙量垂线分布已呈现为分层流分布。其次，图 22 - 21 为第 2 种沙样的 11 次试验结果。图 22 - 20 和图 22 - 21 两图中的

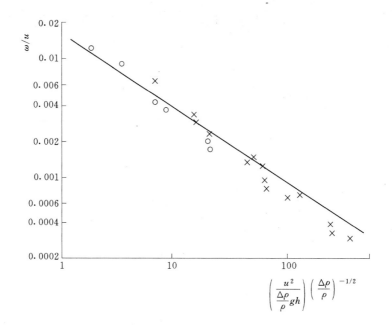

图 22-18　平均动水沉速与平均流速的比值同 $\left[\dfrac{u^2}{\dfrac{\Delta\rho}{\rho}gh}\right]\left(\dfrac{\Delta\rho}{\rho}\right)^{-1/2}$ 的关系

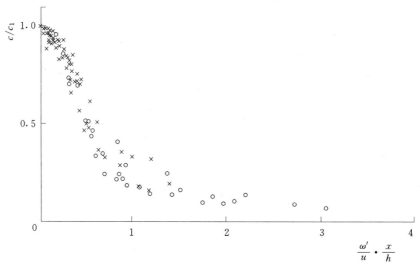

图 22-19　$\dfrac{\omega'}{u}\cdot\dfrac{x}{h}$ 和 $\dfrac{c}{c_1}$ 的关系

测验数据，均基本上分别集中在各自的关系线上。

对于第 1 种试验沙（图 22-20）、第 2 种试验沙（图 22-21），可从已知的不同进水进沙的情况，即用 $\left[\dfrac{\dfrac{\Delta\rho}{\rho}gh}{u^2}\right]\left(\dfrac{x}{h}\right)$ 值，求得池尾的 $\dfrac{c_0}{c_1}$ 值。

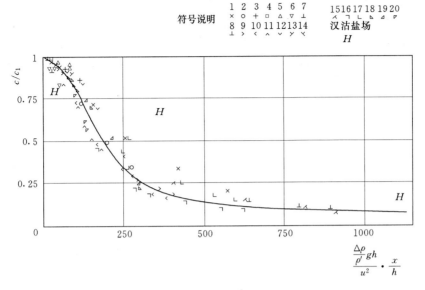

图 22-20　Ⅰ～Ⅲ组$\dfrac{c}{c_1}$和$\dfrac{\frac{\Delta\rho}{\rho'}gh}{u^2}\cdot\dfrac{x}{h}$的关系

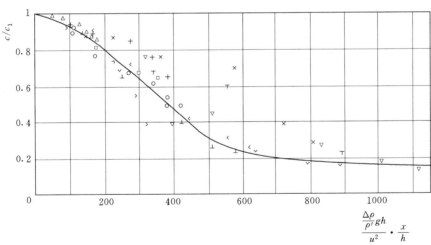

图 22-21　Ⅳ组$\dfrac{c}{c_1}$和$\dfrac{\frac{\Delta\rho}{\rho'}gh}{u^2}\cdot\dfrac{x}{h}$的关系

22.3　冲刷试验方法

在淤积试验 104m 槽中，选择观测段长 25m，进行冲刷试验，分平底和底坡 1/500 两种，流量 4 种（20L/s、30L/s、40L/s、50L/s），淤泥容量 3 种（泥沙沉淀时间 12h、24h

和 48h 形成的淤泥容重），计划进行 24 组，试验组次编号列于表 22-4。

表 22-4　　　　　　　　　　　　　　　　冲 刷 试 验 组 次 表

水槽底坡	淤泥沉淀时间 (h)	组 次 编 号			
		流量（L/s）			
		20	30	40	50
0	12	1			4
	24		6	7	8
	48		10	11	12
1/500	12	13	14	15	
	24	17	18	19	20
	48	21	22	23	24

　　试验前，将冲刷试验段两端用插板隔开并将高浓度泥水打入试验段内，搅匀浑水使均匀落淤于槽底造成一定容量的淤泥层，待沉淀时间分别为 12h、24h、48h 后，取出预先放在各断面为测定淤泥容量（图 22-22）的小盆，然后开始放水试验，放水流量由小而大，在尽量不扰动槽底淤泥的情况下调节至某流量，在最初一段较短时间内，由于流量的变化，水位与含沙量均不稳定，待水流比较稳定后，每隔 5～10min 则读一次水位和含沙量，并测读水温，每一组试验过程中，共施测 5 次水位与含沙量。由于供水系统水量不够，水流必须循环使用，开始时水中含沙量很小，随着水流多次循环，含沙量逐步增高，但因本试验含沙量较低，不致因进水中含沙量的变化而影响其冲刷能力。图 22-23 为冲 29 测次冲刷时不同时间 6 个断面含沙量沿程的变化。各断面距进口的距离：断面 1 为 7m，断面 2 为 10.17m，断面 3 为 15.69m，断面 4 为 22.11m，断面 5 为 26.93m，断面 6 为 31.48m。

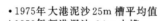

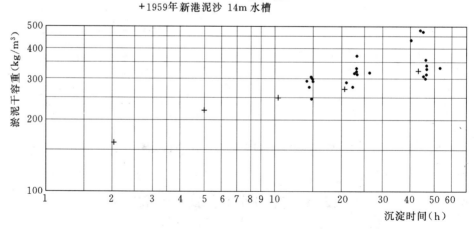

图 22-22　淤泥干容重随沉淀时间的变化

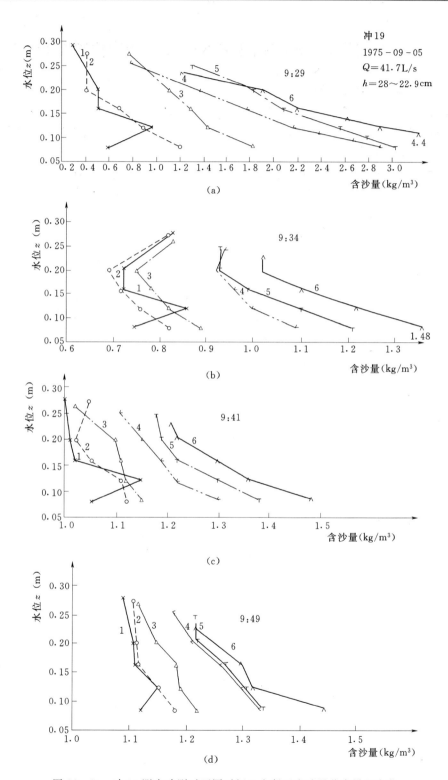

图 22 - 23　冲 19 测次冲刷时不同时间 6 个断面含沙量分布沿程变化

22.4　槽底淤泥冲刷现象的描述和冲刷资料分析

槽底淤泥冲刷现象描述如下：

（1）开始放水时，随着流量逐步增大，泥沙在底部开始起动、悬浮，并逐步扩散到全断面。当达到一定冲刷流量时，水流中被冲起的泥沙量急剧增加，随着水流逐步稳定，被冲起的泥沙逐步减小，达到一个比较稳定的冲起量。

（2）在冲刷试验过程中，试验段起始第 1 断面和第 6 断面分别受闸门开启的影响和水面线跌落的影响，泥沙冲刷量较多，中间断面则较少。泥沙被冲刷后，随着流速和水深等不同，形成一定的泥面坡降。

（3）在一定冲刷流速和水深条件下，泥面上出现沙纹。

为了将单位面积上泥沙冲刷率和水流强度建立某种函数的关系，曾试用平均流速、平均底部剪力和剪力流速与冲刷量建立关系线，由于我们所用的水槽边壁影响比较大，而且槽底上随着泥沙冲起之后造成沙纹而底部糙率与边壁糙率有较大差别，故须去除边壁的影响，并须反映边壁糙率和底部糙率的不同。最后采用底部剪力流速 u_{*b} 与冲起量建立关系，以便将水槽试验的结果应用到原型。

按照爱因斯坦将槽壁和槽底的能量分开的计算方法，假定在全部浸水面积的流速和紊动均匀分布，即可将全部流量中取出一部分流量 Q_b，可令为

$$Q_b = Q \frac{Bn_b^{3/2}}{Bn_b^{3/2} + 2hn_w^{3/2}}$$

式中：n_b 为底部糙率；n_w 为槽壁糙率。对于矩形水槽，故属于底部的水力半径 R_b：

$$R_b = \frac{A_b}{P_b} = \frac{\dfrac{Q_b}{u}}{B} = \frac{Q_b}{uB}$$

$$R_b = \frac{Q_b}{Q}h = \frac{Bn_b^{3/2}h}{Bn_b^{3/2} + 2hn_w^{3/2}}$$

剪力流速为

$$\tau_b = \gamma R_b J = \gamma \frac{n_b^2 u^2}{R_b^{1/3}}$$

因而

$$u_{*b} = \sqrt{gR_b J} = \frac{\sqrt{g}\, n_b\, u}{R_b^{1/6}} \tag{22-5}$$

$$n_b = \left[\frac{n_m^{3/2}(B+2h) - 2hn_w^{3/2}}{B} \right]^{2/3}$$

因为水面比降和槽底比降不易测准，故采用流速关系式计算。计算 u_{*b} 值列于表 22-5。

表 22 - 5　　　　　　　　　　　　水槽冲刷试验资料分析计算表

试验编号	淤泥沉淀时间	流量 (L/s)	平均流速 (m/s)	平均水深 (m)	$u_{*b}=\dfrac{\sqrt{g}n_b u}{R_b^{1/6}}$ (m/s)	$\dfrac{\Delta q_c}{\Delta x}$ [kg/(m·s)]
冲 1	14h35min	20	0.38	0.15	0.029	0.00015～0.00018
4	15h	52.4	0.55	0.27	0.043	0.0013
6	26h30min	30.6	0.45	0.19	0.035	0.00037～0.00042
7	21h30min	40.4	0.52	0.22	0.041	0.00023
8	23h40min	51.9	0.57	0.25	0.046	0.00041～0.00047
10	53h	30	0.41	0.2I	0.032	0.000069
11	47h	40	0.45	0.24	0.037	0.00023
11.1	40h10min	42	0.57	0.21	0.045	0.00065～0.00088
11.2	46h30min	49	0.54	0.26	0.043	0.00039～0.00078
12	46h10min	52.3	0.64	0.23	0.051	0.001
13	15h	19.5	0.46	0.12	0.036	0.00049～0.00095
14	14h45min	30	0.53	0.16	0.041	0.00085～0.00126
15	15h	40.2	0.63	0.18	0.049	0.0015～0.0025
17	23h	19.5	0.48	0.12	0.037	0.00066～0.0013
18	22h25min	30	0.55	0.15	0.043	0.00072～0.0014
19	23h15min	41.7	0.66	0.18	0.052	0.001～0.0021
20	23h20min	52	0.70	0.21	0.055	0.0018～0.0034
21	45h	21.4	0.54	0.11	0.042	0.00068～0.0008
22	45h50min	28.6	0.60	0.13	0.047	0.00058～0.00062
22'	45h50min	28.6	0.67	0.12	0.052	0.011～0.0016
23	47h	39.6	0.65	0.17	0.051	0.00081～0.0012
24	45h	52.1	0.79	0.19	0.062	0.00089～0.0018

　　利用 u_{*b} 和水槽单位时间单位面积冲起的泥沙重量（$\Delta q_c/\Delta x$）点绘关系，如图 22 -Y24。图 22 - 24 上 3 种不同沉淀时间的关系线，可用下式表示

$$\frac{\Delta q_c}{\Delta x}=\frac{37000}{T^{0.865}}u_{*b}^4 \tag{22-6}$$

式中 T 以小时计。从以往淤泥沉淀时间与淤泥干容重试验，得近似关系为

$$\gamma_0=156T^{0.2} \tag{22-7}$$

　　图 22 - 24 上还结合夸套实测资料标出两条平均线，一条代表下限，一条代表平均关系，以供估算之用。

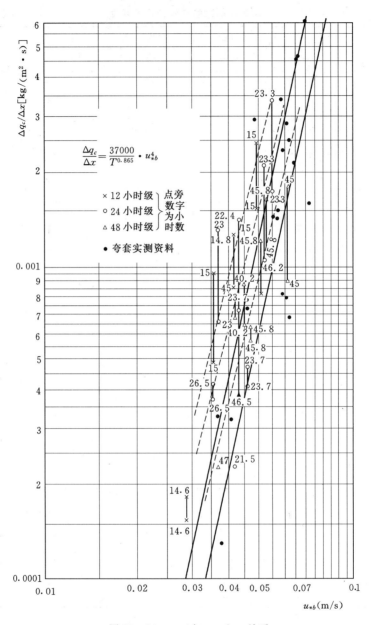

图 22-24　u_{*b} 与 $\Delta q_c / \Delta x$ 关系

22.5　苏北夸套挡潮闸下游引河的海水冲刷实测资料分析

　　苏北夸套挡潮闸下游引河至海口长 3km 多，引河朝向东北，江苏省曾于 1959 年布置 13 个断面进行泥沙淤积和冲刷的观测，测验资料和分析见《江苏省夸套闸河床冲淤实验站观测资料汇编》（江苏省水利厅水利科学研究所，1960 年 3 月）。

　　江苏省曾考虑利用清水冲刷引河淤积泥沙，作为一种清淤措施，他们在闸下 2700m 范围内做过 5 次水力冲淤试验。开闸放水时，引河中原存的海水含盐量达 30%。随着闸上游清水的下泄，引河存水含盐量逐渐减少，最后达到2‰左右。为了去除含盐量的变化对于冲刷的影响。故在冲刷过程中选择含盐量处于恒定均匀状态之下的资料，以寻求含沙量在一定水流流速条件下沿程变化规律。

这5次冲刷试验的淤泥条件、气象条件有所不同。根据报告中的简单介绍，综合于表22－6。

表 22－6　　　　　　　　　　　　1959 年夸套闸冲淤试验简况表

日期 （月-日）	间隔潮期	淤泥容重 （t/m³）	风速 （m/s）	风向	冲刷流速 （m/s）	水深范围 （m）
06－09	至少 8 个潮期		14～9	东南（逆）	1.1	2.5～2.8
06－22					0.7～1.3	1.9～3.1
11－12			11.5～6	东北（逆）	0.7～0.8	1.8
11－26	关闸 5 个潮期（小潮汛）	约 1.2	4～6	西北	0.6～1.2	0.64～1.2
12－08	关闸 16 个潮期（大潮汛）	约 1.25	1	西南	1.0～1.2	1.0～1.2

根据前述条件选择沿程冲刷资料，列于表22－7。表22－7中列出各断面水深以及含沙量沿程增加的情况。

点绘含沙量沿程变化图，见图22－25。从图22－25可以看出2700m范围内，含沙量的变化基本上是线性增加的。由于流速有改变，不是均匀流动。现采用海口（2700m）处的流速，作为计算出口沙量的流速值。

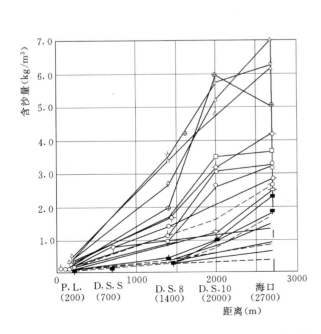

符号	时间 （年-月-日　时：分）	海口 流速 （m/s）
⇧	1959-12-08　19：20	1.17
▽	1959-12-08　18：40	1.24
△	1959-11-19　19：00	1.19
⊕	1959-12-08　19：40	1.03
◇	1959-12-08　20：20	1.02
□	1959-12-08　20：00	1.08
⌀	1959-06-22　15：00	0.92
⚲	1959-12-08　20：40	1.00
⊙-	1959-06-09　17：15	1.14
-⊙-	1959-11-26　8：20	1.16
⇟	1959-11-26　8：20	0.99
■	1959-11-26　9：00	0.98
◣	1959-11-26　10：00	0.80
>	1959-11-12　13：30	0.80
<	1959-06-22　16：00	1.32
×	1959-06-09　16：15	1.09
∨	1959-11-26　11：00	0.64
●	1959-11-12　16：00	0.72
∧	1959-06-22　17：00	1.23
＋	1959-06-22　18：00	0.67

图 22－25　夸套闸下引河冲刷试验实测含沙量沿程变化

表22-7　苏套挡潮闸下游引河冲刷资料计算表

施测次数	施测日期(年-月-日)	测次时间(时:分)	各断面水深 (m)					各断面 0.6 水深处含沙量					海口均速 (m/s)	海口水深 (m)	u_* (m/s)	$\Delta q_c/\Delta x$ [kg/(m²·s)]
			PL距闸 200m	Ds5m 700	Ds8m 1400	Ds10m 2000	海口 m 2700	PL距闸 200m	Ds5m 700	Ds8m 1400	Ds10m 2000	海口 m 2700				
1	1959-06-09	16:15	2.68		2.54		2.77	0.22		0.92		1.22	1.09	2.77	0.0575	0.0014
2		17:15	2.53		2.41		2.53	0.39		1.38		2.8	1.14	2.53	0.0615	0.0028
3	1959-06-22	15:00	2.49	2.41	2.43	2.55	2.69	0.16	0.20	1.03	2.60	3.20	0.92	2.69	0.049	0.0029
4		16:00	2.32	2.23	2.16	2.19	2.30	0.15	0.18	0.30	0.83	1.50	1.32	2.30	0.072	0.0016
5		17:00	2.18	2.97	2.00	3.09	0.25	0.23	0.34	0.42	0.70	1.23	3.09	0.064	0.00068	
6		18:00	1.45	1.43	1.50	1.64	1.88	0.17	0.25	0.33	0.33	0.42	0.67	1.88	0.038	0.00013
7	1959-11-12	13:30	2.05		1.78	2.07	1.83	0.17		0.36	0.26	1.70	0.80	1.83	0.046	0.00077
8		14:00	1.96		1.71	2.02	1.78	0.17		0.43	0.60	0.80	0.72	1.78	0.041	0.000322
9	1959-11-26	8:20	2.33			1.94	1.87	0.12			1.62	2.63	1.16	1.87	0.065	0.0021
10		8:40	2.27			1.88	1.82	0.12			1.25	2.50	0.99	1.82	0.056	0.00143
11		9:00	2.21		1.87	1.83	1.75	0.098		0.47	1.00	2.30	0.98	1.75	0.055	0.00116
12		10:00	2.09		1.75	1.71	1.66	0.14		0.36	0.70	1.90	0.80	1.66	0.046	0.00073
13		11:00	1.99		1.68	1.65	1.61	0.13		0.30	0.60	0.92	0.64	1.61	0.037	0.00033
14	1959-12-08	19:40	2.15		1.74	1.88	1.71	0.42		3.50	5.7	6.2	1.24	1.71	0.071	0.00602
15		19:00	2.07		1.64	1.79	1.64	0.45		3.40	4.8	6.4	1.19	1.64	0.068	0.0046
16		19:20	2.02		1.60	1.77	0.38		2.70	5.2	7.0	1.17	1.59	0.068	0.0046	
17		19:40	2.02		1.57	1.71	1.57	0.27		2.0	5.9	5.0	1.03	1.57	0.059	0.0034
18		20:00	1.94		1.53	1.66	1.53	0.22		1.70	3.5	3.6	1.08	1.53	0.063	0.025
19		20:20	1.92		1.52	1.61	1.50	0.30		1.7	3.2	4.2	1.02	1.50	0.060	0.0023
20		20:40	1.88		1.50	1.59	1.50	0.25		1.1	2.6	2.7	1.00	1.50	0.058	0.0015

计算海口站的出口单宽输沙率 q_c，并计算引河单位时间单位面积上冲起的淤泥重量 $\dfrac{\Delta q_c}{\Delta x} = \dfrac{\Delta q_c}{\Delta x}$，同时设糙率为 0.02，计算海口断面的 u_{*b}，点绘 u_{*b} 与 $\dfrac{\Delta q_c}{\Delta x}$ 的关系，见图 22 - 24。从图 22 - 24 上可见，夸套实测资料与水槽试验资料的分析结果，基本一致。

22.6　沉沙池尺寸的设计

进排水渠（冲洗式沉沙池）的设计，应包括在给定的入池含沙量、水流速度和水深条件下，满足淤积条件下的池长、宽、高的尺寸以及满足冲刷条件下的长度、宽度和深度的尺寸。由于试验之前，设计单位已决定池长为 2350m，水深 4m（后改为 3.8m），故当时仅需决定池宽（淤积宽度和冲刷宽度）。

淤积宽度：利用图 22 - 20 和图 22 - 21，不同 $u^2/g'h$ 时不同距离处估计得出口含沙量值，设计单位要求出口含沙量容许在 0.2kg/m³ 左右，因此可选择不同池宽时满足此值的宽度。

在一般情况下设计池长、宽、深，则可改变不同长度、不同水深和不同宽度条件下满足出口含沙量（即澄清程度）时，选取合适的尺寸。

沉淀池长度的确定。根据式（22 - 9）所列的关系式，在已知单宽流量和进水含沙量的条件下，按 $\left[\dfrac{u^2}{\dfrac{\Delta \varrho}{\rho} gh}\right]\left(\dfrac{\Delta \varrho}{\rho}\right)^{-1/2}$ 值，从图 22 - 18 得到平均动水沉速 ω'，然后按式（22 - 9），或从图 22 - 19，可求得不同距离处的含沙值。当限制出口含沙量最低值（如 0.1kg/m³ 或 0.2kg/m³）时，即得池长值。另一种方法是利用图 22 - 20 和图 22 - 21，求得两种长度，择其较安全的一种。

最后根据地形所许可的条件，选定池长、池深和池宽。

池的出水口置于池尾溢流堰，如设计的溢流堰的宽度大于池宽，则可在池尾加宽溢流宽度，以保证出流含沙量满足设计要求。

冲刷宽度的设计，包括池宽以及冲刷频率。利用图 22 - 24 的 $\Delta q_c/\Delta x \sim u_{*b}$ 关系线，可估算出在一定池宽和池长、在一定流量等水力条件下可能冲刷出多少泥沙，由于高潮时引水，低潮时不引水，故低潮可将用过的冷却水作为冲沙之用，如果低潮期能把涨潮期淤积下来的泥沙全部冲走，即能达到冲淤平衡，如果一次落潮期的冲刷量大于一个涨潮期的淤积量，则冲刷次数可相应减少，当然为了提高水流冲刷流速，应束窄池宽，如将池宽分成二格或三格，这些均可用图 22 - 24 的数据，进行计算和比较，以决定冲刷长度、宽度以及冲刷历时和频率。

在完成报告之后，曾于 1983 年和 2007 年对进槽流量资料同实测流速分布计算的流量做过比较。试验中采用 Parshall 槽收缩段测定流量，由于那时设计部门要求很急，要求 3 个月提出报告，提出沉沙池尺寸。时间紧迫，故未对 Parshall 槽流量做率定工作。后来利用试验中于 3～5 断面上施测的流速垂线分布，把从流速垂线分布资料计算的流量与进槽流量进行对比，如图 22 - 26（a）、(b) 所示。图 22 - 26（a）显示进槽流量值用流速分布计算的流量值为大。图 22 - 26（b）显示从进槽流量推算的流速值较用流速分布推算的平均流速为大。在单宽流量 $q = 300 \sim 400\mathrm{cm}^2/\mathrm{s}$ 时两者基本相同，在 $q = 200\mathrm{cm}^2/\mathrm{s}$ 时误差约 $10\% \sim 20\%$，而在 $q = 100\mathrm{cm}^2/\mathrm{s}$ 时，则误差可达 50%。在流速方面，在 $10\mathrm{cm}/\mathrm{s}$ 时，实测的较用 Parshall 槽推算的小 15%，在流速 $5\mathrm{cm}/\mathrm{s}$ 时，则小约 20%。因此，在利用本试验数据时，应注意这种情况，考虑作适当的校正。

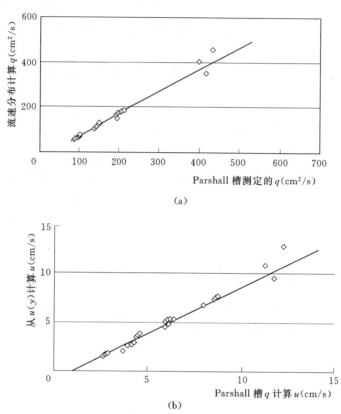

(a)

(b)

图 22 - 26　Parshall 槽流量值、流速分布值的比较

(a) Parshall 槽流量值与流速分布计算的流量值的比较；(b) 从 Parshall 槽计算
的断面平均流速值与从流速分布计算的流速值的比较

参考文献

江苏省水利厅水利科学研究所 . 1960. 江苏省夸套闸河床冲淤实验站观测资料汇编.

水利水电部水利调度研究所 . 1975. 天津大港电厂取水工程进排水渠淤积和冲刷试验报告.

Migniot，C. 1977. Action des courants，de la houle et du vent sur les sédiments. La Houille Blanche，1977
　(1)：9 - 47.

第 23 章　沉沙池Ⅲ：海水沉淀池中黏土淤积和冲刷二维数值计算

第 22 章叙述了大港火电厂为了从海中抽取 120m³/s 海水作为冷却水之用，故设计修建沉淀池。在长 104m 水槽中进行低浓度细颗粒泥沙在流动盐水中的沉淀过程的系统试验，并对沉淀泥沙进行冲刷试验。本章根据试验资料，进行二维数值计算。

利用含盐浑水水槽试验（淤积和冲刷）和野外实测冲刷资料，分析挟沙水流在恒定条件下淤积和冲刷时的边界条件和含沙量垂线分布沿程的变化情况，通过对二维扩散方程的数值计算以及对实测资料的分析，求取在冲刷时单位面积上冲起的沙量与水流条件的关系，淤积时单位面积落淤沙量与水流条件以及起始边界条件下水流、泥沙各因子的关系。通过对扩散方程的数值计算，对底部边界条件作了若干探讨。最后利用分析求得关系式，计算含沙量垂向分布的沿程变化。

23.1　淤积和冲刷试验和原体观测简况

淤积试验在长 104m、宽 0.36m 的水槽中进行，共布设 6 个施测断面。试验用天津海滩淤泥原型泥沙。先将泵房内蓄水池中含盐浑水在搅拌的同时配成所要求的含沙量，然后按不同级的流量引入试验水槽内，槽内水深不断上升，直至尾端溢流堰溢流。水槽末端用闸门控制。水流达到稳定时开始观测流速及含沙量垂线分布。每次试验至少观测三次含沙量分布，以确定是否已达到恒定状态。

试验观测表明，当槽内流速较低时，流速和含沙量的垂线分布出现具有异重流（二层流）分布形状。当流速较大，则为明渠流流速分布和含沙量分布，图 23-1 分别表示两种类型的流速和含沙量分布。

水槽冲刷试验是在上述水槽中选择长 25m 的一段进行的。共设 6 个观测断面。试验方法是：在试验前一二日，先将含沙量很高的含盐泥水抽入试验槽内搅匀，使之均匀落淤于底部，待淤泥沉淀一定时间（约 15h、23h、45h），造成一定干容重的泥面，在底部取出样品，测定其干容重值。然后开始放水，放水流量由小至大，在尽量不扰动槽底淤积泥沙情况下施放至某个流量，待水流比较稳定后，每隔 5~10min 测读含沙量垂线分布。从试验中可以看到，开始冲起的泥沙量大，随着水流逐渐稳定，被冲起的泥沙逐渐减少，达到一个比较稳定的冲刷量。由于试验水循环使用，致使进口含沙量逐渐加大。

野外实测资料取自江苏夸套闸下游河段施放清水冲刷淤积泥沙的现场观测报告。在闸下长 2700m 范围内布置 3~5 个测验断面，进行过 5 次水力冲淤试验，以了解其冲刷过程中各断面含沙量垂线分布的变化。

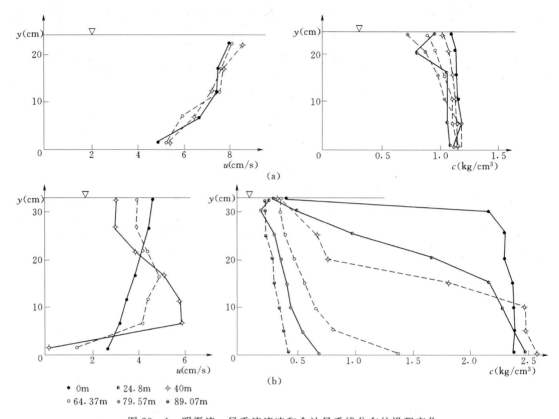

图 23-1　明渠流、异重流流速和含沙量垂线分布的沿程变化

（a）试验号 13 的流速 u、含沙量 c 的垂线分布曲线（明渠流：平均流速 8.1cm/s，水深 24cm，

进槽含沙量 1.2kg/m³）；（b）试验号 17 的流速 u、含沙量 c 的垂线分布曲线（异重流：

平均流速 4.6cm/s，水深 32.8cm，进槽含沙量 2.4kg/m³）

23.2　扩散方程及其边界条件

二维泥沙扩散方程为

$$u\frac{\partial c}{\partial x}=\varepsilon\frac{\partial^2 c}{\partial y^2}+\omega\frac{\partial c}{\partial y} \tag{23-1}$$

式中：ε 为泥沙扩散系数；c 为含沙量；ω 为泥沙沉速；y 为任何一点距底部的深度；x 为纵向距离。

水面的边界条件为

$$y=H,\ \varepsilon\frac{\partial c}{\partial y}+\omega c=0 \tag{23-2}$$

河底的边界条件采用

$$y=0,\ \varepsilon\frac{\partial c}{\partial y}+\omega c=-A \tag{23-3}$$

式中：A 为单位时间单位面积在河底的淤积量（$A>0$）或冲起量（$A<0$），它与水流条件和泥沙运动性质有关。

另一种河底的边界条件是假设

$$y=0, \quad \varepsilon\frac{\partial c}{\partial y}=u_* c \tag{23-4}$$

式 (23-4) 中的 u_* 为剪力流速，当流速很小时，$\varepsilon\dfrac{\partial c}{\partial y}=0$。

设 ε 和 ω 不随 y 方向改变，故有扩散方程和定解条件为

$$u\frac{\partial c}{\partial x}=\varepsilon\frac{\partial^2 c}{\partial y^2}+\omega\frac{\partial c}{\partial y} \ 或\ \frac{\partial c}{\partial x}=\frac{\varepsilon}{u}\frac{\partial^2 c}{\partial y^2}+\frac{\omega}{u}\frac{\partial c}{\partial y} \tag{23-5}$$

$$c\big|_{x=0}=c(y) \tag{23-6}$$

$$\varepsilon\frac{\partial c}{\partial y}+\omega c=0, \quad y=H$$

$$\varepsilon\frac{\partial c}{\partial y}+\omega c=-A(x), \quad y=0 \ 或\ \varepsilon\frac{\partial c}{\partial y}=u_* c \tag{23-7}$$

写出差分方程，设 x 方向分为 M 等分，步长为 Δx，从 $J=0$ 至 $J=M$；y 方向分为 N 等分，步长为 Δy，从 $I=0$ 至 $I=N$。采用向前差商，则

$$\frac{\Delta c}{\Delta x}=\frac{c(I,J+1)-c(I,J)}{\Delta x}$$

$$\frac{\Delta c}{\Delta y}=\frac{c(I+1,J)-c(I,J)}{\Delta y}$$

$$\frac{\Delta^2 c}{\Delta y^2}=\frac{c(I+1,J)-2c(I,J)+c(I-1,J)}{\Delta y^2}$$

$$c(I,J+1)-c(I,J)=\frac{\varepsilon}{u}\frac{\Delta x}{\Delta y^2}[c(I+1,J)-2c(I,J)+c(I-1,J)]$$
$$+\frac{\omega}{u}\frac{\Delta x}{\Delta y}[c(I+1,J)-c(I,J)]$$

令

$$E(I+1)=\frac{\varepsilon(I+1)}{u}\frac{\Delta x}{\Delta y^2}$$

$$E(I)=\frac{\varepsilon(I)}{u}\frac{\Delta x}{\Delta y^2}$$

则

$$V(I)=\frac{\omega}{v}\frac{\Delta x}{\Delta y}$$

$$c(I,\ J+1)=c(I,\ J)+E(I)[c(I-1,\ J)-c(I,\ J)]-E(I+1)$$
$$[c(I,\ J)-c(I+1,\ J)]+V(I)[c(I+1,\ J)-c(I,\ J)] \tag{23-8}$$

河底边界条件 (Smith，1978)：

$$\varepsilon\frac{\partial c}{\partial y}+\omega c=-A$$

$I=0$

$$c(0,J+1)=c(0,J)-E[c(0,J)-c(1,J)]+V\left(\frac{A}{\omega}\right)+Vc(1,J) \tag{23-9}$$

水面条件：

$$\varepsilon \frac{\partial c}{\partial y} + \omega c = 0$$

$I = N$

$$c(N, J+1) = c(N, J) + E[c(N-1, J) - c(N, J)] - Vc(N, J) \qquad (23-10)$$

差分方程的稳定条件为

$$\frac{\varepsilon}{u} \frac{\Delta x}{\Delta y^2} \leqslant 1/2$$

23.3　淤　积　计　算

23.3.1　出现异重流流态情况下的淤积计算

根据水槽试验资料分析，含盐浑水进入水槽后，含沙量垂线分布有如图 23-1 所示的两种情况，两种流态的判别条件在范家骅（1984）文中作过分析。一般而言，在进口含沙量大于 $1 \mathrm{kg/m^3}$ 时，$u/\sqrt{\frac{\Delta\rho}{\rho}gh} \sim 0.78$ 仍可用于判别是否形成异重流的条件。

对于进槽含盐浑水由明渠流态过渡到异重流流态又恢复到明渠流流态的情况，通过差分方程的计算，以寻求符合沿程含沙量垂线分布的起始黏土沉速及其变化和边界条件。因为海水中黏土的沉速，在静水沉降时，随含盐量的增大而增大，更随含沙量的变化而有变化。在动水沉淀时，文献中很少讨论，本章则试图利用试验数据通过用数值计算来寻求其变化的经验关系。

在计算中，假定 ε 值不随深度而改变。从流速实测资料分析，卡门 κ 值在一定范围内变化，试算中取 $\kappa = 0.25$。起始断面的泥沙沉速值随含沙量和水流因子的大小而改变，本试验的含盐量固定在 $20 \sim 25 \mathrm{kg/m^3}$ 范围之内，计算共 20 测次的资料（包括形成异重流和明渠流两种流态），经分析得图 23-2。

$$\frac{\omega_0}{u} = 0.0024 \left(\frac{\Delta\rho}{\rho} gh/u^2 \right) \qquad (23-11)$$

式中：ω_0 为起始断面黏土动水沉速。

试验表明：浑水经过一段"潜入形成浑水楔长度"后方可恢复为明渠状态。在浑水楔长度的距离内，黏土沉速沿程增加，计算分析得黏土沉速 ω_i 有下列关系：

$$\frac{\omega_i}{\omega_0} = 1 + 3 \left[\frac{u^2}{\frac{\Delta\rho}{\rho}gh} \right] \left(1 - \frac{c_i}{c_0} \right) \qquad (23-12)$$

式中：ω_i、c_i 为计算断面的沉速值和含沙量值；c_0 为进口含沙量值。

沿程沉速增大是浑水潜入下层时的特征，待浑水中泥沙大部分沉淀后，其沉速不再增

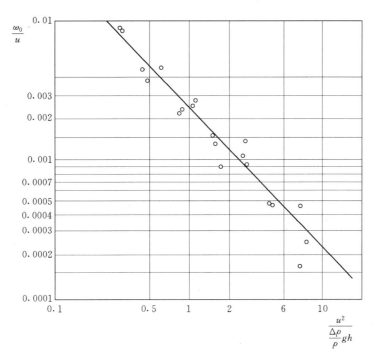

图 23-2　起始断面黏土动水沉速 ω_0 与水流
平均流速 u 的比值同密度 Fr 的关系

大，有时有减小趋势。在本计算中采用此沉速不再改变，其值为

$$\frac{\omega}{u} = 0.0047 \left(\sqrt{\frac{\Delta\rho}{\rho}gh} \Big/ u \right) \qquad (23-13)$$

底部边界条件采用式（23-4）：

$$\varepsilon \frac{\partial c}{\partial y} = u_* \, c$$

这是考虑到近底部 $\varepsilon \dfrac{\partial c}{\partial y}$ 代表向上泥沙量 $\overline{v'_y c'}$ 与 $u_* c$ 成正比，v'_y 为底部水流竖向脉速，c' 为含沙量脉动值。

按上述条件的计算结果如图 23-3。最后 3～4 个断面计算值与实测值接近，误差在 $0.1\ \mathrm{kg/m^3}$ 左右。但不能计算出含沙量明显分层的分布曲线存在拐点的形状。

此外，还采用另一种底部边界条件 $\varepsilon \dfrac{\partial c}{\partial y} = 0$，用于计算流速较小、密度 Fr 数小于 0.78 的测次，结果示于图 23-3。结果表明，此种底部条件计算值的情况与 $\varepsilon \dfrac{\partial c}{\partial y} = u_* c$ 计算值相近，最后几个断面上的含沙量分布，计算值与实测值接近，但不能算出最初潜入时明显分层的含沙量分布。

考虑到浑水在潜入过程中，泥沙在垂线上的运动处于沉淀过程，水流紊动扩散作用很

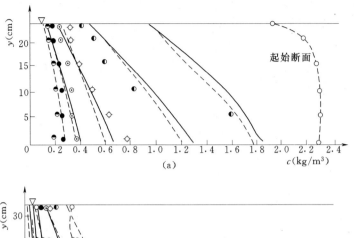

(a)

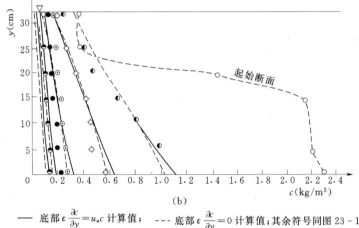

(b)

—— 底部 $\varepsilon \dfrac{\partial c}{\partial y} = u_* c$ 计算值；　--- 底部 $\varepsilon \dfrac{\partial c}{\partial y} = 0$ 计算值；其余符号同图 23-1

图 23-3　存在分层流（异重流）含沙量分布
沿程变化计算值与实测值的比较
（a）测次 16；（b）测次 15

弱；故可除上述采用 $\dfrac{\partial c}{\partial y} = 0$ 之外，即假设平均而言，底部无泥沙向上运动，再假设垂线扩散系数 $\varepsilon = 0$，结果计算表明，对于浑水形成异重流然后恢复到明渠流，以及由明渠流逐步潜入向异重流过渡的各个测次，计算值同含沙量梯度较大的各测次的符合程度，比上述前两种边界条件的计算值为佳，但其平均含沙量最后差别可达 $0.1 \sim 0.2 \mathrm{kg/m^3}$。图 23-4 是其中 3 个测次的计算结果。

23.3.2　明渠流含沙量分布的淤积计算

如式（23-3）所示，定义从底部掀起的泥沙量大于泥沙下沉量时为冲刷，小于泥沙下沉量时为淤积。当处于淤积状态时，底部处 u_{*0} 为泥沙起动时的摩阻流速，$u_* - u_{*0}$ 为负值；冲刷时则为正值。故采用边界条件：

$$A = \alpha \left| u_* - u_{*0} \right| (u_* - u_{*0}) \tag{23-14}$$

根据范家骅（1959），南科院、Cormault（1971）水槽和管道中黏土淤积物的起动试

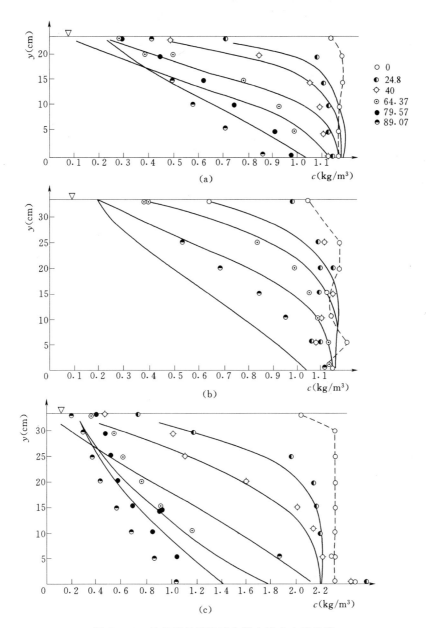

图 23-4　具有明显异重流和浑水潜入向异重流
过渡时含沙量分布计算结果

$$\left(\varepsilon\frac{\partial c}{\partial y}=0, \varepsilon=0\right)$$

（a）试验号 11；（b）试验号 12；（c）试验号 19

验，可得下列平均实验关系：

$$u_{*0}=0.0064\gamma$$

式中：u_{*0} 为起动摩阻流速，cm/s；γ_0 为黏土淤积层干容重，kg/m³。计算得 $\alpha=1.85$，

计算中的黏土沉速，用式（23-11）的关系式，沿程不变。水槽淤积试验实测含沙量分布与计算值的比较见图 23-5，由此可见，最后断面的计算含沙量分布相当符合实测值，中间各断面的含沙量梯度偏大。

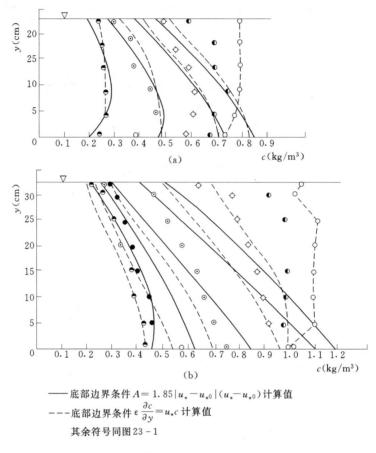

——底部边界条件 $A = 1.85|u_* - u_{*0}|(u_* - u_{*0})$ 计算值

- - - 底部边界条件 $\varepsilon \dfrac{\partial c}{\partial y} = u_* c$ 计算值

其余符号同图 23-1

图 23-5 明渠流含沙量分布的淤积计算

（a）试验号 2；（b）试验号 10

其次，还采用底部边界条件 $\varepsilon \dfrac{\partial c}{\partial y} = u_* c$ 进行计算，其结果亦示于图 23-5。可见，与采用 $A = 1.85|u_* - u_{*0}|(u_* - u_{*0})$ 的边界条件的计算结果类似。

23.4 冲 刷 计 算

23.4.1 水槽试验资料的计算

计算共进行 15 测次。考虑到水槽窄，试验中槽底随着泥沙的冲刷造成沙纹而使底部糙率有较大差别，故利用去除边壁影响的底部摩阻流速 u_{*b} 代表水流强度。

按照爱因斯坦将槽壁和槽底能量分开的计算方法，得

$$u_{*b} = \sqrt{gR_b J} = \frac{\sqrt{g}\,n_b u}{R_b^{\frac{1}{6}}}$$

$$R_b = \frac{Q_b}{Q}h = Bn_b^{\frac{3}{2}}h / (Bn_b^{\frac{3}{2}} + 2hn_w^{\frac{3}{2}})$$

$$n_b = \left[\frac{n_m^{\frac{3}{2}}(B+2h) - 2hn_w^{\frac{3}{2}}}{B}\right]^{\frac{2}{3}}$$

(23-15)

式中：n_m、n_b、n_w 分别为平均、底部、边壁造率；B、h 分别为宽度、水深。

计算时，按不均匀流考虑各断面水深及流速的变化，以第一断面作为进口断面。

分析各测次沿程单位面积上冲起的沙量，用 $\Delta q_c / \Delta x$ 表示，可得全段的平均值。如含沙量以 kg/m^3 表示时，$\Delta q_c / \Delta x$ 的量纲为 kg/s；如含沙量以体积比表示，则 $\Delta q_c / \Delta x$ 的量纲为速度的量纲。点绘在图 23-6 上得

$$\frac{\Delta q_c}{\Delta x} \sim k u_{*b}^3$$

(23-16)

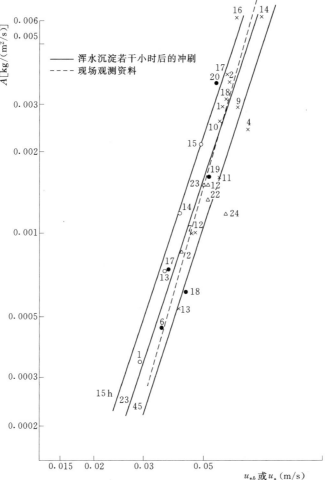

图 23-6　河底黏土淤积物受冲刷时 u_* 与 A 的关系

u_{*b}—根据水槽冲刷资料计算；u_*—根据天然观测资料计算

图 23-6 中 3 组曲线分别代表黏土预沉时间分别为 15h、23h、45h 的关系线。式（23-16）中 k 值与底部淤积物干容重 γ_0（以 kg/m^3 计）有关，淤积容重为沉淀历时 $T(h)$ 的函数，即

$$\gamma_0 = 160 T^{0.2} \qquad (23-17)$$

从图 23-6，综合不同沉淀历时 T 的 3 条线为下列关系式

$$A = \left(\frac{104}{T^{2/3}}\right)(u_{*b})^3 \qquad (23-18)$$

　　利用式（23-18）底部边界条件进行计算，如图 23-7 所示。起始断面的泥沙动水沉速值由式（23-11）确定。

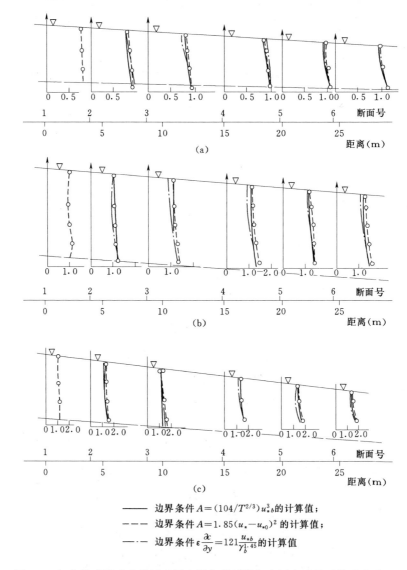

　　　　—— 边界条件 $A = (104/T^{2/3}) u_{*b}^3$ 的计算值；
　　　　--- 边界条件 $A = 1.85 (u_* - u_{*0})^2$ 的计算值；
　　　　—·— 边界条件 $\varepsilon \dfrac{\partial c}{\partial y} = 121 \dfrac{u_{*b}}{\gamma_b^{1.45}}$ 的计算值

图 23-7　水槽冲刷试验利用不同边界条件计算与实测含沙量垂线分布的比较
（a）测次 17④；（b）测次 19③；（c）测次 22③、④

其次，利用与淤积计算时类似的底部边界条件 $A=1.85(u_* -u_{*0})^2$ 进行计算，计算含沙量分布值也示于图 23－7。

第三种，底部边界条件类似于式（23－4）$\varepsilon \dfrac{\partial c}{\partial y}=u_* c$，即

$$\varepsilon \frac{\partial c}{\partial y}=c_k u_* \qquad\qquad (23-19)$$

其中 c_k 为与底部悬起含沙量有关的值；因底部向上悬起的泥沙量为 $\overline{v'_y c'}$，c' 值与底部淤泥干容重有关，干容重小时，c' 较大，如干容重大时，则不易冲起泥沙，c' 较小。当底部摩阻流速大于起动摩阻流速时，c' 随之增加。对于冲刷而言，底部流速，不仅要满足泥沙起动而且要满足泥沙悬浮的条件。为简单起见，这里仅将 c_k 与干容重联系起来。令

$$c_k \sim c' \sim \frac{1}{\gamma_0}$$

经试算分析，得 c_k 与底部干容重 γ_0 有下列关系

$$c_k =121/\gamma_0^{1.45} \qquad\qquad (23-20)$$

故用

$$\varepsilon \frac{\partial c}{\partial y}=(121/\gamma_0^{1.45})u_* \qquad\qquad (23-21)$$

作为底部边界计算，c_k 取平均值。计算结果，也示于图 23－7。

23.4.2　夸套闸下游河段水流冲刷时的计算

利用夸套闸下游冲刷实验现场观测资料，分析泥沙冲起量沿程基本上是线性递增（图 23－6），故得

$$A=ku_*^{3.7}$$

用此边界条件计算结果示于图 23－8。泥沙沉速，经试算采用 0.005mm、0.01mm、0.015mm 的单颗粒静水沉速值，计算结果均接近，故最后采用利用粒径为 0.01mm 的沉速值用于计算。

其次，对于水槽冲刷试验资料，采用与淤积的边界条件相同的边界条件，即

$$A=1.85(u_* -u_{*0})^2$$

用上述边界条件进行计算，计算结果示于图 23－8。计算表明，大部分计算值接近原型观测值，但有些测次，误差较大。

第三种边界条件是用下式进行计算

$$\varepsilon \frac{\partial c}{\partial y}=c_k u_*$$

因原型底部淤积物干容重为未知，故先确定沉淀时间，参考图 23－7 上测点位置定出，然后再按式（23－17），求出 γ_0，按式（23－20）确定 c_k 值。计算结果示于图 23－8，与天

然实测数据差别较大。

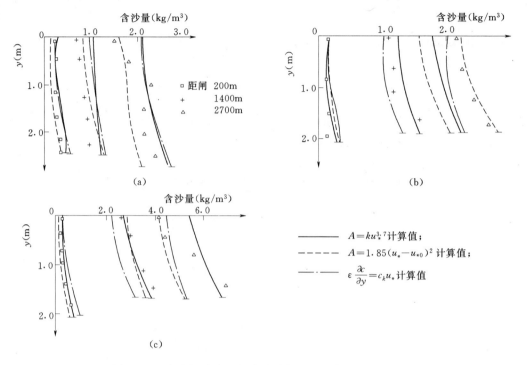

图 23 - 8　夸套闸下游河段冲刷时含沙量垂线分布沿程变化
(a) 实测号 0609；(b) 实测号 1126；(c) 实测号 1208

23.5　小　　结

计算是利用二维泥沙扩散方程，探索性地采用不同的底部边界条件，以计算恒定水流条件下海水中黏土的淤积和冲刷时含沙量垂线分布的沿程变化。所采用的底部边界条件列于表 23 - 1。一般而言，计算值与实测值相当接近，并在表 23 - 1 中列出平均含沙量，含沙量梯度的计算值与实测值两者存在差别的情况。

从表 23 - 1 可看出，其中底部边界条件

$$\varepsilon \frac{\partial c}{\partial y} + \omega c = -A$$

式中 $A = 1.85 \, | \, u_* - u_{*0} \, | \, (u_* - u_{*0})$，对于水槽明渠流时的淤积资料、冲刷资料及野外冲刷资料，均可应用。计算含沙量垂线分布在淤积过程中与实测值有若干差异，但至最后断面，则较接近。

采用底部边界条件 $\varepsilon \frac{\partial c}{\partial y} = 0$ 以及垂直扩散系数 $\varepsilon = 0$ 计算时，算出的浑水潜入过程的含沙量垂线分布梯度较大，比较符合实测含沙量分布的情况。

本章采用的起始断面泥沙动水沉速值，是利用实测资料按一维扩散方程含沙量沿程变化的关系求得。沉速的沿程变化，均用试算法求得。在二维计算中未考虑流速分布对于泥

表 23 - 1　　　　　　　　　　数值计算中所采用的底部边界条件

流态（含沙量分布形状）	水槽试验		野外冲刷试验实测资料	计算结果及其存在问题
	淤积	冲刷		
浑水潜入过程与异重流（二层流）	$\varepsilon\dfrac{\partial c}{\partial y}=u_* c$（图 23 - 3）			平均含沙量计算值与实测值较接近，误差在 $0.1\sim0.2$kg/m³，含沙量梯度与实测值偏离较大
	$\varepsilon\dfrac{\partial c}{\partial y}=0$（图 23 - 3）			平均含沙量计算值与实测值接近，计算不出异重流含沙量分布形状具有拐点
	$\varepsilon\dfrac{\partial c}{\partial y}=0,\ \varepsilon=0$（图 23 - 4）			平均含沙量计算值与实测值接近，误差在 0.1kg/m³，含沙量梯度与实测值接近
明渠流含沙量分布	$A=1.85\,\vert u_*-u_{*0}\vert$ (u_*-u_{*0})（图 23 - 5）	$A=1.85(u_*-u_{*0})^2$（图 23 - 7）	$A=1.85(u_*-u_{*0})^2$（图 23 - 8）	对水槽冲刷情况，计算符合较好。对水槽淤积情况，最后断面平均含沙量接近实测值，但含沙量梯度与实测有偏离。对天然夸套闸下游河段冲刷计算，计算含沙量与实测值比较，符合较好，但平均含沙量最大误差可达 1kg/m³
	$\varepsilon\dfrac{\partial c}{\partial y}=u_* c$（图 23 - 5）	$\varepsilon\dfrac{\partial c}{\partial y}=c_k u_*$（图 23 - 7）$c_k=\dfrac{121}{\gamma_0^{1.45}}$	$\varepsilon\dfrac{\partial c}{\partial y}=c_k u_*$（图 23 - 8）$c_k=\dfrac{121}{\gamma_0^{1.45}}$	水槽淤积计算，平均误差在 0.1kg/m³ 左右。含沙量梯度计算值与实测值相比偏差较大；水槽冲刷计算与实测值符合较好。天然情况，平均含沙量最大误差 1kg/m³，误差较大，含沙量梯度与实测值大部分接近
		$A=\dfrac{104}{T^{2/3}}u_{*b}^3$（图 23 - 7）	$A=ku_*^{3.7}$（图 23 - 8）	水槽冲刷计算与实测值及含沙量梯度均接近。天然情况的平均含沙量误差约 0.5kg/m³，含沙量梯度与实测值大部分相近

沙沉速和含沙量分布的影响，需要进一步研究。利用泥沙扩散方程求解是最简单的一种计算法，近年来，有学者采用水流运动方程和泥沙方程联解，或用 $\kappa-\varepsilon$ 方程求解，均用试验资料确定有关参数，其计算较繁复。

参考文献

范家骅 . 1984. 沉沙池异重流的实验研究 . 中国科学 A 辑，1984（11）：1053 - 1064.

范家骅等 . 1959. 异重流的研究和应用 . 水利水电出版社：179.

Cormault，P. 1971. Détermination expérimentale du débit solide d'érosion de sédiments fins cohésifs. Proc. 14th Cong. IAHR，Vol. 1.

Smith，G. . D. 1978. Numerical solution of partial differential equations. Finite difference methods. Second edition.

第 24 章　挖槽回淤 I：船闸引航道的异重流淤积

挖槽回淤问题，包括船闸引航道与盲肠河段内的淤积，河港、海港区域内的淤积，航道疏浚后在潮汐以及盐水楔和浑水楔的活动下造成浮泥淤积等问题。本章首先讨论船闸引航道异重流淤积问题。

在河流上修建水电站，为了保持通航，常修建船闸以及连接河道与船闸的上游和下游的引航道。船闸的大小取决于河流的运输量的多寡。由于引航道内水体与河道水流相通，河道水流中的含沙水流，将潜入引航道内，造成淤积，给船闸的运行带来困难。即使河道含沙量很小，仍能产生异重流的运动，造成严重淤积。

与此相似的情况是河口船闸盐水入侵。在河口修建船闸，则由于河口外海海水的密度比内河清水密度大许多，当船闸闸门开启时，则产生海水向船闸闸室内的入侵，清水从上层外泄，在短时间内闸室内的清水被盐水异重流所置换。当另一端闸门开启时，盐水则形成异重流向内河上游方向运动而清水则以上层异重流形式进入闸室，直至船闸闸室基本上全部为清水充满时为止。这种运行方式使盐分日积月累地向内河输移，造成盐量的累积，将恶化工农业用水水质。因此，如何减少盐水入侵，是工程师努力寻求解决的问题。

在船闸引航道内的异重流淤积，经水槽试验和原型实测资料分析，已获得淤积量，异重流流速和含沙量沿程变化的近似估算方法。下面将水槽试验和现场实测资料的分析，以及根据空间运动方程建立的模型，进行理论分析，结果分别叙述如下。

24.1　京杭运河穿黄水槽试验

1959 年笔者曾接受交通设计院的委托，进行京杭运河穿越黄河的试验。探讨平交的可能性，以及了解运河内的淤积量。试验是在概化的水槽内进行，同时，对已建船闸引航道的淤积情况，进行实地调查和分析。

水槽试验段黄河河宽 0.5m、长 12m、水槽与河道成 150°角，水槽代表船闸前的引航道，第 I 号槽长 3.6m，宽 15cm，第 II 号槽长 10m、宽 20cm、深 60cm，在槽的左边，安装玻璃窗 6 个，用以观察。第 I 号试验水槽布置，见图 24 – 1。

浑水循环系统最大供水量 25L/s。浑水中泥沙采用新港泥沙和官厅水库坝前淤积细泥沙的混合物，平均粒径为 0.004mm，其级配见表 24 – 1。水槽试验的目的是了解异重流的运动特性和淤积速率。由于试验水槽长度的限制，进槽的底部异重流很快地受壅水影响变为中层异重流。如图 24 – 2。

表 24 - 1   试 验 用 沙 级 配

小于某粒径所占百分比（%）	90	80	70	60	50	40	30
d(mm)	0.02	0.01	0.0055	0.0037	0.0025	0.0018	0.0012

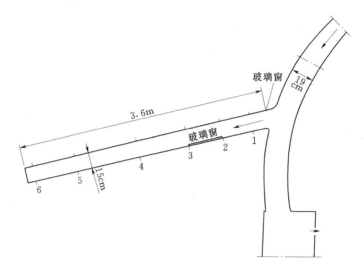

图 24 - 1   京杭运河平交穿越黄河第 I 号试验水槽布置图

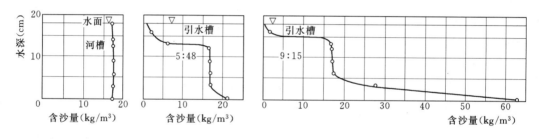

图 24 - 2   异重流交界面升高和底部泥沙淤积情况

为了观测方便起见，在引航道进口处安一插板闸门，槽内盛满清水，并使清水位与河道水位高程相同。试验开始时提起闸门，河道浑水立即潜到槽内清水之下，以底部异重流形式前进，其厚度约为总水深的一半。在打开闸门的同时，清水自表层向槽外流出。当异重流碰撞槽尾后，即发生壅水，交界面波很快反向传播到槽口，这时出槽清水有所减少，经过一定时间后，异重流交界面保持相对稳定，出槽清水流量也随之不变。

在试验过程中，测取口门处回流区的含沙量，观测异重流初始速度；测量浑水交界面的变化过程，向外流动的清水速度；一次试验终了时，测量槽内的泥沙淤积量，（将槽内水搅均匀，取其含沙量）并记录试验历时。

24.1.1 异重流初始头部速度

从异重流初始头部速度和异重流厚度以及总水深、河道含沙量等数据，可得异重流初始速度：

$$\frac{u}{\sqrt{\dfrac{\Delta\rho}{\rho}gh}}=K \qquad\qquad (24-1)$$

其中 h 为异重流水深，实测有 $h=(0.39\sim0.63)H$，H 为总水深，故有 $K=0.59$，见图 24-3。各数据列于表 24-2。

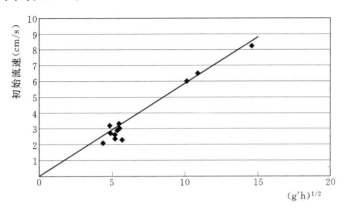

图 24-3　京杭运河平交穿黄试验异重流初始速度

表 24-2　　　　　　　　河道进入引航道形成异重流实验数据表

槽号	试验日期 （年-月-日）	河道流量 （L/s）	总水深 （cm）	异重流 头部厚度 （cm）	河道内 含沙量 （kg/m³）	异重流 含沙量 （kg/m³）	温度（℃）浑水	温度（℃）清水	异重 流流速 （cm/s）	$\sqrt{g'h}$
I 号槽 长 3.6m 宽 15cm	1959-06-22（1）	1.40	19.1	11.0	3.75	3.50	21.5	21.0	2.7	4.87
	1959-06-22（2）	1.37	19.2	10.8	3.75	3.50			3.2	4.83
	1959-06-22（3）	2.88	16.4	9.2	3.65	3.40	22.8	20.0	2.1	4.39
	1959-06-23（1）	3.42	17.0	9.4	5.75	5.20			3.0	5.48
	1959-06-23（2）	3.55	17.0	9.8	5.10	4.80	22.8	20.0	2.9	5.39
	1959-06-23（3）	3.75	17.2	10.6	4.60	4.15	23.0	20.0	2.4	5.21
	1959-06-23（4）	2.42	16.2	9.2	4.4	4.1			2.3	5.68
	1959-06-24（1）	3.09	16.7	10.5	5.0	4.6	22.7	20.0	3.3	5.46
	1959-06-24（2）	2.62	16.7	9.7	4.8	4.5			2.6	5.19
	1959-06-29	4.02	17.9	10.0	17.5	16.5	22.0	19.0	6.0	10.10
	1959-06-30（1）	0.97	18.9	10.2	34.7	33.8	23.0	20.0	8.2	14.56
	1959-06-30（2）	2.93	16.8	9.8	20.5	19.3	23.0	20.0	6.5	10.84
II 号槽 长 10m 宽 20cm	1959-11-23	7.3	40.0	16.0	1.2	1.13	10	12	2.3	3.35
	1959-11-27	9.4	38.0	20.5	14.5	13.5	9	13	9.0	13.11
	1959-11-28	9.0	38.8	18	9.4	9.4	9	14	6.5	10.20
	1959-11-30	11.0	46.5	19	9.5	8.6	12	12	7.0	10.05
	1959-12-03	15.0	45	24	6.7	6.4			5.5	9.75
	1959-12-05（1）	25.0	48	23	4.76	4.3	11.5	12	5.0	7.82
	1959-12-05（2）	14.2	48	25	2.2	1.9		12	4.0	5.42
	1959-12-07（1）	10.0	53.5	28	3.7	3.5	12.5	12	5.0	7.89
	1959-12-07（2）	15.0	53.5	23	2.7	2.7	13	12.8	3.8	6.18

试验分两种情况：一是口门先用闸板隔开，盲肠段内先灌满清水，待盲肠内和河道内水深相同时提起闸板，使形成底部异重流；二是试验开始时不设闸门，河道浑水灌入盲肠段内，浑水逐渐有些沉淀。而河道浑水继续进入盲肠而转变为中层异重流。尽管这两种试验起始情况不同，但对试验时段相当长的淤积结果，则差别不大。试验表明，进入的异重流泥沙数量开始时较多，待形成中层异重流后，其输沙率较少；由于每次试验持续时间很长，至少历时 2h，最长达 17h，而对于 10m 长的水槽，底部异重流转变到中层之前的历时，最多为 10s 左右，因此虽然最初时段内淤积量较大，但对长时间平均淤积量的影响，则并不大。

24.1.2　水槽内的淤积量的估计

关于异重流淤积。由于河道及回流区含沙浓度与引航道内清水之间密度的差别而形成压差，因而产生异重流的运动。进入引航道内的异重流流速，与含沙量和异重流深度的关系，试验得式（24-1）的关系。

由于槽内的壅水异重流淤积，部分清水从异重流中分离出来，形成上层清水层，以一定流速流出槽外，试验中采用清水表面流速的一半代表清水层平均流速，则

$$q_0 = u_m h = \frac{u_s}{2} h$$

式中：u_m、u_s 分别为平均流速和表面流速。

因上层清水出水单宽流量 q_0 应等于异重流进槽流量，故进槽异重流输沙率为

$$q_s = c u_m h = \frac{1}{2} c u_s h$$

设 t 为试验历时，则单宽进沙总量为 $\frac{1}{2} c u_s h t$，其中 c 为河道含沙量。

试验历时，最短 2h，最长达 17h，在试验停止后，将口门闸关闭，搅拌槽内水体使悬沙和淤沙充分混合，取水样测定含沙量，则淤沙量为 $c_n H L$，其中 H 为水深、L 为槽长，因此有

$$c_n H L = \frac{1}{2} c u_s h T$$

实测资料列于表 24-3，点绘图 24-4。

表 24-3　　　　　　　　盲肠内淤积量试验 （槽长 10m）

编号	试验终止时渠内平均含沙量 c_n(kg/m³)	试验总水深 H (m)	单宽淤积量 $c_n H L$ (kg/m)	河道平均含沙量 c(kg/m³)	试验历时 T(s)	上层清水深 h(cm)	口门表面流速 u_s(cm/s)	$u_m h c T$ (kg/m)
9	27.5	0.435	120.0	6.9	17760	4.4	3.3	88.8
10	11.79	0.38	44.7	3.33	15300	5.2	3.6	47.3
13	9.3	0.41	38.2	1.8	28800	6.8	2.5	44.1
15	24.8	0.44	109.0	4.17	25575	5.33	3.0	85.0

续表

编号	试验终止时渠内平均含沙量 $c_n(\mathrm{kg/m^3})$	试验总水深 H (m)	单宽淤积量 c_nHL (kg/m)	河道平均含沙量 $c(\mathrm{kg/m^3})$	试验历时 $T(\mathrm{s})$	上层清水深 $h(\mathrm{cm})$	口门表面流速 $u_s(\mathrm{cm/s})$	u_mhcT (kg/m)
18	9.05	0.478	43.4	3.73	12060	5.23	3.46	40.8
19	3.6	0.48	17.3	2.15	5945	4.9	6.0	18.7
21	13.6	0.53	73.2	2.43	27700	8.0	2.9	78.0
23	13.1	0.535	70.0	2.83	26400	11.2	1.8	75.5
24	5.4	0.54	29.2	2.18	12870	7.6	2.58	27.5

从试验中，可求得中层异重流从交界面分离出的清水流量，计算得单位面积单位时间的分离流速为 $v_y = q/L$。

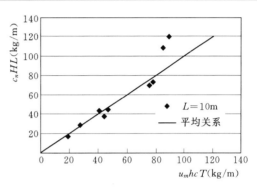

图 24-4　u_mhcT 和 c_nHL 的关系

24.1.3　分离流速

实验中观测清水厚度和表面流速的变化过程，见图 24-5。表面清水出槽流量是由表层流速和清水深度来确定（从流速分布、表层流速值约为平均流速的一半）。故出槽单宽流量值等于表层流速乘以清水厚度除以 2。这些清水，源源不断流出槽外进入河道，它是在全槽范围内从异重流分离出来的。

水槽试验中观测从槽中流出的上层清水流量，图 24-6 为沿程流量变化的纪录，从 9:50～11:30 时段内测得上层清水流量的记录，可以看出，3 次流量测量表明流量不变，而且可以明确，全槽单位面积单位时间内分离出来的清水量是相同的。我们还改变试验做法，槽口不安装闸门，试验开始时浑水立即充满水槽。最后试验结果与前一种做法相同。图 24-6 中还绘出原型观测资料，可见引航道内异重流分离清水的规律，水槽和天然情况是基本一样的。

因此，当大河浑水与槽中水体因存在密度差而产生异重流后，异重流中的泥沙沉淀时析出清水，自表层流出槽外。表层清水流量向口门方向直线递增。令口门处的出槽单位宽流量为 q，则得单位面积上

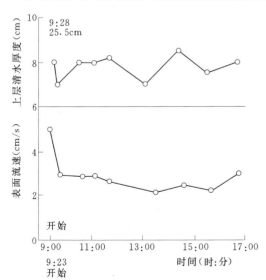

图 24-5　口门下游 1m 处清水厚度和表面流速的变化过程

分离的清水流速为

$$v_y = \frac{q}{L} \qquad\qquad (24-2)$$

式中：L 为槽长或沉淀距离；v_y 为从异重流中分离出来的垂直向上的流速；q 为根据连续定理进入水槽内的异重流单宽流量。实验表明，向上的分离流速与异重流含沙量有关，得图 24-7 的关系图，其中包括青山运河和葛洲坝三江的资料。

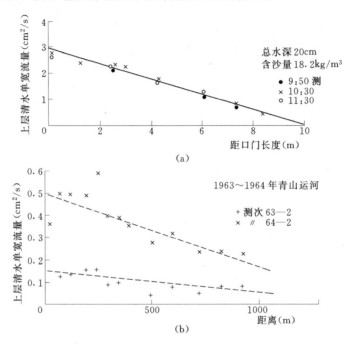

(a)

(b)

图 24-6　异重流中析出的上层清水流量沿程变化情况

(a) 10m 水槽试验；(b) 青山运河现场观测资料

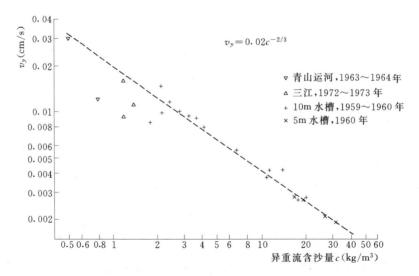

图 24-7　异重流含沙量与从异重流分离出向上的清水分离流速的关系

24.1.4 回流区的淤积

模拟引航道的水槽内的淤积主要是由两个部分组成，即口门部分的回流淤积和引航道内的异重流淤积。从现场测验和试验室观察，在引航道的口门处，由于河道主流与引航道内水体的相对运动，形成强度不同的回流，回流流速的大小视河道流速的不同而有所不同。河道流速大时，可以将回流扩展到整个引航道口门，试验表明，挟有一定含沙量的河道水流进入流速较小的回流区时，由于回流区流速较低，部分泥沙下沉，因而回流区悬沙含沙量也较小。图 24-8 为引航道回流区淤积和异重流淤积示意图，以及实测回流区悬沙含沙量与河道含沙量的关系图。

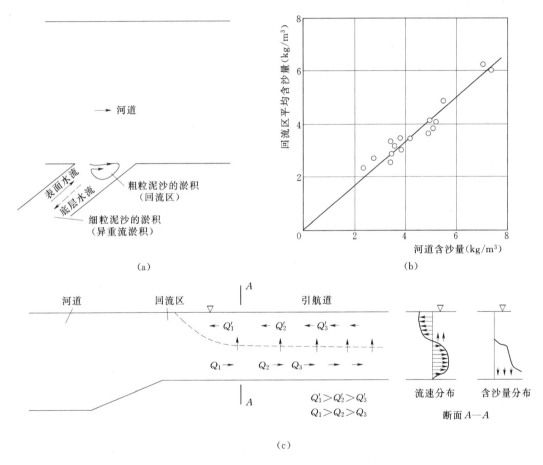

图 24-8 引航道回流区淤积和异重流淤积示意图和实测回流区悬沙量与河道含沙量的关系图

试验中，还观测回流区的悬沙粒径，较河道悬沙粒径为小，回流区的淤积物较引航道内的淤积泥沙为粗，特别是河道水流与回流区的分离线附近的泥沙粒径为最粗，用肉眼观察也可以看出；例如，水槽试验测得，河道悬沙的 d_{90} 为 $0.037 \sim 0.053 \text{mm}$，回流区悬沙 d_{90} 为 $0.035 \sim 0.037$，而分离线上的淤积泥沙粒径 d_{90} 为 0.09mm。

由此可见，在引航道口门处，由于河道水流与引航道内水流的含沙密度的差别造成压差而有部分流量进入引航道。这一部分流量的大小造成回流区以及引航道内的淤积多寡。当回流区宽度小于引航道宽度时，粗粒淤积物则位于浑水潜入线的下游附近，而其余一部份泥沙，可以为回流区所携带而保持悬浮，这部分泥沙的一大部分随形成的异重流而潜入引航道内。粗粒淤积部位在回流所占的一部分口门宽度上，其潜入线的位置则在河渠的交界线上。

关于回流区的水流和泥沙运动规律，刘青泉（1993）做过详细的实验和分析。

24.2　船闸上下游引航道内淤积的调查和现场观测资料分析

引航道的淤积给设计和运行工作带来不同程度的负担。设计工程师，在设计时常要求估算引航道的淤积数量，以便采取相应的措施，例如利用水流冲刷、疏浚，以保持引航道经常具有足够的水深。如果设计冲刷闸，则须估计上游有充分的水流流量；如采用疏浚的办法，则须预估淤积量和清淤费用。因此，有必要进行分析计算，或水槽试验或泥沙模型试验，分别对不同水文条件和输沙条件下对淤积数量和淤积部位作出预报。

为了了解引航道内的淤积情况，我国曾进行不少现场观测。这些工作对我们了解异重流的运动特性很有帮助。

我们曾对船闸引航道淤积进行过一些调查，其淤积情况见表24-4。

表24-4　　　　　　　　　引航道或盲肠运河淤积观测简况

工程名称	位置	淤积量（万 m³）	测量时段或时间（年-月）	引航道		原河槽高程（m）	淤积厚度（m）	河道	
				长度（m）	宽度（m）			含沙量（kg/m³）	悬沙粒径（mm）
青山运河	长江汉口河段，挖入式运河	50.0	1959-09～1961-11（施工期）	2710m淤积长度1325m，80%淤在700m范围内	120～150（水面宽）	挖至+9			
		10.0	1964-06～11（161d）		120	+14		0.76	0.026
		13.7	1965-05～09（132d）		150	+13		0.81	
		20.5	1966-06～10（120d）		140	+12		0.98	
		26.6	1970-05～09（121d）		134	+10		0.54	
两津水电站	上引航道	0.82	1969-03	280	40-50		0.73	0.2～0.3（南宁水文站）	
		1.32	1971-11				1.20		
	下引航道	4.2	1971-11	560	40		1.75		

续表

工程名称	位置	淤积量（万 m³）	测量时段或时间（年-月）	引航道		原河槽高程（m）	淤积厚度（m）	河道	
				长度（m）	宽度（m）			含沙量（kg/m³）	悬沙粒径（mm）
葛洲坝枢纽	三江围堰下游	23.63	1971-06~09	2600		42-43	平均2m，最大4m	1.05~1.98（宜昌水文站）	0.024~0.05
		10.97	1971-09~1972-09						
		17.68	1972-09~1973-10						
		5.62	1973-10~1974-08						

24.2.1　山东德州漳卫运四女寺运河船闸引航道淤积

四女寺运河船闸 20 世纪 50 年代建成，上引航道长 550 m，原设计底部高程为 20 m，下引航道长 700 m，原设计底部高程为 16.5 m。船闸位置平面图见图 24-9。

我们曾在引航道进口与河道相交处，用浮标观察引航道口门以内区域其表层水流向外流动，速度很小。这个现象说明口门的水流流态，即上层水向外流动，下层含有泥沙的异重流向引航道内流动，造成船闸上下游引航道的淤积。

1958 年 12 月施测上下引航道淤积高程，上引航道淤至 21~22m，下引航道淤高至 20m 左右。1959 年 1 月，船闸管理处利用上下游的枢纽工程控制水位，采用打开船闸两端闸门，利用水头差形成较大流速，冲刷淤积物，效果很好。冲刷 4d

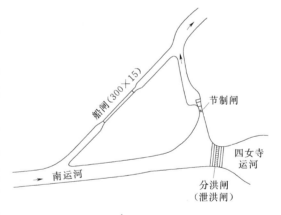

图 24-9　四女寺运河船闸平面图

后，施测上引航道河底高为 20~21m，下引航道河底高冲至 18~19.5m，见图 24-10。据了解，原设计并没有考虑用水冲刷，船闸管理处用水冲刷，乃不得已之举。

24.2.2　章江水轮泵站船闸引航道淤积

1973 年在江西进行水库淤积调查时，了解到章江水轮泵站船闸引航道淤积的情况。在章江上拦河修建水轮泵站后，为航运的需要，另开挖航道并修建船闸，上游引航道长约 400m，宽约 10m，下游引航道长约 600m，宽约 15m。查勘时，见到上下游引航道与章江衔接处的口门均发生淤积，口门处的淤积系由于回流的粗粒泥沙淤积，回流区水深过浅，致使 10 余 t 的木船在该处搁浅。

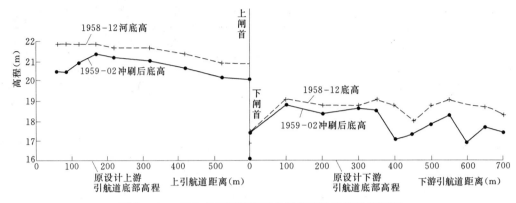

图 24-10　四女寺运河船闸引航道淤积和冲刷纵剖面图

24.2.3　黄河东风渠渠首引水渠关闸时的淤积

20世纪50年代黄河上修建不少引黄灌溉工程，当时似未估计到渠首闸前的大量淤积。东风渠渠首引水渠长174m，水面宽约81.3m。设计从黄河引水流量为300m³/s。东风渠引水渠在1959年11月29日14：20至12月1日8：20关闸停止引水，进行断面测量、流速、含沙量垂线分布和淤积量的测验。布置施测断面 $P_0 \sim P_8$，共9个，各断面距闸距离和引水渠内的淤积情况，见表24-5。

表 24-5　　　　　　　　　东风渠引水渠淤积量计算表
（1959 年 11 月 29 日 14：30 至 12 月 1 日 8：20）

断面	间距 (m)	水面宽 (m)	淤积面积 (m²)	淤积厚度 (m)	淤积速度 (m/d)	平均淤积面积 (m²)	淤积量		累加淤积量	
							淤积量 (m³)	占百分比 (%)	累计量 (m³)	占百分比 (%)
闸前										
P_8	17					7.0	117	3.53	117	3.53
	30	70	7.0	0.1	0.057	4.0	120	3.59	237	7.12
P_7		75	1.0	0.014	0.0059					
	20					9.5	190	5.68	427	12.8
P_6		80	18.0	0.23	0.131					
	20					20	400	11.97	827	24.77
P_5		85	22.0	0.26	0.148					
	20					21	420	12.55	1247	37.32
P_4		80	20.0	0.24	0.137					
	10					10.5	105	3.14	1352	40.46
P_3		80	1.0	0.012	0.0068					
	10					22.5	225	6.74	1577	47.20
P_2		85	44.0	0.518	0.296					
	33					38.5	1270	3.80	2847	85.20
P_1		87	33.0	0.38	0.217					
	14					35.5	496	14.8	3343	100
P_0		90	38.0	0.42	0.24					

从表 24-5 实测断面套绘求得淤积量为 3343m³。口门附近淤积量多,闸前淤积量少。按渠长 174m,平面水面宽 81.3m,估算平均淤积厚度:3343/(81.3×174)=0.236m,平均淤积速度:0.135m/d。

测量时黄河平均流量 567m³/s,平均含沙量 12.3kg/m³。悬沙粒径小于 0.015mm 占 30%(有级配曲线)。据观察,渠首口门存在回流,但未测量回流范围。

从流速分布看,水流在口门以异重流形式运动。图 24-11 为 P_1、P_5 断面自 1959 年 11 月 29 日 15:15 至 12 月 1 日 8:24 测量的垂线流速和含沙量分布。口门 P_1 断面上测线最大流速 0.15m/s,P_5 断面上一测线最大流速 0.1m/s,并存在两层不同密度的液体以相反方向运动。浑水在口门附近含沙量大,引水渠内则小。取 12 月 1 日 P_1、P_3、P_5 断

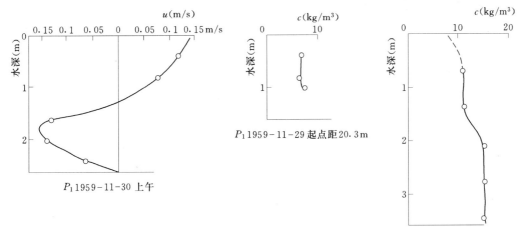

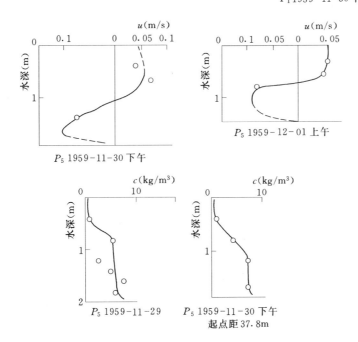

图 24-11　东风渠渠首引水渠关闸时垂线流速和含沙量分布

面测线平均含沙量分别为 $17.4kg/m^3$、$13.0kg/m^3$、$6.35kg/m^3$，表明沿程悬沙发生淤积。

由于悬沙沿程淤积，悬沙粒径在口门附近较粗，引水渠的则较细，见表 24-6。沉积物也有同样的变化趋势。

表 24-6	悬沙和沉积物的中值粒径沿程的变化 （mm）

日　　期	断　　面	P_5	P_3	P_1
11 月 30 日下午和 12 月 1 日两次平均	悬沙 d_{50}	0.014	0.0165	0.02
12 月 1 日	沉积物 d_{50}	0.042	0.058	0.048

24.2.4　西津水电站引航道的淤积情况

西津水电站，位于广西郁江南宁水文站下游 167km 处，是一座低水头河床式电站，控制流域面积 $77300km^2$。设计有效库容 6 亿 m^3（库水位 63～59m），库水位 61～57m 运用时（有相当长的一段时间）有效库容 4.4 亿 m^3。据南宁水文站 1954～1968 年统计，多年平均悬移质输沙量 860 万 t，年平均含沙量 0.2～$0.3kg/m^3$。多年平均流量约 $1100m^3/s$。

水电站于 1966 年春开始运行。1969 年 3 月南宁航道工程区曾进行上游引航道水下地形测量，从测量图得平均高程约为 55.23m，比原河床高程 54.5m 淤高 0.73m，进口处淤积高程为 56.0m。曾清淤 0.3 万 m^3。由于引航道淤积，在库水位下降至 57m 时，因航道水深不足，曾停航 20d。

1971 年 11 月，航道区又进行上下游引航道测量。点绘淤积最深点纵剖面图，见图 24-12。上游引航道河底平均高程达到 55.7m，进口处高程为 56.6m。淤积量达 1.34 万 m^3。淤积泥沙呈淤泥状，小于 0.025mm 的泥沙占 75％。下游引航道在测量的 600m 范围

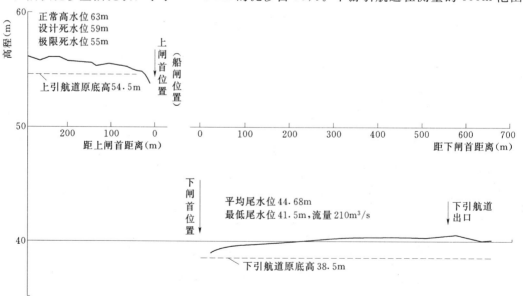

图 24-12　西津水电站船闸上下引航道淤积最深点纵剖面图

内平均河底高程为 40.25m，比原底高程 38.5m、高 1.75m，出口处河底高程达到 40.7m，那时亦曾停航。

1968 年特大洪水期，坝址处流量达到 12000m³/s 左右；8 月 17 日、8 月 20 日分别观测下游和上游引航道回流情况。图 24-13 为西津水电站上、下引航道口门附近目测水流流向，这种回流现象是由于洪水期间受地形条件的影响而造成，从而导致回流区较粗泥沙的淤积。

1968 年 8 月 20 日，溢流坝流量 12300m³/s
上游坝前水位 59.81m

1968 年 8 月 17 日，流量 11500m³/s
下游水位 59.45m

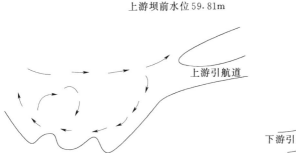

上游引航道

回流流速约 0.3~0.8m/s

(a)

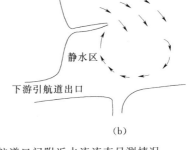

静水区

下游引航道出口

(b)

图 24-13　西津电站船闸上下游引航道口门附近水流流态目测情况

24.2.5　青山运河淤积情况

青山运河位于长江汉口河段天兴洲南汉，是一条人工开挖的河道，也是一挖入式河港。运河长 2710m，水面宽 120~150m。长江汉口河段历年最高水位为 29.73m，最低水位 10.08m，最大水位差 19.65m。长江平均流量 22900m³/s，平均含沙量 0.642 kg/m³，悬沙中值粒径 0.0259mm。

运河系苏联列宁格勒河运设计院设计，当时估计年淤积量为 7700m³，其中近口门处约为 5000m³（苏联列宁格勒河运设计院，1955），但实际上 1959 年 9 月至 1961 年 11 月第一期施工期间，淤积量达 50 万 m³，超过原估计数量甚巨（南京水利科学研究院、交通部第二航务工程局设计研究院，1972）。

1963~1964 年交通部第二水运工程设计院等单位，为了了解运河的淤积情况和原因，进行了大量的观测工作。南京水利科学院曾进行模型试验。

为了解运河内淤积规律，1962 年进行泥沙观测，1963 年 10 月水道地形图与一期开挖断面比较，淤积量达 74 万 m³。1963 年以前，运河未采取清淤措施，1964 年以后，每年在枯水期疏浚清淤。在 1963 年以前运河开挖后枯水期未进行疏浚时，运河处于累积性淤积期间的运河河底淤积过程，列于表 24-7。

表 24-7　　　　　　运河口门处（断面下 250m）河底高程随时间的变化

时间（年-月）	1961-11 一期施工	1962-05	1962-10	1963-05	1963-08	1963-10
河底高程（m）	9.0	15.4	17.8	17.2	18.4	19.2

注　引自南科所，交通部第二航务工程局设计研究院，青山运河的淤积及其防淤，水运工程，1972（2），1-31。

1963 年后，1964～1970 年汛期淤积数量（非汛期进行疏浚清淤）见表 24-8 所示。各测次泥沙积量沿纵向的变化，亦列于表 24-8。

表 24-8　　　　运河淤积量沿程分布（淤积量万 m³）的沿程分布

日期（年-月） 距口门距离（m）	1964-06～11	1965-05～09	1966-06～10	1970-05～09
0～100	3.34	2.46	2.71	2.13
100～350	5.79	4.97	5.73	5.10
350～750	3.85	4.74	7.28	6.62 5.54
750～975		1.56	3.61	6.90
975～1275	0	1.2	0	5.80

观测成果，择要列举如下：

口门处形成一定范围的回流区，据 1964～1970 年资料统计，回流区的淤积量约占总淤积量的 16% 左右。

运河内的泥沙淤积沿纵向的分布，口门部分淤积较多，粒径较粗，距口门愈远，淤积量愈小，粒径逐渐变细，淤积物中径自 0.04mm 减小至 0.017mm。

泥沙淤积主要发生在洪水期。

施测口门附近以及其下游方向各断面的流速及含沙量垂线分布（图 24-14），可见流速具有上下分层的两个不同方向的流向，含沙量主要集中在临近底部的大约一半水深，这是异重流流动的特征，而断面平均含沙量沿途递减。而含沙量在断面上的横向分布，在水平方向基本接近一致，上层小，下层大，最底层为最大。实测青山运河进口断面流速分布，作等值线，可见上下层流向相反，上出下进 [图 24-15（a）]。

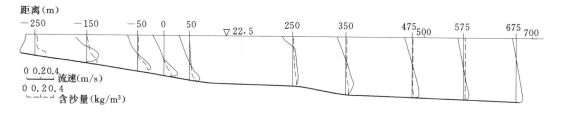

图 24-14　青山运河沿程各断面的流速及含沙量垂线分布

类似的情况，还可在海港口门观测到（Abraham，1976）：在荷兰 Rotterdam 航道进入 Botlek 港和第三 Petrol 港的入口处，在 A 至 F6 点施测流速垂线分布，点绘等值线，如图 24-15（b）所示，可见在高潮位时，下层异重流进入海港，上层较轻水层流出海港，这显示海港内泥沙淤积的原因。

青山运河不同时段施测的淤积量，见表 24-4。从实测资料可看出运河水深疏浚愈深，淤积总量也愈大。淤积速度一般在开始较大，以后随着河床淤高，水深减小，淤积量也逐渐减小。

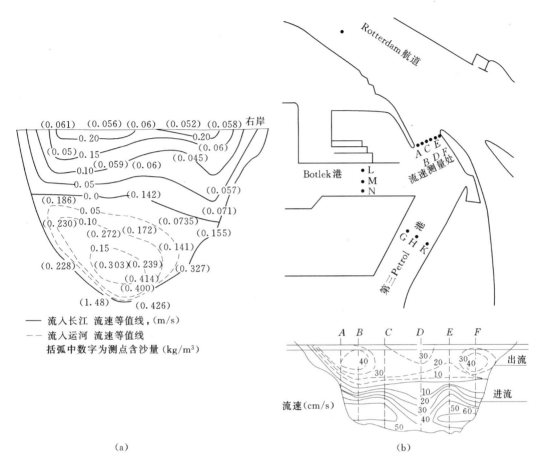

图 24 - 15　进口断面流速等值线及测点位置

(a) 青山运河；(b) 荷兰 Rotterdam 水道 Botlek 港高潮位时

24.2.6　长江葛洲坝第一期围堰建成后引航道口门淤积和异重流情况

长江葛洲坝坝区在 1971 年开始进行观测，1971 年长江委办公室宜昌水文站、荆江河床实验站、长航和交通部三局等单位，在原三三〇指挥设计团的主持下在坝区一定范围内进行河床断面地形和水沙的观测；1972 年由宜昌水文站和荆江水文实验站继续进行断面和地形测量；1973 年以后由荆实站进行断面观测。

第一期围堰于 1971 年 4 月底建成后，围堰上游二江、三江口门、二江下游口门以及三江下游口门及引航道内均发生泥沙的淤积。葛洲坝坝区各淤积区示意图，见图 24 - 16。围堰未建成前，长江宜昌站流量在 1 万～1.5 万 m³/s 以上时二江分流，超过 2 万 m³/s 时三江分流。围堰建成后，改变了汛期水流流势，由于二江、三江断流，上围堰前和二江下游口门，都形成回流区。三江下游口门处也形成回流区，而三江口门上溯至三江下围堰 2.5km 多的河段内形成异重流淤积，修建围堰后，长江在汛期由于二江、三江断流，主流右移，镇川门以下左岸边滩向主流方向伸展。

(1) 上围堰上游淤积区，水流在葛洲坝上端与黄柏河前坪之间的地区形成大回流。

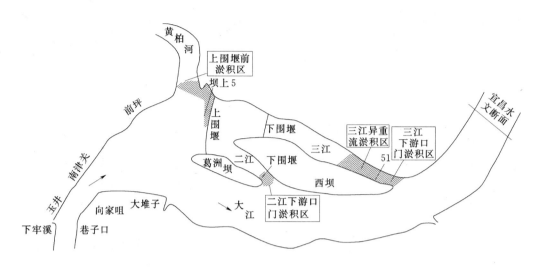

图 24-16　葛洲坝坝区各淤积区示意图

淤积部位主要在靠东方向三角形的地区。以坝上 5 断面深泓代表该区的淤积高度的变化，示于图 24-17（a）：1971 年汛前三江左滩高程为 45.8m（吴淞高程），至 8 月 29 日淤高至 46.7m，1972 年汛前测量左滩高程为 46～46.8m，至 9 月 13 日淤积至 47.5～48m，1973 年汛前为 47.5～47.6m，至 8 月 6 日测量，则为 48～48.4m。总的情况是 1971 年共淤高 1m 左右。1972 年又淤高 1m。其边滩淤积高程随时间的变化，示于图 24-18（a）。

　　（2）二江下游口门的淤积［图 24-17（b）］，二江下围堰至二江下游葛洲坝下端口门的范围内形成回流区，淤积部位主要在下围堰与两坝的三角地区（以及葛洲坝下端延长处两处。）二江下游葛洲坝下端的出口处河槽原来高程为 36m（1971 年 2 月测量），围堰建成后经一个汛期，淤高至 43～44m，见图 24-17（b）。至第二年汛期（1972 年 9 月）淤积至 46～47m［图 24-17（b）］，可见淤积上抬的速度很快。其边滩淤积高程随时间的变化，示于图 24-18（a）。

　　（3）三江下游西坝口门处及三江内的淤积。镇川门至西坝之间的三江口门原河床高程 42～43m，主槽为 41m，1974 年了解口门边滩淤积高程已超过 48m。

　　在边滩下游坝下 51 断面经常施测，但其高程低于口门边滩。从坝下 51 断面高程的变化，见图 24-17（c），也可看出口门边滩的淤积趋势。1971 年 5 月 51 断面滩面高程为 42～43m，10 月 24 日测量为 45m，一个汛期内淤高 2～3m。1972 年 5 月测为 44.5m，9 月 14 日测为 45.5～45.8m，第二个汛期淤高 1m 多。其边滩淤积高程随时间的变化，示于图 24-18（b）。

　　此外，口门断面上滩面淤高速度与河床高程有关，绘于图 24-19。从图 24-19 可以看出：

　　（1）在口门回流区，原河床愈低，时段的淤高愈大。反之，愈小。

　　三个淤积区在 1971 年、1972 年小水年各个汛期（4 个月计）的淤积厚度值，列于下表 24-9。

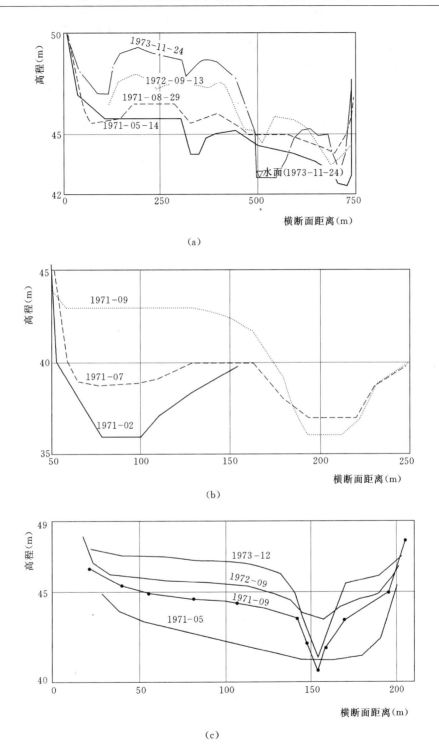

图 24-17　葛洲坝坝区各口门淤积区 1971～1973 年口门断面的淤积高程的变化

(a) 三江上围堰上游淤积区；(b) 二江下游口门；(c) 三江下游西坝口门

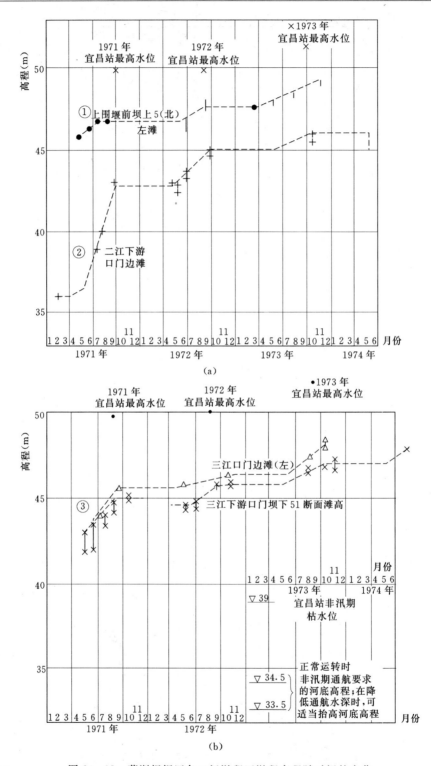

图 24-18　葛洲坝坝区各口门淤积区淤积高程随时间的变化

(a) 三江上围堰上游淤积区，二江下游口门；(b) 三江下游西坝口门

表 24 - 9　　　　　　　葛洲坝坝区各淤积区 1971 年汛期淤积厚度

淤 积 区	年 份	原河床高程（m）	汛期淤积厚度（m）
上围堰	1971	45.8	1～1.2
三江下游口门	1972	44.5	1.5
三江下游口门	1971	42～43	2.5
二江下游口门	1971	37	6～7

（2）在口门回流区范围内（三江下游河段异重流淤积区的情况也是一样），原河床高程愈低，在相同的水流泥沙条件下，淤积速度愈快。

实际上汛期流量大、水位高、水深大、含沙量大时淤积较多，而流量小、水位低、水深小、含沙量小时淤积较少。淤积的速度随时间长短的不同与水流泥沙条件的不同而改变。

试分析滩面淤积厚度与水沙的关系。主流区与静水区之间由于主流流动形成一个回流区，在回流区内将发生泥沙淤积。引航道内的水体常处于静止状态，故在口门处形成回流，在主流区的含沙水流有一部分进入回流区，并形成异重流向引航道内运动。坝区三个局部淤积区的交界口门情况相当于河流与静水支汊相交处回流淤积的情况，它们三者有其共同性。

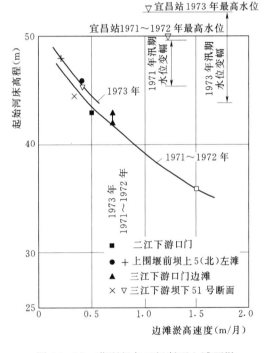

图 24 - 19　葛洲坝各口门断面上滩面淤高速度与河床高程的关系

天然河道的回流强度有大有小。强回流会淘刷河岸，弱回流则使泥沙发生淤积。较粗的泥沙首先沉淀，较细泥沙则保持悬浮。

回流区从主流源取得泥沙，并将泥沙向下游（引航道内）输送。设仅考虑主流区含沙量与回流区含沙量的差别所引起的压差而产生的侧向挟沙水流，可得由主流区进入回流区的单宽挟沙流量为

$$q = k\left[(c_主 - c_回)H\right]^{\frac{1}{2}} H \quad (24-3)$$

由主流区进入引航道内异重流的单宽流量为

$$q = k\sqrt{c_主 H} \cdot H$$

式中：$c_主$、$c_回$为主流区和回流区的含沙量；H为从底部高程算起的水深。

式（24-3）中的 $c_回$ 取决于回流强度大小，在弱回流条件下，大于某粒径的泥沙不能为回流悬浮时，即将沉淀下来。令大于某粒径泥沙占 $P\%$，则有 $c_回 = (1-P)c_主$，故进入回流区的单宽输沙率 q_s 为

$$q_s = k\left[Pc_主 H\right]^{\frac{3}{2}}$$

设时段 ΔT 回流区淤积厚度与进入回流区的沙量成正比，则

$$\Delta Z = \sum k(c_主 H)^{\frac{3}{2}} \cdot \Delta T$$

　　将三江口门处 51 断面 1971～1972 年实测资料计算参数 $\sum(c_{主} H)^{\frac{3}{2}} \Delta T$ 与 ΔZ 点绘关系线于图 24-20 (a)；点绘三江口门 45m 等高线面积的变化过程于图 24-20 (b)。

　　由此可见，回流区淤积量随水深、含沙量以及延续时间的增加而增加。随着口门淤积厚度的增加，（即水深相应减少时）进入沙量减少，淤积量也较少。

　　三江下围堰至三江口门之间的盲肠河段范围内淤积为异重流运动所造成，因此下游口门部位淤得多，上游的部位淤得少，形成倒坡。三江下游盲肠河段内左边滩面淤积高程纵向变化，随时间而淤高，见图 24-21。宜昌水文站在此盲肠河段内施测 8 个断面的流速和含沙量沿垂线分布，见图 24-22。各断面的泥沙级配分析，见图 24-23。从这些资料可看出异重流淤积的分布情况。

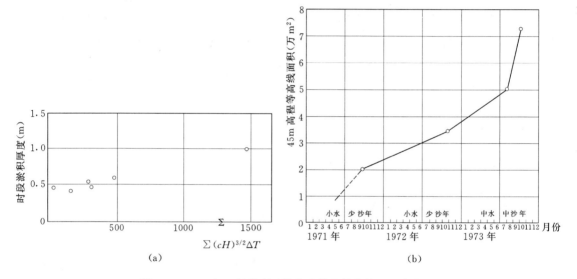

图 24-20　三江口门处断面的各参数和等高线面积变化图

(a) 三江口门处 51 断面 1971～1972 年实测资料计算参数 $\sum(c_{主} H)^{3/2} \Delta T$ 与滩面
淤积厚度 ΔZ 的关系；(b) 三江口门 45m 等高线面积的变化过程图

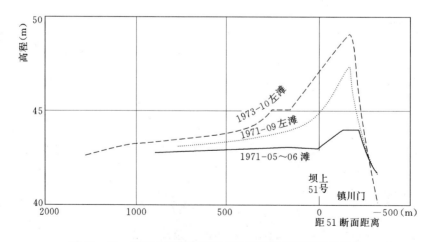

图 24-21　三江下游盲肠河段左边滩面淤积高程纵向变化

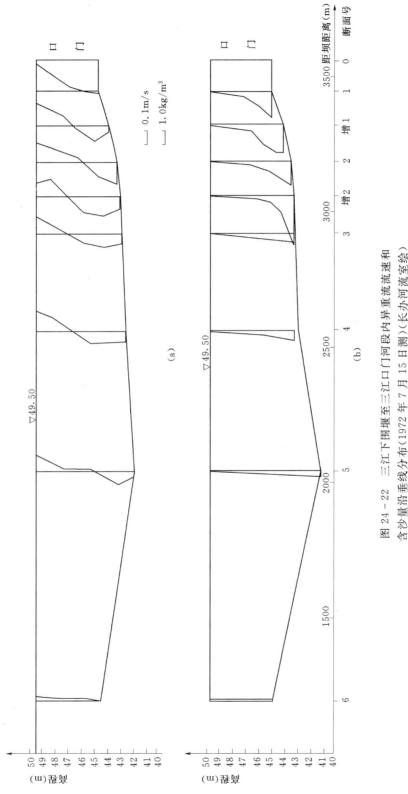

图 24 - 22　三江下围堰至三江口门河段内异重流流速和
含沙量沿垂线分布(1972 年 7 月 15 日测)(长办河流室绘)
(a)流速；(b)含沙量

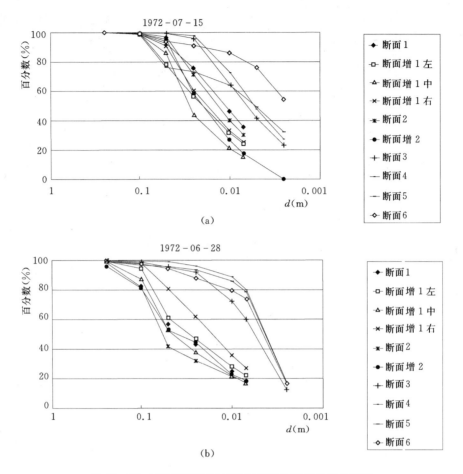

图 24-23　三江下游盲肠河段异重流各断面的泥沙级配

24.3　引航道异重流泥沙淤积的分析

24.3.1　异重流淤积的物理现象

Keulegan 于 20 世纪 40 年代研究过异重流运动的衰减情况。他讨论了盐水楔运动受到交界面渗混的阻力作用,流速沿程减小。他求出能量耗损率,获得流速随距离的增加而减小的关系式。

金德春、缪寿田 1965 年分析与长江成 90°交叉角的青山人工运河异重流资料,得异重流平均流速 u 和含沙量 c 的沿程变化公式:

$$\begin{cases} u = u_0 \exp[-s/(c_2^2 h)] \\ c = c_0 \exp(-0.003s) \end{cases}$$

式中:c_0 为无量纲 Chezy 系数,$c_0 = C/\sqrt{g}$ 为 Chezy 系数,g 为重力加速度;u_0、c_0 为起始断面的流速和含沙量;s 为距离。

我们曾在长 10m 水槽中观察异重流的沉淀现象。水槽与河道成 150°角，水槽代表船闸前的引航道。观察图 24-6（a）从 9：50 至 11：30 时段内测得上层清水流量的记录。可以看出，3 次流量测量表明流量不变，而且可以明确，全槽单位面积单位时间分离出来的清水量是相同的。

其分离流速，前已分析，如式（24-4）所示：

$$v_y = \frac{q}{L} \tag{24-4}$$

式中：L 为槽长；v_y 为垂直向上的流速；q 为进入水槽内的异重流单宽流量。

我们还曾在深 1m 长 20m 的水槽中进行电厂沉灰池沉淀试验，也观察到类似现象：在给定的含有粉煤灰的浑水流量进槽后，形成异重流运动并分离出清水，当异重流交界面壅高到一定高度时，将保持不变。这时分离出来的清水流量与进槽的浑水流量相等。

在野外"盲肠"河段的观测中，同样可以测到底部异重流运动过程中，上层清水以相反方向排出的情况。1963～1964 年交通部第二航务局在武汉青山运河（"盲肠"河段长 2700m，最大水深 10m）1000m 范围内进行异重流观测。1972～1973 年宜昌水文总站在葛洲坝三江围堰下游河段（长 2600m，最大水深 9m）2000m 范围内进行类似的观测。通过观测，获得了长距离、大水深的流速和含沙量垂线分布的原型资料。图 24-6（b）是青山运河两次测量上层清水流量沿程变化的结果。情况与水槽试验类似。由于低流速及其流向不易测准，上层清水流量仍可近似地看成是直线递增的。从图 24-6（b），可大致估计异重流沉淀长度 L 值，然后按式（24-4），算出平均 v_y 值。

根据水槽试验和原型资料，点绘异重流含沙量（原型资料取进口断面含沙量值）与 v_y 的关系，得近似关系式

$$v_y = 0.02 c^{-(2/3)} \tag{24-5}$$

从图 24-7 可看出，含沙量较小时，有些 v_y 值偏小。在青山运河和葛洲坝三江围堰下游河段原型观测表明，异重流流速和含沙量沿程衰减，因其河段长度长，并没有像水槽试验中异重流壅高的情况。异重流流经 2000m 的距离后，泥沙基本沉完，异重流流速也将减至零值。因此，图 24-7 中的原型含沙量取进口断面的值，而 v_y 则取整个沉淀长度内的平均值。

异重流泥沙沉淀的同时，在异重流中产生清水垂直向上流速 v_y，这个现象在水槽试验和原型观测中均得到证明，因此有可能根据这个现象建立一个一元异重流沉淀模型。

24.3.2　"盲肠"河段内异重流淤积的分析

为了估计进入"盲肠"河段的泥沙数量，有必要确定在口门处的异重流速度和厚度。然后在这些已知的起始条件下计算异重流流速和含沙量的沿程变化。

24.3.2.1　异重流的初始速度

假设最简单的情况，河道与"盲肠"河段成直角交叉，由于河水密度较"盲肠"河段内清水密度为大，河道浑水在侧向潜入清水层沿底部运动，如图 24-24 所示。

图 24-24 为沿"盲肠"河段纵向切开的剖面，右边为"盲肠"河段纵断面，而左边

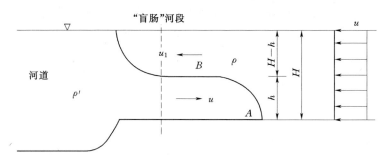

图 24-24 异重流初始速度

则为河道的横断面。设河道浑水的密度为 ρ'，"盲肠"河段内清水密度为 ρ，异重流流速
为 u，上层清水流速为 u_1，并假定异重流厚度与清水厚度均为 h。当浑水开始潜入形成异
重流运动时，其运动是不恒定的，如叠加一与异重流流速值相同的 $-u$ 时，则可使水流成
为恒定运动。现取交界面上 A 和 B 两点，应用 Bernoulli 方程，则得

$$p_A = p_B + \rho g h + \frac{\rho(u_1+u)^2}{2}$$

式中：p_A 和 p_B 为 A、B 点上的压力。因异重流流速 u 经叠加 $-u$ 后，异重流就变为静
止，则

$$p_A = p_B + \rho' g h$$

设 $u=u_1$，从以上两式，可得

$$u^2 = \frac{1}{2}\frac{\Delta\rho}{\rho}gh$$

因此，异重流初始速度为

$$u = 0.71\sqrt{\frac{\Delta\rho}{\rho}gh}$$

我们先后曾利用与河道成不同交角的水槽进行异重流初速试验，并对原型类似情况的
资料进行分析，见表 24-10。

表 24-10   异重流初速试验与原型资料分析结果

编号	槽长 (m)	河道与水槽的交角 (°)	总水深 H (m)	含沙量 (kg/m³)	观测与分析结果	
					h/H	$u/\sqrt{\dfrac{\Delta\rho}{\rho}gh}$
1	3.6	30	0.16～0.2	3.6～34.7	0.54～0.63	0.6
2	10	150	0.25～0.53	1.1～13.7	0.4～0.55	0.6～0.7
3	2600（三江）	130	5～6.3	0.6～1.7	0.5～0.52	0.6～0.8

将表 24-10 中资料绘成图 24-25，得其平均关系：

$$u = 0.65\sqrt{\frac{\Delta\rho}{\rho}gh} \qquad\qquad (24-6)$$

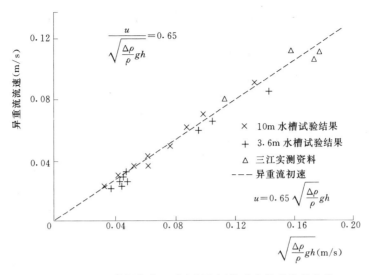

图 24-25 河道浑水潜入"盲肠"河段形成异重流的条件

可见实测结果与理论推导接近。

利用式（24-6），可以估计进入"盲肠"运河或引航道的浑水流量和输沙量。利用下列关系式

$$\Delta\gamma = \gamma' - \gamma = c\left(1 - \frac{\gamma}{\gamma_s}\right) \times 10^{-3}$$

式中：$\Delta\gamma = \Delta\rho g$；$\gamma_s$ 为泥沙重率；γ' 为浑水重率；γ 为清水重率；c 为含沙量，kg/m^3。可得单宽输沙率为

$$q_s = uhc = 0.051(hc)^{\frac{3}{2}}$$

24.3.2.2 异重流流速沿程的变化

图 24-26 中，下层为异重流，密度 ρ'，平均流速为 u，上层为清水，密度为 ρ，流速为 u_1；单位面积上分离的清水流量，即垂直向上速度为 v_y；交界面与水平面的夹角为 θ，底部与水平面的夹角为 β；交界面、底部剪力分别为 τ_i 和 τ_0。

写出图 24-26 异重流微分小体积 AB-CD 的空间水流运动方程。考虑重力，AB和 DC 面上 P_1 和 P_2 的总压力差，交界面上清水压力在底坡方向的分力，底部阻力，交界面阻力。此外，还考虑从异重流分离出

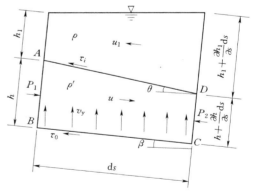

图 24-26 异重流微分小体积
ABCD 各作用力示意图

来 v_y 引起的动量改变为 $\rho' v_y$，在 ds 内为 $\rho' v_y ds$，由于动量的输移而形成的反作用力为 $\rho' v_y u ds$。以上诸力的合力等于惯性力，即质量与加速度的乘积，得

$$\rho'\left(u\frac{\partial u}{\partial s} + \frac{\partial u}{\partial t}\right) = -\Delta\rho g\frac{\partial h}{\partial s} + \Delta\rho g\sin\beta - \frac{\tau_i}{h} - \frac{\tau_0}{h} + \frac{\rho' v_y u}{h} \tag{24-7}$$

式（24-7）最后一项的分子应为 $\rho v_y u$，推导中采用 $\rho' v_y u$ 是取近似的情况。设考虑

恒定流情况，令 λ_i、λ_0 为交界面和底部阻力系数

$$\tau_i = \frac{\tau_i}{4} \frac{\rho'(u+u_1)^2}{2} = \frac{\tau_i}{2} \rho' u^2 , \tau_0 = \frac{\lambda_0}{4} \cdot \frac{\rho' u^2}{2}$$

则有

$$\rho' u \frac{\mathrm{d}u}{\mathrm{d}s} = -\Delta\rho g \frac{\mathrm{d}h}{\mathrm{d}s} + \Delta\rho g \sin\beta - \frac{\lambda_0 + 4\lambda_i}{8} \cdot \frac{\rho' u^2}{h} + \frac{\rho' v_y u}{h} \qquad (24-8)$$

设底部为水平，并设异重流厚度沿程不变，并令 $\lambda = \lambda_0 + 4\lambda_i$，则有

$$\frac{\mathrm{d}u}{u} = -\frac{\lambda}{8h}\mathrm{d}s + \frac{v_y}{uh}\mathrm{d}s \qquad (24-9)$$

解此微分方程，当满足其边界条件时 $s=0$，$u=u_0$ 得

$$\frac{u - \frac{8}{\lambda}v_y}{u_0 - \frac{8}{\lambda}v_y} = \mathrm{e}^{-\frac{\lambda s}{8h}} \qquad (24-10)$$

为了计算方便，将式（24-10）略作改造。式（24-10）左边分母中的 $\frac{8}{\lambda}v_y$ 和 u_0 两值，在一般情况下前者较后者小数倍，故将分母中的 $\frac{8}{\lambda}v_y$ 值略去，但在左边乘一校正系数，利用 $s=0$，$u=u_0$ 的条件，确定此系数的值，其结果可写成：

$$u = u_0 \left[\frac{\mathrm{e}^{-\frac{\lambda s}{8h}} + \frac{8}{\lambda} \cdot \frac{v_y}{u_0}}{1 + \frac{8}{\lambda} \cdot \frac{v_y}{u_0}} \right] \qquad (24-11)$$

从浑水异重流实验和原型观测资料，得 $\lambda = 0.02 \sim 0.03$；当已知 h、u_0、v_y 值〔当异重流起始断面的含沙量值为已知时，可从图 24-7 或式（24-2）求得 v_y 值〕时，可用式（24-11）计算异重流流速沿程的变化情况。今取葛洲坝三江、青山运河的实测资料，绘于图 24-27，按式（24-11），取 $\lambda = 0.03$，并用图 24-7 查得的 v_y 值，计算沿程的流速；同实测值比较，可看出是相当接近的。

24.3.2.3 异重流平均含沙量沿程的变化

在图 24-26 异重流微分体积 $ABCD$ 中，令 w 为异重流动水沉速，沉淀量为 $wc\mathrm{d}s$，进入 AB 面的输沙率为 q_s，流出 DC 面的输沙率为 $q_s + \frac{\partial q_s}{\partial s}\mathrm{d}s$，得输沙连续方程

$$-\frac{\partial q_s}{\partial s}\mathrm{d}s = wc\mathrm{d}s \qquad (24-12)$$

式中 $q_s = uhc$，故有

$$\frac{\mathrm{d}c}{c} + \frac{\mathrm{d}u}{u} = -\frac{w\mathrm{d}s}{uh} \qquad (24-13)$$

将式（24-9）代入，得

$$\frac{\mathrm{d}c}{c} = \frac{\lambda}{8h}\mathrm{d}s - \frac{w\mathrm{d}s}{uh} - \frac{v_y\mathrm{d}s}{uh} \qquad (24-14)$$

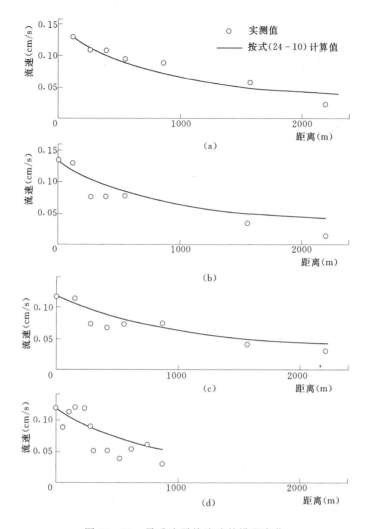

图 24-27 异重流平均流速的沿程变化

(a) 三江，1972 年 7 月 15 日测量；(b) 三江，1972 年 6 月 28 日测量；(c) 三江，
1973 年 7 月 5 日测量；(d) 青山运河，1963 年 9 月 22～23 日测量

其中 v_y 值，在这里是取整个沉淀长度 L 的平均值，仅与进口断面的异重流含沙量 c_0 有关，故在式（24-14）中，把它看成常数。c 与 u，以及 w 均为 s 的函数，随距离 s 的增加而减小。

关于动水沉速沿程变化情况，缺乏实际资料，现作如下的假定：

$$w = w_0 e^{-\frac{Ks}{L}} \qquad\qquad (24-15)$$

式中：w_0 为 $s=0$ 处 d_{50} 的沉速值；L 为泥沙沉清的距离；K 为常数。

在水工模型试验中，常采用下述关系式来选择模型沙。即，令原型泥沙沉速 w_p 与模型泥沙沉速 w_m 的比值 $\lambda_w = w_p / w_m$，等于原型水流速度 u_p 与模型流速 u_m 的比值 $\lambda_u = u_p / u_m$，或 $\lambda_w = \lambda_u$。因此，可以认为，泥沙动水沉速沿程衰减程度与水流流速的衰减相适应，将式（24-15）与式（24-11）相比较，可设想 $\dfrac{K}{L}$ 与 $\dfrac{\lambda}{8h}$ 两值具有相同的数量级。

至于起始断面动水沉速 w_0 与静水沉速 w_2' 的关系，设有

$$w_0 = \alpha w_2'$$

暂令 α 为常值，w_0' 为已知值。

将式（24-15）、式（24-11）代入式（24-14），令 $A = \dfrac{8}{\lambda}\dfrac{v_y}{u_0}$，得

$$\frac{\mathrm{d}c}{c} = \frac{\lambda}{8h}\mathrm{d}s - \frac{\alpha w_0'(1+A)}{u_0 h} \cdot \frac{\mathrm{d}s}{\mathrm{e}^{(\frac{K}{L}-\frac{\lambda}{8h})s} + A\mathrm{e}^{\frac{K}{L}s}} - \frac{v_y(1+A)}{u_0 h} \cdot \frac{\mathrm{d}s}{\mathrm{e}^{-\frac{\lambda s}{8h}} + A} \quad (24-16)$$

式中：$\dfrac{K}{L}$ 和 α 为待定常数。

经试算，知 $\dfrac{K}{L}$ 值与 $\dfrac{\lambda}{8h}$ 值在天然情况下相当接近，故在求近似解时，可将式（24-16）写成：

$$\frac{\mathrm{d}c}{c} = \frac{\lambda\mathrm{d}s}{8h} - \frac{\alpha w_0'(1+A)}{u_0 h} \cdot \frac{\mathrm{d}s}{1 + A\mathrm{e}^{\frac{K}{L}s}} - \frac{v_y(1+A)}{u_0 h} \cdot \frac{\mathrm{d}s}{\mathrm{e}^{-\frac{\lambda s}{8h}} + A} \quad (24-17)$$

式（24-17）经积分后，利用边界条件 $s=0$、$c=c_0$ 确定积分常数，最后得

$$\frac{c}{c_0} = \exp\left\{-A\frac{\lambda}{8h}s - (1+A)\ln\left(\frac{A + \mathrm{e}^{-\frac{\lambda s}{8h}}}{A+1}\right) - \frac{\alpha w_0's(+A)}{u_0 h}\left[1 - \frac{L}{Ks}\ln\left(\frac{1 + A\mathrm{e}^{-\frac{K}{L}s}}{1+A}\right)\right]\right\} \quad (24-18)$$

经计算，看到 $\dfrac{K}{L}$ 值超过某值时，即产生含沙量沿程变大的不合理现象，现取与原型资料符合较好的值 $\alpha = 1.4$，$\dfrac{K}{L} = 0.0008$。这里 α 值大于1，表示泥沙的动水沉速大于静水沉速。

计算图24-28中各测次的含沙量沿程变化。采用 $\lambda = 0.03$，v_y 值是从图24-7中确定，u_0、h 为已知值，按式（24-18）的异重流平均含沙量计算值连同实测值，均绘在图24-6上。可见式（24-18）的代表性较好。

利用上述流速和含沙量沿程变化公式，计算异重流淤积量的沿程分布，根据式（24-11）和式（24-18），求得沿程单位时间单宽累积淤积量比值：

$$\frac{\Delta q_s}{hc_0 u_0} = 1 - \frac{cu}{c_0 u_0} = 1 - \left(\frac{\mathrm{e}^{-\frac{\lambda s}{8h}} + A}{1+A}\right)\mathrm{e}^{-F} \quad (24-19)$$

式中

$$F = \frac{v_y s}{u_0 h} + (1+A)\ln\left(\frac{A + \mathrm{e}^{-\frac{\lambda s}{8h}}}{A+1}\right) + \frac{1.4 w_0's(1+A)}{u_0 h}\left[1 - \frac{80000}{s}\ln\left(\frac{1 + A\mathrm{e}^{0.0008s}}{\cdot\ 1+A}\right)\right]$$

$$A = \frac{8v_y}{\lambda u_0}, \lambda = 0.03$$

关于引航道内水流流速垂线分布，根据 Defant（1961）分析海峡处由于两洋盐水密度不同而产生的分层交换水流的流速垂线分布：

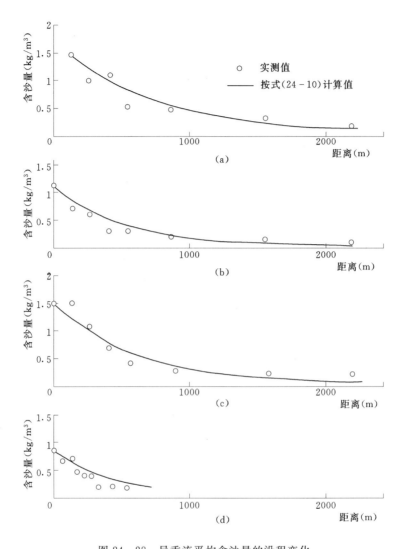

图 24-28　异重流平均含沙量的沿程变化

(a) 三江，1972 年 7 月 15 日测量；(b) 三江，1972 年 6 月 28 日测量；(c) 三江，1973 年 7 月 5 日测量；(d) 青山运河，1963 年 9 月 22～23 日测量

$$\frac{u_s}{u}=8\left(\frac{y}{H}\right)^3-9\left(\frac{y}{H}\right)^2+1$$

式中：u_s 为表层流速；u 为在 y 处流速；y 为垂向坐标，在水面处向下为正；H 为总水深。

此公式亦可用于描述盲肠河段内异重流及上层水流的流速分布。

点绘葛洲坝三江下游盲肠河段内 1973 年 7 月 5 日各断面的实测流速分布与 Defant 公式计算流速分布于图 24-29，可见两者近似地符合，其中实测近底的流速比计算值大些。图 24-28 中标出的断面的位置，距口门距离可从图 24-22 查得。

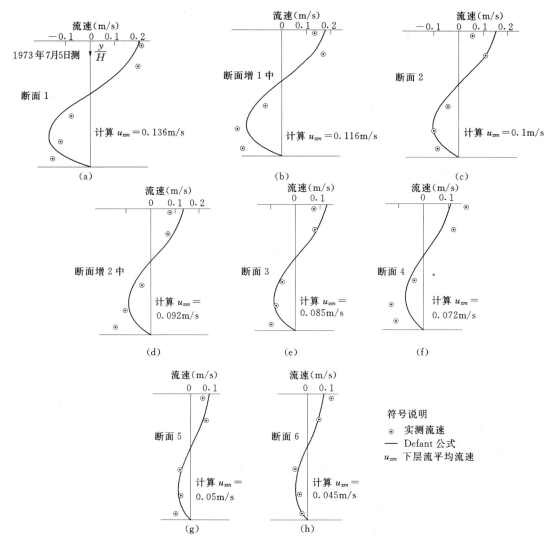

图 24-29　葛洲坝三江下游盲肠河段 1973 年 7 月 5 日实测各断面流速垂向分布

24.4　结　　语

　　通过试验和原型观测（图 24-6）可以看出，异重流运动过程中泥沙沉淀时单位平面面积上分离出清水流量，即存在向上垂直流速 v_y。此值可用式（24-2）或图 24-7 求得。

　　据此建立一元异重流模型（图 24-6），推导空间水流运动方程，求得在简化条件下异重流平均流速沿程变化的表达式［式（24-10）］。在已知 v_y 和 λ 值以及进口边界条件时，即可计算流速的沿程变化。

　　利用异重流输沙连续方程和水流运动方程，求得异重流平均含沙量变化的表达式（24-17）。图 24-27、图 24-28 为三江、青山运河异重流平均流速和平均含沙量实测值，以及流速和含沙量沿程变化计算曲线，可看出两者相当接近。

　　当进入盲肠段口门处，主流挟沙水流含沙量和口门水深已知的条件下，可用式（24 - 5）计算出异重流起始平均流速，因而可计算的时段进入总沙量。进入的沙量会沿纵向全部淤积在盲肠河段之内。

　　由于总进入异重流沙量的计算，与口门水深、宽度、河道含沙量等因子有关。故口门的尺寸，宜取最小值，从而可减少进入沙量。

　　根据本章的介绍，盲肠河段的淤积，在设计中已有条件，也可采用数学模型估算，通过计算求得近似结果。

　　在计算沿程淤积泥沙的分布中，水槽试验和原型资料分析所得 v_y 值，同异重流进口含沙量建立两者之间的经验关系，这是一种近似的做法。关于 v_y 的机理，有待进一步的工作。就估计引航道淤积总量和淤积分布，目前提供的方法，已能做出基本符合实际情况的估计，故在设计中似无必要进行其目的仅仅为了估算淤积总量以及淤积量的分布的引航道物理模型试验。

参考文献

金德春. 1981. 浑水异重流的运动和淤积. 水利学报，1981（3）：39 - 48.

缪寿田. 1983. 挖入式河港的淤积及防淤减淤措施. 第二次河流泥沙国际学术讨论会论文集，1983，819 - 827.

三三〇工程局设计试验室. 长办设代处，武汉水利水电学院. 1974. 葛洲坝工程三江下游淤积规律初步分析. 水电站泥沙调查报告.

水科院河渠所. 1960. 京杭运河穿黄试验报告.

刘青泉. 1993. 盲肠河段回流区及主回流过渡区的水沙运动规律. 武汉水利电力大学博士论文.

谢鉴衡，殷瑞兰. 1983. 低水头枢纽引航道泥沙问题. 第二次河流泥沙国际学术讨论会论文集，1983，309 - 319.

岳建平. 1986. 港渠口门回流淤积概化模型试验和研究. 泥沙研究，1986（2）：41 - 50.

周坦. 1985. 葛洲坝水利枢纽一期工程运用三年航道泥沙分析. 泥沙研究，1985（1）：54 - 60.

Abraham，G. 1976. Density currents due to differences in salinity. Rijkswaterstaat Communications No. 26，Government Publishing Office，The Hague，1976，11 - 40.

Defant，A. 1961 Physical Oceanography，Volume 1，Pergamen Press.

Keulegan，G. B. 1946 Model laws for density currents ，2nd progress report ，U. S. Bureau of Staudards.

Lam Shing Tim. 1995. Experimental investigation of lock-release gravity current. Master thesis，Univ. of Hong Kong.

第 25 章　挖槽回淤Ⅱ：长江口航道异重流淤积分析

长江口航道航深是制约上海港航运发展的关键问题，航道部门长期进行现场测验和科研工作，指导航道建设。

长江口，一般系指自江苏徐六泾到河口 170km 范围，徐六泾河宽 5km，河口宽度达 90km，每年平均流量为 30200m³/s，年平均含沙量为 0.544kg/m³，总沙量达 5 亿 t/a，在中浚平均潮差 2.66m。长江口属部分混合型河口。

长江口自徐六泾以下的河段（图 25 - 1），因水流分散，形成岛屿与浅滩，在崇明岛处分南北两支，在南支中又分汊为南港和北港，在南港又分汊为南槽和北槽。

随着泥沙冲淤变化，上海港航道视南槽和北槽的冲淤情况，选定开挖航道，以挖泥的办法来维持一定的航深，本章讨论内容有盐水楔，浮泥运动，以及浑水楔或浑浊带等，并对航槽内浮泥淤积的原因进行分析。

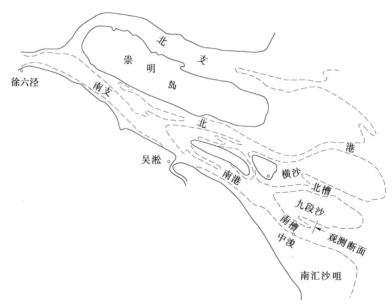

图 25 - 1　长江口航道平面示意图

25.1　盐水楔的实验结果

25.1.1　盐水楔方程

第 3 章介绍过 Schijf 和 Schonfeld 关于盐水楔的分析上下层的运动方程，如下：

$$\frac{\partial u_1}{\partial t}+u_1\frac{\partial u_1}{\partial y}=-g\frac{\partial h_1}{\partial x}-g\frac{\partial h_2}{\partial x}+gJ_0-\frac{(\tau_i-\tau_s)}{\rho_1 h_1}$$

$$\frac{\partial u_2}{\partial t}+u_2\frac{\partial u_2}{\partial y}=-g(1-\varepsilon)\frac{\partial h_1}{\partial x}-g\frac{\partial h_2}{\partial x}+gJ_0-\frac{(\tau_0-\tau_1)}{\rho_2 h_2}$$

对于恒定流，当下层流的流速 $u_2=0$，它代表一种河口段，其上层水流流向海时盐水楔的稳定条件（图 3-3），盐水潮流向河口上游运动一定距离后，其潮流流速可近似地认为等于零。

在 $u_2=0$ 条件下，上层和下层的方程为

$$u_1\frac{\partial u_1}{\partial x}=-g\frac{\partial h_1}{\partial x}-g\frac{\partial h_2}{\partial x}+gJ_0-\frac{\tau_i}{\rho_1 h_1}$$

$$g(1-\varepsilon)\frac{\partial h_1}{\partial x}+g\frac{\partial h_2}{\partial x}-gJ_0+\frac{\tau_0-\tau_i}{\rho_2 h_2}=0$$

忽略 $\dfrac{\partial h_1}{\partial x}$ 以及当底部比降 $J_0=0$ 时，有

$$\frac{\partial h_i}{\partial x}=\frac{\dfrac{\tau_0-\tau_i}{\varepsilon g\rho_2 h_2}-\dfrac{\tau_i}{\varepsilon g\rho_1 h_1}}{1-\dfrac{u_i^2}{\varepsilon g h_1}}=\frac{-\dfrac{\tau_i}{\varepsilon g\rho_2 h_2}-\dfrac{\tau_i}{\varepsilon g\rho_1 h_1}}{1-\dfrac{u_i^2}{\varepsilon g h_1}} \tag{25-1}$$

设

$$\tau_i=\frac{f_i}{8}\rho_1 u_1,\quad h_1+h_2=h$$

故

$$\frac{\mathrm{d}h_1}{\mathrm{d}x}=\frac{\dfrac{f}{8}\dfrac{u_1^2}{\varepsilon g h_1}\left(-\dfrac{h_1}{h_2}-1\right)}{1-\dfrac{u_i^2}{\varepsilon g h_1}}=\frac{\dfrac{f}{8}\dfrac{u_1^2}{\varepsilon g h_1}\left(\dfrac{h}{h-h_1}\right)}{1-\dfrac{u_i^2}{\varepsilon g h_1}} \tag{25-2}$$

因

$$\frac{\mathrm{d}h}{\mathrm{d}x}=0,\quad -\frac{\mathrm{d}h_1}{\mathrm{d}x}=\frac{\mathrm{d}h_2}{\mathrm{d}x}$$

$$\frac{\mathrm{d}h_2}{\mathrm{d}x}=\frac{\dfrac{f}{8}\dfrac{u_1^2}{\varepsilon g h_1}\left(\dfrac{h}{h-h_1}\right)}{1-\dfrac{u_1^2}{\varepsilon g h_1}} \tag{25-3}$$

令 q_1 为清水层单宽流量，则

$$\frac{u_1^2}{\varepsilon g h_1}=\frac{q_1^2}{\varepsilon g h_1^3}$$

$$\frac{\mathrm{d}h_1}{\mathrm{d}x}=\frac{\dfrac{f_i}{8}\dfrac{q_1^2}{\varepsilon g h_1^3}\left(-\dfrac{h_1}{h_2}-1\right)}{1-\dfrac{q_1^2}{\varepsilon g h_1^3}}=\frac{\dfrac{f_i}{8}\dfrac{q_1^2}{h_1^2}\left(\dfrac{h}{h-h_1}-\dfrac{1}{h_1}\right)}{\varepsilon g\left(\dfrac{q_1^2}{\varepsilon g h_1^3}-1\right)} \tag{25-4}$$

$$\int\mathrm{d}x=\int\frac{1-\dfrac{q_1^2}{\varepsilon g h_1^3}}{\dfrac{f_i}{8}\dfrac{q_1^2}{\varepsilon g h_1^3}\left(\dfrac{h}{h-h_1}-\dfrac{1}{h_1}\right)}\mathrm{d}h+C$$

在河口

$$L=0,\quad \frac{\mathrm{d}h_1}{\mathrm{d}x}\to\infty,\quad \frac{q_1^2}{\dfrac{\Delta\rho}{\rho}g h_1^3}=1$$

因有定义：

$$\frac{q_1^2}{\frac{\Delta\varrho}{\rho}gh_1^3}=Fr_0^2$$

积分后得

$$\frac{f_i}{8}\frac{x}{h}=\frac{h_1}{h}\left[\frac{1}{5Fr_0^2}\left(\frac{h_1}{h}\right)^4-\frac{1}{4Fr_0^2}\left(\frac{h_1}{h}\right)^3-\frac{1}{2}\left(\frac{h_1}{h}\right)+1\right]$$
$$+3(Fr_0)^{\frac{2}{3}}\left[\frac{1}{10}Fr_0^{\frac{2}{3}}-\frac{1}{4}\right] \tag{25-5}$$

为求得盐水楔长度，令 $x=L$，$h_1=h$，故有

$$\frac{f_i}{8}\frac{L}{h}=\left[\frac{1}{5Fr_0}-\frac{1}{4Fr_0^2}+\frac{1}{2}\right]+3Fr_0^{\frac{2}{3}}\left[\frac{1}{10}Fr_0^{\frac{2}{3}}-\frac{1}{4}\right]$$

$$L=-\frac{2h}{f_i}\left[\frac{1}{5Fr_0^2}-2+3Fr_0^{\frac{2}{3}}-\frac{6}{5}Fr_0^{\frac{4}{3}}\right] \tag{25-6}$$

25.1.2　盐水楔实验

最初进行盐水楔实验的是 Keulegan（1966），他用不同尺寸的水槽进行试验，研究盐水楔形状与水流和密度差各参数之间的关系，槽宽与水深之比在 $0.5\sim1.0$ 之间。Sargent 和 Jirka（1987）在长 730cm、宽 46cm、深 25cm 的水槽进行比较细致的盐水楔试验，其水槽实验装置如图 25-2 所示。

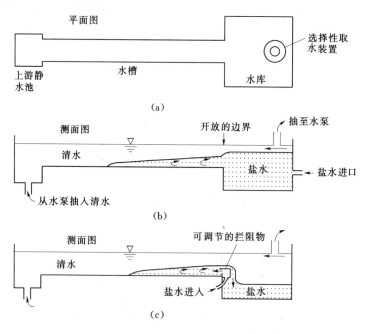

图 25-2　盐水楔实验示意图

（a）平面图；（b）盐水槽与水槽之间无隔板；（c）盐水槽与水槽之间有阻拦设施

25.1.2.1　静水盐水楔长度试验

图 25-3 为 Sargent 盐水楔概化图，用量纲分析法定义密度 Fr 数和 Re 数诸多参数

$$Fr = \frac{u_r}{\sqrt{\dfrac{\Delta\rho}{\rho}gh}}$$

$$Re = \sqrt{\frac{\Delta\rho}{\rho}gh} \cdot \frac{h}{\nu}$$

式中：u_r 为河道流速；h 为河流水深，$h = h_1 + h_2$；ν 为运动黏滞系数。

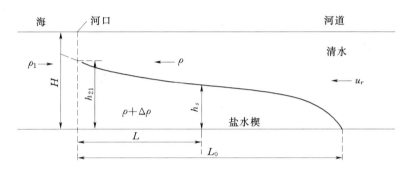

图 25-3　盐水楔概化图

当盐水前锋顶着河流流速时，Keulegan 的量纲分析得

$$\frac{u}{\sqrt{\dfrac{\Delta\rho}{\rho}gh}} = f\left[\frac{L}{h}, \frac{u_r}{\sqrt{\dfrac{\Delta\rho}{\rho}gh}}, \sqrt{\frac{\Delta\rho}{\rho}gh} \cdot \frac{h}{\nu}, \frac{h}{B}\right]$$

式中：u 为盐水前锋速度；L 为盐水楔运行长度。

对静止盐水楔而言，$u=0$，设 L_0 为静止盐水楔长度，上式可写成：

$$\frac{L_0}{h} = f\left[\frac{u}{\sqrt{\dfrac{\Delta\rho}{\rho}gh}}, \sqrt{\frac{\Delta\rho}{\rho}gh} \cdot \frac{h}{\nu}, \frac{h}{B}\right]$$

在一槽宽为 5.2cm、水深为 11.2cm 的水槽中实验得 L_0/h 与密度 Fr 数的关系如下：

$$\frac{L_0}{h} = A\left(\frac{u_r}{\sqrt{\dfrac{\Delta\rho}{\rho}gh}}\right)^{-\frac{5}{2}} \tag{25-7}$$

式中：A 为一变数，当比值 B/h 为常数时，A 与密度 Re 数 $\sqrt{\dfrac{\Delta\rho}{\rho}gh} \cdot \dfrac{h}{\nu}$ 有关。

$$\frac{L_0}{h} = A_0\left(\sqrt{\frac{\Delta\rho}{\rho}gh} \cdot \frac{h}{\nu}\right)^m \left(\frac{2u_r}{\sqrt{\dfrac{\Delta\rho}{\rho}gh}}\right)^{-\frac{5}{2}} \tag{25-8}$$

其中的 A_0 随 B/h 和密度 Re 数而变，m 则仅随密度 Re 数而变。

当密度 Re 数在 100000 时，m 接近于 0.5，在此范围内，盐水楔长度可写成下式

（Keulegan）：

$$\begin{cases} \dfrac{L_0}{h}=0.23\left(\dfrac{\Delta\rho}{\rho}gh\cdot\dfrac{h}{\nu}\right)^{\frac{1}{2}}\left[\dfrac{2u_r}{\sqrt{\dfrac{\Delta\rho}{\rho}gh}}\right]^{-\frac{5}{2}},\dfrac{h}{B}=0 \\[4mm] \dfrac{L_0}{h}=0.18\left(\dfrac{\Delta\rho}{\rho}gh\cdot\dfrac{h}{\nu}\right)^{\frac{1}{2}}\left[\dfrac{2u_r}{\sqrt{\dfrac{\Delta\rho}{\rho}gh}}\right]^{-\frac{5}{2}},\dfrac{h}{B}=1 \\[4mm] \dfrac{L_0}{h}=0.12\left(\dfrac{\Delta\rho}{\rho}gh\cdot\dfrac{h}{\nu}\right)^{\frac{1}{2}}\left[\dfrac{2u_r}{\sqrt{\dfrac{\Delta\rho}{\rho}gh}}\right]^{-\frac{5}{2}},\dfrac{h}{B}=2 \end{cases} \quad(25-9)$$

25.1.2.2　静止盐水楔形状

Keulegan 的实验表明，静止盐水楔的形状，可用盐水楔高度 h_2 与河口处楔的高度 h_{21} 之比以及距离与盐水楔长 L_0 之比表示。

静止盐水楔形状，实际上相互相似的，不受海水含盐量、河流流速、水深、槽宽和黏滞性等因子的影响，其关系式为

$$\frac{h_2}{h_1}=f\left(\frac{x}{L_0}\right)$$

示于图 25-4，上式与流速 u_r、$\dfrac{u_r}{\sqrt{\dfrac{\Delta\rho}{\rho}gh}}$（适用于 $\dfrac{u_r}{\sqrt{\dfrac{\Delta\rho}{\rho}gh}}<0.5$ 时），密度 Re 数、$\sqrt{\dfrac{\Delta\rho}{\rho}gh}\cdot\dfrac{h}{\nu}$

和 h/B 等因素无关。Sargent 的实验示于图 25-5。Sargent 和 Jirka 的实验是在长 730cm、宽 46cm、深 25cm 的水槽内进行，水槽装置如图 25-2 所示，图 25-5 中交界面高度 h_2 除以临界值 h_{21} 有关系式：

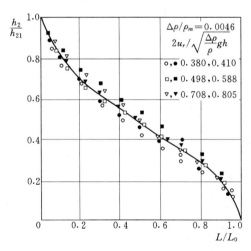

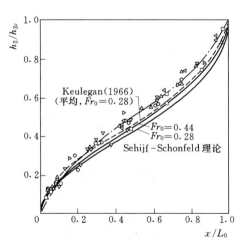

图 25-4　盐水楔的厚度和长度的
关系（Keulegan 实验）

图 25-5　盐水楔的厚度和密度 Fr 数的
关系（Sargent 实验）

$$\frac{h_{21}}{h_2}=1-\left(\frac{u_r}{\sqrt{\frac{\Delta\rho}{\rho}gh}}\right)^{\frac{2}{3}}\qquad(25-10)$$

25.1.2.3　河口的盐水楔高度 h_{21}

$\frac{h_{21}}{h}$ 比值与槽子的尺寸 B/h、密度 Re 数

无关，仅与河流水流参数 $\frac{2u_r}{\sqrt{\frac{\Delta\rho}{\rho}gh}}$ 有关：

$$\frac{h_{21}}{h_2}=f\left(\frac{2u_r}{\sqrt{\frac{\Delta\rho}{\rho}gh}}\right)\qquad(25-11)$$

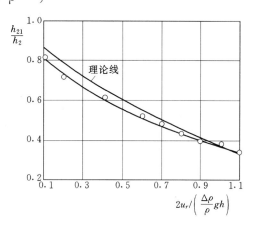

图 25-6　河口盐水楔高度 h_{21} 与河流水流参数 $\frac{2u_r}{\sqrt{\frac{\Delta\rho}{\rho}gh}}$ 的关系

Keulegan 的实验工作，示于图 25-6。Keulegan 还对此问题进行理论分析。

理论上而言，在河口的水流是临界水流。这个事实是建立在两层密度分别为 ρ_1 和 ρ_2 的上下两层的交界面上驻波条件。按照 Lamb 分析

$$\rho_1u_1^2\coth kh_1+\rho_2u_2^2\coth kh_2=g\frac{\rho_2-\rho_1}{k}$$

式中：u_1 和 u_2 分别为上层和下层的流速；h_1 和 h_2 分别为水深。假定 $u_1=0$ 波长 $\lambda=2\pi/k$ 比 h_1 值大好多倍，又 $\coth kh_1=1/(kh_1)$，则

$$u_1^2=g\frac{\Delta\rho}{\rho}h_1$$

令河口的清水流速 v_1，令 $u_1=v_1$，并令 $h_1=h-h_{21}$

$$v_1^2=g\frac{\Delta\rho}{\rho}(h-h_{21})$$

连续方程为

$$v_1(h-h_{21})=v_rh$$

式中：v_r 为河流流速。消去 v_1，解 h_{21}/h

$$\frac{h_{21}}{h_1}=1-\left(\frac{u_r}{\sqrt{\frac{\Delta\rho}{\rho}gh}}\right)^{\frac{2}{3}}\qquad(25-12)$$

其理论线［式（25-12）］也示于图 25-6。

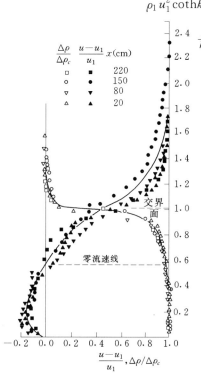

图 25-7　盐水楔准平衡区的流速分布和密度分布

25.1.2.4　盐水楔中的内部环流

从图 25-7 和图 25-8 盐水垂线流速分布进

行积分，可得盐水楔中的内部环流。盐水楔中向上游运动的盐水体积通量 q_s 是根据流速分布从水槽底部至零流速线之间计算而得。盐水流量 q_s 与清水流量 q_f 之比同 x/L_0 的关系线，绘于图 25-9。

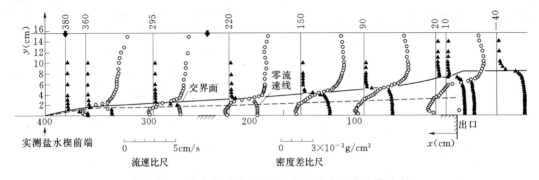

图 25-8　盐水楔试验（4/17）的流速和密度垂线分布

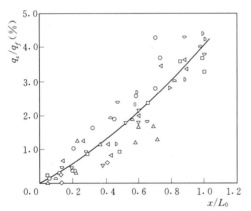

图 25-9　盐水楔内部盐分环
流沿距离函数关系

25.1.2.5　盐水楔的纵剖面

Lanzoni 曾在 4.25m 长、0.25m 宽的水槽内进行盐水楔纵剖面实验。所用含盐量 ρ_2 为 1.020～1.042。

从式（25-4），如考虑槽壁糙率的影响，有

$$\frac{\mathrm{d}h_1}{\mathrm{d}x}=-\frac{\dfrac{f_1}{4g}\dfrac{u_1^2}{B}-\dfrac{f_i}{8g}u_1^2\left(\dfrac{1}{h_1}-\dfrac{h}{h-h_1}\right)}{\varepsilon-\dfrac{u_1^2}{gh_1}}$$

(25-13)

式中：h_1 为上层水深；h_2 为下层水深；B 为槽宽；$\varepsilon=\Delta\rho/\rho$。

令

$$\tau_1=f_1\rho_1\frac{u_1|u_1|}{8}, \quad \tau_2=f_2\rho_2\frac{u_2|u_2|}{8}$$

$$\tau_i=f_i\rho\frac{(u_1-u_2)|u_1-u_2|}{8}$$

假定 $f_i=f_1=f$，$f_i=0.3164/N^{0.25}$，$N=4Ru_1/\nu$，计算中令 $\eta=h_1/h_2$，$F^2=\dfrac{q_1^2}{\varepsilon gh^3}$

$$\frac{\mathrm{d}\eta}{\mathrm{d}(x/h)}=\frac{-\dfrac{F^2}{4\eta^2}f\left[\dfrac{h}{B}-\dfrac{1}{2\eta(1-\eta)}\right]}{1-\dfrac{F^2}{\eta^3}}$$

(25-14)

盐水楔纵剖面与实验纵剖面绘于图 25-10。实验盐水楔长度 10 次与计算长度以及计算误差列于表 25-1，其中最大误差 +12%。

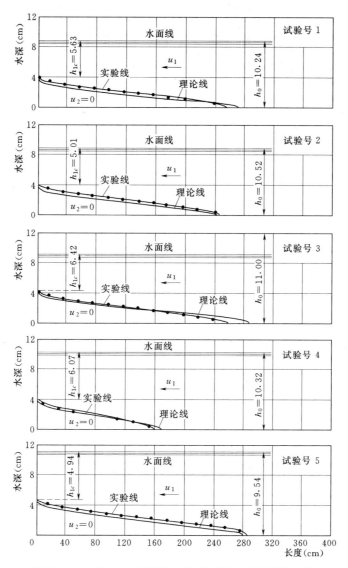

图 25 - 10   Lanzoni 试验盐水楔纵剖面和理论线的比较

表 25 - 1   **Lanzoni 盐水楔长度**

序　号	实验长度（m）	计算长度（m）	误差（%）
1	2.55	2.92	+12.6
2	2.65	2.50	-6.0
3	2.60	2.35	-10.64
4	2.35	2.10	-11.9
5	3.90	3.63	-7.4
6	2.55	2.64	+3.4
7	2.45	2.42	-1.2
8	2.55	2.86	+10.8
9	1.60	1.68	+4.7
10	2.85	2.80	-1.8

25.2　长江口盐水楔

　　按韩乃斌（1973）统计长江径流，历史最大流量 92600m³/s，最小流量 6020m³/s，多年年平均流量为 30000m³/s，长江口的潮汐作用也十分显著，1972 年铜沙浅滩附近的中浚实测数据，平均潮差为 2.61m，最大潮差为 4.35m，最小为 0.38m。

　　在径流和潮汐相互作用下，出现不同的混合类型。定性而言，可分高度分层，缓混合和强混合三种类型。在无潮河口，即产生高度分层型，对长江口而言，在小潮差 1.83m 和大径流量 39900m³/s 时，就会出现比较高度的分层流态，如图 25－11 所示。而当大潮差 3.42m 和小径流 7800m³/s 时，则出现强混合型流态，如图 25－12 所示。其中间状态为中等潮差和中等径流量时或大潮差和大径流量时，则出现缓混合的流态，例如图 25－13，图 25－14 两次观测结果，图 25－13（a）为潮差 2.77m、径流量 15100m³/s，图 25－14 为潮差 3.27m、径流量 40900m³/s。

1963 年 7 月 30～31 日　　潮差 1.83m　大通流量 39900m³/s
比例　水平　1：20000　垂直　1：200

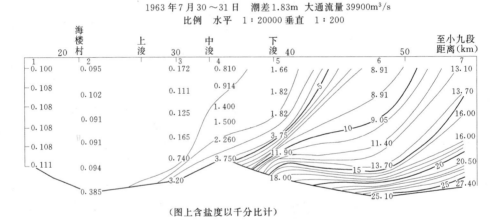

（图上含盐度以千分比计）

图 25－11　长江口南槽洪季含盐度剖面图（分层型）

1960 年 2 月 15～16 日　潮差 3.42m　　大通流量 7800m³/s
比例　水平　1：300000　垂直 1：200

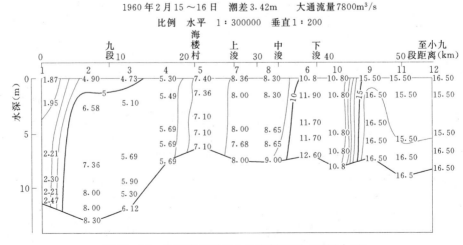

图 25－12　枯季南槽纵向含盐度剖面图（强混合型）

1963 年 12 月 23～24 日　潮差 2.77m　大通流量 15100m/s
比例　水平　1：200000　垂直 1：200

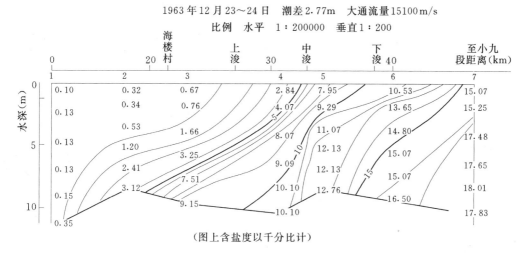

（图上含盐度以千分比计）

图 25-13　长江口南槽枯季含盐度剖面图（缓混合型）

1964 年 8 月 21～22 日 潮差 3.27m　大通流量 40900m/s
比例　水平　1：20000　垂直 1：200

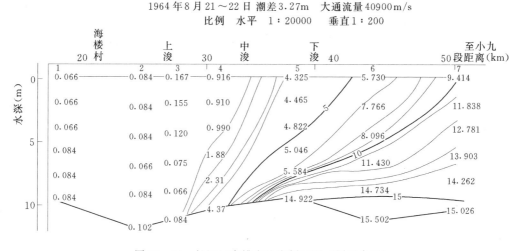

图 25-14　长江口南槽含盐度剖面图（缓混合型）

　　图 25-15 显示不同水文条件下，受密度梯度影响的涨落潮过程中垂线流速分布的变化，在涨潮高水位涨落潮时，水流出现交换水流。底层流向上游，而上层向下游，这种状态，导致底部含沙量分布形成所谓浑浊带（Turbidity maximum），泥沙沉淀形成局部沉淀地带，图 25-14 和图 25-11 表明洪季南槽纵向含盐量等值线，1964 年 8 月 21～22 日与 1963 年 7 月 30～31 日两次所测盐水楔端部在中浚附近。盐水楔端部含沙量集中在盐水楔底部，泥沙在该处沉积。

　　由于水流结构的改变，导致高含沙量区的形成，也就造成河床的淤浅；长江滞流点的部位在径流和潮流的影响下，在一定范围内变动，滞流点附近的严重淤积区，也相应变动。从图 25-16 可知，洪季滞流点的变动范围，一般在铜沙浅滩的滩顶附近。图 25-17 为 1964 年 5～9 月的滞流点变化范围和浅滩地区的冲淤情况。图 25-18 表明 5～8 月，滞

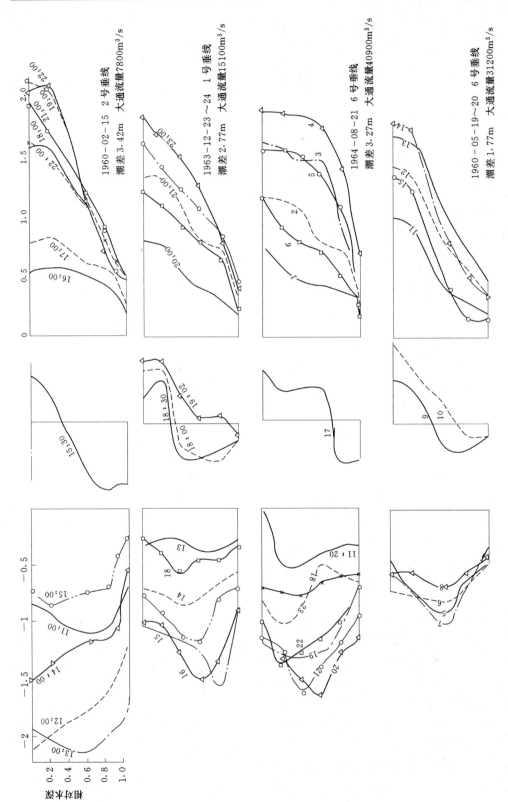

图 25-15　涨落潮过程中流速分布的变化

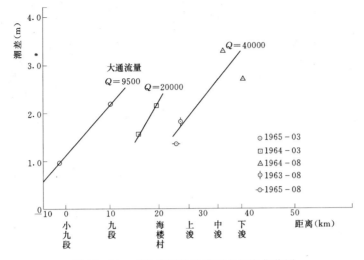

图 25-16 南港南槽地区滞流点的变化范围

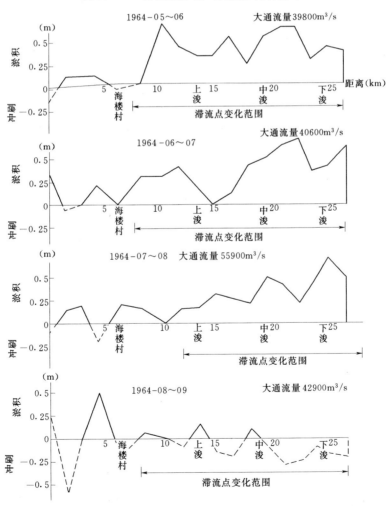

图 25-17 铜沙地区纵向冲淤剖面图

流点的变动范围内，浅滩处于淤积状态，而在 8～9 月滞流点变动范围内则淤积不明显，甚至有少量冲刷。

高含沙量区总是在滞流点附近密度梯度比较大的区域。滞流点附近底部正处于下泄流转变为上溯流的区域，从上游下泄的泥沙和从下游上溯的泥沙在这里相对集中，因此，含沙量就特大。

25.3　长江口航道浑水楔

笔者曾接受上海航道局科研所的委托，与他们讨论分析北槽盐水楔和浑水楔淤积的机理。

25.3.1　长江口盐水楔与浑水楔

根据 1984 年北槽实测含盐量和含沙量等值线，可看出在拦门沙地区高潮水位和低潮水位时形成盐水楔，也可看出形成浑水楔或浑浊带，图 25-18 为 1984 年 11 月北槽含盐量和含沙量等值线图，显示涨憩时盐水楔端部和盐水楔端部上游的浑水浑浊带。而图 25-19 和图 25-20 则为 1973 年和 1978 年观测的盐水楔和浑水楔图，从图 25-19 可看出在靠近底部含沙量较大，浑浊带在盐水楔的上游，但有时则位于盐水楔端部的下游地区。

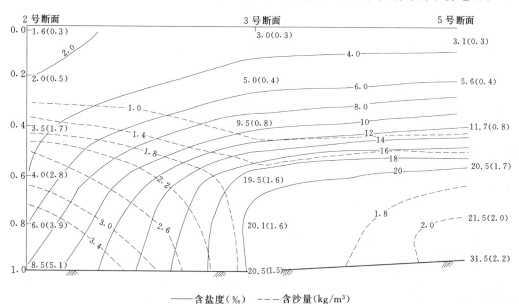

—— 含盐度(‰)　--- 含沙量(kg/m³)

图 25-18　北槽含盐度与含沙量纵向分布等值线图
(1984 年 11 月 26 日涨憩 14：00)

25.3.2　长江口盐水楔端部位置

在拦门沙地区盐水楔端部的位置，主要取决于河道流量，潮位变化范围和潮流速度诸因素。当河道流量在洪水期增大，盐水楔端部将向下游移动，而当河道流量减小时，盐水楔端部则向上游移动。浑水楔的位置则随潮位不同而改变。当已知河道流量时，水位较低时，盐水楔则向下游移动。而当水位较高时，则向上游移动。例如图 25-20，1978 年所测盐水楔其河道流量为 22900m³/s，浑浊带的位置靠近盐水楔端部；另一例，图 25-19，1973 年河道流量为 43500m³/s，浑浊带则位于盐水楔端部的下游。

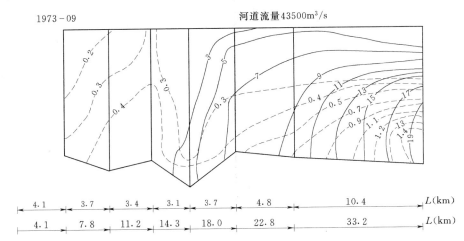

图 25-19 1973 年实测盐水楔与浑水楔含盐量与含沙量等值线图

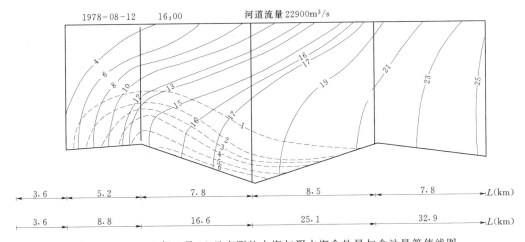

图 25-20 1978 年 8 月 12 日实测盐水楔与浑水楔含盐量与含沙量等值线图

25.3.3 流向上游方向和下游方向的净输沙量

自海口向河口区下层含盐量和含沙量向上游潜进，即向上游输沙的结果，造成航道的淤积，从各断面垂线流速、含盐量，含沙量垂线分布，可估算各测站的潮流量和不同层的输沙量。图 25-20 表示各测站航道下游段分层净进（一）和净出（十）潮量和输沙量图，从图 25-20 可看出有的潮期在枯季（1984 年 11 月 26 日），上层净潮量系流向下游方向，而下层的净潮量则流向上游方向。而一个潮期的枯季输沙量在某断面基本上全向上游输沙，而在洪季（1984 年 6 月 30 日）施测的 1 号、3 号两个断面，则向下游输沙，从上述情况可定性了解一个潮期内的泥沙淤积位置。

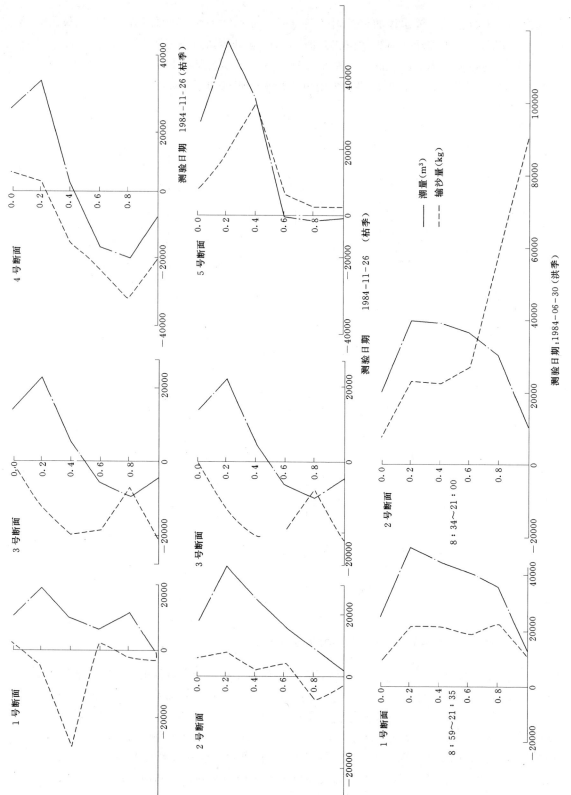

图 25-21 北槽分层净进(一)、净出(+)潮量、输沙量图

25.3.4　河口浅滩的淤积数量

航道采用挖泥方法来维持航深。由于挖深，故航槽内的淤积率大于浅滩自然情况下的淤积率，航道局每月进行地形观测，了解北槽内的淤积率的因时变化。图 25 - 22 显示 1984 年 5～12 月每月的淤积率，以 mm/d 计。从图 25 - 22 上可看出在洪季淤积多，而枯

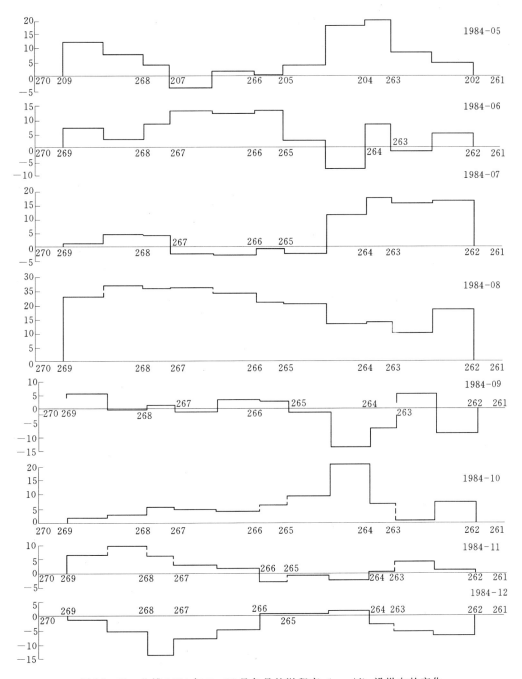

图 25 - 22　北槽 1984 年 5～12 月各月的淤积率（mm/d）沿纵向的变化

季则淤积量少，或甚至产生冲刷，这种在北槽 1984 年实测的淤积变化趋势，同图 25-17 的 1964 年在南槽所测的淤积和冲刷的变化趋势类似。

25.4 长江口风浪掀沙异重流形成的航道内浮泥淤积

25.4.1 挖槽内浮泥淤积观测

前面讨论盐水楔与浑水楔范围内航道内的淤积，而航道内的浮泥淤积，有时是由于侧向风浪掀沙形成的异重流造成范围较大的航槽回淤。在河口浅滩，大风天时，海水体在风的作用下掀起泥沙，形成底部异重流，在重力作用下，向航道内运移、沉淀、浓缩成为所谓"浮泥"。长江口出现浮泥的时间在每年 5～10 月洪季。

长江口南槽航道于 1975 年在长 32.8km 航道范围内，疏浚 $14 \times 10^6 \, \text{m}^3/\text{a}$，浚深至 -7m。1976 年 7 月 6～13 日出现浮泥，将全长 28km 的铜沙航槽全部覆盖，浮泥层厚度最大达 1.2m。据调查，浮泥的絮凝颗粒 d_{50} 为 0.013～0.036mm，上层界面处浮泥容重为 $1.04\text{g}/\text{cm}^3$，下层界面处为 $1.25\text{g}/\text{cm}^3$。

表 25-2 为铜沙浅滩 1976 年和 1977 年实测浮泥情况，出现强北风和强南风时出现严重的浮泥淤积。表 25-2 显示，大多数是北风，图 25-23 为铜沙浅滩开挖航槽内浮泥淤积厚度的两次测验，一次在 1976 年 7 月 6～7 日（小潮）施测，浮泥厚达 1.2m，另一次在 7 月 12～13 日（大潮）施测。这说明在小潮汛期浮泥经常出现，其原因是在南槽北面和南面的九段沙和南汇嘴受强北风或强南风的影响，把浅滩上的浮泥搅起形成异重流，流向较深的航槽内。

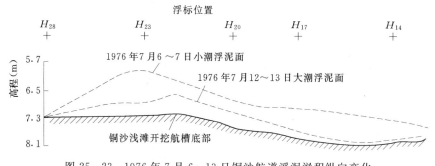

图 25-23 1976 年 7 月 6～13 日铜沙航道浮泥淤积纵向变化

表 25-2   **铜沙挖槽内浮泥实测资料（Ren 等，1984）**

日期 （年-月-日）	测验 范围	潮差 （m）	河道 流量 （m³/s）	含盐量 （‰）	浮泥性质			横沙站日平均风向与风速（m/s）					
					厚 （m）	密度 （g/m³）	d_{50} （mm）	观测前				观测时	
								日期 （月-日）	风向和 风速	日期 （月-日）	风向和 风速	日期 （月-日）	风向和 风速
1976-05-20～22	H26 ～21	1.6 ～2.6	35000	5～8	0.2 ～0.8	1.04 ～1.25		05-18	SSE 8.4	05-19	N 3.7	05-20	NNW 1.2
1976-07-06～13	H28 ～13	2.2 ～2.5	47000	6～8	0.8～1.2	1.04 ～1.25	0.024	07-02	NNW 6.9	07-04	NNE 5.5	07-06	NNW 2.3

续表

日期 (年-月-日)	测验 范围	潮差 (m)	河道 流量 (m³/s)	含盐量 (‰)	浮泥性质			横沙站日平均风向与风速（m/s）					
					厚 (m)	密度 (g/m³)	d_{50} (mm)	观测前				观测时	
								日期 (月-日)	风向和 风速	日期 (月-日)	风向和 风速	日期 (月-日)	风向和 风速
1976-08-03~07	H24 ~22	2.0 ~2.5	48000	6~12	0.2 ~0.6	1.04 ~1.25	0.022	07-31	SE 9.0	08-02	SE 7.9	08-03	SSE 4.2
1976-09-16~17	H26 ~22	1.7 ~2.2	32000	13~18	0.6 ~1.0	1.04 ~1.25	0.027	09-11	NNE 8.0	09-13	N 5.9	09-15	NE 3.0
1977-06-10	H26 ~22	1.4 ~2.2	46000	2~9	0.2 ~0.4	1.04 ~1.25	0.036	06-08	S 6.3	06-10 (2：00)	NNW 11.4	06-10 (8：00)	N 5.0
1977-08-05~10	H18 ~13	1.3 ~2.6	50000	12~22	0.4 ~0.8	1.04 ~1.25	0.012	07-30	S 6.0	08-02	S 7.6	08-05	SE 3.5

关于浮泥的形成，作者于 20 世纪 50 年代分析塘沽新港港区航道淤积原因时，曾将回淤站在大风天观测资料，点绘含沙量垂线分布，显示其分层含沙量集中在底部，从而形成浮泥的淤积。根据他们的观测，可得知在大风天，在浅水区波浪在破波区内掀起大量泥沙使之悬浮在海水之中，黏土颗粒在海水中易于絮凝，颗粒沉降速度加大。故容易分层下潜，向低处流动，造成浮泥淤积（范家骅，1958）关于塘沽新港的回淤，水利电力部水利科学研究院（油印本）。

考虑到潮汐水流从涨潮转变到落潮时，水流流速降低，形成上下层水流流向不同的交换水流，这将影响悬沙的运移、分层和沉淀，为了了解浮泥运动过程中的分层和沉淀现象，曾在 50m 长水槽进行试验。观测流速分布和含沙量分布，定性地了解水流分层和泥沙沉淀的过程。

在槽内施放一定含沙量的浑水，在进口断面含沙量分布均匀，经过相当距离后，即产生分层现象。这种现象类似潜入点试验所观测到的，图 25-24 点绘 3 个断面的流速分布

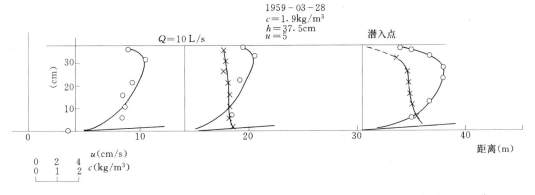

图 25-24 分层水流的沿纵向 3 个断面的流速分布和 2 个断面的含沙量分布图（590328）

和两个断面的含沙量分布图：进口流量 10L/s，进口含沙量 1.9kg/m³，水深 37.5cm，平均流速 5cm/s，水流在距进口 30m 处的断面流速分布和含沙量分布显示潜入点特征、其密度 Fr 数为 0.76，接近潜入点判别值。从这次试验可看出潮汐水流在一定水流条件下可能出现分层水流。

另一种试验是分层水流的沿纵向变化情况。图 25-25 为 590319 和 590324 两次的测验结果，从流速分布、含沙量分布和交界面的变化，可看出 590319 测次交界面比降较大，该次含沙量为 10.8kg/m³，平均流速为 4.83cm/s，密度 Fr 数为 0.35；而 590324 测次的交界面比降较小，其含沙量为 8.8kg/m³，平均流速为 6.05cm/s，密度 Fr 数为 0.65，两次测验资料作比较，可看出密度 Fr 数较小时，交界面比降较大，泥沙在水流分层情况下泥沙较集中在底部沉淀也较多。

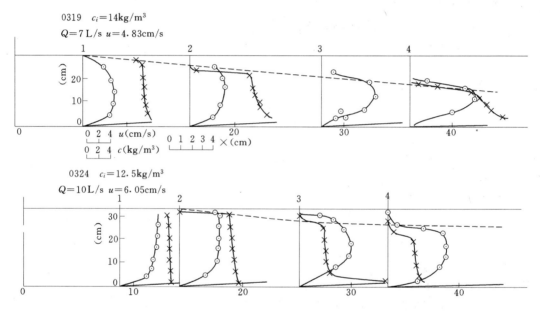

图 25-25　分层水流的沿纵向流速分布、含沙量分布和交界面的变化
（590319 和 590324 两次的测验结果）

第三种试验是观测分层流交界面和各断面含沙量分布的变化情况，从中可看出泥沙沉淀的过程，图 25-26 为 590521 测次所观测的交界面随时间的变化以及在沿程 3 个断面的含沙量分布。从图 25-26 中可看到，交界面从 9：10 测至 9：37 之间，交界面在 9：30 已接近平稳，也就是说，交界面的下降意味着其中含沙量的沉淀，从 3 个不同断面的含沙量分布也可明显地看出水体中含沙量沿程减少，泥沙沿程淤积。

25.4.2　滩面上大风天异重流运动的观测

长江口南槽航道位于九段沙的南面。为了解异重流的运动情况，上海航道局曾在 1982 年 8 月在九段沙和南槽之间，沿南槽方向和垂直航道的九段沙至南槽方向，布置若干观测垂线，观测点的布置图，如图 25-27 所示。

1982 年 8 月 26 日，风力 5～6 级，风向偏北，九段沙滩面上出现破碎波，卷起浓度

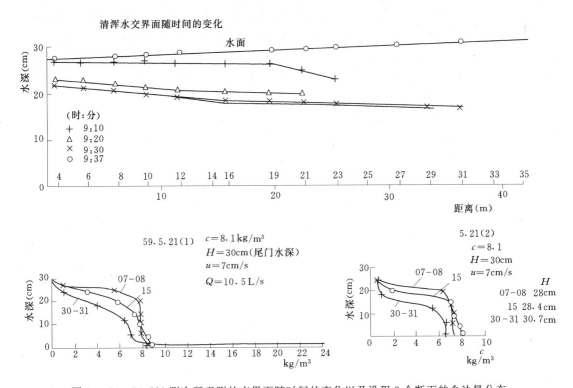

图 25-26　590521 测次所观测的交界面随时间的变化以及沿程 3 个断面的含沙量分布

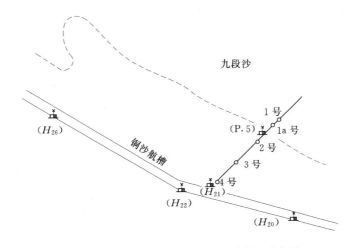

图 25-27　1982 年 8 月异重流观测断面示意图

较大的浑水，向南扩展，浑水线达到垂线 1～垂线 2 之间。图 25-28 为 1982 年 8 月 26 日强风时垂线 1_a～垂线 4 沿程的含沙量垂线分布图。从图 25-28 可明显地看到垂线 1_a 的浓度较大（1.07～1.63g/cm³）的浑水，沿底部向垂线 4 方向运动。而在 8 月 28 日观测，当时强风已过，九段沙滩面上并无波浪破碎。所测垂线含沙量分布较均匀，含沙量值也较强风时为小，表层和中层含沙量在 0.1～0.2g/cm³ 之间。

测得的盐度垂线分布，如图 25-29 所示。很有意义的现象是在强风时含盐垂线分布相当均匀，而轻风时，则呈现含盐度的分层，这说明大风天，在垂线 1 测点滩面上破碎波的扰动掀沙作用，不仅仅把泥沙从滩面上掀起，而且紊动使水体原来存在于轻风时的盐度分层加以破坏，使其均匀化。强风时在浅滩区（垂线 1$_a$）含沙量也显得比较均匀。垂线 1$_a$ 区的含沙浓度较高的水体，同垂线 2$_a$ 区的浓度较低的水体相比，具有一定的密度差，从而在垂线 1～垂线 2 之间出现浑水线。此浑水线相当于异重流形成时的潜入线。

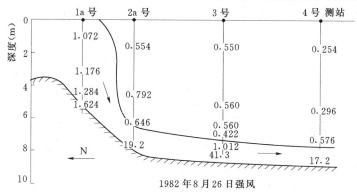

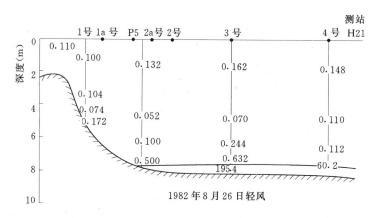

图 25-28　强风前后观测断面上含沙量分布

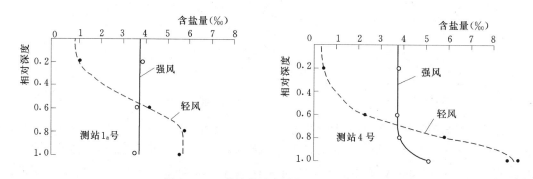

图 25-29　强风前后观测断面上含盐分布

　　垂线 1 处的平均含沙量高达 1.25g/L，相当于无风天的 10% 倍左右，大于南槽的浑水密度。从图 25-28 上可看出自九段沙 1 号垂线至南槽 4 号垂线存在纵向密度梯度。九段沙滩面上的异重流厚度约 1.2m，从而出现浮泥层。

从含盐度垂线与分布看，在轻风时，上下分层明显，其交界面在相对水深 0.5m 的附近。这说明在 8 月洪水季节小潮期，表层含盐度小于 1‰左右，长江下泄的淡水以上层异重流形式流出河口进入海域向海面扩展。

25.4.3　水流和波浪作用下异重流潜入的实验

陈全（1964）曾在水槽进行浮泥与清水交界面稳定性试验，观察到水流速度大于临界流速时，交界面失去稳定，旋涡开始带起浮泥进入上层水体，他还观测到当水流低于临界流速时，浮泥层受到上层水流在交界面的剪切力作用下，浮泥层以某种小于上层流速的浮泥层流速流动。

任汝述等为了研究浮泥在波浪和水作用下形成异重流（浑浊流）的条件，浮泥受到波浪的扰动，在交界面上产生破波，把浮泥卷入上层液体中，同时使浮泥层泥沙潜入到低于交界面的深槽之内（类似挖深的航槽），示意见图 25-30。

图 25-30 中第一种情况是夏益民（1981）的实验，观察海岸边坡上浮泥受波浪作用下悬浮起

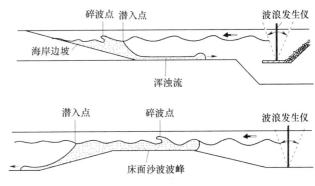

图 25-30　波浪作用下形成的异重流
（夏益民、刘志毅试验）

来而形成浑水层，当它在坡上一定浑水深时潜入海水的下层形成异重流向前运动。

第二种情况是刘志毅（1986）的实验，浅滩上浮泥受波浪作用被搅起，浑水层达到一定深度，浑水层进入深槽边坡时，到达一定深度时，潜入海水中形成异重流向深槽前进。

令浑水潜入水深为 H_p，波高为 h，海水密度为 ρ_1，浑水密度为 ρ_2，夏益民实验得

$$\frac{\dfrac{h}{2}}{H_p \sqrt{(\rho_2 - \rho_1)/\rho_1}} = 11.5$$

实验表明大风天波浪作用下浅滩面的浮泥受剪力作用被搅起形成近底部异重流进入挖深航槽。

刘志毅（1986）的实验和分析，得浑水在水流和波浪作用下形成浑水潜入的条件：

$$\frac{u + 0.064 g^{\frac{1}{2}} H_p^{-\frac{1}{2}} h}{\sqrt{\dfrac{\Delta \rho}{\rho} g H_p \left(1 + \dfrac{h^2}{8 H_p^2}\right)}} = 0.78$$

当上式无波浪作用时，有 $u/\sqrt{g'H_p} = 0.78$，而当无水流作用时，则有类似夏益民的关系式，但其常数值有所差异。

参考文献

陈全. 1964. 浮泥在重力作用下的流动及交界面的稳定性. 天津大学研究生论文.

范家骅，姚金元，盛升国. 1986. 长江口北槽挖槽段回淤分析. 水利水电科学院泥沙所，上海航道局研究所. 42 .

韩乃斌. 1973. 长江口盐水楔异重流对拦门沙航道的作用. 南京水利科学研究所.

刘志毅. 1985. 近岸波浪和水流共同作用下的浑浊流形成问题. 华东水利学院研究生论文.

任汝述，曾小川. 1986. 长江口黏性泥沙运动力学规律研究. 第四层海洋工程学术会议论文.

夏益民. 1981. 近岸波浪作用下浑水下潜形成异重流的条件及界面稳定性问题的初步探讨. 华东水利学院研究生毕业论文.

周程熹. 1979. 长江口浮泥研究简况. 水运工程，1979 (1)：23 - 25.

Keulegan, G. H. 1966. The mechanism of an arrested saline wedge. Estuary and Coastal Hydrodynamics (Ed. Ippen, A. T.), McGraw-Hill Book Co. ：546 - 574.

Lanzoni, G.. 1959. Correnti di densita. Contributo allo studio sperimentale del cuneo d'intrusione di acqua salata. L'Energia Ellettrica, 1959 (10)：877 - 882.

Ren, R., Zhou, C., Xia, Y. 1984. Investigation on the wave-induced turbidity current in the Yangtge Estuary. Symposium uber Hydrologie und Küstening enieurwesen, Nanjing, China.

Ren, R. Zeng, X. 1987. Investigation on the hydrodynamic behavior of the cohesive sediment in Yangtze Estuary. Proc, Coastal and Port Engineering in developing countries. Vol. 2：1465 - 1477.

Sargent, F. E., Jirka, G.. H. 1987. Experiments on saline wedge. J. Hyd. Engineering, 113 (3)：1307 - 1324.

Schijf, J. B., Schonfeld, J. C. 1953. Theoretical considerations on the motion of salt and fresh water. Proc. Minnesota International Hydraulics Conference，Sept 1953，321 - 333.

第 26 章 挖槽回淤Ⅲ：淤泥质海滩引潮沟内的淤积

天津大港电厂引用大流量海水作为冷却水。取水泵房建在天津南郊海边淤泥质浅滩上，并开挖引潮沟。设计在高潮时段抽水 6h，低潮时段放水 2h；抽水和泄水流量均为 120m³/s。抽水时将含盐浑水引进沉淀池，使大部分泥沙沉于沉淀池内。低潮放水时，则利用水流冲洗沉沙池和引潮沟，以减少泥沙淤积数量。海滩底质由粉沙组成，在近岸破波带存在淤泥淤积物。海水含盐量在 3‰ 以上。

本章介绍在淤泥质海滩开挖引潮沟，为估计沟内的淤积数量，利用原型沙作为模型沙，进行含盐浑水潮汐模型试验。试验目的是确定含有黏土的潮汐水流在引潮沟内的淤积率，以及两边修筑拦沙堤后的淤积率。在缺乏当地淤积资料用以模型验证的情况下，故收集附近地区潮流和含沙量条件相近的引潮沟和类似工程的淤积率资料，进行对比，用以检验试验结果。

引潮沟含盐浑水潮汐模型试验的目的有：选择淤积量较少的引潮沟朝向，估计引潮沟的淤积率，以及修建拦沙堤后的沟内淤积率。

26.1 模型比尺的确定

26.1.1 利用原型淤泥作为模型沙的条件下淤积相似条件和模型变率的确定

以往研究表明，海滩淤泥的静水沉速，在一定含沙量范围内，随含沙量的增加而增大，当大于某含沙量时，则随含沙量的增加而降低（Migniot，1977；Han Naibin，1983）；它又随含盐量的增加而加大，到一定含盐量后则趋近于常值。因此选择模型沙使泥沙沉速相似，对于含有黏土的细颗粒泥沙而言，是很困难的。法国 Chatou 试验室曾考虑黏土絮凝相似选用模型沙进行 Gironde 河口潮汐模型试验（Lepetit 等，1980）。淤泥在潮汐水流中的沉速值并不容易测定。因此，本潮汐模型试验采用原型沙作为模型沙，并令原型含沙量值 c_p 等于模型含沙量值 c_m，即含沙量比尺 λ_c 为

$$\lambda_c = c_p/c_m = 1 \tag{26-1}$$

以及沉速比尺
$$\lambda_\omega = \omega_p/\omega_m = 1 \tag{26-2}$$

其中 ω_p 和 ω_m 分别为原型和模型的沉速。这样可不需要确定原型在不同含沙量条件下的沉速值。

采用淤积相似条件：

$$\lambda_\omega/\lambda_V = \lambda_H/\lambda_L \tag{26-3}$$

式中：V 为水流速度；ω 为沉速；H 为水深；L 为长度。因采用 $\lambda_\omega = 1$，故得长度比尺与水深比尺有下列关系：

$$\lambda_L = \lambda_H^{3/2} \tag{26-4}$$

模型变率为

$$\lambda_L / \lambda_H = \lambda_H^{1/2}$$

潮流时间比尺 λ_{t_1} 为

$$\lambda_{t_1} = \lambda_L / \lambda_V = \lambda_L / \lambda_H^{1/2} \tag{26-5}$$

26.1.2 定床模型中淤积和冲刷相似条件

本模型按引潮沟和海滩地形制作定床模型。在涨落潮过程中，含盐浑水进出引潮沟，输沙率进多出少，导致沟内淤积。当潮流速度大于淤积物的起动流速时，则发生冲刷。为了把模型沟内经过一段时间泥沙淤积和冲刷最后的淤积量推算至原型，除泥沙淤积相似外，还要求满足冲刷相似，即淤泥起动相似，因此要求淤泥起动流速比尺等于水流流速比尺。即要求

$$\lambda_V = \lambda_{V_{cr}} \tag{26-6}$$

关于淤泥起动流速的试验，南京水利科学院（李浩麟，1963）（水槽）、水利水电科学院（范家骅等，1959）（水槽）和法国 Chatou 试验室（Cormault，1971）（管道）都进行过。由于淤泥的起动，与淤泥干容重（含沙量）有关，故首先需测定底部淤泥干容重，然后放水观测起动条件。可得下列关系式（图 26-1）：

$$V_{*cr} = K\gamma_b \tag{26-7}$$

式中：V_{*cr} 为临界（起动）摩阻流速，cm/s；γ_b 为底部淤积物干容重，kg/m³；K 为系数，取值在 0.0064～0.0068 之间。因此，有起动流速比尺

$$\lambda_{Vcr} = (\lambda_H)^{1/6} \cdot \lambda_{\gamma_b} \tag{26-8}$$

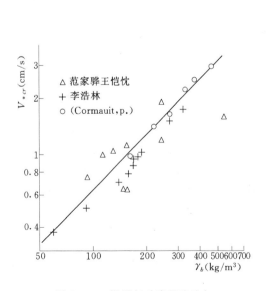

图 26-1 淤泥起动摩阻流速与
底部含沙量的关系

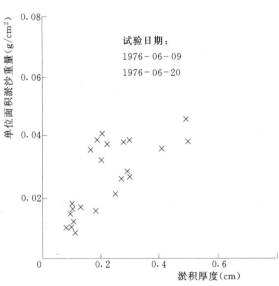

图 26-2 模型引潮沟内淤积厚度与
单位面积淤积重量的关系

　　天然淤积物（淤泥）受潮流作用在每一个涨落潮一层一层地累积淤积起来的，其含沙量不同于静水沉淀时那样密实。天然底部淤积物干容重约为320kg/m³（黄建维）；模型中放水5～6h（相当原型14～16个潮，潮流时间比尺为30）后沟内淤积物干容重为100～150kg/m³，如图26-2所示，因此可得λ_{γ_b}，并可用式（26-8）求得淤泥起动流速比尺。

　　在满足式（26-3）和式（26-6）淤积和冲刷相似条件时，就可用河床变形方程以确定悬移质冲淤时间比尺λ_{t_2}：

$$\frac{\partial q_c}{\partial x}+\gamma_b\frac{\partial y}{\partial t}=0 \qquad (26-9)$$

式中：q_c为单宽输沙率；y为河床高程。悬移质单宽输沙率$q_c=VHc$，其中c为平均含沙量，故有

$$\lambda_{t_2}=\lambda_{\gamma_b}\lambda_L/(\lambda_V\lambda_c) \qquad (26-10)$$

26.1.3　潮流流向海岸时的沿程含沙量变化率相似的取得

　　在计划开挖的引潮沟附近，曾设置一个测量高潮位和含沙量的短期观测点，观测高潮位时破波区内的含沙量。淤泥质浅滩上潮流愈近岸时水深愈浅。由于潮波破碎掀起淤泥，使含沙量增大，特别是在大风天，风浪掀沙可使含沙量骤增，水深愈浅，含沙量愈大。

　　为了要确定垂直海岸方向沿程含沙量变化的比尺，不得不利用附近地区各测站在大风天的实测含沙量资料，以寻求含沙量随距离（不同水深）而变的含沙量值和$\Delta c/\Delta X$值。

　　图26-3为不同水深的含沙量垂线分布和平均含沙量随距离的变化（范家骅等，1959），其数据列于表26-1。

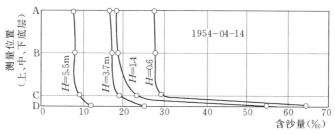

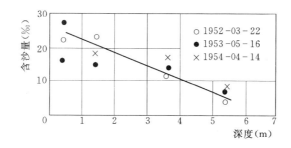

图 26-3　不同测站含沙量垂线分布和含沙量随距离的变化图

表 26-1 塘沽新港各测站风天时含沙量实测值表

时间	不同水深时的含沙量（kg/m³）			
（年-月-日）	0.6m	1.4m	3.7m	5.5m
1952-03-22	2.2	2.3	1.2	0.5
1953-05-16	1.6	1.5	1.4	0.8
1954-04-14	2.8	1.8	1.7	0.9

从表 26-1 可得模型中应保持的含沙量沿程变化率为 1/150；由相似律有

$$\lambda_{\frac{\Delta c}{\Delta x}} = \lambda_c / \lambda_L \tag{26-11}$$

式中：x 为垂直海岸方向的距离。

为了要保持在模型的涨潮过程中含沙量随距离的变化率与原型相似，试验小组设计了一种注泥装置，它包括高浓度搅拌容器，输泥管道和数排平行海滩等高线的许多孔的细管，在涨潮时段内前锋到达时注入高浓度泥浆，使造成沿程含沙量的变化率与天然相似。所应注入的高浓度含沙量均在事前用试测方法确定。

26.1.4 模型泥沙冲淤时间比尺的设计

模型比尺选用下值：长度比尺 $\lambda_L = 125$，后因场地略窄，改用 $\lambda_L = 150$；水深比尺 $\lambda_H = 25$；流速比尺 $\lambda_V = 5$，糙率比尺 $\lambda_n = 0.695$，水流时间比尺 $\lambda_{t_1} = 30$，泥沙沉速比尺 $\lambda_\omega = 0.84$（采用原型沙，原拟用 $\lambda_L = 125$，$\lambda_w = \lambda_V \lambda_H / \lambda_L = 1$，后改用 $\lambda_L = 150$，$\lambda_\omega = 0.84$，因接近于 1，故仍用原型沙为模型沙），含沙量比尺 $\lambda_c = 1$。

根据冲淤相似的河床变形方程，可得模型悬沙运动冲淤时间比尺 λ_{t_2} 为

$$\lambda_{t_2} = \lambda_{\gamma_0} \lambda_H \lambda_L / \lambda_{qc} = \lambda_{\gamma_0} \lambda_L / (\lambda_V \lambda_c) \tag{26-12}$$

式中：λ 为比尺；q_c 为单宽输沙率 $q_c = VHc$；V 为流速；H 为水深；c 为含沙量；γ_0 为淤沙干容重。

实验中要求满足流速比尺 λ_V 等于淤泥起动流速比尺 λ_{V_0}，即要求

$$\lambda_V = \lambda_{V_0}$$

根据淤泥实验资料（南科院、北科院、法国谢都试验室）分析得：

$$V_{*0} = K \gamma_0$$

式中：K 为系数，$K = 0.005 \sim 0.008$；V_{*0} 为起动摩阻流速。

潮汐模型试验中得 γ_0 相当 $14 \sim 16$ 个潮（放水 $5 \sim 6h$）的沟内干容重为 $100 \sim 150 kg/m^3$（见图 6-12）。此值因淤积是一潮一潮层层累计起来，故干容重比静水沉淀时为小。故可令此值为 γ_{0m}，塘沽新港淤泥经沉淀一昼夜（2 个潮）的原型淤泥干容重约为 $320 kg/m^3$，故 $\lambda_{\gamma_0} = 3.2 \sim 2.1$。因此，起动流速比尺 $\lambda_{V_0} = \lambda_{\gamma0} \lambda_H^{1/6} = \frac{320}{120} \times 25^{1/6} \approx 4.7$；此值与水流流速比尺 $\lambda_V = 5$ 接近。悬沙冲淤时间比尺 λ_{t_2} 为

$$\lambda_{t_2} = \frac{\lambda_{\gamma_0} \lambda_L}{\lambda_V \lambda_c} = 63 \sim 96$$

关于底沙淤积，经定性试验，其量较小，不到悬沙淤积量的 1/10，因难于定量预测，

故予以忽略。

根据悬沙冲淤时间比尺，可推算悬沙淤积率，见表 26 - 2。

表 26 - 2　　　　　　　　　悬沙淤积率推算至原型值

计算条件	平均含沙量（kg/m³）	不同拦沙堤淤积率（cm/d）
$t_{2p} = 14.7 \sim 22.4 \mathrm{d}$	1.3	0.24～0.57
	2.0	0.62～1.34

本模型实验采用的比尺是：

长度：　　　　　　　　$\lambda_L = 150$（原拟用 $\lambda_L = 125$，使 $\lambda_w = 1$）

水深：　　　　　　　　$\lambda_H = 25$

流速：　　　　　　　　$\lambda_V = 5$

悬移质沉速：　　　　　$\lambda_w = 1$，计算值为 0.84

含沙量：　　　　　　　$\lambda_c = 1$（利用原型沙及原型含沙量值）

水流时间：　　　　　　$\lambda_{t_1} = 30$

底部淤泥干容重：　　　$\lambda_{\gamma_b} = \dfrac{320}{100} \sim \dfrac{320}{150} = 3.2 \sim 2.1$

淤泥起动流速：　　　　$\lambda_{Vcr} = \lambda_{\gamma_b} (\lambda_H)^{1/6} \approx 4.6$

悬移质冲淤时间：　　　$\lambda_{t_2} = \dfrac{\lambda_{\gamma_b} \lambda_L}{\lambda_V \lambda_c} = 63 \sim 96$

含沙量沿程变化：　　　$\dfrac{\lambda_{\Delta c}}{\lambda_{\Delta X}} = 1/150$

26.2　引潮沟朝向对沟内淤积量的影响

设计人员曾广泛收集多方意见，从减少淤积的角度出发，对沟向的设计当时存在下列看法：

（1）沟向应与强风和涨潮（距海边 6km 处所测）的方向相同。

（2）沟内应朝向落潮方向。

（3）我们曾设想引潮沟方向取决于水流和地形条件，鉴于许多河口流向垂直于海岸等高线，引潮沟在低潮位时泄水冲刷，与河道径流作用相近，故沟向应垂直于海岸等高线。因此有必要做含盐浑水潮汐模型试验，观察潮流和泥沙运动，以确定引潮沟的朝向。

沟向试验采用定床模型，选两种沟向布置：一为与 6km 处所测涨潮方向一致，东偏北 20°，即 70°沟向；二为正东向，即 90°沟向，它接近于垂直海滩等高线的方向。

设计沟宽 100m，边坡 1：10，沟的底坡为 1/10000，沟长 2600m，由于方向不同，70°沟口槛高为 -1.6m。试验后期，为了比较相同底槛高程不同沟向的淤积量，曾将 70°沟向的沟口的底槛高程降低为 -1.9m，与 90°沟向淤积数量进行比较。

模型试验采用长度比尺为 150，垂直比尺 25，模型泥沙采用原型沙，沉速比尺接近于 1（原选长度比尺为 125，沉速比尺为 1，后因场地限制，长度比尺改为 150，沉速比尺为 0.84）。

验证 6km 处潮位和流速过程线如图 26 - 4，两者基本符合。

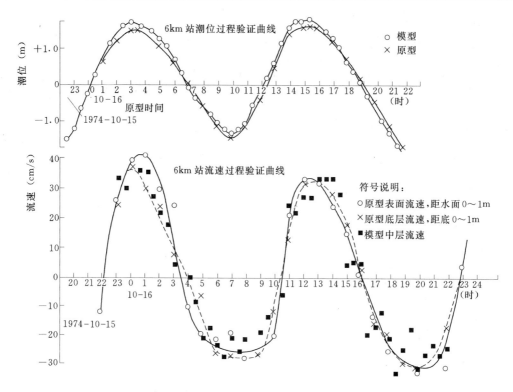

图 26-4　模型潮位，流速验证曲线

在模型中观测潮流方向：沟内和滩上的各测点（沟口距泵房 4km、3km）涨潮落潮的流向随时间而有改变。滩面上各点底部流向在涨潮时段随水深变浅而逐渐改变趋近于垂直等高线，即涨潮流向愈近岸时，其流向愈接近于垂直等高线，而表面流向的转角则较小。估计其原因是潮流到达近岸区域时，由于水浅，受近岸地形与底部摩阻力影响较大，使潮流流向逐渐发生转向。这现象似与波浪折射类似。因此，近岸地区滩面上的涨落潮流方向和深海中的流向性质不同。

模型沟内底部流速测量表明，沟内平均涨落潮流速大于落潮流速。

在高潮抽水时，沟中距泵房 3km 处流速为最大，4km 和沟口次之。沟中各点水深相差不大，而 3km 处（靠近泵房的断面）流量较大，这说明两侧沿程均有水量补充进沟。在落潮放水过程中，沿程两侧有向沟外滩地溢流现象。

此外，在模型中观测不同沟向的引潮沟淤积量的沿程分布。

对不同沟向的引潮沟，施测沟中含沙量垂线分布，淤积量沿纵向分布，用以比较和选择较优的沟向。

比较试验采用两种不同潮型，观测其含沙量分布，测量表明沟中含沙量小于滩地上的含沙量，这说明挖沟后，沟中易发生淤积。沟内淤积量的测验（见图 26-5）表明：90°沟的淤积量均小于 70°沟向的淤积量，图 26-5 中还列出相同沟口底槛高程的结果，表明 90°沟向淤积量仍较小。

试验说明，接近垂直于地形等高线的沟向的引潮沟淤积量较小。最后设计采用按垂直于等高线的沟向开挖引潮沟。

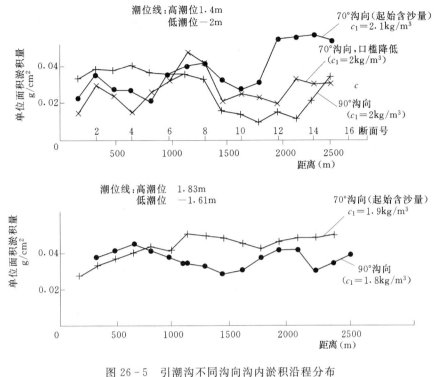

图 26-5　引潮沟不同沟向沟内淤积沿程分布

26.3　引潮沟内淤积发展以及口门淤积对沟内潮位的影响

试验观测沟中淤积量的分布表明：沟口和近泵房处的淤积较多，口门处的淤积形成拦门槛。

我们曾在大港电厂附近海边调查类似工程的淤积情况，用于和模型试验结果做比较。盐场引潮沟淤积剖面的观测表明拦门槛随着淤积的发展向泵房方向发展。同时使引潮沟内最低潮位随着淤积的发展而上升。图 26-6 为塘沽盐场两个引潮沟的纵断面：①白沙头引潮沟 1960 年 12 月与 1961 年 4 月测量淤积 0.5m 左右；②高沙岭引潮沟在历次疏浚前施测的断面：1966 年 5 月所测沟内基本淤满，仅泵房前 500m 尚有一定深度。1967 年、1968 年所测，全沟淤积相当均匀，1967 年测量结果表明沟口淤积形成明显的拦门槛。1968 年淤积测量，全沟淤积厚达 1m 多，但未达到 1966 年基本淤满的情况。

由于拦门沙的淤积，进沟潮流的最低潮位逐渐升高，图 26-7 为白沙头引潮沟纵断面与闸前潮位过程线的实测记录，纵断面高程是在 1963 年 3 月 15 日施测，口门高程约 0.5m。实测 1963 年 3 月 29 日最低潮位为 0.65m，9 月上旬测则最低潮位达 1.0m，从这里也可看出低水位的上升与淤积上升的变化趋势相适应。

另一个比较完整的现场资料是如图 26-8 所示的河北柏各庄农场第一入海排水沟沟内纵向淤积高程和水位过程图。在沟内（3380m）以及沟外（8000m）设潮位站，观测潮位。淤积纵断面系 1964 年 3~4 月所测，从两站 1964 年 3 月 31 日至 4 月 4 日的潮位变化过程线，可看出：那时口门高程为 0.3m，沟内外的高潮位相同，但沟内最低潮位为 0.55m，沟外最低潮位为－0.08m，相差较多，沟内的最低潮位与槛高的高差约 0.25m。这水位差可以看成是局部阻力损失所造成。

泵房实际运行的情况表明，由于泥沙的淤积，最低起动抽水位随时间逐渐抬高。这与上述最低潮位随着淤积而上升的情况一致。

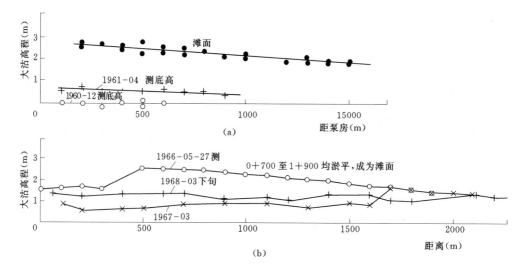

图 26-6　塘沽盐场两个引潮沟淤积情况

(a) 白沙头引潮沟纵断面图；(b) 高沙岭引潮沟纵断面图（均在历次疏浚前施测）

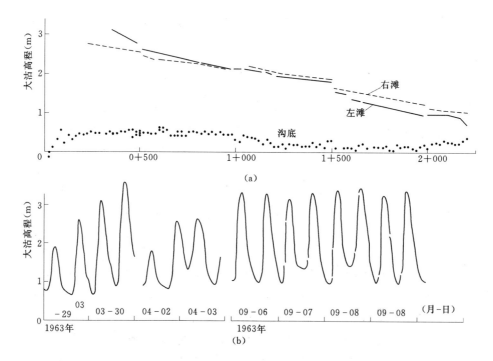

图 26-7　白沙头引潮沟纵断面与闸前潮位过程线

(a) 纵断面图 1963-03-15；(b) 闸前潮位过程线（1963-03-04，1963-09）

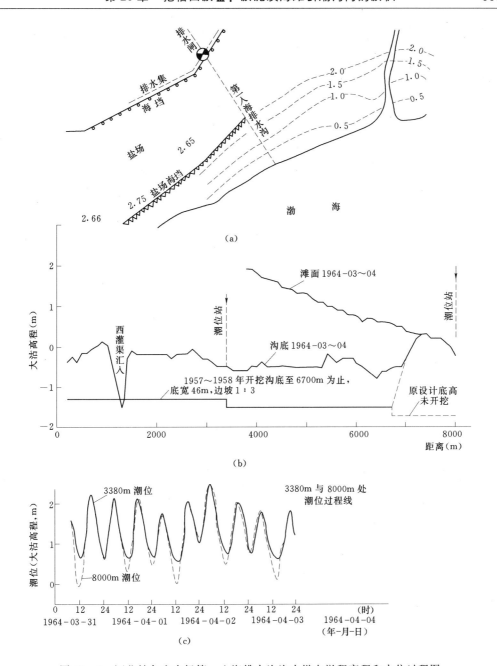

图 26-8 河北柏各庄农场第一入海排水沟沟内纵向淤积高程和水位过程图
（a）排水渠平面图；（b）河北柏各庄农场排水渠滩断面图；
（c）柏各庄排水渠渠内渠外潮位的变化

26.4 沟内淤积物的粒径级配

有关单位曾在白沙头引潮沟做过详细的钻探和土样分析。土样各层次的级配及其粒径级配示于图 26-9，并归纳见表 26-3。

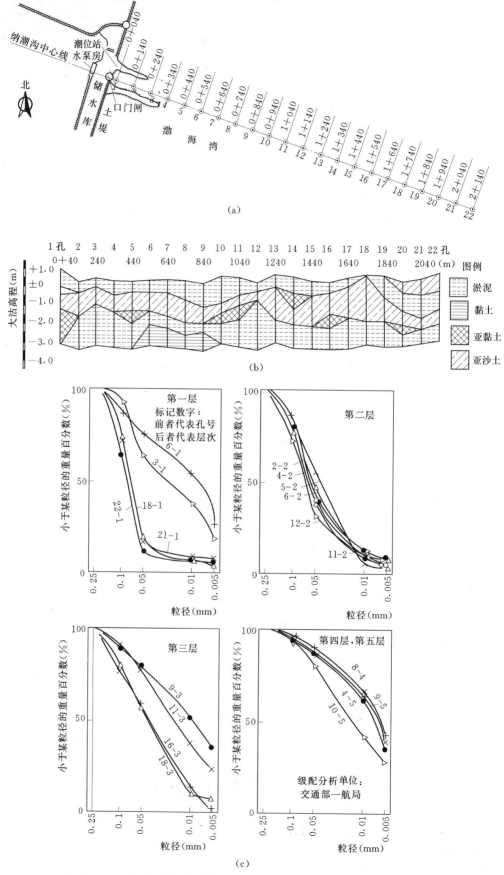

图 26-9　白沙头引潮沟地质钻探和土样分析图和各层次的土样粒径级配图

（a）钻探孔位置；（b）地质剖面；（c）粒径级配

表 26 - 3	白沙头引潮沟表层粒径级配	
测点范围	d_{50} （mm）	d_{90} （mm）
距口门 240～540m	0.01～0.03	0.1
距口门 1740～2140m	0.07～0.08	0.15～0.2

从图 26-9 上可看出淤积层最上面一层为淤泥，第二层主要为亚沙土，第三层又为淤泥，其中夹有一部分亚黏土。根据实地了解，天津大港地区，在高低潮位变动范围内的海滩上，除靠近岸边数百米有黏土浮泥外，在此范围以外的滩面由粉沙组成。

笔者曾在某引潮沟观察涨潮进沟时的水流情况。潮头进沟时水深很浅，但水流形成分层流向前推进。分层流沿程淤积比较均匀。从观测资料可见，淤积泥沙有分选现象，故靠近泵房处一段距离，淤积物粒径较细。

26.5 引潮沟的淤积速度

引潮沟水流流态和影响淤积量有关因素的定性分析。

当船闸位于河口段，引航道内在一定潮流强度下将有一定数量的纳潮量，并有一定量的泥沙进入引潮段。河口挡潮闸下游河段也属同样情况。纳潮量随口门宽度和潮位、潮差而改变，涨潮流速愈大，其挟沙量也愈大。到达最高潮位憩流时，平均流速趋于零，或流速上下层方向相反，常出现上层清水下层浑水的异重流形态，使大部分泥沙沉淀到下半部，落潮时，携出一小部分泥沙入海。图 26-10 为夸套闸引河内一断面实测流速、含沙量、含盐量垂线分布随时间变化的情况。（统计夸套挡潮闸长 2700m，宽 35m 的引河段，1959 年 5～6 月 12 次全潮流量输沙率观测资料，得落潮出沙量平均占进沙量的 6.6%，12 次测验中出进沙量的比值大于 10% 共有 4 次，最小的一次出沙量仅占进沙量的 0.15%。）

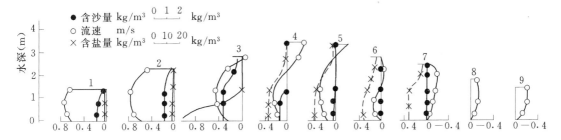

图 26-10 夸套挡潮闸引河内一断面实测全潮流速、含沙量、
含盐量垂线分布的变化

曾在模型中进行过类似的试验，在引潮沟两边修筑高于高潮位的堤，堤长 2600m，用一种潮位曲线，改变四种不同含沙量，共施放 14 个潮，得沟内平均淤积量 δ 与平均涨潮含沙量 c 的关系，基本符合 $\delta \sim Kc^{1.5}$ （图 26-11）。

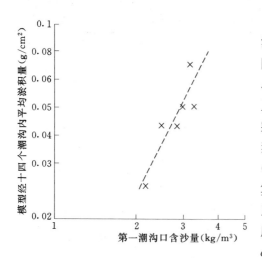

图 26-11　高堤长 2600m 时不同沟口
含沙量与沟内平均淤积量的关系

当潮水位经常高过航道的滩地时，则为海港航道的潮流泥沙淤积情况。航道淤积量随潮流方向、潮流速度及泥沙含量、粒径大小而变。根据印度四个海港航道淤积资料以及其他资料，点绘淤积量与含沙量与水深的乘积的关系如图 26-12。从图 26-12 上，模型试验的 4 次观测有近似关系：日淤积率与 $(cH)^{1.5}$ 成正比。印度 3 个海港从年淤积量计算日淤积率，亦接近与 $(cH)^{1.5}$ 成正比的关系。另外，泰晤士河口挖沟 8d 淤积资料和印度一海港 4 个月淤积资料，也表明淤积率与 cH 的变化趋势是一致。

此外，在模型中观测无防沙堤时的沟内淤积量得图 26-12，也近似地说明淤积量与

$(c_1 H)^{1.5}$ 而变。其中为 c_1 为第 1 潮含沙量。

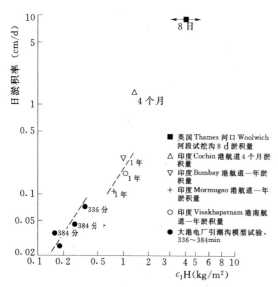

图 26-12　淤积率与含沙量、水深的乘积的关系

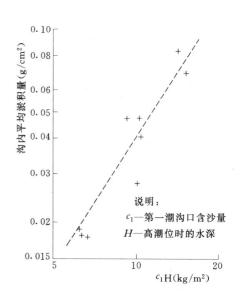

图 26-13　引潮沟无防沙堤时的沟内淤积量
与 $(c_1 H)^{1.5}$ 的关系

26.6　模型淤积率与天然淤积率的比较

26.6.1　引潮沟水流流态和影响沟内淤积量因素的定性分析

引潮沟的淤积速度随涨落潮流速，进沟含沙量、泥沙粒径、地形条件（沟长、沟宽、沟深），以及运用情况（抽水流量、历时和泄水流量、历时）等因素而变化。

引潮沟的水流情况可用示意图（图 26-14）表示，涨落潮水流携运泥沙进入、退出引潮沟，除在正向输水输沙外，还有自滩地进入沟内和自沟内退出的水沙。

为了分析电厂引潮沟的淤积情况，曾利用一些同引潮沟类似的工程，比较水流泥沙运动条件的异同，加以分类比较，以了解电厂引潮沟的淤积强度。

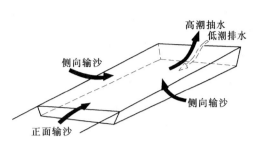

图 26-14　引潮沟工程水沙运动示意图

各种类型的工程情况，如图 26-15 所示，并作情况对照表（表 26-4）。

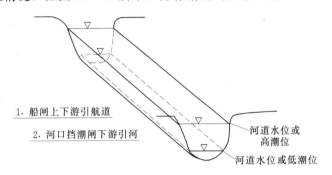

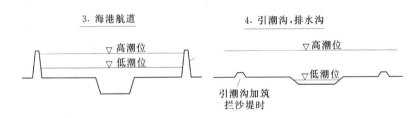

图 26-15　类似引潮沟的工程示意图

表 26-4　　　　　　　　　　类似工程的水流输沙情况对照表

工程类别	潮汐情况	正面输沙情况	侧向输沙情况	抽水情况	排水情况
1. 船闸上下游引航道	（1）河道中：水位有涨落	正面以异重流形式在底层进沙，表层泄出清水（水中含沙量微小）	无侧向进沙	船闸充水时引少量水	如为了冲刷淤积物，需建泄水闸
	（2）河口段内：有潮汐	涨潮进沙，落潮出沙	无侧向进沙	船闸充水时引少量水	
2. 河口挡潮闸下游引河	有潮汐	涨潮期进沙量大于落潮期出沙量	无侧向进沙	无	径流大的河道经常开闸泄水。北方河道水少，不经常泄水
3. 海港和河口港航道	有潮汐	涨潮期进沙量大于落潮期出沙量	航道两侧进沙	无	无

续表

工程类别	潮汐情况	正面输沙情况	侧向输沙情况	抽水情况	排水情况
4. 海岸排水沟	有潮汐	涨潮期进沙量大于落潮期出沙量，落潮排水时出沙量大	两侧海滩进沙	无	经常排水
5. 盐场引潮沟	有潮汐	涨潮期进沙量大于落潮期出沙量	两侧海滩进沙	高潮时抽水	低潮时不泄水
6. 大港电厂引潮沟	有潮汐	涨潮期进沙量大于落潮期出沙量	两侧海滩进沙	高潮时抽水	低潮时泄水

表 26-4 中最简单的情况是河道船闸上下游引航道内的淤积，其淤积量可根据河道水沙条件估算。在一般情况下，引航道与河道交叉，河道挟沙水流在引航道口门形成底部异重流潜入引航道内，进入的泥沙几乎全部沉淀在引航道内，而出流中仅含有微量含沙量，约为 $0.1 \sim 0.2 \text{kg/m}^3$。按照异重流运动条件，进入引航道的单宽输沙率 q_c 为（范家骅，1980）

$$q_c = 0.018(cH)^{3/2} \tag{26-12}$$

式中：c 为河道含沙量；H 为引航道总水深。

对于海港的情况，前已述及。根据印度 4 个海港航道淤积资料（Gole 等，1971）以及其他资料，其中印度 3 个海港以一年淤积量计的日平均淤积率与 $(cH)^{3/2}$ 成正比。而模型试验的 4 次观测，日淤积率也与 $(cH)^{3/2}$ 成正比。此外，英国 Thames 河口试挖沟 8d 淤积资料和印度另一海港 4 个月的淤积资料，也表明日淤积率与 cH 的变化关系，具有上述相同的趋势。

26.6.2　现场实测淤积率资料

利用电厂附近地区和较远处海滩引潮沟、挡潮闸下游引河和排水沟不同时段的淤积测量或输沙率资料，可推算其日淤积率。表 26-5 为收集的天然实测资料情况，分别列出淤积历时、淤积厚度、日淤积率等数据。

表 26-5 序号 1、2、4、5 均距电厂不远，仅夸套闸则距离较远。天津和河北沿海各工程的日平均淤积率在 $0.4 \sim 1.0 \text{cm/d}$ 之间。

表 26-5　　　　　　　　　　引潮沟及类似工程淤积情况

工程类别	序号	名称	长度 (m)	宽度 (m)	淤积历时	平均淤积厚度 (m)	淤积率 (cm/d)
盐场引潮沟	1	高沙岭	1600~1800	20	9.5 月(1966~1967 年)	1	0.4
					9.5 月(1967~1968 年)	1.4	0.5
	2	白水头			4 个月(1960~1961 年)	0.5	0.4
挡潮闸下游引河	3	江苏：夸套闸	2700	30~40	12 个潮（1959 年）		0.84
					8d（1959 年）	0.2	2.5
	4	河北：青静黄闸	2000		9 个月（1974~1975 年）	1.5	0.56
					9.7 月（1975~1976 年）	1.3~1.4	0.45~0.48
海边排水沟	5	天津：南郊排水沟	550		1 个月（1976 年）	0.2~0.3	0.67~1.0

26.6.3　模型试验结果与天然淤积的比较

将模型试验结果按泥沙冲淤时间比尺推算原型淤积率，与盐场引潮沟以及类似工程的淤积率进行比较，列于表 26 - 6。

表 26 - 6　　　　　　　　　　　　模型与天然淤积对比表

工　程　情　况		运　行　情　况	淤积率 (cm/d)	统计条件
电厂引潮沟模型沟内悬移质淤积		高潮期抽水 (试验中低潮期不排水)	0.24~0.57	潮流平均含沙量 1.3kg/m³
			0.62~1.34	潮流平均含沙量 2kg/m³
塘沽盐场各引潮沟内的淤积		高潮期抽水，有时停抽	0.4~0.5	历时 4~9.5 个月的平均值
天津南部排水沟内的淤积		因排水量减少或停排而造成沟内淤积	0.67~1.0	历时 1 个月的平均值
河口挡潮闸下引河淤积	河北青静黄闸	闭闸时纳潮造成引河内淤积	0.45~0.56	历时 9 个月的平均值
	江苏夸套闸	闭闸时纳潮造成引河内淤积	0.84	历时 1 个月的平均值
			2.5	历时 8d 的平均值

从表 26 - 6 模型和天然淤积率各值可见：从模型试验淤积率推算原型淤积率，与附近沿海天然类似工程的淤积率相当接近。天然实测含沙量在 1~2kg/m³ 范围内。虽然我们所做的含盐浑水潮汐模型的悬移质冲淤时间比尺的选择，由计算确定，没有经过验证试验，但从比较中，可以得出结论，利用本文试验所用悬移质冲淤时间比尺推算的方法和实验所获得的试验结果，可以对天然引潮沟的淤积率做出定量的估计。

26.7　小　　结

本试验模拟含盐浑水潮汐水流时采用含盐量、含沙量，悬沙沉速各比尺均为 1，即用原型沙进行变态模型试验，这样做可以避免求取淤泥沉速值。

为满足潮汐水流淤泥沙冲淤相似的条件，确定冲淤时间比尺的关键之一是底部淤积物干容重比尺。利用实验室观测资料，求得在潮汐水流作用下的底部淤泥干容重值，即动水沉淀下的底部淤积物干容重，其值比静水沉淀时的干容重值小得多。

在河工和潮汐模型试验中，一般均要求进行冲淤地形的验证试验，以修正并确定泥沙冲淤时间比尺。本试验缺乏原型验证资料，故利用附近类似工程的淤积资料进行对比，将模型中的淤积率按比尺推算为原型淤积率，看是否与天然的实测资料符合，用这种对比方法来代替验证试验。比较结果表明，试验与天然资料相当接近，从而可以认为用这种方法做出的试验结果推算到天然原型，可对天然引潮沟的淤积率，作出定量的估计。

参考文献

范家骅等. 1959. 异重流的研究和应用. 水利电力出版社：179.

范家骅. 1980. 异重流泥沙淤积的分析. 中国科学，1980 (1)：82 - 89.

黄建维. 冯玉林. 1963. 新港航道浮泥资料初步分析. 新港回淤研究，1.

李浩麟. 1963. 淤泥运动特性试验研究. 研究报告第 33 号. 南京水利科学研究所.

Cormault，P. 1971. Détermination expérimentale du débit solide d'érosion de sédiments fins cohésifs. Proc. 14th Cong. IAHR，Vol. 4，1971，9 - 16.

Gole，C. V. et al. 1971. Prediction of siltation in harbour basins and channels. Proc. 14th Cong. IAHR，Vol. 4，1971，33 - 40.

Han Naibin. Lu Zhongyi，1983. Settling properties of the sediments of the Changjiang Estuary in salt water. Proc. Int. Symp. on Sedimentation on the Continental Shelf，with special reference to the East China Sea，Vol. 1，China Ocean Press，1983，483 - 493.

Lepetit，J. P.，Davesne，M. 1980. Dynamic of silt in estuary residuel current or flocculation，which prevails? Laboratoire National d'Hydraulique，1980，14.

Migniot，C. 1977. Action des courants，de la houle et du vent sur les sediments. La Houille Blanche，1977 (1)：9 - 47.

第 27 章　挖槽回淤Ⅳ：河口段滩地挖槽引水渠的淤积分析

在长江江苏河口段拟建造核电厂，需从河道滩地一岸引进流量 $100\sim200\text{m}^3/\text{s}$，作为冷却水。引水渠道以河堤为界，分为两段，前段为滩地挖沟段，后段为明渠段，示意于图 27-1。由于堤内外段的水流和泥沙淤积状况不同，故分别进行讨论。

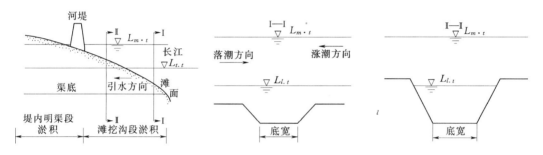

图 27-1　引水渠淤积分段示意图

$L_{m,t}$—平均潮位；$L_{l,t}$—低潮位

27.1　滩地引水渠挖沟段内泥沙淤积量的估计

27.1.1　滩地水流和泥沙运动状态

在堤外滩地挖沟段高潮和低潮时，河道纵向水流流经滩地和挖沟段；引水时，挖沟段内除横向进水外，还有从上下游进入沟内的水流。

为便于分析，先讨论不挖沟时滩地上水沙运动情况。

黄南荣（1956）实测长江南京段断面水沙资料（图 27-2）表明，滩上的水流流速和悬沙粒径，较主流区为小；滩上断面含沙量沿横向衰减，有从主流区逐渐向岸边方向减小（粒径也有所变细）的趋势。这是主流泥沙向滩地输移的结果。James（1985）的水槽试验讨论了主槽泥沙向滩地扩散沿横向衰减的情况。

关于主流泥沙向滩地扩散的机理，可初步分析（图 27-3）如下。

河流在无滩地的窄断面内流动时，水流集中在主槽内。当水流流经具有滩地的复式宽断面时，水流展宽分散，滩地流速小于主槽，含沙量也较低，两者均沿横向（z 方向）向岸边方向衰减，在滩地范围内，在纵向（x 方向）和横向（z 方向）流速的作用下，由于滩地流速较低，导致沿横向的含沙量沿程衰减。天然情况下滩地与主槽交界处存在条状滩

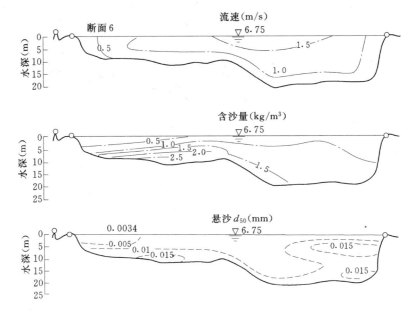

图 27-2　长江南京段流速、含沙量、悬沙中径等值线

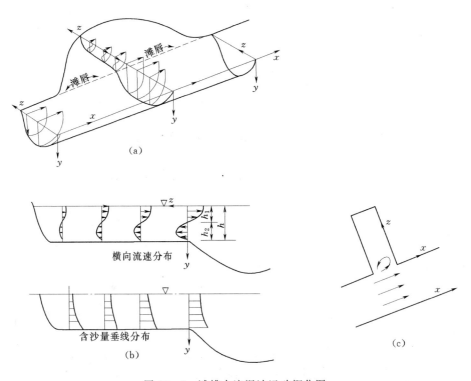

图 27-3　滩槽水流泥沙运动概化图

唇，该处泥沙粒径较粗，形成"自然堤"。这说明，从主流向滩地的泥沙输移过程中，较粗泥沙首先沉淀，形成槽滩分界的自然标志。

据图 27-2 的实测含沙量分布，推测可能存在下列 3 种流态：

（1）滩地沿河道纵向距离（纵向长度）较大时，可以假设滩地上流速不存在横向流速。从主槽进入滩地和从滩地流出的水流，好像无黏流流经缓变扩大最后收缩的河段。

（2）滩地的纵向距离不是很长时，则有如图 27-3（a）的情况，即水流受到离心力（弯道环流）以及主槽与边滩含沙量存在差别的影响，而在横向上出现分层流，含沙量垂向梯度接近于一常值，见图 27-3（b）。

（3）滩地纵向距离很小而滩地宽度相对较大时，则此一狭窄的滩地如同一盲肠河段，在主流与滩地的交界处，滩地水体受主流剪力作用而形成立轴旋涡如图 27-3（c），并将主流泥沙卷入旋涡内并进入滩地水体，形成分层水流，下层水流进入滩地，上层水流自滩地退入主流；除水流分层外，含沙量垂线分布，也出现有明显转折点的两层。这种类型的泥沙淤积过程，使进入滩地的泥沙大部分沉淀，仅一小部分泥沙自上层流出。

河口段河床变形方程为

$$\gamma_0 \frac{\partial y}{\partial t} + \frac{\partial (uhc)}{\partial x} + \frac{\partial (whc)}{\partial z} = 0 \qquad (27-1)$$

式中：y 为河床高程；x、z 为纵、横向坐标；γ_0 为淤积物（河底）干容重；u、w 为纵向、横向流速；h 为水深；c 为含沙量。

设在第一种流态的情况下，有

$$\gamma_0 \frac{\partial y}{\partial t} + \frac{\partial (uhc)}{\partial x} = 0 \qquad (27-2)$$

换言之，纵向单位宽度单位时间的淤积沙量为

$$\Delta q_c = uhc_i - uhc_*$$

式中：c_i 为自主槽进入滩地含沙量；c_* 为滩地水流挟沙能力。前人对潮汐水流的挟沙能力曾做过分析，得到一定时段（3h 或半潮）平均挟沙能力为

$$c_* = k \frac{u^2}{gh}, u = \sqrt{\frac{ghc_*}{k}} = k_1 \sqrt{hc_*} \qquad (27-3)$$

式中：k、k_1 为常数。因此有

$$\Delta q_c = k_1 f (hc_i)^{3/2} \qquad (27-4)$$

式中

$$f = \left(\frac{c_*}{c_i} \right)^{1/2} \left[1 - \frac{c_*}{c_i} \right]$$

当 $c_i > c_*$ 时，将发生淤积，反之，则发生冲刷。故 c_* / c_i 可视为冲淤比值，f 可命为冲淤参数。

在潮汐水流中水位随时变化，故计算长时段 Δt 的单宽淤积量可采用累计方法：

$$\sum q_c \Delta t = \sum_{}^{T} k f (hc_i)^{\frac{3}{2}} \Delta t \qquad (27-5)$$

为简化计算，采用时均水深和时均含沙量值，f 值亦取时间平均值，此值随不同水沙条件而变，$\overline{f}$ 为长时段的平均值，故在长时段 T 内，有

$$\sum \Delta q_c \Delta t \approx k_1 \overline{f} (\overline{hc_i})^{\frac{3}{2}} T \qquad (27-6)$$

其中，忽略其时间平均时 $\overline{\Delta h \Delta c_i \Delta t}$ 小值。

对于第二种流态，当考虑在滩地主槽交界处横向进入和退出滩地的水量相等的条件，

即 $\int_0^h w\mathrm{d}y = 0$ ，其中 y 为垂直方向坐标，可用求解恒定水流方程，求得该处横向流速在垂线上的分布。

当忽略惯性力，横向水流恒定运动方程为

$$\frac{1}{\rho}\frac{\partial p}{\partial z} = \varepsilon_y \frac{\partial^2 w}{\partial y^2} \qquad (27-7)$$

其中

$$\varepsilon_y = -\frac{\overline{\rho w' v'}}{\rho \dfrac{\partial w}{\partial y}}$$

式中：p 为压力；w'、v' 为横向 z 和垂向 y 的脉动流速，y 向下为正，紊动旋涡系数 ε_y 可假定为常数。压力 p 可写成

$$p = \rho g(y - \xi) \qquad (27-8)$$

式中：ζ 为横坐标轴所在水平面到水面的垂直距离。因此有（Defant，1961）

$$\frac{\partial p}{\partial z} = -\rho g \frac{\partial \zeta}{\partial z} - g\zeta \frac{\partial \rho}{\partial z} + gy \frac{\partial \rho}{\partial z} \qquad (27-9)$$

式中：$g\zeta \dfrac{\partial \rho}{\partial z}$ 为小值，可以忽略；$\dfrac{\partial \rho}{\partial z}$ 可假定为常值，令等于 λ_ρ；$\dfrac{\partial \zeta}{\partial z}$ 为水面比降，令等于 J_s。因此有

$$\frac{\mathrm{d}^2 w}{\mathrm{d}y^2} = -\frac{gJ_s}{\varepsilon_y} + \frac{g\lambda_\rho}{\rho \varepsilon_z} y \qquad (27-10)$$

积分并用边界条件：在水面，$y=0$，$\dfrac{\mathrm{d}w}{\mathrm{d}y}=0$；在水底，$y=h$，$w=0$；以及前述条件 $\int_0^h w\mathrm{d}y = 0$，最后可得横向流速在垂线上的分布：

$$\frac{w}{w_s} = 8\left(\frac{y}{h}\right)^3 - 9\left(\frac{y}{h}\right)^2 + 1 \qquad (27-11)$$

式中：w_s 为表面流速，令 $w_s = \dfrac{1}{48}\dfrac{g\lambda_\rho h^3}{\rho \varepsilon_y}$。

在 $w/w_s = 0$ 处，$y/h = 0.42$，即有下列关系：上层水深 $h_1 = 0.42h$（该层流出滩地），下层水深 $h_2 = 0.58h$（该层流入滩地）。

令上层流出滩地的横向流速为 $-w_1$，下层流入滩地的流速为 w_2，其含沙量分别为 c_1，c_2，则淤积量为

$$\Delta q_c = w_2 h_2 c_2 - w_1 h_1 c_1$$

取近似关系：$|w_1| \approx |w_2|$，$h_1 \approx h_2$，则

$$\Delta q_c = w_2 h_2 (c_2 - c_1) \qquad (27-12)$$

设主流区向滩地方向的泥沙的扩散输移，是由于主槽含沙量大于滩地含沙量而形成压差所造成，用范家骅（1980）的推导方法，可得主流区进入滩地的下层平均流速为

$$w_2 = k_2 \sqrt{\frac{\Delta \rho}{\rho} g h_2} = k_3 \sqrt{(c_2 - c_1) h_2}$$

$$\Delta\rho/\rho=\Delta\gamma/\gamma, \quad \Delta\gamma=(c_2-c_1)(1-\gamma/\gamma_s)/1000$$

式中：k_2、k_3 为常数；γ、γ_s 分别为水和泥沙的重率。

因 $\dfrac{\mathrm{d}\rho}{\mathrm{d}z}=\lambda_\rho$ 为常值，故可令 $c_1=k_4 c_2$，k_4 为常数，$c_2\approx c$（滩地与主槽交界处含沙量），又因 $h_2=0.5h$，故

$$\Delta q_c=k_5(hc)^{3/2} \tag{27-13}$$

式中：k_5 为常数。式（27-13）为第二种流态如无纵向淤积（即 $\dfrac{\partial c}{\partial x}=0$）时的滩地淤积量近似关系式。

对于第三种流态，亦可得式（27-13）的关系，参见范家骅（1980）。

河口段滩地的高程，在平常年份，变化不大，在一年或多年内维持冲淤平衡。洪水和高潮时有所淤积，低水位、低潮时有所冲刷。遇特大洪水，才明显淤高。

27.1.2　堤外滩地挖沟部分的淤积形态

从式（27-6）和式（27-13）得

在纵向

$$\frac{\partial c}{\partial z}=0, \sum q_c\Delta t=k_1\,\overline{f_1}(\bar{h}\cdot\bar{c})^{3/2}T \tag{27-14a}$$

在横向

$$\frac{\partial c}{\partial x}=0, \sum q_c\Delta t=k_5(\bar{h}\cdot\bar{c})^{3/2}T \tag{27-14b}$$

式（27-14）定性地表明未经挖槽时在较长时段内滩地淤积量与水沙因子的近似关系。

顺便指出，潮汐水流和泥沙淤积实测统计资料表明，采用不同统计时段的淤积率并不相同。

当滩地上挖沟后，在纵向和横向的水流与泥沙运动作用下，易造成沟内的淤积。我们假定沟内的淤积情况，同无沟槽时一样，与水深 h 和主槽进入滩地的含沙量有关。即可用式（27-14）为基础，以估计其淤积量。至于沟内的淤积分布，则可利用实测滩地挖槽后的淤积剖面和钻探资料，来了解其形态。

我们曾收集长江浏河口的外航道的演变资料。如图 27-4 所示，浏河口与长江的交界入口处有拦门沙，为便于通航，在长江右岸滩地上开挖一条长 1000 多 m 的航道，挖槽后淤积基本上是平淤上抬。航道走向与长江涨落潮方向约成 45°夹角。

以前还收集引潮沟的淤积资料，如图 26-6 和图 26-7 所示，白沙头和高沙岭两盐场的引潮沟的淤积剖面图，原设计沟底挖至低潮位，只在高潮时引水，引水时，挟沙海水自沟口和沟外滩地两侧进入沟内。淤积形态也接近平淤上抬。钻探资料表明，粗细不同的泥沙成层淤积，各层也具有均匀淤积的特性。此外，在大港电厂引潮沟模型中，亦测到沟内的淤积分布均匀的情况。

从上述类似电厂滩地挖槽的航道和引潮沟在潮汐水流作用下的淤积形态，可推断滩地挖槽段也会有类似的均匀淤积形态。

27.1.3　滩地开挖段内淤积率的影响因素

一般地说，淤积率是河道主流与滩地交界处的含沙量、水深、滩地出流含沙量，潮汐

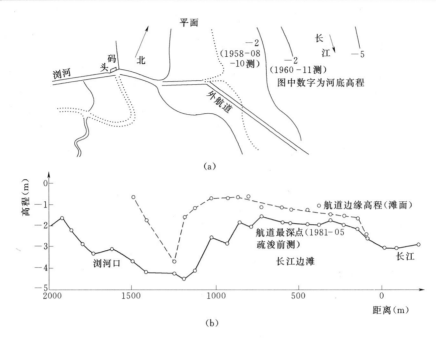

图 27-4　浏河口外航道示意图
（a）平面；（b）剖面

水流特性及沟向与潮流方向夹角等因素的函数；式（27-14）表明，经长时间的平均后，主要与含沙量、水深有关。这种定性分析是否符合实际，需用实验资料和原型观测资料来检验。

在第 26 章中曾对大港电厂海边滩地挖引潮沟的淤积率，进行潮汐模型试验，引潮沟的情况与本文堤外挖沟段不同处有：①潮汐水流与沟向的夹角不同；②前者低潮时不引水，后者则引水。引潮沟试验结果如图 26-13 所示，在含沙量 $1.3\sim2\text{kg/m}^3$ 时，沟内平均淤积量与平均含沙量及平均水深有 $(c_1 H)^{3/2}$ 的关系，其中 H 为高潮位水深，它与平均水深存在线性关系，c_1 为第一个潮的沟口含沙量，它与时段平均含沙量 $\bar{c}$ 也存在线性关系。

另一类试验是在引潮沟两旁修筑高于高潮位的堤，利用一种潮位曲线试验，同样得到淤积量与 $(c_1 \bar{h})^{3/2}$ 的定性关系，如图 26-11 所示。图 26-11 中为模型经 14 个潮后沟内的淤积量与 c_1 的关系线，前已述及，c_1 与 14 个潮的平均含沙量 $\bar{c}$ 存在线性关系，又因只采用一种潮位曲线，故横坐标未引进 $\bar{h}$ 值。这是很有趣的现象，可看到有两侧输沙和没有两侧输沙的沟道内，淤积率与水沙因子具有同样定性关系。其次，河水进入与河道交叉的盲肠段同样有淤积量（范家骅，1959）与 $(\overline{ch})^{3/2}$ 的关系。

上述结论，还可同印度的 3 个海港航道一年的淤积率进行比较（Gole 等，1971），虽然这里讨论的是挖沟引水造成淤积问题，与海港航道（不引水）淤积，情况有所不同，但仍得到年淤积率与 $(\overline{ch})^{3/2}$ 成正比的近似关系（图 26-12）。

27.1.4　滩地挖沟段的淤积率

为了对长时段淤积率作出定量估计，曾对工程附近地区的类似工程淤积率情况进行调查，结果列于表27-1。

这些淤积资料与滩地开挖段引水渠淤积的水沙运动状态，相当接近。经蔡体菁对水流进行数值计算，滩地开挖段引水时引水的影响距离和范围不大（蔡体菁、秦素娣、范家骅、吴江航，1988）。

将一定时段内的淤积率与$\overline{ch}$值点绘关系如图27-5，图上包括为大港电厂模型试验工作收集的6种资料外，又加上为本项工作所收集的浏河口外航道和江苏谏壁电厂灰码头前开挖滩地的淤积量2种资料，从中可作出ch与一年时段淤积率的关系线。

根据长江江苏河口段水文泥沙资料的分析，得河段主流含沙量多年平均值为0.3～0.4kg/m³（根据华东水利学院统计的大通和徐六泾两站多年平均值内插而得）。沟底高程设计值为-3.1m，平均潮位为3.23m，得ch值约为1.9kg/m³，故可从图27-5内插得一年时段的日淤积率约为0.5cm/d。

以上为堤外挖沟段淤积量的估计方法，下面讨论堤内明渠段的淤积量的估计。

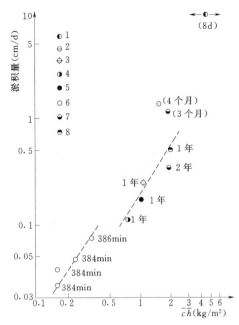

图27-5　平均ch值与淤积率的关系

1—英泰晤士河口Woolwich河段试挖沟8日淤积量；2—印Cochin港4个月淤积量；3—印Bombay港年淤积量；4—印Mormugao港航道年淤积量；5—印Visakhapatam港航道年淤积量；6—大港电厂引调沟模型试验；7—长江浏河口外航道淤积量；8—长江镇江谏壁电厂码头前开挖滩地淤积量

表27-1　　　　　　　　　　各类似工程的淤积情况

工程类别	名称	长度(m)	宽度(m)	测量时段		平均淤积厚度(m)	积淤率(cm/d)	备注
				（初～末）（年-月-日）	（间隔）			
航道	浏河口外航道，开挖长江滩地	1500	60	1962-03～06	3个月		1.0	20世纪70年代每隔2～2.5年疏浚一次
				1970-08～1972-08-09	2年	2.22	0.3	
				1972-08-09～1974-06-09	2年	2.4	0.35	
码头前沿	镇江谏壁电厂油码头	350	30	1977～1978-10	1年	1.9	0.52	每年疏浚一次，挖至-2.5m
	谏壁电厂灰码头	250	30	1977～1978-10	1年	1.6	0.44	与外航道同时疏浚
	浏河口内油码头	300	80	1970-08～1972-08	2年	2.1	0.29	
				1979-04～1981-05	2年	2.6	0.36	
盐场引潮沟	高沙岭	1600～1800	20	1966-06～1967-03	9.5月	1	0.4	
				1967-06～1968-03	9.5月	1.4	0.5	
	白水头	2300		1960-12～1961-04		0.5	0.4	

27.2　堤内引水渠淤积量估算方法

江苏河口段含沙量很小，不易用悬移质挟沙能力作为冲淤判别式进行计算。故在附近

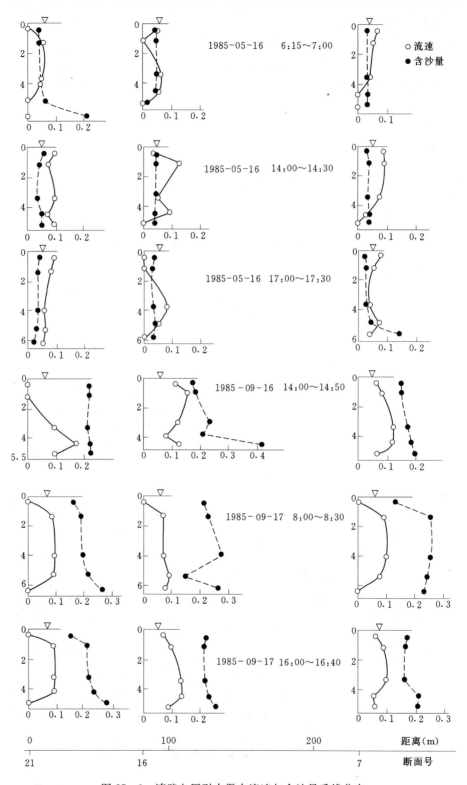

图 27-6　谏壁电厂引水渠内流速与含沙量垂线分布

的谏壁电厂引水渠内，进行原型观测，从水流流速、含沙量垂线分布以及时段淤积量，结合该渠历史淤积量数据，来验证淤积计算图形。用这种方法，可能获得比较符合实际情况的结果。

27.2.1　谏壁电厂引水渠水沙运动与淤积率

谏壁电厂的老引水渠引水流量 $20\text{m}^3/\text{s}$，1971 年开始运行，渠长约 400m，1985 年测量，底宽 18～20m（原设计为 7m），坡比平均为 1：5。该渠引长江水入渠，水中泥沙沿程淤积，需经常疏浚，1971 年以后，每年的 10～12 月疏浚，以保持 $-1～-1.3\text{m}$ 底高。

我们曾于 1985 年 5 月、7 月、9 月在渠道内布设 3 个断面测流速和含沙量垂线分布，部分结果如图 27-6，测定悬移质泥沙级配和床面泥沙级配，并沿渠测量 21 个大断面，以了解淤积物的分布情况，同时取床面沙样，测定其泥沙级配（见表 27-2）。

计算 1985 年 5 月 14 日至 9 月 18 日的淤积量为 6500m^3，平均淤积厚度为 0.81m。

图 27-8 表明，渠内流速不大，进渠含沙量很小，泥沙粒径细，大部分属于黏土，但仍能造成一定程度的淤积。

进渠泥沙细和含沙量小的原因是，引水渠口门以外，有较宽的具有一定水深的水下滩地，口门至 -5m 等深线水平距离约 200m。因此口门处和滩地上的悬沙粒径和含沙量较深泓处为小。

统计引水渠以往疏浚量和实测淤积量于表 27-3。

表 27-2　　　　　　　谏壁电厂引水渠悬移质及床沙粒径

施测时间		D_{50}（mm）		
（年-月-日　时：分）		21 号（进口）	16 号	7 号
1985-09-16　14：00	悬沙	0.0038～0.0053	0.0037～0.0044	0.0026～0.0032
1985-05～09	床沙	0.008～0.021	0.008～0.02	0.007～0.02

表 27-3　　　　　　　谏壁电厂引水渠疏浚土方量及淤积厚度

时间 （年-月-日）	来源	年挖方量 （m³）	淤积厚度 （m）	统计历时	淤积率 （cm/d）
1971-11-12～30	施工	13400	1.4	1 年	0.38
1975-11-03～11	施工	16500	1.81	1 年	0.5
1976-10-04	估算	16000	1.67	1 年	0.46
1978-10-01	估算	16.000	1.48	1 年	0.41
1985-05-14～09-18	实测	6500	0.64	4 个月	0.53
1985-07～09-18	实测	6500	0.64	2 个月	1.06*
备注	* 实测表明，5～7 月基本上没有淤积，故列出两种统计时段（5～9 月与 7～9 月）的淤积率。				

27.2.2　谏壁电厂引水渠淤积量的估计

1985 年实测渠内流速约为 0.1m/s，汛期入渠含沙量为 0.2kg/m^3，当引 $20\text{m}^3/\text{s}$ 时，渠内最大流速约为 0.33m/s，其平均含沙量沿程变化，可用泥沙扩散方程求解。在恒定条件下

$$w \frac{\partial c}{\partial z} = \frac{\partial}{\partial y}\left(D \frac{\partial c}{\partial y} + \omega c \right) \qquad (27-15)$$

式中：D 为扩散系数；w 为沿渠道 z 方向的流速；ω 为泥沙动水沉速。

求解式（27-15）：沿水深积分，可得断面平均含沙量的沿程变化。令断面垂线平均含沙量为 c_m，平均流速为 w_m，则有

$$h w_m \frac{\partial c}{\partial z} = \left[D \frac{\partial c}{\partial y} + \omega c \right]_{y=0}^{y=h} \qquad (27-16)$$

在水面：$y=h$，$\frac{\partial c}{\partial y} + \omega c = 0$；在底部，设水底紊动很小，没有泥沙向上悬起，$y=0$，$\frac{\partial c}{\partial y} = 0$。得

$$h w_m \frac{\partial c_m}{\partial z} = -\omega c_m(z,0) \qquad (27-17)$$

积分得

$$c_m / c_{m0} = \exp(-\omega z / h w_m) \qquad (27-18)$$

式中：c_{m0} 为起始断面平均含沙量。

将 1985 年 5～9 月期间的实测数据（舍去少数不合理的数据）点绘相对含沙量 c_m / c_{m0} 与 w/q（$q=w_m h$ 单宽流量）的关系如图 27-7。从

$$c_m / c_{m0} = \exp(-\omega z / q) \qquad (27-19)$$

可定出平均动水沉速约为 0.00055m/s，相当于粒径 $d=0.03$mm 在温度 15℃时的沉速。这表明动水沉速大于静水沉速。

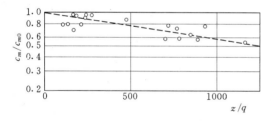

图 27-7　c_m / c_{m0} 与 z/q 的关系

试用式（27-19）来估计谏壁电厂引水渠的淤积量，以便同实测值比较。

设引水渠单宽流量为 0.3～0.4m²/s 之间（实测数据范围），渠长 380m，设口门附近滩地多年平均含沙量约为 0.14kg/m²（该处长江多年平均含沙量为 0.28kg/m³）。当时 $q=0.3$m²/s 时，$z/q=380/0.3=1270$，查图 27-8 得 $c_m / c_{m0}=0.5$，即下沉量为 0.5。则单宽沉淀沙量为 663000kg/m，设淤积物干容重为 1000kg/m³，则时段为一年的平均淤积厚度为 1.74m，平均淤积率为 0.48cm/d。

当 $q=0.4$m²/s 时，$z/q=950$，$c_m / c_{m0}=0.6$，淤积厚度为 1.86m，一年时段的平均淤积率为 0.51cm/d。

上列估计值与表 27-3 所列淤积率接近。

曾利用上述方法，采用上述的动水沉速值，估算电站堤内渠道内的淤积量。具体数据此处从略。

27.3　小　　结

根据分析和实测资料，提出泥沙向滩地横向扩散和输移的图形。

　　引水渠堤外滩地挖沟段内的淤积量与从概化图形所得的 $(\overline{ch})^{3/2}$ 值有关，所得图 27 - 5，包括不同水沙情况的类似工程的淤积率资料。将此关系线结合工程地区年均水沙数据，可估计其淤积率。某些实测资料表明，淤积层厚较均匀。

　　引水渠堤内部分的淤积可用一维扩散方程的解，并利用实测资料所确定的动水沉速值代入计算而得。

　　滩地挖槽槽内的淤积率预估问题，涉及三维潮汐水流和输沙基本问题的阐明和求解方法，目前似不易求得理论解或用数值方法精确求得淤积量及其分布。本章为回答生产问题，采用定性分析和与实测资料对比的方法，以定量估计淤积率。

参考文献

蔡体菁，秦素娣，范家骅，吴江航. 1988. 潮汐河道与核电站取水口区域水流特性的数值模拟. 计算物理，1988（2）.

范家骅，王华丰，黄寅，吴德一，沈受百. 1959. 异重流的研究和应用。研究报告 15. 水利水电科学研究院，水利水电出版社：179 .

范家骅. 1980. 异重流泥沙淤积的分析. 中国科学，（1）：82 - 89.

范家骅. 1984. 淤积质海滩电厂引潮沟淤积问题的研究. 第三届海岸工程学术讨论会论文集.

范家骅. 1986. 淤泥质海滩引潮沟潮汐挟沙水流模型试验问题. 中国科学 A 辑，（7）：776 - 784.

黄南荣. 1956. 长江南京段的河床演变观测. 泥沙研究，4（2）：19 - 35.

Defant，A. 1961. Physical Oceanography. Vol. 1. Pergamon Press.

Gole，C. V. et al. 1971. Prediction of siltation in harbour basins and channels. Proc . 14th Conf. IAHR，Vol. 4：33 - 40.

James，C. S. 1985. Sediment transfer to overbank sections. J. Hyd. Res.，23（5）.

第三部分

泥沙沉淀和饱和含沙量水槽实验

第28章 紊流中泥沙扩散的实验研究

紊动水流中泥沙沉淀的研究，在与两相流有关的工程中，有广泛而重要的实际意义。在理论上，它涉及紊流对泥沙颗粒的作用，以及泥沙颗粒相互影响等有待解决的重要问题。

通过单个粒子在紊动水流中运动情况的观测，讨论泥沙受到紊流脉动的影响以及泥沙在紊流中沉淀时的竖向扩散系数有关因子，利用泥沙运动方程，得出在一定简化条件下竖向扩散系数与水流强度、泥沙性质的关系式。当颗粒很细时，竖向扩散系数与 Taylor 分析紊流 Lagrange 特征所得结果一致；当颗粒较粗时，尚须包括泥沙脉速、沉速及其密度诸因素的影响。将竖向扩散系数实验值，同在一定系数条件下的理论计算值比较，获得基本一致的结果。

28.1 紊流中泥沙运动方程

1947 年陈善谟研究了在重力和水流场的共同作用下固体细颗粒的运动。他在理论分析中，设颗粒为圆球，流场为均匀紊流，并限于在重力方向即 y 轴方向的运动。并且不考虑固体颗粒间粒子的转动以及边壁影响等因素。他利用 Basset Boussinesq-Oseen 分析静水中球体颗粒受重力作用缓慢运动所得的方程式，变换到紊流中在竖向轴方向（y 垂直向上）的运动方程为

$$\frac{4\pi r^3}{3}\rho_s \frac{\mathrm{d}v}{\mathrm{d}t} = \frac{4\pi r^3}{3}\rho \frac{\mathrm{d}u}{\mathrm{d}t} - \frac{2\pi r^3}{3}\rho\left(\frac{\mathrm{d}v}{\mathrm{d}t} - \frac{\mathrm{d}u}{\mathrm{d}t}\right)$$

$$-6\pi\mu r\left[(v-u) + \frac{r}{\sqrt{\pi\nu}}\int_{-\infty}^{t}\mathrm{d}t_1 \frac{\dfrac{\mathrm{d}v(t)}{\mathrm{d}t} - \dfrac{\mathrm{d}u(t)}{\mathrm{d}t}}{\sqrt{t-t_1}}\right] - \frac{4\pi r^3}{3}g(\rho_s - \rho) \qquad (28-1)$$

式中：u 为水的速度；v 为圆球颗粒在水流中的速度；ρ_s、ρ 分别为颗粒和水的密度；r 为圆球颗粒半径；$\nu = \mu/\rho$，为动力黏滞系数；μ 为运动黏滞系数；g 为重力加速度。

当忽略水流与颗粒运动相对加速度所引起的阻力时，则得

$$\frac{\mathrm{d}v}{\mathrm{d}t} + \frac{9\mu}{2r^2\left(\rho_s + \dfrac{\rho}{2}\right)}v = \frac{3}{2}\frac{\rho}{\rho_s + \dfrac{\rho}{2}}\frac{\mathrm{d}u}{\mathrm{d}t} + \frac{9\mu}{2r^2\left(\rho_s + \dfrac{\rho}{2}\right)}u - \frac{\rho_s - \rho}{\rho_s + \dfrac{\rho}{2}}g \qquad (28-2)$$

或

$$\frac{\mathrm{d}v}{\mathrm{d}t} + \frac{v}{u} = \frac{3}{2a+3}\frac{\mathrm{d}u}{\mathrm{d}t} + \frac{u}{\tau} - \frac{\omega}{\tau} \qquad (28-3)$$

其中

$$\tau = \frac{2}{9}\frac{r^2\left(\rho_s + \frac{\rho}{2}\right)}{\mu}$$

$$\frac{\omega}{\tau} = \frac{\rho_s - \rho}{\rho_s + \frac{\rho}{2}} \cdot g$$

$$a = \frac{\rho_s - \rho}{\rho}$$

$$\omega = \frac{2}{9}\frac{\rho_s - \rho}{\rho}gr^2$$

式中：ω 为颗粒的静水沉速。

式（28-3）为球体颗粒在紊流中承受线性阻力条件下的运动方程。

在非线性阻力的情况下，即颗粒较大时，阻力与颗粒沉速的二次方成正比，阻力

$$R = C_1 \pi r^2 \frac{\rho \omega^2}{2}$$

故颗粒的静水沉速可写成

$$\omega = \sqrt{\frac{8}{3C_1}\left(\frac{\rho_s - \rho}{\rho}\right)gr}$$

式中：阻力系数值 $C_1 = 0.43$。

如令 $R = C_1 \frac{\pi r^2}{2}\rho|v-u|(v-u)$，则颗粒运动方程（陈善谟，1947）为

$$\frac{4\pi r^3}{3}\rho_s \frac{\mathrm{d}v}{\mathrm{d}t} + \frac{2\pi r^3}{3}\rho\frac{\mathrm{d}v}{\mathrm{d}t} + C_1 \frac{\pi r^2}{2}\rho|v-u|v$$

$$= \frac{4\pi r^3}{3}\rho\frac{\mathrm{d}u}{\mathrm{d}t} + \frac{2\pi r^3}{3}\rho\frac{\mathrm{d}u}{\mathrm{d}t} + C_1 \frac{\pi r^2}{2}\rho|v-u|u - \frac{4\pi r^3}{3}(\rho_s - \rho)g \qquad (28-4)$$

因此有

$$\frac{\mathrm{d}v}{\mathrm{d}t} + \frac{C_1 \frac{\pi r^2}{2}\rho|v-u|}{\frac{4\pi r^3}{3}\left(\rho_s + \frac{\rho}{2}\right)}v = \frac{3}{2}\frac{\rho}{\left(\rho_s + \frac{\rho}{2}\right)}\frac{\mathrm{d}u}{\mathrm{d}t}$$

$$+ \frac{C_1 \frac{\pi r^2}{2}\rho|v-u|}{\frac{4\pi r^3}{3}\left(\rho_s + \frac{\rho}{2}\right)}u - \frac{\rho_s - \rho}{\left(\rho_s + \frac{\rho}{2}\right)}g \qquad (28-5)$$

如设

$$\omega = |v-u| = \sqrt{\frac{8}{3C_1}\left(\frac{\rho_s - \rho}{\rho}\right)gr}$$

则仍可得式（28-3），式中

$$\tau = \frac{8\left(\rho_s + \frac{\rho}{2}\right)r}{3C_1\rho|v-u|} = \sqrt{\frac{8r}{3C_1 g}}\frac{\frac{\left(\rho_s + \frac{\rho}{2}\right)}{\rho}}{\sqrt{\frac{\rho_s - \rho}{\rho}}} = \frac{\omega}{g}\frac{2a+3}{2a} = \frac{\omega}{g}\frac{\left(\rho_s + \frac{\rho}{2}\right)}{\rho_s - \rho}$$

由此可见，对于较粗的泥沙，在上述的假定条件下，式（28-3）仍然适用。

28.2　颗粒运动的扩散系数

考虑颗粒在紊流中沉淀的情况。实验观察得出，颗粒的运动速度是一围绕其平均速度而变的随机变量，其竖向平均沉速很接近于静水沉速。今取颗粒平均运动的移动轴为坐标，分析颗粒沿此轴的脉动运动。设移动轴为 $y=\omega t$。因

$$v=\bar{v}+v',\ u=\bar{u}+u',\ v-u=-\omega$$

经坐标变换，得

$$\frac{\mathrm{d}v'}{\mathrm{d}t}+\frac{v'}{\tau}=\frac{3}{2a+3}\frac{\mathrm{d}u'}{\mathrm{d}t}+\frac{u'}{\tau} \tag{28-6}$$

颗粒在竖向的脉动位移方程，因 $\dfrac{\mathrm{d}y'}{\mathrm{d}t}=v'$，有

$$\frac{\mathrm{d}^2 y'}{\mathrm{d}t^2}+\frac{1}{\tau}\frac{\mathrm{d}y'}{\mathrm{d}t}=f' \tag{28-7}$$

其中

$$f'=\frac{3}{2a+3}\frac{\mathrm{d}u'}{\mathrm{d}t}+\frac{u'}{\tau}$$

为了求位移的均方值，上式乘以 y'，并取平均，得

$$\frac{1}{2}\frac{\mathrm{d}^2\ \overline{y'^2}}{\mathrm{d}t^2}+\frac{1}{2\tau}\frac{\mathrm{d}\ \overline{y'^2}}{\mathrm{d}t}-\overline{v'^2}=\overline{y'f'} \tag{28-8}$$

陈善谟在讨论颗粒紊流中的运动性质时，曾推导

$$\overline{y'f'}=\tau\int_0^\infty \mathrm{d}t\ \overline{f'(0)f'(t)}-\tau\int_0^\infty \mathrm{d}\zeta\mathrm{e}^{-\frac{\zeta}{\tau}}\ \overline{f'(0)f'(t)}=\tau\int_0^\infty \mathrm{d}t\ \overline{f'(0)f'(t)}-\overline{v'^2} \tag{28-9}$$

式中：t、ζ 均为时间。如令相关系数

$$\frac{\overline{f'(0)f'(t)}}{\overline{f'^2}}=\frac{\overline{u'(0)u'(t)}}{\overline{u'^2}}=R_t \tag{28-10}$$

则式（28-9）右边第一项可写成

$$\tau\int_0^\infty \mathrm{d}t\ \overline{f'(0)f'(t)}=\tau\ \overline{f'^2}\int_0^\infty R_t\mathrm{d}t=\tau\ \overline{f'^2}\int_0^\infty R_x\frac{\mathrm{d}x}{U}$$

式中：R_t 为一点的时间脉动相关系数；R_x 为两点相距 $\mathrm{d}x$ 的脉速相关系数；U 为断面平均流速。而

$$\int_0^\infty R_x\mathrm{d}x=L_0$$

式中：L_0 为 Taylor 紊动长度，即涡旋长度。

因此，式（28-8）可写成

$$\frac{1}{2}\frac{\mathrm{d}^2\ \overline{y'^2}}{\mathrm{d}t^2}+\frac{1}{2\tau}\frac{\mathrm{d}\ \overline{y'^2}}{\mathrm{d}t}=\tau\ \overline{f'^2}\frac{L_0}{U} \tag{28-11}$$

式（28-11）中 $\overline{f'^2}$ 取近似：

$$\overline{f'^2} = \frac{\overline{u'^2}}{\tau^2} + \left(\frac{3}{2a+3}\right)^2 \overline{\frac{du'^2}{dt}} \approx \kappa_1 \frac{\overline{u'^2}}{\tau^2} \qquad (28-12)$$

式（28-12）代入式（28-11），得

$$\frac{1}{2}\frac{d^2 \overline{y'^2}}{dt^2} + \frac{1}{2\tau}\frac{d\overline{y'^2}}{dt} = \kappa_1 \frac{\overline{u'^2}}{\tau^2}\frac{L_0}{U} \qquad (28-13)$$

求解，当 $t=0$，$y'=0$，以及 $t=0$，$\dfrac{d\overline{y'^2}}{dt}=0$ 时，得

$$\overline{y'^2} = 2\left(\kappa_1 \overline{u'^2}\frac{L_0}{U}\right)\left[t-\tau(1-e^{-\frac{t}{\tau}})\right]$$

当 $t \gg \tau$ 时，有

$$\overline{y'^2} = 2\left(\kappa_1 \overline{u'^2}\frac{L_0}{U}\right)t \qquad (28-14)$$

故竖向扩散系数 D'_y 为

$$D'_y = \kappa_1 \overline{u'^2}\frac{L_0}{U} \qquad (28-15)$$

以上的分析结果，如置 $\kappa_1=1$，则与 Taylor（1921）分析紊流的 Lagrange 特征的结果相同。

其次，考虑颗粒较大，沉速较大的情况，即当 $1/\tau$ 值很小时，则式（28-9）中第二项

$$\tau\int_0^\infty d\zeta e^{-\frac{\zeta}{\tau}} \overline{f'(0)f'(\zeta)} \approx \tau\int_0^\infty d\delta \overline{f'(0)f'(\delta)} \qquad (28-16)$$

式中：ζ、δ 为时间。这时有

$$\overline{f'y'} \approx 0 \qquad (28-17)$$

因此，式（28-8）成为

$$\frac{d^2 \overline{y'^2}}{dt^2} + \frac{1}{\tau}\frac{d\overline{y'^2}}{dt} = 2\overline{v'^2} \qquad (28-18)$$

求解，利用上述起始条件，得

$$\overline{y'^2} = 2\tau \overline{v'^2}\left[t-\tau(1-e^{\frac{t}{\tau}})\right]$$

当 $t \gg \tau$ 时，有

$$\overline{y'^2} = 2\tau \overline{v'^2}t \qquad (28-19)$$

和

$$D'_y = \overline{v'^2}\tau = \overline{v'^2}\frac{\omega}{g}\frac{2a+3}{2a} \qquad (28-20)$$

最后，得

$$D'_y = \kappa_1 \overline{u'^2}\frac{L_0}{U} + \overline{v'^2}\frac{\omega}{g}\frac{2a+3}{2a} \qquad (28-21)$$

式（28-21）为竖向颗粒扩散系数表达式，包括水流作用和颗粒性质的影响两项。式（28-21）中的 L_0 值，可从竖向脉动流速相关系数求得，$\overline{u_2'}$ 与摩阻流速 u_* 有一定的实验关系，仅脉动颗粒速度 $\overline{v'^2}$ 尚不能确定。

关于颗粒脉动速度 $\overline{v'^2}$ 的性质，Hinze、Soo 等人曾分析它与水流竖向脉动速度的关

系。Hinze（1975）在他的著作中介绍陈善谟的研究工作时，假设水流紊速的时间关联系数的表示式，分析水流脉速与颗粒脉速之间的关系。从水槽实验（Нцкитим，1963）可得 $R_x = \mathrm{e}^{-x/L_0}$ 的关系，Hinze 的推导结果，当引进 R_x 的关系式时，可写成

$$\overline{v'^2} = \left[\frac{1 + \dfrac{9}{2a(2a+3)}\dfrac{\omega}{g}\dfrac{U}{L_0}}{1 + \dfrac{(2a+3)}{2a}\dfrac{\omega}{g}\dfrac{U}{L_0}}\right]\overline{u'^2}$$

当 $\rho_s = \rho$ 时，$\overline{v'^2} = \overline{u'^2}$。当颗粒比重大，沉速也大时，上式也可取近似：

$$\overline{v'^2} \approx \left(1 - \frac{(2a+3)}{2a}\frac{\omega}{g}\cdot\frac{U}{L_0}\right)\overline{u'^2}$$

此时，$\overline{v'^2}$ 和 $\overline{u'^2}$ 的差别，随 ω 和 ρ_s 的增大而增大。因此，可写成

$$D'_y = \kappa_1\frac{\overline{u'^2}L_0}{U} + \left[1 - \frac{(2a+3)}{2a}\frac{\omega}{g}\cdot\frac{U}{L_0}\right]\frac{\overline{u'^2}}{g}\frac{\omega}{}\frac{(2a+3)}{2a} \tag{28-22}$$

取近似，忽略右边第二项括号内小项，则式（28-22）可写成

$$D'_y = \kappa_1\frac{\overline{u'^2}L_0}{U} + \kappa_2\frac{\overline{u'^2}\omega}{g}\frac{(2a+3)}{2a} \tag{28-23}$$

28.3　颗粒在紊流中沉落情况

考虑单个泥沙颗粒在紊动水流中沉降时的位移情况。这种情况相当于含沙水流中颗粒沉降时相互不发生干扰的理想情况。我们在水槽中测量单个颗粒通过不同断面的位置，看到颗粒受水流紊动作用而扩散，其扩散分布符合 Gauss 误差律。

设单个粒子在 $t=0$，$x=0$，$y=h$ 处的高度上投入流水之中，粒子位于 y 和 $y+\mathrm{d}y$ 之间在时刻 t 的概率为

$$p\,\mathrm{d}y = \frac{\mathrm{d}y}{\sqrt{4\pi D'_y t}}\exp\left[-\frac{(y-\omega t-h)^2}{4D'_y t}\right] \tag{28-24}$$

如果在 $y=h$ 处同时投入许多颗粒，而不考虑粒子在动水中沉淀时的互相干扰，也不考虑许多粒子同时放入时形成的一股浑水同清水介质之间密度差别的影响，则单个粒子投放时的频率函数，也代表许多粒子同时投放时下落扩散的频率函数。

利用式（28-24），可以计算在恒定均匀水流条件下，在某高度点源放出单个颗粒，下落到底部 $y=0$，在 $x=0$ 和 $x=x$ 之间的粒子下沉概率（或同时放入一定数量的泥沙后的沉淀量）：

$$\begin{aligned}
\frac{p_x}{p_0} &= \int_{-\infty}^0 p(y,x)\,\mathrm{d}y = \int_{-\infty}^0 \frac{1}{\sqrt{4\pi D'_y\dfrac{x}{U}}}\exp\left[-\frac{\left(y-h+\dfrac{\omega x}{U}\right)^2}{4D'_y\dfrac{x}{U}}\right]\mathrm{d}y \\
&= \frac{1}{\sqrt{\pi}}\int_{-\infty}^{-\left(h-\frac{\omega x}{U}\right)/\sqrt{4D'_y\frac{x}{U}}} \mathrm{e}^{-z^2}\,\mathrm{d}z
\end{aligned} \tag{28-25}$$

其中

$$z = \frac{y - h + \dfrac{\omega x}{U}}{\sqrt{4 D_y' \dfrac{x}{U}}}$$

如令 $x_m = Uh / \omega$，则在底部单位距离上泥沙沉淀概率（或沉淀量）的无量纲表达式为：

$$\frac{\partial p_x / p_0}{\partial x / x_m} = \frac{1 + \dfrac{\omega x}{Uh}}{4 \sqrt{\pi} \dfrac{\omega x}{Uh} \sqrt{\dfrac{D_y'}{\omega h} \times \dfrac{\omega x}{Uh}}} \exp \left[- \frac{\left(1 - \dfrac{\omega x}{Uh} \right)^2}{4 \dfrac{D_y'}{\omega h} \times \dfrac{\omega x}{Uh}} \right] \tag{28-26}$$

利用式（28-26），在已知泥沙沉淀概率，以及水流、泥沙特性的条件下，可以推算出颗粒在点源放出下沉至底部时的竖向扩散系数 D_y' 值。

28.4   紊动水流中单粒泥沙沉淀时的运动轨迹 和沉落点分布实验

粒子运动轨迹的试验是在宽 0.5m、长 11m、深 80cm 的水槽内进行。选用直径约 3mm 的塑料球，在水面以下 1cm 处轻轻投放入恒定水流中，观察小球随水流的沉降过程，测记它通过不同断面时的高度和历时，包括它沉落至底部的位置和历时。试验分两组进行，每组实验重复投放小球 40～60 次。第一组水流平均流速为 6.1cm/s，小球静水沉速 5.7cm/s；第二组，水流平均流速为 14.5cm/s，小球静水沉速为 6.9cm/s。

观测表明，粒子受到水流紊动的作用，在沉降过程中扩散，它通过各断面的位置，围绕某值而变化，具有随机性质。图 28-1 为粒子沿程分散的情况。从图 28-1 可见，粒子扩散的程度，随距离而改变，但经一定距离后，其扩散程度的变化似不大。粒子沿平均位置轴的位移 y' 和 x'，符合下式：

$$p dx' = \frac{dx'}{\sqrt{2\pi \overline{x_2'}}} \exp \left[- \frac{(x - x_m)^2}{2 \overline{x_2'}} \right] \tag{28-27}$$

$$p dy' = \frac{dy'}{\sqrt{2\pi \overline{y'^2}}} \exp \left[- \frac{(h - \omega t)^2}{2 \overline{y'^2}} \right] \tag{28-28}$$

上述形式的频率函数，在物理学中已证明，即扩散方程的解。图 28-1 上的曲线，分别代表式（28-26）和式（28-27）两式。

利用实测数据，可用 $D_y' = \dfrac{\overline{y'^2}}{2t}$ 计算扩散系数。图 28-2 为两组试验的 D_y' 值沿水深的变化。

为了求得 D_y' 值与水流、泥沙性质的关系式，曾进行单粒泥沙沉落点频率的实验。采用不同沉速的塑料球，在不同水流流速和水深的条件下，观测球体落到底部各点的频率。试验中记录粒子落到槽底的位置和时间，每个试验重复投放 40～100 余次。

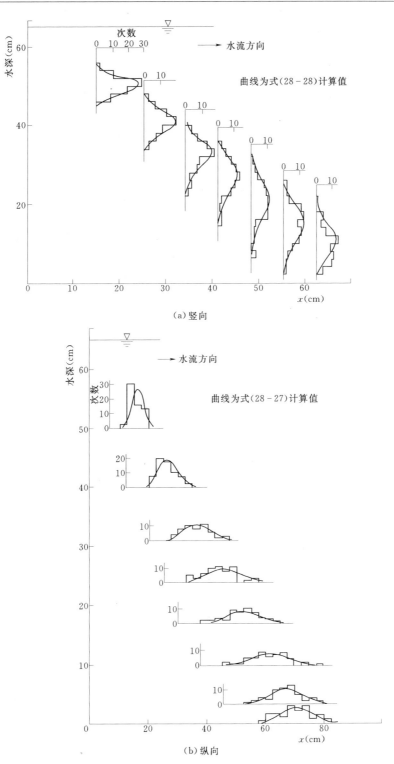

图 28-1 塑料球扩散情况

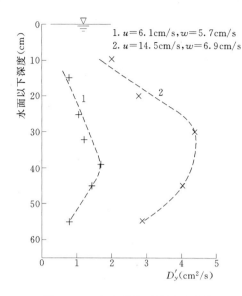

图 28-2　竖向扩散系数沿移动轴
的垂线变化

图 28-3 列出 17 次实验中的 3 次试验结果。根据式（28-26）底部单位长度的频率函数表达式，可求出 D_y' 值。

单个塑料球的扩散系数实验资料，列于表 28-1。

在实验中还观察颗粒动水沉速，并与平均静水沉速作比较。

在进行明渠流塑料球动水沉淀试验的同时，还设计制造一种 U 形管道装置（范家骅等，1962），一边用活塞上下移动使造成水体的简谐运动，另一边在水体中投入塑料球，粒子随着水流的上下振动，用摄影机连续摄取粒子位移情况，记录其平均沉速，得出动水沉速的频率函数符合 Gauss 误差律。此外，还用一直径较大的圆筒，安装格栅使其上下移动，筒内水体受到扰动，观测粒子的动水沉速。实验结果是观测数十次的平均动水沉速接近平均静水沉速，如图 28-4 所示，其中包括在两种实验装置中的实验结果。

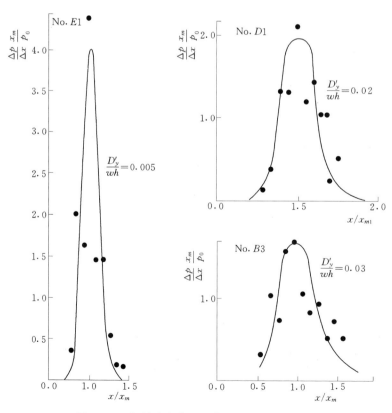

图 28-3　塑料球自点源沉落到槽底的频率实验

表 28 - 1　　　　　　　　　　塑料球在动水中沉淀时的扩散系数实验数据表

试验编号	投放次数	沉速 ω(cm/s)	平均流速 U(cm/s)	水深 h(cm)	D'_y(cm²/s)
A1	88	1.1	10	15	0.66
A2	96	1.1	10	25	0.69
A3	67	1.1	10	45	0.99
A4	58	1.1	10	60	0.86
B1	85	1.38	4	30	0.17
B2	171	1.36	10	30	0.41
B3	95	1.15	17	31	1.1
C1	90	1.2	4	41	0.3
C2	101	1.1	9.7	41	0.72
C3	117	1.4	13.8	41	1.4
C4	101	1.1	16.6	41	1.4
D1	100	3.16	10	30	1.9
D2	74	3.24	16.6	71.4	4.6
D3	45	3.11	21	59.5	5.5
E1	68	5.7	9.1	70	2.0
E2	50	5.7	13.6	68	2.7
E3	43	5.7	20.5	72	6.2

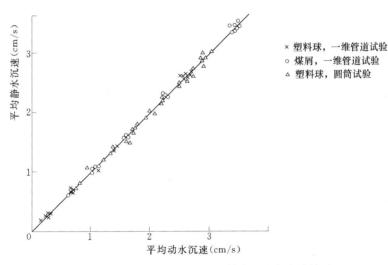

图 28 - 4　平均动水沉速与平均静水沉速的实验关系

28.5　竖向扩散系数实验值

根据泥沙颗粒运动方程推导得出的泥沙竖向扩散系数，如式（28 - 21）所示，该式对于颗粒在水中承受线性和非线性阻力时均近似地适用。

式（28-23）代表的竖向扩散系数关系式是进一步忽略较小项的近似结果。该式中右边第一项中的旋涡尺度 L_0 值不易测到，故用动量扩散系数代替，即令

$$\overline{u_2'}\frac{L_0}{U}=\frac{\kappa}{6}u_* R$$

式中：κ 为卡门常数；R 为水力半径；u_* 为摩阻流速。其次，根据实验结果（Нцкитим，1963），竖向脉动速度的均方根在垂线方向变化很小，其值与摩阻流速成正比：$\sqrt{\overline{u'^2}}=1.05u_*$，因此可将此式代入式（28-23）右边第二项内。故可得

$$D_y'=\frac{k_1\kappa}{6}u_* R+k_3\frac{u_*^2}{g}\omega\frac{(2a+3)}{2a} \tag{28-29}$$

为了计算 D_y' 值，须确定式（28-29）右边两项中 u_*、ω、a、R 各数值，并确定 k_1、k_3 常数值。

（1）$u_*=\sqrt{gn}U/R^{\frac{1}{6}}$，今取底部 Manning 糙率值为 0.02，这是因为实验是在槽底安设横隔木条的水槽内进行的，木条是为阻止塑料球沉至底部随流而下进入水库而设置的，因此槽底糙率较大，水力半径 $R=Bh/(B+2h)$，B 为槽宽，h 为水深，已知 U 时，即可计算 u_*。

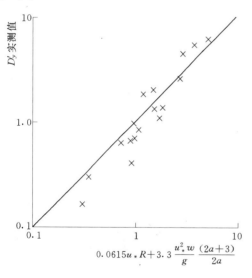

图 28-5　式（28-30）计算值与实测值的比较
（$\kappa=0.37$，$n=0.02$，$\gamma_s=1.025$）

（2）$a=(\rho_s-\rho)/\rho$，其中 ρ_s 为塑料球的密度，是经过测量球体直径和重量计算而得。由于单个球重量为 $0.01\sim0.02g$，不易测准，所测 11 个球的容重 $\gamma_s=\rho_s g$ 在 $1.002\sim1.07$ 之间，中值为 1.018，平均值为 1.03，故取 $\gamma_s=1.025$。

（3）为了与清水的动量扩散系数相一致，令 $k_1=1$。κ 值取为 0.37。

将 n，κ，u_*，ω，a 等值代入式（28-29），和表 28-1 测定的 D_y' 值进行比较，定出 κ_3 值，$\kappa_3=3.3$ 时与实验值符合较好。因此，可将

$$D_y'=0.0615u_* R+3.3\frac{u_*^3}{g}\omega\frac{(2a+3)}{2a} \tag{28-30}$$

两边各值点绘其关系，示于图 28-5。

从以上的分析，可以得出结论：利用塑料圆球进行颗粒在紊动水流中沉淀试验时所测定的竖向扩散系数，近似地符合从颗粒运动方程在某些简化条件下推导的结果。

28.6　讨　　论

根据颗粒运动方程的推导结果，当泥沙颗粒很细时，紊流中泥沙跟随水流运动。颗粒的竖向扩散系数为 $D_y'=k_1\overline{u'^2}\dfrac{L_0}{U}$。当颗粒不是很细，以及沉速较大时，不同于水质点脉

动速度的泥沙颗粒脉动速度，其沉速和比重这些因素均影响竖向扩散系数值，可用式（28
-21）表示，为了计算的方便，更进一步取其近似值，如式（28-29）。

　　式（28-21）的导出，是在一定的假设条件下进行的。颗粒运动方程的建立，限于均
匀紊动情况，也不考虑边壁以及颗粒之间相互作用的影响，而且对于粗粒泥沙，我们采取
了把阻力与流速的关系作了线性化的处理。这些都与明渠剪力流的实际情况存在差别；虽
然对于竖向脉动速度$\overline{u'^2}$而言，它在垂线上的变化很小。

　　要指出的一点是，式（28-21）右边第二项是在式（28-8）$\overline{f'y'}=0$的条件下得出
的。这使我们注意到前人采用 Langevin 方程分析 Brown 运动时，考虑$f'y'$涨落不定，
而认为它的平均值为零，即采取$\overline{f'y'}=0$这个条件（王竹溪，1965）。根据本书前面的
分析，它似乎仅适用于较粗颗粒的情况。这问题，陈善谟（1947，第 105 页）也曾提
出讨论。

参考文献

范家骅，吴德一，陈明. 1964. 紊动水流中泥沙的沉淀. 中国科学院水利电力部水利水电科学研究院.

王竹溪. 1965. 统计物理学导论（第二版）. 人民教育出版社：219.

Hinze，J. O. 1975. Turbulence. Second Edition. McGraw-Hill Book Company：467.

Taylor，G. I. 1921. Diffusion by continuous movements. Proc. London Mathematical Society，Ser. 2，20 (1921)：196-211.

Tchen Chan-mou. （陈善谟）1947. Mean value and correlation problems connected with the motion of small particles suspended in a turbulent fluid. Martinus Nijhoff，The Hague.

Никитин，И. К. 1963. Тубуленый русловой поток и процессы в придонной области. Изд. Академии Наук УССР，Киев，1963：72.

第 29 章　饱和悬沙量水槽试验

中央水利实验处于 1947 年提出"黄土水流极限含沙试验计划书",随后设计建造钢板水槽试验设备。新中国成立后南京水利实验处于 1952 年 7 月建成试验设备,1953 年开始筹备悬沙试验工作。1954 年进行了人工沙饱和悬沙量试验(范家骅等,1955)。

1955~1956 年进行了 4 种沙样的悬沙量试验,其中一种是重复人工沙的试验,试验是在南京水利实验处进行,因笔者调到北京水科院工作,故资料分析工作在北京完成。1958 年提出初步报告。2010 年作修改补充。

29.1　试验目的、试验条件和安排

本试验主要目的在探求细粒泥沙在一定条件下的悬沙含量。拟通过试验求得悬沙量关系式,并与天然实测资料作比较和检验,从而提供渠道设计以及河道输沙量的估算。1954 年所进行的平均直径为 0.03mm 人工沙的试验,是考虑泥沙在一定水流条件下通过水槽发生淤积后所达到的饱和含量。最后求得一个经验关系式,在该试验中,并没有将所有测次取出的沙样作粒径分析。只是根据若干次取样的粒径分析结果,看到粒径基本不变,就认为悬沙粒径是个常数。那个经验关系未包括悬沙沉速,也是根据这样假定作出的,以后的试验测量证明在不同水流强度下悬沙粒径是有变化的;并且在以前分析中没有考虑到底部的情况(河底沙波,河底泥沙粒径),因此在 1955 年的试验中开始注意到以上的情况,从而对每次试验作比较详细的观测取样。

29.1.1　试验设备

试验是在可以调节坡度的钢板水槽内进行,槽长 33m、宽 1.25m、深 0.5m,槽底坡度可用八对螺轮千斤顶调节,槽壁开有两个玻璃观察窗。最大流量为 280L/s,蓄水池容量为 28.5m³,利用池上 45kW 马达带动的旋桨式抽水机抽水,经由 35cm 直径的输水管(长约 38m)和渐变段到达水槽,流量大小是利用一义道回水管以阀门控制,未入水槽的流量直接经回水管流入水池,搅混池中浑水。图 29 - 1 为试验水流系统图,图 29 - 2 为活动水槽照片。

29.1.2　试验用沙

本试验所用沙样情况,见表 29 - 1,粒径级配见图 29 - 3。

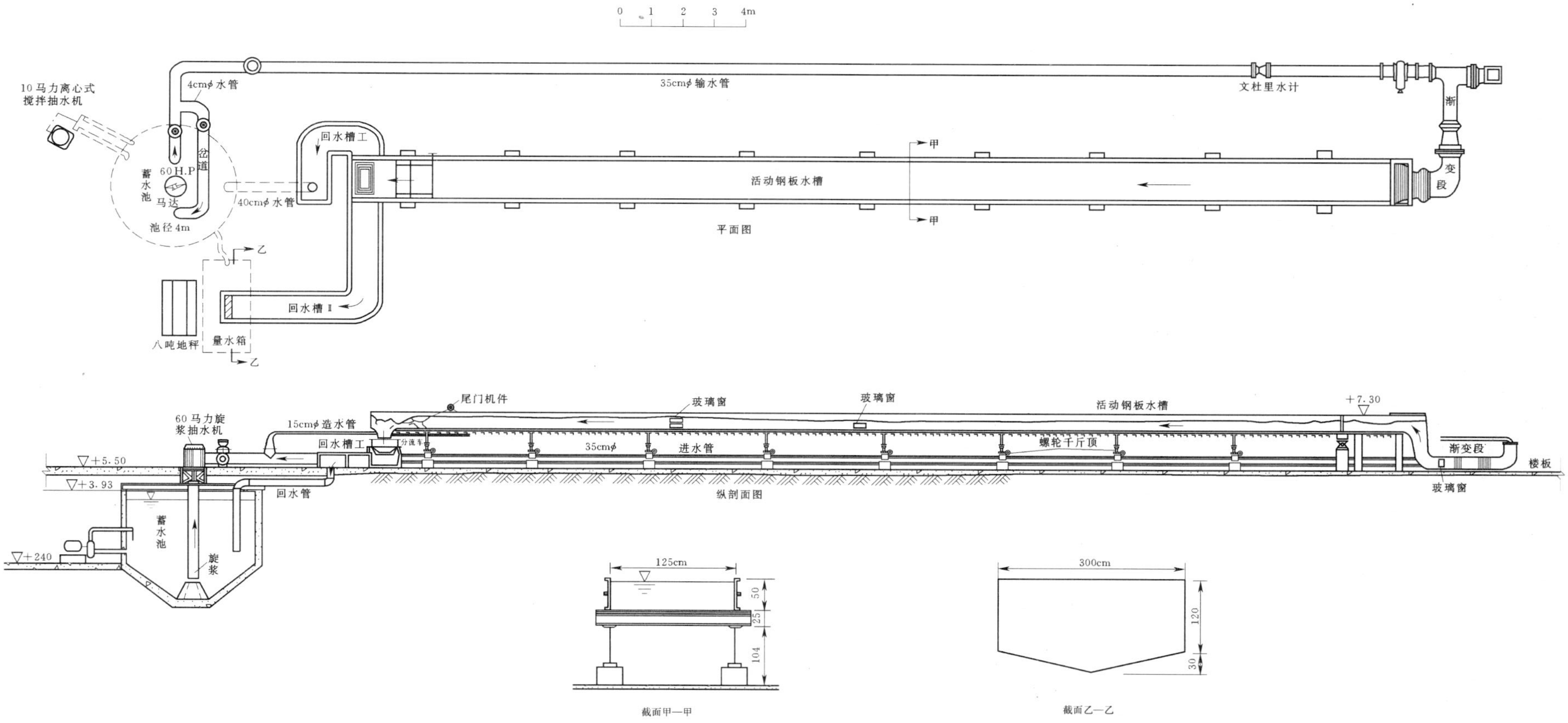

图 29-1　饱和含沙量试验水槽系统图

图 29-2　活动钢板水槽

表 29-1　　　　　　　　　　　　试 验 用 沙 情 况

沙样号	d_{50} (mm)	名称	取 样 地 点
I	0.03	黄土	取自人民胜利渠沉沙池
II	0.06	黄土	取自人民胜利渠沉沙池
III	0.13	黄沙	取自南京南郊
IV	0.03	人工沙	南京雨花台卵古碾成粉末,风选并经沉淀处理。无黏性沙样,即 1954 年第一阶段试验沙样

　　试验组次的安排,系按系统试验方法,每次试验,先给定水流比降和流量,调至均匀水流,并测定其他数据:含沙量,流速,水深,悬沙颗粒级配,槽底泥沙淤积比降,槽底泥沙颗粒级配等。

　　这种固定若干因子,观测其余因子的变化,所得数据,可用相关分析统计方法求取各因子之间的经验关系式。

　　试验的流量分若干级,分别为 40L/s、80L/s、120L/s、160L/s、200L/s、240L/s,水槽底坡,则分 1/1000 (0.001)、1/2000 (0.000833)、1/1500 (0.000667)、1/2000 (0.0005)、1/3000 (0.000333)、1/4000 (0.00025) 数组。

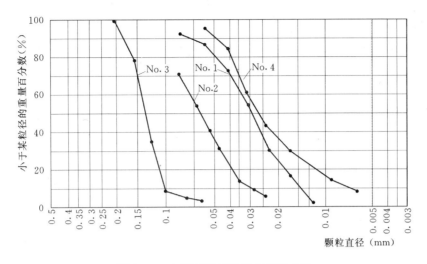

图 29 - 3　四种试验用沙粒径级配曲线

29.2　试　验　操　作　步　骤

　　试验放水前，首先调整好水槽槽底比降，试验时控制水流为等速流。先使流量稳定，然后减少水面比降，使平行于底部比降，达到最近似的均匀流动。

　　为要达到饱和含沙量，须充分供给水流以泥沙。试验开始时槽底并无泥沙淤积，水流内含沙量甚大，并令水面比降大于底坡比降，不久，泥沙将逐渐发生淤积，经逐步调整尾门，降低水面比降，最后形成一定的淤积比降，而当水中含沙量基本保持不变时，即认为已达到在一定条件下的饱和含沙量。

　　试验难予估计淤积坡度是否与槽底坡度相同，因此试验中不使淤积层厚度过大。在四种沙样的试验中测得，淤积层厚度自数毫米到 1~2cm 不等。淤积厚度较小时，部分槽底可能不被淤积泥沙所掩盖。

　　试验中观测流量、水面比降、槽底淤积比降、流速分布和含沙量垂线分布，并取平均含沙量沙样。

　　流量用 Venturi 水计观测；水位在测针筒内测读，测压孔与测针筒之间连以沉沙筒，使浑水不入测针筒，玻璃筒内的清水深度最后换算到浑水深度。水面比降则由各断面的水位定出。槽内含沙量以虹吸管取出。取样点的流速以毕托管施测，取样时令取样点进管流速与槽内该点流速相同。

　　槽内的平均含沙量是在水槽尾门下游回水槽跌水处舀取，放入率定好的 $500cm^3$ 的 Le Chatelier 比重瓶，定出含沙量值。这样取得的含沙量 c_m 为

$$c_m = \frac{\int cu\,dA}{Q}$$

式中：c 为过水断面上一点的含沙量；u 为该点流速；A 为断面面积；Q 为流量。

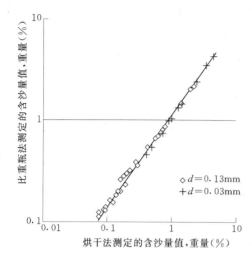

图 29-4 比重瓶法测定的含沙量值与
烘干法测定的含沙量值的关系

在试验过程中算出平均含沙量 c_m，随时判明含沙量的变化趋势，含沙量至少维持在 2h 左右内不变，即为饱和含沙量。试验终止后，还将含沙量沙样烘干定出平均含沙量值。用比重瓶计算含沙量值与烘干算出的含沙量值存在着一定关系，见图 29-4。有关系式如下：

$$c_{烘干法} = c_{比重计法} - 0.03 \qquad (29-1)$$

式中：c 以重量%计。试验终了时，进水流量中断，抬高尾门，槽中水位因少量漏水而很慢地降低，水中泥沙大部分淤在槽底，待水流完后，分别在 6 个断面上测量 6 点，每个断面选 3 个波峰 3 个波谷，求出断面平均淤积厚度，再计算总的平均淤积厚度，并分别在槽底上下游 3 个断面取 3 个底部沙样，作粒径分析。

含沙量垂线分布，一般在垂线上取 10 个水样，最低一点位于槽底以上 1cm，所取水样，先用 LeChatelier 比重瓶定出含沙量，并用烘干法定出含沙量值。

泥沙粒径主要用比重计法分析，有时亦用移液管法分析。每次试验作悬沙粒径分析 2 个；泥沙粒径的上限部分（如大于 0.1mm），则用筛析法。

29.3 水槽内水沙运动现象描述

29.3.1 含沙旋涡

浑水水流自下层水库抽出流入输沙管，经渐变段垂直进入水槽，故在水槽前段水流紊乱、汹涌，随距离趋于平稳。

观察槽中挟带泥沙的水流，其中旋涡内外，因含沙不均匀，其水色不同，见图 29-5 照片。旋涡自水下泛起，扩大散开，形成朵朵沙云，沙云的扩散速度与水流速度成正比。

曾做如下观察：在停水后，当水流接近静止时，降低尾门，使有少量溢流，由于水流运动旋涡挟起底部淤积的泥沙，此种旋涡缓缓向上方向升起，带起朵朵浮云，双双向前推进并扩大。此种涡环在一定水流条件下，以一定的速度继续不断发生，水流加大时，其过程也加快。

图 29-5 中显示水流紊动的旋涡现象是三维的。在槽边壁两侧，紊动剧烈，可看出其影响界限明显。实测断面含沙量分布，显示边壁的含沙量同中心线含沙量相差不大，而在槽底部分槽壁附近含沙量较中心线略小，而在水面附近，则槽边含沙量较中心线水面线为大，此为槽边壁的影响；见断面流速与含沙量等值线图 29-6。

水流中泥沙供应充分，造成不同程度的淤积，观测表明，槽两侧淤积较多，乃槽壁影响所致。淤积泥沙形成相当规则的沙波，见图 29-7 与图 29-8，两图中沙波高度分别为 1.18cm 和 0.57cm。在边壁外玻璃窗孔观察沙波的运动，底层泥沙颗粒在浑水中沿底部前移到沙波顶进入低谷，其现象与一般讨论沙波运移过程的情况一致。

图 29 - 5　受边壁影响的水面旋涡运动情况

（$Q=340\text{L/s}$、$J=1/1160$，1954 年 5 月 24 日摄）

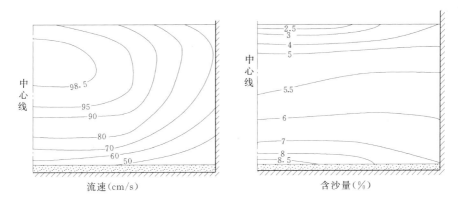

图 29 - 6　断面流速和含沙量等值线图

29.3.2　浑水流速分布

施测槽内 3 种用沙的浑水流速垂线分布，如图 29 - 9 所示。可见，浑水的流速分布基本上亦呈半对数分布。

Prandtl 根据明渠紊流剪力分析紊流流速分布

$$\tau=\rho l^2 \left(\frac{\mathrm{d}u}{\mathrm{d}y}\right)^2 \tag{29-2}$$

式中：ρ 为清水密度；l 为混合长度；$\dfrac{\mathrm{d}u}{\mathrm{d}y}$ 为距底部某点的流速梯度。他假设：l 与 y 成比例，以及水流底部剪力等于单位推移力，$\tau=\tau_0$，因而可得

$$\mathrm{d}u=\frac{1}{\kappa}\sqrt{\frac{\tau_0}{\rho}}\frac{\mathrm{d}y}{y}$$

式中：κ 由试验定出为 0.4，$u_* = \sqrt{\dfrac{\tau_0}{\rho}}$，积分上式得

$$u = 2.5\sqrt{\frac{\tau_0}{\rho}}\ln\frac{y}{y_0} = 2.5 u_* \ln\frac{y}{y_0} \tag{29-3}$$

式中：y_0 为积分常数。此式表明紊流中流速是距离 y 的对数函数关系。

对于粗糙底部，常数 y_0 依赖于糙度高度，即 $y_0 = m k_s$，常数 m 近似地等于 $1/30$，因此有

$$\frac{u}{u_*} = 5.75\log\left(\frac{30 y_0}{k_s}\right) \tag{29-4}$$

图 29-7 0.03mm 人工沙试验槽底沙波照片
（平均沙波高度 1.18cm，淤积厚度 2.13cm，
水流流量 41.0L/s，平均含沙量 0.63%，
比降 1/2000，1954 年 5 月 21 日摄）

图 29-8 0.03mm 人工沙试验槽底沙波照片
（平均沙波高度 0.57cm，淤积厚度 0.90cm，水流流量
140.0L/s，平均含沙量 4.61%，比降 1/1160，
1954 年 5 月 24 日摄）

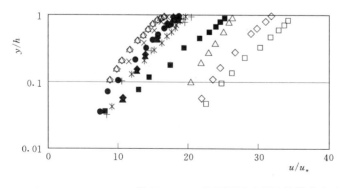

图 29-9 三种不同试验用沙的浑水流速分布

上式中的 k_s 值，可用平均流速公式估算。根据 Keulegan 分析得平均流速关系式为

$$\frac{\bar{u}}{u_*}=A+5.75\log\frac{mR}{y_0}=A+5.75\log\frac{R}{k_s} \tag{29-5}$$

式中：$\bar{u}$ 为断面平均流速；R 为水力半径，Keulegan 分析 Bazin 资料，得 $A=3.23\sim16.92$，取平均值为 6.25（Chow，1959）。

　　曾试图分析浑水流速分布的性质，是否同清水流速分布类似。利用平均流速分式（Keulegan，1938）

$$\frac{\bar{u}}{u_*}=6.25+5.75\log\frac{R}{k_s} \tag{29-6}$$

求取 k_s 值。然后再求取下式

$$\frac{u}{u_*}=A\log\frac{R}{k_s}+B \tag{29-7}$$

其中的 A 和 B 值，视其变化情况如何。将求得一部分三种用沙的 A 和 B 值，列于表 29-2，可见 A 和 B 值变化很大，A 值在 15.5～49.5 之间，B 值在 −1.5～32.9 之间，而 k_s 值在 0.013～1.32 之间。这说明浑水流速分布的流速梯度 $\frac{du}{dy}$ 同清水流速的 $\frac{du}{dy}$ 一样，变化很大。

　　曾点绘 k_s 值同 Manning 系数 n 值的关系，见图 29-10，表明它们有很好的相关性。浑水流速分布公式中 k_s 受到底部沙粒大小和沙波高度两种因素的影响。

　　关于浑水流速公式中的 A 的变化，其值均大于 Bazin 清水资料的 A 值。初步分析 A 值似与悬沙 d_{50} 有关，如图 29-11 所示。

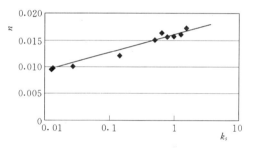

图 29-10　Keulegan 式中 k_s 与 Manning n 的关系

表 29-2　　　　　　　　　　流速分布公式（29-7）中 A 与 B 值的计算

d_{50}	测次号	k_s	u_*	n	A	B
0.13	15	0.013	2.91	0.0097	8.64	3.61
	22	0.0127	3.35	0.00965	9.01	2.5
	27	0.0254	2.96	0.01004	5.88	11.1
	07	0.487	2.45	0.0151	8.0	8.78
0.06	04	0.647	2.76	0.0163	8.99	5.99
	05	1.25	3.33	0.016	10.20	5.25
	07	0.936	3.56	0.0157	10.5	4.95
0.03	26	0.756	2.75	0.0156	8.44	13.84
	34	0.141	3.13	0.0121	12.1	−1.73
	36	1.6	2.91	0.0174	8.0	7.68

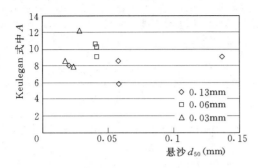

图 29-11　Keulegan 式中 A 与悬沙 d_{50} 的关系

为了了解流速分布的相似性，将表 29-2 中 10 次观测资料，点绘

$$\frac{u}{u_{\max}} = A' \log \frac{y}{k_s} + B' \qquad (29-8)$$

得图 29-12。计算得 A' 和 B' 值，示于表 29-3。从表 29-3 可见 A' 的变化范围为 $0.11 \sim 0.21$。B' 值变化很小，其平均值为 1。因此有

$$\frac{u - u_{\max}}{u_{\max}} = A' \ln \frac{y}{h} \qquad (29-9)$$

从图 29-12 可看出大致可区分出 3 组分布线，左边为 0.03mm 试验组，右边为 0.13mm 组，两者的中间为 0.06mm 组。从中可看出 A' 值，与图 29-11 相似，A' 值与悬沙 d_{50} 有关，如图 29-13 所示。

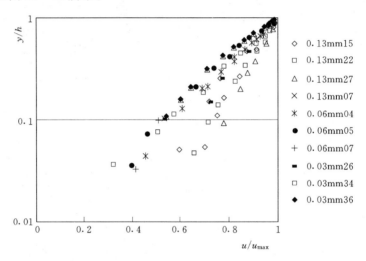

图 29-12　三种不同试验用沙浑水水流流速分布
$u/u_{\max}$ 与 y/h 的关系

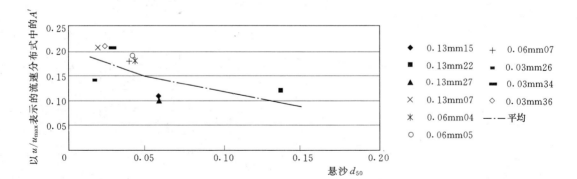

图 29-13　浑水水流流速分布 $u/u_{\max}$ 与 y/h 的关系
式中 A' 值与悬沙 d_{50} 的关系

表 29 - 3　　　　　　　$\dfrac{u}{u_{\max}}=A'\ln\dfrac{y}{h}+B'$ 式中 A' 与 B' 值的计算

沙样 d_{50}(mm)	测次号	A'	B'	平均含沙量（%）	悬沙 d_{50}(mm)
0.13	15	0.11	1.00	0.16	0.058
	22	0.12	1.01	0.27	0.137
	27	0.10	1.01	0.21	0.058
	07	0.21	1.01	0.036	0.020
0.06	04	0.18	1.00	0.2	0.042
	05	0.19	0.98	0.32	0.042
	07	0.18	0.97	0.48	0.040
0.03	26	0.14	0.99	0.72	0.017
	34	0.21	1.02	1.79	0.029
	36	0.21	0.98	0.83	0.023

29.3.3　含沙量分布

曾分析人工沙含沙量垂线分布形状，在施测 8 次的平均含沙量中，最小为 2.11%，最大为 8.86%（见表 29 - 4）。含沙量垂线分布基本符合 Velikanov 推导的关系式

$$\frac{c}{c_0}=\left(\frac{1-\eta}{1+\dfrac{\eta}{\alpha}}\right)^{\frac{\omega}{\kappa\sqrt{ghJ}}} \tag{29-10}$$

式中：c_0 为底部含沙量；c 为测点含沙量；η 为相对水深，即 $y=\dfrac{y}{h}$；α 为相对糙率。同实测点据比较表明，在水面附近，实测点常较理论值为小（图 29 - 14），又式（29 - 10）中的相对糙率值 α 随 Manning 值变大而变大（见图 29 - 15）。

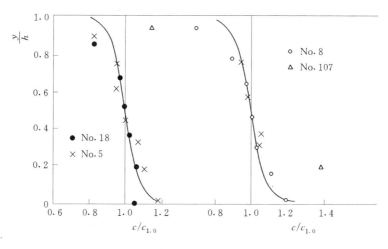

图 29 - 14　0.03mm 人工沙试验实测悬沙含沙量分布
与 Velikanov 理论分布的比较

表 29 - 4　　　　　　　　Velikanov 悬沙量分布公式中 α 值计算

测次号	c_w 平均值	$\dfrac{\omega}{\kappa\sqrt{ghJ}}$	α	Manning 系数值 n
32	2.11	0.051	1/1000	0.0178
99	2.52	0.067	1/20000	0.0098
98	2.99	0.065	1/20000	0.0101
17	3.87	0.046	1/1000	0.0181
18	5.09	0.040	1/800	0.0183
107	5.99	0.050	1/20000	0.0097
5	7.62	0.040	1/3000	0.0137
8	8.86	0.043	1/10000	0.0118

29.3.4　沙波高度

在 4 种悬沙试验中，在每次试验放水完毕后，施测槽底沙波高度，沙波高度与糙率有关，点绘实测沙波相对高度 $\dfrac{\Delta}{h}$ 与 Manning n 值糙率系数的关系，图 29 - 16 显示它们之间的变化趋势。

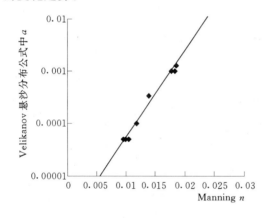

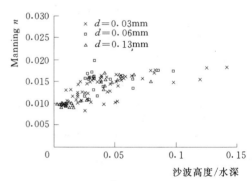

图 29 - 15　Velikanov 悬沙含量分布理论分布中　　　　图 29 - 16　沙波相对高度与 Manning
α 值与 Manning n 值的关系　　　　　　　　　糙率 n 的经验关系

29.3.5　临底层含沙量

实验中观测含沙量垂线分布，常在水深不同高程取 10 个样品，在距槽底 1cm 处的含沙量值为最低处的含沙量值。观察此值随水流速度的变化趋势，如图 29 - 17 所示，可见对于 0.03mm 组，黄土与人工沙两组，c_b 随 u 的增大而增大，对 0.06mm 和 0.13mm 两组，则 c_b 值均相应较小。简单分析表明 c_b 与 u^3 成正比，故点绘 $c_b \sim \dfrac{u^3}{h}$ 的关系线，如图 29 - 18，可看出 c_b 的变化同 $\dfrac{u^3}{h}$ 值有近似关系。随不同用沙级配（3 种）集中在 3 组点群。

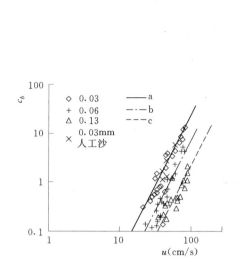

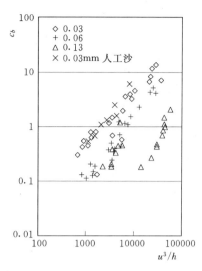

图 29-17　4 种试验用沙的临底层含沙量与
水流平均流速的变化趋势

图 29-18　4 种试验用沙的临底层含
沙量与 u^3/h 的变化趋势

29.3.6　悬沙颗粒垂线分布

试验中仅有少数 0.03mm 人工沙和 0.13mm 黄沙的测次，沿垂线取 10 个含沙量沙样，进行颗粒分析，求出垂线上颗粒粒径的分布情况。

从垂线 d_{50} 的变化，见图 29-19 可以看出，对于 0.03mm 人工沙 12、26 测次（$Q=117.5$L/s，$U=34.8$cm/s）其临底层的 d_{50} 值同槽底上淤沙粒径 D_{50} 值比较接近。其变化趋势，似具有连续性，而于黄沙组 0.13mm 的 11、19 测次（$Q=80.5$L/s，$U=34.8$cm/s），其 d_{50} 在垂线上的变化，以及临底层 d_{50} 同淤沙 D_{50} 相距甚远。d_{50} 变化曲线与淤沙 D_{50} 的一点，未有连续性，而 0.13mm 的 11、28 测次（$Q=161$L/s，$U=52$cm/s）则由于水流流速大，即较图 29-16（b）中 11、19 测次的流速为大，能挟运较粗泥沙，故其悬沙垂线分布 d_{50} 值从水面以下逐渐增大，临底处 d_{50} 值接近底部淤沙 D_{50} 值。

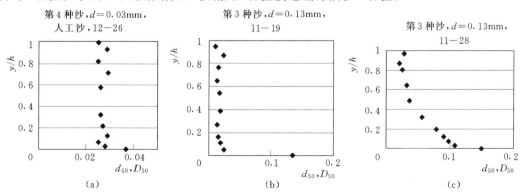

图 29-19　悬沙颗粒平均粒径 d_{50} 沿水深的变化
与底部淤沙平均粒径 D_{50} 的关系

29.4　试验资料的检验和分析方法

采用 4 种沙样的饱和悬沙量试验，共进行 162 次试验。对每次试验所得数据，随时进行检验。如果悬沙或淤沙粒径级配的结果存在错误，又如水沙运动不能保持恒定均匀，或者，水面比降与试验放水完毕后施测的槽底淤积比降相差较大，以上这些测次的资料，就不能采用。经筛选共得 133 次试验资料，用以分析。4 种沙样的试验次数，列于表 29-5。试验数据列于表 29-6～表 29-9。

表 29-5　　　　　　　　　　　　4 种沙样试验次数统计表

沙样号	泥沙性质	试验组次	选用组次	试验时间
1	0.03mm 黄土	73	54	1955 年 2～10 月
2	0.06mm 黄土	30	24	1956 年 3～5 月
3	0.13mm 黄沙	49	45	1956 年 5～7 月、11 月
4	0.03mm 人工沙	10	10	1956 年 12 月、1957 年 1 月

表 29-6　　　　　　　　　　第 1 种用沙 0.03mm 黄土试验数据表

编号	用沙中径 (mm)	日期 (年-月-日)	流量 (L/s)	水深 (cm)	平均流速 (cm/s)	水面比降 ($\times 10^{-4}$)	淤积比降 ($\times 10^{-4}$)	淤积厚度 (cm)	温度 (℃)	实测含沙量 (%)	悬沙平均沉速 (cm/s)	悬沙 d_{50} (mm)	底沙粒径 D_{50} (mm)	总糙率 n
1	0.03	1955-04-22	188	29.4	51.1	3.5	3.33	0.6	19	0.86	0.145	0.026	0.04	0.0125
4	0.03	1955-04-26	98.5	18.7	42	3.25	3.33	0.33	20.5	0.48	0.105	0.0334	0.033	0.0118
8	0.03	1955-05-03	176	30	47	3.2	3.33	0.54	20	0.9	0.147		0.039	0.0131
9	0.03	1955-05-05	144	29.6	39	3.3	3.33	1.12	22	0.71	0.138	0.034	0.03	0.0162
10	0.03	1955-05-07	141	29.2	38.7	3.4	3.33	1.45	23	0.79	0.1	0.018	0.034	0.0162
12	0.03	1955-05-12	141.5	29.3	38.7	3.2	3.33	1.55	22.5	0.79	0.151	0.0208	0.033	0.0157
14	0.03	1955-05-14	144	30.2	38.2	3.3	3.33	1.68	24.5	0.89	0.108	0.0207	0.033	0.0161
15	0.03	1955-05-16	208	29.6	56.2	3	3.33	0.44	24.5	0.93	0.153	0.0225	0.038	0.0106
16	0.03	1955-05-17	163	29.5	44.2	3.3	3.33	0.86	25	0.94	0.134	0.0225	0.035	0.0142
17	0.03	1955-05-18	156.5	29.3	42.6	3.2	3.33	0.89	24.5	0.9	0.147	0.022	0.036	0.0143
18	0.03	1955-05-20	159	29.8	42.8	3.2	3.33	0.84	24.5	0.88	0.144	0.022	0.036	0.0145
20	0.03	1955-07-09	116.5	26.1	35.7	3.3	3.33	1.06	30	0.52	0.154	0.0216	0.035	0.0165
21	0.03	1955-07-11	199	35.3	45	3.5	3.33	1.2	30	0.93	0.12	0.0221	0.034	0.0155
22	0.03	1955-07-13	40	13.4	23.8	3.3	3.33	0.99	29	0.2	0.097	0.0119	0.033	0.0175
24	0.03	1955-07-16	202	36.1	44.8	3.2	3.33	1.05	29	0.84	0.139	0.0205	0.033	0.015
25	0.03	1955-07-19	156	30.1	41.5	3.5	3.33	1.3	29	0.73	0.103	0.021	0.038	0.0155
26	0.03	1955-07-27	82	17.3	37.9	5	5.05	0.76	29	0.72	0.085	0.0172	0.037	0.0156
27	0.03	1955-07-28	95	18.9	40.2	5	5.05	0.73	30	0.84	0.123	0.0191	0.038	0.0153
28	0.03	1955-07-30	136	19.3	56.5	4.6	5.05	0.44	30.5	1.04	0.154	0.024	0.038	0.0106

编号	用沙中径(mm)	日期(年-月-日)	流量(L/s)	水深(cm)	平均流速(cm/s)	水面比降(×10⁻⁴)	淤积比降(×10⁻⁴)	淤积厚度(cm)	温度(℃)	实测含沙量(%)	悬沙平均沉速(cm/s)	悬沙d_{50}(mm)	底沙粒径D_{50}(mm)	总糙率n
30	0.03	1955-08-02	120	19.3	49.8	4.8	5.05	0.51	31	1.16	0.184	0.0265	0.039	0.0123
31	0.03	1955-08-03	104	18.8	44.3	5.4	5.05	0.69	31	0.97	0.171	0.0275	0.039	0.0144
32	0.03	1955-08-05	44	12.3	28.6	4.9	5.05	0.73	31	0.32	0.157	0.0134	0.036	0.0171
33	0.03	1955-08-08	160	23.2	55.3	4.9	5.05	0.69	30.5	1.5	0.174	0.0284	0.04	0.0123
34	0.03	1955-08-10	201	26.9	59.8	4.8	5.05	0.76	30.5	1.79	0.273	0.0285	0.043	0.0121
35	0.03	1955-08-11	240.5	29.1	66.1	5	5.05	0.76	31	2.22	0.215	0.0287	0.039	0.0115
36	0.03	1955-08-12	85.5	19.2	35.7	5	5.05	1.28	31.5	0.83	0.169	0.0227	0.038	0.0174
37	0.03	1955-08-17	78	23	27.2	2.1	2.16	0.94	30	0.31	0.107	0.0113	0.03	0.0162
38	0.03	1955-08-18	78.5	21.9	28.8	2.4	2.16	0.85	30.5	0.34	0.119	0.0135	0.031	0.0160
41	0.03	1955-08-23	156.5	33.2	37.6	2.6	2.16	0.92	30.5	0.6	0.118	0.0197	0.034	0.0155
43	0.03	1955-08-25	118	30.7	30.8	1.9	2.16	1.22	31	0.38	0.12	0.0141	0.031	0.0157
44	0.03	1955-08-26	118	28.3	33.4	2.5	2.16	1.02	31	0.48	0.126	0.0236	0.031	0.0160
45	0.03	1955-08-29	200.5	39.4	40.6	2.5	2.16	1.39	29	0.71	0.15	0.02	0.036	0.0151
46	0.03	1955-08-30	196.5	41.7	37.7	2	2.16	1.15	28	0.6	0.0665	0.0169	0.032	0.0149
47	0.03	1955-08-31	220	42.9	41.1	2.58	2.16	1.19	28	0.65	0.128	0.0192	0.036	0.0160
48	0.03	1955-09-01	211	45	39.3	2.06	2.16	1.31	28	0.55	0.099	0.0173	0.036	0.0149
49	0.03	1955-09-03	222	42.4	42	2.45	2.16	1.22	28	0.69	0.124	0.0187	0.038	0.0149
50	0.03	1955-09-06	40	14.9	21.4	2	2.16	0.63	29.4	0.2	0.149	0.0102	0.028	0.0161
51	0.03	1955-09-08	43	10.3	33.5	6.4	6.78	0.37	30	0.52	0.107	0.0189	0.031	0.0150
52	0.03	1955-09-10	80.5	14.6	44.2	6.4	6.78	0.62	30	1.21	0.151	0.0219	0.043	0.0139
53	0.03	1955-09-12	120.5	17.8	54.4	6.7	6.78	0.8	31	2.03	0.173	0.0256	0.044	0.0128
54	0.03	1955-09-13	160.2	21.2	60.6	6.6	6.78	0.99	30.5	2.7	0.158	0.026	0.043	0.0125
56	0.03	1955-09-15	197.5	22.2	71.3	6.8	4.5	0.88	29.5	3.45	0.204	0.03	0.043	0.0110
57	0.03	1955-09-17	241	25.1	76.8	6.6	1.6	1.09	29.5	4.19	0.21	0.031	0.043	0.0107
58	0.03	1955-09-20	155	17.4	71.3	7.15		0.88	27	4.06	0.185	0.03	0.044	0.0099
60	0.03	1955-09-24	119.5	12.4	76.9	8	8.41	0.54	27.2	4.75	0.18	0.02975	0.04	0.0081
61	0.03	1955-09-26	81	13.5	48	9.4	8.41	1.26	26.5	3.03	0.143	0.0259	0.04	0.0148
62	0.03	1955-09-27	79.2	14	45.1	8.4	8.41	1.52	26.5	2.67	0.146	0.023		0.0152
63	0.03	1955-09-29	39.5	9.7	32.7	9.1	8.41	1.12	26	1.3	0.094		0.036	0.0177
64	0.03	1955-10-04	40	10.2	31.2	8	8.41	1.42	26	0.98	0.115	0.0175	0.038	0.0181
65	0.03	1955-10-05	160.5	17.6	73	7.9		1.14	26	5.51	0.179	0.0298	0.048	0.0105
66	0.03	1955-10-06	200	20.2	79	8.1		1.82	26	7.6	0.193	0.0306	0.046	0.0103
67	0.03	1955-10-07	239.5	22.4	85.6	8.7		1.97	24.5	9.09	0.164	0.0287	0.045	0.0104
70	0.03	1955-10-18	81	15	43.1	3.15	3.27	0.4	21.5	0.51	0.162	0.0122	0.026	0.0101
72	0.03	1955-10-21	80	16.8	38	3.3	3.27	0.56	21	0.62	0.172	0.018	0.037	0.0125
73	0.03	1955-10-25	216	32.5	53.1	3.8	3.27	1	21	1.55	0.132	0.0215	0.04	0.0131

表 29 - 7　　　　　　　　　　　　　第 2 种用沙 0.06mm 黄土试验数据表

编号	用沙中径 (mm)	日期 (年-月-日)	流量 (L/s)	水深 (cm)	平均流速 (cm/s)	水面比降 (×10⁻⁴)	淤积比降 (×10⁻⁴)	淤积厚度 (cm)	温度 (℃)	实测含沙量 (%)	悬沙平均沉速 (cm/s)	悬沙 d_{50} (mm)	底沙粒径 D_{50} (mm)	总糙率 n
4	0.06	1956 - 03 - 07	118.5	23	41.3	4.9	5	0.19	12	0.2	0.219	0.042	0.066	0.0163
5	0.06	1956 - 03 - 08	160	28	45.8	4.8	5	0.56	12.5	0.32	0.221	0.042	0.067	0.016
6	0.06	1956 - 03 - 09	160	27.7	46.3	4.7	5	0.5	12	0.32	0.209	0.041	0.066	0.0156
7	0.06	1956 - 03 - 12	199	30.4	52.5	5.2	5	0.63	11.5	0.48	0.207	0.04	0.072	0.0151
10	0.06	1956 - 03 - 20	80	16.2	39.6	6.6	6.76	0.59	14	0.24	0.28	0.0355	0.067	0.0164
11	0.06	1956 - 03 - 21	119	20.3	47	6.6	6.76	0.61	14	0.43	0.221	0.0393	0.078	0.0156
12	0.06	1956 - 03 - 23	198.7	26.1	61	6.8	6.76	0.6	15.5	0.81	0.283	0.0445	0.086	0.0138
13	0.06	1956 - 03 - 26	161.5	23.7	54.4	6.7	6.76	0.66	14.5	0.66	0.228	0.0415	0.069	0.0148
14	0.06	1956 - 03 - 30	200	42.3	37.9	2.5	2.44	0.92	14	0.12	0.334	0.0315	0.054	0.0166
15	0.06	1956 - 04 - 02	162.8	34.8	37.5	2.5	2.44	0.61	14	0.1	0.257	0.033	0.058	0.0155
16	0.06	1956 - 04 - 03	121.2	28.2	34.4	2.6	2.44	0.46	15.8	0.083	0.151	0.032	0.059	0.0157
17	0.06	1956 - 04 - 04	81.5	22.7	28.7	2.5	2.44	0.42	17	0.06	0.209	0.0325	0.053	0.0167
18	0.06	1956 - 04 - 06	41.5	14.5	22.8	2.6	2.44	0.27	17	0.048	0.475	0.028	0.053	0.017
19	0.06	1956 - 04 - 07	120.5	28.2	34.2	2.55	2.44	0.57	17.5	0.081	0.25	0.031	0.059	0.0156
21	0.06	1956 - 04 - 13	42.8	10.3	33.1	8.45	8.4	0.66	17.5	0.15	0.197	0.0288	0.058	0.0174
22	0.06	1956 - 04 - 16	44.2	10.3	34.4	9.4	10.1	0.59	20	0.18	0.269	0.032	0.072	0.0177
23	0.06	1956 - 04 - 17	82.5	13.5	48.8	8.5	10.1	0.39	21	0.53	0.286	0.04	0.077	0.0138
24	0.06	1956 - 04 - 23	200	19.4	82.4	10.3	2.8	0.65	21	1.68	0.33	0.044	0.078	0.0109
25	0.06	1956 - 04 - 24	159	17.5	72.6	10.3	8.6	0.63	21	1.6	0.324	0.0445	0.083	0.0117
26	0.06	1956 - 04 - 25	118	15.8	59.9	10.2	10.8	0.65	21.5	1.26	0.31	0.043	0.088	0.0134
27	0.06	1956 - 04 - 26	80.5	13.7	47.2	9.3	10.1	0.56	22	0.71	0.243	0.037	0.073	0.0156
28	0.06	1956 - 04 - 27	44	9.4	37.3	10.1	10.1	0.39	22	0.28	0.268	0.032	0.062	0.0161
29·	0.06	1956 - 05 - 02	199.5	20.1	79.4	10.4	6.3	0.71	21.5	1.79	0.277	0.0435	0.082	0.0116
30	0.06	1956 - 05 - 04	234	24.3	77	10.4	4.6	0.93	23	1.96	0.244	0.0415	0.075	0.0131

表 29 - 8　　　　　　　　　　　　　第 3 种用沙 0.13mm 黄沙试验数据表

编号	用沙中径 (mm)	日期 (年-月-日)	流量 (L/s)	水深 (cm)	平均流速 (cm/s)	水面比降 (×10⁻⁴)	淤积比降 (×10⁻⁴)	淤积厚度 (cm)	温度 (℃)	实测含沙量 (%)	悬沙平均沉速 (cm/s)	悬沙 d_{50} (mm)	底沙粒径 D_{50} (mm)	总糙率 n
2	0.13	1956 - 05 - 14	81	18.2	35.5	5	4.9	0.4	21	0.02	0.346	0.0225	0.149	0.0171
3	0.13	1956 - 05 - 15	121	23.4	41.3	4.9	4.9	0.7	21.5	0.043	0.49	0.031	0.147	0.0165
4	0.13	1956 - 05 - 16	159	26.2	48.5	5.2	4.9	0.62	21.5	0.075	0.649	0.051	0.15	0.0152
5	0.13	1956 - 05 - 18	200	29	55.2	5.15	4.9	0.68	21	0.11	0.744	0.0765	0.145	0.0139
6	0.13	1956 - 05 - 23	229.2	30.8	59.5	5	4.9	0.71	25	0.12	0.734	0.0565	0.145	0.0131
7	0.13	1956 - 05 - 26	40.5	9.8	33	6.7	6.66	0.39	23.5	0.036	0.127	0.02	0.131	0.0151
8	0.13	1956 - 05 - 28	80.5	15.8	40.9	6.85	6.66	0.53	23	0.063	0.402	0.024	0.15	0.0161
9	0.13	1956 - 05 - 29	121	20.2	48	6.8	6.66	0.59	23	0.098	0.493	0.041	0.159	0.0155

续表

编号	用沙中径（mm）	日期（年-月-日）	流量（L/s）	水深（cm）	平均流速（cm/s）	水面比降（×10⁻⁴）	淤积比降（×10⁻⁴）	淤积厚度（cm）	温度（℃）	实测含沙量（%）	悬沙平均沉速（cm/s）	悬沙 d_{50}（mm）	底沙粒径 D_{50}（mm）	总糙率 n
10	0.13	1956-05-30	160	21.2	60.4	5	6.66	0.33	23.5	0.15	0.683	0.068	0.145	0.0108
11	0.13	1956-06-01	201	22.8	70.5	5.3	6.66	0.88	27.5	0.13	1.091	0.085	0-14	0.0093
12	0.13	1956-06-04	200	21.1	75.8	6.65	6.66	0.17	27	0.17	1.15	0.095	0.136	0.0099
13	0.13	1956-06-06	232	23.3	79.6	6.65	6.66	0.29	28	0.18	1.183	0.095	0.139	0.0099
14	0.13	1956-06-06	162	17.9	72.5	7.2	6.66	0.16	30	0.14	1.26	0.102	0.147	0.0099
15	0.13	1956-06-08	162	18.3	70.9	6.4	6.66	0.24	27	0.16	0.961	0.058	0.148	0.0097
16	0.13	1956-06-11	40.5	9.6	34.6	9	8.21	0.34	26	0.048	1.114	0.09	0.139	0.0165
18	0.13	1956-06-13	81	13.9	46.6	8.7	8.21	0.35	28	0.11	1.024	0.088	0.14	0.0148
19	0.13	1956-06-15	121	14.4	67.4	8	8.21	0.14	28	0.2	1.183	0.102	0.139	0.0100
20	0.13	1956-06-16	160	16.6	77	8.3	8.21	0.24	28	0.22	1.241	0.123	0.146	0.0097
21	0.13	1956-06-18	200	19.1	83.8	8.35	8.21	0.39	28	0.27	1.563	0.13	0.139	0.0096
22	0.13	1956-06-19	228	21.1	86.9	8.3	8.21	0.45	29	0.27	1.465	0.137	0.132	0.0097
23	0.13	1956-06-20	228	21.2	86.3	8.25	8.21	0.46	29	0.27	1.497	0.13	0.137	0.0097
24	0.13	1956-06-21	158.5	16.5	76.8	8.3	8.21	0.31	30.5	0.22	1.513	0.13	0.135	0.0097
25	0.13	1956-06-22	119.5	14.1	67.9	8.1	8.21	0.17	34	0.17	1.186	0.108	0.135	0.0099
26	0.13	1956-06-26	40	6.9	46.5	9.8	10	0.08	29.5	0.066	0.839	0.058	0.136	0.0105
27	0.13	1956-06-27	80.5	10.3	62.3	9.9	10	0.11	30	0.21	0.827	0.058	0.118	0.0100
28	0.13	1956-06-28	119.5	13.1	73.1	10	10	0.11	30	0.29	1.223	0.12	0.131	0.00978
29	0.13	1956-06-29	162	15.5	83.8	10	11.8	0.34	30	0.39	1.465	0.13	0.131	0.0094
30	0.13	1956-06-30	203	17.6	92.2	9.95	11.7	0.45	31	0.48	1.647	0.15	0.137	0.0091
31	0.13	1956-07-02	224.5	19.1	94.2	9.6	10.9	0.6	30	0.49	1.543	0.137	0.138	0.0092
32	0.13	1956-07-05	43	9	38.2	11.3	10.9	0.17	32	0.078	0.458	0.0115	0.144	0.0162
33	0.13	1956-07-10	80	9.6	66.8	12.3	12.2	0.07	31	0.24	1.211	0.11	0.132	0.0100
34	0.13	1956-07-11	118.5	12.1	78.1	12.2	12.2	0.21	33	0.49	1.256	0.131	0.132	0.0098
35	0.13	1956-07-12	83	9.9	66.7	12.6	12.2	0.14	32.5	0.36	1.393	0.128	0.125	0.0104
36	0.13	1956-07-13	160	13.7	93.3	12.8	15.6	0.77	32.5	0.71	1.604	0.134	0.132	0.009
38	0.13	1956-07-19	119.3	11.9	80.4	12.55	14.6	0.43	33	0.53	1.615	0.127	0.136	0.0095
39	0.13	1956-11-08	80	15.4	41.6	5.5	5.05	0.24	19	0.074	0.312	0.0187	0.127	0.0139
40	0.13	1956-11-12	121	22.9	42.3	5.15	5.05	0.61	18.8	0.094	0.397	0.0219	0.144	0.0163
41	0.13	1956-11-13	157.5	27.2	46.4	5	5.05	0.67	18.8	0.11	0.321	0.026	0.146	0.0159
42	0.13	1956-11-15	200	29.9	53.5	5.35	5.05	0.75	18.6	0.15	0.304	0.0366	0.14	0.0149
43	0.13	1956-11-16	202.5	31	52.3	5.1	5.05	0.87	19	0.14	0.441	0.0328	0.144	0.0151
44	0.13	1956-11-19	80.5	18.5	34.8	5	5.05	0.62	18	0.074	0.14	0.0165	0.135	0.0175
45	0.13	1956-11-22	84	17.2	39	6.7	6.71	0.56	17.5	0.094	0.377	0.0213	0.145	0.0175
46	0.13	1956-11-23	81	16.9	38.4	6.6	6.71	0.6	17	0.088	0.303	0.0225	0.143	0.0174
47	0.13	1956-11-26	117.5	21.1	44.4	6.65	6.71	0.63	15	0.12	0.339	0.0255	0.143	0.017
48	0.13	1956-11-28	161	24.7	52.1	6.7	6.71	0.67	15.2	0.16	0.441	0.0403	0.148	0.0156

表 29 - 9　　　　　　　　　　　**第 4 种用沙 0.03mm 人工沙试验数据表**

编号	用沙中径 (mm)	日期 (年-月-日)	流量 (L/s)	水深 (cm)	平均流速 (cm/s)	水面比降 (×10⁻⁴)	淤积比降 (×10⁻⁴)	淤积厚度 (cm)	温度 (℃)	实测含沙量 (%)	悬沙平均沉速 (cm/s)	悬沙 d_{50} (mm)	底沙粒径 D_{50} (mm)	总糙率 n
1	0.03	1956 - 12 - 08	82.5	16.1	41	7	6.71	0.74	15	1.39	0.087	0.028	0.038	0.0164
2	0.03	1956 - 12 - 11	158.5	24.7	51.3	6.8	6.71	2.03	14	3.32	0.123	0.0325	0.038	0.016
3	0.03	1956 - 12 - 13	202.5	27.1	59.9	6.1	6.71	1.53	14.5	4.23	0.113	0.032	0.04	0.0135
4	0.03	1956 - 12 - 15	118.5	21.6	44	6.7	6.71	1.46	14	2.34	0.08	0.026	0.038	0.0173
5	0.03	1956 - 12 - 21	81	21.5	30.1	3.9	3.4	0.86	12.3	0.49	0.06	0.0181	0.036	0.0193
6	0.03	1956 - 12 - 26	117.5	27	34.8	3.35	3.4	1.04		0.71	0.07	0.0205	0.033	0.0173
7	0.03	1956 - 12 - 28	158	31.2	40.7	3.6	3.4	1.15	13.5	0.96	0.07	0.0243	0.037	0.0163
8	0.03	1956 - 12 - 30	198.3	34.4	46.2	3.8	3.4	1.14	14	1.24	0.088	0.0275	0.04	0.0154
9	0.03	1957 - 01 - 02	197	37.8	41.6	3	3.4	1.32	15.4	0.91	0.09	0.023	0.032	0.0159
10	0.03	1957 - 01 - 04	81.5	22.3	29.3	2.95	3.4	0.79	14.5	0.4	0.063	0.024	0.034	0.0176

在数据表 29 - 6～表 29 - 9 中，将每次试验的悬沙沙样作颗粒级配分析，再计算在试验温度时的沉速，按下式求平均沉速：

$$\omega_m = \frac{\int \omega \mathrm{d}p}{\int \mathrm{d}p} = \frac{\int \omega \mathrm{d}p}{P}$$

式中：p 为粒径分组百分数；ω 为该分组的平均沉速。

颗粒分布曲线系用比重计法和筛析法两种方法作出百分数与 d 或 ω 曲线，有时两种方法所得曲线并不衔接，因此计算出的 ω 值有时仅采用比重计法所得曲线，故其精确度受到一定限制。算出的平均 ω 值，大致相当于 $d_{70}～d_{50}$。

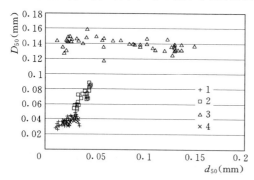

图 29 - 20　4 种试验用沙悬沙 d_{50} 与底部
淤沙 D_{50} 的实测关系

在各组数据表中列出悬沙 d_{50} 和淤沙 D_{50} 以及水面比降与槽底淤积比降，从水面比降与槽底淤积比降各值，可看出水流均匀程度。从 d_{50} 和 D_{50} 各值，可看到不同沙样粒径的分选程度。在第一组、第二组黄土试验中，悬沙与底部泥沙粒径两者之间有俱涨俱落的关系，而第三种 0.13mm 组，悬沙粒径的变化似与底沙粒径无关（图 29 - 20）。

在探求饱和含沙量关系式的过程中，首先采用统计相关分析法，求取饱和含沙量与各水力泥沙因子的经验关系。

根据表 29 - 6～表 29 - 9 中 4 种沙试验所得数据，试求

$$c_w = k \frac{v^a R^b J^c}{\omega^d} \tag{29 - 11}$$

$$\log c_w = \log k + a \log v + b \log R + c \log J - d \log \omega$$

k、a、b、c、d 各值计算结果得

$$c_w = k \frac{v^{0.75} R^{0.67} J^{1.2}}{\omega^{0.67}}$$

代入 Manning 公式，得

$$c_w = k n^{2.4} \frac{v^{3.15}}{\omega^{0.67} R^{0.67}} \qquad (29-12)$$

式（29-12）同 Veliknov 公式相近。

同样，根据前人的悬沙运动理论工作，结合试验中所获得的有关悬沙运动所显示的物理现象，探求饱和含沙量的公式，如 Velikanov 根据他提出的重力理论，得关系式：

$$c = k \frac{u^3}{gh\omega} \qquad (29-13)$$

点绘 $\dfrac{u^3}{gh\omega}$ 与 c 的关系，见图 29-21。

其次，Barenblatt（1953，1955）的理论分析，可供实验资料分析参考。Barenblatt 根据 Kormogorov 关于水流脉动能的平衡观念，写出脉动能平衡方程。在不考虑底部影响的情况下有

$$\sigma g \overline{c' v_3'} + \frac{Q}{\rho_1} + \overline{v_1' v_3'} \frac{\mathrm{d}\,\overline{v_1}}{\mathrm{d} x_3} = 0 \quad (29-14)$$

式中：第一项代表水流上举悬浮质所消耗的脉动能，$\sigma = \dfrac{\rho_2 - \rho_1}{\rho_1}$，$\rho_1$ 为液体密度，ρ_2 为颗粒密度，c' 为悬移质含量的相对体积的脉动量，v_3' 为水流在纵向与垂直方向的脉动速度；第二项代表脉动能的耗损，Q 为脉动能的耗损；第

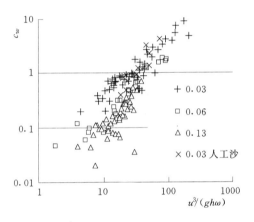

图 29-21　根据 Velikanov 重力理论的饱和悬沙量 c_w 与 $u^3/(gh\omega)$ 的关系

三项表示由平均运动的能量中取得的脉动能流入，v_1'、v_3' 分别为水流在纵向与垂直方向的脉动速度，x_3 为垂直坐标。因此在恒定均匀流含沙水流中悬浮质的悬浮所消耗的脉动能量，近似地等于水流平均运动能量中取得的脉动能减去动能的耗损。

式（29-14）中第三项即水流中由于脉动流速产生的剪力 $\tau = \rho \overline{v_1' v_3'}$ 与平均流速梯度 $\dfrac{\mathrm{d}\,\overline{v_1}}{\mathrm{d} x_3}$ 的乘积。质量平衡方程和运动量方程分别为

$$\overline{c' v_3'} = \omega \overline{c} \qquad (29-15)$$
$$\overline{v_1' v_3'} = -v_*^2 + c x_3 \qquad (29-16)$$

式中：ω 为颗粒沉速；v_* 为阻力速度。

含沙量平衡方程，在扩散理论的假设下，可推导出含沙量沿水深的分布曲线而水流运动量方程，则可导出水流流速的垂向分布表达式。

Minski 在水槽中水流试验，得

$$\overline{v_1' v_3'} = -v_*^2 \left(1 - \frac{x_3}{h} \right) \qquad (29-17)$$

式中：h 为水深。

利用对数流速分布公式，可得

$$\frac{\mathrm{d}\overline{v_*}}{\mathrm{d}x_3}=\frac{v_*}{kx_3} \qquad (29-18)$$

因此有

$$\sigma g\omega\overline{c}+\frac{Q}{\rho_1}-v_*^2\left(1-\frac{x_3}{h}\right)\frac{v_*}{kx_3}=0 \qquad (29-19)$$

Kormogorov 用量纲分析，假定能量耗损为

$$\begin{cases}\dfrac{Q}{\mathrm{d}_1}=\dfrac{Kb^{\frac{3}{2}}}{L} \\[2mm] b=\dfrac{1}{2}\left(v_1'^2+v_2'^2+v_3'^2\right)\end{cases} \qquad (29-20)$$

式中：v_1'、v_2'、v_1' 为纵向、横向和垂向的脉动速度。清水水流脉动速度试验得

$$b=\frac{v_*^2}{\gamma^2}\left(1-\frac{x_3}{h}\right) \qquad (29-21)$$

其中 γ 为常数。泥沙颗粒的脉动速度的水槽实验结果显示有类似的关系。Barenblatt 的理论分析获得：水流中含沙颗粒的脉动速度小于水流的脉动速度。前人水槽中测量颗粒脉动速度，得到与理论相同的结论。

因此可得

$$\sigma g\omega\overline{c}+\frac{K}{L}\left[\frac{1}{2}\left(v_1'^2+v_2'^2+v_3'^2\right)\right]^{\frac{3}{2}}-v_*^2\left(1-\frac{x_3}{h}\right)\frac{v_*}{k_1x_3}=0$$

$$\sigma g\omega\overline{c}+\frac{K}{L}\left[\frac{v_*^2}{\gamma}\left(1-\frac{x_3}{h}\right)\right]^{\frac{3}{2}}-v_*^3\left(1-\frac{x_3}{h}\right)\frac{1}{k_1x_3}=0$$

如以上式中各项求沿水深积分的平均，可得

$$c=f\frac{v_*^3}{gh\omega} \qquad (29-22)$$

式中：f 为水流底部边界条件如边壁阻力和底部泥沙运动的参数。

根据上述两种方法的分析获知，饱和含沙量同无量纲参数 $\left(\dfrac{u^2}{gh}\right)\left(\dfrac{u}{\omega}\right)$ 之外，尚与底部阻力和底部泥沙运动参数等因子有关。

根据第 29.3 节所述水沙运动现象，观察到：含有一定大小级配的泥沙进入水槽，大部分泥沙悬浮在水中前移，其中较大的泥沙不能在水中悬浮而沉淀于槽底，或沿底部纵向移动，在临底层的泥沙含量较大；而粒径较粗时，沿底部运动的泥沙含量亦因床面剪力的增大而加大。

从含沙量垂线分布的分析结果，可见输沙量的大小，取决于底层泥沙含量的大小，前面讨论过，实验测得的临底层含沙量与 $\left(\dfrac{u^2}{gh}\right)\left(\dfrac{u}{\omega}\right)$ 大致存在线性关系。

此外，本书第 5 章浮泥与盐水的分析和实验得

$$\tau=kc \qquad (29-23)$$

的关系，而对细沙推移质的起动临界推移力，则有

$$\tau=k(\rho_s-\rho_f)D \qquad (29-24)$$

式中：ρ_s 为颗粒粒径为 D 的密度；ρ_f 为清水的密度；D 为槽底上起动的泥沙粒径。

前已点绘 $c_w \sim \dfrac{u^3}{gh\omega}$ 的关系线，如图 29 - 21，可见点群形成三群，因此，点绘 $c_w \sim \left(\dfrac{u^3}{gh\omega}\right)\left(\dfrac{u_* - 0.3\sqrt{gD}}{gD}\right)$ 如图 29 - 22，可得测点集中在一条线，后面的 $\left(\dfrac{u_* - 0.3\sqrt{gD}}{gD}\right)$ 的量纲不与 $\dfrac{u^3}{gh\omega}$ 一致，故将 gD 改为 $\dfrac{g^{\frac{2}{3}}D}{\nu^{\frac{1}{3}}}$，使其量纲一致，故得（范家骅等，1958）

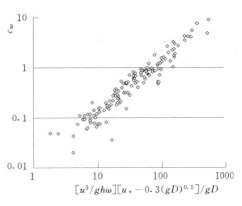

图 29 - 22　饱和悬沙量 c_w 与 $[u^3/(gh\omega)] \times [u_* - 0.3(gD)0.5]/gD$ 的关系

$$c_w = k\left(\frac{u^3}{gh\omega}\right)\left[\frac{u_* - 0.3\sqrt{gD}}{\dfrac{g^{\frac{2}{3}}D}{\nu^{\frac{1}{3}}}}\right] \qquad (29 - 25)$$

如图 29 - 23 所示，式（29 - 25）中 D 为底部泥沙的平均粒径，以 D_{50} 代表，$u_* = \sqrt{gR_bJ}$，R_b 为去除槽壁影响的水力半径，式（29 - 25）中右边采用 C.G.S 单位，$k = 1/$

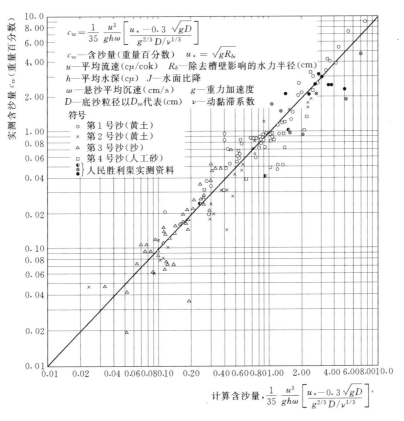

图 29 - 23　饱和悬沙量 c_w 与 $[u^3/(gh\omega)][u_* - 0.3(gD)^{0.5}]/(g^{2/3}D)/\nu^{1/3}$ 的关系

35，c_w 含沙量以重量百分数计。

图 29-23 还包括人民胜利渠实测资料，选用其中测取过河床质的资料进行计算比较。测取床面泥沙的计有 18 个点子，其中有四五个点子偏差较大外，其余均与上式符合。所采用的人民胜利渠的资料情况，列于表 29-10，计算数据列于表 29-11。

表 29-10　　　　　　　人民胜利渠资料（黄河水利科学研究所提供）

渠　段	次　数	编　号
老田庵段	4	19、26、29、31
引水渠	2	6、7
沉沙池第 3 条渠	4	13、15、16、17
东一干渠	8	1～4、6、9、10、13

表 29-11　　　　　　　　　　　人民胜利渠实测资料

编号	流量 （L/s）	水深 （m）	平均 流速 （cm/s）	水面 比降 （×10⁻⁴）	温度 （℃）	实测 含沙量 （%）	悬沙 平均沉速 （cm/s）	底沙粒径 （mm）	总糙率 n	计算 含沙量 （%）
19	9060	74	59	2.06	4.5	0.25	0.225	0.00967	0.0195	0.24
26	31200	147	91	2.23	22.5	0.42	0.0685	0.215	0.0209	0.93
29	48200	187	107	1.11	26.5	0.85	0.1262	0.126	0.0145	0.87
31	48900	194	104	1.46	26.5	1.04	0.0678	0.143	0.0176	1.5
6	16600	89	67	1.72	24.5	0.96	0.128	0.116	0.0177	0.4
7	20900	104	72	1.62	25.3	0.85	0.13	0.129	0.0178	0.4
13	22600	91	98	3.48	25.5	1.91	0.0787	0.075	0.0174	5.18
15	22100	117	98	1.78	26	2.17	0.097	0.068	0.0144	2.78
16	12500	67	74	3.72	25.5	0.98	0.0989	0.0987	0.0198	1.56
17	12400	67	74	3.8	24.5	0.96	0.113	0.0703	0.0198	2
1	5850	77	91	2.56	21.5	2.99	0.125	0.06	0.0141	2.95
2	6650	72	105	2.02	22.5	2.39	0.111	0.055	0.0106	5.03
3	4980	63	88	2.54	20	2.62	0.16	0.052	0.0129	2.63
4	5910	67	105	1.99	17	2.59	0.1376	0.06	0.01	3.69
6	3980	49	93	2.64	15	2.13	0.12	0.096	0.0105	2.32
9	5840	77	86	2.16	20.5	3.18	0.1	0.06	0.0146	2.83
10	6640	80	90	1.92	22.5	2.6	0.0993	0.052	0.0129	3.47
13	5210	73	79	2.52	18	2.1	0.1462	0.067	0.016	1.43

所得经验关系式（29-34）表明底部条件，对饱和悬沙量的影响。考虑到底部淤沙粒径包括糙率（沙波高度）和底沙运动的影响，亦即底部推移质运动对输沙的影响，它可用式（29-32）表示，$\tau = \rho u_*^2$，底部颗粒运动强度，主要受底部水流剪力的作用。因此，饱和含沙量的表达式，亦可用下式表示：

$$c_w = k\left(\frac{u^3}{gh\omega}\right)\left(\frac{u_*^2}{gD_{50}}\right) \tag{29-26}$$

如图 29-24 所示，式（29-35）中 $u_* = \sqrt{ghJ}$，$k = 0.001$，可见图 29-24 中点群的集中程度较好。

用 4 种沙样（d 为 $0.03 \sim 0.13$mm）进行的活动水槽饱和含沙量实验资料分析得式（29-35）关系式，表明在恒定均匀水流条件下的饱和含沙量值取决于下列水沙因子：悬浮泥沙的沉速、水流流速、水深、水力半径、水面比降和底部淤沙粒径各值。

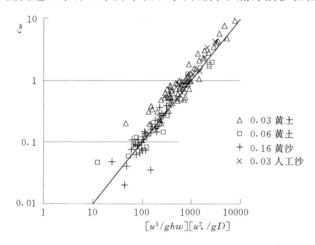

图 29-24　饱和悬沙量 c_w 与 $[u^3/(gh\omega)][u_*^2/gD]$ 的关系

参考文献

范家骅等.1955.饱和含沙量第一阶段试验报告。南京水利实验处 1955 年试验研究报告汇编，95-101.

范家骅，陈裕泰，金德春.1958.悬沙量试验初步简要报告.中国科学院水利电力部水利科学研究院，水利电力部交通部南京水利实验处.

黄河水利委员会科研所.1957.引黄渠系挟沙能力的初步分析.

严镜海等.1954.挟沙水流试验仪器设备报告.南京水利实验处 1954 年试验研究报告汇编，203-219.

中央水利实验处.1947.黄土水流极限含沙试验计划书.

Chow，V. T. 1959. Open-channel hydraulics. McGraw-Hill Book Co.

Keulegan，G. H. 1938. Laws of trubulent flow in open channels. National Bureau of Standards，Journal of Research，21：701-741.

Баренблатт，Г. И. 1953，1955. О движенче взвещенных уастиц в турбулентним потока. ПММ，Т. 17，Вы. 3，1953；Т. 19，Вы. 1，1955.

附 录

附录 1

作者著作与论文目录

专著

1958 钱宁，范家骅，曹俊，林同骥，等. 异重流. 北京：水利出版社，215.

1959 范家骅，王华丰，黄寅，吴德一，沈受百. 异重流的研究和应用. 研究报告 15. 北京：水利水电科学研究院，水利电力出版社 . 179 p.

1985 Bruk, S., Fan, Jiahua（范家骅），Jobson, H. E., MacManus, J. and Evrard, J.. Methods of computing sedimentation in lakes and reservoirs UNESCO, Paris, 214 p.；法文版，Unesco, 1986；中文译本，南科院出版，1987.

1997 Gregory Morris and Fan Jiahua（范家骅）：Reservoir Sedimentation Handbook-Design and Management of Dams, Reservoirs, and Watersheds for Sustainable Use. McGraw-Hill, 830 p. 日文版，2010.

2011 范家骅. 异重流与泥沙工程：实验与设计. 北京：中国水利水电出版社 .

讲义

1982 范家骅. 水库异重流（清华大学泥沙培训班义）.

1985 Fan Jiahua. Lecture notes on methods of preserving reservoir capacity. International Research and Training Center on Erosion and Sedimentation, Sediment Research Center of Tsinghua University, 96p（国际水库泥沙培训班讲义）.

1989 Fan Jiahua. River Engineering，为伊朗公共工程部培训班编写的讲义 .

1989 Fan Jiahua. Sediment Problems in River Engineering. 为伊朗公共工程部培训班编写的讲义 .

1996 Fan Jiahua. Notes on hydraulic flushing in reservoirs. Short Course on Reservoir Sedimentation, Sixth Federal Interagency Sedimentation Conference, March 14, 1996, Las Vegas, USA, 18p.

1998 Fan Jiahua. Notes on density currents and sedimentation. Continuing Professional Development Short Course, Dept. of Civil and Structural Engineering, The University of Hong Kong，March 7，1998.

译著

1956　Barenblatt，G. I. 论紊流中的悬浮质运动．范家骅，褚德珊译．北京：水利出版社，61 p.

1956　Levi，I. I. 河道水流动力学．范家骅，王承树，李昌华译．北京：电力工业出版社，231 p.

论文

范家骅．1947．平衡渠道断面形式之研究．水利（泥沙专号），15（1）：71 - 79.

范家骅．1947．悬移质理论介绍．水利（泥沙专号），第 15 卷，第 1 期，6 - 22.

范家骅．1954．泥沙颗粒分析比较试验研究报告．1954 研究试验报告汇编，南京水利实验处，165 - 192.

范家骅．1955．饱和悬沙量第一阶段试验报告．1955 研究试验报告汇编，南京水利实验处，85 - 101.

范家骅．1957．渠道悬移质含沙量的经验公式．泥沙研究，2（1），59 - 61.

范家骅，姜乃森．1957．异重流试验第一阶段报告．泥沙研究，2（2），1 - 12.

范家骅．1957．异重流水槽试验阶段报告，水利部北京水利科学研究院；日本 吉良八朗教授译成日文，刊"土地改良"杂志，第 8 卷，第 12 号：45 - 54.

范家骅．1958．异重流水槽试验阶段报告（二），中国科学院水利电力部水利科学研究院；日本 香川大学吉良八郎教授译成日文，刊"土地改良"杂志，第 9 卷，第 2 号：32 - 44.

范家骅．1958．异重流水槽试验阶段报告（三），中国科学院水利电力部水利科学研究院河渠研究所.

范家骅，等．1958．悬沙量试验简要报告．水利科学研究院，南京水利科学研究所.

水利科学研究院和河渠研究所，官厅水库管理处（范家骅，龙毓骞执笔）．1958 官厅水库异重流的分析．水利科学技术交流会议第二次会议（大型水工建筑物）文件，37 p.

范家骅，焦恩泽．1958．官厅水库异重流资料初步分析．泥沙研究，1（4）.

范家骅等．1959．异重流运动的实验研究．水利学报，5：30 - 48.

Fan Jiahua. 1960. Experimental studies on density currents. Scientia Sinica, 9（2）：275 - 303.

范家骅．1960．水库异重流研究的动向．科学通报，（17）：539 - 542.

范家骅，沈受百，吴德一．1962．水库异重流近似计算法．水利水电科学研究院科学研究论文集，第 2 集：34 - 44.

Fan Jiahua et al. 1962. Approximate method for computing density currents in reservoirs（in Russian）. Scientia Sinica（Science in China），11（5）：707 - 722.

范家骅，黄寅．1965．天津第一发电厂沉灰池试验报告．水利水电科学研究院.

范家骅．1966．水库淤积发展的分析．水利水电科学研究院泥沙研究所.

范家骅，等．1973．天津大港电厂取水工程进排水渠淤积和冲刷试验报告．水电部水利调度研究所.

范家骅.1974.水电站泥沙问题调查报告.水电部水利研究所水利研究室.

范家骅.1974.葛洲坝水利枢纽三江航道口门泥沙淤高速度的初步分析.

范家骅,等.1977.天津大港电厂引槽沟潮汐泥沙模型试验报告.第一部分:沟向试验.
　　水电部水利调度研究所.

范家骅,等.1977.天津大港电厂引槽沟潮汐泥沙模型试验报告.第二部分:拦沙堤试验.
　　水电部水利调度研究所.

Fan Jiahua, Jiang Ruqin. 1980. On methods for the desiltation of reservoirs. Intern.
　　Seminar of Experts on Reservoir Desiltation, Tunis, July 1 – 4, 1980, 17 p.

范家骅.1980.水库变动回水区泥沙问题.水利水电科学研究院泥沙研究所.

范家骅.1980.异重流泥沙淤积的分析.中国科学,(1):82 – 89.

Fan Jiahua. 1980. Analysis of the sediment deposition in density currents. Scientia Sinica
　　(Science in China), 23 (4): 526 – 538.

范家骅,等.1980.浑水异重流的实验研究和应用.河流泥沙国际学术讨论会论文集.第
　　1 卷.光华出版社,227 – 236.

范家骅,窦国仁.1980.泥沙动力学(包括高浓度输沙问题)总报告.河流泥沙国际学术
　　讨论会论文集.第 2 卷.光华出版社.

Fan Jiahua, Dou Guoren. 1980. General report, Sediment transport mechanics (including
　　hyperconcentration transport). 河流泥沙国际学术讨论会论文集.第 2 卷.光华出
　　版社.

范家骅.1981.紊流中泥沙扩散的实验研究.中国科学,(9):1176 – 1186.

Fan Jiahua. 1982. Experimental studies on the diffusion of sediment particle in turbulent
　　fluid. Scientia Sinica (Science in China), 25 (1): 99 – 112.

范家骅.1982.淤泥质海滩引潮沟模型试验若干问题.全国海岸带和海涂资源综合调查.
　　海岸工程学术会议论文集.下集.北京:海洋出版社,328 – 330.

范家骅.1984.沉沙池异重流的实验研究.中国科学.A 辑.(11):1053 – 1064.

范家骅.1984.泥沙运动总报告.第二次河流泥沙国际学术讨论会论文集.第 2 卷.北京:
　　水利电力出版社.

Fan Jiahua. 1984. General report on Theme B, Sediment transport in rivers. 第二次河流泥
　　沙国际学术讨论会论文集.第 2 卷.北京,水利电力出版社:54 – 72.

蒋如琴,范家骅,1984.含盐浑的淤积及其二维数值计算.第二次河流泥沙国际学术讨论
　　会论文集.第 1 卷.北京:水利电力出版社:118 – 127.

Fan Jiahua. 1985. Experimental studies on density current in stilling basins. Scientia Sinica
　　(Science in China), Ser. A, 28 (3): 319 – 336.

Fan Jiahua 1985 Methods of preserving reservoir capacity, Methods of computing sedi-
　　mentation in lakes and reservoirs (Bruk, S. rapporteur), UNESCO, Paris: 65 – 164.

范家骅,杜国翰.1985.水库泥沙问题.水利学报,(6):22 – 29.

Fan Jiahua. 1986. Turbid density currents in reservoirs. Water International, 11 (3):

107 - 116.

范家骅. 1986. 淤泥质海滩引潮沟潮汐挟沙水流模型试验问题. 中国科学. A 辑：776 - 784.

范家骅，姚金元，盛升国. 1986. 长江口北槽挖槽回淤分析. 水利水电科学院泥沙所，上海航道局设计研究院.

范家骅，等. 1986. 苏南核电站引水明渠泥沙淤积问题研究报告. 水利水科学研究院泥沙研究所.

Fan Jiahua. 1987. Sediment yield and its impact on reservoir capacity. Proceedings of the seminar on Erosion and Sedimentation Problems, Nov. 11 - 14, 1987, Addis Ababa, Ethiopia. Department of Civil Engineering, Addis Ababa University and Hydraulic Engineering, The Royal Institute of Technology, Sweden, Bulletin no. TRITA - VBI - 143, Stockholm, 1989, 86 - 122.

Fan Jiahua. 1987. Experience on reservoir desiltation in China. Proceedings of the seminar on Erosion and Sedimentation Problems, Nov. 11 - 14, 1987, Addis Ababa, Ethiopia. Department of Civil Engineering, Addis Ababa University and Hydraulic Engineering, The Royal Institute of Technology, Sweden, Bulletin no. TRITA - VBI - 143, Stockholm, 1989, 167 - 221.

Fan Jiahua. 1987. A tidal model test on saline sediment-laden flow in a trench on mud flat. Scientia Sinica (Science in China), Ser. A., 30 (11), 1203 - 1214.

范家骅，蒋如琴. 1987. 海水中黏土淤积和冲刷二维数值计算. 水利水电科学研究院科学研究论文集，第 26 集，97 - 110.

黄永健，范家骅，1987. 非恒定流异重流计算. 水利水电科学研究院科学研究论文集，第 26 集，111 - 122.

蔡体青，秦素娣，范家骅，吴江航. 1988. 潮汐河道与核电站取水口区域水流特性的数学模拟. 计算物理，5 (2)：129 - 138.

范家骅. 1989. 河口段电厂滩地挖槽引水渠淤积分析. 水利学报，(1)：44 - 53.

颜燕，范家骅. 1989. 抛泥及急流异重流的实验研究. 水利水电科学研究院科学研究论文集，第 29 集，228 - 236.

Fan Jiahua. 1991. Sediment yield in river catchments in China. Workshop on Management of Reservoir Sedimentation, 20 - 30 June. 1991, New Delhi. . 1. 2. 1 - 1. 2. 22.

Fan Jiahua. 1991. Density currents in reservoirs. Workshop on Management of Reservoir Sedimentation, 20 - 30 June. 1991, New Delhi. 3. 1. 1 - 3. 1. 27.

Fan Jiahua. 1991. Chinese experiences with reservoir desiltation. Workshop on Management of Reservoir Sedimentation, 20 - 30 June. 1991, New Delhi. 7. 2. 1 - 7. 2. 30.

范家骅. 1992. 异重流. （泥沙手册，第二篇第七章）. 北京：中国环境科学出版社，286 - 314.

Fan Jiahua and G. . Morris. 1992. Reservoir sedimentation. I. Delta and density current deposits. J. Hydraulic Engineering, Vol. 118, No. 3：354 - 369.

Fan Jiahua and G. . Morris. 1992. Reservoir sedimentation. II. Reservoir desiltation and long
　– term storage capacity. J. Hydraulic Engineering，Vol. 118，No. 3，370 – 384.

Li Yuanhong and Fan Jiahua. 1992. Management of reservoir sedimentation in semi – arid
　region. Proc. 5th Intern. Symp. On River Sedimentation，10 p.

Fan Jiahua. 1993. Siltation rate in a trench dredged on floodplain in estuary. International
　Journal of Sediment Research，8 (3)，71 – 88.

Fan Jiahua. 1995. An overview of preserving reservoir storage capacity. Proc. 1995 Interna-
　tional Workshop on Reservoir Sedimentation，Aug. 2 – 3，1995，San Francisco，US-
　FERC，58.

Fan Jiahua. 1996. Sediment impacts on hydropower reservoir. Proc. Sixth Federal Inter-
　agency Sedimentation Conference，March 10 – 14，1996，Las Vegas，USA，IX – 106 –
　IX113.

Fan Jiahua. 1996. Impacts due to density currents in reservoirs. North American Water and
　Environment Congress 1996，ASCE，June 22 – 28，1996，Anahein，California，USA.

Fan Jiahua and S. S. Fan 1996 Control of sediment deposition by flood flush-
　ing. International Conference on Reservoir Sedimentation，Fort Collins，USA.

Fan，Jiahua. 1996. Guidelines for preserving reservoir storage capacity by sediment man-
　agement. prepared for U. S. Federal Energy Regulatory Commission. 300 p.

Fan，Jiahua. 2005. Discontinuous flow of turbid density currents. I. Channel expansion and
　contraction. International Journal of Sediment Research，vol. 20，no. 1；68 – 77.

Fan，Jiahua. 2005. Discontinuous flow of turbid density currents. II Internal hydraulic
　jump. . International Journal of Sediment Research，vol. 20，no. 2；81 – 88.
范家骅. 2005. 浑水异重流槽宽突变时的局部掺混. 水利学报，36 (1)：1 – 8.
范家骅. 2005. 伴有局部掺混的异重流水跃. 水利学报，36 (2)：135 – 140.
范家骅. 2006. 水库异重流排沙. 异重流问题学术研讨会文集. 水利部黄河水利委员会，
　黄河研究会编，郑州：黄河水利出版社：38 – 60.
范家骅. 2006. 异重流对工程的影响. 异重流问题学术研讨会文集. 水利部黄河水利委员
　会，黄河研究会编，郑州：黄河水利出版社：149 – 164.
范家骅. 2007. 异重流孔口出流极限吸出高度分析. 水利学报，37 (4)：460 – 467.
范家骅. 2007. 浑水异重流孔口出流泄沙规律. 水利学报，37 (9)：1073 – 1079.
范家骅. 2008. 关于水库浑水潜入点判别数的确定方法. 泥沙研究，(1)：74 – 81.
Fan，Jiahua. 2008. Stratified flow through outlets. Journal of Hydro-environment Re-
　search，IAHR – APD，Hong Kong，2 (2008)：3 – 18.
范家骅. 2010. 异重流交界面波动失稳条件. 水利学报，41 (7)：849 – 855.
范家骅. 2011. 异重流交界面的掺混系数的研究. 水利学报，42 (1)：19 – 26.
范家骅，陈裕泰，金德春，戴清. 2011. 悬移质挟沙能力水槽试验研究. 水利水运工程学
　报. (1)：1 – 16.

附录2

平衡渠道断面形式之研究

范家骅[1]

1 平衡渠道研究之历史

平衡渠道云者，即渠道于承纳其设计流量时，不冲不淤，而呈稳定状态的渠道也。由此可知在平衡渠道中，流速既须足以携运进渠泥沙，复不可过大，以致冲蚀渠身。关于过去对此问题的研究成果，Prof. E. W. Lane（1937）于其"稳定土渠"[2]一文中叙陈綦详，兹择要译述于后。

19 世纪末叶 R. G. Kennedy 于印度 Lower Bari Doab Canal System 中取达于平衡及近乎平衡之渠道凡二十余条，加以分析，而以其结果演为公式

$$V_0 = Cd^n$$

式中：V_0 为满流时之平均流速；d 为水深；C 及 n 为二常数。在 Lower Bari Doab Canal System 中，若以英制计，C 为 0.84，n 为 0.64，Kennedy 认为 C 将视所挟运泥沙之粒径及数量而变，n 则为一无何变动之常数。后人之仿 Kennedy 公式而另给两常数值以求符合特殊地区之情况者，不虑十计，惟 C 值不仅视泥沙粒径而改变，且随泥沙数量而改变的原意，则多被忽略。

属于 Kennedy 一类之公式，认为渠道之能否稳定，悉视平均流速是否等于临界流速为断，后之研究者，则认为除平均流速须等于临界流速外，尚有其他条件亦须满足。

E. S. Lindley 就渠于 Lower Chenab Canal System 中之实际观测结果，认为欲满足平衡条件，除流速外，渠之宽深应有一定之比例，即

$$V_0 = 0.95d^{0.57}$$

$$B_B = 3.8d^{1.61} \quad (B_B = 底宽)$$

E. W. Woods 除确定渠宽与渠深之关系外，复将渠道比降与流速之关系纳入，其所主之平衡条件为：

$$V_0 = 1.434\log_{10}B_m \qquad (B_m = 平均渠宽)$$

$$d_a = B_m^{0.434} \qquad (d_a = 平均渠深)$$

$$S = 1/(2\log_{10}Q \times 1000) \qquad (S = 比降，Q = 流量)$$

G. Lacey 复进一步而将润周及泥沙粒径之影响纳入，得平衡条件如下：

$$P = 2.668Q^{0.5} \qquad (P = 润周)$$

本文原刊于《水利（泥沙专号）》第 15 卷，第 1 期，1947 年 7 月，中国水利工程学会，71-79。

[1] 中央水利实验处助理研究员。

[2] E. W. Lane Stable Channels in Erodible Material. Trans. ASCE，Vol. 102，1937.

$$Qf^2 = 3.8V_0^{06} \qquad (f = \text{推移质之粒径系数})$$

$$V_0 = 1.17\sqrt{fR} \qquad (R = \text{水幂半径})$$

$$f = 8\sqrt{D} \qquad (D = \text{泥沙粒径})$$

若将上列 4 式予以归并，可得

$$V_0 = 3.305D^{0.25}R^{0.5} \tag{1a}$$

$$P = 66.4D^{0.25}R^{1.5} \tag{1b}$$

$$P = 2.668Q^{0.5} \tag{1c}$$

　　式（1a）系与 Kennedy 之公式同型，然 Lacey 仅注意到常数 C 中包括粒径之因子而忽略亦应包括挟沙数量之因子，式（1b）、式（1c）两式则赖以确定断面形状，诸式中无渠道比降之因子。

　　以上诸公式，概以英制为单位，所根据之实际纪录，悉得之于印度，其他水工人士亦有就埃及等地之经验演为平衡渠道之公式者，虽形式各殊，在理论上之出发点，盖无特殊之处。

　　实则影响渠道平衡之因子为数至夥，Prof. E. W. Lane 尝以之别为数类[1]：

　　（1）水力因素、包括渠道比降、糙率、水幂半径或水深、平均流速、流速分布及水温等。

　　（2）渠道断面，包括宽、深及边坡等。

　　（3）挟移质之性质及数量，包括粒径、粒形、比重、黏结性及挟运数量。

　　（4）渠床底质之性质，包括粒径、粒形、比重、粒配度、黏滞性及坚实度等。

　　（5）其他因素，包括渠线、流型及微淤之粉光作用等，其中一部分因子，或因其在一般情况下影响微弱，或因其本身变化不大，故可以不计。但大多数因子之影响强弱如何随所在之特殊环境而异趣，殊不易作泛然之结论，如欲以一二公式将所有因素尽行纳入，事实上固不甚可能。

　　关于含沙水流，吾人之认识尚极幼稚，无论所含者为悬移质或推移质，现有理论皆犹在萌芽阶段。而渠道之"平衡"，其中乃含有错综复杂之关系，虽在实际上，于某一特殊地区，积多年之经验，可能对"平衡"条件获得体验；但如欲自理论出发，获取结论，使之能适用于任何地区，则困难滋多。譬如前文中所举诸氏之公式，无不以临界流速作基本出发点，而近人对推移质之研究，则有对于临界流速之存在根本表示怀疑者[2]。虽此中之是非正误，非本文所欲研讨，然由此可知吾人对泥沙知识之浅薄及理论之泛滥无归也。

　　对浑水水流吾人既乏认识，本文暂以清水土渠为对象，清水无淤积可言，故本文之所谓平衡，盖指渠道各部之抗刷力恰与水流之冲刷力相消，而不发生冲刷之意耳。讨论时系自水流之推移力出发，获取结论，复採川西诸渠之实测记录，加以印证。

---

[1]　Prof. Lane 原将（3）、（4）两类并为一类，兹为避免两者之混淆起见，应析为二。

[2]　参看 H. A. Einstein："Formulas for Transportation of Bed Load," Trans. A. S. C. E.，Vol. 107，1942。

2　水流推移力与沙土抗移力

2.1　水流平均推移力

流水分子与分子之间，有剪力存在。此种剪力或称推移力（tractive force）。在线流（Stream line flow）中，某点之推动力为 $\tau = \mu \dfrac{\mathrm{d}v}{\mathrm{d}y}$，$\mu$ 为水之黏滞系数，v 为该点之流速，y 为至底壁之垂直距离。在紊动流（turbulent flow）中，各点之推移力为 $\tau = \rho \varepsilon_m \dfrac{\mathrm{d}v}{\mathrm{d}y}$，$\rho$ 为密度，ε_m 为动量传递系数，在水深铅直方向，ε_m 非为一常数，即 $\varepsilon_m = f(y)$，故水流之推移力亦为水深之函数，因之断面润周上各点之推移力，显然因速坡 $\dfrac{\mathrm{d}u}{\mathrm{d}y}$ 与 ε_m 值之不同而有弱强，设以 τ_m 代表某断面润周上之平均推移力，则 $T_m = \displaystyle\int \dfrac{\tau \mathrm{d}p}{P}$，润周上某小段 $\mathrm{d}p$ 之推移力 τ，P 为润周全长。

今取等速流（uniflow flow）渠道①至②一段为自由体图 1。根据动量公式，求该自由体的平衡方程式。动量公式为 $\sum F = \dfrac{\partial\, mv}{\partial\, t} = 0$，即在①至②之间，单位时间内动量之变化，等于作用于自由体之诸力之和。

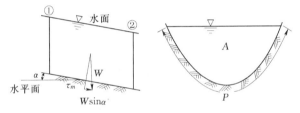

图 1　等速流渠道

作用于与水面平行方向之诸力为：该段水重之分力 $W\sin\alpha$，渠底沿润周 P 之阻力 $\tau_m Pl$，①与②两处之水压力（等量而反向），以及水面空气阻力，现不计空气阻力，得平衡方程式：

$$W\sin\alpha = \tau_m Pl$$

因 $W = \gamma_0 Al$，γ_0 为水之密度，A 为断面面积，l 为①至②长度，以 W 之值代入上式，则得

$$\gamma_0\, Al\sin\alpha = \tau_m Pl$$

α 角之值甚小，故 $\sin\alpha = \tan\alpha = S$（水面之比降），则

$$\tau_m = \gamma_0\, \frac{A}{P}\sin\alpha = \gamma_0 RS \tag{2}$$

$R = \dfrac{A}{P}$，即水幂半径，自平衡条件得：水流之渠底推移力必等于渠底之剪力，故 τ_m 即为水流平均推移力。由式（2）知：润周上之平均推移力为流水密度、水幂半径与水面比降之乘积，惟在一般近似抛物线之整齐渠道中，润周上各点之推移力通常假定与水深成正比，即

$$\tau = kt \tag{3}$$

式中：k 为常数，其值可以下式计算而得：

$$\int_0^P kt\,\mathrm{d}P = P\tau_m = P\gamma_0 RS$$

$$k = \frac{P\gamma_0 RS}{\int_0^P t\,\mathrm{d}P} \tag{4}$$

式中：P 为润周之总长，t 与 P 之关系，视断面形状而定。

2.2　沙土抗移力

渠道土壤，对于水流推移力，有抗移作用，此作用力，谓之沙土抗移力，通常认为系沙土之黏滞力与内摩阻力之和：即沙土抗移力 $R = C + \mu W$，其中 C 为土壤之黏滞力（不因外力作用而有改变），μ 为摩阻系数，W 为垂直于摩阻力面之重力，又有学者认为黏滞力 C 为内摩阻力之特例，即 C 亦可以垂直力乘以另一系数表示之，同时，沙土之抗移力又因土壤之组合，粒形、结构、密度、含水量等因子而有改变。

设渠底满铺同一大小每粒有效重量为 W 之泥沙，假设其摩阻力为 μW，则其润周上之抗移力为 μWP，如水流之推移力大于沙土之抗移力，沙粒即开始滚动，亦即冲刷之开始也，现以 τ_c 表示其单位面积临界抗移力，自平衡条件得

$$\tau_c Pd = K'\mu WP/d$$

式中：d 为沙粒直径；P/d 为润周上沙粒之数目；K' 为常数，视泥沙之排列及结构而变，又 $W = (\gamma - \gamma_0)\dfrac{\pi d^3}{6}$，$\gamma$ 为沙粒之密度，γ_0 为水之密度。

则

$$\tau_c = K'\mu(\gamma - \gamma_0)\frac{\pi \mathrm{d}^3}{6}\frac{P}{Pd^2} = K'\mu(\gamma - \gamma_0)d \tag{5}$$

此式表示临界抗移力与沙土密度，粒径成正比；如普通各种粒配之土壤言，式中之 d，概为沙土之有效直径。

2.3　水流平均推移力与沙土抗移力

水流之平均推移力与沙土之抗移力，通常以 $\mathrm{gm/m^2}$ 表示，Schoklitoch、Casey、Krey、张有龄诸氏，采用各种大小或各种组合之沙石等从事试验，求得各种沙石等之抗移力，至于其沙砾移动情形之规定，各种程度上不同（参阅本刊十四卷一期第四页小注释第五页图）：

Krey 氏公式：$\dfrac{\tau}{\gamma_0} = (0.045 - 0.074)\dfrac{\gamma - \gamma_0}{\gamma_0}d$

美国水道实验处：$\dfrac{\tau}{\gamma_0} = 0.0290\left(\dfrac{\gamma - \gamma_0}{\gamma_0}d\right)^{1/2}$

Schoklitsch：$\dfrac{\tau}{\gamma_0} = \left(\dfrac{\gamma - \gamma_0}{\gamma_0}d\right)^{3/2}C\lambda$　　[C 为常数（长度$^{-1}$），λ 为粒形系数]

Kramer：$\dfrac{\tau}{\gamma_0} = 0.0138\dfrac{d}{M}\left(\dfrac{\gamma - \gamma_0}{\gamma_0}\right)$　　[M 为划一系数（Coefficient of uniformity）]

至于实际情形，据水利十四卷一期周宗莲著泥沙动态与河流情形一文中，录德国纽伦堡政府工程师所得沙土临界抗移力为

直径 0.4～1.0cm 之石英沙	$250～300\mathrm{gm/m^3}$
直径 0.2～0.4cm 之石英沙	$180～200\mathrm{gm/m^3}$
泥土	$1000～1200\mathrm{gm/m^3}$

3 平衡渠道断面形状公式之演引

设某种组合土质之梯形断面，受某种水流情形（即流量、比降、流速、水深等）之水流推移力之作用，仍能维持原状，此水流推移力势须等于或不及土壤之抗移力也。如流量逐渐增加，水深随之增高，则水流推移力亦渐次增大，渠道断面之边坡或渠底，渐被侵蚀；原为直线之边坡，逐渐弯曲，成为近似抛物线型之曲线。在此断面形状逐渐改变之中，水流推移力作用于润周上各点，可能因该点之抗移力不能胜过推移力而遭冲刷；或因某点在过分饱和状态下，四周外力改变，不能继续保持平衡，此种改变，减低其抗移力强度，而遭致冲刷者。因以上两种原因而起之冲刷现象，普通多发生在边坡之上。

由上所述，吾人可设想一理想情形：若一渠道断面上，土壤颗粒均保持其稳定，同时各点之土壤抗移力等于各点相应之水流推移力，则渠道即呈平衡状态也。

今试在一平衡渠道上，取土粒一颗，观察其构成平衡条件之诸外力，而求该段面形状之曲线方程式。

设 O 点为断面润周上任意一点（图 2）。该处之土粒在水中之自重为 W，水流推移力为 T，沙土抗移力为 F；根据静力学之平衡定律，求取沙粒在该点切线平面上之平衡条件：O 点沙粒在切线方向之自重为 $W\sin\alpha$（α 为该点切线与水平方向所夹之角度），与垂直于横断面之水流推移力向量相加之合力，必须与抗移力 F 相等，即

$$(W\sin\alpha)^2 + T^2 = F^2$$

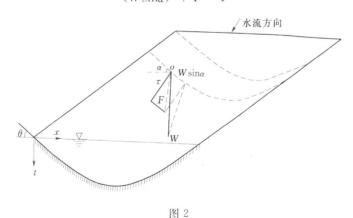

图 2

今假定润周上各点之水流推移力与水深之一次方成正比，$T = Kt$，K 为常数，（2.1 节），则上式为

$$(W\sin\alpha)^2 + (Kt)^2 = F^2$$

或

$$(Kt)^2 = F^2 - (W\sin\alpha)^2 \tag{6}$$

在最大水深 t_0 处，$\alpha = 0$ 代入（6），得

$$Kt_0 = F \tag{7}$$

在渠道水深 $t=0$ 处，$\alpha = \theta$（θ 为渠道断面曲线与水面交点之切线，与水面方向所夹之角度），代入式（6）得

$$W\sin\theta = F \quad \text{或} \quad \sin\theta = \frac{F}{W} \tag{8}$$

以式（6）除式（7），可得

$$\left(\frac{t}{t_0}\right)^2 = \frac{F^2 - (W\sin\alpha)^2}{F^2} = \frac{\left(\frac{F}{W}\right)^2 - \sin^2\alpha}{\left(\frac{F}{w}\right)^2} \tag{9}$$

以式（8）代入式（9）：

$$\left(\frac{t}{t_0}\right)^2 = \frac{\sin^2\theta - \sin^2\alpha}{\sin^2\theta}$$

则

$$\sin\alpha = \sin\theta \sqrt{1 - \left(\frac{t}{t_0}\right)^2} \tag{10}$$

或

$$\frac{t}{t_0} = \sqrt{\frac{\sin^2\theta - \sin^2\alpha}{\sin^2\theta}} \tag{11}$$

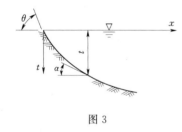

图 3

式（11）必须满足边界条件：当 $\alpha = \theta$，$\dfrac{t}{t_0} = 0$；当 $\alpha = 0$，$\dfrac{t}{t_0} = 1$，在断面上任意一点，得下列关系：

$$\tan\alpha = \frac{\mathrm{d}t}{\mathrm{d}x}$$

$$\frac{\mathrm{d}t}{\mathrm{d}x} = \tan\alpha = \frac{\sin\alpha}{\sqrt{1 - \sin^2\alpha}} \tag{12}$$

以式（10）代入式（12），积分之，得

$$\int_0^{\frac{x}{t_0}} \frac{\mathrm{d}x}{t} = \int_0^{\frac{t}{t_0}} \sqrt{\frac{1 - \sin^2\theta\left[1 - \left(\frac{t}{t_0}\right)^2\right]}{\sin^2\theta\left[1 - \left(\frac{t}{t_0}\right)^2\right]}} \, \mathrm{d}\frac{t}{t_0} \tag{13}$$

或

$$\frac{x}{t_0} = \int_0^{t/t_0} \sqrt{\frac{\csc^2\theta - [1 - (t/t_0)^2]}{1 - (t/t_0)^2}} \, \mathrm{d}(t/t_0) \tag{14}$$

式（13）、式（14）中之 $\dfrac{t}{t_0}$ 为渠内某点水深与最大水深之比，故曲线形状之为平坦抑陡直，当视 θ 角而决定。此角可谓沙土抗移力之表现。

兹计算并绘制 $\theta = 45°$、$60°$、$90°$ 三断面曲线于表 1 和图 4。

关于式（14）之应用，详见本文"结论"中。

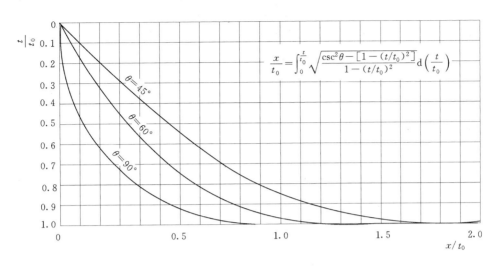

$$\frac{x}{t_0} = \int_0^{t/t_0} \sqrt{\frac{\csc^2\theta - [1-(t/t_0)^2]}{1-(t/t_0)^2}} \, d\left(\frac{t}{t_0}\right)$$

图 4　平衡渠道横断面形状曲线图

表 1　　　　　　　　　　　　平衡渠道横断面形状计算结果

$\dfrac{t}{t_0}$	$\dfrac{x}{t_0}$，$\theta=45°$时	$\dfrac{x}{t_0}$，$\theta=60°$时	$\dfrac{x}{t_0}$，$\theta=90°$时
0	0	0	0
0.1	0.10	0.058	0.005
0.2	0.20	0.12	0.015
0.3	0.31	0.19	0.040
0.4	0.42	0.26	0.077
0.5	0.54	0.34	0.127
0.6	0.67	0.43	0.193
0.7	0.83	0.55	0.28
0.8	1.02	0.69	0.39
0.9	1.27	0.89	0.56
0.92	1.34	0.94	0.61
0.94	1.41	1.00	0.66
0.96	1.51	1.08	0.72
0.98	1.62	1.18	0.80

4　实测断面与理论断面形式之比较

作者于 1945 年冬，于川西涪江沿岸诸灌溉渠测量渠道断面，藉与理论曲线比较。

4.1　渠道土质情形

川西土质，未有详尽分析。惟据四川省水利局在三台试验稻田需水量时，粗分该区田亩之土壤情形，见表 2。

表 2 三台试验稻田土壤情况

名　称		土　质　情　形
黄泥田	最厚	泥质纯粹，泥质甚厚
	普通	泥厚 40cm，下层含有沙质
黄泥夹沙田		泥中夹沙约 7.5%，厚 80cm，下层为沙
潮泥田		泥厚 80cm，下层为沙
泥夹沙田		泥中夹沙约 20%，厚 60cm，下为漏沙
沙田		泥 50%～75%，砂 25%～50%，厚 60cm，下层为砂砾

至于其土质之分布情形，1943 年，三台县之郑泽堰桃子园坝各支渠田亩土质调查结果，估计全坝之 7440 市亩，各种土质所估之百分比见表 3。

表 3 土质百分比

土 质 名 称	约 估 亩 数	百 分 比（%）
黄泥田	2200	29.6
黄泥夹沙田	1840	24.8
潮泥田	1310	17.6
泥夹沙田	925	12.4
砂田	1140	13.4

据实际观察，渠道亦以黄泥土及黄泥夹沙土较多。

4.2　实测断面形状与水流推移力数值

所选之诸实测断面，以富有代表者为准，断面多在平直段上，且达成趋于稳定状态者。今列表计算见表 4。

表 4 实测断面水流推移力之计算

编号		施测地点距渠口（km）	断面面积（m²）	润周（m）	水幂半径（m）	比降	水流推移力 $\tau_m = \gamma RS$（gm/m²）	自原设计尺度计算之推移力（gm/m²）	θ 近似值（°）
龙西渠	1	13	4.4	6.4	0.69	1:2000	350	358	60
	2	13 附近	4.9	6.2	0.79	1:2000	390	358	45
	3	12	7.3	8.2	0.89	1:5000	198	146	45
	4	11	5.2	7.1	0.732	1:5000	146	174	45
	5	19	2.9	4.8	0.605	1:1000	605	496	90
天星渠	1	14.5	2.1	4.0	0.525	1:2000	263	260	左 90 右 60
	2		2.15	4.1	0.525	1:2000	263	260	60
郑泽堰	1	23.5	3.4	5.2	0.65	1:2000	325		60
	2	28～29	4.5	5.65	0.795	1:2000	398		60
	3	28～29	4.75	5.8	0.82	1:2000	410		60
	4	29～30	3.98	5.2	0.766	1:2000	383		60

自表4计算之推移力以及相应断面形状之 θ 角，吾人可纳归如表5：

（1）比较实测断面与理论公式曲线，结果大致相符，见图5（图中实线表示实测断面，虚线表示理论断面曲线）。

（2）比较之结果显示：由于受各种水流推移力作用之结果所呈之断面形状，符合以 θ 为函数之理论公式曲线。

表5　推移力与 θ 的关系

推移力 $\tau(\mathrm{gm}/\mathrm{m}^2)$	θ 角近似值(°)
150~200	45
250~400	60
500~600	90

一般来说，平衡渠道之土质含沙少于 7.5% 者之临界抗移力约为 $400\mathrm{gm}/\mathrm{m}^2$，冲刷结果，达于平衡状态之边坡 θ 角近于 $60°$。

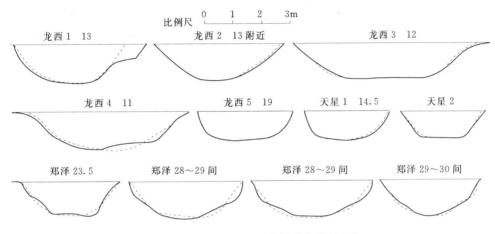

图5　实测断面与理论平衡渠道曲线之比较

注：虚线表示理论曲线，实线表示实测曲线

5　结论

本文讨论，限于清水渠道，至于含沙水流渠道平衡之条件何知，非本文考虑所及。

读者须特别注意，前文中式（14）并非一可以单独存在之平衡渠道之条件。盖此式仅表示润周各点之横坡，而未确定渠道断面之大小，且若以 $\dfrac{t}{t_0}=1$ 之值代入此式，则 $\dfrac{x}{t_0}$ 将为无穷大，故实际上渠道中央之水深仅能接近于 t_0，而不能等于 t_0，亦即渠宽与渠深之比率如何，本式亦不能说明。在实际应用上，欲选择一平衡清水渠道断面形状，须将式（14）与其他诸基本条件配合应用。设计时所须引用之条件如下：

$$\theta = \sin^{-1}\frac{F}{W} \tag{15}$$

$$\frac{x}{t_0} = \int_0^{t/t_0} \sqrt{\frac{\csc^2\theta - [1 - (t/t_0)^2]}{1 - (t/t_0)^2}}\, \mathrm{d}(t/t_0) \tag{16 或 14}$$

$$Q = AV = \frac{1}{n}R^{2/3}S^{1/2}A = \frac{S^{1/2}}{n}\frac{A^{5/3}}{P^{2/3}} \tag{17}$$

$$F = kt_0 = \frac{P\gamma_0 RSt_0}{\int_0^P t\,\mathrm{d}p} \tag{18}$$

　　泥沙抗移力之 F 值经试验确定后，根据式（15）、式（16）即可算出渠道润周上各点之理论横坡复根据式（17）、式（18）而决定渠道之宽度深度及断面面积。在以上 4 式中，仅 θ、t_0、A、P 为未知数，余皆为已知或为此 4 未知数之函数。θ 可由式（15）直接算出，其余 3 未知数自可由式（16）、式（17）、式（18）3 公式确定。计算时以采用变量试求法先假定 t_0 之值为宜。

　　上述 4 式缺一，即不能满足平衡渠道之要求。

　　沙上之抗移力，包括摩阻力与黏滞力，二者比例如何，对于安全角 θ 之决定，极有关系，$\sin\theta = \dfrac{E}{W}$，由 Krey 氏式计算无黏滞力之 0.25mm 沙粒之抗移力，仅达 $30\mathrm{gm/m^2}$，而一般沙土抗移力，远大于此数，故沙土之黏滞力，虽在水中，仍为不能漠视者。

　　本文理论，系基于谭葆泰教授所示之概念；全文并得张瑞瑾先生指导，谨此声明并表感谢。

　　注：本文刊于 1947 年水利（泥沙专号）第 15 卷第 1 期，其内容的理论部分原系作者在谭葆泰老师指导下所作的毕业论文中的推导结果，后本人到实地查勘和测量断面，经与资料对比，写成本文。

　　V. T. Chow（周文德）在他的 "Open-channel Hydraulics"（McGraw-Hill Book Co., USA，1959）中引用本文成果并对本文作如下评论："The concept of the three-dimensional analysis of the gravity and tractive forces acting on a particle resting on a slope at the state of impending motion was first given by Forchheimer [33]. A complete analysis of a channel section using this concept was first developed by Chia-Hua Fan [34]. The analysis was also developed independently by the U. S. Bureau of Reclamation under the direction of E. W. Lane [29，35]"。（括号内数字为该书第 7 章参考文献编号。）

附录3

《Reservoir Sedimentation Handbook》电子版讯息

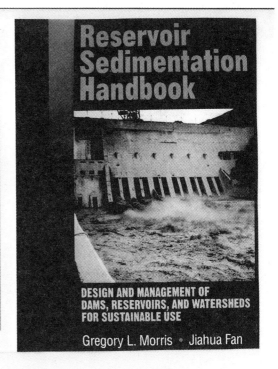

此书作者为 G. Morris 和 Jiahua Fan（范家骅）该书由美国 Mc Graw-Hill Book Co. 于 1997 年出版，现已售完。读者可在下面网址上免费下载，该书电子版：http://reservoirsedimentation.com

实 验 室 与 查 勘 照 片

（一）实 验 室 照 片

异重流试验水槽，长 50m，高 2m，宽 0.5m

异重流水槽之搅拌池与平水塔

异重流 90°弯道试验水质水槽

异重流 180°弯道试验水质水槽

为天津大港电厂进排水渠试验
而设计的 104m 长水槽

天津大港电厂进排水渠试验水槽
进口段与 Parshall 测流槽

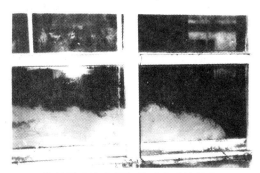

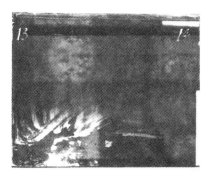

挟沙异重流头部与异重流后续部分

高含沙异重流头部（焦恩泽）

50m 水槽挟沙异重流头部。异重流厚度
约为总水深的 1/4

含高岭土挟沙异重流头部，向观察者运动（Allen）

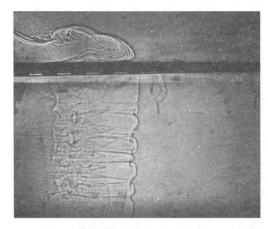

塩水异重流头部，照片上部为侧面图，
下部为俯视图（Simpson 赠）

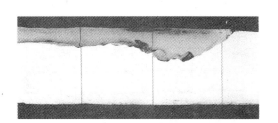

盐水上层流

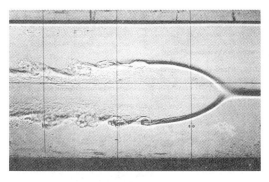

盐水中层流

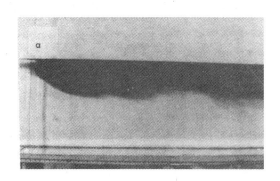

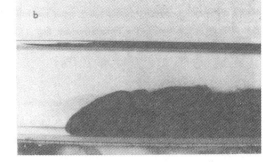

船闸交换水流之上层流与下层流（Faust）

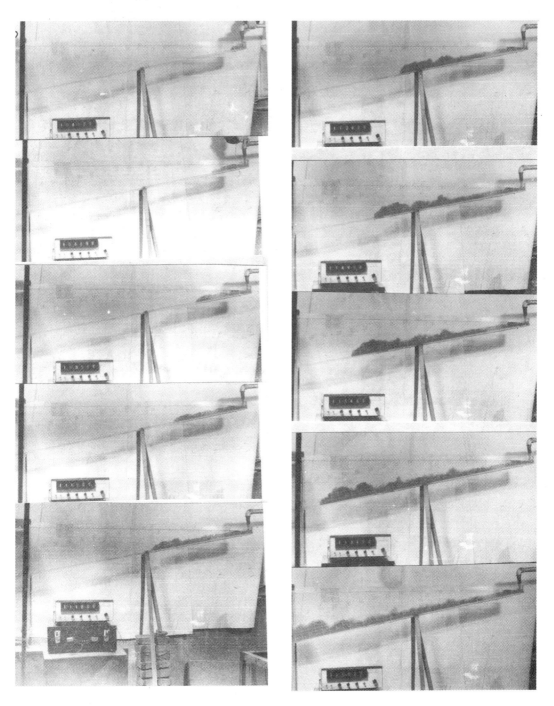

陡坡上挟沙异重流运动过程

(a)

(b)

泥水浮射流

水槽流动水流中泥水浮射流试验
(a) 浮射流未能到达槽底；(b) 浮射流到达槽底

（二）现 场 观 测 照 片

Steeg 水库另打孔口排出泥浆时的近距离照片

官厅水库淤积滩地泥沙开裂情况。1953 年 10 月摄

官厅水库 1015 断面附近三角洲洲面塌岸情况

官厅水库 1960 年 5 月下旬，在 1015 断面附近，水流跃水

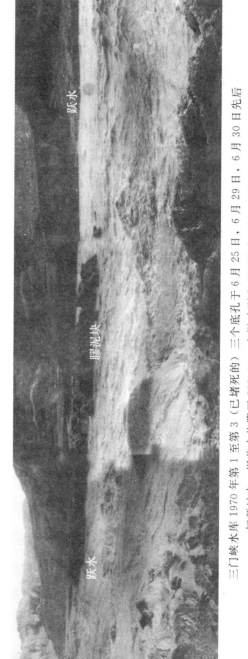

三门峡水库 1970 年第 1 至第 3（已堵死的）三个底孔于 6 月 25 日、6 月 29 日、6 月 30 日先后打开过水，坝前水位降至 288.9m，老淤冲刷出现胶泥夹心滩（距坝 600m），形成跃水。图上箭头指示上游处和下游处各有跃水。1970 年 7 月 1 日摄

三门峡库区查勘团到达山西，省水利厅分赠龙门
老照片，估计此照片摄于 1935 年前，因照片上
建筑物为日军侵华战争时损毁。图中右下角窑
洞 2 个，高度约为宽度的三倍。1935~1965 年期
间的河滩淤积，粗估窑洞前河滩淤高约 5m，
图右下角"1965.4.10 于河津"系照相馆
于查勘团到达山西的次日加印时所加

三门峡水库上游河段禹门口下游出峡谷处
河道滩地的淤积。1965 年 4 月查勘三门峡
库区，自陕西经龙门悬桥至山西。查勘
附近河滩，见窑洞前淤积物甚厚，故
在窑洞前摄影，人高 1.73cm，可
看出窑洞宽与高接近，约 3m

闹德海水库大坝下游面右边有中孔，
左边有底孔

闹德海大坝中孔与底孔泄洪。1962 年 8 月
上旬（尹学良摄）

张家湾水库内冲出的河道，深约 20m

张家湾水库冲出的河道，
边坡土坍入河道

黑松林水库滩地开槽横向冲刷。
测杆处施测跌水

黑松林水库滩地横向开槽。水流冲刷
出两处跌水，滩地淤泥岸
崩滑塌入横向槽

内蒙古水磨沟水库人工拉淤，水库末端
有少许滩地淤积。1965 年 11 月摄

水磨沟水库人工拉淤拉出的左右
两槽，向上游方向摄

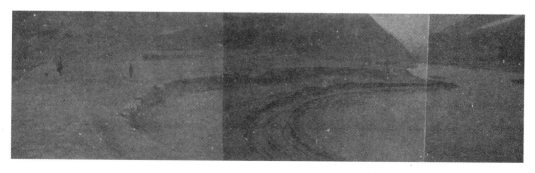

宝鸡峡水库坝前淤积滩地 1965 年 12 月 5 日摄

附录 5 英文目录

Density Current and Sedimentation
Engineering：Experiment and Design

Contents

Perface

Part 1　Density Current Hydraulics

Part 2　Sedimentation engineering problems

Part 3　Experiments on sediment settling and the carrying capacity of suspended load